v. ALBERTI · MASS UND GEWICHT

HANS-JOACHIM v. ALBERTI

MASS UND GEWICHT

Geschichtliche und tabellarische Darstellungen von den Anfängen bis zur Gegenwart

1957

AKADEMIE-VERLAG · BERLIN

Erschienen im Akademie-Verlag GmbH, Berlin W 8, Mohrenstraße 39
Lizenz-Nr. 202 - 100/111/57
Druckerei: Formulardruck Freiberg (Sachs.) - III/11/10
Bestell- und Verlagsnummer: 5286
Printed in Germany

Meinen drei Jungen

Dietmar, Klaus und Eberhard

gewidmet

GELEITWORT

Im vorliegenden Werk wird der Versuch unternommen, das umfangreiche Gebiet des Meßwesens in seiner historischen Entwicklung bis zu seinem augenblicklichen Stand darzustellen. In zehn Jahren eifrigen Sammlerfleißes hat der Verfasser das oft schwer zugängliche und weit verstreute Material zusammengetragen und systematisiert. Wir sind uns gewiß, daß dieses Werk vielen Benutzern eine willkommene und brauchbare Übersicht geben wird, zumal auf diesem Gebiet zur Zeit keine zusammenfassende größere Darstellung greifbar ist. Trotz der großen Problematik hat es der Autor verstanden, dem Benutzer die große Bedeutung der Faktoren Messen und Wägen für die Entwicklung der Kultur, des Handels und der Wissenschaft nahezubringen.

Eine Reihe von Tabellen im ersten Teil des Bandes, die antike Maße „nach Agricola" zusammenfassen, dienen vor allem der historischen Illustration. Georgius Agricola hat sich bis zur Veröffentlichung seiner Studien im Jahre 1550 etwa zwanzig Jahre lang aus seinem Verantwortungsgefühl als Arzt bemüht, das antike System der Maße, Münzen und Gewichte zu rekonstruieren und darüber hinaus durch Ausblicke auf vorgriechische, arabisch-persische, mittelalterliche und zeitgenössische Normen universell darzustellen.

Der zweite Teil des Werkes umfaßt tabellarische Darstellungen aus dem gesamten Gebiet des Meßwesens mit den dazugehörigen Erläuterungen. Der Verfasser hat sich hierbei um größtmögliche Vollständigkeit bemüht, jedoch kann nicht erwartet werden, daß die Tabellen alle Maße, nach denen je gemessen worden ist, lückenlos aufführen. Es besteht die Möglichkeit, daß bei den Tausenden von Zahlen gelegentlich Unstimmigkeiten vorkommen, die auf unterschiedliche Quellen zurückgehen.

Die Angaben im Teil II sind vorwiegend für den Historiker bestimmt. Nebenher können und wollen sie der Geschichte der Metrologie und dem Katasterwesen Dienste leisten, ganz abgesehen von weiteren Benutzungsmöglichkeiten; so können zum Beispiel geographische, nautische oder bodenkundliche Angaben aus älterer Zeit umgerechnet werden.

Praktisch dürften für die meisten Aufgaben dieses historischen Bereiches die angegebenen Werte genügen. Es wird dem Historiker so gut wie nie darauf ankommen, Genauigkeit bis in die 3. oder 4. Dezimalstelle zu erreichen. Wer eine Angabe in sächsischen „Ellen“ auf Meter umrechnen will, wird mit dem auf Seite 237 angegebenen Wert kaum arbeiten, sondern auf 56 cm abrunden und damit in den meisten Fällen auskommen. Es kann und wird ihm gleichgültig sein — Sonderfälle ausgenommen —, ob der 1579 für den persönlichen Gebrauch des Kurfürsten hergestellte Meßstock um 1,61 mm von der um 1770 geschaffenen „Normalelle“ des Dresdner Marktmeisters abweicht. Auch das folgende Beispiel wird beweisen, daß es eine Überforderung der Tabellen wäre, wollte man ihre Angaben bis in die letzte erreichbare Dezimalstelle treiben. Wenn für den „Fuß“ in Anhalt, Dänemark, Mecklenburg, Österreich, Preußen, Schwarzburg der Wert 31,865 cm gesetzt ist, so liegt hier das Konventionsmaß der Deutschen Bundesstaaten vor, das im Jahre 1816 als ein wesentlicher Fortschritt zu einer Wirtschaftseinheit vereinbart wurde. Natürlich galt es nur von 1816 bis 1866 — die früheren Werte, die bis 1816 galten, wichen in allen Ländern davon ab, teils um 3 cm, teils um 3 mm. Wollte man auch diese vor 1816 benutzten Werte berücksichtigen, so müßte die Tabellenform aufgegeben werden, und jede Übersicht ginge verloren. Zugleich ginge aber auch das wichtige historische Faktum unter, das in dieser zwischenstaatlichen Vereinigung liegt.

Man wird diese hier gegebene Lösung leichter billigen, wenn man sich überlegt, welche in der Einheit „Fuß“ ausgedrückten Angaben der Historiker in den Quellen findet. Meist handelt es sich um die Höhe eines Rathausturmes, die Länge eines Kirchenschiffes, die Dimension einer Klosteranlage, die Tiefe eines Brunnens oder das Körpermaß eines Menschen. Es wird in fast allen Fällen genügen, die überlieferten Zahlen mit „30“ zu multiplizieren. Um nun dem Historiker die Lösung von Aufgaben zu ermöglichen, für die er sehr genaue Werte benötigt, wurden dennoch die einzelnen Dezimalstellen wiedergegeben.

Um außerdem noch einige Sonderbezeichnungen zu erfassen, ist dem Werk ein Anhang mit Einheiten nach Aubök angefügt worden, der für diese speziellen Angaben eine reiche Fundgrube darstellt. Für die Mitteilung von praktischen Erfahrungen mit diesem Teil wären wir ganz besonders dankbar.

Der Teil III des vorliegenden Buches behandelt das Gebiet unserer heutigen technisch-physikalischen Maßsysteme und Meßmethoden und rundet somit die Zusammenstellung ab. Wie der Verfasser in seinem Vorwort schon ausführt, bedarf dieser Teil einer besonderen Bearbeitung, die die Kraft des einzelnen weit übersteigt und nur das Ergebnis einer kollektiven Arbeit der auf den jeweiligen Gebieten tätigen Wissenschaftler sein kann

Obwohl die Bearbeitung von der Redaktion der Bergakademie Freiberg zur Veröffentlichung als Freiberger Forschungsheft übernommen wurde, ließen es diese Überlegungen und der Umfang des Werkes dem Verlag und der Redaktion als geraten erscheinen, das Buch nicht in dieser Schriftenreihe, sondern als selbständige Monographie herauszugeben. Es wird so eine erste Anregung und Grundlage sein für die weitere Arbeit auf diesem Gebiet, die eine internationale Aufgabe und eine Gemeinschaftsarbeit der verschiedensten Wissenschaftler sein muß.

Mit diesen Gedanken übergeben wir das vorliegende Buch der Fachwelt und bitten um kritische Hinweise und Mitarbeit am weiteren Ausbau dieses Werkes.

Freiberg, im Juli 1957

Im Auftrage des Akademie-Verlages, Berlin

Dipl.-Ing. Wendler

VORWORT

Seit langem vermissen wir auf dem Büchermarkt ein Buch, das über Maß und Gewicht hinreichend Auskunft gibt. Ich habe versucht, diesem Mangel abzuhelfen. Es geschah zunächst aus dem persönlichen Bedürfnis heraus, für die Hunderte von Gelegenheiten des täglichen Lebens, wo Maße genannt und gebraucht werden, ein Hilfsmittel zur Hand zu haben. Eine Zeitungsmeldung gab mir den besonderen Anlaß, die überall verstreuten Angaben systematisch zusammenzutragen und zu ordnen.

„abschlußmeldung traktorenbrigade genthin 831.5 morgen gepfluegt." So telegrafierte der Kreis Jerichow im Bezirk Brandenburg Ende März 1947 nach Berlin. Nach der großen Kälte des Winters 1946/47 galt es, die Frühjahrsbestellung beschleunigt zum Abschluß zu bringen. Aller Einsatz war erforderlich, wertvolles Land zu pflügen und zu bebauen.

Die kurze Notiz gab mir zu denken. Warum schreibt man 831.5 Morgen, warum gibt man die Fläche nicht in dem größeren, aber eindeutigen Hektarmaß an? Klingt die größere Zahl schöner, oder ist es örtliche Eigenheit, landgebundenes Flächenmaß anzuwenden, das sich trotz der allgemeinen Einführung des metrischen Maßsystems erhalten hat und besser verstanden wird? Ich begann zu rechnen. Der Morgen ist ein altes bäuerliches Flächenmaß von unterschiedlicher Größe. Es war eine Ackerfläche, die sich an einem Vormittag pflügen ließ. In der Abschlußmeldung wird Brandenburg, also früheres preußisches Land, angegeben; Genthin und Jerichow liegen aber auf ehemals sächsisch-anhaltischer Flur. Hier fängt die Sache an, kritisch zu werden. Sind preußische Morgen mit 2553.12 m^2 oder sächsische Morgen mit 2767.12 m^2 gepflügt worden? Waren es preußische, dann waren es 212 ha, sind sächsische gemeint, dann sind es 230 ha gewesen.

Allein der Umstand, daß diese Frage offenbleibt, läßt den Wunsch nach dem Gebrauch der allgemein verbindlichen Maßeinheiten in uns wieder wach werden, den wir bisweilen längst erfüllt glauben, der aber in Wahrheit auch heute, trotz aller nationalen und internationalen Abmachungen, noch nicht erfüllt ist.

Wer bei seinen Studien weit über die Länder der Erde blickt oder in die Geschichte zurückschaut, begegnet einer verwirrenden Fülle von Maßangaben, so daß er ohne ein griffbereites Nachschlagewerk nicht auskommt. Wenn mein Buch zu einem solchen geworden ist, wäre mein Ziel erreicht. Ein derartiges Vorhaben muß notwendigerweise unzureichend bleiben. Ich mußte mich der Geschichte zuwenden, ohne die Zusammenhänge von

Kultur und Meßwesen erschöpfend darlegen zu können. Ich konnte die Metrologie aller Staaten und Länder nicht vollständig bearbeiten. Auf das Statistische hinzielend, durfte ich mich nicht ins Philosophische verlieren, das ich denen überlasse, die dafür besser gerüstet sind. Ich glaube jedoch, dem Meßtechniker, dem Ingenieur, den Lektoren in den Redaktionen der Zeitungen und Zeitschriften, dem Kaufmann, dem Landwirt, dem Lehrer und unserer Jugend ein brauchbares Werkzeug in die Hand zu geben.

Es gibt noch kein Werk dieser Art, und gerade deshalb mußte es geschrieben werden.

Im 1. Teil der Abhandlung habe ich die geschichtliche Entwicklung des Meßwesens dargestellt. Der 2. Teil beinhaltet die statistische Hauptarbeit. Er soll uns ungefähr den heutigen Stand des Messens und Wägens vermitteln. In ihm sind die metrischen und die nichtmetrischen Maße und Gewichte ihrer Größenordnung nach aufgezeichnet. Sie berichten uns von altem Brauch und Sitten, von Landesrecht und mühsamer Pionierarbeit auf dem Wege von Lachter, Fuß und Rute zum Einheitsmaß. Die ausländischen Maße sprechen von staatlicher Entwicklung, bewahrter Selbständigkeit oder kolonialer Abhängigkeit. Zahlreiche Gegenüberstellungen und Maßvergleiche machen das Zahlenmaterial lebendig. Ein 3. Teil gibt noch kurzen Aufschluß über die physikalischen und technischen Maßeinheiten. Die ausführliche Darstellung dieses 3. Teiles muß einer besonderen Bearbeitung vorbehalten bleiben.

Ein ausführliches Schlagwortverzeichnis am Ende des Werkes ermöglicht leichtes Auffinden der in den Teilen 1 bis 3 erwähnten Maße und Gewichte.

So soll diese Arbeit dem doppelten Zweck dienen, die Vergangenheit von meßtechnischer Seite her zu erschließen und für die Gegenwart Rüstzeug zur Verfügung zu stellen.

Zu großem Dank bin ich Herrn Dr. phil. Wilsdorf, Freiberg, verpflichtet, der mir für den altgeschichtlichen Teil der Arbeit wertvolle Hinweise gab.

Dank sage ich Herrn Prof. Dr.-Ing. habil. Neubert, Freiberg, für manche Hinweise und für seine Anteilnahme am Gelingen der Arbeit.

Besonders zu Dank verpflichtet bin ich Frau Dr. Padelt vom Deutschen Amt für Maß und Gewicht, Berlin, für wertvolle Anregungen und vor allem für das Schlußwort, in dem die neuesten Ergebnisse der 10. Generalkonferenz für Maß und Gewicht im Jahre 1954 berücksichtigt wurden. Mit Zustimmung des Deutschen Amtes für Maß und Gewicht ist diesem die „Tafel der gesetzlichen Einheiten“ (Entwurf vom 15. November 1956) beigegeben.

Dem VEB Carl Zeiß, Jena, sowie der Forschungsstelle des Staatlichen Mathematisch-Physikalischen Salons im Zwinger zu Dresden danke ich für die großzügige Freigabe von wertvollem Bildmaterial.

Weiterhin danke ich Herrn Dipl.-Ing. Wendler, der sich als Chefredakteur an der Bergakademie Freiberg für die Veröffentlichung der Arbeit einsetzte, sowie seinen Mitarbeitern, Herrn Banitz, und insbesondere Herrn Forberg, der das Werk mit Sorgfalt und Umsicht bearbeitet hat und mich durch sachliche Hinweise freundschaftlich unterstützte.

Herrn Dr. Worlitzsch, Langebrück, danke ich für die Durchsicht der Druckfahnen. Er hat mir wertvolle Anregungen gegeben, die mich zu umfangreichen Ergänzungen veranlaßt haben. Besonders sei ihm gedankt für die Einarbeitung des Abschnittes Meßtechnik und Meßfehler, der von mir ursprünglich nicht vorgesehen war, aber in einem Buch über Maß und Gewicht nicht fehlen sollte.

Allen Freunden und am Werdegang der Arbeit Interessierten, die ich namentlich nicht alle aufführen kann, bin ich ebenfalls zu Dank verpflichtet. Sie haben mit dazu beigetragen, daß mein jahrelanges Mühen endlich zum Erfolg führte.

Ich danke ferner dem Akademie-Verlag Berlin, der die Herausgabe der Arbeit unterstützte und schließlich selbst übernahm, nachdem es infolge des Umfanges des Werkes als angebracht erschien, die Veröffentlichung nicht, wie vorgesehen, in der Reihe Kultur und Technik der Freiberger Forschungshefte, sondern als Monographie im Akademie-Verlag zu veröffentlichen.

Schließlich unterstützte auch meine liebe Frau in nimmermüder Anteilnahme den Fortgang der Arbeit.

Den Setzern des VOB Formulardruck in Freiberg, die es verstanden haben, das umfangreiche Zahlenmaterial des Manuskriptes in sauberen Tabellen wiederzugeben, gebührt meine besondere Anerkennung und mein Dank.

Für sachliche Hinweise auf Irrtümer, die wohl unvermeidlich sind, wäre ich dankbar und bitte, diesbezügliche Zuschriften unmittelbar an mich zu richten, Dresden A 21, Wehlener Straße 64.

Dresden und Freiberg, im September 1957

Hans-Joachim v. Alberti

Mir ist nicht bange, daß Deutschland nicht eins werde; unsere guten Chausseen und künftigen Eisenbahnen werden schon das Ihrige tun. Vor allem aber sei es eins in Liebe untereinander, und immer sei es eins, daß der deutsche Taler und Groschen im ganzen Reiche gleichen Wert habe; daß mein Reisekoffer durch alle 36 Staaten ungeöffnet passieren könne. Es sei eins, daß der städtische Reisepaß eines weimarischen Bürgers von den Grenzbeamten eines großen Nachbarstaates nicht für unzulänglicher gehalten werde als der Paß eines Ausländers. Es sei von Inland und Ausland unter deutschen Staaten überall keine Rede mehr. Deutschland sei ferner eins in Maß und Gewicht, in Handel und Wandel und hundert ähnlichen Dingen, die ich nicht alle nennen kann und mag.

Goethe

(Aus einer Unterhaltung mit Eckermann über Technik. Wirtschaft und Politik am 23. 10. 1828)

INHALT

1 WESEN, GESCHICHTE UND BEGRIFFE DER MESSKUNDE

1.1 Das Wesen der Meßkunde

1.11 *Die Bedeutung von Maß und Gewicht in der menschlichen Kultur*

Ohne ein geordnetes Maß- und Gewichtswesen sind die vielgestaltigen Wechselbeziehungen zwischen den Völkern, Ländern und Staaten, zwischen Erzeugern und Verbrauchern, zwischen den Groß- und Kleinbetrieben in einem reichgegliederten Wirtschaftssystem nicht denkbar. Keine Industrie, keine einzige Abteilung einer Fabrik kann ohne Messungen auskommen, wenn sie den wirtschaftlichen Wettkampf im eigenen Lande und auch den auf dem internationalen Weltmarkt bestehen will. „Alles messen, was meßbar ist, und versuchen, meßbar zu machen, was es noch nicht ist", das hat Galilei schon erstrebt.

Maß und Gewicht sind in der Technik notwendig zur unmittelbaren Steigerung der industriellen Wirtschaftlichkeit. Messen und Wägen heißt deshalb, ein wichtiges Gebot unserer Zeit erfüllen. Allerdings darf man dabei als einen sehr wichtigen Faktor den Menschen nicht außer acht lassen [135]. Was nützen uns die leistungsfähigsten und modernsten Maschinen, was nützen uns die vollkommensten Meßverfahren, wenn nicht der Mensch das Maß aller Dinge bleibt?

Jede Technik, selbst die primitivste, ist auf Maß und Gewicht angewiesen. Jeder Handgriff im alltäglichen Leben, ja selbst die primitivsten Handlungen des Urmenschen bedürfen eines mehr oder weniger entwickelten Gefühls für Maß und Gewicht. So können wir seit dem Beginn einer menschlichen Kultur beobachten, daß die Bestimmung dreier Größen sowohl im Leben des einzelnen als auch in dem der menschlichen Gemeinschaft grundlegende Bedeutung gehabt hat: die Bestimmung von Länge, Masse und Zeit. Die ältesten uns bekannten Sprachen, die alten Kulturvölker und die primitivsten Naturvölker der Erde kennen diese drei Begriffe, wenn auch in der Art ihrer Messung und in der Feststellung ihrer Einheitswerte die mannigfachsten Methoden und Unterschiede bestanden und zum Teil auch noch heute bestehen [143].

Wir sind es heute gewöhnt, daß Handel, Industrie und Handwerk sorgfältig abgestimmte Maße und Gewichte verwenden. Zentrale Überwachungs- und Prüfstellen prüfen die in den Verkehr gebrachten Maße und Gewichte auf ihre Genauigkeit und überwachen diese in bestimmten Zeitabständen; meßkundliche Arbeiten werden durchgeführt, und neue Meßmethoden mit komplizierten Meßgeräten werden entwickelt [152]. Die Zeiten der bloßen Empirie sind vorbei. Der Dreiklang Wissenschaft, Technik, Wirtschaft, wie er in der Kultur der Menschheit immer mehr in Erscheinung tritt, ist auch für die Arbeit der Meßtechniker kennzeichnend.

1.12 *Die Meßkunde als nationales und internationales Problem*

Die Lehre vom richtigen Messen tritt bei allen Kulturvölkern schon frühzeitig als nationales Problem auf, und von jeher war der Mensch bemüht, irgendeine durch die Natur gegebene Maßeinheit als allgemeine Norm verbindlich zu machen. Mit der Ausdehnung des Handels von Volk zu Volk war dann das Problem der internationalen Gültigkeit von Maßen und Meßverfahren gegeben. Aus Tausch und Handel entstanden allmählich primitive Meßmethoden und Meßgeräte. Es ist jedoch bis heute noch nicht gelungen, das Problem selbst restlos zu lösen. Der Gedanke der natürlichen Maßeinheit konnte noch nicht verwirklicht werden, weil man bisher in der Natur noch kein Maß gefunden hat, das zu allen Zeiten wirklich unveränderlich bleibt.

Das wohl am meisten durchgebildete Maßsystem des Altertums besaßen die Chaldäer, die Mitte des 1. Jahrtausends v. u. Z. gegen Babylon vordrangen. Sie vollendeten die Meßkunst der Šumerer und Akkader aus den Kulturzentren in Mesopotamien, die seit etwa 2500 v. u. Z. schrittweise entwickelt worden war. Es ist nicht ausgeschlossen, daß sie die Ableitung und Sicherung der Grundeinheiten für Länge, Gewicht, Raum und Zeit schon in einer so mustergültigen Weise gelöst hatten, wie dies selbst später beim metrischen System kaum wieder erreicht worden ist. *Lenk* [130] sieht ein dort von den sternkundigen Priestern benutztes Gefäß mit Ausflußöffnungen als eine Art Urnormal an. Die Deutung ist schwierig, weil das betreffende Maß nicht archäologisch, sondern nur literarisch bekannt ist. Es kann aber bei dem Stand der babylonisch-sumerischen Wissenschaft angenommen werden, daß die erstrebte Lösung gelang, Normallänge, Normalgewicht, Normalhohlmaß und Normalzeit zu vereinigen. In der Zeiteinheit (Tag) floß aus dem Gefäß die Gewichtseinheit (Talent) an Wasser aus. Diese Wassermenge bestimmte zugleich das Hohlmaß, von dem auch die Längeneinheit (Fuß) abgeleitet wurde. So war schon vor Jahrtausenden das Wechselverhältnis von Maß und Gewicht in der gegenseitigen Abhängigkeit unter Verwendung des Wassers als Bezugssubstanz festgelegt, darüber hinaus aber auch die Zeiteinheit als Funktion der anderen Grundeinheiten mit diesen verknüpft. Erst die neuesten elektrisch-physikalischen Maßsysteme kommen wieder auf die gegenseitige Verknüpfung von Raum, Masse und Zeit zurück.

Die babylonischen Maße mögen dann durch Handelsbeziehungen zunächst nach Ägypten, Phönizien und Griechenland gekommen sein, von hier aus schließlich in das römische Reich (vgl. auch [96] [125] [107] [108]). Die letzten Spuren altbabylonischen Maßes waren in den alten Apothekergewichten erhalten, die vor einem Menschenalter noch gebräuchlich waren.

Und schließlich sind zu jeder „Minute" altbabylonisch-sumerische Zeitmaße lebendig, denn die Einteilung des Tages in 24 Stunden, die der Stunde in 60 Minuten und dann die Sekundenteilung gehen unmittelbar auf diese uralte Kultur zurück, die auch in den 12 Tierkreisbildern ein astronomisches Rechnungs- und Maßsystem schuf.

Es ist kein Zufall, daß die Wiege der nationalen Meßkunde im Land der Šumerer und Chaldäer gestanden hat. Die Kultur der alten Völker am Euphrat und Tigris, in Ägypten und Syrien war in erster Linie durch die Schöpfungen auf dem Gebiete des Wasserbaues bedingt. Alles ist aus dem Wasser entsprungen, alles wird durch das Wasser erhalten! (Faust II. Teil.) Die hervorragenden Ingenieurbauten in Babylonien und Assyrien, in Ägypten, Persien und Syrien, in Indien, China, im Lande Khmer auf Kambodscha und im Reiche der Inkas und Azteken [27] konnten nur errichtet werden, weil die Völker Kenntnis von der Meßkunst, ja bereits ein ausgebildetes Maß- und Gewichtssystem besaßen.

Es kann aber auch ohne Übertreibung behauptet werden, daß Gedeih und Verderb einer großen Reihe antiker Länder wiederum im engen Zusammenhang mit jenen wasserbautechnischen Schöpfungen standen. Wie uns die Geschichte in klarster Weise zeigt, folgte auf eine Vernachlässigung oder Zerstörung dieser Werke ausnahmslos der Untergang der betreffenden Reiche. Wir tun gut daran, uns von Zeit zu Zeit auf die Rolle der Technik auch schon in den Anfängen der Kultur zu besinnen, um desto klarer in der Gegenwart ihren gestaltenden Einfluß zu erkennen.

1.13 *Begriff und Wesen des Messens und der Meßkunde*

Eine Größe (Meßgröße) messen heißt, sie durch eine Zahl (Maßzahl) darstellen, die angibt, wie oft die dazugehörige Maßeinheit in der zu messenden Größe enthalten ist [48]. *Vorländer* gibt für den Begriff des Messens folgende Definition: Messen gleich Vergleich des Meßstückes mit der Einheit des Maßes [136]. Mit diesen beiden Definitionen ist sowohl das Wesen als auch der Begriff des Messens eindeutig bestimmt. Das Produkt aus Maßzahl und Maßeinheit ist der Meßwert. Es kann aber immer nur Gleichartiges mit Gleichartigem verglichen werden, z. B. eine Länge nur mit einer Länge, eine Masse nur mit einer Masse [95]. So beruht z. B. jede direkte Längenmessung auf dem Anlegen und Abtragen eines Maßes und jede Massenmessung auf dem Vergleich mit einer Masseneinheit. (Indirekte Messungen führen z. B. der Geometer und der Markscheider aus.) Mit dem Vorgang der Messung selbst, wie hier mit dem Abtragen eines Maßes, ist es jedoch noch nicht getan. Es muß die Festlegung einer Einheit vorangehen [57]. Das Abschreiten einer Strecke durch Abzählen der Schritte ist nur dann ein echter Meßvorgang, wenn die Länge eines Schrittes schon bekannt ist. Diese Methode erscheint roh, ist aber einer ziemlichen Genauigkeit fähig, für manche Zwecke sogar durchaus genügend. (Die Schrittlänge auf horizontaler Bahn ist individuell verschieden; sie ist aus vielen Versuchen mit 0.80 bis 0.83 m im Mittel bestimmt worden; die Genauigkeit liegt bei 1 bis 2% der abgeschrittenen Strecke.) Ein weiteres, sehr anschauliches Beispiel zum Begriff und Wesen des Messens ist die historische Methode der Längenmessung mit Hilfe eines Rades. Schon in früherer Zeit hat man die Entfernung zweier Orte aus der Anzahl der Umdrehungen eines Rades ermittelt [174]. Man benutzte ein Rad mit breiter Spur und einem Umfang von 1 m oder mehr und rollte es in der zu messenden Linie oder fuhr in einem Meßwagen die zu messende Strecke ab [28]. Durch ein auf der Achse angebrachtes Zählwerk wurde die Länge ermittelt. So benutzte z. B. *Fernel*, der Leibarzt der französischen Königin Katharina (von Medici), im Jahre 1525 bei der ersten erfolgreichen Gradmessung zur Bestimmung der Strecke Paris—Amiens ein Wagenrad, das nach jeder Umdrehung an einer im Wagen befindlichen Glocke ein Zeichen gab [174]. Es wurden dabei überraschend gute Ergebnisse erzielt, die sogar mit späteren Ketten- und Lattenmessungen gut übereinstimmten [16]. In besonderen Fällen, auf ebenen, gemähten Wiesen, auf glatten Fußwegen und Eisenbahnschienen, ist sogar eine verhältnismäßig große Genauigkeit erreichbar. Trotzdem hat diese Art der Längenmessung — mit Ausnahme vielleicht der Meßrädchen, die zur Bestimmung von Entfernungen auf Landkarten verwendet werden — in den folgenden Jahrhunderten in der Praxis keinen Eingang finden können.

Eine Abart des Wegemessers ist der Schrittzähler (Pedometer), ein taschenuhrförmiges Instrument mit Zahnradschaltung. Die zurückgelegten Schritte werden durch einen schwingenden Gewichtshebel gezählt und somit Entfernungen indirekt gemessen. Die Hebung und Senkung des Körpers veranlaßt bei jedem Schritt eine zählbare periodische Bewegung. Dieses Gerät führte *Fernel* 1525 ebenfalls auf der Straße von Paris nach Amiens vor. Das Instrument wurde einem Mann oder einem Pferd ans Bein gebunden, und jedesmal, wenn die Streckeneinheit zurückgelegt war, ertönte ein Glockenzeichen, damals eine Sensation, über die man sprach. Und doch war die eigentliche Erfindung eines derartigen Messers schon 1500 Jahre früher erfolgt. In Alexandrien hatte *Hero* bereits ein solches Meßinstrument entwickelt, das mit Zahnrädern, Zeigern und Schrauben arbeitete.

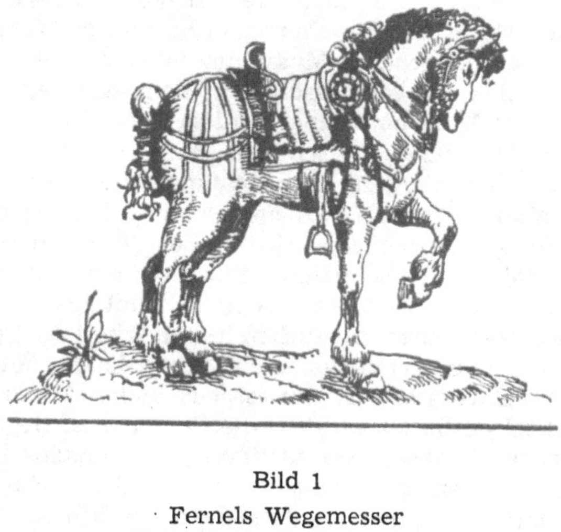

Bild 1

Fernels Wegemesser
am Bein eines Pferdes angebracht

Kopie aus der im Auftrage der Kamax-Werke, Rudolf Kellermann, Osterode am Harz, von Prof. Treue verfaßten „Kulturgeschichte der Schraube“

Eine moderne Form des Meßradprinzipes kann man im Kilometerzähler z. B. eines Kraftfahrzeuges wiedererkennen. Auch Alfred *Wegener* [96] bediente sich auf seiner Grönlandexpedition 1930/31 einer ähnlichen Meßeinrichtung. Die zurückgelegten Entfernungen wurden mit einem seitlich am Schlitten angebrachten Wegerad gemessen. Vom 15. bis 30. Juli 1930, also in 16 Tagen, hat Wegener mit Hundeschlitten und Meßrad von der Westküste bis zum Mittelpunkt Grönlands (Station Eismitte) eine 400 km lange Strecke auf dem Inlandeis zurückgelegt und damit einen Punkt erreicht, der bisher noch von keinem Menschen betreten worden war. (Alfred Wegeners letzte Grönlandfahrt, Leipzig 1933.)

Das Augenmaß hingegen ist kein Meßvorgang, sondern eine Fähigkeit, räumliche Größen untereinander zu vergleichen und das Ergebnis dieser Vergleichung in irgendeiner Form zum Ausdruck zu bringen. Die Fähigkeit selbst ist durch das zweiäugige Sehen begründet, wobei Gegenstände in drei Dimensionen erscheinen.

Es ist nicht schwer, aus den drei Beispielen, Abschreiten, Meßrad und Augenmaß, nunmehr zwei wesentliche meßtechnische Begriffe abzuleiten: das unmittelbare und das mittelbare Messen. Beim unmittelbaren Messen wird das Messen mit dem als Vergleich dienenden Körper (Maßstab usw.) unmittelbar vorgenommen. Beim mittelbaren Messen wird die zu messende Strecke oder die zu bestimmende Masse usw. zuerst auf ein Hilfsgerät übertragen (z. B. Taster; Taster mit Maßstäben allerdings gestatten ein unmittelbares Messen).

In dem Augenblick, wo es dem Menschen zum erstenmal gelang, mit Hilfe einer Maßeinheit eine Größe mittelbar oder unmittelbar zu messen, begann er, das Zufällige und Ungenaue mehr und mehr einzuschränken. Das Maß ist ein unerbittlich strenger, aber ein treuer Freund der Menschheit. Denn nur durch das Maß sind wir in der Lage, Erscheinungen und Tatsachen zu „bewerten". Die Festsetzung von Maßeinheiten und die Anwendung von Meßmethoden dienen somit nicht nur der exakten Wissenschaft, sie sind genauso für das alltägliche Leben von höchstem Wert. Dieser Umstand hat folgerichtig schon frühzeitig zur Ausbildung von Zahl- und Maßsystemen geführt, deren Besprechung einem späteren Kapitel vorbehalten ist. Selbstverständlich genügten in den ersten Zeiten Genauigkeiten, mit denen wir uns jetzt auch im gewöhnlichen Verkehr nicht mehr begnügen können. Alle Güter, und ganz besonders die Zeit, sind wertvoller geworden. Es geht nicht an, auch nur das geringste Teilchen zu vernachlässigen.

So beschäftigt sich die Meßkunde heute vornehmlich mit zwei Fragen: mit der Entwicklung der eigentlichen Verfahren zur Messung physikalischer Größen und der Ausbildung von Meßgeräten zur Durchführung derartiger Verfahren. Dem Meßvorgang als solchem kommt dabei keine besondere Bedeutung zu, wohl aber dem Messen, das nur Sinn hat als Mittel zum Zweck, um z. B. aus den Meßergebnissen allgemeine Gesetzmäßigkeiten abzuleiten oder um den Ablauf eines Vorganges zu verfolgen oder auch zu beeinflussen. Des weiteren können durch Messungen aller Art Materialeigenschaften festgestellt werden, die für andere Zwecke von Bedeutung sind. Dabei treten die sogenannten physikalischen Messungen in den Vordergrund und sind von den rein technischen Messungen zu trennen. Zweck der technischen Messungen ist, wirtschaftlich zu arbeiten. Mit Rücksicht darauf, daß alle wirtschaftlichen Gesichtspunkte von Tag zu Tag mehr an Bedeutung gewinnen, worauf in dem Kapitel über die Bedeutung von Maß und Gewicht in der menschlichen Kultur bereits hingewiesen wurde, nimmt auch die Wichtigkeit und die Zahl der technischen Messungen dauernd zu.

Ein wirtschaftlich ganz besonders bedeutsames Beispiel hierzu ist die gesamte Normung durch in- und ausländische Institute (DNA*, ISA** usw.), die eine sehr erhebliche Vermehrung der technischen Messungen gebracht hat, so daß heute die technisch-wirtschaftlichen Messungen nicht allein den Begriff und das Wesen des Messens an sich, sondern auch die Entwicklung der gesamten Meßkunde kennzeichnen.***

---

* Deutscher Normenausschuß.

** International Federation of Standards Association.

*** Deutschland — Mitglied des ISO-Beirates. Nach einer Mitteilung des Generalsekretariats der International Organisation for Standardization (ISO) ist Deutschland (DDR und Bundesrepublik paritätisch) mit Wirkung vom 1. Januar 1954 für die Jahre 1954 bis 1956 in den ISO-Beirat (Council) gewählt worden. Dem Beirat gehörten 1954 an:

Brasilien, Frankreich, Kanada, UdSSR, Deutschland, Großbritannien, Portugal, USA, Finnland, Indien, Schweiz.

Der Deutsche Normenausschuß (DNA) nimmt an den Arbeiten fast aller Technischen Komitees der ISO teil. Die Sekretariate der Technischen Komitees ISO/TC_2 „Schrauben, Muttern, Zubehör“ und ISO/TC_{24} „Siebe“ wurden dem DNA übertragen.

1.2 Geschichte der Meßkunde

1.21 *Die Maße und Gewichte der Naturvölker*

Als Maß- und Gewichtseinheiten benutzte der Mensch ursprünglich Größen, die ihm sein Körper oder die Leistungsfähigkeit seines Körpers bot. Für die Zeitmessung kamen von vornherein natürliche Größen, wie die Dauer des Mondumlaufs oder die innerhalb gewisser Grenzen festliegende Zeit der Saat oder der Ernte und des Winters, in Betracht. Die Vergleichsgrößen, die sich auf Körpermaße bezogen, z. B. Fuß, Spanne, Elle, waren dabei ursprüngliche Individualmaße und sind es selbst dann noch geblieben, als gewisse Geräte, wie Korb, Kanne, Eimer, hinzugezogen wurden, um Mengenangaben zu machen. Auch dann noch war die Ausgangsgröße des Menschen, der da messen wollte oder mußte, „sein" Korb oder „seine" Kanne. Hierzu bemerkt *Agricola* [2e]: „Es ist jedenfalls eine bekannte Tatsache, daß die Spanne von der Länge eines jeden, von der Natur wohlgebildeten menschlichen Körpers $^1/_{24}$ beträgt, der Fuß $^1/_6$, der Ellenbogen $^1/_4$. Pythagoras kannte dies Verhältnis der Glieder zueinander; er schloß daher von der Länge des Fußes, die er im Stadion von Olympia beobachtete, auf die Gestalt des Herakles. Die Glieder aber eines von der Natur nicht wohlgebildeten menschlichen Körpers haben dies Verhältnis zueinander nicht. Jener Perserkönig Darius I. nämlich hatte, obwohl er von allen Menschen der wohlgestaltetste war, so lange Arme und Ellenbogen, daß sie, wenn er sie herabhängen ließ, die Knie berührten. Und davon wurde er Longimanus (Langhand) genannt." Noch deutlicher tritt der individuelle Charakter des Maßes hervor, wenn die Leistungsfähigkeit die Ausgangsgröße bildet, etwa bei der Angabe eines „Tagewerkes" oder einer „Wegstunde".

Wenn man dann einer solchen Benennung die Maßzahl hinzufügte, indem man etwa von „3 Spannen" oder von „ 2 Wegstunden" sprach, so lag die Vergleichsgröße niemals genau fest.

Bei den Völkern, die wir als „Naturvölker" bezeichnen, also jenen, die auf einer gewissen niederen Entwicklungsstufe stehen oder stehengeblieben sind, ist eine Messung niemals eindeutig. Und dennoch haben auch diese Völker sich gewisse Normungen geschaffen, die ihnen erlaubten, ein für ihre gesellschaftlichen und wirtschaftlichen Bedürfnisse ausreichendes Maß von Genauigkeit zu erzielen. Ja, es gibt dort zum Teil hochdifferenzierte Einheiten, deren Genauigkeit den Europäer verblüfft. Schon wenn der Araber die Zeit nach der Schattenbreite mißt, kommt er zu einer sehr genauen „Uhrzeit". Natürlich weiß jeder Araber, ob er eine „kleine" oder eine „große" Hand hat, und vermag die individuelle Messung entsprechend auszuwerten.

Das Zurückführen stetiger Größen auf unstetige kann also auch beim Fehlen eines „exakten" Einheitsmaßes zu sehr genauen Angaben führen. In dieser Hinsicht ist die Begriffsbildung der Naturvölker die gleiche wie die unsrige, aber die Praxis zeigt eben statt eines „Messens" ein bloßes „Schätzen", das zwar die allgemeinen Begriffe benutzt, wie den Maßwert „Reiskorn", „faustgroß" oder „ellenlang", aber kein „Normalmaß" und erst recht kein „Eichmaß" hat. Im Maß und Gewicht der Naturvölker sind daher Einheiten erkennbar, in denen sie Längen Flächen, Körper und Massen auf ihre Art bestimmten und ausdrückten. Als Naturmaß für Längen galt z. B. im Sultanat Sansibar das Bitil oder Fitr, d. i. die Entfernung der Spitze des Zeigefingers bis zu der des Daumens bei ausgestreckter Hand. Das Schibr bedeutet hingegen die Entfernung der Spitze des kleinen Fingers bis zu der des Daumens bei ausgestreckter Hand. Ein ähnliches Naturmaß ist das Kheteh Wakiah, d. i. der doppelte Umfang des Halses. Sogar der moderne Mensch der Technik benutzt bisweilen — bewußt oder auch unbewußt — Naturmaße bei den einfachsten Handlungen im täglichen Leben als Gelegenheits- oder auch Verlegenheitsmaß. Er kennt sein Faust- oder Daumenmaß; es ist bei den einzelnen Menschen verschieden, im Mittel etwa 15 cm. Das ist die Länge, gemessen über die rechte Faust bis zum Ende des gespreizten Daumens. Der Mensch besitzt also in seiner Hand ein einfachstes, natürliches Meßzeug.* Er kennt weiter sein Schrittmaß, seine Größe und weiß, wie hoch sein gestreckter Arm reicht. Und was macht der Verkäufer, wenn der Kunde seine Fußgröße nicht kennt? Er legt das Meßband bei eingezogenem Daumen über die rechte Hand und sagt ihm das Maß. Gibt es noch treffendere Beispiele für die Ableitung natürlicher Maße?

Selbstverständlich sind solche vom menschlichen Körper abgeleiteten Maßeinheiten nur für den einzelnen Menschen in beschränktem Maße konstant. Deshalb mußten auch die Naturvölker mit dem Aufkommen von Handel und Verkehr in irgendeiner Form eine zum mindesten für alle Stammesgenossen gleiche Einheit festsetzen. Darüber hinaus war an eine derartige Maßeinheit außer der Forderung nach ihrer Beständigkeit auch die der Möglichkeit eines vollwertigen Ersatzes im Falle des Verlustes zu stellen. Diese Voraussetzungen wurden und werden von den Maßen der Naturvölker ebensowenig erfüllt wie von den labilen Größen der älteren Einheiten aus dem Mittelalter (z. B. Fuß, Elle, Rute usw.). Der Mangel an Genauigkeit aller vom Körper und seiner Leistungsfähigkeit abgeleiteten Maße hat sie auch im Abendland wieder zum Verschwinden gebracht. Die Abweichungen in den Körpermaßen von Volk zu Volk, Landschaft zu Landschaft und unter den erwachsenen Menschen sind zu groß, als daß ein für alle Zeiten gültiges Maßsystem darauf begründet werden könnte. Indessen ist bei den Naturvölkern und solchen, die auf gehobenerer Kulturstufe stehen, ein Streben nach absoluten und von Zufälligkeiten unabhängigen Maßen deutlich erkennbar. Hierzu berichtet z. B. *Krickeberg* [172] von den Maori, daß diese gern die Körperlänge einer bestimmten Persönlichkeit oder den Spazierstock eines Häuptlings als „königliches" Maß benutzten, und nach *Elsdon Best* [37] soll sogar ein europäischer Schiffskapitän Zeuge gewesen sein, wie im Jahre 1820 ein Maori-Häuptling Länge und Breite eines europäischen Schiffes mit seiner Körperlänge maß. Ein weiteres Beispiel sind Beobachtungen *Krickebergs* [172] bei den Indianern Kaliforniens. Sie ließen sich

* Noch heute mißt der Bergmann bisweilen durch Aneinanderlegen der Fäuste und mehr oder minder weitem Abspreizen der Daumen (1 Fuß).

auf dem linken Oberarm einen Strang Muscheln eintätowieren, um damit das Muschelgeld anderer Stammesmitglieder vergleichen zu können.

Den Ausspruch des Sophisten *Protagoras* „Der Mensch ist das Maß aller Dinge" könnte man auch auf die Tatsache beziehen, daß der Mensch selbst die Ausgangsgröße der von ihm benutzten Maße ist. Dies bestätigt *Fettweis* [163] in seinen völkerkundlichen Betrachtungen über die Entstehung der Meßkunst; denn die Völkerkunde läßt erkennen, daß die Meßkunst bis zu einem gewissen Grade tatsächlich am menschlichen Körper entstanden ist. Fettweis vertritt aber gleichzeitig die Ansicht, daß ursprünglich das Messen nicht auf einem vom menschlichen Körper abgeleiteten Maß beruhte, sondern vielmehr auf einer äußerst scharf ausgeprägten Sinneswahrnehmung. So hält es z. B. auch *Kaufmann* [171] für erstaunlich, wie die Angami in Hinterindien ohne jedes Meßgerät selbst die steilsten Hänge in wunderbar bewässerte Reisfelder verwandeln, und *Murdoch* [103] behauptet von den Eskimos, sie hätten das Messen mit Geräten erst durch den Handel mit den Weißen gelernt.

Unter den Maßen, die vom menschlichen Körper her genommen wurden, stehen die Längenmaße an erster Stelle; wahrscheinlich sind auch Flächenmaße, Raum- und Hohlmaße und Massenmaße wenigstens indirekt vom Körper abgeleitet worden, sei es durch relativ konstante Größen des ausgewachsenen Körpers oder durch Größen, die von der Leistungsfähigkeit der menschlichen Organe abhängen. Dabei stehen nach *Schmidt* [106] die Längenmaße, Flächenmaße, Raum- bzw. Hohlmaße noch vollkommen unverbunden nebeneinander. Die Zusammenhänge z. B. von m, m^2 und m^3 sind noch unbekannt. Deshalb sei die ursprüngliche Landübertragung der Sippengemeinschaften an Familien oder Stämme auch nur vom Standpunkt der Ernährungsmöglichkeit erfolgt, somit nach Maßstäben, die zu anderen Ergebnissen führen mußten als die abstrakten geometrischen Vermessungen unserer Zeit.

Fest gegebene Größen der Naturvölker sind die uns landläufig noch bekannten Maße wie Zoll oder Fingerbreite, Handspanne, das bereits erwähnte Faustmaß, Klafter oder Armspanne, Elle (vom Ellenbogen bis zur Spitze des Mittelfingers), Fuß usw. Diese Maße wenden Naturvölker noch heute an, und zwar in allen möglichen Variationen, z. B. Handbreiten mit und ohne angelegten Daumen, Körperlängen mit oder ohne hochgestreckten Arm, auch Höhenmaße, z. B. Kniehöhe, Lendenhöhe, Rippenhöhe, die besonders von ostafrikanischen Völkern benutzt werden [37].*

Erste Ansätze zu Maßsystemen bei den Naturvölkern will auch *Nieuwenhuis* [124] z. B. auf Borneo erkennen. Die Eingeborenen messen nach Fingerbreite und fassen 4 Fingerbreiten zu einer Handbreite zusammen. Der Maori auf Neuseeland [37] benutzt als Längenmaß das

* Auf Vuatam verwenden die Südsee-Insulaner für die Messung von Taulängen, die sie zur Herstellung der Fischnetze benötigen, eine an der Küste genau abgesteckte Strecke. Bemerkenswerterweise entsprechen die Taulängen den Tiefenangaben der amtlichen Seekarte [125]. Beobachtungen der Küstenbewohner sind hier mitbestimmend geworden für die Entwicklung einer Längennorm.

maro, das ist der Abstand zwischen den Spitzen der Mittelfinger bei weit abgestreckten Händen. 10 maro sind ein kumi. Der aztekische Fuß im alten Mexiko maß 33.83 cm, der praktische Maßstab war 6 Fuß, die Längeneinheit für die Feldmessung 60 aztekische Fuß. Das Flächenmaß von Altperu soll nach *Trimborn* [104] ein Rechteck sein von 50 Klafter Länge und 25 Klafter Breite. Es war also schon ein großer Fortschritt, als man bei diesen auf gehobener Kulturstufe stehenden Völkern begann, mit dem Zehnersystem ein ganz bestimmt gegliedertes System herauszubilden.

Das „Zehnersystem" ist dann sehr bald überboten worden von dem „Zwölfersystem", das einige Rechenvorteile bot insofern, als das Dezimalsystem zu Brüchen oder Resten führt, während die größere Anzahl Teiler in der Zwölfereinheit eine „glattere" Rechnung ergab. Interessant sind in diesem Zusammenhang auch die auf Seite 64 ff. erwähnten Bemühungen um die Teilung des Berglachters.

Längenmaße, die auf der Leistungsfähigkeit des Körpers beruhen, sind vor allem der Tagesmarsch, die alte rasta der Germanen, und vielleicht auch schon der Schritt und Sprung. *Pott* [15] erwähnt hierzu noch andere, zum Teil recht merkwürdige Maße: Speerwurf, Rufweite, Trommelruf, Hühnerschrei (Borneo), Kuhschrei (Indien, heilige Kuh!) und die „Tasse Tee weit" der tibetanischen Bauern. Gemeint ist dabei eine Strecke, die in derselben Zeit zurückgelegt werden kann, die eine Tasse Tee, kochend heiß aufgebrüht, braucht, bis sie trinkfähig abgekühlt ist. Nach den Berichten der europäischen Teilnehmer an der Mount-Everest-Expedition von 1921 sollen „3 Tassen Tee weit" ungefähr 5 englischen Meilen entsprechen.*

Indianer Brasiliens geben größere Entfernungen dadurch an, daß sie die Bäche zählen, die bis zu einem bestimmten Ort überschritten werden müssen, oder sie nennen die Anzahl der Flußwindungen. Allerdings dürfte hier eine „Entfernungsmessung" nur dann vorliegen, wenn die dabei verwendeten Maße von ihrer lokalgeographischen Grundlage abgelöst und anderweitig verwendet werden.

Kurze Strecken werden bei manchen Naturvölkern schon mit einer Schnur festgestellt, z. B. der Umfang eines Baumes oder zweier Pfosten, die von gleicher Stärke sein sollen. Bewundernswerte Meßleistungen in höchster Vollendung vollbringen die Pygmäen, die Urwaldzwerge Zentralafrikas, bei ihrem Brückenbau ohne Zuhilfenahme moderner Meßwerkzeuge.

Als Hohlmaß, das vom menschlichen Körper unabhängig ist, dient auf Yap die Schale einer ausgewachsenen Kokosnuß mittlerer Größe. Die Yap-Leute nennen dieses Maß „dag" (ungefähr 1 Liter) und messen damit die verschiedensten Dinge. In Ostafrika ist ein Korb als Getreidemaß verwendet worden; war das Getreide aber knapp, benutzte man einen kleineren Korb. Hier wird also das Maß bereits Wertrelation. Auch die Anna-

* *Peters* [166] gibt eine Stunde Gehens mit 1200 Ruten an.

miten kannten schon einen „Eimer" von ungefähr 2 Liter Inhalt als Hohlmaß.

Als ein vom menschlichen Körper abgeleitetes Raum- und Hohlmaß beschreibt *Degeorge* [105] aus Assam „die Handvoll", während in Annam „die Handvoll" auch zur Bestimmung einer Fläche diente, und zwar war beispielsweise ein Feld so groß, daß man 2000 „Handvoll" Reis darauf säen konnte.

Gewichte oder Schweremaße, die von der Leistungsfähigkeit des Körpers abgeleitet sind, treffen wir ebenfalls auf Yap an. Dort braucht man zum Heben die Kraft eines Armes, zweier Arme und der ganzen Person oder auch die Armkraft mehrerer besonders angesehener Personen.

Wie so viele menschliche Kulturgüter, so zeigt auch die Meßkunst — besonders in ihren Anfängen — Verbindungen zur Mystik [30]. Nicht allein bei den „Naturvölkern", auch bei den auf gehobenerer Kulturstufe stehenden Völkern, ja sogar in der modernen Kultur des Abendlandes sind solche Spuren noch anzutreffen. So begegnet man bisweilen dem Glauben, man dürfe Kinder nicht messen oder wägen, es könnte ihnen schaden. Einen merkwürdigen Ritus im Pandschab beschreibt *Seligmann* [27]. Dort stellen die Bauern fest, ob ein Pferd behext ist, indem sie es von den Ohren bis zur Schwanzspitze mit einem Baumwollfaden messen. Darauf rollen sie diesen um Käseteig und werfen den Knäuel ins Feuer. Wenn der Faden brennt, bevor der Teig kocht, dann ist das Pferd behext. Von der den Indern heiligen Kuh sind Längenmaße abgeleitet, der Kuhschrei und das kleinere Maß Kuhohr, während der Kuhfuß ein Hohlmaß darstellt in der Größe des Fußabdruckes in weichem Boden. Als Maßeinheit setzt ein derartiger Abdruck allerdings erhebliche Abstraktionen voraus, da der Abdruck erst ausgeformt werden muß, um ihn als Maß zu gewinnen. Die Yap-Leute bezeichnen die Handspanne von der Daumenspitze bis zur Zeigefingerspitze als „den Menschen gehörig" und die Spanne bis zur Mittelfingerspitze als „den Dämonen gehörig". Hier liegen also ebenfalls mystische Zusammenhänge vor.

Von den Eingeborenen auf Neuguinea bringt *Schnee* [165] ein besonders interessantes Beispiel zur Verbindung der Meßkunst mit der Mystik. Dort glauben die Leute, daß auf bestimmten Felsen an der Küste ein Dämon wohnt, der die ausfahrenden Schiffer festhält. Weil die Küstenpunkte wegen ihrer Höhe länger sichtbar bleiben als der flache Strand, erliegen die Eingeborenen der Täuschung, daß es besonders schwierig sei, von diesen Felsen wegzukommen. Also darf an solchen Stellen nur geflüstert werden, damit der Geist bei der Ausfahrt nicht erwacht, falls er zufällig schlafen sollte. Solche und ähnliche mystische Vorstellungen haben natürlich lange eine richtige Vorstellung und Begriffsbildung vom Maß verhindert.

Es kann abschließend festgestellt werden, daß Maß und Gewicht der Naturvölker nur Meßgrößen allereinfachster Art sind.

Das richtige Verständnis für Maß und Gewicht wurde erst allmählich durch die Beobachtungsgabe und Kunst der Berechnung bei den alten Kulturvölkern gewonnen.

1.22 *Die Maße und Gewichte der alten Kulturvölker*

Die alten Kulturvölker besaßen reiche Kenntnisse auf dem Gebiet der Naturwissenschaften, und die Herstellung ihrer großartigen Bauwerke läßt eine sorgfältige Anwendung von Maß und Gewicht vermuten. Es ist kaum anzunehmen, daß z. B. die Pyramiden von Gizeh aus der 4. Dynastie des Königs Cheops (2570 v. u. Z.) ohne gewisse Kenntnisse praktisch geometrischer Operationen ausgeführt worden sind. Der Bau des Tempels zu Jerusalem, den König Salomo um 1000 v. u. Z. durch die Tyrer ausführen ließ, erregte die Bewunderung der damals weniger kunstgeübten Juden.

Die moderne geographische Forschung [59] [69] hat auf verschiedene Bergbaugebiete der alten Ägypter hingewiesen und läßt vermuten, daß bereits in der Pharaonenzeit eine Markierung der Karawanenwege zu den Gruben im Wüstengebiet angelegt wurde. *Von der Esch* [59] berichtet, daß er durch steinerne Wegzeichen (Alamate), ca. 24 km OSO von Schellal, altertümliche Bergwerke vorgefunden habe. Der Entdecker will in diesen Alamaten sogar Ansätze zu einer uralten geographischen Landesaufnahme erkennen, eine Behauptung, die durch ein Papyrusblatt in Turin aus der Zeit Ramses II. (ca. 1293—1225) bekräftigt wird. Dieses Blatt ist nichts anderes als eine „Landkarte" mit Einzeichnungen der „Wege, die zum Golde führen" [69], und dürfte somit mindestens die Tatsache einer zeichnerischen Erfassung geographischer Räume in pharaonischer Zeit beweisen. Man war also bemüht, mehr oder weniger ausgedehnte Teile unserer Erde zu messen und auf einer Ebene darzustellen, weil ein Bedürfnis nach brauchbaren kartographischen Übersichten vorlag.

Um die Jahrhundertwende fanden Kinder, die im Teiche Siloah badeten, eine Inschrift über den Bau der Wasserleitung des Königs Hiskia, die in der Bibel (II. Könige 20, 20, Jesus Sirach 48, 19) mehrfach rühmend erwähnt wird [29]. Ungefähr 700 v. u. Z. ließ der König Hiskia durch den östlich von Jerusalem sich hinziehenden Bergrücken Zion von Osten und von Westen her einen 533 m langen Stollen schlagen und leitete durch diesen die Gihon-Quelle und einen Teil des Baches Kidron in den Teich Siloah hinein, der auf Jerusalemer Seite des Berges Zion liegt. Die Inschrift besagt, daß die Arbeiter von der einen Seite das Klopfen der Arbeiter von der anderen Seite gehört hätten und daß darauf der Durchschlag erfolgt sei. Es ist kaum anzunehmen, daß der Stollen immer in der Richtung getrieben wurde, in der das Gestein am weichsten war; sicher sind auch einfachste Messungen durchgeführt worden.

Die *Siloah-Inschrift* lautet:

Zeile 1 (Vollendet ist) der Durchschlag. Und dieses war der Hergang des Durchschlages: als (sie) noch (schwangen)

„ 2 die Schlegel einer gegen den andern und als noch 3 Ellen (festes Zwischenmittel) waren, (vernahm man) die Stimme des einen, der zu-

„ 3 rief dem andern; denn es war eine Spalte im Felsen vom Ort (zum Gegenort). Und nachdem am Tage des

Zeile 4 Durchschlages die Häuer Gezäh auf Gezäh einander entgegengestellt hatten, da floß

„ 5 das Wasser von der Quelle bis zum Teich 1200 Ellen weit. Und hun-

„ 6 dert Ellen war die Höhe des Felsens über dem Kopf der Häuer.

Bild 2

Die Wasserversorgungsanlage für das alte Rom (100 v. u. Z.)

Nach einem Gemälde von Prof. Diemer

Die Gesamtlänge der 19 römischen Aquädukte betrug 400 km. Die Anlage versorgte das alte Rom mit 600 bis 1000 Liter Wasser je Einwohner und Tag. Das ist das Vielfache des heutigen Großstadtbedarfes. Der Verbrauch wurde mit geeichten Düsen gemessen, Absperrvorrichtungen gab es nicht. Das Wasser lief im alten Rom bei Tag und Nacht, so daß täglich ein ganzer See, rd. 1 000 000 cbm Wasser, verbraucht wurde. Diese Wassermenge würde genügen, um damit die Sosa-Talsperre im Erzgebirge in 6 Tagen zu füllen. 700 Arbeiter und Techniker waren immer bereit, um eintretende Störungen an Behältern, Zuleitungen und Verbrauchsstellen zu beheben.

Ein ganz hervorragendes Denkmal alter Meßkunst begegnet uns auf griechischem Boden im 6. Jahrhundert v. u. Z. in der Wasserleitung des Eupalinos auf Samos, die im Altertum als eines der sieben Weltwunder galt. Auch hier war es eine Quelle, die durch einen 1000 m langen Bergrücken geleitet wurde.* Weiterhin sind zu nennen die Wasserleitungen

* Die Entdeckung eines 160 km langen Kanalsystems im Zweistromland zwischen Euphrat und Tigris gab unlängst der Professor für Assyriologie und babylonische Literatur an der Yale-Universität, Albrecht Goetze, bekannt. Die Kanäle, durch die ein Teil des vorgeschichtlichen Mesopotamiens bewässert wurde, sollen vor etwa 6000 Jahren angelegt worden sein. Wahrscheinlich sind sie um 1800 v. u. Z. mit der zunehmenden Versteppung des einst so fruchtbaren Gebietes versandet.

von Athen und Rom, die Akropolis, die Bergwerke von Laurion, das alte Rom. Schließlich seien als ältestes Schriftgut der Turiner Papyrus, 1400 v. u. Z., der Papyrus Rhind, 9 v. u. Z. [101], ein Lehrbuch des Vermessungswesens aus der Zeit etwa 100 v. u. Z., Herons Dioptra, die 10 Bücher des Vitruv [1] u. a. m. erwähnt. Da die Buchdruckerkunst noch unbekannt und die Entnahme von Abschriften somit ein kostspieliges Unternehmen war, kann der Leserkreis des ältesten Schriftgutes nicht groß gewesen sein. Die alten Kulturvölker kannten das Bestreben nicht, Wissenschaften zu verbreiten und ins Volk hineinzutragen, wie wir es heute zu tun gewohnt sind. Deshalb will es uns fast wie ein Rätsel erscheinen, wie es im Altertum möglich war, noch heute vorhandene bedeutende und große Bauten in so vollendeter Form zu schaffen. Wir müssen uns mit der Feststellung begnügen, daß auf dem Gebiet der Meßkunst Hervorragendes geleistet worden ist.

Zwischen dem Leben der Völker und den Himmelserscheinungen bestand allgemein in den frühen Kulturen fast aller Weltteile eine enge Verbindung. So findet sich z. B. auf dem hügligen Wüstenland im südlichen Peru ein seltsames Netz von Linien, geometrischen Figuren und Umrissen von Tieren. Diese Gebilde sind nur vom Flugzeug aus zu übersehen, laufen oft kilometerweit als schnurgerade Linien oder flache Aufschüttungen über das trockene Hochplateau. (Die Spinne in dem Kreis der Luftaufnahme, Bild 3, ist über 50 Meter lang.) Die Indios nennen diese Gebilde Inkastraßen; es können aber niemals Straßen gewesen sein. Möglicherweise haben die kunstvoll angelegten Markierungen astronomisch-religiösen Zwecken gedient.

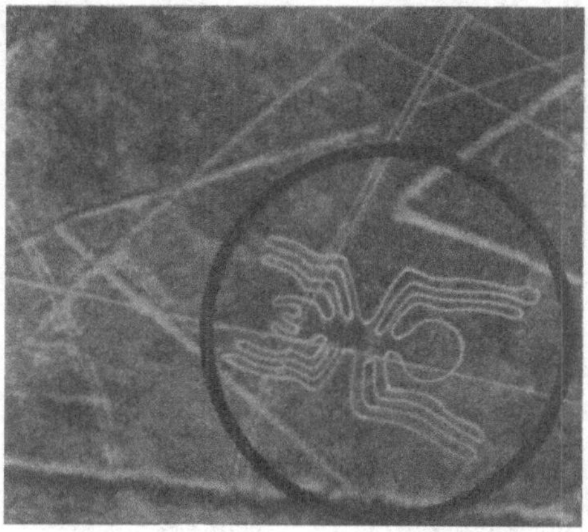

Bild 3

Markierungen im Hochland von Peru

Aus „Zeit im Bild" 1954, Februar-Heft, mit Genehmigung des Verlages

(Die Spinne ist der Deutlichkeit halber photomechanisch etwas herausgearbeitet worden.)

Die bisherigen Forschungen haben ergeben, daß uns in der Entwicklungsgeschichte der Meßkunst eine Beobachtungsreihe vorliegt, die zeitlich weiter zurückreicht als die aller anderen Künste der uns bekannten Völker der Erde. Unter diesen Umständen sind wir es auch gewohnt, die Ägypter als ältestes Kulturvolk anzusprechen, und das wahrscheinlich mit Recht. Jedenfalls sind uns hier die ältesten Reste menschlicher Kultur in bereits hoher Vollendung erhalten [99].

1.221 *Ägypter*

Das Pharaonenreich hat zweifellos schon in sehr früher Zeit das System der *Maße und Gewichte* weiter entwickelt als die kulturell noch weniger fortgeschrittenen Völker in den ersten Jahrtausenden vor unserer Zeitrechnung. Gleichwohl ist es sehr primitiv geblieben; die Anzahl der *normierten Einheiten* ist nämlich recht gering, und diese sind durchaus nicht immer aufeinander abgestimmt, sondern stehen zum guten Teil beziehungslos nebeneinander.

Dennoch hat die ausgeprägte Bürokratie, verbunden mit einer uns höchst sonderbar anmutenden Titelsucht, eine beachtliche Anzahl von *Beamtentiteln des Meßwesens* überliefert. Diese kommen schon in älterer Zeit vor und beweisen, daß der Pharao als Repräsentant des Staates und die Priesterschaft der großen Tempel als die wesentlichen Träger der Wirtschaft einer Ordnung von Maß und Gewicht die gebührende Aufmerksamkeit widmeten.

Das geht auch aus der Bedeutung hervor, die einzelne Meßinstrumente für die religiöse Symbolik gewonnen haben. An erster Stelle wäre hier die Waage zu nennen. Wir kennen sie aus zahllosen Abbildungen auf den weltlichen Flachreliefs ebensogut wie aus den religiösen „Totenbüchern“. Sie wird übrigens schon in den ältesten schriftlichen Urkunden als ein Gerät des täglichen Gebrauchs erwähnt. Auch die Osirislehre der Ägypter weist auf die jahrtausendealte Bedeutung der Waage hin [130]. Hier bestimmte der Totenrichter durch eine genaue Abwägung des „Herzens“ den Lebenswert des Verstorbenen. Dabei mußte der Tote vor den 42 göttlichen Totenrichtern, wenn er nach seinen Sünden gefragt wurde, versichern:

Ich habe das Kornmaß weder vergrößert noch verringert.
Ich habe das Feldmaß nicht verringert.
Ich habe mit dem Ackermaß nicht betrogen.
Ich habe die Gewichte der Handwaage nicht vergrößert.
Ich habe das Lot der Standwaage nicht hinuntergeschoben.

[Totenbuch, Kap. 125, Versicherung 20—24 im Papyrus Nebseni, London.] *

Gewichte

Hier fällt auf, daß es eigentlich nur *zwei* Einheiten gibt, und zwar beide von sehr geringem Wert. Das ägyptische „Pfund“ ist das höchste Gewicht; unser Pfund ist fünfmal schwerer.

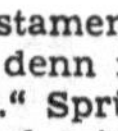 *1 dbn* (deben) = 91 g

---

* Auch im Alten Testament wird z. B. befohlen: „Richtige Waagen, richtige Gewichtssteine sollt ihr führen, denn falsche Waagen sind Jahwe ein Greuel, aber ein volles Gewicht sein Wohlgefallen.“ Sprüche 16, 11: „Rechte Waage und Gewicht ist vom Herrn, und alle Pfunde im Sack sind seine Werke.“

Häufig zeigen uns altägyptische Grabgemälde die Ausführung jenes Totengerichts durch die Waage. Diodor von Sizilien schreibt, die Ptolemäer hätten dem, der Maße und Gewichte verändert habe, beide Hände abgehauen [2 f].

Bei dem prinzipiell *dezimalen* Rechnungssystem der Ägypter führt das Zehntel des Pfundes eine eigene Bezeichnung, die man am besten mit „Loth" wiedergibt.

 *1 kj·t* (Kite) = 9,1 g

Die geringen Einheiten führten zu enormen Ziffern, wenn wirklich einmal große Lasten genau angegeben werden mußten. Ihrer Natur nach sind „Loth" und „Pfund" nur Maße für wirklich sehr wertvolle und deshalb genau abzuwiegende Stoffe (Edelmetall, Edelgestein). Es ist anzunehmen, daß diese beiden Maße im ganzen Pharaonenreiche vom Süden bis zum Norden einheitlich waren.

Höchstens als *Fremdwort* wird aus dem weit stärker unterteilten *babylonisch-assyrischen* Sexagesimal-System die „Mine" übernommen, die in ihrer Schreibung schon die fremde Herkunft verrät und auch bald wieder verschwindet.

 *1 mnn* (menen — *„Mine"*) = 603 g

Interessant ist die Angabe älterer Zeiten, die den Ziffern bei „Loth" und „Pfund" ausdrücklich hinzufügt:

 *nach dem Abgabengewicht*

Diesem Zusatz kann entnommen werden, daß wenigstens in der XVIII. Dyn. ein Gegensatz zwischen dem nicht normierten, lokal verschiedenen und freibleibenden *Handelsgewicht* und dem staatlich festgelegten *Abgabengewicht* bestand. Lag kein Zwang vor, sich an dieses „Abgabengewicht" zu halten, so sind als verkehrsübliche Gewichtsmaße für größere Posten je nach Gelegenheit verfügbare Maße verwendet worden, die in großer Zahl in den Texten genannt werden:

1 Schiffslast (in einem Märchenbuch)
1 Haufen (für Korn, Holzkohlen, Ziegel)
1 Bündel (für Futter, Kraut)
1 Sack *1 Korb* *1 Krug*
1 Topf *1 Handvoll*
1 Fingerspitze voll (medizinische Texte)

Bei den meisten Angaben handelt es sich also um *Hohlmaße* ganz unbestimmter und wechselnder Größe. Exakte Gewichtseinheiten sind erst aus dem griechischen System eingeführt worden, vor allem, als die griechische Königsgewalt der *Ptolemäer* nach dem Tode *Alexanders des Großen* in Ägypten zur Regierung kam. In der ptolemäischen Zeit erscheint im *Stater* ein neues kleines Gewicht von 2 Loth = 18.19 g und das *Talent* oder der „Zentner" von 300 Pfund = 1500 Stater = 3000 Loth mit 27.287 kg als höchstes Gewicht.

Hohlmaße

Die Anzahl der *Hohlmaße* ist weit größer als die der Gewichtseinheiten, aber das „System" ist hier nicht besser ausgebaut als dort. Vor allem fehlt ihm die Exaktheit in einem so bedenklichen Maße, daß schon die alten Ägypter selbst die Unsicherheit in der Festlegung der Quantität als unerträglich empfanden. *1 Korb Datteln* ist eben ein sehr dehnbarer Begriff, denn sie können lose hineingeschüttet und mehr oder weniger fest hineingepreßt sein. So sann man bereits in pharaonischer Zeit auf eine behelfsmäßige „Genauigkeit" und glaubte sie darin gefunden zu haben, daß man für die verschiedenen Haupthandelsartikel jeweils besondere Hohlmaße vorschrieb, ohne jedoch das Übel an der Wurzel zu fassen. Die auf S. 16 angeführten allgemeinen „Gewichtseinheiten" sind zum guten Teil schon Hohlmaße gewesen. Daneben führt das große „Wörterbuch der ägyptischen Sprache" *17 Spezialmaße* an, die z. B. genau zwischen dem „Dattelmaß" und dem „Feigenmaß" unterscheiden, wobei dann noch oft ein zweiter Ausdruck auftaucht. Es bleibt ungewiß, ob etwa *1 mḏꜣ Datteln* ein Vielfaches von *1 ḥnk Datteln* ist, denn die „Spezialmaße" * sind nirgends genau bestimmbar. Um nur einige Proben zu geben, nennen wir

1 Maß Tintenfarbe (*pd* — ped)
1 Maß Wein (*mdd* od. *ht* — meded od. het)
1 Maß Bier (*ꜥḥꜥ* — aha)
1 Maß Weihrauch (*pḏ · t* — pedschet)
1 Maß Kuchen (*ipd* od. *nḏꜣj* — iped od. nedschaj)
1 Maß Gebäck (*bꜣ ḥ* — bah)

Die Quantität ist genauer nur für folgende Maßeinheiten anzugeben:

1 ḥḳꜣ · t · wj	1 Doppelhekat	= 9.57 l	
1 ḥḳꜣ · t	1 Hekat**	= 4.785 l	 oder 
1 ḥnw	1 henu — 1 Hin	= 0.45 l	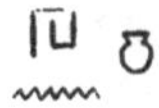 oder 
1 ḏꜣ	1 Dscha	= 0.33 l	
½ *ḏꜣ*	1 Halbdscha	= 0.165 l	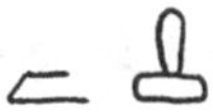
1 rꜣ	1 Ra	= 0.0015 l	 oder •

* Einige weitere *Spezialmaße* s. S. 18.

** Schon bei der Einheit 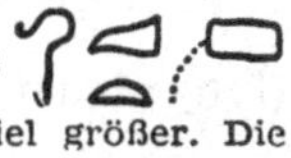 ist die Größe nicht ganz gesichert. In späterer Zeit ist es offenbar sehr viel größer. Die zuletzt genannte Einheit  ist nämlich $\frac{1}{320}$ des Hekat und mißt dann 0.012 l; somit hat später

1 ḥḳꜣ · t 1 „Artabe" ἀρτάβα = 36.39 l 

Von ihr erwähnt *Agricola* [2c], daß sie 5 römische Scheffel oder 72 Sextarii faßte. Weiter nennt er die Aporrhyma zu 11 Sextarii, den Oiphin zu 8 Sextarii oder 4 attische Choiniken und das Inium, das 1 Sextarius faßte. Auch das folgende Maß (Seite 18) ist Abänderungen unterworfen gewesen; sein Wert scheint später auf $\frac{1}{6}$ gesunken zu sein.

Seit der XVIII. Dyn. erscheint sehr häufig das später als Fremdwort auch ins Hebräische und Griechische übernommene Maß

 *1 ipt* (ipet), *hebr. 1* איפה (Epha), *griech. 1 Οἰφί* (Oiphi).

Da im Ägyptischen seine Größe offenbar nicht festliegt, wird es vielfach genauer bezeichnet *1 ipt des Hauses* oder *1 großes ipt*. Im *Hebräischen* mißt *1 Epha* ca. 36 l; im *Griechischen* sinkt der Wert dagegen beträchtlich, denn *1 Oiphi* = ca. 6.61 l.

Wenn man die Quantität gerade bei dieser häufig genannten Maßeinheit festlegen möchte, so versagen doch alle Handhaben. Vermutlich traf weder der für das *hebräische* noch der für das *griechische* Maß zu ermittelnde Wert für das *ägyptische* „Ipet" zu. Ganz ähnlich liegen die Verhältnisse bei zwei weiteren außerordentlich oft genannten Einheiten:

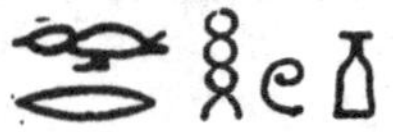 *1 wrḥ* (Ureh) : 1 „Salbmaß"

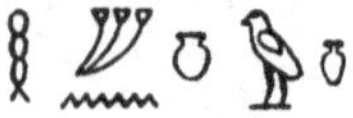 *1 ḥnw* (Henu) : 1 „Topfmaß"

Es ist verständlich, daß für kostbare Salben ein gewisses Handelsmaß sich ebenso durchsetzte wie die allgemeine Einheit „Topf". In beiden Fällen *fehlt* jedoch die *Normierung*.

Es befremdet heute, daß selbst in den königlichen Dekreten die Quantitäten unbestimmt bleiben, da auch diese sich der oben genannten allgemeinen Maße bedienen — es befremdet aber noch mehr, daß der Ägypter es in einem reinen „Jenseitstext", dem *Totenbuch*, für angebracht hielt, ein im täglichen Leben nie verwendetes Maß festzulegen, nämlich

 *1 rᶜ ḫmn · w* (ra-chemenu) 1 „Achtelkornmaß".

Längen- und Flächenmaße

Nur ein Gebiet ist etwas besser entwickelt worden: die Landvermessung. Das *Ausmessen*  *šnṯj* (szenetzi) hat die damit beauftragten *„Landmesser, Oberlandmesser, Oberstlandmesser"* zur exakteren Festlegung der wichtigsten Meßgrößen genötigt. Ihre Vermessungsergebnisse, die im *„Kataster"*  *ipw* (ipu) niedergelegt wurden, mußten auf Jahre hinaus Geltung behalten — dagegen war „1 Korb Datteln" rasch verzehrt. So findet man hier eine auch für uns noch faßbare Systematik und genauere Werte. Auch unterstützt hier die Archäologie den Philologen, denn es haben sich einige, z. T. sehr prunkvolle *Ellenmaße mit Teilungen* erhalten [162] [22]; zahlreiche Bilder zeigen die Arbeit mit der *Meß-Schnur*. Dagegen fehlen sichere Stücke von *geeichten* (markierten)

Hohlmaßen; nur ein paar Gewichte sind neben den bildlichen Darstellungen des Abwiegens geblieben (Bild 4).*

Zur Messung von L ä n g e n bediente man sich zweier aufeinander im Verhältnis *6* : 7 abgestimmter Einheiten [162] [169] [22] [97] [98]:

 *mḥ nśw · t* (meh nesut) = ca. 52 cm, die „königliche" Elle

 *mḥ šrr* (meh scherer) = ca. 45 cm, die „geringe" Elle

Die Elle** ist das größte (vom Körper abgeleitete) Grundmaß, da sonstige natürliche Einheiten wie *Fuß, Klafter usw.* in Ägypten nicht verwendet wurden.

Bild 4

Altägyptische Darstellung des Abwiegens am Amûntempel von Theben

Aus „Die Kunst des alten Orients". Propyläen-Verlag, Berlin 1925

* Die Gewichte haben die Form von Kegeln, Kuhköpfen u. a. figürlichen oder stereometrischen Gebilden. Sie dienten wohl vorwiegend zum Abwiegen der Edelmetalle, zu denen neben Gold und Silber in der Frühzeit auch Kupfer zu rechnen ist. *Münzgeld* ist bekanntlich eine ziemlich späte Erfindung. In der Zeit der Perserherrschaft über den Norden des Landes liefen natürlich die persischen Reichsmünzen (*Siglos* und *Dareikos*) im Lande genauso zahlreich um wie die importierten griechischen Silbermünzen. Unter den in Ägypten gefundenen griechischen Prägungen sind wenigstens einige sehr frühe Stücke zu verzeichnen.

Die eigentliche Pharaonenzeit behalf sich dagegen mit *Barren* oder *Ringen*. Die *Kupferbarren* hatten im Neuen Reich durchschnittlich ein Gewicht von ca. 1700 g. Eigene Prägungen hat Ägypten erst seit der Ptolemäerzeit aufzuweisen.

** Dieses natürliche Maß bildet bei fast allen Kulturvölkern die ursprüngliche Maßeinheit und erfreut sich seines ehrwürdigen Alters wegen bis auf den heutigen Tag einer so großen Beliebtheit, daß in der metronomischen Literatur auf die Elle als historische Einheit immer wieder verwiesen wird. Häufig wird auch das Schrittmaß von den Archäologen als die historisch am besten begründete Einheit erwähnt, weil es auf der natürlichsten Grundlage beruhe.

Auf noch vorhandenen Ellen sind Unterteilungen verzeichnet [162] [22], wie sie aus Tabelle 1 ersichtlich sind.

Tabelle 1

Bezeichnung	Einteilung
 „der Oberarm“ = $^5/_7$ der großen Elle	20 Finger (griechisch πυγών)
 $^2/_3$ der kleinen Elle	16 Finger (der griechische Fuß)
 „die große Spanne“ = $^1/_2$ große Elle	14 Finger (die griech. σπιθαμή)
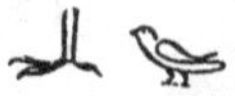 „die kleine Spanne“ = $^1/_2$ kleine Elle	12 Finger
 (2 Hände mit 8 Fingern)	8 Finger
 Faust = $^1/_4$ der kleinen Elle	6 Finger
 Hand	5 Finger
 „die Handbreite“ = $^1/_7$ der großen, $^1/_6$ der kleinen Elle	4 Finger
 „die Fingerbreite“	(griechisch δάκτυλος) mit den Teilstücken $^1/_2$, $^1/_4$, $^1/_5$, $^1/_6$ usw. bis $^1/_{16}$ Finger

Größere Einheiten waren:

	*ḫ · t* (chet)	= 52 m,	1 Hundertellenmaß
	*rmn* (remen)	= 26 m,	1 Fünfzigellenmaß
	*mḥ tꜣ* (meh ta)	?	1 „Ackerelle“ [meist als Flächenmaß, ob 100×100 Ellen?]
 od. spät. 	*itwr* (itur)	= 6 km,	1 Meile, *griech.* σχοῖνος [1 Schoinos hatte in ptolemäischer Zeit 12 000 Königsellen]*

Neben den Durchschnittsmaßen des menschlichen Körpers, die zur Messung von Entfernungen mit Sorgfalt angewendet wurden, ist den Ägyptern in römischer Zeit die Handhabung des Meßrades bekannt gewesen.

* Die an Ägypten angrenzende nubische Landschaft von Syene bis Takomso hieß bei den Griechen Dodekaschoinos oder das Zwölfschoinenland.

Vitruv [1] berichtet im 10. Buch der „Architectura“ schon von ägyptischen Wegemessern. Gegenüber der bloßen Distanzmessung war das Abschreiten oder Abfahren einer Entfernung ein wesentlicher Fortschritt, besonders als die Pedometer oder Hodometer (pedon = Boden, Erde, Land, hodos = Weg, Straße, Reise) erfunden wurden, um das sichere Zählen der Schritte oder Radumläufe zu erleichtern [21]. Große Genauigkeit wurde mit diesen Wegemessern später erreicht, als man Meßlatten, Leinen und Ketten zur Anwendung brachte und damit ihre Handhabung zu verbessern wußte, worauf im Abschnitt „Begriff und Wesen des Messens“ schon hingewiesen worden ist.

Bild 5

Vermessen eines Kornfeldes mit dem Strick

In der Mitte der leitende Beamte, hinter ihm sein Sekretär. Beide sind an der vornehmen Kleidung zu erkennen. Zwei Unterbeamte spannen den Strick. Zwei Knaben tragen Aktenbeutel, Schreibzeug u. a. Die übrigen Personen sind wahrscheinlich nur zur Bildwirkung hinzugezeichnet.

Aus: Niemann, Von altägyptischer Technik, Beiträge zur Geschichte der Technik und Industrie, VDI-Verlag Berlin 1930, S. 100

Das historische Instrument ägyptischer Meßkunst aber ist der Meßstrick. Er diente den alten Feldmessern lange als einziges Instrument. Noch im Neuen Reich führten sie ihn mit Stolz als Abzeichen ihres Berufes. Da die Hieroglyphe des Meßstrickes gleichzeitig als Zahlzeichen für 100 dient, hatte er höchstwahrscheinlich diese Länge in Ellen und war sicher durch Knoten oder andere Marken weiter eingeteilt, ähnlich z. B. der Lachterkette, die am Ende des 19. Jahrhunderts noch in den sächsischen Erzgruben verwendet wurde.

Die Festsetzung einer Maßeinheit für die Fläche war eine der wichtigsten Aufgaben des öffentlichen Lebens. Das gebräuchlichste Flächenmaß war die „Arura“, ein Quadrat mit 100 großen Ellen Seitenlänge = 2756 m². Die Schreibweise der Arura war in den jüngeren Epochen der Hieroglyphik: 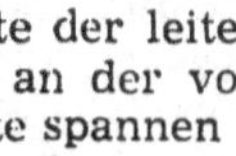 sꜣ tꜣ *(sata)*, in den älteren seit der Pyramidenzeit: 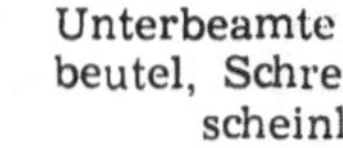 *śṯꜣ · t (szetzat)* = 2756 m², griech. *ἄρουρα*

Das Maß war eingeteilt in ${}^1/_2$, ${}^1/_4$, ${}^1/_8$, (${}^1/_{16}$) und ${}^1/_{32}$ Arura.

 *rmn* 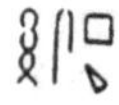 *ḥsb*  *sꜣ*  *rmꜣ*

Bei den *Flächenmaßen* sind noch die drei Wörter zu erwähnen, die für die Quantitätsbestimmung von *Garn, Kleiderstoffen, Leinen* vorhanden sind, ohne daß ihr Wert in Ziffern ausgedrückt werden kann:

1 Knäul Garn:	1 *ḥ*ᶜ (cha)
1 Stück Kleiderstoff:	1 *mn* (men)
1 Bahn Leinen:	1 *pḏ·t* (pedschet)

Aus der Übersicht geht ein an sich nicht überraschendes Ergebnis hervor. Wie in allen technisch-naturwissenschaftlichen Leistungen, die von der ägyptischen Kultur in viertausend Jahren entwickelt worden sind, begnügt man sich auch in der Meßkunst überwiegend mit Näherungswerten, die auf Erfahrung und Augenmaß beruhen [162]. Nur auf dem Sektor der Landvermessung ist ein etwas höherer Stand erreicht worden, weil hier die Nilüberschwemmung alljährlich die Landmarken zerstörte, die Sicherung des Privateigentums und die Notwendigkeit der Steuererhebung jedoch zur Genauigkeit zwangen [100] [101]. Dieses Teilgebiet ist durch unendliche Geduld in langer Praxis auf eine achtbare Stufe gehoben worden.

Ägypten ist also nicht das geheimnisvolle Wunderland mit absonderlichen Merkwürdigkeiten gewesen, wofür es z. B. die Griechen gehalten haben. Auch heute noch werden den alten Ägyptern Kenntnisse zugeschrieben, die sie gar nicht besessen haben können [25] [21] [98].

Und noch ein zweites: Auch die *Zeitmessung* hat durch geduldiges Beobachten die Ermittlung des Sonnenjahres zu 365 Tagen zu einem bemerkenswert frühen Zeitpunkt ermöglicht. Sie hat wenigstens den hellsten Stern des Fixsternhimmels genau verfolgt und daran das „Kalenderjahr" angeschlossen.*

Sind die Erfolge der alten Ägypter in der Zeitmessung auch recht gut, so können sie nicht mit den Resultaten verglichen werden, die im Zweistromland erzielt worden sind, dessen *Mathematik* auf einer unvergleichbar höheren Ebene stand. Hier ist man bis zur Kubikwurzelberechnung vorgedrungen und hat vor allem rein theoretische Probleme zu lösen versucht. Die alten Ägypter haben dagegen immer nur an die Praxis gedacht. Dies ist auch begreiflich, da die primitiv gebliebene Mathematik [169] für uns unvorstellbar umständliche Methoden anwendet, um die einfachste Multiplikation auszuführen; strenggenommen fehlt ihr der Begriff der Division überhaupt und konnte über die Elemente der Meßkunst nicht

* Die Ägypter besaßen keine Zeitrechnung in unserem Sinne, sie teilten ihre Geschichte ein nach den Regierungszeiten ihrer Fürsten — schufen die Grundlagen für die spätere Blütezeit im „Neuen Reich".

Die Hauptperioden der altägyptischen Geschichte sind:

Altes Reich (3. bis 6. Dynastie)	2650—2190 v. u. Z.
Zwischenzeit I	2190—2052 v. u. Z.
Mittleres Reich (13. bis 16. Dynastie)	2050—1778 v. u. Z.
Zwischenzeit II (Hyksos)	1778—1610 v. u. Z.
Neues Reich (17. bis 20. Dynastie)	1610—1085 v. u. Z.
Spätzeit (21. bis 25. Dynastie)	1085—525 v. u. Z.
Perserzeit (26. bis 28. Dynastie)	525—330 v. u. Z.

hinausführen. Diese Elemente haben die alten Ägypter beherrscht. Was aus der Praxis des Messens und Wägens ableitbar war, haben sie im Rahmen ihrer geringen Bedürfnisse nach Genauigkeit als nüchterne, reale, wenn auch schwerfällige und umständliche Verwaltungsmenschen gefunden.

Hierzu ist eine Feststellung *Niemanns* [169] interessant. Er sagt, man müsse zugeben, daß die Ägypter auf einzelnen Gebieten ganz Außerordentliches geleistet haben, was z. T. auch heute noch unübertroffen ist. Aber diese Leistungen beruhen nicht auf tiefgründigem Wissen oder unbekannten technischen Hilfsmitteln, sondern sie wurden außer durch die Berücksichtigung der Naturgebote zum großen Teil durch zwei Faktoren ermöglicht, die uns heute unter dem Blickpunkt einer vorwärtsdrängenden gesellschaftlichen Neuordnung des staatlichen Lebens im gleichen Maße nicht mehr zur Verfügung stehen: Geduld und Ausdauer, verbunden mit viel Zeit, und billige Arbeitskräfte durch Sträflinge, wobei die Lage der freien Arbeiter wie auch der Leibeigenen keine bedrängte gewesen sein könne. Die Behandlung sei menschenwürdig gewesen, der Charakter der Ägypter nicht zu Grausamkeiten geneigt [98].

Als Grund für den Niedergang der ägyptischen Kultur gegen Ende des Neuen Reiches, d. h. seit dem 12. Jahrhundert v. u. Z., gibt *Mehmke* [162] in der Hauptsache das fehlende Wechselspiel von Theorie und Praxis an. Es sei daher bezeichnend für das ägyptische Volk, daß es jetzt wieder mächtig aufzublühen beginne, nachdem ihm durch wissenschaftlich fundierte europäische Technik die natürlichen Hilfsquellen seines Landes erneut und besser erschlossen werden.

1.222 *Babylonier*

Die Stadtstaaten des Zweistromlandes haben natürlich örtlich sehr abweichende Normen gehabt, zumal in der älteren Zeit, in der die Träger der Kultur noch vorwiegend die *Šumerer* waren, die dann von den *Akkadern* (den *Babyloniern* und *Assyrern*) abgelöst wurden. Das sumerisch-babylonische System ist — entsprechend den Traditionen dieses kommerziell besonders entwickelten Gebietes — im ganzen Alten Orient begreiflicherweise sehr weit verbreitet gewesen; auch die *Hebräer* haben es übernommen.

Die *Ausgrabungen* haben eine ganze Reihe *Original-Maße* aufgedeckt, deren Normen uns nun interessieren:

1. Das *älteste* exakte Längenmaß, das wir überhaupt besitzen, ist der „Fuß" auf der Statue *F* (in Paris, Louvre) des Fürsten *Gudea* von Lagasch (2050 v. u. Z.), der dort mit seinen Unterteilungen abgebildet ist. Er mißt *26.45 cm* und ist in *16 Zoll* eingeteilt; *30 Zoll = 1 Elle = 49.59 cm.* Das kleinste Maß dieser Skala beträgt ziemlich genau 1 cm und ist als $\frac{1}{18}$ bezeichnet. (Die Einheit ist nicht festzustellen.)

2. Das *wichtigste* exakte Längenmaß ist die berühmte „Nippur-Elle", die etwa aus der gleichen Zeit stammt, vielleicht aber auch hundert Jahre jünger sein mag. Es handelt sich um einen *Kupferstab* von 41.5 kg Gewicht und *110.35 cm* Länge. Diese Länge wird gleichgesetzt mit *4 Fuß = 64 Zoll = 16 Hand.*

Neben dieser Rechnung nach „Fuß“ läuft die nach der „Elle“ her. Der Maßstab weist sehr exakte Unterteilungen auf, die wir hier schematisch angeben:

1. *1 Elle* = *30 Zoll* = 51.72 cm
2. *1 Ziegel* = *19 Zoll* = 32.76 cm
3. *1 Fuß* = *16 Zoll* = 27.58 cm
4. *½ Elle* = *15 Zoll* = 25.86 cm
5. — = *14 Zoll* = 24.14 cm
6. *3 Hand* = *12 Zoll* = 20.69 cm
7. *1 Hand* = *4 Zoll* = 6.9 cm
8. — = *3 Zoll* = 5.17 cm

[Die Maße unter 5 und 8 tragen keine eigenen Bezeichnungen auf dem Maßstab.]

Die 8 Maße sind am Maßstab unmittelbar abzulesen. Er ist gewiß seinerzeit öffentlich aufgestellt gewesen und hat als Stadtnorm gegolten.

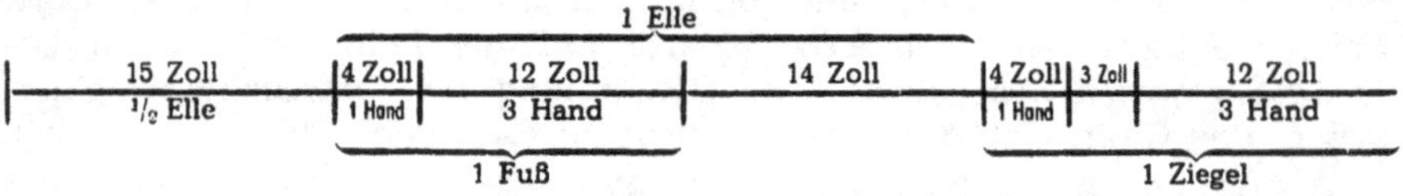

Andere Maße sind durch ihre Inschriften ausdrücklich als öffentliche Normen kenntlich, so etwa das gleichfalls aus Nippur stammende Gewicht:

10 šiqlu Goldnorm des Kaufmanns aus Nippur = 85.5 g

Das Sechsfache ergibt dann die Gewichtsnorm der *Mine* = 513 g

Doch gerade die Norm der Mine ist im Wandel der Zeiten sehr verschieden bemessen worden. Die Gewichtsnorm des in der Weltgeschichte weithin bekannten Fürsten *Urukagina* von Lagasch, der eine erhebliche Anzahl sozialer Reformen durchführte, betrug für die *Mine* um 2350 v. u. Z. nur *477 g*, wie aus einem erhaltenen Gewichtsstück von 15 šiqlu hervorgeht. Vier Jahrhunderte jünger ist ein Gewicht, das den Namen des Fürsten *Urningirsu* von Lagasch trägt, der als Nachfolger des schon genannten *Gudea* bekannt ist:

(120 Minen) = *2 biltu* = 60.54 kg — mithin das schwerste aller bekannten Normstücke

Erst unter dem König *Salmanassar* V. von Assyrien (726—722 v. u. Z.) wird die Norm für das weite Reichsgebiet ziemlich genau eingehalten:

1 *schwere Mine* = 1004.72 bzw. 1008.54 g
1 *leichte Mine* = 502 g

Da verschiedene Stücke aus weit zerstreuten Gebieten gefunden worden sind, kann man zur Zeit dieses Herrschers wirklich von einer „reichseinheitlichen“ Regelung sprechen.

Für die bekannte „Amarna-Zeit“ (1377—1358 v. u. Z.) ergibt sich folgendes Schema:

rund 30 kg 1 biltu = 60 manu
rund 500 g 1 manu = 60 šiqlu
rund 8.3 g 1 šiqlu = 180 še'u
rund 0.046 g = 1 še'u

Ausdrücklich sei bemerkt, daß offensichtlich für verschiedene Waren verschiedene Gewichte gewählt wurden — alte Gewichtsstücke, die als *Silberminen* bezeichnet werden, ergeben schwankende Normen von 513—521 g.

Das nun wirklich *„allerälteste“* Normmaß stammt von dem Fürsten *Entemena* von Lagasch: Es ist die weltbekannte *Silbervase*, auf der eingraviert ist, daß sie *10 sila* = 4.8 Liter faßt.

An Hohlmaßen finden wir im Zweistromland folgende Größen:

1 gur	= *5 pi*	= 144 (bzw. 188)	Liter
1 pi	= *60 sila*	= 28.8	„
1 sila	= *10 ša*	= 0.48	„
	1 ša	= 0.05	„

Natürlich gibt es auch Flächenmaße in geringer Anzahl; die geläufigsten sind folgende:

1 bur	= *18 iku*	= 63510 m²
1 iku	= *100 sar*	= 352.85 m²
	1 sar	= 35.285 m²

An Längenmaßen standen im Zweistromland folgende Einheiten zur Verfügung:

1 ammatu (Elle)	= 49.5 cm	
1 kanu (Rohr)	= 297 cm	= *6 Ellen*
1 gar (Doppelrohr)	= 594 cm	= *12 Ellen*
1 subban (Halbseil)	29.7 m	= *60 Ellen*
1 KU / ašlu (Seil)	= 59.4 m	= *120 Ellen*
1 DANNA / beru (Meile)	= 1069.2 m	= *1800 gar* = *21600 Ellen*

Unter *Nebukadnezar* (604—562 v. u. Z.) wurde die „Ziegelnorm“ auf 16 Zoll festgelegt — die Größe blieb mit 32—33 cm die gleiche; dagegen wurde die „Elle“ auf 49.5 cm normiert.

NB.: Um die Klärung der Maßeinheiten hat sich besonders verdient gemacht: O. *Viedebantt*: *Forschungen zur Metrologie des Altertums* in „Abhandlungen der Sächs. Gesellschaft der Wissenschaften“ Jg. 1917, Bd. 34, Heft 3.

1.223 *Perser*

Tabelle 2. Persische Längenmaße nach Merkel [26] und [127] [151]

Bezeichnung	metrisch
1 königlicher Fuß	315—316 ²/₈ mm
1 Elle (Nir)	533—548 mm
1 Persisches Stadion	264 m
1 Parasange (= 10000—12000 königliche Ellen)	5230—5320 m
1 Schoine	10500—11847 m
1 Stathme	21000 m

Nach Parasangen (und Stadien) sind die Königsstraßen gemessen worden. Leider ist von dem großen persischen Straßennetz des Darius nicht viel bekannt, nur wenige Überreste sind vorhanden, und schriftliche Überlieferungen schweigen sich darüber aus. Die Alten kannten wohl Maße und auch Meßmethoden, aber ihre Anwendung ist uns unbekannt. Es ist sehr schwierig, sich eine genaue Vorstellung von den alten Maßen zu bilden.

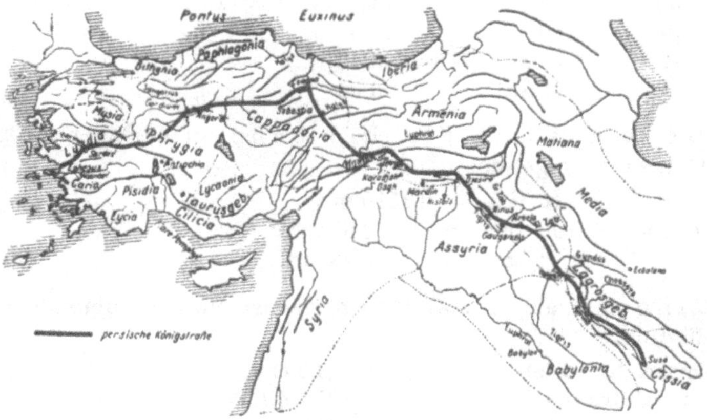

Bild 6

Die altpersische Königsstraße von Susa nach Sardes

Aus: Birk, Die altpersische Königsstraße in baulicher Beleuchtung. Beiträge zur Geschichte der Technik und Industrie. VDI-Verlag Berlin 1928, S. 52

Überaus wertvoll für eine fachliche Betrachtung ist hier der Bericht Herodots über die altpersische Königsstraße Susa-Sardes [18] [126] [146] [159]. Er schreibt im 5. Buch (Terpsichore) seiner Geschichten, Kap. 52 und 53, über den 450 Parasangen (rund 2500 km) langen Straßenzug von Susa nach Sardes, der 100 km vor der Westküste Kleinasiens endet: „Wenn nun diese königliche Straße nach Parasangen richtig gemessen ist und wenn eine Parasange 30 Stadien macht, wie sie denn soviel macht, so sind es von Sardes bis zum königlichen Schlosse, das da heißt Memnonstadt, 13 500 Stadien, denn es sind 450 Parasangen. Wenn man nun 150 Stadien jeden Tag macht, so braucht man gerade 90 Tage."

Birk [159] rechnet das Stadion mit 185.3 m (ptolemäisch) und erhält dann für die ganze Strecke von 13 500 Stadien = 2502 km, wobei in einem Tagesmarsch 150 Stadien = 27.80 km zurückgelegt werden. Die Parasange wird mit 5.56 km = 0.75 Meilen angegeben.

Es hat auf der Königsstraße 111 Herbergen und ebensoviel Rasten gegeben. Die mittlere Entfernung der Rasten betrug 4.05 Parasangen = 22.52 km. Der Abstand war nicht gleichmäßig, er wechselte in den einzelnen Strecken je nach der Schwierigkeit des Geländes.

1.224 *Hebräer*

Die Geschichte des Alten Orients lehrt uns, daß in einem fast unvorstellbaren Ausmaß alle Handelsgeschäfte im Zweistromland der Beurkundung in juristisch streng normierten Formen unterworfen waren. So ist dort das System der Maße und Gewichte, der Längen- und Zeiteinheiten frühzeitig entwickelt worden und durch den regen Handelsverkehr auch zu anderen Völkern gedrungen. Besonders aufnahmefähig waren natürlich wiederum Handelsvölker, wie etwa die Phönizier, während die weiter abseits von den großen internationalen Karawanenstraßen liegenden Hebräer an sich nicht so sehr die Normen um des Handels willen benötigten. Hier ist es vielmehr ein anderes Interesse, das zur Übernahme des überlegenen Systems aus dem Zweistromland geführt hat:

Wir wissen, daß die Gesetzesreligion der ‚Kinder Israel' einen weit strengeren Maßstab als die meisten Nachbarvölker an die sittliche Lebensführung anlegte. So war die Genauigkeit in Maß und Gewicht ein religiöses Gebot von besonderer Bedeutung. Wir finden zwar ganz vereinzelt auch phönizische Gewichte, doch ist durch die Erhaltung des hebräischen Schrifttums im Alten Testament weit mehr bezeugt — interessanterweise widersprechen jedoch archäologische Befunde dem Bild, das aus den biblischen Angaben zu gewinnen ist. Dies deutet einwandfrei darauf, daß letzten Endes das so „komplette" System der Maße, Münzen und Gewichte doch nur ein sehr theoretisches Gebilde ist; die Praxis schuf sich ganz andere Einheiten, die im Alten Testament vielfach überhaupt nicht erwähnt werden. Und hier treten dann Normen auf, die über den eigentlichen Stadtbereich hinaus kaum Gültigkeit hatten.

Betrachten wir zunächst die archäologisch ermittelbaren Werte! Sie sind letztmalig 1934 von *D. Diringer* in den Publikationen der Universität Florenz III, 2 *Le iscrizioni antico-ebraiche palestinesi*, veröffentlicht worden. Er macht darauf aufmerksam, daß rein äußerlich die Formen der Gewichtssteine eher *ägyptisch* als *assyrisch-babylonisch* sind. Abgesehen von jenen Gewichten, die nur *Ziffern* tragen, kommen 3 Bezeichnungen vor, von denen nur die letzte biblisch ebenfalls belegbar ist; es sind dies folgende:

1 נצף 2 פים 3 בקע

Der erste Ausdruck (wahrscheinlich *nesef* zu lesen) könnte „Hälfte" bedeuten. Die 9 erhaltenen Stücke wiegen zwischen *9.447 — 10.21 g.* Darunter sind 3 Stücke vom *tell Zakariya*, die *10.21 — 9.998 — 9.447 g* wiegen. 2 Stücke von *khirbet et-Tubeiqa* stimmen etwas besser mit *9.54 — 9.80 g.*

Gerade an diesen Beispielen wird jedoch deutlich, daß die eigentliche Norm so schwer festlegbar war, daß man sich ganz allgemein mit Näherungswerten begnügte. *Es hat demnach nicht viel Zweck, eine doch nur scheinbare Genauigkeit zu erstreben und bei den Einheiten des Alten Orients bis zur letzten erreichbaren Stelle hinter dem Komma zu gehen!*

In diese Gruppe 1 gehört als Stück Nr. 10 ein Gewicht von *2.54 g*, das als $^1/_4$ *nesef* bezeichnet wird, also $^1/_8$ Schekel bezeichnen würde, wenn *nesef* als $^1/_2$ Schekel bewertet wird.

Der z w e i t e Ausdruck ist sehr schwer zu erklären; die 4 gefundenen, z. T. beschädigten Stücke wiegen *7.61 — 7.27 — 7.75 — 7.18 g.* Es könnte sich also um eine Einheit handeln, die notfalls als 1/3 des Doppelschekels aufgefaßt werden könnte, da das Stück aus *khirbet et-Tubeiqa* mit *7.18 g* rund 21.5 g für den Doppelschekel ergibt, dessen Wert stimmen könnte.

Der d r i t t e Ausdruck ist dagegen weit leichter zu erklären; es handelt sich um einen auch sonst vorkommenden Ausdruck für *Halbschekel des Heiligtums.* Die 4 gefundenen Stücke weichen wiederum nicht unbeträchtlich ab: *5.8698 g — 6.11 g — 6.65 g — 5.8 g* (aus *khirbet et-Tubeiqa*). Rechnet man für gewisse Gewichtsverluste, die an den Gewichtssteinen möglicherweise eingetreten sind, einige Prozente hinzu, so kommt man auf ein Gewicht von

11.15 — 12.25 g *für den Schekel*

Nach einem Gewichtsstück aus *Gezer*, das die Aufschrift trägt

2 (Schekel) des Königs = 22.28 g, ergibt sich dann

11 g = *1 Schekel des Normalgewichts.*

Zwei weitere Gewichte mit Inschriften lassen sich deshalb nicht näher bestimmen, weil nicht zu klären ist, ob die Inschriften *ein Drittel* oder *das Dreifache* (Gewicht in g : 10.679) bzw. *ein Fünftel* oder *das Fünffache* (Gewicht in g : 2.499) meinen. Ebenso ist es nicht möglich, die Gewichte mit bloßen Zifferangaben genau zu deuten. Es kommen vor *1, 2, 4, 8,* wobei man natürlich an Schekel denken möchte, da das errechenbare Gewicht dann

11.15 — 12.25 g *für den Schekel.*

betragen und damit zur babylonisch-persischen Einheit (10.91 — 11.2 g) gehören würde.

[Auch für *Hohlmaße* gibt es theoretisch archäologische Hinweise, praktisch sind sie jedoch nicht verwertbar, weil die mit Inschriften versehenen Gefäße nur bruchstückhaft erhalten sind.]

Da kein einziges der gefundenen Stücke datiert ist (etwa nach einem Königsnamen), auch die Fundumstände nirgends so klar liegen, daß man mit Sicherheit *Gewichtssätze* aus mehreren Stücken rekonstruieren könnte, so bleibt nur übrig, an zwei hervorragenden Beispielen das System aufzuzeigen, ohne Klarheit zu gewinnen:

in Megiddo gefundene Gewichte			*in Gezer gefundene Gewichte*			
81. . . g	*beschriftet als*	$\frac{1}{3}$	6.11 g	*beschriftet*	BEQA	
122.5 g	unbeschriftet	$\frac{1}{2}$	7.27 g	*beschriftet*	PJM	
245.25 g	unbeschriftet	1	9.28 g	*beschriftet*	NESEF	
			11.30 g	*bezeichnet*		[offenbar:
			11.37 g	*ebenso*		1 Schekel]
			[22.28 g	*beschriftet*	2 (šiqlu) des Königs]	
			22.5 g	*bezeichnet*		[vermutlich: 1 Doppelschekel]
			91.47 g	*bezeichnet*	4 *(?)* 	[wohl:
			94.6 g	*bezeichnet*	5 *(?)*	4 Doppelschekel!]

Aus dem Schrifttum des Alten Testaments ergeben sich folgende Werte:

1. Offenbar liegen assyrische Einheiten zugrunde:

1 „Zentner“ oder „Talent“	*1 Kikar* *	= 49.11	kg	= 60 Minen
1 „Kilo“	*1 Mine*	= 0.8185	kg	= 50 Schekel
1 *heiliger* Schekel	*1 šiqlu*	= 16.37	g	= 20 Gera
1 *profaner* Schekel	*1 šiqlu hamelek*	= 14.55	g	=
1 Halbschekel	*1 beqa*	= 8.185	g	= $^1/_2$ Schekel
1 „Korn“	*1 gera*	= 0.818	g	= $^1/_{20}$ Schekel

2. Offenbar liegen ägyptische Einheiten zugrunde:

1 „Faß“	*1 homer*	= 364.4	l	= 10 bath
1 „Eimer“	*1 bath*	= 36,44	l	= 6 hin
1 „Krug“ (äg. )	*1 hin*	= 6.5	l	= 12 log
1 „Maß“ oder „Topf“	*1 log*	= 0.5	l	

3. Vermutlich liegen einheimische Einheiten zugrunde:

1 „Faß“ oder „Tonne“	*1 homer*	= 360	l	= 10 epha
1 „Malter“	*1 epha*	= 36	l	= 3 se'a
1 „Scheffel“	*1 se'a*	= 12	l	= 6 cab
1 „Metze“	*1 omer* **	= 3.6	l	= $^1/_{10}$ epha
1 „Maß“	*1 cab*	= 2	l	= $^1/_6$ se'a

Bei den Längenmaßen des Volkes Israel war das Hauptmaß die Elle, d. i. der Vorderarm von der Spitze des Ellenbogens bis zur Spitze des Mittelfingers. Man unterschied dabei in Babylonien, Ägypten und Israel die allmählich herrschend gewordene gewöhnliche kleinere Elle und die (um eine Handbreite) größere. Es ist nicht ganz klar, ob die hebräischen Maße den ägyptischen (die große oder „königliche“ Elle = 52.2—52.8 cm, die kleine Elle = 45 cm) oder den babylonischen (55 bzw. 49.5 cm) gleichzusetzen sind. Das letztere ist wahrscheinlicher.

Man setzt somit die kleinere Elle der Hebräer mit 49.5 cm, die größere mit 55 cm an. Die kleine Elle zerfällt in 2 Spannen (2. Mose 28, 16), die Spanne in 3 Handbreiten (2. Mose 25, 25), die Handbreite in 4 Fingerbreiten (Jer. 52, 21) [44a].

Tabelle 3. Hebräische Längenmaße

Fingerbreite (etzba)	Handbreite (tephach, tophah)	Spanne (sereth)	Elle (ammah)	Fuß	cm
1					2.06
4	1				8.25
	3	1			24.75
		2	1		49.5
				1 großer, legaler (Seraim)	367,40
				1 kleiner (Sereth)	277,10

(Spanne = Abstand zwischen Daumenspitze und kleinem Finger bei gespreizter Hand.)

* Das gleiche Wort dient aber auch als ganz unbestimmte Maßangabe: *(runder) Laib Brot!*

** Das gleiche Wort dient aber auch als ganz unbestimmte Maßangabe: *Garbe, Ackerertrag.*

Die hebräische Tagesreise hatte 200 ägyptische Stadien, etwa 37 Meilen, die Meile hatte 1000 Schritt. Als großes Maß diente der Sabbatweg (Kibberath), d. i. eine nach rabbinischer Satzung am Sabbat erlaubte Wegstrecke von 2000 Ellen (1000 Schritt), also etwa 1 km.

Die Vermarkung der Eigentumsstücke spielte ebenfalls schon eine wichtige Rolle. Über die Art der Vermessung und die Anwendung von Meßgeräten liegen indessen keine Anhaltspunkte vor. *Berndt* und *Schulz* [34] erwähnen aber schon Stäbe, die ihrer Definition entsprechend als Normal-Stäbe hergestellt worden sind und wegen ihrer Bedeutung als heilig galten. Sie wurden deshalb auch im Tempel aufbewahrt. Die doppelte Rechnung nach heiligen und profanen Maßen finden wir auch beim Schekel. Dieses Gewichtsmaß wird auch für die Silberstücke verwendet, daher findet man oft Schekel durch „Silberling“ wiedergegeben.

Geprägte Münzen gab es in älteren Zeiten nicht; man zahlte nach dem Gewicht des Edelmetalls. Zwar waren wohlabgewogene Gewichtsstücke von bestimmter Form und bestimmtem Wert im Umlauf, doch pflegte man beim Handel die Metallstücke mit einer Waage, die man mit den Gewichtssteinen im Beutel trug, abzuwägen — die Einheit war auch beim Gold der Schekel. Das Verhältnis des Silberwertes zum Goldwert betrug mit geringen Schwankungen 1 : $13^1/_3$. Der Silberschekel wäre, nach diesem Verhältnis berechnet, zu schwer geworden (nach dem heiligen Schekel etwa 218 g, nach dem profanen etwa 109 g); man fertigte daher Silberstücke, die in Babylonien $^1/_{10}$ und in Phönizien und Israel $^1/_{15}$ wogen. Die Silbermünzen hatten also später im Perser- und Seleukidenreich bei den Israeliten ein Gewicht von 14.54 g bzw. 7.27 g und hießen, obgleich sie leichter als der Gewichtsschekel waren, ebenfalls Schekel. 50 Schekel = 1 Mine, 60 Minen = 1 Talent.

1 Goldschekel	=	16.37 g	=	ca. 45 DM*
1 Goldmine	=	818.5 g	=	2250 DM*
1 Goldtalent	=	49.11 kg	=	135 000 DM*
1 Silberschekel	=	14.54 g	=	ca. 2,50 DM*
1 Silbermine	=	727.5 g	=	125 DM*
1 Silbertalent	=	43.65 kg	=	7500 DM*

Lit.: Stuttgarter Biblisches Nachschlagewerk. Evangelische Verlagsanstalt, Berlin 1950.

Einer der ersten, der sich mit *hebräischen Maßen und Gewichten* befaßte, ist der berühmte Gelehrte *Georgius Agricola*, der ‚Vater der Mineralogie‘, gewesen, der bekanntlich als Stadtarzt von Chemnitz (Karl-Marx-Stadt) 1533 eine umfangreiche und geradezu epochemachende Schrift *de mensuris et ponderibus* veröffentlichte, die 1550, um weitere fünf Schriften zur Metrologie vermehrt, in Basel abermals gedruckt wurde. Mit viel Scharfsinn und unendlicher Mühe versuchte *Agricola*, der einer der besten Hebraisten seiner Zeit war, die hebräischen Angaben auf griechisch-römische Einheiten umzurechnen. Wir müssen ihm heute das Zeugnis ausstellen, daß er recht genau gearbeitet hat. Bemerkenswert ist,

* Goldwert, nicht Kaufkraft.

daß er fast alle im alttestamentlichen Schrifttum vorkommenden Angaben über Längen-, Hohl-, Flächen- und Schwere-Maße erfaßt hat.

Aus *Agricola* [2c] sind folgende hebräische Maße zu entnehmen. Er nennt als **Maße für Flüssigkeiten**, lat. geschrieben bath, hin und log, und rechnete diese, wie bereits erwähnt, in griechisch-römische Einheiten um.

Tabelle 4

Fassungsvermögen der hebräischen Hohlmaße für Flüssigkeiten [2c]

	Hin	Log	att. Sextarius	römische Maßlibra
bath	6	72	72	108
hin		12	12	14
log			1	1 1/2

Tabelle 5. Fassungsvermögen der hebräischen Hohlmaße für Trockengüter [2c]

	epha	se'a	omer	cab	att. Medimnus	att. Sextarius	röm. Maßlibra
cor*	10	30	100	180	10		1080
epha		3	10	18	1		108
se'a			3 1/3	6		24	38
omer				2		7 1/2	10
cab						4	6

1.225 *Araber*

Sehr ausgebildet war der Sinn für Maß und Gewicht bei den Arabern (650 n. u. Z.), die einen ausgebreiteten Handelsverkehr unterhielten. Berühmt ist ihr kleinstes Maß, die Dicke des Kamelhaares = 0.652 mm [25] [95]. Es läßt darauf schließen, daß die Araber bei ihren Größenbestimmungen bereits einen sehr hohen Grad an Genauigkeit erreicht haben müssen. Ein anderes Maß war die Breite von 6 nebeneinandergelegten Gerstenkörnern. Sie kannten auch die Fingerbreite, die Handbreite, den Fuß und mehrere Ellen. Die schwarze Elle des Kalifen Al-Mamum ist hierbei besonders zu erwähnen, weil nach ihr die Al-Mamum-Gradmessung (s. S. 110) ausgeführt wurde. 27mal die Sechsgerstenkornbreite war das Maß dieser schwarzen Elle = 0.5196 m. Außer der schwarzen Elle besaßen die Araber eine ägyptische oder Handelselle, auch hatten sie die persische, eine königliche und die Elle des Heron in Gebrauch. Sie benutzten ferner den persischen Schritt, die Rute, die Orgyia und als größtes Maß die Parasange. 1 Parasange war 3 arabische Meilen; 20 arabische Parasangen ergaben einen ägyptischen Grad.

* cor ist gleichbedeutend mit homer.

Wie mit den Maßen der Babylonier, Hebräer u. a., so beschäftigte sich Dr. Georgius Agricola — als erster überhaupt — auch mit *arabischen Maßeinheiten*, soweit sie medizinisch Verwendung fanden. Als Arzt lag ihm am Herzen, die Rezepturen so exakt wie möglich anzugeben; da er obendrein in St. Joachimsthal *Stadtapotheker* gewesen war, war ihm die Schwierigkeit wohlbekannt, die arabischen Angaben in „moderne" Werte umzusetzen. Zu Untersuchungen dieser Art mochte er sich außerdem getrieben fühlen, da er in Bologna, wo er 1523/24 studierte, sogar einige *arabische Sprachstudien* getrieben hatte.

Einem so außergewöhnlich gründlichen Gelehrten wie ihm ist es nicht entgangen, daß die arabischen Einheiten vielfach griechisch-römischen gleichzusetzen waren, da nämlich ein guter Teil des arabischen medizinischen Schrifttums auf Übersetzungen oder Überarbeitungen griechisch-römischer Autoren beruhte.

Wir können heute seine damaligen Leistungen bewundern und müssen sie als großartig bezeichnen — übernehmen können wir seine Ermittlungen nicht. Eine kurze Überlegung wird dies zeigen:

Das arabische Weltreich der *Omaijaden* bzw. der *Abbasiden* dehnte sich vom Indischen bis zum Atlantischen Ozean, von Samarkand bis Timbuktu. „Einheitliche" Maße hat es in diesem Riesenreich niemals gegeben; im geschichtlichen Ablauf von der Flucht Muhammeds im Jahre 622 n. u. Z. bis zum Ende des türkischen Kalifats 1922 sind so zahlreiche Wandlungen eingetreten, daß wir uns hier auf das wenige beschränken müssen, was in der arabischen Welt mehr oder minder allgemein bekannt und verwendet ist. Sei es, daß im *Qorân* genannte Einheiten vorliegen, sei es, daß die große Sammlung *Tausendundeine Nacht* Einheiten weithin bekanntgemacht hat, sei es, daß zuletzt das türkische Reich manche Norm verbreitet hat — kurz, einige Angaben sind tatsächlich in der gesamten arabischen Welt geläufig oder doch wenigstens nicht unbekannt, und auf diese wollen wir uns beschränken:

Tabelle 6. Arabische Gewichte

Bezeichnung	Wert	Einteilung
1 qámḥa	0.05 g	Weizenkorn 1/64 dirhem
1 ḥabba	0.07 g	Gerstenkorn 1/48 dirhem
1 qīrāth	0.2 g	4 qámḥa bzw. 3 ḥabba bzw. 1/24 mitqāl
1 dirhem	3.25 g	
1 mitqāl	4.875 g	1 1/2 dirhem
1 uqijje	39 g	12 dirhem
1 ratl	468 g	144 dirhem
1 ōqa'	1.254 kg	2 3/4 engl. Pfund
1 qantar	44.688 kg	98 engl. Pfund

Von den arabischen Hohlmaßen sagt *Agricola* [2c], daß sie ungefähr dasselbe Fassungsvermögen wie die römischen oder griechischen hätten. Zur Messung von Flüssigkeiten und Trockengütern führt Agricola an:

Dorach italianum,	entsprechend d. röm.	amphora	zu 8 congii
Johein	„ „ „	congius	zu 6 sextarii
Kist (maurisch ecsat, aben, evit)	„ „ „	sextarius	zu 2 heminae
Corboni	„ „ „	hemina	zu 2 quartarii
Keiliati	„ „ „	quartarius	zu 2 acetabula
Kasfuf	„ „ „	acetabulum	zu $1^1/_2$ cyathus
Cuathum	„ „ „	cyathus	
Falgarin oder fahaliel	„ „ „	cochleare	zu 4 cochlearia
große Mistra			zu $^1/_3$ hemina
kleine Mistra			zu $^1/_2$ cyathus

wobei sextarius, hemina, quartarius, acetabulum, cyathus und cochleare Trockenmaße sind.

Die Araber haben gewußt, daß Pfunde nicht nur Gewichte, sondern auch Hohlmaße sind. Dementsprechend wog nach lateinischer Bezeichnung:

Tabelle 7. Gewicht der arabischen Hohlmaße für verschiedene Füllungen

Bezeichnung	Öl	Wein	Honig
1 italische Amphora	72 Pfund	80 Pfund	108 Pfund
1 Congius	9 „	10 „	$13^1/_2$ „
1 Sextarius	18 Unzen	20 Unzen	27 Unzen
1 Hemina	9 „	10 „	$13^1/_2$ „
1 größeres Mystrum	3 „	3 „ + 8 Scri.	$4^1/_2$ „
1 Acetabulum	18 Drachmen	2 „ + 12 „	3 „ + 9 Scripula
1 Cyathus	12 „	$1^1/_2$ „ + 4 „	2 „ + 3 Drachmen
1 kleineres Mystrum	6 „	20 Scripula	9 Drachmen

Außerdem hatten die Araber

eine besondere Amphora, Aldorach genannt, von 3 Pfund.

Einen halben Conchino nannten sie Missochaus, den Cyathus nannten sie auch Phiala (das kein Maß, sondern soviel wie Becher bedeutete), Rotulus war das Maßpfund = libra mensuralis.

Die arabischen Ärzte verwendeten nach *Agricola* [2c] zum Teil römische, zum Teil griechische Gewichte.

Im übrigen kannten die arabischen Ärzte auch das Maß „Handvoll" oder „der Zahl nach"; sie wogen und maßen einfache Dinge, aus denen sie Arzneien herstellten, nicht immer ab.

Die Araber benutzten Waagen, um Metalle und Edelsteine, gefälschte und echte Edelsteine auseinanderzuhalten und durch eine dem spezifischen Gewicht entsprechende Größe Metalle und Edelsteine zu kennzeichnen. So gelang es z. B. Khâzwinî, mit Hilfe seiner Waage „aus der Stellung der Schneide, an der die Waagschale aufgehängt ist, spezifische Gewichte an den Waagebalken abzulesen". Hierüber berichten *Cues* [56a], *Bauerreis* [33a], *Khanikoff* [16a], *Ibel Thomas* [29a] und *Wiedemann* [17a] ausführlich.

Tabelle 8. Die arabischen Arzt-Gewichte nach Agricola

Bezeichnung	Einteilung und	Schwere
Manes	Mine, römisch ärztlich oder alexandrinisch	20 Unzen
	Mine, alicatisch, basarisch; diese wird auch die attisch ärztliche oder ägyptisch ärztliche Mine genannt	16 Unzen
Rotulus	Pfund	12 Unzen
Sacros	Unze	2 Halbunzen
Sextarius	Halbunze	7 Denare
Aureus	Denar	8 Drachmen
Darchinci, Alki	Drachme	3 Scripula oder $^1/_8$ Unze
Garme, Kermet Karmet	Scripulum	2 Obolen = 1 Karmet 1 Kermet = 6 Kerat
Onolossat Onolus	Obolus	$1^1/_2$ Lupina
Danich	Lupinum	2 Siliquae = $^2/_3$ Obolus
Kirat	Siliqua	2 Aureola $^1/_2$ Lupinum 4 Gerstenkörner
Kistuf	Aureolum	2 Gerstenkörner
Granum		1 Gerstenkorn

1.226 *Griechen*

Die internationale Einheit *meter* geht auf das griechische *μέτρον* zurück. Indes haben die Griechen mit Rücksicht auf ihre nationale Zersplitterung keinen wesentlichen Beitrag zur Metrologie leisten können, insbesondere haben sie nicht versucht, ein klares System der Maße und Gewichte aufzubauen. Die Angaben der griechischen *Ärzte* bei Rezepten und Medikamenten haben aber dazu geführt, daß auch noch weit spätere Zeiten immer wieder auf griechische Maße zurückgriffen, ganz abgesehen davon, daß die von Historikern und Geographen genannten Maßeinheiten jeder Art ein historisches Interesse seit jeher beansprucht haben.

Die Griechen haben ihre meisten Maße von den Ägyptern erhalten und sie dann wieder den Römern übergeben. Ägypten galt ihnen als Heimat tiefgründiger Weisheit [169].

Griechische Gelehrte und Philosophen sind Schüler ägyptischer Priesterschulen gewesen; sie haben dort viel gelernt und das noch recht unzulängliche Wissen ihrer Lehrer durch eigene Forschung sehr bald überholt. Sie übernahmen von den Ägyptern z. B. den großen *Schoinos* (11.083 km) als Längenmaß und teilten ihn in 60 Stadia zu je 6 Plethra [95].

Längenmaße

Tabelle 9. Das griechische Stadion

Bezeichnung	Fuß	m/Fuß	m
Altgriechisches Stadion	600	0.3083	184.97
Äginäisches, attisches Stadion	500	0.328	164
Griechisch-römisches Stadion	600	0.296	178
Olympisches Stadion*	600	0.320	190—192

Das Stadion in Attika (σтάδιον) betrug ungefähr $^1/_{40}$ einer geographischen Meile oder $^1/_8$ einer römischen Meile. Es handelt sich um die Länge von 600 griechischen Fuß bzw. 625 römischen Fuß (184.97 m).

Tabelle 10. Griechische Längenmaße

Bezeichnung	Fuß	Daktylos	m
1 Plethron ($^1/_6$ Stadion)	100		30.83
1 Orgyia (Klafter)	6		1.85
1 Pechys (Elle)	$1^1/_2$		0.46**
1 Pus (Fuß)	1	16	0.3083
1 Spithame (Spanne)	$^3/_4$	12	0.2316
1 Palaiste (Handbreite)		4	0.0771
1 Daktylos (Fingerbreite)		1	0.0193

Die Maße waren von der menschlichen Gestalt abgeleitet.

---

* Die Rennbahn in Olympia wurde Stadion genannt; ihre Länge (192 m) wurde zum Maßbegriff des olympischen Stadions [vgl. Pindaros aus Theben u. a.]. Der in Olympia erstmalig für eine Rennbahn verwendete Begriff σтάδιον hat sich nunmehr bis in unsere Zeit für die verschiedensten Sportstätten erhalten.

** In einer Broschüre der Ford Motor Company, Dearborn, Michigan, wird die olympische Elle mit 18.24 Zoll angegeben. Weiter wird dort gesagt: Die Länge ist aus den Maßen des Parthenon entnommen. Sie war unterteilt in 2 Spannen (von ungefähr 9 Zoll), 24 Fingerbreiten (ungefähr $^3/_4$ Zoll). Später wurden $^2/_3$ einer olympischen Elle auch Fuß genannt, der in 12 Daumenbreiten unterteilt war und von den Römern übernommen worden ist. Von hier kam die Fußeinheit nach England, wo $^1/_{12}$ ihrer Teilung „Zoll" genannt wurde.

Ein *Plethron* (*πλέθρον*) hatte 100 griechische Fuß und entsprach somit etwa 30.83 m, da der Fuß (*πούς*) 30.83 cm betrug. $66^2/_3$ Ellen (*πήχεις*) ergaben ebenfalls ein Plethron [vgl. Herodot, Platon]. — Das Plethron kommt auch als Flächenmaß vor: 9.5 a. Es enthält nämlich 10 000 Quadratfuß [Euripides, Ion aus Chios, Platon].*

Bei römischen Abmessungen wird das Plethron als das *iugerum* (Morgen) bezeichnet: 240×120 Fuß = 28 800 Quadratfuß [Plutarch]. — Ein *Klafter* (*ὀργύια*) wird von Homer u. a. als der Raum zwischen den beiden ausgestreckten Armen bezeichnet ohne eine genaue Angabe der Länge. Bei Herodot und Xenophon taucht der Begriff nun als bestimmtes Längenmaß auf von 4 Ellen (*πήχεις*) bzw. 6 Fuß (*πόδες*) = ca. 1.85 m. — Zum Messen des Saatfeldes kam die Orgyia auch als sog. Feldrute vor mit einer Länge von $9^1/_2$ Palaistai (*παλαισταί*). — Ein *Pechys* (*πῆχυς* — Elle) ist die Länge des Unterarms bis zur Spitze des Mittelfingers. Sie entsprach $1^1/_2$ Fuß oder 2 Spithamai (*σπιθαμαί*) oder 6 Palaistai (*παλαισταί*) oder 24 Daktyloi (*δάκτυλοι*). Neben dieser eben genannten gemeinen Elle der Attiker (*κοινός, ἰδιωτικὸς, μέτριος πῆχυς*) [nach Herodot, Euripides, Platon] wird von Herodot und Lukianos aus Syrien die um 3 Daktyloi größere babylonische Elle (*βασιλήιος* bzw. *βασιλικὸς πῆχυς*) genannt. Schließlich erwähnt Herodot noch die ägyptische Elle (*Αἰγύπτιος πῆχυς*) mit der Länge von 7 Palaistai oder 28 Daktyloi. — Ein *Pus* (*πούς* — Fuß) = 4 Palaistai oder 16 Daktyloi. — Eine *Spithame* (*σπιθαμή* — Spanne), entsprechend der großen ägyptischen Spanne, betrug $^1/_2$ Pechys oder $^3/_4$ Pus [Herodot, Platon, Plutarch]. Als weitere kleinere Maße müssen genannt werden: eine *Palaiste* (*παλαιστή* — flache Hand) betrug die Breite von 4 Daktyloi. — Ein *Daktylos* (*δάκτυλος* — Finger) war das kleinste griechische Längenmaß. — Von den größeren Längenmaßen ist besonders zu nennen der *Dolichos* (*δόλιχος*), dessen Länge verschieden angegeben wird. Es handelt sich um ein Maß, das gleich der Länge des Weges ist, den die wettfahrenden Wagen bei den öffentlichen Spielen zurückzulegen hatten, wahrscheinlich 24 Stadia (*στάδια*) (auch 12 und 20 Stadia werden angegeben) oder 12 Diauloi (*δίαυλοι*) — Ein *Diaulos* (*δίαυλος*) wiederum, der Doppellauf der Wettläufer, betrug die doppelte Länge eines Stadions. Der Läufer mußte nämlich bis zur Säule am Ende des Stadions laufen und von dort wieder zurück.

Dromos war der Weg, den ein Schiff mit Segeln und Rudern an einem Tag zurücklegte. Man hatte bereits vergleichbare Zeitabschnitte, Tag, Monat und Jahr, und damit die ersten Grundlagen für die Zeitrechnung geschaffen [21].**

---

* Ein Fuß ist 0.3083 m, ein Quadratfuß also 0.095 m². Da nun 10 000 Quadratfuß ein Plethron ergaben, beträgt dessen Fläche etwa 950 m² = 9.5 a.

** Bei den Griechen und Römern war es üblich, das erste Sichtbarwerden der Mondsichel öffentlich auszurufen — calare. Sie nannten den ersten Monatstag Calendae, worauf der Name Kalender zurückzuführen ist.

Bild 7
Die Fingerbreite
Aus einer Druckschrift der Ford Motor Company, Dearborn, Michigan, über Endmaße

Bild 8
Die Handbreite
(Breite der offenen Hand, gemessen an der Fingerbasis)
Aus einer Druckschrift der Ford Motor Company, Dearborn, Michigan, über Endmaße

Tabelle 11. Die griechischen Längenmaße nach Agricola [2c]

Bezeichnung			Einteilung
Kleinstes Maß:	digitus	(Finger)	
	palmus dochme	(Spanne)	4 Finger
	palaiste	(flache Hand)	
	lichas	(Spanne Daumen bis Zeigefinger)	10 Finger
	orthodron	(Vorderhand bis Fingerspitze)	11 Finger
	spithame	(Spanne)	12 Finger
	pes	(Fuß)	16 Finger oder 4 Spannen
	pygme	(Faust)	18 Finger
	pygon	(Ellbogen)	20 Finger
	cubitus	(Unterarm)	24 Finger oder $1\frac{1}{2}$ Fuß
	passus	(Doppelschritt, Klafter)	4 Ellen oder 6 Fuß
	plethron		100 Fuß
	stadion		600 Fuß
	diaulos		2 Stadien
	hippikon		4 Stadien
	milliare		8 Stadien
Größtes Maß:	dolichos		12 Stadien

Gewichte

Gewichtsangaben machten die Griechen nach verschiedenen Talenten (τάλαντον = die Waage).

Tabelle 12. Griechische Gewichte (Talente)

Bezeichnung	kg
Kleinstes (syrisches oder ptolemäisches) Talent	etwa 7
Mittleres (attisches) Talent	26.196
Größtes (äginäisches) Talent	etwa 45
Das neugriechische Talent	150

a) Bei Homer wird unter einem Talent ein unbestimmtes — aber nicht sehr großes — Gewicht Goldes verstanden.

b) Als wirkliches Handelsgewicht gibt als erster Herodot das attische Talent (τάλαντον) (26.196 kg) an. (In Alexandria war das Gewicht eines Talents dagegen 62.5 kg).

Tabelle 13. Griechische Gewichte in Attika

Obolos (0.72 g)	Drachme (4.3 g)	Mine (0.436 kg)	Talent (26.196 kg)
36000	6000	60	1
600	100	1	$^1/_{60}$
6	1	$^1/_{100}$	$^1/_{6000}$
1	$^1/_6$	$^1/_{600}$	$^1/_{36000}$

Ein attisches Talent *(τάλαντον)* mit dem Gewicht von 26.196 kg ergab 60 Minen. Eine *Mine* (*μνᾶ* — mna) (0.436 kg) ergab 100 Drachmen, eine *Drachme* (*δραχμή* — drachme) (4.3 g) 6 Obolen. Herodot u. a. erwähnen noch eine korinthische Drachme von 10 Obolen. Ein Obolos (*ὄβολος*) = 0.72 g.

Die Bezeichnungen der griechischen Gewichte dienten gleichzeitig auch als Münzeinheiten. Der Wert des *Talents* war in den einzelnen Staaten und zu den verschiedenen Zeiten verschieden.

Es gab das vorsolonische Talent, das babylonische Talent, das den gleichen Wert wie das attische hatte, das auf Tab. 12 und Tab. 13 bereits erwähnt wurde (6000 att. Drachmen), das euböische Talent, das dem vorsolonischen entsprach, sowie syrakusische oder sizilische, ägyptische u. a. Talente.

Die Münzen in Attika hatten etwa folgenden Wert: *1 Talent* = ca. 4500 DM; *1 Mine* = ca. 75 DM; *1 Drachme* = ca. 0,75 DM; *1 Obolos* = 0,13 DM. Die kleinste Kupfermünze war in Attika der *Chalkus* (*χαλκοῦς*). Acht von diesen Münzen ergaben einen Obolos.

0,7 g — *Obolos* — sollte das Fährgeld wiegen, das Charon, dem Fährmann der Unterwelt, beim Übersetzen über den Styx (Fluß in der Unterwelt) gewährt werden mußte.

Die staatliche Überwachung des Maß- und Gewichtswesens war bei den Griechen straff organisiert. *Agricola* [2f] berichtet, daß die Athener, *„damit niemand diesen Betrug straflos vornehmen könnte, 15 Männern das Amt übertragen, dessen besondere Obliegenheit es war, dafür zu sorgen, daß die Verkäufer dem Gesetz entsprechende Maße und dem Gesetz entsprechende Gewichte hätten. Sie haben diese deshalb metronomous (Maßschätzer) genannt. Von ihnen hatten zehn das Amt in Piräus inne, in der Stadt fünf."*

Nach *Agricolas* „de mensuris et ponderibus Graecis" [2b] lassen sich die dort angegebenen griechischen Gewichte und Hohlmaße in nachstehende Tabelle einordnen:

Tabelle 14. Die griechischen Gewichte und Hohlmaße nach Agricola [2c]

talentum	mina	drachma	obolu(o)s	semiobolus	aureolum	minutia
1	60	6000	36000	72000	216000	612000
	1	100	600	1200	3600	25200
		1	6	12	36	252
			1	2	6	42
				1	3	21
					1 chalkus (lepta)	7

Auch *Agricola* kennt zwei talenta:

das kleine athenische talentum mit 60 minae
das große athenische talentum mit 83 minae und 4 unciae
2 talenta nannte man ditalanton
3 talenta nannte man tritalanton

Weiter unterschied man drei minae:

die alte, attische mina zu 75 Drachmen
die größere, solonische mina zu 100 Drachmen

Beide standen im Verhältnis 4 : 3. Als dritte wird noch die griechische (römische) mina oder libra mit 96 Drachmen genannt.

Tabelle 15

Die ärztlichen Gewichte nach Agricola [2b]

mina	uncia	holce oder dra.	scripulum	obolus	semiobolus	siliquae	granum
1	16	128	383	768	1536	2304	9216
libra							
1	12	96	288	576	1152	1728	6892
	1	8	24	48	96	144	576
		1	3	6	12	18	72
			1	2	4	6	24
				1	2	3	12
					1	$1^1/_2$	6
						1	4

Die griechische ärztliche mina (bei Plinius auch libra genannt) war um 4 Drachmen größer als die römische. Die alexandrinische wird mit 20 unciae angegeben und wog 160 att. Drachmen.

Die libra oder as wurde bei den Römern in unciae eingeteilt, zwei nannte man sextans, drei quadrans, vier triens, was auch bei den Griechen der Fall ist. Auch die uncia hatte verschiedene Größen. Man unterschied solche zu 7 dra. (bei den Römern denarii genannt) und zu 8 Achtel zu je 3 scripula, weil das scripulum der 24. Teil der uncia ist. (Vgl. Tab. 13.)

Tabelle 16

Die tierärztlichen Gewichte nach Agricola [2b]

mina	libra + quadrans	uncia	drachma	scripulum	obolus
1	1 + 1	15	$112^1/_2$	$337^1/_2$	675
	1	12	90	270	540
		1	$7^1/_2$	$22^1/_2$	45
			1	3	6
				1	2

Hohlmaße

1 metretes (μετρητής)	= 12 choes oder 144 kotylai	= 39.39 l
1 chus (χοῦς — *congius*)	= 6 xestes oder 12 kotylai	= 3.28 l
1 xestes (ξέστης — *sextarius*)	= 2 kotylai	= 0.547 l
1 kotyle (κοτύλη)	= 4 oxybapha	= 0.273 l
1 oxybaphon (ὀξύβαφον)	= 6 mystra = 24 Drachmen	= 0.068 l

Tabelle 17

Attische Flüssigkeitsmaße nach Agricola [2b]

metretes oder cadus, keramion	= 12	choes (attisch amphora = 1 römische oder italische amphora + 1 urna)
	zu 6	sextarii (xestes)
	zu 2	cotylae (hemixeston, tryblion) zu 9 Maßunciae attisch oder 6 cyathi oder 12 Maßunciae römisch (= libra)
	zu 2	quartarii (hemicotylium, römisch acetabula)
	zu 2	oxybapha
	zu 2	sesquicyathus = $1^1/_2$ cyathus
	zu 2	conchae, 4 mystra, 5 chemai
	zu 2	cochlearia
1 cotyle enthielt 9 Maßunciae, demzufolge hatte		
1 quartarius	=	$4^1/_2$ Unciae und 2 Drachmen
1 cyathus	=	1 sescuncia = $1^1/_2$ unciae
ferner enthielt		
1 concha	=	6 drachmae
1 mystrum	=	3 drachmae
1 cheme	=	2 drachmae
1 scripulum	=	4 grana und $^4/_5$ granum
1 cochlearium	=	1 drachma, $1^1/_2$ scri., $2^2/_5$ grana

Drachma, scripulum und granum waren demnach Bestandteile der Maßuncia.

Tabelle 18

Fassungsvermögen der griechischen Hohlmaße für Flüssigkeiten nach Agricola [2b]

metretes	chus	sextarius	cotyle	quartarius	oxybaphum	cyathus	concha	mystrum	cheme	cochlearium
1	12	72	144	288	576	864	1728	3456	4320	8640
	1	6	12	24	48	72	144	288	360	720
		1	2	4	8	12	24	48	60	120
			1	2	4	6	12	24	30	60
				1	2	3	6	12	15	30
					1	$1^1/_2$	3	6	$7^1/_2$	15
						1	2	4	5	10
							1	2	$2^1/_2$	5
								1	$1^1/_4$	$2^1/_2$
									1	2

Tabelle 19

Die ländlichen Hohlmaße für Flüssigkeiten nach Agricola [2b]

metretes (att. amphora)	amphora	chus	sextarius	cotyle	oxybaphum	cyathus (sesquicyat.)	mystrum
1	2	8	72	96	384	576	2304
	1	4	36	48	102	288	1152
		1	9	12	48	72	288
			1				
				1	4	6	24
					1	(1)	4
						1	4

1 cotyle faßte $^3/_4$ sextarius = $13^1/_2$ Maßunciae; demzufolge enthielt

der metretes 108 librae = 72 sextarii = 96 cotylae = 2 amphorae

die amphora 54 librae = 36 sextarii = 48 cotylae = 4 choes

der chus $13^1/_2$ librae = 12 cotylae

(als Gefäß 9 sextarii = 12 cotylae)

die cotyle 1 librae und 1 sescuncia = 4 oxybapha

das oxybaphon 3 unciae und 3 drachmae = $^1/_4$ cotyle = 1 sesquicyathus

der cyathus 2 unciae und 2 drachmae = $^1/_6$ cotyle = 4 mystra

das mystrum $4^1/_2$ drachmae = $^1/_4$ cyathus

Agricola hat weiter nachgewiesen, daß Land- und Arztmaße im Verhältnis $13^1/_2 : 9$ liegen:

Tabelle 20. Das Verhältnis der Land- und Arztmaße für Flüssigkeiten

Flüssigkeitsmaß	Landmaß	Arztmaß
cotyle	$13^1/_2$ unciae	9 unciae
chus	12 cotylai	8 cotylai
oxybaphum	3 unciae 3 drachmae	2 unciae 2 drachmae
cyathus	2 unciae 2 drachmae	1 sescuncia
mystrum	$4^1/_2$ drachmae	3 drachmae

Attische Trockenmaße waren:

1 medimnos = 48 choinices
zu 3 cotylai oder 1 sesquisextarius zu 2 cotylai
zu 4 oxybapha zu 1 sesquicyathus
1 sesquicyathus = 10 cochlearia

Da aber nach *Agricola* [2b] 1 cotyle 9 Maßunciae enthielt, hat

1 medimnos = 108 librae oder ländlich 48 choinices zu 6 modii = 72 sextarii

1 choinix = 2 librae und 1 quadrans = 3 Maß-cotylai = 180 Gewicht-Drachmen

1 sextarius = 18 unciae

1 cotyle = 9 unciae

1 oxybaphon = 2 unciae + 2 drachmae

1 cyathus = 1 sescuncia

1 cochlearium = 1 drachma, $1^1/_2$ scripulum, $2^2/_5$ grana

Tabelle 21. Fassungsvermögen der attischen Hohlmaße für Trockengüter

medimnos	choinix	sextarius (sesquisext.)	cotyle	oxybaphon	cyathus (sesquicyat.)	cochlearium
1	48	72	144	576	864	8640
	1	(1)	3	12	18	180
		1	2	8	12	120
			1	4	6	60
				1	(1)	15
					1	10

Der Metretes war (wie der römische congius und quartarius) nur ein Flüssigkeitsmaß für Ärzte. Für trockenes Gut benutzte man den Medimnus und Choinix, für beide den Sextarius, die Cotyle, das Oxybaphum und den Cyathus.

Tabelle 22. Die ländlichen Hohlmaße für Trockengüter [2b]

medium	semimedimnus	medimnus tertiarius	medimnus sextarius	semimedimnus sextarius	semidusdecima pars medimni	choinix	cotyle	oxybaphum	cyathus [sesquicyat.]	mystrum
1	2	3	6	12	24	48	144	576	864	3456
	1	$1^1/_2$	3	6	12	24	72	288	432	1728
		1	2	4	8	16	48	192	288	1152
			1	2	4	8	24	96	144	576
				1	2	4	12	48	72	288
					1	2	6	24	36	144
						1	3	12	18	72
							1	4	6	24
								1	(1)	6
									1	4

Des weiteren nennt *Agricola* noch einige Hohlmaße für die Pferdeheilkunde:

Tabelle 23. Hohlmaße für die Pferdeheilkunde

Bezeichnung	Einteilung
1 cotyle	2 oxybapha, 3 cyathi = 1 Maßlibra
1 cyathus	4 mystra zu 3 cochlearia = 2 Maßunciae
1 mystrum	$^1/_2$ Maßuncia
1 cochlearium	2 drachmae

Darüber hinaus führt *Agricola* [2c] noch andere griechische Maße an, die er aber nicht erklärt hat, weil sie weder ärztlicher noch tierärztlicher noch landwirtschaftlicher Herkunft waren. Es sind dies:

Tabelle 24

Bezeichnung	Einteilung
1 quartarius laconicus	24 kotylai
1 dadix	6 choinices
1 mares	6 kotylai
1 kophinos	3 congii (ein bötisches Trocken- und Flüssigkeitsmaß)
1 kypros	1 medimnos (Getreidemaß)
1 semikypros	$^1/_2$ medimnos

(Fortsetzung von Tabelle 24)

Bezeichnung	Einteilung
1 cyprischer modius	
1 cyprischer medimnos	
1 kypros in Pontus	2 modii (Trockenmaß)
1 kypros auf Cypern	1 modius = 17 sextarii
1 gabenum	1 acetabulum
ferner: 1 campsaces (Wassermaß)	
1 alabastrum, tryblium	$^1/_2$ sextarius
1 kyathos	$^1/_2$ sextarius
1 elenius	$^1/_4$ sextarius = $^1/_2$ hemina

1.227 *Römer*

Die Römer haben die griechischen Maße (um 300 v. u. Z.) vielfach in Gebrauch genommen, sie besaßen aber in ihren Maß- und Gewichtssystemen auch eigene Maße, die sie mit größerer Sorgfalt hüteten als das leichtlebige Volk der Hellenen die seinen. Normalstäbe wurden als heilige Grundmaße, z. B. auf dem Kapitol, aufbewahrt und Kopien davon in Bauwerke eingehauen. Auf dem Kapitol soll es vier solcher Marken für den Fuß gegeben haben, die zum Teil sehr gute Übereinstimmung zeigten und im Mittel etwa 0.2959 m betragen haben. *Merkel* [26] gibt den römischen Fuß mit 0.29574 m an; seine Größe entspricht somit etwa der des griechischen. 600 davon machten das griechisch-römische Stadion = 178 m aus.

Das römische Fußmaß besaß eine zweifache Teilung, die ältere italische in 12 unciae und die bei den Technikern gebräuchliche Teilung in 16 digiti [31].

Längenmaße

Tabelle 25. Römische Längenmaße

Bezeichnungen		m
1 digitus		0.0185
$1^1/_3$ digitus	1 uncia	0.0246
4 digiti	1 palmus (Handbreite)	0.0739
16 digiti	1 pes (Fuß)	0.2957
20 digiti	1 palmipes	0.3697
$1^1/_2$ pes (24 digiti)	1 cubitus (Elle)	0.4436
$2^1/_2$ pedes	1 gradus (Schritt)	0.7390
5 pedes	1 passus (Doppelschritt)	1.4790
10 pedes (decempeda)	2 passus 1 pertica (Rute)	2.9580
120 pedes	1 actus	35.4890
625 pedes	125 passus 1 stadium	184.84
5000 pedes	1000 passus 1 milliarium (Meile) 500 perticae (Ruten)	1478.70
1 iter pedestre (Tagereise)	18.75 milliaria	28725.00

Agricola [2c] nennt die gleichen römischen (lateinischen) Längenmaße, und zwar:

Tabelle 26. Römische Längenmaße nach Agricola [2c]

Bezeichnung		Einteilung
digitus	(Finger)	
uncia	(Unze)	1 1/3 Finger
palmus	(Spanne)	4 Finger bzw. 3 Unzen
pes	(Fuß)	4 Spannen
palmipes		5 Spannen
cubitus	(Elle)	1 1/2 Fuß
gradus	(Schritt)	2 1/2 Fuß
passus	(Doppelschritt)	5 Fuß
milliarium	(Meile)	1000 Doppelschritt bzw. 5000 Fuß

digitus, palmus und pes wurden von den Architekten benutzt, passus und milliare benutzten die Geographen, pes und passus die landwirtschaftlichen Schriftsteller.

Außerdem galten drei Maßstäbe:

1 römischer Fuß, in 16 digiti geteilt,
1 römischer Fuß, in 12 unciae geteilt,
1 griechischer Fuß, in 16 digiti geteilt.

Werkzeug für das Entfernungsmessen war bei Griechen und Römern die pertica (Rute) = 10 Fuß, bei den Persern und Ägyptern der funiculus (Seil). Die Hebräer benutzten das harundo (Rohr) zu 6 Ellen.

Hohlmaße

Hohlmaße für Flüssigkeiten und Früchte waren bei den alten Römern ebenfalls genau bestimmt. Als Maß für trockene Waren, z. B. Getreide, war der Modius (Scheffel) in Gebrauch,

1 modius = 8.754 l.

Für Flüssigkeiten benutzte man die amphora, deren Inhalt anfangs dem der griechischen Amphora entsprach, später genau einen römischen Kubikfuß, 80 römische Pfund, betrug:

1 amphora = 26.26 l

Tabelle 27. Römische Hohlmaße

Einteilung	Bezeichnung	Liter
1 congius		3.283
2 2/3 congii	1 modius	8.754
4 „	1 urna	13.13
8 „	1 amphora	26.26
160 „	1 culeus	525.27
1/6 congius	1 sextarius	
1 sextarius		0.547
1/2 „	1 hemina	0.274
5/12 „	1 quincunx	0.228
1/3 „	1 triens	0.182
1/4 „	1 quartarius	0.137
1/6 „	1 sextans	0.09
1/12 „	1 cyathus	0.0456

Nach *Agricolas* „de mensuris et ponderibus Romanis“ [2b] lassen sich die dort angegebenen römischen Hohlmaße in die nachstehende Tabelle einordnen:

Tabelle 28. Römische Hohlmaße nach Agricola [2b]

culeus	Quadrantel Maßuncia amphora	urna	congius	sextarius	Maßlibra od. hemina	(Gewichts-) libra	quartarius	acetabulum	cyathus	ligula, cochlearium
1	20	40	160	960	1920	(1600)	3840	7680	11520	46080
	1	2	8	48	96	(80)	192	384	576	2304
		1	4	24	48	(40)	96	192	288	1152
			1	6	12	(10)	24	48	72	288
				1	2		4	8	12	48
					1		2	4	6	24
							1	2	3	12
								1	$1^1/_2$	6
									1	4

Culeus, amphora, urna, congius und quartarius sind nur Flüssigkeitsmaße gewesen, während sextarius, hemina, acetabulum, cyathus und ligula Flüssigkeitsmaße und Maße für Trockengüter waren.

Reine Trockenmaße waren der modius und semodius, so daß sich nach *Agricola* die Trockenmaße in folgende Tabelle einordnen lassen:

Tabelle 29. Römische Hohlmaße für Trockengüter nach Agricola [2b]

modius	semodius	sextarius	hemina	acetabulum	cyathus	ligula	drachma	+	scripulum
1	2	16	32	128	192	768		—	
	1	8	16	64	96	384		—	
		1	2	—	—	—		—	
			1	4	—	—		—	
				1	—	—		—	
					1	4	$1^1/_2$	+	1
						1	3	+	1

Erklärung der Bezeichnungen:

cul(l)eus	= Ledersack, Schlauch	acetabulum	= Hohlmaß
amphora	= zweihenkl. Krug	cyathus	= Schöpflöffel
urna	= Wasserkrug	ligula	= Löffel
hemina	= Becher	modius	= Scheffel

1 sextarius faßte 20 unciae (d. i. 1 libra und 1 bes = $1^1/_2$ libra), somit

enthielt 1 modius	= 8 unciae (oder) 26 librae
1 semodius	= 4 unciae
1 sextarius	= 20 unciae
1 hemina	= 10 unciae
1 acetabulum	= $2^1/_2$ unciae
1 cyathus	= $1^1/_2$ drachmae und 1 scripulum
1 ligula	= 3 drachmae und 1 scripulum

Maßlibrae und -unciae blieben in ihren Maßen fest bestimmt und unbeweglich. Gewichtslibrae und -unciae waren veränderlich je nach der Verschiedenheit des Gutes, ob dieses ein Trockengut oder eine Flüssigkeit war. Soweit die Ansicht Agricolas über die römischen Trockenmaße.

Flächenmaße

Die Einheit des Flächenmaßes ist das iugerum, d. i. diejenige Fläche, die ein Joch Ochsen in einem Tage umpflügen konnte; es war ein Rechteck von 240 Fuß Länge und 120 Fuß Breite (1 Morgen Landes).

Tabelle 30. Römische Flächenmaße

Bezeichnung	Einteilung	qm
1 pes quadratus	1 Quadratfuß	0.08746
100 p. q.	1 scripulum	8.746
480 p. q.	1 actus simplex	41.98
1 actus simplex		41.98
30 a. s.	1 actus quadratus	1259.44
1 actus quadratus	$^1/_2$ iugerum (semiiugerum)	1259.44
2 a. q.	1 iugerum	2518.88
1 iugerum	28800 Quadratfuß (240 × 120 Fuß)	2518.88
200 iugera	1 centuria	503776 oder 50.377 ha

Gewichte

Das römische Gewichtssystem hatte sich noch in unseren alten Apothekergewichten erhalten, die erst 1872 mit der Einführung des metrischen Systems durch das Grammsystem endgültig beseitigt worden sind. Das römische Pfund (libra) wurde eingeteilt in 12 Unzen (uncia) = 327 g.

Nach *Agricola* [2g] prägten Konstantin und Julian aus den Pfunden 72 Goldmünzen. Die einzelne Münze wog eine Sextula (4.548 g), d. i. 4 scripula (1.137 g). Berechnung: 4.548 g × 72 = 327.456 g = 1 libra.

Tabelle 31. Römische Gewichte

Einteilung	Bezeichnung	g
1 as	oder libra	327.45
$^{11}/_{12}$ "	1 deunx	300.16
$^{5}/_{6}$ "	1 dextans	272.88
$^{3}/_{4}$ "	1 dodrans	245.59
$^{2}/_{3}$ "	1 bes	218.30
$^{7}/_{12}$ "	1 septunx	191.02
$^{1}/_{2}$ "	1 semis, selibra	163.73
$^{5}/_{12}$ "	1 quincunx	136.44
$^{1}/_{3}$ "	1 triens	109.15
$^{1}/_{4}$ "	1 quadrans (auch terruncius = 3 unciae)	81.86
$^{1}/_{6}$ "	1 sextans	54.58
$^{1}/_{12}$ "	1 uncia	
1 uncia		27.288
$^{1}/_{2}$ "	1 semuncia	13.644
$^{1}/_{4}$ "	1 sicilicus	6.822
$^{1}/_{6}$ "	1 sextula	4.548
$^{1}/_{24}$ "	1 scripulum*	1.137

Tabelle 32. Römische Gewichte

Gran (granum)	Skrupel (scripulum)	Drachme (denarius)	Unze (uncia)	Pfund (libra)	g
1					0.057
20	1				ca. 1.14
	3	1			ca. 3.4
		8	1		ca. 27.3
			12	1	ca. 327.5

In dem alten deutschen Pfundzeichen ℔ = lb. ist eine Abkürzung für libra unschwer wiederzuerkennen, ebenso in dem englischen Zeichen £ für Pfund Sterling.

Die libra war nach *Agricola* [2b] unter den Kleinstmaßen das größte, unter den Großmaßen das kleinste.

100 libra oder pondus waren ein centenarium oder ein centumpondium; 2 pondus nannte man einen dupondius.

* Das scripulum kommt also als Gewicht vor, aber auch als Flächenmaß und als Winkelmaß (= 1 Bogenminute).

Tabelle 33. Kleine römische Gewichte nach Agricola [2b]

Bezeichnung	unciae	Bezeichnung	Unterteilung
pondus (libra) oder das gr. talent	12	uncia	2 semunciae (binae)
sescuncia	$1^1/_2$		3 duellae
sextans	2		3 × 2 sextulae
quadrans	3		4 sicilici
triens	4		6 sextulae
quincunx	5		2 binae sextulae (duella)
semis, selibra	6		
septunx	7		7 denarii
bes	8		24 scripula
dodrans	9		
dextans	10	denarius	2 victoriati
deunx	11		6 sextantes
			20 as
		quinarius	5 as

Soweit man pondo für sich allein setzte, bedeutete es dasselbe wie libra; wenn man aber pondo libra oder pondo uncia schrieb, so bedeutete das „dem Gewicht nach", zum Unterschied von der Maßlibra, -uncia oder -semuncia.

Aus den Untersuchungen Agricolas läßt sich für die Unterteilung der kleinen römischen Gewichte folgende Tabelle aufstellen:

Tabelle 34. Römische Gewichte nach Agricola [2b]

	semilibrae	trientes	quadrantes	sextantes	sescunciae	unciae	semunciae	duellae	sicilici	sextulae	denarii	victoriati	scripula	celsus sextantes
libra	2	3	4	6	8	12	24	36	48	72	84	168	288	
semilibra	1	1,5	2	3	4	6	12	18	24	36	42	84	144	
uncia						1	2	3	4	6	7	14	24	
semuncia							1	$1^1/_2$	2	3	$3^1/_2$	7	12	
duella								1	$1^1/_3$	2	$2^1/_3$	$4^1/_2 + ^1/_3$	8	
sicilicus									1		$1^1/_2 + ^1/_4$	$3^1/_2$	6	
sextula										1	$1^1/_6$	$2^1/_3$	4	
denarius											1	2	$3^3/_7$	6
victoriatus*												1	$1^1/_2 + ^3/_{14}$	

* Victoriamünze ($^3/_4$ Denar)

Römische Münzen

Die Bezeichnungen der römischen Gewichte wurden gleichzeitig auch für verschiedene Münzen verwendet, die in ihrem Werte zu den verschiedenen Zeiten sehr unterschiedlich waren. Die Römer hatten Kupfer-, Silber- und Goldmünzen, die wir in Tabelle 35 und 36 aufführen.

Tabelle 35. Kupfermünzen

Münzfuß (ab 335 a. C.)	Münzfuß (ab 269 a. C.)*
1 as = 47 Pf	1 as = 9 Pf
$^1/_2$ as = semis	$^1/_2$ as = uncia
$^1/_3$ as = triens	2 asses = dupondius
$^1/_4$ as = quadrans	3 asses = tressis
$^1/_6$ as = sextans	10 asses = decussis
$^1/_{12}$ as = uncia	

Tabelle 36. Silber- und Goldmünzen

Silber	Gold
1 denarius** = 10 (16) asses	1 aureus = 25 denarii = 100 sestertii
1 quinarius = 5 asses	Dauernd erst seit Caesar geprägt.
1 sestertius = $2^1/_2$ asses	In der Kaiserzeit prägt der Kaiser
1 quadrigatus = $1^1/_2$ denarius	Gold und Silber.
1 victoriatus = $^3/_4$ denarius	

1.228 *Allgemeines*

Es ist verständlich, wenn uns die Maße der alten Kulturvölker, der Ägypter, Babylonier, Perser, Hebräer, Araber, Griechen und Römer, heute besonders interessieren. Sie haben die Maße für Länge, Fläche, Raum, Gewicht und Zeit als erste entwickelt und auch angewendet. Aus dem

* Um 286 wird der ursprüngliche Münzfuß auf die Hälfte herabgesetzt. Nach der Reform von 269 verschlechtert sich der Münzfuß weiterhin, so daß ein as erst auf eine uncia, dann sogar auf ½ uncia herabsinkt. Die Werte sind jedoch Metallwert, keine Kaufkraftziffern.

** Verschiedene Münzfüße:

ab 269 (Beginn der Silberprägung)
1 denarius = 82 Pf = 10 asses

ab ca. 240
1 denarius = ca. 70 Pf

ab 217
1 denarius = 65 Pf = 16 asses

quadrigatus und victoriatus (Victoriamünze) sind griech.-illyr. Rechnungsmünzen. Die Werte sind Gold- und Silberwerte, keine Kaufkraftziffern.

Erbe, das uns von ihnen überkommen ist, hat sich unser Wissen entwickelt, wobei die Anschauungen des Altertums ihre Wirkung auf uns auch heute noch nicht verloren haben.

Aber auch andere Kulturvölker, die ohne innere Beziehung zu unserer Kultur stehen, haben ihre Maße und Maßsysteme gehabt. Von dem alten Kulturvolk der Chinesen wissen wir z. B., daß auch ihre Maße von den natürlichen Dimensionen abgeleitet wurden, die dem Menschen jederzeit zur Hand sind.

Agricola [2f] berichtet hingegen, die Chinesen haben „die Waren nicht zugewogen, sondern nach dem Urteil über ihr Aussehen die Preise aller Sachen abgeschätzt, und die Albaner haben genaue Maße und Gewichte nicht gekannt. Gleichwohl haben sie nicht lange den Brauch gehabt, so zu verfahren."

Das Deutsche Museum in München, jene einzigartige Sammlung von Meisterwerken der Naturwissenschaft und Technik, zeigt in einem besonderen Raum die Entwicklung der Meßkunst vom natürlichen Maß bis zum Meterprototyp, Hohlmaße von der primitivsten Raumeinteilung bis zum geeichten Maß, Gewichtseinheiten, Gewichtssätze und Waagen aller Art. Während dem Menschen für den Gebrauch der Begriffe Länge und Zeit natürliche Größen zur Verfügung standen, erforderte die Bestimmung eines Gewichtes die Verwendung eines künstlichen Gerätes.

Gleichzeitig verlangte die Vornahme einer Wägung bewußte, im Anfang vielleicht auch nur gefühlsmäßige Kenntnis des Hebels und der Hebelgesetze. *Fröhlich* [143] bezeichnet daher auch die Waage als das erste und älteste Meßgerät, dessen grundsätzliche Arbeitsweise, nämlich die Benutzung der Anziehungskraft der Erde, sich bis heute nicht geändert hat.

An den ausgestellten Objekten verschiedener Zeiten und Völker läßt sich die Entwicklungslinie der Raum- und der Gewichtsmessung, sei es in Nachbildung oder im Original, einzigartig verfolgen. Einige Gegenstände seien hier angeführt:

Nachbildungen der babylonischen und ägyptischen Ellenmaße, Fußmaße der meisten europäischen Staaten, als eins der wertvollsten Stücke ein gotisches Hohlmaß, das Regensburger Klöpfel, prähistorische Gewichtsstücke, Abgüsse aus Pfahlbausiedlungen, Originale aus der älteren Pharaonenzeit, aus Rom und Byzanz, ein bayrisches Pfundgewichtstück aus Bergkristall, Gewichtstücke aus Blei, Bronze und Stein, Waagen der Ägypter, Babylonier und Römer aus Bronze, Eisen und Holz. Als Kuriosum ist eine Krämerwaage zu sehen, mit Quecksilber in hohlen Waagebalken, die zu Falschwägungen benutzt wurde, schließlich eine Nachbildung der berühmten Waage der Weisheit von dem Araber Al Khâzwinî.

Auch der Staatliche Mathem.-Physikalische Salon im Zwinger zu Dresden verfügt über einen reichen Bestand an feintechnischen Instrumenten zur Geschichte von Maß und Gewicht. Trotz der vielfachen Umlagerungen und ihres hohen Alters von meist 3 bis 4 Jahrhunderten sind die oft einmaligen Kostbarkeiten vorzüglich erhalten. Nur ein kleiner Teil ist durch den Bombenangriff auf Dresden im Februar 1945 der Kulturwelt für immer verlorengegangen. Einige Belegstücke werden in Bildbeilagen gezeigt. (Bilder 13, 14, 53—58.)

Die natürlichen Maße der alten Kulturvölker waren vom menschlichen Körper hergeleitet. Wenn es sich bei den natürlichen Maßen in gewissem Sinne bereits um genormte Einheiten handelte, so war doch die Hauptforderung, die wir heute an ein Normalmaß stellen, nämlich unveränderlich und nachbildbar zu sein, bei diesen natürlichen Einheiten nur bedingt erfüllt. Mit der Entwicklung ihres Bildungsgrades sorgten die alten Völker schon frühzeitig für die Sicherung ihres Normalmaßes. Es genügte anfangs vollständig, wenn z. B. das Längennormal in der Mauer eines öffentlichen Gebäudes oder bei der Behörde aufbewahrt wurde. Mit dem Aufblühen des Handels und der Erweiterung des Verkehrs wurde es dann aber notwendig, das übliche Landesmaß genauer zu bestimmen und es mit dem anderer Länder zu vergleichen. Das Erkennen solcher Notwendigkeit mag die Geburtsstunde eines universellen und unveränderlichen Naturmaßes gewesen sein; die weitere Entwicklung des Gedankens blieb aber erst späteren Jahrhunderten (Mitte des 17. Jahrhunderts n. u. Z.) vorbehalten.

Nach Abschluß der vorliegenden Arbeit hatte Verfasser Gelegenheit, in die Manuskripte der ersten deutschen Rohübersetzungen von Agricolas Büchern über Maße und Gewichte (de mensuris et ponderibus) Einblick zu nehmen [2a—f].* 1955 gedachte die wissenschaftliche Welt des 400. Todestages dieses hervorragenden Humanisten des 16. Jahrhunderts [2i].

In diesen Schriften, die in den bisherigen Arbeiten über Agricola nur wenig oder gar nicht gewürdigt worden sind, untersucht Agricola die Hohlmaße und Gewichte vor allem der Römer und Griechen. Er versucht, die alten Maß- und Gewichtssysteme zu rekonstruieren [2f], und bedauert dabei ihre Uneinheitlichkeit, die ihm seine Bemühungen, Klarheit über das rechte Maß zu gewinnen, so erschwerte, *„weil die zu messenden Dinge recht zahlreich und verschiedenartig sind. Sodann (aber) weil sich Trockenes nicht nur gewichtsmäßig sehr stark vom Flüssigen unterscheidet, sondern auch solches, das unter beides fällt, gar keine Unterschiede zeigt“*. Mit großer Sorgfalt untersucht Agricola diese Unterschiede und fundiert erstmalig das Verhältnis von Qualität zu Quantität.

Interessante Bemerkungen hierzu befinden sich an vielen Stellen seines Werkes, so z. B. über spezifische Gewichte: *„Gewichtsunzen weisen entsprechend dem verschiedenen Charakter der zu messenden Gegenstände derartige Unterschiede auf, daß man kaum zwei Dinge finden kann,*

* Die Übersetzungen wurden auf Veranlassung von Dozent Herlitzius, Inst. f. Ges.-Wissenschaften der Bergakademie Freiberg [2i], von Prof. Dr. Weber, Freiberg, und Dr. Fraustadt, Dresden, hergestellt und haben die Befürwortung des Forscheraktivs der Agricola-Gedenkausgabe sowie der staatlichen Stellen der DDR erfahren. Ein Teil [2g] ist bereits vom Staatl. Museum f. Mineralogie und Geologie Dresden zur Bearbeitung und Herausgabe übernommen worden.

die ganz und gar das gleiche Gewicht haben." — *„So faßt z. B. ein römischer Sextarius 20 unveränderliche Maßunzen, aber ein anderes Gewicht hat das Öl, das er faßt, ein anderes der Wein, Honig und Quecksilber."*

Agricola verliert sich aber bei seiner philologischen Sorgfalt in seinen Untersuchungen in eine derartige Weitläufigkeit, daß es nur nach sehr eingehendem Studium aller seiner Arbeiten *de mensuris et ponderibus* und späterer Schriften mit ähnlicher Thematik [2c—h] möglich sein wird, genaue Kenntnis über die Maße und Gewichte der Antike zu erhalten und vor allem das Gewirr der Ansichten (Budaeus, Portius und Alciatus [2a, d]) und der daraus entstandenen Verwechslungen zu entflechten, z. B. von Maß- und Gewichtsunzen [2d], die von seinen Vorgängern und Zeitgenossen (Guillaume Budé, Philologe 1467—1540, Leonhard Portius, Rechtsgelehrter 1464—1545, Andreas Alciatus, Jurist 1492—1550) nur in oberflächlichen Darstellungen behandelt worden sind.

Die Beschreibung der römischen Maße ist Agricola nicht schwer gefallen, *„weil sie zwar einem sehr großen Staatswesen zugehören, aber insgesamt doch einem einzigen Staatswesen. Bei den griechischen Maßen aber ist die Schwierigkeit, sie zu besprechen, viel verwickelter, weil sie verschiedenen Staaten zugehören, ja sogar bisweilen in einem geschlossenen Gemeinwesen nicht einheitlich waren; auch die Medizin, Landwirtschaft und Tierheilkunde hatten unterschiedliche Maße."*

Es muß weiterer Forschung überlassen bleiben, all das, was Agricola aus Schriften der antiken Literatur zusammengetragen, untersucht und erläutert hat, vollständig neu zu bearbeiten und damit der Wissenschaftsgeschichte zu erhalten.

Der Verfasser hat sein Material für die vorliegende Darstellung anderen Quellen entnommen, hat aber versucht, wenigstens einen Teil der von *Agricola* erwähnten Maße und Gewichte der Antike noch mit einzuarbeiten [2b, c, e]. Die betreffenden Tabellen sind mit einer punktierten Linie umgeben. Sie können nicht in jedem Falle Anspruch auf unbedingte Zuverlässigkeit erheben.

1.23 *Die Entwicklung der Maße und Gewichte seit der Antike*

1.231 *Im Abendland*

An dem schönen und mächtigen Bau der Meßkunst der alten Kulturvölker hat Jahrhunderte hindurch kein Mensch zu rütteln gewagt. Mit der zunehmenden Ausbreitung des menschlichen Lebens auf der Erde entwickelten sich die verschiedenen Wirtschaftszweige immer stärker. Die Landnutzung wurde richtungweisend, und der steigende Lebensstandard einer ständig wachsenden Bevölkerung mußte schließlich die Entwicklung des Maß- und Gewichtswesens bei den Völkern des Abendlandes vorantreiben. Von den durch den Körper des Menschen gegebenen Maßen, wie Fuß und Elle, ging man zu solchen über, die sich aus seiner Arbeit ergaben, wie Acker, Tagewerk, Morgen. Ein königlicher Fuß war die Länge des Fußes Karls des Großen, 789 n. u. Z. Auf Karl geht auch das

Karlspfund zurück, das etwa 360—370 g wog. Heinrich I. von England, 1101 n. u. Z., schuf die sächsische Elle nach der Länge seines Zepters [34]. Im Jahre 1215 setzt die Magna Charta für England bereits einheitliche Maße und Gewichte fest.

Auf dem europäischen Festland blieben die Versuche zur Vereinheitlichung von Maß und Gewicht in den Anfängen stecken. Erst nach der Renaissance der Wissenschaft (Einführung der Buchdruckerkunst 1450) fanden Meßkunde und Meßtechnik wieder stärkere Berücksichtigung.

Wir müssen hier noch einmal die Schriften *Agricolas* erwähnen [2]. Agricola war Renaissancemensch und Humanist. Er ist der klassische Vertreter jener Zeit, in der große Persönlichkeiten (Nikolaus v. Kues, 1401 bis 1461, Giordano Bruno, 1548—1600) den Kampf gegen das Alte und Hemmende aufnahmen und damit den Grund für vieles legten, was für spätere Zeiten nützlich blieb.

Agricola geht in seinen Schriften *de mensuris et ponderibus* [2b] von der Forderung und Verantwortung des Arztes aus: die Medizin habe ihre ganz genauen, feststehenden Maße und ebenso festbegrenzte, bestimmte Gewichte. Käme ein Versehen vor, so sei das stets mit körperlicher Schädigung, manchmal sogar mit Lebensgefahr verbunden. Verwende ein Kaufmann falsches Maß oder falsches Gewicht, so korrigierten die Behörden auf Beschwerden des Käufers in der Regel unschwer den begangenen Fehler — anders aber sei die Sache beim Verabreichen falscher Mengen von Medizin.

Meinungsverschiedenheiten mit seinen Zeitgenossen veranlassen ihn dabei, seine Auffassung über die Freiheit der Wissenschaft und das Recht zur Kritik zum Ausdruck zu bringen [2i]. Bei allen seinen Bemühungen aber ist sein Ziel, ausfindig zu machen, welcher allgemeingültigen Normen für Maß und Gewicht man sich künftig in Übereinstimmung mit der Überlieferung bedienen könne. Es ging Agricola in seinen Büchern über Maße und Gewichte darum, eine einheitliche Auffassung zu finden, die er für seine eigene Arbeit dringend benötigte.

Wahrscheinlich hätte Agricola seine Bücher über Maße und Gewichte nicht geschrieben, wenn er die Herbeiführung allgemeingültiger Maß- und Gewichtsnormen nicht für dringend erforderlich gehalten hätte. Leider beschränkt er sich dabei fast völlig darauf, die in der Antike gebräuchlichen Maße für anorganische und von der Natur gegebene Dinge [2f] wiederzugeben. Er brauchte aber diese Studien zu seiner Selbstverständigung. Deshalb läßt er auch vor Beginn seines eigentlichen Lebenswerkes *de re metallica* [2h] aus dem Erfahrungsschatz der Werktätigen im Berg- und Hüttenwesen [2g] nach den Normen für Maße und Gewichte fragen, ohne die keine Wissenschaft möglich sei.

Man fühlte immer mehr, daß Maße eingeführt werden mußten, um in Wirtschaft und Wissenschaft zu einer fruchtbaren Zusammenarbeit zu gelangen. An eine internationale Regelung dachte jene Zeit natürlich noch nicht. Man befaßte sich mit der Idee, der Länge ein Naturmaß zugrunde zu legen und zur allgemeinen Anerkennung zu bringen. Der Abschnitt „Gradmessung“ (1.232.1) berichtet von diesen Versuchen, ein Naturmaß zu finden.

Aus dem 15. Jh. stammen die ältesten Aktenstücke der Berghändel in unseren Archiven, und alte, wertvolle Holzschnitt- und Kupferstichkarten geben uns Kunde von dem, was damals an meßtechnischer Arbeit geleistet worden ist. Man verstand frühzeitig mit Meßschnur, Lachter, Kette, Quadrant und Bussole, Eisenscheibe und Winkelweiser umzugehen. (Im 2. Jahrhundert v. u. Z. war im Orient die Magnetnadel bereits bekannt.) 1560 wird der Kompaß im Gebrauch der Bergwerke von Cardano als „Krone aller Erfindungen“ bezeichnet. Eines der ältesten und interessantesten Dokumente aus der Geschichte des bergmännischen Vermessungswesens ist das 1570 erschienene „Zugbuch“ von *Waldner* [3], der in der Mitte des 16. Jahrhunderts die meisten Erzbergbaue in den Salzburger und Tiroler Alpen und in den Hohen Tauern vermessen hat. Seine Manipulation war der von *Agricola* [2] beschriebenen analog. Er maß die Schnur mit Salzburger Stäben zu 0.893 Meter und verwendete zweierlei widersinnig geteilte Kompasse [109]. Im 18. und 19. Jahrhundert wurden dann komplizierte Meßinstrumente entwickelt (z. B. der Theodolit zum Messen von Horizontalwinkeln) und bis in die jüngste Zeit vervollkommnet. Als am Ende des 18. Jahrhunderts in Frankreich ein besonderes Maß- und Gewichtssystem ausgearbeitet wurde, ahnte noch niemand, daß dieses metrische System in der Folgezeit bahnbrechend und allein richtungweisend sein würde. Bis dahin war es jedoch noch ein weiter Weg.

Das Mittelalter mit seiner staatlichen Zersplitterung brachte dem gesamten Abendlande eine entsprechende Verwirrung des Meßwesens. Hier bestand infolge des Länderpartikularismus ein Vielerlei, das nicht mehr zu überbieten war. Maße, die in verschiedenen Ländern denselben Namen trugen, waren untereinander doch nicht vergleichbar.

1.231.1 In *Deutschland* war die Verwirrung wohl am schlimmsten. Es war bei der Zerrissenheit ganz Europas ein völliges Durcheinander entstanden, das Handel und Wandel lähmte und unlauteren Manipulationen Vorschub leistete. Fast jede Stadt hatte eigenes Maß, selbst innerhalb der Gemeinden gab es oft verschiedene Maße für die verschiedenen Handwerke. „Jedes deutsche Ländchen hat sein eigenes Quentchen, eigene Maße hat fast jede deutsche Stadt“ [115]. So kam es zu einer Unmenge lokaler Maße und Gewichte, die in den einzelnen Städten aus Holz oder Eisen hergestellt wurden und meistens von einem Körpermaß hergeleitet waren. Man bewahrte sie an sicherem Ort auf und erklärte sie für das rechte Maß. Das Dresdener Scheffelmaß befand sich z. B. in der später nach ihm benannten Scheffelstraße. Das ehem. Großherzogtum Baden darf sich rühmen, besonders reich an lokalen Maßen gewesen zu sein. Es gab dort um 1800 112 verschiedene Ellen, 92 Flächenmaße, 65 Holzmaße, 163 Getreidemaße, 123 Ohme und Eimer, 63 Schenkmaße und 80 Pfunde (nach einer Notiz im Mathem.-Physik. Salon des Zwingers zu Dresden).

Bild 9

Der Fuß

(1 Fuß = durchschnittl. 12 Zoll. Eduard II. bestimmte, daß drei getrocknete Gerstenkörner, die aus der Mitte einer Ähre genommen und der Länge nach aneinandergelegt werden, einen Zoll darstellen.)

Aus einer Druckschrift der Ford Motor Company, Dearborn, Michigan, über Endmaße

Der Fuß hatte		cm
in	Baden	30.000
	Bayern (München)	29.91859
	Österreich	31.608
	Preußen (Rheinland)	31.38535
	Sachsen	28.319
	Schweiz	30.00
	Württemberg	28.649

Er war unterteilt in Baden, Württemberg und der Schweiz in 10 Zoll (″) zu je 10 Linien (‴), die übrigen Staaten dagegen teilten ihn ein in 12 Zoll zu je 12 Linien. Das Lachter betrug in Preußen 2.0924 m, in Bayern 1.97 m, in Württemberg 2.0154 m usw. Ähnlich lagen die Verhältnisse bei den übrigen Längenmaßen, den Flächenmaßen, Körpermaßen und Gewichten. Die bayrische Quadratrute war 8.518 qm, die Hamburger 21.0235 qm, die preußische 14.1846 qm. Die Klafter entsprach in Bayern 3.13 cbm, in Frankfurt a. M. 2.90 cbm, in Hessen 3.5 und in Preußen 3.3 cbm. Der Zentner, ein Gewicht, wie es ein erwachsener Mann ohne allzu große Anstrengung noch tragen kann, wog in Preußen 51.4 kg, in Bayern 56, in Braunschweig 46.8, in Württemberg 48.6 kg usw. Ein trauriges Spiegelbild deutscher Zerrissenheit und Uneinigkeit!

Bild 10

Johannes Kepler

geb. 27. 12. 1571

gest. 15. 11. 1630

Stich von J. von Heyden

Aus: Historisches Porträtwerk, München 1888. Verlag Kunst und Wissen, vorm. F. Bruckmann.

Als *Johannes Kepler* im Jahre 1626 infolge des Bauernaufstandes in Oberösterreich von Linz nach Ulm flüchtete, um dort seine Rudolfinischen Tafeln in Druck zu geben, nahm der Ulmer Magistrat die Gelegenheit wahr, den berühmten Mathematiker um Prüfung des ulmischen Maß- und Gewichtssystems zu bitten [45a] [64a] [160]. Kepler untersuchte das System mit mathematischer Gründlichkeit und schrieb die Ergebnisse in seinem „Discurs — Welcher Gestalt allerhand Ulmische Massachen, aneinander zu verknüpffen und zu conservieren seyn möchten" nieder (*Ofterdinger*, Verh. des Vereins für Kunst und Altertum in Ulm u. Oberschwaben 1873 N. R. 5. Heft). Die Arbeit wird in der Ulmer Stadtbibliothek aufbewahrt. Er sagt darin, daß es einem Herrscher wohl möglich sei, eine alte Ordnung umzustoßen, daß solche Änderung aber dem gemeinen Bürger nur Schaden bringen könne, und schlägt deshalb vor, bei einer Normalisierung bestehender Maßsorten diese nur geringfügig zu ändern. Das Ulmer Stadtgewicht solle nicht geändert werden. Es entspreche dem Kölner Münzgewicht, und beide seien an das stetigbleibende Apothekergewicht (1 Unze = 2 Stadtlot) gebunden. Die Weineich, die dem Eimer von Eßlingen gleich sei, solle auch nicht geändert werden, da Ulm bezüglich des Weines von anderen Gegenden abhängig sei. Dasselbe gilt von der Elle wegen des großen Leinwandhandels. Es bleiben also nur noch der Schuh und das „Traid“-Maß, das Getreidemaß, für eine Regelung innerhalb der Stadt übrig. Und hier macht Kepler den grandiosen Vorschlag, diese Maße in einem „zinern innen wohl polierten“ Gefäß zu vereinigen und daraus abzuleiten. Eine Umschrift, die nach Keplers Angaben kurz zusammenfaßt, was alles aus dem Kessel abgeleitet und entnommen werden kann, besagt: „Zwen Schuch mein tieffe, ein ele mein Quer, ein geeichter aimer macht mich lehr, dan sind mir vierthalbcentner bliben, vol Donau wasser wege ich sieben, doch lieber mich mit kernen euch und vier und sechzig mal abstreich, so bistu neinzig ime reich, gos mich Hans Braun 1627.“

Bild 11
Keplers Ulmer Stantner
Aus: Beiträge zur Geschichte der Technik und Industrie. VDI-Verlag Berlin 1929, Bd. 19, S. 169

Der Kessel hat eine innere Höhe von 58,4 cm, die ganze Höhe ist 72,8 cm, während der innere Durchmesser 60,2 cm mißt. Der Ableitung des Gewichtes galt Keplers besondere Mühe. Ein geeichter Eimer Donauwasser (nicht Brunnenwasser!) wog 3½ Zentner Stadtgewicht. Zur genauen Feststellung dieses Gewichtes schlug Kepler vor, „an geheimen Orth 1900 alter, nach A 1560 geschlagener Gulden Thaler“ oder 56 Zentner Stadtgewicht Steine zusammenzubringen und durch Teilung 3½ Zentner zu ermitteln. Die Höhe, bis zu welcher diese Menge Wassers dann in dem Kessel steigt, der von Messing gegossen und ebenfalls 3½ Zentner wiegen und eine gerechte Ulmer Elle breit sein soll, ergibt dann zwei Werkschuh. Durch weitere geistvolle Berechnungen legte Kepler an seinem Kessel noch das neue „Traidmaß“ bzw. das „Imi“ fest, ferner den Metzen, den österreichischen Eimer, das „Eichmaß“ und das „gerechte Schenkmaß“, die er auch miteinander verknüpfte.

Mit unendlicher Mühe und Sorgfalt hat Kepler in diesem Eichnormal nahezu alle Alt-Ulmer Maße und Gewichte zusammengefaßt „einem Wolweisen Magistrat ... zu einer geringen an Zayge meiner Dankbarkeit für erthaylten Schutz ...“ und damit ein „Normal“ geschaffen von hoher kulturgeschichtlicher Bedeutung Der Kessel darf aber auch ein gewisses künstlerisches Interesse beanspruchen. Durch Schönheit der Form und Ornamentik ist es dem Ulmer Glockengießer Braun meisterhaft gelungen, den Gegenstand zu beleben. Bis in den Anfang des 19. Jahrhunderts besaß jeder Gegenstand und jedes wissenschaftliche Instrument irgendwelche ornamentale Ausschmückung, und so interessiert uns heute Keplers Stantner zur Ableitung der Ulmer Maße und Gewichte nicht nur als ein Instrument der Meßtechnik, sondern auch als ein Gegenstand der Kunst, dessen repräsentative Gestaltung seine Zeit charakterisiert.

Fast zur gleichen Zeit bemüht man sich auch in Sachsen um einheitliche Maße. Hier war nach landesherrlicher Verordnung vom Jahre 1558 überall das Dresdener Scheffel- und Schankmaß anzuwenden [44] Auf andre als Hohl- und Schüttmaße bezog sich diese Bestimmung aber nicht. Die fremden Kaufherren hatten sich an das Leipziger Gewicht und die Leipziger Elle gewöhnt, wenn auch ihre Stoffe und Tücher noch nach Brabanter oder Nürnberger Elle oder Pariser Stab „in Handel und Wandel gekauft und verkauft“ wurden (Landtags-Akten vom 29. 8. 1700). Eine Gleichheit in Maß und Gewicht konnte somit noch nicht erreicht werden, und sooft die Stände seit 1527 über eine solche sprachen, vermochten sie von einer durchgehenden Gleichheit „nicht allzu viel Nutzen zu erhoffen“.*

Hierzu hat *Brandt* [45b] viel Urkundliches zusammengetragen. Leider ist seine wertvolle Arbeit nur in einigen wenigen Umdruckexemplaren erschienen. Brandts Werk über Maß und Gewicht in Sachsen gibt fast erschöpfend Auskunft über die geschichtliche Entwicklung des sächsischen Meßwesens. Der Stoff ist entsprechend der zeitlichen Entwicklung von Maß und Gewicht in Sachsen (1805—1868) geordnet. Hierdurch erkennt man die Stellung der Regierung zu dieser Angelegenheit in den verschiedenen Zeitabschnitten, ebenso die sorgsamen Bemühungen Sachsens (Denkschrift des Geh. Legationsrates Beigel vom 13. 4. 1805 über das Maß- und Gewichtswesen im Kurfürstentum Sachsen und zur Einführung des Dresdner metrischen Systems) und schließlich den Anteil Sachsens an der Einführung des metrischen Systems in Deutschland.

Die Zusammenstellung zeigt zugleich, wie und was früher alles gemessen wurde und unter gesetzlicher Aufsicht stand, wie oft an dieselben

* In dem Buche von *Leonhardi*, Geschichte und Beschreibung der Kreis- und Handelsstadt Leipzig, 1799, befindet sich auf Seite 359 folgende interessante Bemerkung: „In Ansehung der fremden Gewichte und Ellenmaße findet man außer Wien an keinem Ort in Teutschland eine so musterhafte Einrichtung, als in Leipzig, woselbst auf der Ratswaage und bey der Kramerinnung, nebst einigen Getreide- und Getränk-Maaßen, die Gewichte und Ellenmaße der vornehmsten Handelsplätze in Natura aufbewahrt werden. Sie sind sämtlich aus dem Ort selbst verschrieben und mit Stempel und Attesten versehen hierher gesendet worden.“ Leipzig, die Stadt der Messen mit ihrem internationalen Verkehr, konnte eine solche Sammlung von Normalgewichten nicht entbehren.

Brandt [45b] berichtet, daß die Leipziger Sammlung 1812 zum größten Teil noch vorhanden gewesen sei, während die Wiener Sammlung anscheinend verlorengegangen sei.

Mandate, Reskripte und Verordnungen ohne Erfolg erinnert worden war und wie unbestimmt die Angaben in den Verordnungen waren.

Ein großer Teil der von Brandt erwähnten oder besprochenen sächsischen Maße und Gewichte ist im Tabellenteil II dieses Buches mit eingearbeitet worden.

Am 5. 3. 1811 wurde die eiserne Norm der Dresdener Elle als Grundlage des Systems genehmigt. Ihre Länge betrug 251.136 Linien der Perou-Toise; der Dresdener Fuß oder Schuh ergab sich hieraus zu 125.568 Linien. 1000 Dresdener Ellen waren 1744 französische Fuß. Die Dresdener Elle war eigentlich eine Kopie der Leipziger Elle, die bereits durch das Mandat von 1734 als Längennormal für das ganze Land angeordnet worden war. Vorher wichen das Dresdener und Leipziger Längenmaß merklich voneinander ab. Die einzige Quelle aus dieser Zeit der sächsischen Metrologie waren jahrhundertelang nur die Handschriften der *Riese*schen Familie. Die Aufzeichnungen von *Abraham* und *Isaak Riese*, Söhne des 1559 verstorbenen bekannten Rechenmeisters *Adam Riese*, sind nach *Tobias Beutel* in seiner 1685 zum neunten Male herausgegebenen „Rechenkunst“ benutzt worden. Von Beutel stammt auch die Angabe, daß 44 kursächsische Quadratruten 57 rheinländischen Quadratruten entsprechen.

Am 5. 10. 1816 reichte *Beigel* einen neuen, sehr umfassenden Entwurf eines Maß- und Gewichtssystems für das Königreich Sachsen ein und beschäftigte sich am Ende seiner Darlegungen auch mit der Wiederherstellung der sächsischen Urnormale für Länge, Flüssigkeit und Gewicht für den Fall ihres Verlustes.

Am 4. 4. 1821 beschloß indessen die Regierung, die sorgsamen Bemühungen ihrer Räte, Ministerien und Sachverständigen auf sich beruhen zu lassen. Sie war zu der Auffassung gekommen, daß ein einheitliches System für ganz Deutschland vorzuziehen sei.

Bei Verleihungen von Grubenfeldern auf Grund des Berggesetzes wurden die Flächen in Quadratlachtern angegeben. Naturgemäß lassen wiederum Grubenfelder, die vor Erlaß der deutschen Maß- und Gewichtsordnung (1870) verliehen wurden, heute mitunter sehr schwer erkennen, nach welchem Berg-Lachter sie verliehen wurden [39].

> „Das Maaß, womit man auff denen Bergwerken misset, wird ein Lachter genennet, ist immer an einem Ort länger, als am anderen. Zu Freybergk ist es ein kleinwenig mehr als drey und eine halbe Meißnische Elle lang.“ [8]

Bild 12 zeigt die photographische Wiedergabe einer vom Verfasser angefertigten Teilkopie des ältesten Originalrisses des Zentralinstitutes für Markscheiderei und Rißwesen in Freiberg, ehem. Oberbergamt Freiberg/Sa., Kirchgasse 11. Der Riß betrifft Grubenfelder vom Altenberger Zwitterstock und führt ihre Namen auf. Die Entfernungen der Feldeseckpunkte sind in Lachter und Zoll, das Streichen der Grenzlinien ist in Stunden angegeben. Die Schächte sind durch ihre Kauen perspektivisch dargestellt, während die Grubenfelder selbst im Grundriß gezeichnet sind. Die Schachtöffnungen hat der unbekannte Verfasser durch Vierecke angedeutet. Sie wirken im Schachtgebäude wie Fenster und deuten darauf hin, welche Schwierigkeiten sich beim Übergang von der einen Darstellungsweise zur anderen ergeben.

Über die Art und Weise, wie früher die Fundgruben (Grubenfelder) vermessen wurden, berichtet z. B. *Möller* in seiner Freiberger Stadtchronik [6]:

„eine Fund Grube / oder die erste Zeche auff einem newen Gange wird nach gemeiner Art und in meisten Bergstädten vermessen uff 6 Lehen / oder wie man sonst zu reden pflegt uff 3 Wehren; Ein Wehr helt aber 2. Lehen / Ein Lehen helt sieben Berglachter in der Vierung / daß ist vierdtehalb lachter ins liegende des Ganges / daß also eine Fundgrube für ihr Feld und Maß gemeiniglich 42. Lachter in der lenge / ein Lachter uff viertehalb Freybergische Ellen gerechnet / und 7. Lachter in der breite oder Vierung bekömpt: — Doch zu Freybergk wird es auß langer hergebrachter besonderer Gewohnheit etwas anders damit gehalten / und wird iede Fund Grube auff 60. Lachter verliehen und vermessen. Hingegen bekömen die nechste und andere Massen iede nur 40. Lachter, nemlich 4. Lehen oder 2. Wehren / daß ist 28. Lachter in der lenge.“ (Desgl. Verordnung des ehem. Oberbergamtes Freiberg vom 18. Mai 1831.)

Wie die Längenmaße, Berglachter, Bergellen, so waren auch die Flächenmaße in den einzelnen Revieren verschieden. Nach den Aufzeichnungen *Brandts* [45b, S. 82] läßt sich folgende Übersicht aufstellen:

Tabelle 37. Übersicht alter Bergbauflächenmaße in Sachsen

Revier	Fundgrube			Maße			Wehr		
	Lachter	q-Lacht.	m²	Lachter	q-Lacht.	m²	Lachter	q-Lacht.	m²
Altenberg	28×28	784	3136	14×14	196	784	7× 7	49	196
Glashütte	28×28	784	3136	14×14	196	784	7× 7	49	196
Geyer	28×28	784	3136	14×14	196	784	7× 7	49	196
Voigtsberg	28×28	784	3136	14×14	196	784	7× 7	49	196
Scheibenberg	42×42	1764	7056	28×28	784	3136	14×14	196	784
Freiberg	42×42	1764	7056	28×28	784	3136	14×14	196	784
Annaberg	42×28	1176	4704	28×28	784	3136	14×14	196	784
Scheibenberg	42×28	1176	4704	28×28	784	3136	14×14	196	784
Marienberg	42×28	1176	4704	28×28	784	3136	14×14	196	784
Johanngeorgenstadt	42×28	1176	4704	28×28	784	3136	14×14	196	784
Eibenstock	42×28	1176	4704	28×28	784	3136	14×14	196	784
Schwarzenberg	42×28	1176	4704	28×28	784	3136	14×14	196	784
Marienberg (Bef. v. 25. 4. 1683)	60×28	1680	6720	40×28	1120	4480	20×28	560	2240
Gesamt-Sachsen (Bef. v. 30. 3. 1830 und 18. 5. 1831)	60×40	2400	9600	40×40	1600	6400	20×20	400	1600

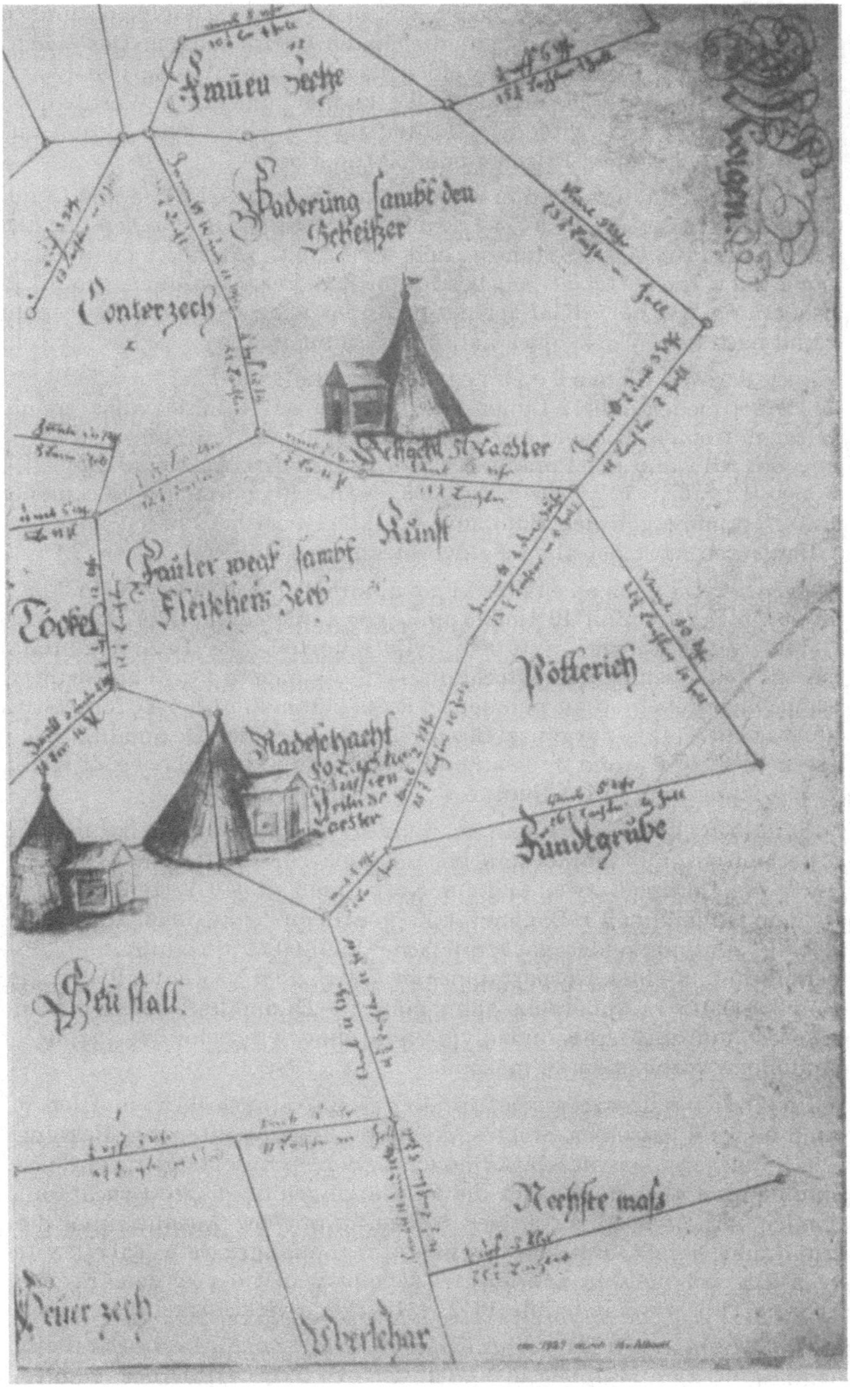

Bild 12

Ein alter Riß vom Altenberger Zwitterstock Anno 1574

Grubenfeldbegrenzungen betreffend

Nach einer vom Verfasser angefertigten Teilkopie.

Das *Lachter* war von jeher ein dem *Bergbau* eigentümliches Längenmaß und ist von dort auf die Städte übergegangen. Das Wort ist von der Klafter abgeleitet, die einer Lachter-Länge entspricht. *Agricola* [2] teilt das Lachter in 6 Werkschuh und den Werkschuh in 12 Zoll. *Rößler* [7] gibt das Lachter zu 8 Achtheil oder Schuh zu je 10 Zoll zu je 10 Linien, Prismen oder Skrupel an.

Die Einheiten eines Lachters bezeichnete man mit „Nullen und Linien". So bedeuten z. B. $4^\circ\ 5'\ 7''\ 9'''$ 4 Lachter, 5 Schuhe (oder $^5/_8$ eines Lachters), 7 Zoll (oder $^7/_{10}$ eines Schuhes) und 9 Skrupel (Prismen oder Linien). *Lang von Hanstadt* [14] beschreibt den Vergleich einer gradlinigen Ausdehnung mit der „Klafterlänge", die in mehrere kleine Teile geteilt ist und nach dem Werk- oder nach dem Dezimalmaße bezeichnet wird.

Nach der *Werkmaßeinteilung* enthält die Klafter 6 Fuß, jeder Fuß 12 Zoll, jeder Zoll 12 Linien und jede Linie 12 Punkte, wobei man die Klafter mit einem Ringelchen, die Füße mit einem, den Zoll mit zwei, die Linie mit drei und die Punkte mit vier Strichen zu bezeichnen pflegt. Es ist also $1^\circ = 6' = 72'' = 864''' = 10368''''$. Die Benennung „Werkmaßeinteilung" stammt von den Bau- und Werkmeistern her, sie ist aber außer im Bauwesen auch bei allen Feldvermessungen üblich.

Nach der *Dezimaleinteilung* enthält die Klafter 10 Fuß, jeder Fuß 10 Zoll, jeder Zoll 10 Linien und jede Linie 10 Punkte. Demnach ist $1^\circ = 10' = 100'' = 1000''' = 10\,000''''$. Der Vorteil der Dezimaleinteilung besteht in der bequemeren Rechnungsart — „indem die Nennwerthe der Dezimaltheile eben so zu nehmen, wie die Einheiten der Ziffern bei der Numerazion" [14] —; ergibt z. B. eine Länge nach der Dezimalteilung gemessen $7^\circ\ 8'\ 4''\ 6'''$ und $3''''$, so heißt das in ununterbrochener Zifferreihe 7. 8. 4. 6. 3, das sind 78463 Punkte.

Denselben Vorteil wendete man auch im dezimalen Flachmaß und Körpermaß an, nur mußte man beim Fehlen einer Ziffer im Längenmaß eine 0, im Flachmaß zwei und im Körpermaß drei 0 setzen. Hatte sich nach dem Dezimalmaß z. B. eine Fläche von 15 qu°, 1 qu′, 0 qu″ und 22 qu‴ ergeben, so sind in der ganzen Fläche 15.01.00.22 qu enthalten; ergab die Berechnung eines Körperraumes 3 c°, 0 c′, 15 c″, so enthält der ganze Raum 3.000.015 c. Außerdem kann man die Dezimalteile addieren, subtrahieren, multiplizieren und dividieren, ohne wie beim Werkmaß Verwandlungen vornehmen zu müssen.

Die Klafter hatte aber nicht in allen Staaten, auch nicht in allen Provinzen ein und desselben Staates, dieselbe Länge. Wollte man Messungen, die sich auf verschiedene Klafterlängen beziehen, miteinander vergleichen, so mußte man wissen, wie sich die Klafterlängen oder ihre Bruchteile zueinander verhalten. Man hat sich frühzeitig mit der Ausmittelung dieser Verhältnisse befaßt und die Ergebnisse in umfangreichen Tabellen festgelegt. Die am meisten gebrauchte Tabelle war die von dem Freiherrn *v. Vega* [13] erarbeitete, die 1812 in Leipzig gedruckt erschienen ist.

Der Vorschlag, für das bergmännische Längenmaß die Dezimalteilung einzuführen, kam erstmals um 1700 von *Voigtel* [8], der damit die

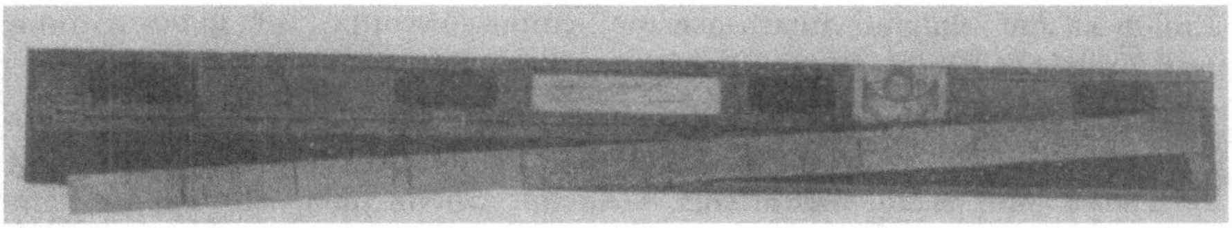

Bild 13

Dresdener Elle
(Staatl. Mathem.-Physik. Salon Dresden)
Eisen mit Einlegestab, aufgeteilt in 24 Dresdener Zoll bei 13 R, galt als sächsische Normalelle und ist nach den Bestimmungen des Geh. Legationsrates Beigel (Akten vom 17. 9. 1810) angeblich vom Hofmechanikus Studer angefertigt worden.

Aufnahme Mathem.-Physik. Salon Dresden

Schwierigkeiten, die sich aus der Berechnung von Meßergebnissen ergaben, beseitigen wollte. Er teilte sein Lachter ein in 10 Erstens oder skrupula prima zu je 10 Zweitens oder skrupula secunda zu je 10 Drittens und bezeichnete die Lachter mit einem Ringlein, die Erstens mit einem Strich, die Zweitens mit zwei Strichen und die Drittens mit drei Strichen. Er wählte also die gleichen Zeichen wie bisher für Lachter (°), Fuß oder Schuh ('), Zoll (") und Linien ('''). Die Zehnerteilung des Berglachters hat sich aber trotz der damit verbundenen Vorteile nicht durchsetzen können. *Beyer*, 1749 [12], meint, „wenn das Lachter in Zehndel oder 100 Zoll getheilet würde, es einen ungemein großen Vortheil geben würde ... aus der bewegenden Ursache, daß es einmal also eingeführet ist ... müsse man bei dem in 80 Zoll eingetheilten Lachtermaße verbleiben". Und dabei ist es auch geblieben. Man bemühte sich aber, vor allem in Sachsen, bestehende Unstimmigkeiten der verschiedenen Lachter untereinander zu beseitigen, soweit sie auf Ungenauigkeiten bei der Herstellung der Vergleichsmaßstäbe zurückzuführen waren. Vom Berggemach in Dresden wurde 1772 das Lachter für Freiberg und die obererzgebirgischen Kreisstädte zu 3½ kurze oder Dresdener Ellen festgesetzt und ein Maßstab nach Freiberg gegeben.* Es befindet sich noch heute im Institut für Markscheidewesen der Bergakademie Freiberg und trägt in gotischen Buchstaben die Aufschrift: „Das ist das rechte Lachter, Wie es in den Bergkstedten gebraucht, Und die Masen darnach vormeßen werden." An seinen

* Die Einführung der Leipziger Elle als sächsisches Landesmaß durch die Mandate von 1734 und 1754 änderte am Lachter nichts. In der Stollenordnung von 1749 ist das Lachter wieder auf 3½ Freiberger Ellen festgesetzt worden. Erst durch das Reskr. v. 1772 wurde die Dresdener Elle als Grundlage vorgeschrieben.

1 Lachter = 3½ Dresdener Ellen (1982.33 mm)
80 Lachterzolle
84 Ellenzolle

Die Berichtigung des (Normal-)Lachters in Freiberg unterblieb, weil der Rat zu Dresden seine Normalelle nicht zur Verfügung stellte [45b, S. 79]. 1821 erhielt die Bergakademie Freiberg ein Normal des Meters aus Paris. — Die im Jahre 1882 damit vorgenommene Vergleichung der verschiedenen Lachter ergab die auf S. 240 angegebenen Längen.

Enden ist der Maßstab durch eiserne Schuhe geschützt, auf denen Anfang und Ende des Maßes durch Striche markiert sind.

Der Maßstab ist wahrscheinlich in der Zeit von 1680 bis 1700 angefertigt worden. Das Original hierzu, über dessen Aufbau und Einteilung *Brandt* [45b, S. 80] ausführlich berichtet, wurde 1830 von *Beigel* im Sächs. Hauptstaatsarchiv gefunden. Der Charakter als Strichmaß ist eindeutig erkennbar. Die Länge wurde zu 1963 mm ermittelt. Daraus folgt die Freiberger Elle = 560.7 mm. Der Fund Beigels war um so wertvoller, weil er die Möglichkeit gibt, die in der Literatur sich widersprechenden Angaben über Lachter und Freiberger Elle um 1700 einwandfrei zu klären.

Johann Friedrich Weidler, Lehrer der Größenlehre zu Wittenberg, gibt in seiner „Markscheidekunst", Wien 1764, hierzu an: „Wenn man dem Freybergschen Lachter 500 Theile gibt, so hält das Joachimsthaler 493, das Eislebische 507, das Clausthaler 485 dergleichen Theilchen." Das Freibergische Lachter wird mit 6 Schuhen, 3 Zollen und 10¾ rheinländischen Linien verglichen [39]. *Schmidt* [128] (Jahrb. f. d. Berg- u. Hüttenwesen 1889) hat die alten erzgebirgischen Lachter, von denen *Beyer* [12] erwähnt, daß sie gleichgroß seien und 3½ (vierthalbe) Freiberger Ellen betragen (vgl. Bergordnung Herzog Georgs von 1509 und 1536, Art. 87. — Bergordnung des Kurfürsten August vom 3. 10. 1554, Art. 82. — Bergordnung des Kurfürsten Christian I. vom 12. 6. 1589, Art. 77), geprüft und dabei folgende Längen festgestellt:

a) Aus der Umrechnung 1 Lachter = 3½ Freiberger Ellen = 2.0048 m

b) Aus der Messung des Normallachters

beim Bergamt	Altenberg	= 1.9851 m
	Annaberg	= 1.9826 m
	Freiberg	= 1.9616 m
	Johanngeorgenstadt	= 1.9811 m
	Marienberg	= 1.9849 m

c) Aus der Messung des rechten Lachters 1772 = 1.9626 m

Hiernach schwankt das Freiberger Lachter zwischen 1.9616 und 2.0048 m. Die gleichen Unsicherheiten bestehen selbstverständlich auch für andere Lachter und andere Maße des Bergbaues und des öffentlichen Lebens.

So sind zum Beispiel dem Verfasser bei der Bearbeitung dieses Abschnittes durch Zufall Maße aus dem erzgebirgischen Bergbau bekanntgeworden, die bisher unbekannt waren und deren wissenschaftliche Bearbeitung auch noch nicht vorliegt. In den Bergamtsakten Seiffen befindet sich ein Eintrag über Einnahmen durch „Zien Berg Zehenden von Seyffen" aus dem Jahresabschnitt Ostern 1716—1717. Er lautet:

„— Ctr. 108 Pfd. 25 Loth von 19 Ctr. 47½ Pfd. an
230 Ballen, 16 Zügen, 21 Taschen
15 gehenkelte Groschen und 18 Zeichen."

In der Bergamtsrechnung von 1772 steht ein ähnlicher Eintrag:

„84 Pfd. 9½ Loth an 15 Ballen 10 Gehencke, 7 Zeichen
3 Ctr. 101 Pfd. 12 Loth geschmelztes Zinn als
2 Ctr. 58 Pfd. 28 Loth an 59 Ballen 2 Gehencke und 8 Zeichen
42 Pfd. 18 Loth an 32 Ballen 7 Zeichen“

Ein Maß „Zug“ ist auch in einer Bergmeister-Bestallung angetroffen worden. Dort wird das dem Pfarrer für jede Vorbitte gewährte Zinn nach Zügen bemessen. Auf einem Grubenriß vom Jahre 1608, der sich als Original noch im Zentralinstitut für Markscheiderei und Rißwesen in Freiberg (ehem. Oberbergamt Freiberg/Sa., Kirchgasse 11) befindet und einen von dem Markscheider *Valentin Fritzsche* gezeichneten „Saigerriß vom Turmhof-Stehenden“ darstellt, ist die Mächtigkeit der Erzgänge nach einem Maß „Breth“ (z. B. 1½ Breth stark) angegeben. Über dieses Maß ist wenig bekannt. Es bedarf noch einer wissenschaftlichen Erforschung.

Über bergmännische Maße weiß *Brandt* [45b, S. 75 ff.] einiges zu berichten: „Während für die in Handel und Wandel benutzten Maße gesetzliche Angaben über die Sollgrößen von Elle, Kanne, Scheffel usw. fehlten, erhielt das Oberbergamt in Freiberg durch die Verordnung vom 31. 3. 1818 ganz bestimmte Werte für die Länge der Elle, den Inhalt des Scheffels und die davon abgeleiteten Maße. Es sollten sein:

1 sächs. Elle	= 251.136	franz. Linien	(566.52 mm)
1 Scheffel	= 8064.0	sächs. Kubikzoll	(106.06 l)
1 Kohlenkübel	= 28188	sächs. Kubikzoll	(370.75 l)
	= 36×29×27 Zoll, oder		
	= 40½×29×24 Zoll		
2 Kohlenkübel rd. 7 Scheffel			(741.42 l)“

Brandt bezeichnet diese Festsetzung als den frühesten amtlichen Beleg für die Sollgrößen für Elle und Scheffel; denn bei der dominierenden Stellung des Bergbaus und seiner Verbindung mit dem Lande sei es nur zu erklärlich, daß diese verordneten Größen als maßgeblich für das ganze Land angesehen wurden.

In einer anderen Verordnung vom 11. 4. 1823 wurde das Schwarzenberger Fudermaß von 24½ Kubikfuß unter Abrundung auf 25 Kubikfuß in allen Bergamtsrevieren als gleichmäßiges Eisenstein- und Flößmaß eingesetzt.

25 Kubikfuß	= 1 Fuder	(568.25 l)
1 Tonne	= 5 Kubikfuß	
	= 8640 Kubikzoll	(113.64 l)
	= 30×24×12 Zoll	

Ältere Behältermaße, „wie solche im 1788sten Jahre für das Freyberger Berg-Amts-Revier bestimmt wurden“, sind in der Bergamts-Verordnung vom 12. 4. 1788 enthalten. Hier ist der „zweymännische Kübel“ von $16^3/_8$ Zoll Höhe als Einheit angenommen und sein Inhalt mit 2500 kubischen Zollen Leipziger Maß festgesetzt worden [45b, S. 76]. Nach dieser Einheit hatten die bergmännischen Maße Hunt, Stürzer, Höhle, Kasten, Tonne und Korb folgende Abmessungen und Inhalte:

Tabelle 38. Abmessungen und Inhalte bergmännischer Raummaße

Maß	Abmessg. in Leipz. Zoll			Inhalt		
	Länge	Breite	Höhe	Leipziger c-Zoll	Zwey-männisch. Kübel	hl
Der Hunt						
großer Hunt	42	14	25 5/8	15000	6	1.97
mittlerer Hunt	36	13	21 3/8	10000	4	1.31
kleiner Hunt	34	13	17	7500	3	0.986
Der Stürzer oder Aufschlagkasten						
für Berge oder Gänge	132	48	11 7/8	75000	30	9.86
für 1 1/2 Pocherz-Fuhre	132	48	10 3/4	67500	27	8.87
für 1 Pocherz-Fuhre	132	48	7 1/8	45000	18	5.91
Die Höhle oder Pocherz-Kasten						
für 1 1/2 Pocherz-Fuhre	132	20 oben 22 unten	24 3/8	67500	27	8.87
für 1 Pocherz-Fuhre	132	20 oben 22 unten	16 1/4	45000	18	5.91
Die Göpeltonne						
große Tonne	24	24	52 1/8	30000	12	3.94
mittlere Tonne	24	24	43 1/2	25000	10	3.29
kleine Tonne	24	24	34 1/4	20000	8	2.63
Die Kalk- und Steinkohlentonne	33	22	11 1/5	8121 1/2	—	1.07
Der Holzkohlenkorb	33	26	26	22308	—	2.93

Nach der großen französischen Gradmessung von *Delambre* und *Méchain* hatte Frankreich am 10. 2. 1799 als Maßeinheit sein „mètre vrai et définitif" gesetzlich verkündet. Diese Meterfestsetzung fand auch im Bergbau Sachsens, der damals in höchster Blüte stand, Eingang. Um die unsicheren Längen des Lachters endlich zu beseitigen, wurde durch Reskript vom 28. 4. 1830 die Länge des sächsischen Lachters einheitlich auf 2.00 m festgelegt.* Man bestellte in Paris ein Normalmeter, ließ durch den Bergmechanikus Lingke in Freiberg 9 Kopien aus Stahl anfertigen

* Interessant ist, daß die Erörterungen über ein neues Maß auch das Bauwesen ergriffen. Man verlangte 1830 vom Landtag, auch für die Dach- und Mauerziegel ein bestimmtes Maß vorzuschreiben, weil die bisherigen verschiedenen Abmessungen zu Irrtümern und Betrug Anlaß gaben. In der Verordnung vom 9. 1. 1833 (GVBl. S. 9 u. 67) ist die Normung der Ziegel ausgesprochen:

gebrannte Dachziegel	15 Zoll lang	= 345 mm
	6 Zoll breit	= 142 mm
	1/2 Zoll stark	= 12 mm
gebrannte Mauerziegel	12 Zoll lang	= 283 mm
	6 Zoll breit	= 142 mm
	3 Zoll stark	= 71 mm

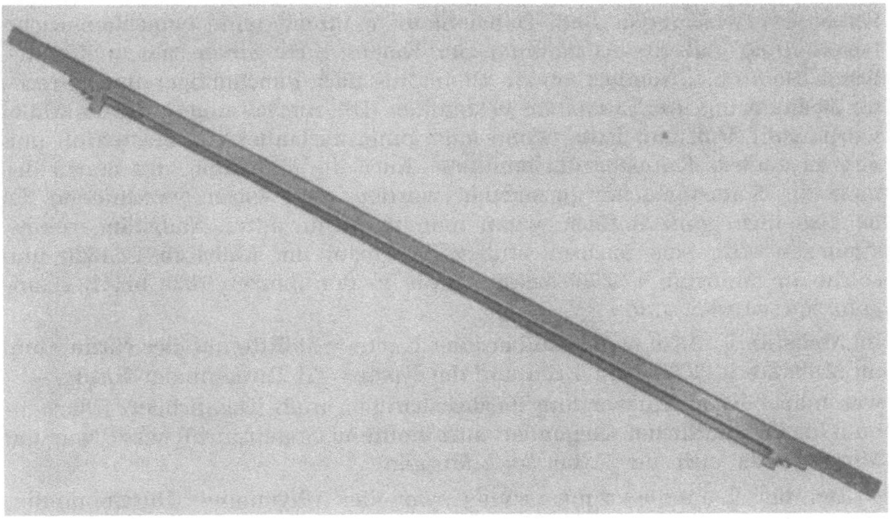

Bild 14

Normalmeter aus Eisen

Der Stab diente zur Eichung der sächsischen Maße durch Kommissionsrat Beigel. Er wurde bei L e n o i r in Paris 1810 hergestellt. Das rechte Etikett im Deckel des Schutzkastens trägt die Aufschrift

L e n o i r
Ingénieur pour les Instrumens
à l'usage des Sciences
Rue de la place Vendôme, hôtel
du dépôt. gal. de la Marine à Paris

Das mittlere Etikett:
Richtig bei 0° C
Ausdehnung pro Grad 0,0000122

Aufnahme Mathem.-Physik. Salon Dresden

und führte nunmehr auch die Zehnerteilung des Lachters ein. Jedes der damaligen Bergämter erhielt einen Stab und jeder Markscheider außerdem eine 5 Lachter lange Kette. Man konnte sich aber noch nicht ganz vom alten trennen [45b, S. 79]. Durch Verordnung vom 27. 4. 1831 erhielt jedes Bergamt einen Bergfuß = $^2/_7$ m = 285.7142 mm, um damit die Bergellen der Reviere zu prüfen. 1 Bergelle = 571.4284 mm. Das sächsische Berglachter wurde bis zum 1. Januar 1872 benutzt, dann trat einheitlich das Meter in Kraft, das seitdem im deutschen Bergbau gilt.

Wie im Bergbau, so war es auch im K a t a s t e r.* Schon frühzeitig hatte man wohl in allen Kulturstaaten erkannt, daß die wichtigsten Messungen, nach Ausdehnung, Maßstab und Kostenaufwand beurteilt, die

* Die einzige katastertechnische Aufnahme von Sachsen stammt aus den Jahren 1835—41 mit Ergänzungen und Erneuerungen als Rahmenkarte im Maßstab 1 : 2000.

Katastervermessungen sind. Dabei bleibt es immer eine bemerkenswerte Feststellung, daß die Aufnahmen der Karten nicht einem rein meßkundlichen Bedürfnis, sondern einem Bedürfnis nach gleichartiger und gerechter Besteuerung ihr Entstehen verdanken. Die hierbei angewandten Maße waren Zoll, Fuß und Rute, wobei man einen besonderen Katasterfuß und eine besondere Katasterrute benutzte. Auch die Maßstäbe, mit denen damals die Katasterkarten gezeichnet worden sind, waren verschieden. Es ist also nicht ganz einfach, wenn man heute die alten Maßstäbe rekonstruieren will. Aus Sachsen sind z. B. Karten im Maßstab 1 : 1820 und solche im Maßstab 1 : 2730 bekannt, die in den Jahren 1835 bis 1841 angefertigt worden sind.

Im Maßstab 1 : 1820 war 1 Zoll auf der Karte = 10 Ruten in der Natur, und
im Maßstab 1 : 2730 war 1 Zoll auf der Karte = 15 Ruten in der Natur,
was man bei der Auswertung berücksichtigen muß. Das größere Flächenmaß, das in ländlichen Gegenden auch heute noch gebraucht wird, war der Morgen oder auch der Acker (= 2 Morgen).

Bei der Landvermessung war das allgemeine Durcheinander noch viel größer als beim Bergbau. Jeder Staat hatte sein eigenes Maß, und innerhalb der Staaten hatten die größeren Städte, wie bereits angedeutet, wieder ihre besonderen Maße; die Längen- und Flächenmaße und die Gewichte waren verschieden. Nicht nur ihre Einheiten, auch ihre Unterteilungen wichen voneinander ab.

Es ist verständlich, daß demzufolge die deutsche Landesvermessung ein ebenso mannigfaltiges Bild zeigt wie die politische Entwicklung der einzelnen Staaten. In Sachsen erkannte *Kurfürst August* (1526—86, Reg. ab 1553) als erster, wo der Hebel angesetzt werden mußte. Er zeichnete und malte selbst, er lernte den Gebrauch der Meßinstrumente und verstand mit Meßschnur, Quadrant und Bussole umzugehen. Der Meßkunst ließ er reiche Förderung angedeihen (*Humelius*-Risse, Landesaufnahme von *Oeder* und *Zimmermann*). Das Messen und Darstellen der Erdoberfläche geschah noch mit einfachen mathematischen Mitteln. Was an Karten und Plänen aus jener Zeit stammt, hat zwar heute nur noch historischen Wert, doch stellt die „Oedersche Landmappe" im Maßstab 1 : 15 000 ein wichtiges topographisches Hilfsmittel für die Vergangenheit dar. Kein anderes Land, außer Württemberg, hat in damaliger Zeit eine derartig hervorragende Leistung zu verzeichnen.*

* Für das Land Sachsen sind drei topographische Aufnahmen durchgeführt worden. Die 1. Darstellung erfolgte 1560—1630 durch die beiden Markscheider *Matthias* und *Georg Oeder*; die 2., in den Jahren 1780—1825 von dem Ingenieur *Friedrich Ludwig Aster* geleitete Aufnahme war eine auf Triangulation mit Basismessung (zwischen Sonnenstein und Königstein) aufbauende Arbeit. Das Ergebnis waren die 424 sächs. Meilenblätter im Maßstab 1 : 12 000. Aus der 3. topographischen Aufnahme, die Prof. *A. Nagel* 1901 auf Grund einer mustergültigen Triangulation im Rahmen der europäischen Gradmessung (s. Abschn. 1.232.1) durchführte, entstanden die Meßtischblätter im Maßstab 1 : 25 000. Zur Zeit wird die 4. topographische Landesaufnahme vorbereitet, da von seiten der Wirtschaft das Bedürfnis für eine Karte im größeren Maßstab besteht, die „Deutsche Grundkarte" im Maßstab 1 : 5000. (Lit.: *Walter Zill*, Die Ausgleichungsrechnung, angewandt auf das Netz der 2. topographischen Aufnahme von Sachsen, Wissenschaftl. Berichte, Folge V, Vermessung, Heft 1, 1953. VEB Verlag Technik, Berlin. Siehe auch Bergakademie 6 (1954) S. 161).

In den Wirren des 30jährigen Krieges geriet auch die sächsische Landesaufnahme ins Stocken. Einen bemerkenswerten Aufschwung nahm die sächs. Kartographie erst wieder unter *Friedrich August I. dem Starken* (1670—1733, Reg. ab 1694, als Polenkönig seit 1697 Aug. II.), der vor allem dem Pfarrer *Adam Friedrich Zürner* großes Vertrauen schenkte und ihm die Würde seines Hofgeographen verlieh. Rastlos fuhr Zürner alle Straßen des Landes ab, legte mit Hilfe von Wegemessern eigener Erfindung, die an seinem Reisewagen befestigt waren, die Entfernungen fest und richtete aller Viertelmeilen steinerne Meilensäulen auf, die vielfach noch heute stehen und an seine Vermessungstätigkeit erinnern. Atlas Augusteus [28].

Bild 15
Meilenwagen von Zürner
Aus: Schramm, Saxonia Monumentis viarum illustrata. Wittenberg 1726, S. 138

Schramm [9] berichtet von den in Sachsen benutzten Meilen-Rädlein, künstlichen Viatoria und Wagen-Instrumenta, Schrittzeigern und Marchir-Stäben. Auch der von *Vitruv* für Kaiser Augustus beschriebene Meßwagen mit einem 5. Rad „unter denen 4 Rädern" wird erwähnt. Während der Erbauer des sächsischen Meßwagens „wohl ein Rad am Wagen mit zur Hülffe genommen, und dasselbe auf eine Ruthe eingetheilet, so hat er doch an die eine Speiche des Rades einen eisernen Stifft, auch unter dem Wagen-Kasten noch einen anderen machen, und an diesen letzten, aus dem Instrumento auffn Wagen eine Schnur fügen lassen, wenn nun der Stifft an das Wagen-Rades-Speiche herum kommen, hat er diesen mit der Schnur etwas berühret und niedergedruckt, und also dadurch das Räder-Werck im Instrument gezückt, und wie ein

Bild 16

Sächs. Arm-Säulen

Aus: Schramm, Saxonia Monumentis viarum illustrata. Wittenberg 1726, S. 201

Gewicht an einer Thurm-Uhr, herum gezogen, daß die Weiser davon fortgegangen, und die Glöcklein, nach gewissen Umlauff des Waagen-Rades geschlagen.“ Auch Räder für Fußgänger zum Schieben oder Ziehen werden beschrieben. (Cap. III S. 137 u. 295.) Der „Zürnerische Geometrische Wagen“ ist in Bild 15 dargestellt, auch „Personen mit dem applicirten Instrument“.

An Wegsäulen und Straßensäulen mit lehrreichen Denksprüchen, „damit der Wandersmann nicht nur wüste, wie weit er gereiset, sondern auch eine gute Erinnerung mit auff den Weg nähme“, erwähnt *Schramm* [9] u. a. hebräische Säulen, römische Millarii, Kruzifix-, Marter-Säulen, Waldzeichen und mehrarmige Wegekreuze (Reskr. vom 25. 10. 1708), Bild 16. Die steinernen Postmeilensäulen — aus bestem Pirnaer Sandstein —, zuvor Eichenholzsäulen (Reskr. v. 1. 3. 1702 und 3. 12. 1708), werden ausführlich beschrieben und abgebildet (Bild 17). Auf beigefügten Tafeln ist die „Distanz-Schrift, so auf die Säule kommt,

Bild 17

Sächs. Post-Straßen-Säule 1695

Aus: Schramm. Saxonia Monumentis viarum illustrata. Wittenberg 1726, S. 199

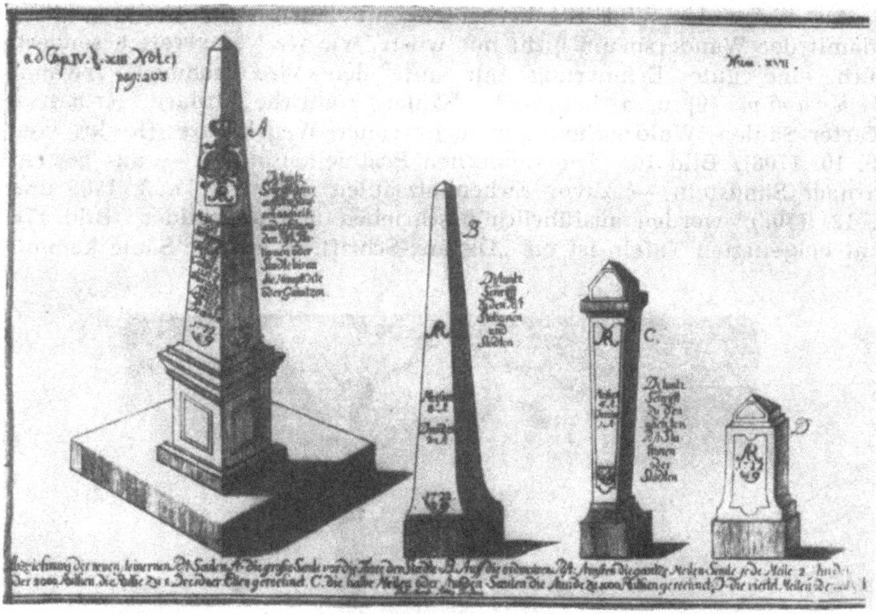

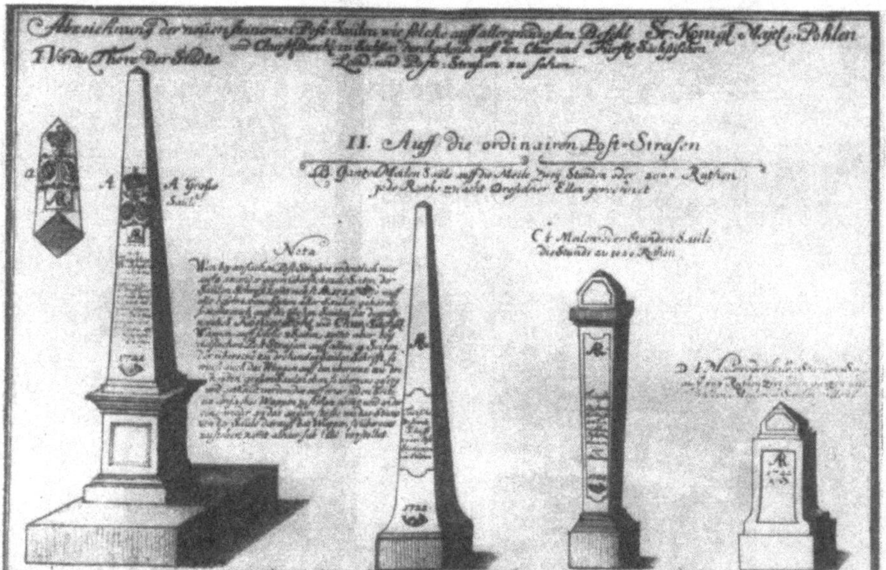

Bild 18a und b

Steinerne Post-Säulen 1722

Aus: Schramm, Saxonia Monumentis viarum illustrata. Wittenberg 1726, S. 203 und 208

Bild 19
Postmeilensäule Wittichenau
(Staatl. Fotothek Dresden)

1000 Ruthen zu einer Stunde gerechnet" angegeben (Bild 18 und 19). Die Übernahme der Kosten für Steinmetzarbeiten, Anfertigung eines „in Kupfer zu stechen anbefohlenen Risses", spätere Unterhaltung der Bauwerke usw. wurden durch Reskr. vom 3. und 24. Februar 1722 der Gerichtsobrigkeit und den Amtsuntertanen auferlegt und „nach denen Hufen pro rata repartiret".

Die Errichtung der sächsischen Postmeilensäulen ist zweifellos ein Meisterwerk der Meßkunst gewesen, und es ist erstaunlich, mit welchem Eifer die Aufgabe gelöst worden ist. So konnten nur Menschen handeln, die von der Richtigkeit und dem allgemeinen Nutzen ihrer Arbeit überzeugt waren und sich einer vaterländischen Idee voll und ganz verschrieben hatten [9] (Bild 20).

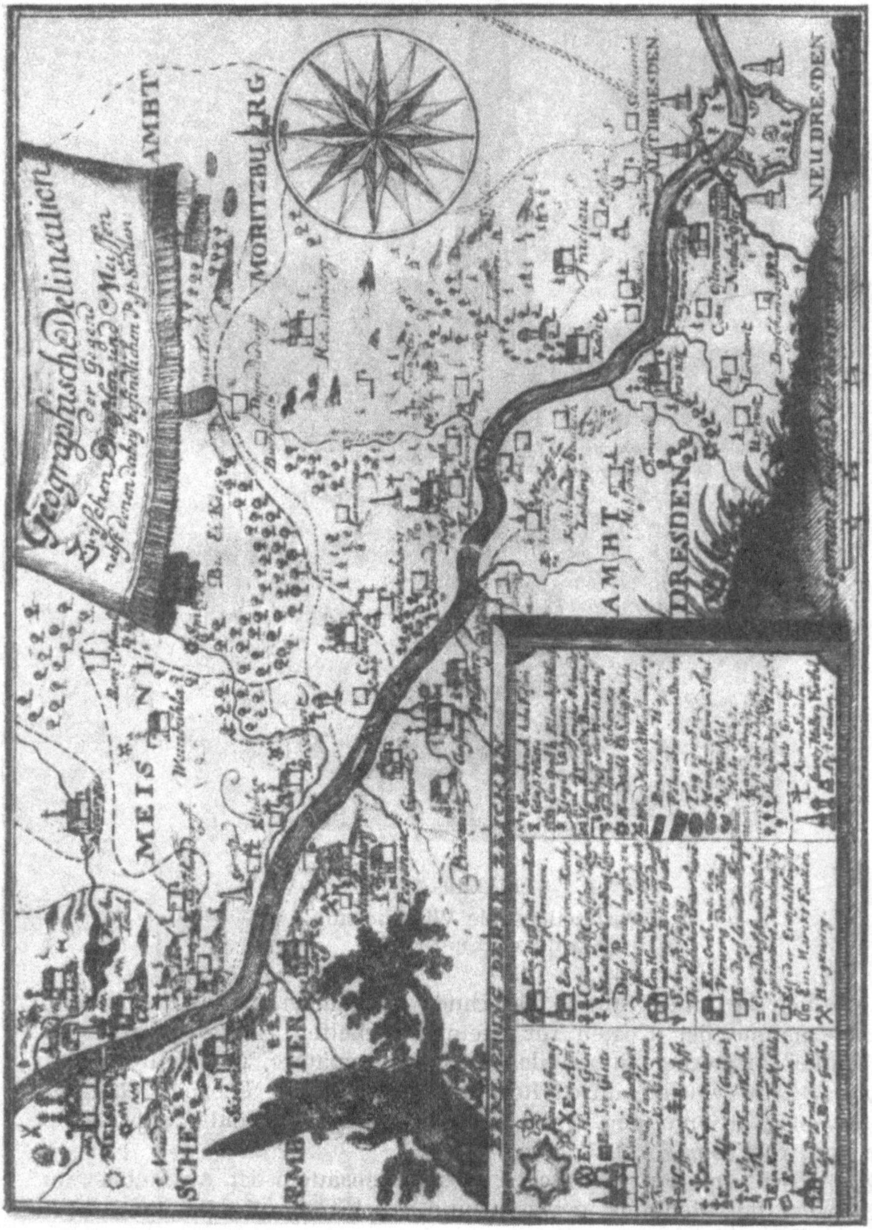

Bild 20
Postmeilenkarte Dresden—Meißen
Aus: Schramm, Saxonia Monumentis viarum illustrata. Wittenberg 1726

Die Meile wurde mit 1500 Ruten = 12 000 Dresdener Ellen gerechnet.

Von den früheren Meilen erwähnt *Schramm* [9]

„die uhralte große Sächßische Meile		60 Gewenden“ *
(oder eine Meile Weges)		zu je 60 Ruten
Sachsen-Spiegel L. III. Art. LXVI		zu je $8^1/_2$ Ellen
die mittlere Meile		= 3 600 Ruten
		= 27 000 Ellen
die Jagd-Meile	von	21 Tüchern
		zu je 175 Doppel-Schritten und jeder einfache Schritt zu je 3 Schuh oder $1^1/_2$ Elle
		= 11 025 Ellen
die mittlere Meile	von	2000 Ruten
		zu je 8 Dresdener Ellen
		= 16 000 Ellen

Ein Rad, dessen Umfang 1 Rute beträgt, ergibt bei 60 Umdrehungen 1 Gewende, 60 Gewende 1 Meile.

Eine deutsche Meile wird mit 30 Morgen gerechnet,

1 Morgen = 1 Feldweg

= 60 Ruten zu je 16 Fuß.

Dabei seien „die Geometrae nicht einer Meinung, was vor eine Länge eine deutsche Meile eigentlich halte. Sintemahl auch die Meilen in Deutschland gar ungleich, bald groß, bald klein, bald mittelmäßig gefunden werden, insgemein wird davor gehalten und gerechnet:

eine große deutsche Meile	= 40	Stadia,	5000	Passus,	25 000	Pedes,	2	St.
eine mittelmäßige	= 36	„	4500	„	22 500	„	$1^4/_5$	„
eine kleine	= 32	„	4000	„	20 000	„	$1^2/_3$	„

(*Joh. Heinr. Vogt*, Mathematicus Studensis Cent I, Mathematische Raritäten.)“

Ein interessantes Beispiel dafür, wie sich deutsche Meilen dehnen und wandeln ließen, gibt *M. von Kügelgen* in einem Brief.** Sie schreibt im 4. Abschnitt ihrer Reise von Petersburg nach Dresden: „Im April 1804 trat die kleine Familie die Reise nach Deutschland an ... es war die langweiligste, die man sich denken kann, denn in Preußen gibt es nur sandigen, steinigen oder morastigen Boden. Bald wurde uns die Seele aus dem Leib gestoßen, dann schwammen wir wieder bis über die Achsen im Sande und versanken gleich darauf wieder in Moor oder in große Wasserlachen. Nein, Gott erhalte uns unsere guten Wege in Liv-

---

* Diese alte Längenbezeichnung wurde später Flächenbezeichnung [45a, S. 18]. Man pflügte in alter Zeit nicht wie jetzt Furche an Furche, sondern in Beeten, wozu der einseitige Ackerpflug zwang. In jedem Dorf war die Breite der Beete festgesetzt. Man nannte vielfach Ackerstücke nach der Anzahl der Beete, die auf das einzelne entfielen, und pflügte die Feldbreiten nicht der ganzen Länge nach, sondern teilte diese in Längsabschnitte, in Gewende; dort wendete man den Pflug zur Herausbildung von Querwegen (Flureinteilung von Trachau bei Dresden. Siehe *Trautmann*, Mitt. d. V. f. sächs. Volkskunde IV, S. 1 ff. von 1906).

** Helene Marie von Kügelgen geb. Zöge von Manteuffel, „Ein Lebensbild in Briefen“, Belser-Verlag, Stuttgart 1908, S. 92.

land. Bis Dresden haben wir es noch schlecht, dann gehen die schönen Wege und schönen Gegenden an.

Der König von Preußen hat sein Land beinah um ein Drittel vergrößert, indem er die Postmeile hat ummessen und verkleinern lassen, so daß man jetzt oft sieben Meilen fährt und bezahlt, und es sind nur vier da. Die Sparsamkeit ist aufs höchste gestiegen. Jemand hat neulich eine Reise ins Clevesche gemacht, was nun auch hierher gehört — er reiste zu Wasser, wurde aber hernach gezwungen, die Post auch zu bezahlen, als hätte er Postpferde gehabt, denn, sagte man, Du hättest doch die Post nehmen können. Und das war ein preußischer Untertan, dem dies begegnete — eben unser Freund Gentz."*

Es wurden also im damaligen Preußen unter König Friedrich Wilhelm III., dem Gemahl der Königin Luise, Reg. von 1797—1840, die Staatseinnahmen erhöht, indem man einfach das Maß der Meile verringerte, aber den alten, normalen Preis dafür verlangte.

1780 begann *Aster* mit der sächsischen Triangulation; diese fand ihren Niederschlag in den sog. Meilenblättern, die als Vorläufer der späteren topographischen Karte 1 : 25 000 (Meßtischblätter) gelten können. Kurfürst *Friedrich August II.* (als Polenkönig Aug. III. 1696 bis 1763, Reg. ab 1733), ein Sohn Augusts des Starken, hat erstmalig am 7. August 1734 zur Vereinheitlichung des Garn-Maßes im Kurfürstentum Sachsen ein Mandat erlassen und dieses am 20. November 1754 nochmals verschärft. Hiernach soll für den Binnenhandel ausschließlich die Leipziger Elle verwendet werden. Der Absatz 2 seines Mandates läßt Ausnahmen im „Verkehr mit ausländischen Kauff-Leuthen" zu. Die folgenden Paragraphen regulieren Gleichförmigkeit und Richtigkeit aller Textilerzeugnisse durch genaue Angaben der Stücke, Zaspeln, Gebinde und Faden. Das Mandat enthält Bestimmungen über das Aufbindungssystem oder die Fädenzahl der Garnpakete und Bestimmungen über die eigentliche Weifenlänge (Weifenmaß = Garnmaß) oder die Länge jedes einzelnen Fadens oder Weifenumfanges. Außerdem ist dem Mandat eine Umrechnungstabelle verschiedener Garnmaße und Ellen beigegeben.

Tabelle 39. Ehemals gebräuchliche Zählmaße der sächsischen Textilindustrie [44]

	Stückgarn	Strähn	Zaspel	Gebind	Faden	Ellen
bei Schafwollgespinsten	1	4	12	240	4800	
		1	3	60	1200	—
			1	20	400	
				1	20	
bei Leinengespinsten	1	6	12	240	4800	19200
		1	2	40	800	3200
			1	20	400	1600
				1	20	80
					1	40

* Friedrich von Gentz, der bekannte Publizist, ein Freund Kügelgens.

Brandt [45b] berichtet hierüber ausführlicher, gibt Beispiele für weitere sächsische Weifenmaße und führt Bezirke an, in denen nicht nach dem Regulativ von 1754 geweift wurde (siehe Tab. 40).

Tabelle 40. Übersicht über sächsische Weifenmaße

Bezeichnung und Ort	Stück	= Strähn	zu je Zaspel	zu je Gebind	zu je Faden	zu je Elle	Garnart	Ellen
Leinenes Garn								
Geringswalde			12	20	20	4	grob	19200
	1	8		30	20	4	mittel	19200
	1	6		40	20	4	fein	19200
Frauenstein, Sayda	1	6	2	20	24	4		23040
Marienberg, Purschenstein, Forchheim	1	5	2	20	24	4		19200
Waldheim	1	6		20	40	4	Flachs	19200
	1		12	20	40	4	Grobwerg	38400
Rochlitz	1	8	2	20	20	3		19200
Im Schönburgischen	1	6		20	40	3		14400
	1	6		40	20	3		14400
Oberlausitz, Löbau	1	4	3	20	20	3		14400
Großenhain	1	6		40	20	2	Flachs	9600
			12	20	20	2	Wergen	9600

Baumwollgarn hat in der Regel die englische Weifart. 1 Strähn = 7 Gebind zu je 80 Faden je zu $1\frac{1}{2}$ Yard oder 54 englische Zoll. Die Anzahl der auf das englische Pfund gehenden Strähne gibt die Garnnummer an. 1 Yard = 914.399 mm, 1 Strähn = $1355\frac{1}{2}$ Leipziger Ellen

Schafwollene Kammgarne wurden wie die baumwollenen geweift, 1 Faden = 52 englische Zoll = 132.08 cm

Schafwollene Garne wurden in der Regel folgendermaßen geweift:

Bezeichnung und Ort	Strähn	= Gebind	zu je Faden	zu je Elle	Ellen
	1	50	80	2	8000
	1	10	40	2	8000
	1	20	20	2	8000
Großenhain	1	10	38	$1\frac{7}{8}$	$712\frac{1}{2}$
Döbeln (Doppelweife)	1	40	20	2	1600
für Streich- und Kammgarn	1	5	80	4	1600
Weifen an den neuen Streichgarnmaschinen					
Oschatz	1	4	220	3	2640
Großenhain	1	22	44	$2\frac{5}{8}$	2541
Oederan					2520
Lößnitz					2400

(Fortsetzung von Tabelle 40)

Strohgeflechte für Strohhüte	wurden über sogenannte Klafterbretter von 2 Ellen Länge geweift. 15 Umgänge oder Klafter waren 1 Gebind, 1 Mandel oder 1 Geflecht. Durch Kürzung der Bretter entstand Unordnung und Unsicherheit. Durch Verordnung vom 3. 4. 1837 wurde die Länge der Bretter auf 1 Leipziger Elle festgelegt. 1 Mandel = 12 Klafter oder 24 Ellen bei gespaltenem und 48 Ellen bei ungespaltenem Geflecht. 1838 wurde die Stempelung der Klafterbretter vorgeschrieben.

cop. durch H.J.v.Alberti, 1948

Bild 21

Darstellung der Rute

Aus: J. Köbel: Geometrey, Franckfort am Mayn. 1584

Weitere Angaben zu dieser Verordnung macht B r a n d t [45b]. Hiernach sollen „wegen durchgängiger Einführung gleicher Ellen Garnmaße und Gewicht" in Leipzig folgende als Norm dienende Stücke in hinlänglicher Anzahl angefertigt, mit kursächsischem Stempel gezeichnet und autorisiert worden sein:

1 Elle von 24 Zoll (1 Zoll = 1 Daumen)
1 Weife von 1 Elle (Leipziger Maß)
1 Weife von ¾ Elle (Leipziger Maß)

Das Textilmaß Weife ist bereits am 10. Juni 1717 durch Befehl angeordnet worden: „Die Wollkämmer und Spinner sollen bei wollenem Garn die alten Ellen und bei Leinengarn die Doppellichtweifen gebrauchen."

Durch Reglement vom 20. 11. 1754 ist dann schließlich die Leipziger Elle zu 24 Zoll = $^1/_{12}$ Fuß zum Maßstab für die Weifen für baumwollenes, schafwollenes und leinenes Garn gesetzt worden, wobei nach *Brandt* [45b] der Leipziger Fuß ebenso wie der rheinländische Fuß in 12 Zoll geteilt war.

Gewiß, es hat an Vorschlägen für neue natürliche Maßeinheiten nicht gefehlt. Schon 1575 wollte *Köbel* „16 Mann groß und klein, wie sie aus der Kirche gehen, die Schuh voreinander stellen" lassen und so die „gerecht gemeyn Meßrut" finden. (Siehe Bild 21.) Über die praktische Anwendung dieses Vorschlages ist nichts bekannt.

Christian Frhr. von Wolff bemerkt in seinem „Auszug aus den Anfangsgründen aller mathematischen Wissenschaften .....", Frankfurt und Leipzig 1746, hierzu folgendes:

„Man nimmet zum Maaß-Stabe der Linie eine gewisse Linie oder Länge an, welche man eine Ruthe nennet. Dieselbe theilet man, um die Beschwerlichkeit im Rechnen zu vermeiden, in 10 gleiche Theile und nennet einen derselben einen Schuh; der Schuh wird in 10 Zoll und der Zoll in 10 Linien getheilet. Weil aber der Maaß-Stab willkürlich ist, so kan man leicht erachten, daß nicht an allen Orten der Schuh von gleicher Größe sey.

Auch ist wohl zu mercken, daß nicht an allen Orten die Ruthen und Schuhe auf gleiche Art eingetheilet werden. Denn das Rheinländische Maaß wird immer in 12 getheilet, da hingegen das Geometrische nur 10 Theile hat."

Erst nach Herstellung geordneter staatsrechtlicher Zustände und nach Sicherung der Grenzen fühlten die Staaten das Bedürfnis und die Kraft, genaue Karten ihrer Gebiete aufzunehmen. Schließlich führte das Entstehen der Nationalstaaten dazu, eine einheitliche, staatliche Festsetzung der Maßeinheiten zu versuchen. Dieser Prozeß war etwa zu Anfang des 19. Jh. abgeschlossen und wies der internationalen Regelung den Weg, der 1872 durch die Meterkonvention beschritten wurde. Die Meterkonvention ist ein internationaler Vertrag, der am 20. 5. 1875 auf Initiative von Deutschland in Paris abgeschlossen wurde. Ihm hatten sich zunächst 17 Staaten angeschlossen; heute beträgt die Anzahl der Mitgliederstaaten 35. Der Vertrag trat am 1. 1. 1876 in Kraft.

In Sachsen beantragten am 13. April 1805 die Stände von Ritterschaft und Städte bei der Regierung die Einführung eines von der Natur abgeleiteten Maßsystems. Es ist anzunehmen, daß ihnen dabei das einige

Jahre zuvor in Frankreich entstandene metrische System vorgeschwebt hat [45b].

In Deutschland war am besten gesichert das preußische Maßsystem, das lt. Gesetz vom 16. 5. 1816 den Fuß zu 139.13 Pariser Linien festgesetzt hatte. Hierzu hatte *Bessel* ein Endmaß aus Gußstahl gewählt, an dessen Enden in Gold gefaßte Saphirkegel mit genau ebenen Endflächen eingesetzt waren. Das Besselsche Maß ist am 10. 4. 1839 durch Gesetz als preußische Einheit festgesetzt worden.

Am 22. März 1833 wurde in deutschen Landen ein „Zoll"gewicht festgelegt und als Einheit später das Zollpfund zu 500 g eingeführt. Seine Einteilung war aber in den einzelnen Ländern noch verschieden. Am 17. Mai 1856 führte der deutsche Zollverein das „Zollpfund" zu 500 g ein und stellte damit den ersten Anschluß an das 16 Jahre zuvor bereits für Frankreich angeordnete metrische System her. 4 Jahre später, 1860, schlug der Bundesrat in Frankfurt/M. für ganz Deutschland die Schaffung eines einheitlichen Maßsystems vor, dem sich Preußen bis 1865 widersetzte, bis endlich am 17. August 1868 das metrische System seinen gesetzlichen Einzug in Deutschland hielt. An jenem Tage wurde die Maß- und Gewichtsordnung für den Norddeutschen Bund erlassen. (Wortlaut der Ordnung am Schluß des Kapitels.)

Diese ursprünglich nur für den Norddeutschen Bund bestimmte Maß- und Gewichtsordnung vom 17. 8. 1868 (Bundesgesetzbl. v. 1868 Nr. 28 S. 473) wurde durch Art. 80, I. 11 der Verfassung des Deutschen Reiches vom November 1870 zur Maß- und Gewichtsordnung des Deutschen Reiches erhoben und am 1. Januar 1872 als Reichsgesetz verkündet. Die politische Entwicklung des Reiches zum Einheitsstaat spiegelt sich in seiner Maß- und Gewichts-Gesetzgebung wider.

Als Urmaß der Längeneinheit diente bis zum Jahre 1890 eine von *Fortin* in Paris gekaufte Kopie des französischen „mètre des archives" aus Platin. Der Stab ist im Jahre 1863 durch eine deutsch-französische Kommission mit dem „mètre des archives" verglichen worden und wurde nach den gesetzlichen Längenbestimmungen des Meters angefertigt, damit die von Zeit zu Zeit in Gebrauch kommenden Maße geprüft werden konnten. Da die Wärme auf die Ausdehnung aller Körper Einfluß hat, ist nach Art. 2 der Gewichtsordnung vom 17. 8. 1868 die Temperatur des schmelzenden Eises bei der Anfertigung, Prüfung und Vergleichung des Urmaßes als maßgebend festgesetzt worden. Das erste deutsche Urmaß wurde bei der Prüfung gleich 1.000 003 01 Meter befunden.

Als deutsches Urgewicht galt das Platin-Kilogramm Nr. 1, welches im Jahre 1860 durch eine deutsch-französische Kommission mit dem in Paris aufbewahrten „kilogramme prototype" verglichen und gleich 0.999 999 842 Kilogramm befunden worden ist.

Dieses Urgewicht und das Urlängenmaß waren die ersten deutschen Eichnormale, mit denen die Richtigkeit der im Verkehr benutzten Maße beurteilt wurde.

Da ferner in Deutschland von früher her das Gewicht von 50 kg als Zentner bezeichnet wurde, hat man dieses Maß wegen seiner guten Anwendbarkeit im täglichen Leben beibehalten und für den Meterzentner (= 2 Zentner) die Bezeichnung *dz* eingeführt. Darüber hinaus war ein dem halben kg entsprechendes Gewicht, das *Pfund*, gebräuchlich. So hat man auch dieses mit der Abkürzung 1 Pfd. (℔) = ½ kg zunächst noch in die metrischen Gewichtseinheiten eingereiht.

Tabelle 41. Metrische Gewichtseinheiten

Bezeichnung	Zeichen	Wert
1 Kilogramm	kg	1000 g
1 Pfund	℔	$^1/_2$ kg oder 500 g
1 Hektogramm	hg	$^1/_{10}$ kg oder 100 g
1 Dekagramm	dkg	$^1/_{100}$ kg oder 10 g
1 Gramm	g	$^1/_{1000}$ kg
1 Dezigramm	dg	$^1/_{10}$ g
1 Zentigramm	cg	$^1/_{100}$ g
1 Milligramm	mg	$^1/_{1000}$ g

Der Hauptwert des neuen Maßes und Gewichtes bestand darin, daß nunmehr in Deutschland eine bequem eingeteilte Maß- und Gewichtseinheit geschaffen war, die sehr bald über Frankreich und Deutschland hinaus immer mehr Aufnahme fand.

Besonders zu beachten ist dabei noch der innige Zusammenhang zwischen den Längen-, Flächen-, Körper- und Hohlmaßen. 1 Hektar Land sind 10 000 qm, 1 Kubikmeter = 1000 Liter, 1 Kubikdezimeter = 1 Liter, $^1/_{10}$ Kubikmeter oder 100 Liter = 1 Hektoliter oder 1 Faß, ein Liter destillierten Wassers wiegt 1 Kilogramm oder 2 Pfund u. a. m. So war der Stand des deutschen Maß- und Gewichtswesens etwa bis zum Jahre 1890.

Maß- und Gewichtsordnung für den Norddeutschen Bund
vom 17. August 1868

Wir Wilhelm, von Gottes Gnaden, König von Preußen etc., verordnen im Namen des Norddeutschen Bundes, nach erfolgter Zustimmung des Bundesrathes und des Reichstages, was folgt:

Artikel 1.

Die Grundlage des Maßes und Gewichtes ist das Meter oder der Stab, mit decimaler Theilung und Vervielfachung.

Artikel 2.

Als Urmaß gilt derjenige Platinstab, welcher im Besitze der Königlich preußischen Regierung sich befindet, im Jahre 1863 durch eine von dieser und der Kaiserlich französischen Regierung bestellte Kommission mit dem in dem Kaiserlichen Archive zu Paris aufbewahrten Mètre des Archives verglichen und bei der Temperatur des schmelzenden Eises gleich 1.000 003 01 Meter befunden worden ist.

Artikel 3.

Es gelten folgende Maße:

A. Längenmaße

Die Einheit bildet das Meter oder der Stab.
Der hundertste Theil des Meters heißt Centimeter oder Neuzoll.
Der tausendste Theil des Meters heißt Millimeter oder Strich.
Zehn Meter heißen 1 Dekameter oder eine Kette.
Tausend Meter heißen 1 Kilometer.

B. Flächenmaße

Die Einheit bildet das Quadratmeter oder der Quadratstab.
Hundert Quadratmeter heißen das Ar.
Zehntausend Quadratmeter heißen das Hektar.

C. Körpermaße

Die Grundlage bildet das Kubikmeter oder der Kubikstab.
Die Einheit ist der tausendste Theil des Kubikmeters und heißt das Liter oder die Kanne.
Das halbe Liter heißt ein Schoppen.
Hundert Liter oder der zehnte Theil des Kubikmeters heißt ein Hektoliter oder ein Faß.
Fünfzig Liter sind ein Scheffel.

Artikel 4.

Als Entfernungsmaß dient die Meile von 7500 Metern.
(Dieser Artikel ist am 7. Dezember 1873 aufgehoben und an Stelle der Meile das Kilometer als Entfernungsmaß eingeführt worden.)

Artikel 5.

Als Urgewicht gilt das im Besitze der Königlich preußischen Regierung befindliche Platin-Kilogramm, welches mit Nr. 1 bezeichnet im Jahre 1860 durch eine von der Königlich preußischen und der Kaiserlich französischen Regierung eingesetzte Kommission mit dem in dem Kaiserlichen Archive zu Paris aufbewahrten Kilogramme prototype verglichen und gleich 0.999 999 842 Kilogramm befunden worden ist.

Artikel 6.

Die Einheit des Gewichtes bildet das Kilogramm (gleich 2 Pfund). Es ist das Gewicht eines Liters destillierten Wassers bei 4 Gr. des hunderttheiligen Thermometers.
Das Kilogramm wird in 1000 Gramme getheilt, mit decimalen Unterabtheilungen.
Zehn Gramm heißen ein Dekagramm oder ein Neuloth.

Der zehnte Theil eines Gramms heißt ein Decigramm, der hundertste ein Centigramm, der tausendste ein Milligramm.

Ein halbes Kilogramm heißt ein Pfund.

50 Kilogramm oder 100 Pfund heißen ein Zentner.

1000 Kilogramm oder 2000 Pfund heißen eine Tonne.

Artikel 7.

Ein an diesem Gewichte (Artikel 6) abweichendes Medicinalgewicht findet nicht statt.

Artikel 8.

In Betreff des Münzgewichtes verbleibt es bei den im Artikel 1 des Münzvertrages vom 24. Januar 1857 gegebenen Bestimmungen.

Artikel 9.

Nach beglaubigten Kopien des Urmaßes (Artikel 2) und des Urgewichtes (Artikel 5) werden die Normalmaße und Normalgewichte hergestellt und richtig erhalten.

Artikel 10.

Zum Zumessen und Zuwägen im öffentlichen Verkehre dürfen nur in Gemäßheit dieser Maß- und Gewichtsordnung gehörig gestempelte Maße, Gewichte und Waagen verwendet werden.

Der Gebrauch unrichtiger Maße, Gewichte und Waagen ist untersagt, auch wenn dieselben im Übrigen den Bestimmungen dieser Maß- und Gewichtsordnung entsprechen. Die näheren Bestimmungen über die äußeren Grenzen der im öffentlichen Verkehr noch zu duldenden Abweichungen von der absoluten Richtigkeit erfolgen nach Vernehmung der in Artikel 18 bezeichneten technischen Behörde durch den Bundesrath.

Artikel 11.

Bei dem Verkaufe weingeistiger Flüssigkeiten nach Stärkegraden dürfen zur Ermittlung des Alkoholgehaltes nur gehörig gestempelte Alkoholometer und Thermometer angewendet werden.

Artikel 12.

Der in Fässern zum Verkauf kommende Wein darf dem Käufer nur in solchen Fässern, auf welchen die den Raumgehalt bildende Zahl der Liter durch Stempelung beglaubigt ist, überliefert werden. Eine Ausnahme hiervon findet nur bezüglich desjenigen ausländischen Weines statt, welcher in Originalgebinden weiterverkauft wird.

Artikel 13.

Gasmesser, nach welchen die Vergütung für den Verbrauch von Leuchtgas bestimmt wird, sollen gehörig abgestempelt sein.

Artikel 14.

Zur Eichung und Stempelung sind nur diejenigen Maße und Gewichte zuzulassen, welche den in Artikel 3 und 6 dieser Maß- und Gewichtsordnung benannten Größen, oder ihrer Hälfte, sowie ihrem Zwei-, Fünf- und Zwanzigfachen entsprechen. Zulässig ist ferner die Eichung und Stempelung des Viertel-Hektoliter sowie fortgesetzter Halbirung des Liter.

Artikel 15.

Das Geschäft der Eichung und Stempelung wird ausschließlich durch Eichungsämter ausgeübt, deren Personal von der Obrigkeit bestellt wird. Diese Ämter werden mit den erforderlichen, nach den Normalmaßen und Gewichten (Artikel 9) hergestellten Eichungsnormalen, bzw. mit den erforderlichen Normalapparaten versehen. Die für die Eichung und Stempelung zu erhebenden Gebühren werden durch eine allgemeine Taxe geregelt (Artikel 18).

Artikel 16.

Die Errichtung der Eichungsämter (Artikel 15) steht den Bundesregierungen zu und erfolgt nach den Landesgesetzen. Dieselben können auf einen einzelnen Zweig des Eichungsgeschäftes beschränkt sein oder mehrere Zweige desselben umfassen.

Artikel 17.

Die Bundesregierungen haben, jede für sich oder mehrere gemeinschaftlich, zum Zwecke der Aufsicht über die Geschäftsführung und die ordnungsmäßige Unterhaltung der Eichungsämter die erforderlichen Anordnungen zu treffen. In gleicher Weise liegt ihnen die Fürsorge für eine periodisch wiederkehrende Vergleichung der im Gebrauche der Eichungsämter befindlichen Eichungsnormale (Artikel 15) mit den Normalmaßen und Gewichten ob.

Artikel 18.

Es wird eine Normal-Eichungs-Kommission vom Bunde bestellt und unterhalten. Dieselbe hat ihren Sitz in Berlin.

Die Normal-Eichungs-Kommission hat die näheren Vorschriften über Material, Gestalt, Bezeichnung und sonstige Beschaffenheit der Maße und Gewichte, ferner über die von Seiten der Eichungsstellen einzuhaltenden Fehlergrenzen zu erlassen. Sie bestimmt, welche Art von Waagen im öffentlichen Verkehr oder nur zu besonderen gewerblichen Zwecken angewendet werden dürfen und setzt die Bedingungen ihrer Stempelfähigkeit fest. Sie hat ferner das Erforderliche über die Einrichtung der sonst in dieser Maß- und Gewichtsordnung aufgestellten Meßwerkzeuge vorzuschreiben, sowie über die Zulassung anderweiter Geräthschaften zur Eichung und Stempelung zu entscheiden. Der Normal-Eichungs-Kommission liegt es ob, das bei der Eichung und Stempelung zu beobachtende Verfahren und die Taxen für die von den Eichungsstellen zu erhebenden Gebühren (Artikel 15) festzusetzen und überhaupt alle die technische Seite des Eichungswesen betreffenden Gegenstände zu regeln.

Artikel 19.

Sämmtliche Eichungsstellen des Bundesgebietes haben sich, neben dem jeder Stelle eigenthümlichen Zeichen, eines übereinstimmenden

Stempelzeichens zur Beglaubigung der von ihnen geeichten Gegenstände zu bedienen.

Diese Stempelzeichen werden von der Normal-Eichungs-Kommission bestimmt.

Artikel 20.

Maße, Gewichte und Meßwerkzeuge, welche von einer Eichungsstelle des Bundesgebietes geeicht und mit dem vorschriftsmäßigen Stempelzeichen beglaubigt sind, dürfen im ganzen Umfange des Bundesgebietes im öffentlichen Verkehr angewendet werden.

Artikel 21.

Diese Maß- und Gewichtsordnung tritt mit dem 1. Januar 1872 in Kraft. Die Landesregierungen haben die Verhältniszahlen für die Umrechnung der bisherigen Landesmaße und Gewichte in die neuen festzustellen und bekanntzumachen und sonst alle Anordnungen zu treffen, welche, außer den nach Artikel 18 der technischen Bundes-Central-Behörde vorbehaltenen Vorschriften, zur Sicherung der Ein- und Durchführung der in dieser Maß- und Gewichtsordnung, namentlich in Artikel 10, 11, 12 und 13 enthaltenen Bestimmungen erforderlich sind. —

Artikel 22.

Die Anwendung der dieser Maß- und Gewichtsordnung entsprechenden Maße und Gewichte ist bereits vom 1. Januar 1870 an gestattet, insofern die Betheiligten hierüber einig sind.

Artikel 23.

Die Normal-Eichungs-Kommission (Artikel 18) tritt alsbald nach Verkündigung der Maß- und Gewichtsordnung in Thätigkeit, um die Eichungsbehörden bis zu dem in Artikel 22 angegebenen Zeitpunkt zur Eichung und Stempelung der ihnen vorgelegten Maße und Gewichte in den Stand zu setzen.

1.231.2 In *Frankreich,* dem Geburtslande des metrischen Systems, waren die Verhältnisse zunächst nicht anders. Dort bestand die Verworrenheit auf dem Gebiete des Meßwesens im Mittelalter genauso wie in den übrigen Ländern.

Zu Agricolas Zeiten war Frankreich bereits ein Nationalstaat mit gesunder Maßkonvention. Trotzdem hat *Agricola* [2f] damals dem französischen Philologen *Budaeus (Budé)* nachgewiesen, daß er sich irre, wenn er behaupte, das in Paris deponierte, abgewogene „königliche" Pfund sei entsprechenden antiken Gewichten gleichzusetzen. Budaeus hatte sich auch bemüht, mit Hilfe eines Fußmaßes das römische Quadrantel (Würfelmaß für Flüssigkeiten) herzustellen. Auch hier weist ihm *Agricola* [2f] nach, daß das nicht das römische zu 16 Fingern gewesen sein kann, weil er den Pariser Fuß dazu verwendet habe, von dem er selbst sagt, „im allgemeinen messen die Handwerker den Fuß damit, daß sie die

Hände zu Fäusten ballen und auf der anderen Seite die Daumen gegeneinander stellen (vgl. S. 8). Wir haben so einen Fuß gehabt, aber wir haben ihn von denen erbeten, die das Maß des Fußes von Amts wegen festzusetzen pflegen." Der Pariser Fuß ist zwei Finger länger gewesen als der römische.

Agricola verwirft damit die Ansicht des Budaeus, daß die staatlichen Pariser Maßeinheiten (Pfund und Fuß) mit den römischen zu identifizieren seien. An sich ist es bedauerlich, daß Agricola soviel Zeit darauf verwendet, den Franzosen dieses nachzuweisen, entscheidend war doch, daß Frankreich bereits bessere Maß- und Gewichtskonvention besaß als Deutschland [2i]. Frankreich war damals, wie oben bereits erwähnt, ein zentralisierter Nationalstaat, während in Deutschland noch hemmende nationale Uneinheitlichkeit bestand (vgl. hierzu die Nürnberger und Erfurter Mark S. 381).

Von besonderer Bedeutung war im 17. Jahrhundert die Toise du Châtelet in Paris, ein eiserner Normalmaßstab mit 2 Vorsprüngen — also eine Art Normalrachenlehre für Endmaßstäbe —, welcher an der Treppe des Grand Châtelet de Paris zu allgemeinem Gebrauch eingebaut war. Châtelet war der Name zweier Festungstürme des ältesten Paris. Diese Toise war in 6 Fuß zu je 12 Zoll zu je 12 Linien eingeteilt. Ihre gesamte Länge betrug etwa 1.95 m. Wie man zu dieser Größe kam, ist nicht ganz sicher. Handeltreibende Bürger prüften hier die Richtigkeit und Genauigkeit ihrer Längenmaße, indem sie ihr Maß durch die Vorsprünge der Eisenschiene durchschoben. Selbstverständlich war diese Art der Vergleichung roh und wegen der infolge der massenhaften Benutzung eintretenden Abnutzung dieses Grundmaßes sehr anfechtbar. Je nachdem, mit welcher Genauigkeit der Durchschub vor sich ging, erfolgte die Ablehnung oder Anerkennung [54].

Als Gewichtseinheit bestand im alten Paris ebenfalls ein Modèle, das „Pile de Charlemagne". Es ist anzunehmen, daß dieses Gewicht als eine Art Einsatzgewicht verwendet worden und auch als solches verwahrt gewesen ist, nämlich in einem Behälter, um vor Beschädigungen gesichert zu sein (vgl. Bilder 55 und 57). Diese „Pile" war das 50fache eines kleineren Teilgewichtes, das den Namen „Marc" führte [54].

Ende des 17. Jahrhunderts, 1668, war die Toise du Châtelet bereits so abgenutzt und durch Rost verändert, daß eine Ersatztoise angebracht werden mußte. Es wurde auch eine Reihe von Kopien hergestellt, die später besondere Bedeutung erlangten. 1735 fertigte *Langlois* zwei Normallängenmaße an, die Toise du Pérou und die Toise du Nord. Sie wurden 1735—46 und 1756 auf den Expeditionen der französischen Akademie der Wissenschaften bei den berühmten Messungen des Erdbogens in Peru und Lappland benutzt. Nachdem auch die neue Toise du Châtelet unbrauchbar geworden war, wurde am 16. 5. 1766 die Toise du Pérou als neue französische Maßeinheit proklamiert und hat als solche noch 1795 zur Einführung des Meters gedient (s. 1.232.1 Gradmessung). Die Toise hatte 6 Pariser Fuß = 864 Pariser Linien. Der Maßstab diente gleichzeitig als End- und als Strichmaß. Er trug an beiden Enden Ausschnitte, auf denen das Strichmaß durch Punkte in der Verlängerung der Endflächen bezeichnet war. Die Peru-Toise galt deshalb auch für alle wissenschaftlichen Maßvergleiche in ihrer Zeit als Prototyptoise (Urtyp) in Frankreich. Sie hat über 200 Jahre bestanden. Trotzdem herrschte Ende des 18. Jahrhunderts in Frankreich eine verwirrende Vielfalt im Maßwesen. Bischof *Talleyrand* von Autun reichte deshalb 1790 der konstituierenden französischen Nationalversammlung, deren Präsident er war, ein Projekt zur Schaffung eines einheitlichen Maß- und Gewichtssystems ein. Er schlug zunächst als natürliches, jederzeit genau wiederherzustellendes Maß die Länge des Sekundenpendels unter 45° Breite vor. Der König von England wurde aufgefordert, eine Kommission von Männern der „Royal Society" zu benennen, die mit der Académie des Sciences die Länge des Sekundenpendels messen sollte. England folgte jedoch der Einladung nicht. Wieder entbrannte ein Streit um das Naturmaß, und auffallenderweise ging nunmehr die französische Kommission von ihrem ursprünglichen Plan ab. Die konstituierende Versammlung beschließt die Schaffung einer anderen natürlichen Maß- und Gewichtseinheit, um von der Zeitmessung unabhängig zu werden.

Am 30. 3. 1791 wurde der 10^7te Teil eines Erdquadranten, und zwar des Quadranten zwischen Äquator und Nordpol, oder der 40millionste Teil des Erdumfanges als maßgebend für die Längeneinheit bestimmt, der sich auf Grund einer von *Delambre*, *Méchain* und *van Swinden* zwischen Dünkirchen und Barcelona durchgeführten Gradmessung zu 36″ 11.296‴ der Toise du Pérou ergab. Auf Vorschlag von *Borda* wurde die neue Längeneinheit „meter" genannt (griechisch metron = das Maß). Es sollte ein Maß von internationaler Gültigkeit werden und unabhängig sein von jedem künstlichen Urmaß, es sollte ein Naturmaß sein. Die Einteilung erfolgte nach dem Dezimalsystem. Die Bezeichnungen wurden zwei toten Sprachen entnommen. Der Holländer *van Swinden* schuf die entsprechenden Vorsatzwörter. Man ging davon aus, daß alle heutigen Kulturvölker eine gleiche Pietät für die Sprache jener Völker hegen, die unsere Bildung begründet haben, und wählte für die höheren Einheiten die griechische und für die Unterabteilungen die lateinische Sprache — ein Spiegelbild des Klassizismus!

Tabelle 42. Das französische Metersystem von 1791

m	Bezeichnung	Erklärung
10	1 Dekameter	griechisch deka = zehn
100	1 Hektometer	griechisch hekaton = hundert
1000	1 Kilometer	griechisch chilioi = tausend
10000	1 Myriameter	griechisch myrioi = zehntausend
0.1	1 Dezimeter	lateinisch decem = zehn
0.01	1 Centimeter	lateinisch centum = hundert
0.001	1 Millimeter	lateinisch mille = tausend

Durch diese dezimale Einteilung und durch die Bequemlichkeit, aus ihr andere Maße ableiten zu können, hatte das Metermaß den älteren Maßsystemen gegenüber außerordentliche Vorteile. *Fortin* schuf hiernach aus in der Schweißhitze zusammengehämmertem Platinschwamm einen Stab 25×4.05 mm von 1 m Länge (also als Endmaß), der auf dem Komparator von *Lenoir* verglichen wurde und mit diesem bis auf $^1/_{1000}$ mm übereinstimmte. Außerdem stellte er als Einheit der Masse (nicht des Gewichtes) das metrisch abgeleitete Kilogramm her. Während nämlich in den Maßsystemen der alten Kulturvölker und allen unmittelbar aus diesen entstandenen Systemen jüngerer Kulturen die Masseneinheit aus der Längeneinheit schwer ableitbar war, zeigte sich jetzt in aller Deutlichkeit zum erstenmal das Bestreben, die Masseneinheit eindeutig nur aus der Längeneinheit abzuleiten. (Diese Erklärung gab als erster *van Swinden*, eine Auffassung, der sich die Generalkonferenz für Maß und Gewicht in Paris 1889 und 1901 sowie das deutsche Maß- und Gewichtsgesetz vom 13. Dezember 1935 ganz eindeutig angeschlossen haben.)

1795 führte der Nationalkonvent in Paris als Einheit das „mètre provisoire et légal" ein und setzte es zunächst auf 443.443 Pariser Linien fest. Am 22. 6. 1797 wurden die Fortinschen Verkörperungen dem französischen Staatsarchiv im Louvre zu Paris zur Aufbewahrung übergeben, weshalb sie später (22. 1. 1799) die Bezeichnung „mètre" bzw. „kilogramme des archives" erhielten. Durch Gesetz vom 10. 12. 1799 wurde die Maßeinheit endlich als „mètre vrai et définitif" zu 443.296 Pariser Linien angenommen. Es wurde bestimmt, daß 1 m bei $0°$ C $=$ 443.295 938 Linien der Toise du Pérou bei $13°$ R $= 16.25°$ C sein soll $= \frac{1}{10\,000\,000}$ von 5130740 Toisen du Pérou.*

Eine Medaille zur Erinnerung an die Schaffung des metrischen Systems trug die stolzen Worte: „à tous les temps, à tous les peuples" (Allen Zeiten, allen Völkern). *Fortin* hatte aber dieses „mètre des archives" nicht gut konstruiert; das Material war zu weich. Es erhoben sich starke Strömungen gegen die neue Einheit. Dem Gebrauch der neuen Maße standen die Gewohnheiten der Bevölkerung entgegen, auch Napoleon I. sprach ihnen die Anschaulichkeit ab. Wenn auch heute metrisches Maß und Gewicht in den meisten Kulturländern amtlich eingeführt sind, so haben sich trotzdem die früheren Maße und Gewichte noch vielfach, namentlich auf dem Lande, im Volksgebrauch erhalten. Erst am 4. 7. 1837 konnte in Frankreich durch Gesetzeskraft die allgemeine Einführung erfolgen. Am 1. 1. 1840 wurden schließlich alle anderen, bisher noch benutzten Maße verboten und der obligatorische und einheitliche Gebrauch des „metrischen Systems" angeordnet. Frankreich hatte sich sein „Étalon" geschaffen. An eine internationale Einheit war jedoch noch lange nicht zu denken. Die

* Neuere Maßvergleichungen haben ergeben, daß bei $13°$ R die Länge des Endmaßes 1949.093 mm, des Strichmaßes 1949.001 mm des internationalen Meters beträgt, während sie nach der Definition des legalen Meters 1949.040 mm betragen sollte. (Siehe S. 128 ff.)

Lösung dieser Frage blieb dem Internationalen Büro für Maß und Gewicht vorbehalten und führte schließlich zur Herstellung eines neuen Normalmeters. 1869 läßt Frankreich die Definition des Meters als des 10^7ten Teiles eines Meridianquadranten fallen, nimmt aber die ursprüngliche Messung als „Urmeter“ an. Die bisherigen französischen metrischen Prototype bleiben als Erinnerungsstücke erhalten, und neue internationale, mit ihnen völlig identische Prototype werden als Einheiten sanktioniert. Das Verdienst aber, aus den Dimensionen der Erde ein Maßsystem abgeleitet zu haben, das sich als ein internationales eignete und auch internationale Bedeutung erlangt hat, gebührt unzweifelhaft den Franzosen.

Der wertvolle Fortschritt für die gesamte Meßkunde lag beim metrischen System in der strengen Durchführung der dezimalen Abstufung und der glücklichen Wahl seiner Bezeichnungen.

Als Längeneinheit war, wie bereits erwähnt, der 10^7te Teil eines Erdquadranten, später das Urmeter, bestimmt. Als Gewichtseinheit wurde das Gewicht eines Würfels reinen destillierten Wassers von 4° C festgesetzt, dessen Seitenlängen 1 Dezimeter betragen. Die daraus abgeleitete Einheit der Masse nannte man Kilogramm, nach dem griechischen gramma. Es entspricht 2 Zollpfund und wurde dezimal in 10 Hektogramm zu je 10 Dekagramm zu je 10 Gramm zu je 10 Dezigramm zu je 10 Zentigramm zu je 10 Milligramm eingeteilt.

Flächen- und Körpermaße wurden wiederum von den Längenmaßen durch Quadrieren und Kubieren abgeleitet. Zur Einheit der Flächenmaße wurde das Are, von lat. arare = pflügen, ein Quadrat von 10 m Seitenlänge, also 100 Quadratmeter. Einheit der Körpermaße wurde der Würfel von 1 m Seitenlänge, man nannte ihn Stere (von gr. stereos = fest, solid). Das Volumen eines Kubikdezimeters wurde das Liter (von gr. litra) mit dem Gewicht von 2 librae (lat. Pfund). Aren, Steren und Liter wurden genauso wie das Meter in Dezi-, Zenti-, Deka-, Hekto-Aren, -Steren und -Liter weitergeteilt.

Es war also in dem Metermaß-System nichts enthalten, was speziell französisch und deshalb seiner internationalen Einführung hinderlich gewesen wäre. So ist schließlich im Metersystem ein Weltmaß geschaffen worden, das internationale Anerkennung gefunden hat.

1.231.3 *Rußland und Sowjetunion*

Die ersten Ansätze, für das große russische Reich Einheitsmaße zu schaffen, treten im Gegensatz zu den übrigen europäischen Staaten verhältnismäßig zeitig auf. Ausgedehnte Handelsbeziehungen mit den Nachbarvölkern führten frühzeitig auf den richtigen Weg zur Schaffung einer Normalen für das Gewicht. Das alte Rußland kannte und verwendete Laufgewichts- und Balkenwaagen. Manche von ihnen waren mit kunstvollen Ornamenten verziert [72]. 1738 entwickelte *L. Euler*, ordentliches Mitglied der Petersburger Akademie der Wissenschaften, die Theorie der Waage, und *M. W. Lomonossow* legte 1748 in seinem chemischen Laboratorium für wissenschaftliche und Unterrichtszwecke den Grund für die systematische Verwendung der Waage für chemische Untersuchungen. Er benutzte für Feinstmessungen bereits eine Waage mit einer Höchstlast von 1 Solotnik (etwa 4.3 g). Sie war so empfindlich, daß sie von einem mittleren Sandkörnchen zum Ausschlagen gebracht wurde. Lomonossow gibt als Grund für diese Empfindlichkeit an, „daß ihr kleiner Waagebalken dünn und leicht und dabei lang ist und auch die Schälchen und Schnürchen sehr dünn und leicht sind“ (M. W. Lomonossow, Werke, Band 7, Moskau 1934, S. 101). Im 19. Jahrhundert gewinnen die Arbeiten von *D. J. Mendelejew* für die Entwicklung der Waagenbauarten und Wägeverfahren besondere Bedeutung. Mendelejew hat u. a. auch eine physikalische Theorie der Waage entwickelt. Die Arbeiten wurden von seinem Schüler *A. N. Dobrochotow* und seinem Sohn *J. D. Mendelejew* fortgeführt. Die russischen Gewichtsmaße waren anfänglich wie auch in anderen Ländern mit den Münzeinheiten verbunden. Im 16. Jh. war die große Griwna — eine Münzeinheit in Form eines 1-Pfund-Silber- oder Goldbarrens aus dem 10. Jh. — unter der Bezeichnung Pfund in Gebrauch. Das Gewicht Solotnik ist im 10. Jh. schon bekannt gewesen, Pud im 12. und Dolja im 18. Jh. Oft wurde der Wert von Gewichtseinheiten in Silberwert ausgedrückt. Ein Pud wog z. B. 240 Moskauer Rubel, ein Pfund 6 Rubel, ein Solotnik ein Altyn und ½ Denga. Im Jahre 1747 stellte der Petersburger Münzhof das Original der russischen Gewichtseinheit her, das goldene Pfund. Es wog 409.516 g.

1797 wurden durch Gesetz gußeiserne Gewichtsstücke in Kugelform eingeführt, 2 und 1 Pud, 27, 9, 3 und 1 Pfund, 81, 27, 9, 3 und 1 Solotnik, wodurch vielseitige Kombinationen möglich waren. Eine besondere Tabelle erläuterte die Anwendung der Gewichtsstücke. Im 19. Jh. wurden die Gewichtssätze durch bequemere Größen ersetzt, man schuf Gewichtsstücke von 2 und 1 Pud, 20, 10, 5, 3, 2 und 1 Pfund und 48, 24, 12, 6, 3, 2 und 1 Solotnik, die bis zur Einführung des metrischen Systems verwendet wurden.

Von russischen Straßenbauten und Straßensäulen berichtet *Schramm* [9] ausführlich. Ein Werst oder Wurst wird ungefähr mit einer deutschen „Viertel Meile Weges“ angegeben, „Fünff Würste gehen auf eine deutsche Meile“. Von Werst zu Werst wurden auf den Straßen Säulen aufgerichtet und die Entfernung von einem Ort zum anderen auf beiden Seiten eingehauen. „Von S. Petersburg bis Narva sind netto CLXIV Säulen oder Werste, wenn ich nun von Narva abreise, sehe ich an einer Seite der Säule, eine gewisse Distanz, als hier in Figura (Bild 22) 23 und an der anderen Seite 141. beyde Zahlen zusammen addiret, machen 164 Wersten welches bey jeder Säule eintrifft. Solcher Gestalt kann ich gleich wissen, wieweit ich schon gereiset, und wieweit ich noch zu reisen habe.“

1835, als Frankreich sein „mètre vrai et definitif“ bereits 3½ Jahrzehnte in Gebrauch hatte und England 10 Jahre zuvor sein Yard als Längenmaß bestimmt hatte, schloß sich Rußland den gesamteuropäischen

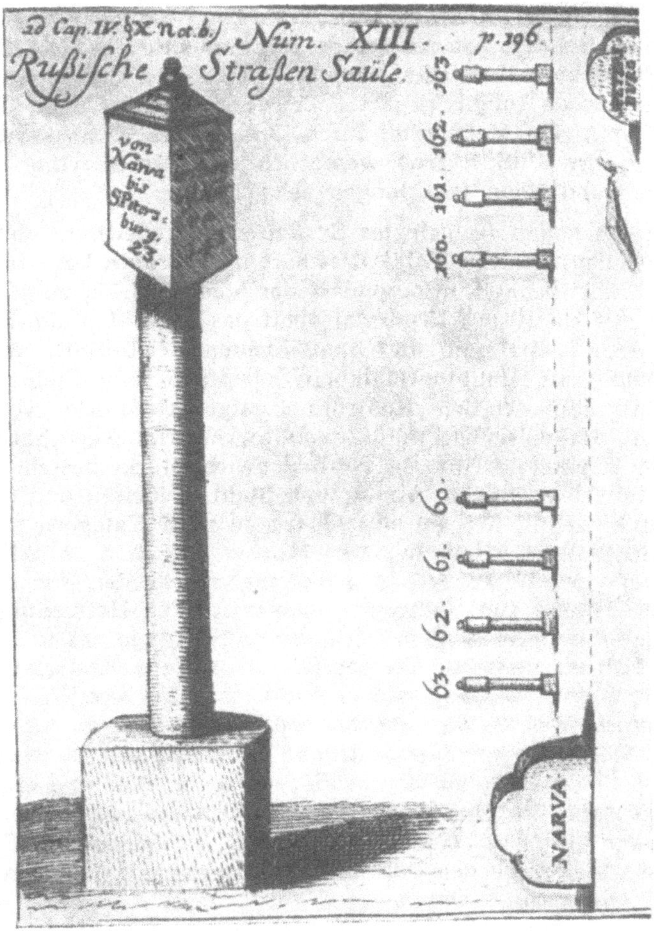

Bild 22

Russische Straßensäulen

Aus: Schramm, Saxonia Monumentis viarum illustrate. Wittenberg 1726. S. 196

Bemühungen an und erklärte durch Ukas, daß ein Sashen (Faden) 3 englischen Fuß gleichgesetzt wird und fortan als Längeneinheit gelten soll. Ein Sashen wurde in 3 Arschin (Elle) unterteilt, 1 Arschin = 28 Zoll = 16 Werschok. Als Gewichtseinheit trat an Stelle des goldenen Pfundes zu 409.516 g das Pfund zu 9216 Doli = 409.512 g. Das Dolja wurde vom Gewicht des Wassers abgeleitet; 1 Kubikzoll Wasser von 13⅓° R soll im luftleeren Raum 368.361 Doli wiegen.

Am 20. 5. 1875 ist Rußland der Internationalen Meterkonvention beigetreten, und am 14. September 1918 beschloß der Rat der Volkskommissare der RSFSR auf Initiative *W. I. Lenins*, das metrische Maßsystem einzuführen. Seitdem hat das Tempo, mit dem sich alle Zweige der Volkswirtschaft entwickelten, auch dem Meßwesen und der Meßgeräte-Industrie einen neuen Impuls gegeben. Eine durch Gesetz eingeführte staatliche Prüfung der Meßgeräte durch Organe des Eichausschusses beim Ministerrat der UdSSR trug wesentlich zur Verbesserung ihrer Konstruktionen und Neuentwicklungen bei [72].

Durch ein genau festgelegtes System der Angleichung der Maße an die verschiedenen in der Volkswirtschaft in Gebrauch befindlichen Maße wird die Einheitlichkeit, insbesondere der Massen-Maße, im ganzen Lande gesichert. Als staatliches Urnormal dient das Platin-Iridium-Kilogrammstück Nr. 12. Es ist Haupt- und Staats-Eichmaß der UdSSR, von dem eine Eichmaßkopie als Hauptnormalkopie ebenfalls aus Pt-Ir angefertigt wurde. Mit ihm werden Kontrollnormalgewichtsstücke verschiedener Kategorien, Handelsgewichtsstücke und technische Gewichtsstücke verschiedener Klassen geprüft. Die Normalgewichtsstücke bestehen aus Gold, Platin, Kupferlegierungen, Aluminium, Stahl, Gußeisen und keramischer Masse, in Einzelfällen sogar aus Quarz, je nach Kategorie und Klasse. Die Gewichtsstücke haben folgende Massen: 20, 10, 5, 2, 1 Kilogramm, 500, 200, 100, 50, 20, 10, 5, 2, 1 g und mg; sie werden erst nach durchgeführter Prüfung zum Gebrauch zugelassen. Die Herstellung von Gewichtsstücken anderer Massen ist in der UdSSR (wie das in Deutschland auch der Fall ist) verboten. Die zentrale staatliche metrologische Behörde ist das Hauptamt für Maß und Gewicht, das 1893 von *D. J. Mendelejew* geschaffen wurde, zunächst mit dem Ziel, in Rußland Übereinstimmung der Maße und Gewichte und Einheitlichkeit zu verwirklichen. Später, im Jahre 1931, wurde das Hauptamt für Maß und Gewicht zum Allunionsinstitut für Metrologie und Standardisierung umgebildet. Aus ihm ist dann 1934 das „Wissenschaftliche D. J. Mendelejew Forschungsinstitut für Metrologie der UdSSR“ hervorgegangen, das dem deutschen DAMG-ZI entspricht.

1.231.4 *England und Nordamerika* benutzen noch immer das alte Yard- und Pound-System. Die metrischen Maße sind nebenher erlaubt und werden von der Wissenschaft auch verwendet.

Das in England von den Römern übernommene Fußmaß wurde sehr bald vom angelsächsischen Klaftermaß abgelöst, d. i. die Länge, die über zwei ausgestreckte Arme gemessen wird. Eine Klafter enthält 4 Ellen oder 6 Fuß. Unter den normannischen Königen wurde ½ Klafter, also die Länge eines ausgestreckten Armes, gemessen von der Körpermitte aus, das gebräuchliche Längenmaß, besonders als Maß für Tuche, die den wertvollsten Handelsartikel darstellten. Bereits im Jahre 1101 wurde von *König Heinrich I.* das „Yard“ als Abstand von der Spitze seiner Nase bis zum Ende seines Daumens eingeführt (Bild 23). Es war also ein vom menschlichen Körper hergeleitetes und zugleich ein königliches Maß. 1215 setzte die Magna Charta in England einheitliche Maße und Gewichte fest. 1324 erklärte Eduard II. drei getrocknete Gerstenkörner, die aus der Mitte einer Ähre genommen und der Länge nach aneinandergelegt wurden, als einen Zoll. Er wandte sich damit vom körperlichen Maß ab und griff zu einer stärker naturgebundenen, wenn auch noch keineswegs exakten Einheit.

Bild 23

Das Yard

König Heinrich I. führte 1101 das Yard als Abstand von der Spitze seiner Nase bis zum Ende seines Daumens ein

Aus einer Druckschrift der Ford Motor Company, Dearborn, Michigan, über Endmaße

Auch Straßen- und Stundensäulen sind frühzeitig in England bekannt und in Gebrauch gewesen. *Schramm* [9] berichtet von gewissen „lapides" zwischen Oxford und London, „fast in Größe wie die Marcksteine an denen Dreßdnischen Stadt-Fluhren, doch nicht so breit; von welchen die Herren Professores Oxonienses referieren, daß selbige noch von denen alten Römern, als sie Britanien in provinciam redigiret, herkämen und V dergleichen Lapides auff III gemeine deutsche Meilen (in Frankreich aber III auf eine Deutsche Meile) gerechnet würden" (Bild 24).

Interessant sind in diesem Zusammenhang auch die von Schramm erwähnten *holländischen*, rot angestrichenen, eichenen Stunden-

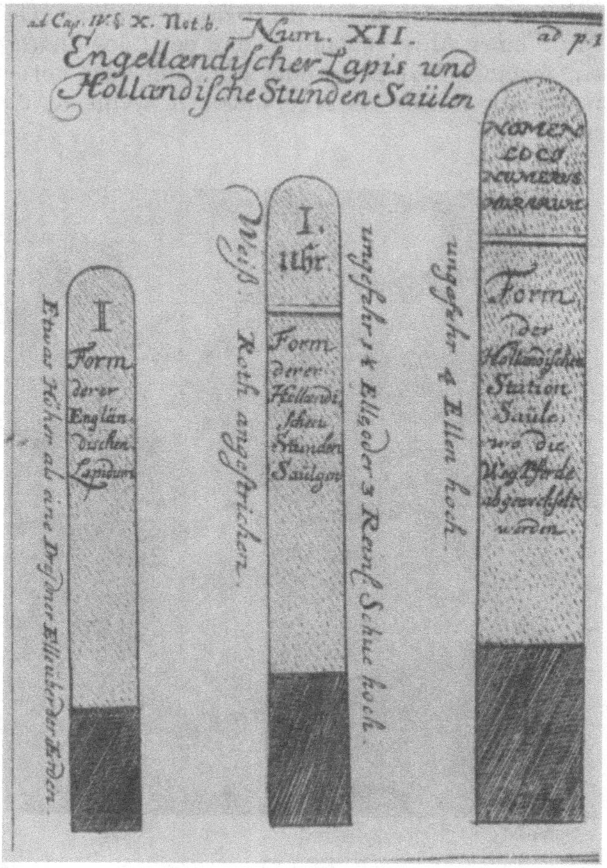

Bild 24

Englische und holländische Stundensäulen

Aus: Schramm, Saxonia Monumentis viarum illustrata. Wittenberg 1726. S. 195

säulen. Sie standen am Leinpfad der Kanäle und waren mit Nummern 1. 2. 3. Uhr oder Stunden bezeichnet. Innerhalb der Säulenabstände mußte das Treck-Pferd die Schuyten im Trab ziehen (das waren kleine wohlausgeputzte Schifflein, „so von einem Pferd getrecket oder gezogen werden, in welchen man gantz commod fahren kann"). An bestimmten höheren Säulen wurde neu eingespannt, und „überall muß die Stunde, wenn der Seiger schlägt, genau innegehalten werden". Für eine Uhr oder eine Stundenmeile bezahlte man 1 Stüver oder 6 Pfennige. Die Größe Hollands, „wo es am längsten LXXXVIII Stunden-Meilen, und in mittelmäßiger Breite LVI dergleichen Meilen", wird hierzu von S c h r a m m mit „insgesambt 4928 quadrat Meilen" angegeben.

Die englische Elle von 3 Fuß Länge wurde in Form eines Bronzestabes in der königlichen Schatzkammer als Standardmaß aufbewahrt, zuerst in Winchester, später in Westminster. Von den alten Standards sind nur wenige erhalten geblieben. Von 1558 bis 1824 war das „Königin-Elisabeth-Yard" Standard-Maß. 1758 prüfte eine Kommission die bisherigen Maßnormale und erklärte sie zu „Imperial-Standards". Das Königin-Elisabeth-Yard wurde später durch *Birds* Standard-Maß von 1760 ersetzt, das aber im Jahre 1834 beim Großfeuer des Parlamentsgebäudes wieder verlorenging. Seit 1824 gilt in England lt. Parlamentsakte das Yard als englische Einheit des Längenmaßes, von dem im Jahre 1856 die USA zwei Kopien erhielten.

Es ist der Abstand der Mitten der mittleren Striche auf den beiden Goldpflöcken in einem Bronzestab bei 62° F ($16^2/_3$° C), der im Board of Trade in Westminster aufbewahrt wird.*

Es wird ferner festgelegt, daß sich das Yard zur Länge des Sekundenpendels der geographischen Breite von London bei 62° Fahrenheit, reduziert auf Meereshöhe und luftleeren Raum, verhalten soll wie 36 : 39.1329, d. h., 1 Yard = 0.914 m. Es wird unterteilt in 3 feet (foot = Fuß) zu je 12 inches (Zoll). Als englische Gewichtseinheit wird das Gewicht eines Kubikzolls destillierten Wassers bei 62° F und einem Barometerstand von 30 Zoll Quecksilbersäule bestimmt. Es besteht aus 252.458 grains. 5760 grains ergeben das Troygewicht = 1 Imperial troy pound.

Heute besteht die beste Sicherung des englischen Maßsystems in einer Vergleichung mit dem internationalen Meter in Paris, die im Jahre 1895 im Bureau international des Poids et Mesures vorgenommen wurde [92]. Der Vergleich des Meters mit 2 Kopien des Imperial Standard Yard ergab:

1 m	=	39.370113	inches (Zoll)**
1 m	=	3.280843	feet (Fuß)
1 m	=	1.0936143	yards
1 yard	=	0.9143992	m
1 inch (Zoll)	=	25.399978	mm
1 $Zoll^2$	=	6.4515	cm^2
1 $Zoll^3$	=	16.3867	cm^3

* Weights and Measures Act: 1845 wurden Yard-Normalstäbe aus Baily-Bronze (16 Teile Kupfer, 2,5 Teile Zinn, 1 Teil Zink), 38 inches lang und mit einem Querschnitt von 1 square inch, hergestellt. Im Abstand von je 1 inch vom Stabende befindet sich je eine Vertiefung von 0,5 inch Durchmesser und 0,5 inch Tiefe. In Höhe der neutralen Faser des Stabes ist in jeder dieser Vertiefungen ein poliertes Goldblättchen mit je drei Strichmarken eingelassen. Das Yard ist definiert als der Abstand zwischen den beiden mittleren Strichen auf dem „Imperial Standard Yard" bei einer Temperatur von 62° F (Weights and Measures Act of 1878).

In den USA definierte man eine zahlenmäßige Relation zum Meter

1 m = 39.370000 inches (USA)

1 yard (USA) = 0.9144018 m

durch Cong. Metric. Act. von 1866 und die Mendenhall Order von 1893.

** Equivalents of Metric and Imperial Weights and Measures, reprint. 1920.

Mit diesen Werten wird allgemein die Umrechnung von Zoll auf Millimeter durchgeführt; aber nicht bei wissenschaftlichen Messungen. Hier gilt stets der Wert, der sich jeweils bei dem letzten Vergleich von Meter und Yard ergeben hat, z. B.:

1924 1 m = 39.370137 Zoll, 1 Zoll = 25.399962 mm *

1927 1 m = 39.370147 Zoll, 1 Zoll = 25.399956 mm **

Bei dem Vergleich im Jahre 1935 wurde für den englischen Zoll wieder eine Länge von 25.399956 mm gemessen, das entspricht einer Länge von 0.914398416 m für das Yard. Die Umrechnungszahl für den englischen Zoll läßt sich sehr angenähert ausdrücken durch den Bruch: 1″ engl. = 11590/4563 m = 2.539995617 cm = 19 · 61 · 10 / 13 · 13 · 27 cm.

Außerdem gelten die oben angegebenen Werte nur unter der Voraussetzung, daß die Messung bei einer Temperatur von 62° F = $16^2/_3$° C erfolgt, während die metrischen Maße für wissenschaftliche Zwecke auf einer Meßtemperatur von 0° C und für technische Zwecke auf einer solchen von 20° C (68° F) basieren müssen.

Soll z. B. ein englisches Zollmaß aus Stahl mit einem metrischen technischen Maß aus Stahl bei derselben Temperatur verglichen werden, so ist zu beachten, daß sich das englische Maß um einen Wert ausgedehnt hat, welcher der Differenz 20° — $16^2/_3$° = $3^1/_3$° C entspricht. Unter Annahme eines mittleren Ausdehnungskoeffizienten für 1 Zoll von $11.5 \cdot 16^{-6}$ ergibt sich dann 1 Zoll zu 25.40095 mm. Mit diesem Wert sind auch die in der deutschen Industrie gebräuchlichen Umrechnungstabellen berechnet worden. Hierzu hat der deutsche Normenausschuß die DIN-Blätter 4890, 4892 und 4893 herausgegeben. In England rechnet man indessen nach der Norm 350—1930 der British Standards Institution (BSI), die für den Gebrauch im Handel und für industrielle Zwecke den Zoll zu 25.400 mm bestimmt hat. Mit diesem Wert wird auch in Deutschland und anderen Ländern, die der International Organization for Standardization (ISO) angeschlossen sind, gerechnet. In der Technik bezeichnet man diesen vereinheitlichten Zoll auch als Stahlmaß, wobei eine Bezugstemperatur von 20° C vorgeschrieben wird. Nur für Maße größter Genauigkeit wird der gesetzliche Wert von 25.399956 mm zugrunde gelegt (nach dem Wellenlängenmaßstab des Yards würde sich 1 Zoll ergeben zu 25.399962 mm, als gesetzlicher Wert gilt aber der vorher angegebene).

In Amerika sollte ursprünglich das Yard mit dem englischen identisch sein. Als Prototyp gilt seit dem Jahre 1856 das Imperial Standard Yard in seiner Verkörperung durch die Kopie Nr. 11. Sie wurde mit der „Toughton Skala" von 36 Zoll Länge verglichen und schließlich durch das „Office of Weights and Measures" als Standardmaß für die USA übernommen. Am 28. Juli 1866 wurde das Yard gesetzlich eingeführt. Bei späteren Nachmessungen zeigte sich jedoch eine geringe Abweichung. Hierdurch ist eine grundsätzliche Unsicherheit in das amerikanische

* National Physical Laboratory Report of the year 1924.

** N. Ph. L. Rep. of the year 1927 and 1928.

Tabelle 43. Die englischen Maß- und Gewichtseinheiten

Längenmaße		
1 line (l.) = 2.12 mm		
1 inch (in.) = 25.4 mm = 1 Zoll (″)	1 inch zu 3 barley corns oder zu 12 lines zu 12 seconds zu 12 terzes	1 cm = 0.3937 inch
1 foot (ft.) = 0.304799 m = 0.305 m	1 foot zu 12 inches	1 m = 3.2808 feet
1 yard (yd.) = 0.914399 m = 0.914 m	1 yard zu 3 feet	1 m = 1.09361 yards
Wege- und Vermessungsmaße		
1 link (l.) = 20.12 cm	1 link zu 7.92 inches	
1 rod (rd.), pole od. perch (p.) (Rute) = 5.0292 m = 5.029 m	1 pole zu 16.5 feet = 25 links	1 m = 0.1988 pole
1 chain (ch.) = 20.12 m	1 chain zu 4 rods	
1 furlong (fur.) = 201.17 m	1 furlong zu 10 chains	
1 (statute) mile (m.) = 1609.34 m	1 (statute) mile zu 8 furlongs = 880 fathoms = 1860 yards = 5280 feet	1 km = 0.6214 (statute) mile
Nautische Maße		
1 fathom (f., fm.) = 1.829 m	1 fathom zu 6 feet = 2 yards	1 m = 0.5468 fathom
1 cable's length = 183 m (USA 219 m)	1 cable's length zu 100 fathoms (USA 120 fathoms)	
1 nautical mile od. 1 knot (Knoten) = 1853.18 m	1 nautical mile zu 6080 feet	1 km = 0.5396 nautical mile
Flächenmaße		
1 square inch (sq. in.) = 6.4516 cm²		1 cm² = 0.1550 square inch
1 square foot (sq. ft.) = 0.092903 m²	1 square foot zu 144 square inches	1 m² = 10.7639 square feet
1 square yard (sq. yd.) = 0.836126 m²	1 square yard zu 9 square feet	1 m² = 1.1960 square yards
1 square rod (square pole) = 25.293 m²	1 square rod zu 30.25 square yards	1 m² = 0.0395 square rod
1 rood = 10.12 a	1 rood zu 40 square rods	
1 acre (a.) = 40.4685 a	1 acre zu 4 roods	1 a = 0.02471 acre
1 square mile = 2.59 km² (259 ha)	1 square mile zu 640 acres	1 km² = 0.3861 square mile

(Fortsetzung von Tabelle 43)

Raummaße		
1 cubic inch (cu. in.) = 16.3866 cm³		1 cm³ = 0.0610 cubic inch
1 cubic foot (cu. ft.) = 0.02831675 m³	1 cubic foot zu 1728 cubic inches	1 m³ = 35.315 cubic feet
1 cubic yard (cu. yd.) = 0.7646 m³	1 cubic yard zu 27 cubic feet	1 m³ = 1.308 cubic yards
1 register ton (reg. ton) = 2.8316 m³	1 register ton zu 100 cubic feet	1 m³ = 0.3532 register ton
1 ocean ton = 1.1327 m³	zu 1 ocean ton zu 40 cubic feet	1 m³ = 0.8829 ocean ton
Hohlmaße (Trocken- und Flüssigkeitsmaße)		
1 British *od.* Imperial gill (gl. od. gi.) = 0.142 l		
1 British *od.* Imperial pint (pt.) = 0.5682 l	zu 1 Brit. *od.* Imp. pint zu 4 gills	1 l = 1.762 pint
1 British *od.* Imperial quart (qt.) = 1.136 l	1 quart zu 2 pints	1 l = 0.8804 quart
1 British *od.* Imperial gallon (Imp. gal.) = 4.5435 l	1 Imperial gallon zu 4 Imp. quarts	1 l = 0.2201 Imperial gallon
Trockenmaße		
1 British *od.* Imperial peck (pk.) = 9.086 l	1 Imperial peck zu 2 Imp. gallons	
1 British *od.* Imperial bushel (bu., bus.) = 36.347 l	1 Imperial bushel zu 8 Imp. gallons	1 l = 0.0275 bushel
1 British *od.* Imperial quarter (qr.) = 290.781 l	1 Imperial quarter zu 8 Imp. bushels	1 l = 0.00344 Imp. gallon
Flüssigkeitsmaß		
1 British *od.* Imperial barrel (bbl.) = 1.636 hl	1 Imperial barrel zu 36 Imp. gallons	
Gewichte		
a) *das Troygewicht* (Feingewicht — für Edelmetalle und Edelsteine)		
1 grain = 0.0648 g		
1 pennyweight (dwt.) = 1.555 g	1 pennyweight zu 24 grains	
1 ounce = 31.1 g	1 ounce zu 20 pennyweights	
1 pound (lb. troy) = 0.37324 kg	1 pound zu 12 ounces	1 kg = 2.6792 lb. troy
b) *das Avoirdupoisgewicht* (Handelsgewicht)		
1 grain (gr.) = 0.0648 g		
1 dram (dr.) = 1.77 g	1 dram zu 27.45 grains	
1 ounce (oz.) = 28.349 g	1 ounce zu 16 drams	1 g = 0.0353 ounce

(Fortsetzung von Tabelle 43)

1 pound (lb.) = 453.59 g	1 pound zu 16 ounces	1 kg = 2.2046 pounds (lbs.)
1 quarter (qr.) = 12.7 kg	1 quarter zu 28 pounds	
1 hundredweight (cwt.) = 50.8 kg	1 hundredweight zu 4 quarters (oder 112 pounds) (USA = 100 pounds = 45.36 kg)	
1 ton (t.) (a long ton) = 1016 kg	1 ton zu 20 hundredweights (oder 2240 pounds)	1 t = 0.9842 ton
	(USA = a short ton = 907.18 kg) = 2000 pounds	1 t = 1.1023 short tons
1 stone (st.) = 6.35 kg	1 stone zu 14 pounds	
1 butcher's stone = 3.63 kg	1 butcher's stone zu 8 pounds	
1 cental *od.* quintal = 45.359 kg	1 cental *od.* quintal zu 100 pounds	

Ausführliche Darlegungen über englische und amerikanische Maße und Gewichte (einschl. der Apothekermaße und -gewichte) siehe in den Zusammenstellungen ausländischer Maße und Gewichte im II. Teil des vorliegenden Werkes.

Maßsystem hineingetragen worden, die zudem noch durch eine nicht ganz richtige Umrechnungszahl zum metrischen System vergrößert wird. Durch ein vom Schatzsekretär am 3. April 1893 gebilligtes Bull. Nr. 26 des Coast and Geodetic Survey war nämlich festgesetzt worden, daß das Yard vom Meter abzuleiten ist.

Stadthagen hat in der Zeitschrift für Instrumentenkunde 1914 (S. 323) authentische Vergleichszahlen angegeben, die zur Klarstellung der Beziehungen zwischen den englischen und amerikanischen Normalmaßen und dem Metersystem ihrer allgemeinen Bedeutung wegen nachstehend angeführt sind [110]. Im Jahre 1866 wurde in Sèvres bei Paris eine Vergleichung der beiden Yards durchgeführt und bestimmt, daß künftig folgende Beziehung gilt:

1 englisches Yard = 914.3992 mm

1 amerikanisches Yard = 914.4019 mm (= 3600 : 3937 m)

Diese Beziehung zwischen den angelsächsischen Yards ist im Jahre 1893 durch die Mendenhall-Order dann endgültig festgelegt worden. Die Ableitung 1 Yard = 3600 : 3937 ist auch durch einen Schriftwechsel zwischen der Physikalisch-Technischen Reichsanstalt und dem National Bureau of Standards (Z. f. Instr.-Kunde 46, 219, 1927) und durch eine Veröffentlichung des NB of St. (Circ. Bur. of Stand. Nr. 332, 1927) bestätigt worden. Aus dieser Festlegung folgt dann:

1 m = 1.09361 yards

1 inch (Zoll) = 25.400051 mm

Die Umrechnungszahl für den amerikanischen Zoll läßt sich sehr angenähert ausdrücken durch den Bruch:

$$1'' \text{ amerik.} = \frac{10000}{3937}\text{ cm} = 2.54005080\text{ cm} = \frac{100 \cdot 100}{31 \cdot 127}\text{ cm}$$

Als Bezugstemperatur galt zunächst, wie in England, 62° F ($16^2/_3$° C). Wird z. B. ein amerikanisches Maß aus Stahl mit einem metrischen technischen Maß aus Stahl bei derselben Temperatur verglichen, so war, wie beim englischen Maß bereits erwähnt, wiederum zu berücksichtigen, daß sich das amerikanische Maß entsprechend dem Temperaturunterschied von $3\frac{1}{3}$° C der beiden Bezugstemperaturen ausgedehnt hat. Bei einem mittleren Ausdehnungskoeffizienten von $11.5 \cdot 10^{-6}$ ergibt sich dann für

1 Zoll (inch) = 25.401025 mm.

Inzwischen ist auch die nordamerikanische Industrie zu der Bezugstemperatur 68° F = 20° C übergegangen, so daß beim Vergleich mit metrischen technischen Maßen nunmehr

1 Zoll (inch) = 25.400051 mm

gilt. Die übrige Einteilung ist die gleiche wie bei dem englischen Maß. Nach Norm B 38.1 — 1933 der American Standards Association (ASA) ist 1 Zoll = 25.400 mm zu rechnen. Zudem ist der Unterschied gegen den gesetzlichen Wert von 1 : 0.3937, 1″ = 25.400051 mm, so gering, daß er nur bei Herstellung von Endmaßen höchster Genauigkeit, aber nicht bei einfachen Werkstücken zu berücksichtigen ist. Dieses vereinheitlichte inch stimmt mit dem russischen Zoll (1 Totschka = 1 : 2800 Arschin) und dem internationalen Stahlmaß überein.

Es gilt also im Yard- bzw. Zollsystem nunmehr allgemein für Werkstück und Meßgerät für den englischen und amerikanischen Zoll:

1″ = 25.400000 mm

Nur für Maße und Messungen höchster Genauigkeit ist zu rechnen:

1″ engl. = 25.399956 mm
1″ amerik. = 25.400051 mm

Die Bezugstemperatur ist einheitlich 68° F = 20° C.

Mit Lichtwellen — bei 20° C und 1 at — gemessen hat bei Verwendung

der gelbgrünen	Kryptonlinie, Wellenlänge	=	$0.56495924 \cdot 10^{-6}$ m,
	das englische Yard	=	1618521.04 Wellenlängen,
	das amerikanische Yard	=	1618527.08 Wellenlängen,
mit der roten	Kadmiumlinie, Wellenlänge	=	$0.6438472 \cdot 10^{-6}$ m,
	das englische Yard	=	1420210.24 Wellenlängen,
	das amerikanische Yard	=	1420216.12 Wellenlängen.

Vergleich vom englischen und amerikanischen Yard, Fuß und Zoll mit dem metrischen System

Tabelle 44

Anzahl	Engl. Yard in Meter	Engl. Fuß in Meter	Engl. Zoll in Millimeter
1	0.914 399	0.304 800	25.4000
2	1.828 798	0.609 599	50.7999
3	2.743 197	0.914 399	76.1999
4	3.657 596	1.219 199	101.5999
5	4.571 995	1.523 998	126.9999
6	5.486 394	1.828 798	152.3998
7	6.400 793	2.133 598	177.7998
8	7.315 192	2.438 397	203.1998
9	8.229 891	2.743 197	228.5998

Tabelle 45

Anzahl	Meter in engl. Yard	Meter in engl. Fuß	Millimeter in engl. Zoll
1	1.093 6143	3.280 843	0.039 370
2	2.187 2286	6.561 686	0.078 740
3	3.280 8429	9.842 529	0.118 110
4	4.374 4572	13.123 372	0.157 480
5	5.468 0715	16.404 215	0.196 851
6	6.561 6858	19.685 057	0.236 221
7	7.655 3001	22.965 900	0.275 591
8	8.748 9144	26.246 743	0.314 961
9	9.842 5287	29.527 586	0.354 331

Tabelle 46

Anzahl	USA Yard in Meter	USA Fuß in Meter	USA Zoll in Millimeter
1	0.914 402	0.304 801	25.4001
2	1.828 804	0.609 601	50.8001
3	2.743 205	0.914 402	76.2002
4	3.657 607	1.219 202	101.6002
5	4.572 009	1.524 003	127.0003
6	5.486 411	1.828 804	152.4003
7	6.400 813	2.133 604	177.8004
8	7.315 215	2.438 405	203.2004
9	8.229 616	2.743 205	228.6005

Tabelle 47

Anzahl	Meter in USA Yard	Meter in USA Fuß	Millimeter in USA Zoll
1	1.093 611	3.28083	0.03937
2	2.187 222	6.56167	0.07874
3	3.280 833	9.84250	0.11811
4	4.374 444	13.12333	0.15748
5	5.468 056	16.40417	0.19685
6	6.561 667	19.68500	0.23622
7	7.655 278	22.96583	0.27559
8	8.748 889	26.24667	0.31496
9	9.842 500	29.52750	0.35433

Tabelle 48
Umrechnung von Zoll auf mm (vgl. auch DIN 4890/92)

Zoll	mm	Zoll	mm
1/64	0.3969	33/64	13.0969
2/64 = 1/32	0.7938	34/64 = 17/32	13.4938
3/64	1.1906	35/64	13.8906
4/64 = 1/16	1.5875	36/64 = 9/16	14.2875
5/64	1.9844	37/64	14.6864
6/64 = 3/32	2.3812	38/64 = 19/32	15.0812
7/64	2.7781	39/64	15.4781
8/64 = 1/8	3.1750	40/64 = 5/8	15.8750
9/64	3.5719	41/64	16.2719
10/64 = 5/32	3.9688	42/64 = 21/32	16.6688
11/64	4.3656	43/64	17.0656
12/64 = 3/16	4.7625	44/64 = 11/16	17.4625
13/64	5.1594	45/64	17.8594
14/64 = 7/32	5.5562	46/64 = 23/32	18.2562
15/64	5.9531	47/64	18.6531
16/64 = 1/4	6.3500	48/64 = 3/4	19.0500
17/64	6.7469	49/64	19.4469
18/64 = 9/32	7.1438	50/64 = 25/32	19.8438
19/64	7.5406	51/64	20.2406
20/64 = 5/16	7.9375	52/64 = 13/16	20.6375
21/64	8.3344	53/64	21.0344
22/64 = 11/32	8.7312	54/64 = 27/32	21.4312
23/64	9.1281	55/64	21.8281
24/64 = 3/8	9.5250	56/64 = 7/8	22.2250
25/64	9.9219	57/64	22.6219
26/64 = 13/32	10.3188	58/64 = 29/32	23.0188
27/64	10.7156	59/64	23.4156
28/64 = 7/16	11.1125	60/64 = 15/16	23.8125
29/64	11.5094	61/64	24.2094
30/64 = 15/32	11.9062	62/64 = 31/32	24.6062
31/64	12.3031	63/64	25.0031
32/64 = 1/2	12.7000	64/64 = 1	25.4000

Zoll	mm
1	25.4000
2	50.8000
3	76.2000
4	101.6000
5	127.0000
6	152.4000
7	177.8000
8	203.2000
9	228.6000
10	254.0000
11	279.4000
12	304.8000

Fuß	Zoll	mm
1	12	304.8000
2	24	609.6000
3	36	914.4000

Tabelle 49
Das gesetzliche amerikanische Grundmaß nach der Mendenhall-Order von 1893

Bezeichnung	Einteilung		metrisch
1 yard (bei $16^2/_3$ °C)	3600/3937 m		0.9144018 m (bei 0 °C)
1 foot	$^1/_3$ yard		0.3048006 m
1 inch	$^1/_{12}$ foot		25.4000508 mm
	(bei 20 °C)		25.4000000 mm
1 mil	$^1/_{1000}$ inch		0.02540005 mm
1 hand	4 inches		10.1602 cm
1 span	9 inches		22.86004 cm
1 fathom	2 yards		1.8288036 m
1 pole	5 yards		4.572009 m
1 chain	22 yards		
	100 links	792 inches	20.1168 m
1 statute mile	8 furlongs	1760 yards	
(auch mile of land)	80 chains	5280 feet	
	320 poles	8000 links	
	880 fathoms	63360 inches	1.609343 km
1 nautical mile			1.853249 km
1 military pace			0.7620 m

Tabelle 50. Gegenüberstellung der englischen und amerikanischen Einheiten

englisch	Einheit	amerikanisch
$2.539996 \cdot 10^{-3}$ cm	mil	$2.540005 \cdot 10^{-3}$ cm
2.539996 cm	inch	2.540005 cm
30.47997 cm	foot	30.48006 cm
91.43992 cm	yard	91.44019 cm

Die amerikanischen Gewichte sind gleich den englischen. Allgemein anerkannt ist die Umrechnungszahl für das Pfund av. Es ist 1 kg = 2.2046223 lbs. (s. S. 107). Dagegen weicht der Inhalt der amerikanischen Hohlmaße von dem der englischen ab (s. S. 106).

Zur Umrechnung von britischen und USA-Einheiten untereinander sowie zur Umrechnung britischer und USA-Einheiten in metrische Einheiten und umgekehrt hat man Faktoren bestimmt, mit denen die umzurechnenden Einheiten zu multiplizieren sind, um die entsprechenden Werte in den gewünschten Einheiten zu erhalten. Es würde zu weit führen, im Rahmen der vorliegenden Arbeit diese Tabellen und Tafeln erschöpfend zu bringen; auf die einschlägige Literatur wird verwiesen [75] [79] [80] [86] [87] [90] [91] [92] [94] u. a.

Lediglich der Vollständigkeit halber werden anschließend 2 Tabellen gezeigt, aus denen die Systematik der Umrechnung zu ersehen ist. Die Tabellen enthalten nur die wichtigsten Einheiten und lassen sich beliebig erweitern.

Tabelle 51

Umrechnungsfaktoren britisch-amerikanischer Maße untereinander

Man multipliziere zur Umrechnung:

	aus ⟶	in	mit Faktor
mit Faktor	in ⟵	aus	
0.0278	barrels (imp.)	gallons (imp.)	36
0.0238	barrels (americ. petr.)	gallons (americ.)	42
0.125	bushels (imp.)	gallons (imp.)	8
0.00058	cubic feet	cubic inches	1728
27	cubic feet	cubic yards	0.037
0.160	cubic feet	gallons (imp.)	6.23
0.134	cubic feet	gallons (americ.)	7.48
0.016	cubic feet	pounds of water, 62° F	62,3
0.00594	cubic yards	gallons (imp.)	168
0.C0495	cubic yards	gallons (americ.)	202
1.33	cubic yards	long tons of water, 62° F	0.751
0.5	fathoms	yards	2
0.0833	feet	inches	12
0.833	gallons (imp.)	gallons (americ.)	1.20
0.1	gallons (imp.)	pounds of water, 62 °F	10
0.12	gallons (americ.)	pounds of water, 62 °F	8.33
0.0089	hundredweights	pounds	112
0.2	lasts (imp.)	quarters (imp.)	5
0.00057	miles	yards	1760
0.5	pecks (imp.)	gallons (imp.)	2
8	pints (imp.)	gallons (imp.)	0.125
0.00013	pounds	grains	7000
0.0625	pounds	ounces	16
0.0156	quarters (imp.)	gallons (imp.)	64
4	quarts (imp.)	gallons (imp.)	0.25
0.00694	square feet	square inches	144
9	square feet	square yards	0.111
0.00156	square miles	acres	640
4840	square yards	acres	0.00021
0.05	tons (long)	hundredweights	20
0.000446	tons (long)	pounds	2240
0.0005	tons (net, short)	pounds	2000
0.333	yards	feet	3
0.0278	yards	inches	36

Tabelle 52

Umrechnungsfaktoren für britische und USA-Einheiten in metrische Einheiten und umgekehrt

Man multipliziere zur Umrechnung:

	aus ⟶	in	mit Faktor
mit Faktor	in ⟵	aus	
2.47	acres	ha	0.40467
0.612	barrels (imp.)	hl	1.64
0.630	barrels (americ.)	hl	1.59
0.0275	bushels (imp.)	l	36.4
35.5165	cubic feet	m^3	0.02832
5.78	cu. ft./barrel (imp.)	m^3/m^3	0.173
5.62	cu. ft./barrel (americ.)	m^3/m^3	0.178
16.01	cu. ft./lb.	m^3/kg	0.0624
35.9	cu. ft./long ton	m^3/t	0.02787
32.0	cu. ft./net ton	m^3/t	0.03122
0 59	cu. ft./min	m^3/h	1.7
0.061025	cubic inches	cm^3	16.386
1.308	cubic yards	m^3	0.76453
3.281	feet	m	0.3048
0.220	gallons (imp.)	l	4.5435
0.264	gallons (americ. liquid.)	l	3.7854
6.23	gallons (imp.)/cu. ft.	m^3/m^3	0.161
7.5	gallons (americ.)/cu. ft.	m^3/m^3	0.133
3.67	gallons (imp.)/min	m^3/h	0.273
4.41	gallons americ./min	m^3/h	0.227
15.43	grains	g	0.0648
0.437	grains/cu. ft.	g/m^3	2.29
70.1	grains/gall (imp.)	g/l	0.0143
58.1	grains/gall. (americ.)	g/l	0.0171
0.0197	hundredweights	kg	50.8024
0.394	inches	cm	2.54
0.69	lasts (imp.)	m^3	1.45
0.621	miles	km	1.609
0.0353	ounces (av.)	g	28.35
0.999	ounces/cu. ft.	g/cm^3	1.001
2.205	pounds (av.) = lbs.	kg	0.454
0.36	lb./barrel (imp.)	kg/m^3	2.78
0.35	lb./barrel (americ.)	kg/m^3	2.86
62.4	lb./cu. ft.	$g/cm^3 = kg/l$	0.016
0.0100	lb./gall. (imp.)	$g/l = kg/m^3$	98.8
0.0083	lb./gall. (americ.)	$g/l = kg/m^3$	120
0.205	lb./sq. ft.	kg/m^2	4.88
14.2	lb./sq. in.	kg/cm^2	0.0703
0.34	quarters (imp.)	hl	2.9078
0.41	quarters (americ.)	hl	2.42
10.764	square feet	m^2	0.093
0.155	square inches	cm^2	6.45148
0.386	square miles	km^2	2.59
1.20	square yards	cm^2	0.836
0.984	tons (long, imp.)	t	1.016
0.0063	tons (long)/sq. in.	kg/cm^2	157.5
1.102	tons (net, short, americ.)	t	0.907
1.094	yards	m	0.914

Nachdem die Mehrzahl der europäischen und später auch der außereuropäischen Staaten das metrische System eingeführt hatte, fehlten praktisch nur noch die beiden angelsächsischen Staaten England und Nordamerika, die konservativ an ihren Yards festhielten und auch heute nur ungern davon abgehen. England und Amerika lehnen zwar heute das metrische System nicht mehr ab, lassen aber andererseits das Yard-System auch nicht fallen. Das metrische System ist neben dem Yard-System erlaubt. Die englisch-amerikanische Wissenschaft hat sich der bahnbrechenden Erkenntnis jedoch nicht länger verschließen können; sie hat das metrische System ebenfalls zur Grundlage ihrer Berechnungen und Messungen gemacht. Vielleicht beseitigt die fortschreitende Einführung des metrischen Systems in Zukunft noch die letzten Widersprüche in der anglo-amerikanischen Gesetzgebung hinsichtlich Maß und Gewicht.

1.232 *Besonderheiten der Entwicklungsstufen*

1.232.1 *Gradmessung*

Mit der Entwicklung der Längenmaße und der Schaffung eines Meterurmaßes eng verbunden ist die Gradmessung. Wir verstehen darunter eine Methode der höheren Geodäsie zur Ermittlung von Gestalt und Größe der Erde durch Längen- und Winkelmessungen auf der Erdoberfläche sowie zur astronomischen Ortsbestimmung.

Bisher wurde von dem Abstand als einer Strecke, die in m gemessen wird, gesprochen. Wie schwer ist es aber, sich mit einem anderen Menschen über den Abstand zweier Sterne zu verständigen! Schätzt der eine ihn auf einen Meter, der andere auf einen halben, so beweist dies nur, daß jeder sich die Sterne in verschiedener Entfernung denkt. Die Chaldäer dagegen schufen ein Maß für den Abstand zweier Sterne, das konstant bleibt, unabhängig von der gedachten Entfernung der Sterne.

Aus dem Umlauf der Sonne, den die Chaldäer genauestens zu messen verstanden, schufen sie das Winkelmaß.

Im Laufe eines Jahres macht die Sonne einen vollen Umlauf. Deshalb fanden es die Chaldäer zweckmäßig, als Maßeinheit das Stück, das die Sonne an einem Tage fortschreitet, zu benutzen. Da das Jahr 365.25 Tage hat, beträgt dieses Stück Kreisbogen 1/365.25 des ganzen Kreisumfanges. Dieser Bruch wurde von ihnen auf 1/360 abgerundet, und der begangene Fehler ist nur

$$1/360 - 1/365.25 = \frac{5.25}{131490} \approx \frac{1}{25045.7} < \frac{1}{20000}.$$

Da der Näherungswert sich um weniger als 1/20000 von dem genauen Wert unterscheidet, kann er als geringfügig bezeichnet werden.

Der Kreis, in dem sich die Sonne bewegt, wurde von den Chaldäern in 360 Teile eingeteilt. So war es naheliegend, daß sie auch jeden anderen Kreis in 360 Teile teilten.

Nun kann der Radius eines Kreises genau sechsmal hintereinander in einem Kreise als Sehne eingetragen werden. Jeder auf diese Weise erhaltene Hauptteil wurde in 60 Unterteile (Grade), jeder Grad in 60 Minuten und jede Minute in 60 Sekunden unterteilt. So ist nach der heutigen Schreibweise z. B.

$$10^\circ\,11'\,12'' = \frac{10 + 11/60 + 12/3600}{360}.$$

Gegen dieses Sechzigersystem erheben sich in arithmetischer Hinsicht ernste Bedenken, da unser gesamtes Rechnen auf das Dezimalprinzip gegründet ist. In der Französischen Revolution wurde eine Reform der Maße und Gewichte vorgenommen, und so beschloß man, auch die Winkeleinteilung in das Dezimalsystem einzubeziehen. Der 10millionte Teil des Meridianquadranten von Paris war als Längeneinheit (mètre) definiert. Deshalb sollte sinngemäß der Viertelkreis (rechter Winkel) in 100 und somit der ganze Kreis in 400 Teile aufgeteilt werden. Diese Teile wurden dann für feinere Messungen noch dezimal unterteilt. *Méchain* und *Delambre* benutzten z. B. zu ihrer Meridianmessung Instrumente, die einen 4000teiligen Maßkreis besaßen.

Eine weitere Einteilung ist die „Strichteilung", wie sie in der Navigation bei der Schiffahrt und der Fliegerei üblich ist. Wie kam man nun zu dieser Zahl?

Ein Kreis von 1 km Radius hat einen Umfang von $2 \cdot 1000 \cdot \pi = 6283$ m. Die nächste nur aus den Primzahlen 2 und 5 zusammengesetzte Zahl ist 6400. Mit Zirkel und Lineal läßt sich genau eine Zehnteilung des Kreises durchführen. Durch fortgesetzte Halbierung ($64 = 2^6$!) erhält man dann die 640-Teilung, die dann weiter auf die 6400-Teilung gebracht werden kann.

Der begangene Fehler (6400 statt 6283)

$$\frac{1}{6283} - \frac{1}{6400} = \frac{117}{40211200} \approx \frac{1}{343686} < \frac{1}{300\,000}$$

ist äußerst gering, so daß diese Abweichung durch die große Bequemlichkeit voll und ganz gerechtfertigt erscheint.

Der Erdkreis wird eingeteilt in 360 gleiche Teile oder Grade. Ein Grad des Äquators = 5400/360 = 15 geographische Meilen, 1° (Grad) = 60 Minuten; 1 Minute (1') = 60 Sekunden (60"). 1 Grad dieser Sexagesimalteilung wird auch Altgrad genannt, zum Unterschied vom Neugrad (1^g) der Zentesimalteilung. Ein Neugrad (1^g) = $^1/_{400}$ des Kreisumfanges oder = $^1/_{100}$ des Viertelkreises.

Tabelle 53

Winkel in Neugrad und Altgrad

	1^g	1^c	1^{cc}	1°	1′	1″
1^g (Neugrad)	1	100	10000	0.9	54	3240
1^c (Neuminute)	0.01	1	100	0.009	0.54	32.4
1^{cc} (Neusekunde)	0.0001	0.01	1	0.00009	0.00054	0.324
1° (Altgrad)	1.111	111.11	11111.1	1	60	5600
1′ (Altminute)	0.0185	1.850	185.0	0.01667	1	60
1″ (Altsekunde)	0.000308	0.0308	3.08	0.000278	0.01667	1

Von der Gradeinteilung unabhängig ist das Bogenmaß, auch Arcusmaß genannt. Es wird in der höheren Mathematik fast ausschließlich verwendet. Arcus ist ein Bogenmaß, das die Länge des zum Winkel gehörenden Kreisbogens angibt, wenn der Radius des Kreises = 1 gesetzt wird. Zum Winkel 360° gehört der Bogen 2π; $\text{arc}\,\alpha° = \frac{\alpha\pi}{180}$. Einheit des Winkels ist der Radiant (rad). $^1/_{100}$ rad ist 1 Zentradiant. Arcus (Bogen) $360° = 2\pi$ radiant.

Das Bogenmaß arcus (Bogen)

$$\text{arc}\,180° = \pi = 3.141593$$

$$\text{arc}\,90° = \frac{\pi}{2} = 1.570796$$

$$\text{arc}\,1° = \frac{\pi}{180} = 0.017453$$

$$\text{arc}\,1' = \frac{\pi}{10800} = 0.000291$$

$$\text{arc}\,1'' = \frac{\pi}{648000} = 0.000005$$

$$1\,\text{rad} = \left(\frac{360}{2\pi}\right)^{\circ} = 57°\,17'\,45'' = 57.296°$$

Eine Bogenlänge $b = \frac{\pi \cdot r \cdot \alpha}{180}$ hingegen entspricht einem $\sphericalangle\,\alpha$, wenn der Kreisradius nicht 1, sondern r ist.

Umgekehrt wurden auch Gradmessungen durchgeführt mit dem Ziel, die bei der Basismessung benutzten Maßstäbe später als Urmaße zu erklären. So ist z. B. die Bestimmung der Toise du Pérou für das Meßwesen der wissenschaftlichen Welt von besonderer Bedeutung gewesen.

Die Versuche der alten Ägypter zur Bestimmung der Größenverhältnisse der Erde sind von mythologischen Gesichtspunkten geleitet. Die Griechen *Pythagoras* und *Aristoteles* haben dann die Kugelgestalt der Erde nachgewiesen. Wertvolle Arbeiten von *Hipparch* und *Ptolemäus* lassen die Anwendung geometrischer Methoden erkennen und vermitteln einen Begriff vom damaligen Zustand der Astronomie.

Eratosthenes von Kyrene versuchte sich als erster in der Größenbestimmung der Erde. Wenn ihm auch nicht das Verdienst zugesprochen werden kann, eine wirkliche Gradmessung, d. h. die Längenmessung eines astronomisch genau bestimmten Teiles des Meridians, ausgeführt zu haben, so bleibt ihm doch der Ruhm, zur Ausmessung der Erde die richtige Methode gefunden zu haben und sie als erster angewandt zu haben.

Die erste eigentliche Messung wurde im 9. Jh. n. u. Z. auf Befehl des bereits erwähnten Kalifen Al-Mamum am arabischen Meerbusen mit der berühmten schwarzen Elle durchgeführt. Das Ergebnis ist jedoch unsicher und nicht nachprüfbar, weil die genaue Länge des verwendeten arabischen Maßes unbekannt ist. Man fand, daß ein Grad auf der Erde $56^2/_3$ „arabische Meilen" lang sei.

Im europäischen Mittelalter sind keine Ansätze zu irgendwelchen Gradmessungen zu verzeichnen. Die staatliche Zersplitterung mag die Ursache hierzu gewesen sein.

Erst das Aufleben der Wissenschaft, die anfangs nur in einzelnen Klöstern Eingang gefunden hatte, zersprengte die Fesseln verknöcherter Tradition und erkämpfte schließlich das Recht freier Forschung auf allen Gebieten des menschlichen Wissens. Anfang des 16. Jahrhunderts war es *Kopernikus*, der mit Mut und Verständnis als erster die bisher wohlverwahrte Festung der alten Wissenschaft angriff; ihm folgten

Bild 25

Nikolaus Kopernikus
geb. 19. 2. 1473
gest. 24. 5. 1543

Anonymer Holzschnitt
aus dem 16. Jahrhundert

Aus: Historisches Porträtwerk. München 1888, Verlag für Kunst und Wissen, vorm. Bruckmann. Nr. 9

Kepler, *Galilei*, *Huygens* und *Newton* (17. Jh.), *Laplace* und *Herschel* (18. Jh.), *Gauß*, *Bessel*, schließlich *Baeyer* im 19. Jh. [21] und *Krassowski* im 20. Jahrhundert [153].

Die zweite Gradmessung führte der Leibarzt König Heinrichs II., *I. F. Fernel*, in Frankreich durch. Er durchfuhr den Bogen Paris bis Amiens mit einem Meßrad und fand als Ergebnis für die Länge eines Meridiangrades 68096 „Schritte" (57070 Toisen). *Fernel* hatte den Umfang seines Meßrades in Schritten ausgedrückt. Das richtige System kam in die Gradmessung erst durch den Niederländer *W. Snellius* van Roijen (1591—1626). Er maß 1615 den Bogen Alkmar—Bergen op Zoom, 1° 11′ 30″, Ergebnis: 55021 Toisen (3. Gradmessung).

Unter Verwendung von 33 Dreiecken, die er an eine Grundlinie anschloß, maß er den Bogen zwischen Alkmar und Bergen op Zoom. 1719 revidierte *Muschembroeck* die Messung und kam zu genaueren Ergebnissen. Er bestimmte durch dieses orientierte Dreiecksnetz die Entfernung eines Punktes auf der Erdoberfläche von dem Parallelkreis eines anderen Punktes und ermittelte hierdurch auch den Breitenunterschied der

Bild 26
Galileo Galilei
geb. 18. 2. 1564
gest. 8. 1. 1642
Gemälde von I. Sustermann
Aus: Historisches Porträtwerk. München 1888, Verlag für Kunst und Wissen, vorm. Bruckmann. Nr. 24

beiden Orte. Snellius benutzte zum erstenmal ein eisernes Normalmaß, und zwar eine holländische Rute zu 12 Fuß, die er aber in 100 gleiche Teile unterteilte.

Norwood fand 1635 für den Bogen London—York 57424 Toisen; eine Nachprüfung von *Riccioli* ergab 62650 Toisen (4. Gradmessung).

Als nächster maß der berühmte Geometer *Picard* 1670 nach der Snelliusschen Methode den Bogen Amiens—Malvoisine, 1° 28′ 28″, Ergebnis: 57066 Toisen (5. Gradmessung). *Huygens* und *Newton* berechneten hieraus die Größe der Erde, die immer noch als vollkommene Kugel galt. Neuere Messungen von *Dominique* und *Jakob Cassini* ergaben auf der Strecke Paris — Südgrenze des Reiches, Bogen 6° 18′ 57″, 57097 Toisen, dagegen für den Bogen Paris—Dünkirchen 56960 Toisen.

Hieraus schloß man, daß die Länge der Erdachse zwischen den beiden Polen größer sei als die des Äquatordurchmessers der Erde, und die Gelehrten aller Länder stritten um den Wert der Messungen von Newton und Cassini.

Inzwischen waren auch die Bemühungen zur Schaffung einer natürlichen Grundeinheit für das Längenmaß fortgesetzt worden. 1664 hatte

Bild 27

Christian Huygens

geb. 14. 4. 1629
gest. 8. 7. 1695

Gemälde von Nelscher

Aus: Historisches Porträtwerk. München 1888, Verlag für Kunst und Wissen, vorm. Bruckmann. Nr. 36

Huygens vorgeschlagen, die Länge des Sekundenpendels als Grundeinheit zu wählen, und erweiterte 10 Jahre später seinen Vorschlag dahin, $^{1}/_{3}$ der Länge des einfachen Sekundenpendels eines mittleren Sonnentages einem natürlichen Maßsystem gewissermaßen als „Zeitfuß" zugrunde zu legen; er wollte weiterhin sogar die Abhängigkeit des Pendels von der geographischen Breite berücksichtigen. 1672/73 konnte aber *Richter* während der französischen Expedition zur Berechnung der Marsparallaxe nachweisen, daß die von *Huygens* vorgeschlagene Länge keine unveränderliche Größe ist, weil die von ihm gemessene Länge des Sekundenpendels in Cayenne um $1^{1}/_{4}$ Linien kürzer sei als in Paris. Durch die Entdeckung, daß die Länge des Sekundenpendels an verschiedenen Orten der Erde verschieden ist, verlor der geniale Vorschlag Huygens seinen universellen Charakter. So mußte der „Zeitfuß“ als Maßnormale wieder aufgegeben werden.

Vor Huygens und Richter machte *M o u t o n* einen anderen Vorschlag, dem besondere Bedeutung zukommen sollte. Mouton schlug den 60. Teil eines Erdmeridiangrades, also eine Minute des Erdmeridiangrades, als Einheit für die Länge eines Dezimalsystems vor und nannte seine Ein-

Bild 28

Isaac Newton

geb. 5. 1. 1643
gest. 31. 3. 1727

Gemälde von Kneller

Aus: Historisches Porträtwerk. München 1888, Verlag für Kunst und Wissen, vorm. Bruckmann. Nr. 4

heit „Milliare“. Er ahnte nicht, daß sein Vorschlag später der Einführung des metrischen Systems den Weg weisen würde.

Nach Aufgabe des Huygensschen Zeitfußes bot nur noch Moutons Meridiangradminute als Längeneinheit weiteren Anreiz zu Versuchen und Messungen.

1735 ordnete daher die französische Regierung zwei Gradmessungen an, die von der französischen Akademie der Wissenschaften von 1735—1746 in Peru unter *B o u g n e r*, *L a C o n d a m i n e* und *G o d i n* und 1736 am Bottnischen Meerbusen unter *M a u p e r t i u s*, *C l a i r a u t*, *L e m o n n i e r*, *C a m u s* und *O u t h i e r* zur Messung des Erdmeridians ausgeführt wurden.

Hierzu fertigte *L a n g l o i s* 1735 nach der Toise du Châtelet die beiden Normallängenmaße an, die „Toise du Pérou“ und die „Toise du Nord“.

Das Ergebnis der beiden Gradmessungen war 56753 Toisen für die peruanische und 57434 Toisen für die bottnische Messung. Die Erde mußte also ein an den Polen abgeplattetes Sphäroid sein, was spätere Untersuchungen auch bewiesen. Der Cassinischen Messung war demnach keine Bedeutung beizumessen. Historisch interessant ist an der peruanischen Messung, daß hier der erste eigentliche Basisapparat benutzt wurde. Er war eigens für diese Zwecke mit großer Sorgfalt konstruiert und hat sich als ein zuverlässiges Instrument bewährt. In diesem Zusammenhang sei noch ein älteres Meßinstrument erwähnt, der Baculus geometricus, auch Gradstock oder Jakobstab genannt [92]. Er war nicht

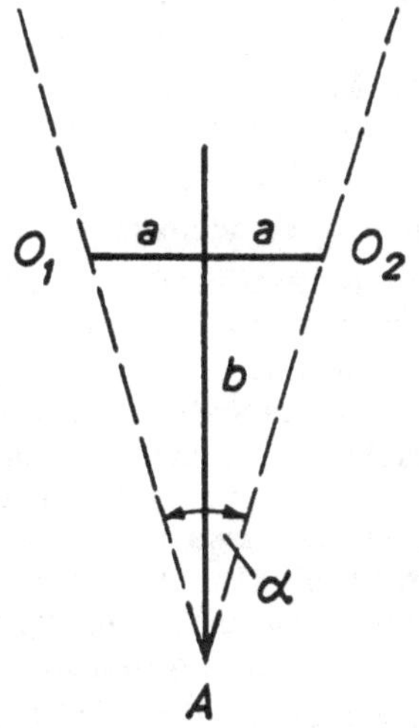

Bild 29

Schema des Jakobstabes

im besonderen für Gradmessungen bestimmt, wurde aber vielfach in der Feldmessung zur Bestimmung von Entfernungen und Höhen, auch in der Astronomie (Baculus astronomicus) und Nautik zur Winkelmessung benutzt; Förster bestimmten Baumhöhen damit. Die Meßmethode war verblüffend einfach und erbrachte gute Ergebnisse. Leider wird der Jakobstab, der wohl mit Recht als eines der ersten Universalmeßgeräte gelten darf, in der meßtechnischen Literatur nur noch selten erwähnt.*

Nach den Gradmessungen von Peru und Lappland führte *Lacaille* 1756 eine weitere Messung an der Südspitze von Afrika durch. 1791 er-

* Auf einem Stabe sind ein oder mehrere Querstäbe senkrecht zu diesem stehend so angebracht, daß sie auf ihm verschoben werden können. Diopterstifte an einem Ende des Langstabes und an beiden Enden des Querstabes bilden zwei Absehlinien AO_1 und AO_2. Durch Verschieben des Querstabes können die beiden Absehlinien gleichzeitig auf je einen Zielpunkt eingerichtet werden. Der Langstab b trägt meist eine Teilung, an der eine Funktion des Winkels O_1 AO_2, etwa die Tangente, abgelesen werden kann, wodurch der Winkel selbst sich bestimmt, den die beiden Visierlinien am Auge miteinander einschließen.

hielten *Delambre* und *Méchain* den Auftrag, zur genauen Ermittlung und Feststellung des Urmeters auf der Strecke Dünkirchen bis Barcelona mit Hilfe von vier der Peru-Toise nachgebildeten Platin-Stäben eine neue Gradmessung vorzunehmen, die große französische Gradmessung zur Einführung des metrischen Systems. Die Messung wurde von *Arago* und *Biot* zu Ende geführt. Man maß im Verlauf von sieben Jahren einen Bogen von $9^2/_3{}^\circ$. Anschließend arbeiteten 26 europäische Gelehrte noch fast zwei Jahre lang an der endgültigen Feststellung des Gradmessungsresultates.

Der Astronom *Friedrich W. Bessel* (1784—1846) deckte bei der Ausgleichung dieser Messung einen Fehler auf, so daß das Meter nur annähernd als der 10^7te Teil des Erdmeridianquadranten gelten kann. Man verbesserte zwar die Messung, aber nicht das aus ihr abgeleitete Metermaß, das sich in Frankreich schon einige Jahrzehnte als Längenmaß-Normal in Gebrauch befand.

In der Folgezeit wurden noch weitere Gradmessungen durchgeführt.

Gauß nahm seine Messungen in Hannover vor, *Struve* maß von Ismail a. d. Donau bis zum Nordkap, und Ende der 50er Jahre des vorigen Jahrhunderts erfolgte die große Ostindische Gradmessung. Die letzte deutsche, zugleich bedeutendste aller bisherigen Messungen war 1861 die große mitteleuropäische Gradmessung von *Baeyer*, die mit einem Drittel des Flächenraumes von Europa den 175. Teil der ganzen Erdoberfläche umfaßte. Sie war also nicht wie bisher eine Messung in einem Meridian (Längengradmessung) oder in einem Parallelkreis (Breitengradmessung), sondern sie erstrebte die vollständige Bestimmung der Krümmungsverhältnisse von einem beträchtlichen Teil Europas.

Indessen fanden die Ergebnisse *Bessels* und des englischen Geodäten *Clarke* in der Geodäsie und Kartographie am meisten Verwendung und führten im Jahre 1924 nach Gradmessungen des amerikanischen Geodäten *Hayford* schließlich zur Festlegung eines sogenannten internationalen Ellipsoides. Die Internationale Union für Geodäsie und Geophysik legte 1924 ein internationales Referenzellipsoid fest, dessen Abmessungen Äquatorradius a = 6378388 m, Polarradius b = 6356912 m, Abplattung $\frac{a-b}{a} = \frac{1}{297}$ sind.

Aus der jüngsten Zeit sind abschließend bedeutsame Arbeiten sowjetischer Geodäten zu erwähnen. Bei den Arbeiten in der UdSSR wurde zunächst auch das Besselsche Ellipsoid zugrunde gelegt, bis in den Jahren 1932—36 durch Prof. *F. N. Krassowski* und seinen späteren Mitarbeiter und Nachfolger *A. A. Isotow* sowohl durch umfangreiche Gradmessungen als auch Schwerkraftbestimmungen begründete Schlußfolgerungen über eine Dreiachsigkeit der Erde gezogen werden konnten. Auch die Arbeiten *Hayfords* und Westeuropas wurden bei den Ermittlungen hinzugezogen. Es zeigte sich, daß ein dreiachsiges Ellipsoid die Gestalt der Erde besser darstellt als das bisherige Rotationsellipsoid. Der Erdäquator ist hiernach kein Kreis mehr, sondern eine Ellipse mit sehr kleiner Exzentrizität. Die von Bessel ermittelten Werte für das Erdellipsoid sind zu klein, jene von Hayford zu groß. Auch die Meridiane sind demzufolge in der Länge verschieden. Der längste ist der 15. und der kürzeste der 105. östliche Längengrad, ihre Abplattung beträgt 1 : 295.5 und 1 : 301.1. Nach den neuesten Berechnungen beträgt der mittlere Äquatorradius 6 378 245 m, der Polradius 6 356 863 m, die mittlere Polabplattung 1 : 298.3. In Anbetracht der geringen Abweichung des Erdäquators von der Kreisform und der Erschwernisse, die eine Verwendung des dreiachsigen Ellipsoids für geodätische und kartographische Arbeiten mit sich bringen würde, wird in der SU auch in Zukunft (Verordnung der Regierung der UdSSR vom Jahre 1946) ein zweiachsiges Erdellipsoid benutzt, das „Krassowski-Ellipsoid" mit dem Äquatorradius 6 378 245 m und der Polabplattung 1 : 298.3. Durch die erfolgreiche Lösung dieser Frage haben die sowjetischen Geodäten einen wertvollen Beitrag zur Feststellung der Gestalt und Größe unseres Planeten gegeben. F. N. Krassowski und A. A. Isotow wurden im Jahre 1952 mit dem Stalinpreis ausgezeichnet [157] [153] [150].

Eine Auswertung der Gradmessungen läßt erkennen, daß alle Bestrebungen, ein Naturmaß zu schaffen, jederzeit streng aufgefaßt und auch durchgeführt worden sind. Aber die Mangelhaftigkeit menschlicher Sinne und Werkzeuge hat es bisher nicht erlaubt, den theoretischen Wunsch zu verwirklichen. Zudem ändert sich auch die Gestalt der Erde; eine vom Erdmeridianquadranten abgeleitete Längeneinheit könnte deshalb auch nur ein mehr oder weniger willkürliches Maß darstellen.

Für ein eindringliches Studium der Geschichte der Gradmessung durch *Delambre* und *Méchain* sei auf Band 181 von Ostwalds „Klassiker der exakten Wissenschaften" verwiesen: „Grundlagen des dezimalen metrischen Systems oder Messung des Meridianbogens zwischen den Breiten von Dünkirchen und Barcelona, ausgeführt im Jahre 1792 und in den folgenden von Méchain und Delambre. Redigiert von Delambre, ständigem Sekretär des Instituts für die mathematischen Wissenschaften, Mitglied des Bureau des Longitudes, der Königlichen Gesellschaften in London, Upsala und Kopenhagen, der Akademien zu Berlin und Schweden, der italienischen und Göttinger Gesellschaft und Mitglied der Ehrenlegion. — Faubourg Saint-Germain. Januar 1806. Juli 1807, November 1810", in Auswahl übersetzt und herausgegeben von Dr. Walter Block, techn. Hilfsarbeiter an der Kaiserl. Normal-Eichungs-Kommission, Verlag Engelmann, Leipzig 1911.

Aus der Vorgeschichte sei kurz einiges erwähnt:

Bis zu *Huygens* und *Newton* nahm man als sicher an, daß die Erde sphärisch sei, so daß es durch Messung eines beliebigen Meridianbogens möglich war, einen Globus zu konstruieren, der die Erde darstellen konnte. *Eratosthenes* machte hierzu die ersten Vorschläge. Ihm war bekannt, daß in Kyrene an den Tagen der Sonnenwende die Brunnen bis zum Grunde erleuchtet sind und senkrecht stehende Körper mittags an diesem Tage keinen Schatten werfen. Hieraus schloß er, daß Kyrene unter dem Wendekreis liegen müsse. In Alexandria konnte er die Sonnenhöhe bei Sonnenwende selbst beobachten und erhielt dadurch den Breitenunterschied zwischen den Parallelen der beiden Städte. Da ihm auch die Entfernung beider Orte zu etwa 5 000 Stadien bekannt war, erhielt er als Erdumfang 250 000 Stadien, einen Betrag, den er zu 252 000 Stadien ansetzte, um für einen Grad die runde Zahl von 700 Stadien zu erhalten. Von *Aristoteles* wird in seinem Werk über den Himmel schon früher erwähnt, daß „die Mathematiker, welche die Größe der Erde zu berechnen versuchen, sagen, daß sie einen Umfang von 400 000 Stadien hat".

Von den Arabern ist bekannt, daß *Al-Mamum* seine Astronomen in der Ebene von Sinjar versammelte, dort Polhöhenmessungen ausführen ließ, sie dann teils nach Norden und teils nach Süden wandern ließ, bis sie in beiden Richtungen Polhöhendifferenzen von einem Grad erreicht hatten. Hieraus errechneten sie dann einen Wert, der noch weniger genau als der der anderen Messungen war.

Auch *Fernel* ging in gleicher Weise vor, bewegte sich nach Norden, bis er eine Polhöhendifferenz von einem Grad erhielt. Obwohl er für die geodätische Messung nur die Umdrehung des Rades seines Wagens benutzte, kam er doch zu einem Ergebnis, das ziemlich richtig ist.

Snellius bediente sich einer Methode, die genau der jetzigen entspricht. Nachdem er eine Basis gemessen hatte, schloß er an diese Dreiecke an, berechnete daraus die Strecke auf dem Meridian und maß die Polhöhen an beiden Enden. Seine mechanischen Hilfsmittel und seine Rechenmethoden waren jedoch noch nicht weit genug entwickelt, so daß auch seine Resultate nicht vollkommen sein konnten. Immerhin muß er als der Pionier der neuesten Methoden angesprochen werden, da man vorher nichts Ähnliches finden kann.

Riccioli hat in seinem Werk „Neue Geographie" verschiedene Methoden entwickelt, die aber den Nachteil haben, daß sie nur bei sehr kleinem Bogen anwendbar sind und mehr oder weniger von der astronomischen und terrestrischen Strahlenbrechung abhängen.

Norwood, sich teils auf Snellius, teils auf Fernel stützend, hat mit größerem Instrumentarium einen größeren Bogen gemessen. Mittels seines Winkelmeßinstrumentes versuchte er, alle Abweichungen der Linie, die von ihm gemessen wurde, nach den Methoden der Feldmeßkunst auszuwerten, erhielt aber trotz aller Genauigkeit und Sorgfalt eine Differenz von etwa 400 Toisen auf einen Grad.

Picard und *Auzout* wandten anstelle von Dioptern bei den großen Instrumenten Fernrohr und Mikrometer an, benutzten die Methode von Snellius und erhielten dabei ein Ergebnis, auf das man sich 60 Jahre verließ. Picard erhielt für einen Grad von Amiens 57 060 Toisen, also 15 Toisen zu wenig.

Seine Messungen wurden bis Dünkirchen und Collioure durch *Cassini* und *Lahire* fortgesetzt. 1683 begann man damit; die Messungen wurden lange Zeit unterbrochen und erst gegen 1718 beendet. Die Ergebnisse wurden im gleichen Jahr in den Abhandlungen der Akademie veröffentlicht.

Somit war die Größe der Erde einigermaßen festgelegt. Anders stand es jedoch um ihre Gestalt.

Theoretisch hatten *Huygens* und *Newton* gefunden, daß die Erde nach den Polen zu abgeplattet ist. Heftiger Streit entbrannte hierüber. Es wurde deshalb vorgeschlagen, Messungen in Äquator- und Polnähe durchzuführen. Dieser Aufgabe unterzogen sich im Jahre 1739 *Cassini* und *Lacaille*. Ihre Arbeiten, unter Méridienne vérifiée in den Abhandlungen der Akademie 1744 veröffentlicht, bestätigten die Richtigkeit der Verlängerung der Grade nach den Polen hin. So war auch diese Frage entschieden.

In verschiedenen Ländern waren nun seit dieser Zeit Gradmessungen durchgeführt worden, z. B. von *Lacaille* am Kap der guten Hoffnung, von *Boscowich* im Kirchenstaat, von *Beccaria* in Piemont, von *Liesganig* in Österreich und Ungarn und von *Mason* und *Dixon* in Pennsylvanien.

All diese Gradmessungen ließen den Gedanken an ein unveränderliches Maß auftauchen. Die Französische Revolution schuf in dem Wirrwarr Wandel. Es ist ihr großes Verdienst, der Menschheit ein Einheitsmaß beschert zu haben. Allerdings war die Lösung dieser Aufgabe nicht ganz einfach, weshalb hier Ausschnitte aus dem obenerwähnten Buch wörtlich zitiert werden sollen:

„Seit langer Zeit hatte die erstaunliche und ärgerliche Verschiedenheit unserer Maße Widerspruch der besten Köpfe hervorgerufen; mehr als einmal hatte man der Regierung Reformvorschläge unterbreitet, die sie prüfen ließ; aber trotz der günstigen Berichte, trotz des guten Willens der Minister und besonders des Generalkontrolleurs der Finanzen *Orry* waren diese Vorschläge stets verworfen oder in Vergessenheit geraten. Im Jahre 1788 wurde der Versuch nach gleichartigen Maßen in den Instruktionen einiger Abgeordneten erwähnt, einige Gelehrte äußerten sich dazu. Die Geister waren damals geneigt, alle nützlichen Reformen mit Enthusiasmus aufzunehmen. Das unstimmige System unserer Maße hatte, abgesehen von den tatsächlichen Schwierigkeiten, den Grundfehler, welcher seine Aufhebung beschleunigte: der Wirrwarr, der darin herrschte, war zum großen Teil ein Werk der Feudalität, die niemand mehr zu verteidigen wagte und deren Spuren man überall verschwinden lassen wollte. Dieses einzige glückliche Zusammentreffen der Umstände erwirkte im Jahre 1790 dem Vorschlag von *Talleyrand*, der heute Minister der auswärtigen Angelegenheiten ist, eine günstige Aufnahme in der konstituierenden Versammlung. Am 6. Mai erstattete *Bonnai* seinen Bericht, und am 8. des gleichen Monats faßte die Versammlung den Beschluß, nach dem „der König gebeten wurde, an S. M. den König von England zu schreiben und ihn zu bitten, das englische Parlament zu veranlassen, mit der Nationalversammlung gemeinsam an der Festsetzung der natürlichen Einheit von Maß und Gewicht mitzuwirken, damit unter den Auspizien von zwei Nationen Abgesandte der Akademie der Wissenschaften sich in gleicher Zahl mit Mitgliedern der Königlichen Gesellschaft zu London an einem als zweckmäßig befundenen Orte vereinigen können, um unter der Breite von 45 Grad oder jeder anderen, die sich als geeigneter herausstellen sollte, die Pendellänge zu bestimmen und daraus ein unveränderliches Modell für alle Maße und Gewichte abzuleiten".

Der Beschluß wurde am 22. August sanktioniert. Die Akademie ernannte eine Kommission, die sich aus *Borda*, *Lagrange*, *Laplace*, *Monge* und *Condorcet* zusammensetzte. Ihr Bericht wurde in den Abhandlungen der Akademie der Wissenschaften im Jahre 1788, Seite 7, veröffentlicht; er datiert vom 19. März 1791. Man findet darin die Gründe auseinandergesetzt, die zugunsten der drei verschiedenen Einheiten, zwischen denen die Wahl getroffen werden konnte, sprachen. Die erste Einheit ist das Sekundenpendel. Die Kommission glaubte, daß man das unter 45° Breite schwingende wählen müßte, aus dem Grunde, „weil es das arithmetische Mittel von allen Pendeln ist, die alle ungleich lang sind und unter den verschiedenen Breiten Sekunden schlagen; aber man kann im allgemeinen dazu bemerken, daß die Pendelschläge ein heterogenes Element in sich schließen, die Zeit, und ein willkürliches, die Einteilung des Tages in 86 400 Sekunden. Indessen ist es möglich, eine andere Längeneinheit zu finden, die nicht von einer anderen Einheit abhängt. Diese Einheit, die von der Erde selbst abgeleitet ist, wird den anderen Vorzug haben, daß sie vollkommen allen tatsächlichen Maßen entspricht, die man auch im täglichen Gebrauch auf die Erde bezieht, wie die Entfernung zwischen zwei Punkten ihrer Oberfläche oder die Größe von Teilen dieser Oberfläche. Es ist auch viel natürlicher, die Entfernung zweier Punkte auf ein Viertel eines der Kreise der Erdoberfläche zu beziehen als auf die Länge eines Pendels."

Die Kommission entschloß sich für diese Art der Einheit und konnte nur noch zwischen dem Viertelkreis des Äquators oder eines Meridians wählen; dieses sind die beiden anderen Einheiten, die oben bereits erwähnt wurden.

„Die regelmäßige Form des Äquators ist nicht sicherer als die Ähnlichkeit oder regelmäßige Form der Meridiane; die Größe des Himmelsbogens, die der auszumessenden Strecke entspricht, kann weniger genau bestimmt werden; endlich kann man sagen, daß jedes Volk an einem Meridiane der Erde wohnt, aber nur ein Teil am Äquator."

„Das Viertel des Meridians sollte also die tatsächliche Einheit werden und der zehnmillionste Teil davon die gebräuchliche. Man würde auf die übliche Teilung des Meridianquadranten in Grade, des Grades in Minuten, der Minute in Sekunden verzichten; aber man konnte die alte Teilung beibehalten, ohne der Einheit des Maßsystems zu schaden, da die Dezimalteilung, die der arithmetischen Skala entspricht, für die gewöhnlichen Messungen vorzuziehen ist, und man würde so für die Längenmessungen zwei Systeme der Unterteilung haben, von denen das eine für umfangreichere Messungen, das andere für kleine das zweckmäßige ist. Die Meile zum Beispiel kann nicht gleichzeitig ein einfacher Bruchteil eines Grades und das Vielfache einer Toise in runden Zahlen sein. Die Unbequemlichkeit dieses doppelten Systems würde ewig dauern, die des Wechsels schnell vorübergehen."

„Wenn man diese Grundsätze annimmt, führt man nichts Willkürliches in das Maßsystem ein als nur die arithmetische Skala, nach der seine Unterteilungen sich notwendig regeln müssen; auch für die Gewichte wird keine willkürliche Annahme gemacht als nur die Wahl der homogenen und leicht neu beschaffbaren Substanz, die sich immer in dem gleichen Grade der Reinheit und Dichte reproduzieren lassen muß, auf die man die Gewichte anderer Körper bezieht, wie z. B. wenn man als Ausgangssubstanz destilliertes Wasser wählt, das im leeren Raum gewogen oder auf den leeren Raum reduziert wird und bei der Temperatur verwendet wird, bei der es aus dem festen in den flüssigen Zustand übergeht."

„Wir schlagen also vor, sofort einen Meridianbogen von Dünkirchen bis Barcelona zu messen, einen Bogen, der etwas über $9\frac{1}{2}^\circ$ umfaßt; dieser Bogen dürfte von genügend großer Ausdehnung sein, und er enthält etwa 6° nördlich und $3\frac{1}{2}^\circ$ südlich von der mittleren Breite. Zu diesen Vorteilen kommt noch der, daß seine beiden Endpunkte gleichzeitig in Meereshöhe liegen. Um dieser letzten Bedingung zu genügen, die den Vorteil hat, unveränderliche und durch die Natur bestimmte Höhenpunkte zu bieten, um ihn auf eine gleichmäßige Art zu verteilen um ihn endlich bis über die Pyrenäen hin auszudehnen und sich damit den möglichen Einflüssen des Gebirges auf die Instrumente zu entziehen, schlagen wir vor, ihn bis Barcelona auszudehnen."

„Die notwendigen Arbeiten würden hierfür also sein:

1. Den Breitenunterschied zwischen Dünkirchen und Barcelona zu bestimmen und überhaupt alle astronomischen Messungen auszuführen, die sich als nützlich erweisen.
2. Die alten Grundlinien zu messen, die für die Gradmessung bei Paris und für die Arbeiten zur Karte von Frankreich verwendet worden sind.

3. Durch neue Beobachtungen die Dreiecksketten zu bilden, die zur Meridianmessung verwendet worden sind, und sie bis Barcelona fortzusetzen.
4. Unter 45° Beobachtungen darüber anzustellen, durch die festgestellt wird, wieviel Schwingungen in einem Tage, im leeren Raum, in Meereshöhe, bei der Temperatur des schmelzenden Eises ein einfaches Pendel macht, dessen Länge gleich dem zehnmillionsten Teil des Meridianquadranten ist, damit man, wenn diese Zahl einmal bestimmt ist, dieses Maß aus Pendelbeobachtungen wieder finden kann. Man vereinigt hierdurch die Vorzüge des Systems, das wir gewählt haben, mit dem, das die Pendellänge als Einheit aufstellte. Diese Beobachtungen können angestellt werden, bevor jener zehnmillionste Teil bekannt ist, denn kennt man die Schwingungszahl eines Pendels bekannter Länge, so genügt es späterhin, die Beziehungen dieser Länge zu jenem zehnmillionsten Teil zu kennen, um hieraus die gesuchte Länge mit Sicherheit ableiten zu können.
5. Durch neue sorgfältig angestellte Versuche, das Gewicht eines gegebenen Volumens destillierten Wassers im leeren Raum beim Gefrierpunkt festzustellen.
6. Endlich auf die jetzt vorgeschlagenen Längenmaße alle im Handel gebräuchlichen Längen-, Flächen- und Hohlmaße sowie die verschiedenen Gewichte, die im Gebrauch sind, zu reduzieren, um später, wenn die neuen Maße bestimmt sind, mittels einfacher Regeldetrirechnungen sie durch diese ausdrücken zu können."
(Delambre a. a. O. S. 13—16.)

Das Dekret wurde am 26. März 1791 gebilligt und vier Tage später sanktioniert. Bei Paris und Greenwich hatte man im Jahre 1787 mit dem Repetitionskreis gearbeitet. Es existierte aber nur ein Instrument, das außerdem fast völlig unbrauchbar geworden war.

„Der Mechaniker *Lenoir* begann, vier andere von etwas größerem Radius zu konstruieren. Er fertigte außerdem die großen Platinmaßstäbe an, die zur Messung der Grundlinien gedient haben, einen weiteren Maßstab aus Platin für die Pendelbeobachtungen, zwei Kugeln aus Gold und aus Platin für den gleichen Zweck; endlich arbeitete er mit *Borda* und *Lavoisier* an allen Versuchen über die relative Ausdehnung von Platin und Messing mit.

Am 15. Juni 1792 begannen *Cassini* und *Borda* im Observatorium mit den Pendelmessungen und setzten sie bis zum 4. August fort . . ." (S. 17/18.)

Am 24. Juni erhielten sie vom König eine Proklamation, die alle Signale, Leuchtspiegel und Beobachtungsstellen unter den besonderen Schutz aller Verwaltungsstellen stellen sollte.

„*Méchain* reiste am 25. mit den beiden ersten vollendeten Kreisen ab. Er hatte den speziellen Auftrag, den südlichen Teil des Meridians zu messen. Wir waren übereingekommen, daß er die 170 000 Toisen von Barcelona bis Rodez messen sollte. Mein Auftrag war die Messung der 380 000 Toisen von Rodez bis Dünkirchen. Der Grund für diese ungleiche Teilung war der, daß der spanische Teil vollkommen neu war, während der Rest schon zweimal gemessen war, und wir waren überzeugt, daß jener viel mehr Schwierigkeiten bieten würde." (S. 18.)

Unter Mühen und manchen Schicksalsschlägen erledigte *Méchain* seinen Auftrag in 1½ Jahren und kehrte Anfang des Jahres 1794 über Italien nach Frankreich zurück.

Am 26. Juni 1792 begann *Delambre* seine Arbeiten, und es sollte sich nur allzubald herausstellen, daß das königliche Schreiben eher ein Verhängnis als eine Wohltat war. „Alle Ratsversammlungen hielten dauernd Sitzungen ab; vor diesen mußte man erscheinen. Vor uns diskutierte man darüber, ob es klüger wäre, uns weiter reisen zu lassen, oder ob man sich unserer Person versichern sollte. Mehrere Szenen gleicher Art, welche sich am gleichen Morgen wiederholten, ließen uns die Unmöglichkeit einsehen, mit den Pässen und Befehlen einer Autorität, die nicht mehr existierte, weiter zu reisen . . Bei der Ankunft in Saint Denis ließ ich meine Pässe visieren und erhielt einen Distriktspaß. Als ich seine Annahme verweigere, sagt mir der Bürgermeister, daß ich mit der Hilfe jenes keine Viertelmeile weit kommen werde. Tatsächlich, eine halbe Stunde danach, als wir Epinai passierten, wurden wir angehalten. Man findet, daß unsere Instrumente nicht deutlich genug in den Pässen beschrieben sind; man will sich ihrer bemächtigen. Man verlangt, ich solle sie auf dem Boden aufbauen und ihre Verwendung erläutern. Niemand hört den Erläuterungen, die ich gebe, zu, und ich muß sie für jeden Neugierigen, der des Weges kommt, wiederholen." (S. 25.)

„Man führt uns durch die Menge hindurch und hetzt sie gegen uns durch die Art, in der man uns ankündigt, auf. Ich verlange zum Distriksbureau geführt zu werden, das an diesem Morgen selbst einen Paß für uns ausgestellt hat. Während wir uns dort aufhalten, visitiert man auf dem Marktplatz unsere Wagen. Man findet darin versiegelte Briefe an die Verwaltungen aller Departements, die der Meridian durchschneidet. Man will die Siegel erbrechen . . . Man verliest öffentlich die Briefe. Es war ein Zirkular, durch das das Komitee der Nationalversammlung für den öffentlichen Unterricht uns allen Departementsverwaltungen empfahl. Man hatte schon sechs dieser Briefe gelesen und wollte alle lesen . . . Ich schlage vor, einen beliebigen aus allen uneröffneten Briefen auszuwählen . . . Der Vorschlag wird angenommen; aber nach der Prüfung der Briefe beginnt man mit der der Instrumente. Man breitet sie auf dem Markte aus, und da werde ich gezwungen, von neuem den Kursus in der Geodäsie weiter abzuhalten, dessen erste Vorträge ich in Epinai gehalten habe." (S. 26.)

Welche Schwierigkeiten aber sich sonst noch boten, mag der folgende Auszug zeigen:

„Es war der 17. Dezember. Es war Zeit, die Messungen in einer so vorgeschrittenen Jahreszeit, wo sie kaum ausführbar sind, zu unterbrechen. Aber die Esse von Malvoisine, die wir um 6 Fuß hatten höher bauen lassen, konnte den heftigen Winden, die im Winter in dieser Höhe so häufig sind, nicht Widerstand leisten. Man mußte wenigstens dieses Signal entbehrlich machen, um zu vermeiden, daß es der Wind auf die Bewohner des Gutes herabstürzte, die sich sehr liebenswürdig zu allem, was wir von ihnen verlangten, bereit gezeigt hatten. Zu diesem Zwecke mußten wir noch die Station Chapelle la Reine erledigen. Dieser allseitig offene Turm war ein für diese Jahreszeit sehr unbequemes Observatorium: Winde, Regen und Schnee wechselten einander ab, um uns zur Verzweiflung zu bringen, und wir mußten einen Turm beobachten, der den ganzen Tag über unsichtbar blieb, selbst wenn der Horizont völlig klar war. Endlich, am 31. Dezember, nachdem wir den ganzen Tag über ein ziemlich gleichartiges Objekt, das auf etwa 4 Minuten sich in der Richtung nach dem Turm von Boiscommun befand, beobachtet hatten, sahen wir in dem Augenblick, als die Sonne unter dem Horizont verschwand, diesen Turm darüber plötzlich hervorragen und sich darüber als äußerst zarten Strich abzeichnen. Wir beobachteten, so gut wir konnten, in der Eile, während es dunkel wurde. Vergebens suchten wir ihn in den nächsten 5 Tagen zu erspähen. Am

6. Januar erschien er wieder, stets zur gleichen Stunde und nur für kurze Zeit." (S. 28.)

„Sechs Monate vorher (8. August 1793) war die Akademie der Wissenschaften aufgehoben worden. Die Kommission, die sie für die verschiedenen Arbeiten der neuen Maße eingesetzt hatte, war für eine Zeit erhalten geblieben", und es wurde folgender Erlaß veröffentlicht:

„Auszug aus den Protokollen des Wohlfahrtsausschusses des Nationalkonvents.

Am dritten Tage des Nivôse, im zweiten Jahre der einigen, unteilbaren Republik Frankreich.

Mit Rücksicht auf die Bedeutung für das öffentliche Wohl, daß diejenigen, die von der Regierung einen Auftrag erhalten haben, ihr Amt nicht niederlegen und es auch nur an Männer übertragen, die seiner wegen ihrer republikanischen Tugenden und ihres Hasses gegen das Königtum würdig sind, befiehlt der Wohlfahrtsausschuß, nach Verhandlungen mit den Mitgliedern des Komitees für den öffentlichen Unterricht, die sich speziell mit den Arbeiten über Maß und Gewicht beschäftigen, daß *Borda*, *Lavoisier*, *Laplace*, *Coulomb*, *Brisson* und *Delambre* mit dem heutigen Tage aufhören, Mitglieder der Kommission für Maß und Gewicht zu sein, und daß sie sofort mit einem Inventarverzeichnis den übrigbleibenden Mitgliedern die Instrumente, Berechnungen, Notizen, Berichte, überhaupt alles, was sie von den Dingen, die die Messungsarbeiten betreffen, in den Händen haben, übergeben . . ." (S. 37.)

„Der General *Calon*, Mitglied des Konvents und Direktor des Kriegsmagazins, faßte den Plan einer geodätischen Messung, welche als Grundlage einer Karte der neuen Departements von Frankreich dienen sollte . . . Er verpflichtete uns, Méchain und mich, zu der Bearbeitung der Hauptdreiecke . . ." (S. 42.)

„Es (das Gesetz vom 18. Germinal des Jahres 3) brachte auch an den Plänen der Akademie der Wissenschaften einige Änderungen an, auch am Gesetz vom 3. März 1791, und änderte fast vollständig die Bezeichnungen der Maße und Gewichte." (S. 43.)

In der folgenden Tabelle wird eine Gegenüberstellung der Längenmaße gebracht. (S. 44.)

Tabelle 54

Akademie der Wissenschaften		Temporäre Kommission	Gesetz vom 18. Germinal	Erlaß vom 13. Brumaire IX	Wert
Dékade					1000000 m
Degré (Grad)		Grade oder Degré			100000 m
Poste (Station)			Myriamètre	Lieue (Wegst.)	10000 m
Mille (Meile)	Millaire	Millaire	Kilomètre	Mille	1000 m
Stade (Stadion)			Hectomètre		100 m
Perche (Rute)			Dékamètre	Perche	10 m
Mètre	Mètre	Mètre	Mètre	Mètre	1 m
Palme (Handbreite)	Décimètre	Décimètre	Décimètre	Palme	0.1 m
Doigt (Fingerbreite)	Centimètre	Centimètre	Centimètre	Doigt	0.01 m
Trait (Strich)	Millimètre	Millimètre	Millimètre	Trait	0.001 m

Durch Gesetz vom 13. Brumaire sollen die Arbeiten zum Abschluß gebracht werden. Aus diesem Gesetz interessiert uns der

„Art. III.

Die Bürger *Méchain* und *Delambre* werden als spezielle Kommissare mit der Winkelmessung, den astronomischen Beobachtungen und der Messung der Grundlinien, die zur Messung des Meridians erforderlich sind, beauftragt". (S. 47.)

Dadurch konnte doch noch die Messung zum Abschluß gebracht werden. Am 27. August 1796 mißt *Delambre* seinen letzten Winkel in Rodez und wendet sich dann der Bestimmung der Grundlinien zu.

„Am 17. Vendémiaire des Jahres 6 gingen *Laplace* und ich nach Melun, um endgültig die Enden der Basis festzustellen und die Signale in Ordnung zu bringen. Die Straße ist auf beiden Seiten mit Bäumen bepflanzt und macht bei etwa ein Drittel der Basis einen kleinen Knick. Dieser Umstand bewirkt, daß die beiden Enden einander unsichtbar sind, und verlangt hohe Signale. Sie konnten erst im Nivôse beendet werden. Trotz ihrer Höhe waren sie noch unsichtbar. Man mußte die Zweige, die die Aussicht versperrten, feststellen und abschneiden. Das dauerte sechs Wochen. Sobald es beendet war, maß ich alle Winkel der beiden Hilfsdreiecke, die am 7. Ventôse des Jahres 6 beendet waren.

Die Maßstäbe, die zur Messung der Grundlinie dienen sollten, waren nicht fertig. Ich wartete auf sie bis zum Ende des Germinal. Die ersten Tage dieses Monats wurden zur Feststellung der Alignierung der Basis gebraucht. Die ganze Messung erforderte dann 38 Tage, ohne drei Regentage zu zählen, an denen es unmöglich war, etwas zu tun. Bei einer Arbeitszeit von 9 Uhr morgens bis Sonnenuntergang konnten wir niemals mehr als 360 Meter in einem Tage messen, d. h. nicht mehr als 90 Maßstäbe mit ihren Enden aneinanderlegen. Die Messung wurde am 15. Prairial beendet." (S. 61 und 62.)

Ausgang des Sommers 1797 hatte *Delambre* auch die zweite Grundlinie bei Perpignan vermessen, und einen Monat später hatte *Méchain* seine letzten Dreiecke erledigt. Die beiden Astronomen trafen in den ersten Tagen des Frimaire des Jahres 7 in Paris ein, wo sie schon von fremden Gelehrten erwartet wurden, die von der französischen Republik eingeladen worden waren.

„Die fremden Gelehrten, die an dieser Arbeit teilnahmen, waren *Aenea* und *van Swinden*, Abgesandte der Batavischen Republik, *Balbo*, Abgesandter des Königs von Sardinien, später durch Vassalli *Eandi* vertreten, der durch die provisorische Regierung von Piemont entsandt war, *Bugge*, Abgesandter des Königs von Dänemark, *Ciscar* und *Pédrayés*, Abgesandte des Königs von Spanien, *Fabbroni*, Abgesandter von Toscana, *Franchini*, Abgesandter der Römischen Republik, *Mascheroni*, Abgesandter der Cisalpinischen Republik, *Multedo*, Abgesandter der Ligurischen Republik, und *Tralles*, Abgesandter der Helvetischen Republik . . .

Die speziell mit der Prüfung der geodätischen und astronomischen Operationen betraute Kommission setzte sich aus *Tralles*, *van Swinden*, *Laplace* und *Legendre* zusammen.

Sie prüften alle Einzelheiten der Messungen der zwei Grundlinien, sahen die doppelten Originalprotokolle ein, in denen alle Einzelheiten der Arbeit mit allen Reduktionselementen aufgenommen waren, und nahmen an, daß die Form der Protokolle, das gleichmäßige Vorgehen, das man eingehalten hatte, jeden merklichen Fehler hätte zeigen müssen und daß die Übereinstimmung der beiden so weit voneinander entfernten Grundlinien jede weitere Prüfung überflüssig mache; infolgedessen nahm man als Grundlage für alle folgenden Berechnungen die folgenden beiden Längen auf Meereshöhe und auf die Temperaturen von $16\frac{1}{4}°$ des hundertteiligen Thermometers reduziert an:

Grundlinie von Melun:	6075.900 069 Toisen
Grundlinie von Perpignan:	6006.247 848 Toisen

Die Kommission schritt dann zur Prüfung der drei Winkel jedes Dreiecks, prüfte die verschiedenen Beobachtungsreihen jedes dieser Winkel, erwog alle Umstände, die in den Originalprotokollen aufgezeichneten Bemerkungen, außerdem die durch beide Beobachter gegebenen Erläuterungen und verfertigte dann die Zusammenstellung der Winkel, so wie sie am geeigneten Orte wiedergegeben werden wird; und dann begannen die Rechnungen. Sie wurden alle von vier verschiedenen, *Tralles*, *van Swinden*, *Legendre* und mir, getrennt ausgeführt. Jeder brachte seine Rechnungen mit, und man verglich die Resultate, die man als richtig annahm, wenn sich unter ihnen nur unmerkliche Differenzen ergaben, wie man sie bei so langen und schwierigen Arbeiten nicht vermeiden kann.

Einer ähnlichen Prüfung unterwarf man die Azimutbeobachtungen in Watten, Bourges, Carcassonne und Montjoui; dann konnte man den gemessenen Bogen der Erde berechnen. Wir, *Méchain* und ich, legten unsere Breitenbeobachtungen in Dünkirchen, Paris, Evaux, Carcassonne und Montjoui vor. Man kannte so den Himmelsbogen. Die Vergleichung dieses Bogens mit dem in Peru gemessenen gab als Abplattung 1/334, und man berechnete daraus die Länge des Viertelkreises eines Meridians zu 5 130 740 Toisen und das Meter zu 443.295936 Linien . . ."

„Die Spezialkommission für den Viertelkreis des Meridians und die Länge des Meters war aus *van Swinden*, *Tralles*, *Laplace*, *Legendre*, *Ciscar*, *Méchain* und mir zusammengesetzt. Der von *van Swinden* redigierte Bericht datiert vom 6. Floréal des Jahres 7" (S. 67—69):

„Bestimmung des Meters.

Nach der Formel 41) in Band II, Seite 677, in der man zur Abkürzung

$$C = \frac{0.0000864 \cdot 1.570796326795}{\sin 1''} = \frac{0.0000432 \cdot \pi}{\sin 1''}$$

setze, erhält man als Ausdruck für die Länge des Meters in Linien:

$$\mu = C\,\frac{A'-A}{L'-L} + e\,\frac{A'-A}{L'-L}\,\frac{(\frac{4}{3}e^2 + \frac{3}{4}e^8)\sin(L'-L)\cos(L'+L)}{(L'-L)\sin 1''} +$$

$$+\frac{9}{16}e^4\,C\,\frac{A'-A}{L'-L}\,\frac{\sin^2(L'-L)\cos^2(L'+L)}{(L'-L)^2\sin 1''} -$$

$$-\frac{15}{128}e^4\,C\,\frac{A'-A}{L'-L}\,\frac{\sin 2(L'-L)\cos 2(L'+L)}{(L'-L)\sin 1''}$$

$$= C\,\frac{A'-A}{L'-L} + C\,\frac{A'-A}{L'-L}\,\frac{\frac{3}{2}a(1+a)\sin(L'-L)\cos(L'+L)}{(L'-L)\sin 1''} +$$

$$+\frac{15}{32}a^2\,C\,\frac{A'-A}{L'-L}\,\frac{\sin 2(L'-L)\cos 2(L'+L)}{(L'-L)\sin 1''} -$$

$$-C\,\frac{A'-A}{L'-L}\left[\frac{\frac{3}{2}a(1+a)\sin(L'-L)\cos(L'+L)}{(L'-L)\sin 1''}\right]^2\sin 1''$$

„L′ und L bedeuten die astronomisch bestimmten Breiten der Bogenenden; A′—A seine geodätisch gemessene Länge, e die Exzentrizität und a die Abplattung der Meridianellipse; die Zahl 0.0000864 dient zur Umrechnung des in Toisen gemessenen Meridianquadranten in Linien.“ (Seite 198.)

Nach den Berichten der Kommissionen fertigte *Lenoir* ein Urmeter aus Platin und für alle Kommissare solche aus Eisen an, die auf das gewissenhafteste geprüft wurden.

„*Borda* schlug vor, das definitive Meter durch die gleichen Mittel zu bestimmen, die er mit so gutem Erfolg bei der des provisorischen angewendet hatte. Man hat tatsächlich gesehen, daß sich unter den vier ein wenig ungleichen Metern, die man hatte herstellen lassen, eines befand, das sich nur um 0.00432 Linien von dem durch die Rechnung gegebenen Meter unterschied und das man provisorisch annehmen wollte . . . Man wollte eine Genauigkeit von ein Tausendstel Linie erhalten . . . *Lenoir* versprach die Anfertigung eines Komparators, der Tausendstel Linien geben sollte.“ (S. 188.)

Der überaus interessante Rückblick in die Geschichte der Schaffung des Metermaßes, den Herr Dr. Worlitzsch, Langebrück, dem Verfasser freundlicherweise zur Verfügung stellte, läßt erkennen, mit welch außerordentlicher Sorgfalt Delambre und Méchain vor über 150 Jahren die große französische Gradmessung ausgeführt haben. Menschliches Wissen und Können ist Stückwerk geblieben. Der 40millionste Teil des Erdmeridianes gilt heute nicht mehr als Einheit des Meters.

1.232.2 *Das Meter und das metrische System*

Die Französische Revolution von 1789 schuf das metrische System, das im Laufe des 19. Jahrhunderts von fast allen Ländern eingeführt wurde und damit alle bisher gebräuchlichen Maß- und Gewichtssysteme an Verbreitung weit übertroffen hat. Die Grundeinheit des metrischen Systems ist das Meter (mètre des archives); es sollte ein $^{40}/_{1000000}$ eines Erdvollmeridians sein, weicht aber um etwa 0.01% davon ab. Das System ist in Frankreich durch Gesetz vom 7. April 1795 und durch Nachtragsgesetz vom 10. Dezember 1799 eingeführt worden. Dem Beispiele Frankreichs folgten nach und nach fast alle Kulturstaaten.

Das so geschaffene Urmeter war aber weder ein so unveränderliches noch ein so durchaus genaues Maß, wie es von Frankreich angestrebt wurde. Die Erdoberfläche und somit auch ihr Umfang ist dauernd kleinen Veränderungen unterworfen, so daß jede neue Gradmessung nach kleineren oder größeren Zeiträumen ein etwas verändertes Resultat ergeben muß. Hinzu kommt, daß bei den großen Schwierigkeiten, mit denen die Gradmessungen verbunden sind, jede wesentliche Vervollkommnung der Meßinstrumente ein genaueres, also wiederum ein etwas anderes Ergebnis zur Folge hat.

Auch vom meßtechnischen und werkstoffmäßigen Standpunkt aus waren dem mühsam geschaffenen Metersystem Mängel vorgeworfen worden, die sich nicht alle als haltlos erwiesen haben. Bis zum 1. Januar 1840, dem Tag, an welchem in Frankreich die Verwendung nichtmetrischer Maße und Gewichte verboten wurde, hatten jedoch nur Holland,

Belgien und Luxemburg das neue Maßsystem angenommen. Diese Länder „bildeten die einzige Oase in der Wüste" der damaligen Ablehnung [102] [164]. Der schwerwiegendste Vorwurf war der der mangelnden Sicherheit seiner Grundeinheiten. Schließlich hatte Frankreich bereits bei der Einführung seines „mètre vrai et définitif", wenn auch ungewollt, den Gedanken einer „natürlichen" Längeneinheit schon selbst aufgegeben. *P o h l* [57] meint, daß an der schlechten Einbürgerung des Meters die unglückliche Länge dieser Einheit schuld sei. „Für die Bedürfnisse des täglichen Lebens ist das Meter zu groß, sein Tausendstel, das Millimeter, zu klein. Zum Schätzen der Zehntel Millimeter ist die Strichteilung der handelsüblichen Maßstäbe zu groß. Eine technisch brauchbare Einheit in der ungefähren Größe von Elle oder Fuß, eingeteilt in 100 Teile, hätte sich unzweifelhaft international in der Praxis durchgesetzt. Die Erfinder der Metereinheit haben schwerlich mit Hobel und Feile oder gar einer Schneidkluppe umgehen können." Dennoch gewährt das Metermaß durch seine dezimale Einteilung und durch die Bequemlichkeit, aus ihm andere Maße ableiten zu können, den älteren Maßsystemen gegenüber außerordentliche Vorteile. Zur Messung sehr kleiner Strecken verwendet die Physik bisweilen den 1000. Teil des Millimeters, das Mikron (μ), sowie den 1000. Teil des Mikrons, das Millimikron ($m\mu$), und macht damit gegenüber den anderen physikalischen Einheiten eine Ausnahme. Sie legt ihren Längenmessungen einwandfrei das Meter zugrunde.

So hatte sich der Wunsch der konstituierenden Versammlung Frankreichs von 1791 bis zu einem gewissen Grade erfüllt, aber eine Nachprüfung des „mètre des archives" erschien unerläßlich. Den Anstoß hierzu gab Preußen. Es hatte sich durch die Maß- und Gewichtsordnung für den Norddeutschen Bund vom 17. August 1868 dem metrischen System zwar angeschlossen, aber bereits 1865 hatte der Direktor des Preußischen Geodätischen Institutes, Generalleutnant Dr. *v. B a e y e r*, bei der Preußischen Akademie der Wissenschaften eine internationale Reorganisation des Metersystems vorgeschlagen. Anläßlich einer internationalen Tagung über Erdmessung 1867 in Berlin fand Baeyers Antrag Zustimmung, und nach anfänglichem Widerstreben Frankreichs trat die Versammlung am 8. August 1870 zu einer internationalen Tagung in Paris erstmalig zusammen. Im Deutschen Reich galt durch Gesetze vom 16. 4. 1871 und 26. 11. 1871 seit 1872 das metrische System. Am 20. Mai 1875 fand die Baeyersche Anregung zur Sicherung, Vervollkommnung und Ausbreitung des metrischen Systems durch den Abschluß der internationalen Meterkonvention zwischen 18 Staaten der Welt ihren endgültigen Abschluß. Der Konvention traten bei: Deutschland, Österreich-Ungarn, Belgien, Brasilien, Argentinien, Dänemark, Spanien, USA, Frankreich, Italien, Peru, Portugal, Rußland, Schweden, Norwegen, Schweiz, Türkei und Venezuela. Andere Staaten folgten. Der Vertrag hat nach einigen Änderungen und Ergänzungen heute noch Gültigkeit. (Der zuletzt abgeänderte Metervertrag ist von Deutschland ratifiziert und durch Gesetz vom 25. 5. 1927, RGBl. 1927 II. S. 409, veröffentlicht worden.)

Durch diese „Convention internationale du mètre“ wurde in Paris ein wissenschaftliches Institut unter dem Namen Internationales Büro für Maß und Gewicht gegründet. Ein internationales Komitee von 12 Sachverständigen aus verschiedenen Ländern sollte die Arbeiten des Büros leiten, während die Generalkonferenz aus Vertretern sämtlicher Staaten die oberste Instanz in allen Fragen des Metersystems bildete. Das Büro, dem ein Laboratorium zur Ausführung der wissenschaftlichen Arbeiten angeschlossen ist, begann am 1. 1. 1876 im Pavillon de Breteuil in Sèvres bei Paris seine Tätigkeit. Nach dem 6. Artikel der Konvention wurde das Büro mit folgenden Aufgaben betraut:

1. Sämtliche Vergleichungen und Verifikationen der neuen Prototype und ihrer Kopien jetzt und in Zukunft auszuführen,

2. die neuen internationalen Prototype aufzubewahren,

3. die neuen Prototype mit den nicht-metrischen in den verschiedenen Ländern und in den Wissenschaften gebräuchlichen oder gebräuchlich gewesenen zu vergleichen,

4. die Vergleichungen sämtlicher Präzisionsmaße und -gewichte auszuführen, deren Beglaubigung von Regierungen, Behörden, gelehrten Gesellschaften oder Privaten gewünscht wird.

So bildet der internationale Metervertrag von 1875 einen gewissen Abschluß der internationalen Probleme der Meßkunst. Die internationale Sicherung der Grundlagen des Systems ist nach menschlichem Ermessen ausreichend verbürgt; für richtige Ableitung der Maße wird durch gute Instrumente und Meßmethoden gesorgt.

Die erste und wichtigste Aufgabe des Büros bestand in der Herstellung und Beglaubigung eines neuen Urmaßes für das Meter und das Kilogramm.

Auf Grund der bisherigen, wenig ermutigenden Erfahrungen beschloß man, das neue Urmeter nicht mehr als Endmaß (étalon à bouts), bei dem die Länge durch die in der Regel aus Edelstein, Rubin, Saphir, Diamant usw. gebildeten Mitten der begrenzenden Endflächen bestimmt ist, sondern als Strichmaß (étalon à traits) herzustellen, bei dem die Länge durch Punkte oder Parallelstriche an der Oberfläche markiert ist. Als Querschnitt des Stabes wählte man eine eigentümliche, nicht völlig symmetrische X-Form, die schon 1872 von *Tresca* vorgeschlagen wurde. Der x-förmige Querschnitt bietet in mancher Hinsicht Vorteile. Er kann wegen seiner größeren Oberfläche leicht die Temperatur der Umgebung annehmen; zudem ist der Materialbedarf verhältnismäßig gering. Die Längeneinheit selbst ist durch zwei in Nähe der Enden auf die Mittelrippe des Stabes aufgetragene feine Striche begrenzt. Diese Art der Ausführung hat gegenüber den sogenannten Endmaßstäben mit der Längeneinheit zwischen den beiden Endflächen den Vorzug der Genauigkeit. Außerdem wird durch den x-förmigen Querschnitt des Stabes der Abstand der Marken von unvermeidlichen Durchbiegungen (neutrale Faser) unabhängig [164]. Es wurde weiter festgelegt, daß der Maßstab die richtige Länge zeigt, wenn er in waagerechter Lage in den sogenannten Besselschen Punkten unterstützt wird. Bild 30 veranschaulicht den Querschnitt. Die Begrenzungsstriche befinden sich in der neutralen, nach der Festigkeitslehre verzerrungsfreien, in der Skizze durch die Linie a b angedeuteten Ebene des Stabes.

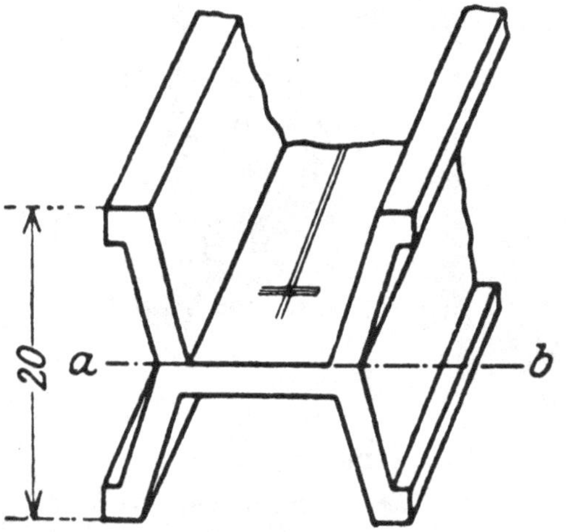

Bild 30

Das Urmeter

Aus: Berndt und Schulz, Grundlagen und Geräte technischer Längenmessungen. Springer-Verlag, Berlin 1921, S. 10

Als Material verwendete man an Stelle des weichen Platins für alle Prototype eine Legierung von 90% Platin und 10% Iridium, welche nach den Methoden des französischen Chemikers *Sainte-Claire Deville* vollkommen rein dargestellt werden konnte und infolge seiner chemischen und physikalischen Eigenschaften die größte Gewähr für Unveränderlichkeit bot (Platin-Iridium). Von anderer Seite wurden Beryll und Bergkristall als das geeignetste Mittel genannt. Prof. *Keculé*, Bonn, hatte nämlich darauf hingewiesen, daß auch die neue Platin-Iridium-Legierung Spannungen unterworfen sei, weil alle Moleküle nur in einem regelrecht kristallisierten Körper in der ihnen eigentümlichen Gleichgewichtslage gruppiert seien. Interessant ist, daß fehlerfrei kristallisierter Quarz tatsächlich frei von zeitlichen Längenänderungen ist. Auch läßt er sich mit ausgesuchten Diamanten gut teilen. Der Kristallvorschlag ließ sich jedoch nicht durchführen, weil ein so großes, vollkommen homogenes Stück Bergkristall bisher nicht aufgetrieben werden konnte. Kleinere Kristallstäbe herzustellen, erschien nicht ratsam. Es wurden daher 40 Stäbe völlig gleicher Art aus Platin-Iridium mit x-förmigem Querschnitt und 43 Kilogrammstücke in Form gerader Kreiszylinder mit ebenen Endflächen (39 mm hoch und 39 mm im ∅) bei der

Firma Johnson, Matthey & Co. in London in Auftrag gegeben (Bild 31). Justierung, Vergleichung und Beglaubigung der Stücke wurden im Internationalen Büro ausgeführt.

Bild 31

Das Urgewicht

Aus: Buch der Erfindungen. Verlag Spamer, Leipzig 1898, Band II, S. 210

Am 26. September 1889 erklärte die Generalkonferenz das Meter Nr. 6 und das Kilogramm K III, die am genauesten mit den Fortinschen Prototypen von 1799 übereinstimmten, als die neuen internationalen Prototype. Das definitive „legale" Meter erhielt die Bezeichnung M, das Kilogramm die Bezeichnung K. Beide gelten voneinander unabhängig nunmehr als die fehlerfreien Grundeinheiten des metrischen Systems, womit aber gleichzeitig der Gedanke an eine einzige und „natürliche" Grundeinheit aufgegeben wurde.

Die Prototype M und K befinden sich sorgsam bewacht im „Tempel des Urmeters" im Park von St. Cloud bei Paris, einem kleinen internationalen Gebiet. Hier liegt „die Gottheit" im Pavillon von Breteuil und wird nur selten, für ganz besondere wissenschaftliche Zwecke, in ihrer Ruhe gestört. B e r n d t und S c h u l z [34] berichten Näheres über die Baulichkeit des Aufbewahrungsortes (Temperaturschwankungen nicht mehr als $^1/_{10}{}^\circ$) und der Beobachtungsräume. Zutritt zum Aufbewahrungsort der internationalen Urmaße hat nur der Direktor des Büros und nur in Gegenwart mindestens eines Mitgliedes des Komitees. Die Öffnung dieses Ortes ist nur mit Hilfe von drei Schlüsseln möglich, wovon einer im Besitz des Direktors der Archive von Frankreich, der zweite im Besitz des Präsidenten des Komitees und der dritte im Besitz des Direktors des Büros ist [134].

Die Begriffsbestimmung des Meters lautete nunmehr: „Ein Meter ist die Entfernung zwischen den beiden Strichen an den Enden des Metallmaßstabes im Pavillon von Breteuil", d. h. der Abstand der Striche des Internationalen Prototyps bei der Temperatur des schmelzenden Eises und bei waagerechter Auflagerung des Stabes in den Besselschen Punkten. Der Wert des Metallstabes beträgt etwa 6000 Goldfranken. Seine Anfertigung hat einige Monate gedauert. 1892 ist das Urmeter nachgemessen worden. Die Messung ergab, daß es unverändert geblieben war. Im Oktober 1946 fand die erste offizielle Nachkriegstagung des Internationalen Komitees für Maß und Gewicht in Paris statt. Die Prototype M und K haben den Krieg ohne Schaden überstanden, ebenso alle Ur- und Arbeitsnormale der physikalischen Einheit. Sie befinden sich jetzt wieder in den Räumen des internationalen Büros für Maß und Gewicht im Pavillon von Breteuil zu Sèvres bei Paris. Alle übrigen, völlig gleichwertigen Prototype wurden im gleichen Jahr 1889 unter die einzelnen Vertragsstaaten verlost und als nationale Prototype zugewiesen. Die nicht verteilten Prototype verblieben dem Büro als „témoins", so daß das Urmeter zu den laufenden Arbeiten nicht benötigt wird.

Deutschland bekam das Meter Nr. 18 und das Kilogramm Nr. 22 [173], die beide von der Normaleichungskommission (errichtet gemäß Artikel 18 der Maß- und Gewichtsordnung von 1868), der späteren Abt. I für Maß und Gewicht der Physikalisch-Technischen Reichsanstalt (PTR) in Berlin-Charlottenburg, aufbewahrt wurden. Obwohl 1889 das internationale Urmeter als Strichmaßstab festgesetzt war, erwarben einzelne Staaten, darunter auch Deutschland, Endmaßstäbe. Diese wurden aus der gleichen Legierung hergestellt, aber mit vollkommen symmetrischem x-förmigem Querschnitt, so daß die neutrale Schicht in die Mittelebene des horizontalen Verbindungssteges fällt. Außerdem besitzen diese Endmaßstäbe planparallele, senkrecht zur Achse stehende Endflächen. End- und Strichmaßstäbe sind also streng zu unterscheiden. Beim Endmaßstab wird der Meßwert bestimmt durch die Länge der Mittellinie des Stabes bis zu den rechtwinklig dazu stehenden Endflächen, beim Strichmaßstab durch zwei zu einander parallel, senkrecht zur Längsrichtung des Maßstabes auf dessen Oberfläche gezogene Endstriche. Während des letzten Krieges sind Teile der PTR und damit die deutschen Urmaße verlagert worden. Sie befanden sich vorübergehend in Weida in Thüringen. Aus der PTR ist im Gebiet der DDR 1946 das „Deutsche Amt für Maß und Gewicht" (DAMG jetzt DAMG-ZI) gebildet worden, während im deutschen Bundesgebiet die Tradition und Aufgaben der früheren PTR von der „Physikalisch-Technischen Bundesanstalt" (PTB) in Braunschweig fortgeführt werden (in England NPL = National Physical Laboratory in Teddington) [119].

Wenn auch die gesetzmäßige Bestimmung der Einheiten etwas willkürlich erscheint, so bedeutet doch die Verbindung des Längenmaßes mit dem Gewicht — die Physik sagt dazu richtiger Masse — einen beachtenswerten Fortschritt, der die meisten Staaten zur Übernahme dieses Maß- und Gewichtssystems veranlaßte. Heute gehören alle Kulturstaaten der Meterkonvention an.

Tabelle 55

Der Meterkonvention angehörende Länder

Land	seit	Land	seit
Afghanistan	1926	Marokko	1923
Argentinien	1877 M	Mexiko	1895 M
Belgien	1836 M	Nicaragua	1910
Belgisch-Kongo	1910	Norwegen	1882 M
Bolivien	1868	Österreich	1871 M
Brasilien	1862 M	Palästina	1926
Bulgarien	1888 M	Persien	1924, 1929
Chile	1848 M	Peru	1869
China	1929	Polen	1919 M
Costa Rica	1910	Portugal	1870, 1905 M
Dänemark	1907 M	Rumänien	1883 M
Deutschland	1868, 1872 M	Rußland (Sowjetunion)	1918 M
Dominikanische Republik	1954 M	San Salvador	1910
Ekuador	1865, 1871	Schweden	1885 M
Estland	1926	Schweiz	1875 M
Finnland	1886 M	Serbien	1863 M
Frankreich	1799 M	Siam	1912 M
Griechenland	1920	Spanien	1849 M
Guatemala	1820	Tschechoslowakei	1871, 1924 M
Haiti	1920	Türkei	1931
Holland	1816	Tunis	1895
Holl. Kolonien	1926	Ungarn	1874 M
Honduras	1910	Uruguay	1894 M
Irak	1931	Venezuela	1912
Italien	1861 M	Das metr. System ist erlaubt in:	
Ital. Kolonien	1913		
Japan	1921 M	Ägypten	1873
Jugoslawien (s. Serbien)	1919 M	Brit.-Indien	1920
Kolumbien	1853	Großbritannien und	1864 M
Lettland	1920	Irland	1864 M
Litauen	1920	Kanada	1871 M
Luxemburg	1815	Paraguay	1899
Malta	1910	USA	1866 M

M bedeutet, daß dieser Staat der Internationalen Meterkonvention vom 20. 5. 1875 beigetreten ist [91].

Die Jahreszahl gibt an, seit wann das metrische System gesetzlich vorgeschrieben ist.

Das Ziel der Meterkonvention war die regelmäßige Vergleichung der nationalen Prototype mit dem bei ihr lagernden Urmaß sowie Bestimmung und Vergleich anderer Maß- und Gewichtsnormale höchster Präzision. Eine wesentliche Erweiterung fand durch die Convention du 6 octobre 1921 statt. Mit der Zeit wurde ihr Arbeitsbereich auch auf elektrische, photometrische, Wärme- und Temperatureinheiten erweitert. Dadurch ergab sich die Gründung wichtiger Unterorgane dieser Konvention.

1.232.21 Conférence Général des Poids et Mesures

Diese Generalkonferenz für Maß und Gewicht ist eine Vollversammlung aller der Konvention angeschlossenen Länder, wobei jedes Land durch einen Sitz und eine Stimme vertreten ist. Alle sechs Jahre soll diese mindestens einmal unter dem Vorsitz des Präsidenten der Pariser Akademie der Wissenschaften in Paris zusammentreten. Das Internationale Komitee (1.232.22) erstattet Bericht, unterbreitet Vorschläge und legt Unterlagen vor, zufolge deren dann Beschlüsse gefaßt werden.

1.232.22 Comité International des Poids et Mesures

Das Internationale Komitee für Maß und Gewicht setzt sich aus 18 Vertretern der Signatarstaaten zusammen. Es soll unter dem Vorsitzenden des Direktors des Internationalen Bureaus (1.232.23) mindestens alle zwei Jahre tagen. Die von ihm gefaßten Beschlüsse müssen von der Generalkonferenz nachträglich sanktioniert werden, oder es muß vorherige Vollmacht erteilt werden.

1.232.23 Bureau International des Poids et Mesures

Das Internationale Bureau für Maß und Gewicht ist die wissenschaftliche Zentrale der Meterkonvention. Ihre Leitung und Beaufsichtigung liegt ausschließlich in den Händen des Internationalen Komitees. Sein Sitz ist im Pavillon de Breteuil in Sèvres. Beiträge der Mitgliederstaaten, die nach der Einwohnerzahl berechnet werden, sind Träger der Kosten dieses Bureaus.

Außerdem sind noch Fachausschüsse angeschlossen, deren wichtigste folgende sind:

1.232.24 Comité Consultatif d'Electricité

1927 wurde dieser beratende Fachausschuß auf der 7. Generalkonferenz geschaffen. Ihm gehören Vertreter der größeren Signatarstaaten an. Die von ihm gefaßten Entschließungen gehen nur als Empfehlungen an das Internationale Komitee.

1.232.25 Comité Consultatif de Photométrie

Auf der gleichen Generalkonferenz wurde auch dieser beratende Fachausschuß für Photometrie gegründet, dessen Wirkungsbereich in der Beratung und der Betreuung photometrischer Einheiten liegt und der auch nur Empfehlungen dem Internationalen Komitee unterbreiten kann.

1.232.26 Comité Consultatif de Thermométrie et Calorimétrie

In diesem beratenden Fachausschuß werden Fragen der Temperaturskala und der Wärmeeinheit behandelt und evtl. Beschlüsse als Empfehlungen dem Internationalen Komitee zugeleitet.

Alle Beschlüsse und Berichte werden im Verlag Gauthier-Villars, Paris, veröffentlicht, und zwar

a) die Verhandlungen des Internationalen Komitees sowie der Fachausschüsse in Proces-Verbaux des Séances, Comité International des Poids et Mesures,

b) Ergebnisse und Beschlüsse der Generalkonferenz in Comptes Rendus de la Conférence Générale des Poids et Mesures.

(Nach Westphal, Physikalisches Wörterbuch, Springer-Verlag, 1952.)

1.232.3 *Die weitere Entwicklung in Deutschland*

Als deutsches Grundmaß gilt seit 1890 der Stab Nr. 18 und das Kilogramm Nr. 22 [178]. Auf der biegungsfreien Mittelzone des Stabes markieren zwei Striche den Abstand „1 Meter".

Der technischen Entwicklung folgte auch die Gesetzgebung. In der Maß- und Gewichtsordnung von 1868 und 1884 war noch das Meter allein die Grundlage von Maß und Gewicht. Nach Aufstellung der neuen Prototype lautete das Gesetz vom 26. 4. 1893 dann im Artikel I: „Das Meter und das Kilogramm sind die Grundlagen des Maßes und Gewichtes." Es ist dann in der Maß- und Gewichtsordnung vom 30. 5. 1908 unverändert übernommen worden und hat im jetzt gültigen Gesetz vom 13. Dezember 1935 seine letzte Fassung erhalten: „Die gesetzlichen Einheiten der Länge und der Masse sind das Meter und das Kilogramm."

Das Deutsche Längenprototyp Nr. 18, das um 1 μ kleiner ist als das Urmeter, hat bei der Temperatur T° C folgende Länge:

$$\text{Nr. } 18 = 1\,\text{m} - (1.0 + 8.642 \cdot T + 0.001 \cdot T^2)\,\mu$$

Nach einem Unfall, der sich bei seinem Gebrauch ereignete, mußte es neu verglichen werden, wobei sich der etwas abweichende Wert ergab:

$$\text{Nr. } 18 = 1\,\text{m} - (1.72 + 8.642 \cdot T + 0.001 \cdot T^2)\,\mu$$

Um die angegebenen Fehlergrenzen innehalten zu können, muß die Temperatur des Stabes auf etwa 0.02° C sicher gegeben sein.

Für das Prototyp M gilt die Gleichung:

$$M = 1\,\text{m} + (8.651 \cdot T + 0.001 \cdot T^2)\,\mu$$

Das Kilogramm Nr. 22 stellt das deutsche Urmaß für die Masse dar.* Das deutsche Urkilogramm besitzt nach der Vergleichung vom Jahre 1956 die Masse 0.999 999 98 kg [33] [42] [48] [51]. Die Gleichung des Prototyps ist:

$$\text{Nr. } 22 = 1\,\text{kg} + 0.053\,\text{mg} \pm 0.002\,\text{mg}$$

Sein Volumen ist bei 0° C = 46.403 ml (ml = Milliliter = Kubikzentimeter).

---

* Ursprünglich war beabsichtigt, die Masseneinheit derjenigen Wassermasse gleichzusetzen, die bei 4° C und dem Druck einer Atmosphäre das Volumen von $^1/_{1000}$ Kubikmeter (m^3) oder 1 Kubikdezimeter (dm^3) füllt. Später hat sich ergeben, daß diese Wassermasse gleich 0.999 972 kg ist.

1 kg = 2.043 Pariser Pfund
= 2.205 englische Pfund
= 2 preußische, sächsische, usw. (Zollpfund)

1897 hat der deutsche Bundesrat für die Masse von 100 kg die Benennung Doppelzentner (dz) festgesetzt, und der bis dahin übliche sogenannte „metrische Zentner" verschwand wieder.

Zur technischen Regelung des gesamten Maß- und Gewichtswesens wurden Eichbehörden bestellt und Eichordnungen erlassen (s. Abschn. 1.7, Die behördliche Überwachung von Maß und Gewicht). Auf den beiden wichtigsten Gebieten der Sicherung und Ordnung des Meßwesens für den Handel und für die industrielle Fertigung ist ganze Arbeit geleistet worden.

Auch auf dem Gebiet des industriellen Meßwesens wurde eine bisher ungeahnte Genauigkeit und Sicherheit der Messungen erzielt, die überhaupt erst die neuzeitliche Herstellung austauschbarer Fertigteile ermöglicht hat. Durch die Entwicklung und Einführung der Lichtwellenmeßverfahren hat das industrielle Meßwesen weitwirkende Impulse erfahren.

Das Meßwesen ist in der modernen Technik fest verankert. Hier ist es aber nicht nur das Messen allein, sondern auch das Prüfen. Beide, das Messen und das Prüfen, sind mit der Arbeit auf allen technischen Gebieten so eng verknüpft, daß man sich dessen häufig nicht mehr bewußt ist [141].

Darüber hinaus ist die Kenntnis genauesten Maßes für die Entwicklung der Wissenschaft, wie z. B. der Physik, Geodäsie, Feldmeß-, Landmeß- und Markscheidekunst, Nautik usw., von erheblicher Bedeutung geworden.

1.232.4 *Vom Urmeter zur Wellenlänge*

Mit der Annahme des Urmeters als Basis eines einheitlichen Maßsystems bei den Kulturvölkern der Erde ergab sich nunmehr die Pflicht, dieses System zu sichern. Das um so mehr, als es sich um ein System handelt, bei dem der Verlust des Repräsentanten die ganze Grundlage erschüttern würde. Auch war durch das Urmeter zunächst nur die Meterlänge gegeben, die weitere Unterteilung in dm, cm, mm usw. mußte jedoch erst noch besonders bestimmt werden. Dies geschah dadurch, daß Maßkopien mit annähernd richtiger Einteilung mit Hilfe eines Hilfsintervalles verglichen wurden. Das früher gebräuchliche Verfahren, die Gleichheit der Länge von Maßstäben lediglich mit Auge und Hand oder mit dem Stangenzirkel zu prüfen, genügte jetzt nicht mehr. Man entwickelte besondere Strichmaß k o m p a r a t o r e n , wobei man die materiellen Spitzen durch Lichtstrahlen ersetzte, die in der Bildebene mikroskopisch beobachtet werden konnten. Je nach der relativen Verschiebung der beiden miteinander zu vergleichenden Maßstäbe unterscheidet man Transversal- und Longitudinal-Komparatoren. Im Bild 32 und 33 sind beide Komparatoren schematisch dargestellt (*S c h i l l i n g* und *B r ü n e* [158]).

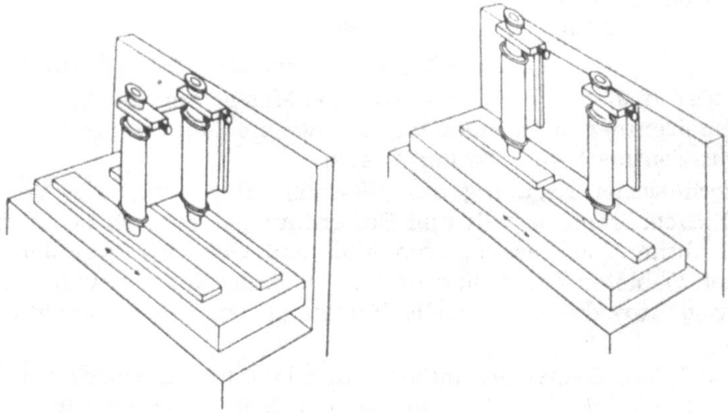

Bild 32

Schema des Longitudinalkomparators mit neben- und hintereinanderliegenden Maßen

Aus: Berndt und Schulz, Grundlagen und Geräte technischer Längenmessungen. Springer-Verlag, Berlin 1921, S. 21, Fig. 11 und 12

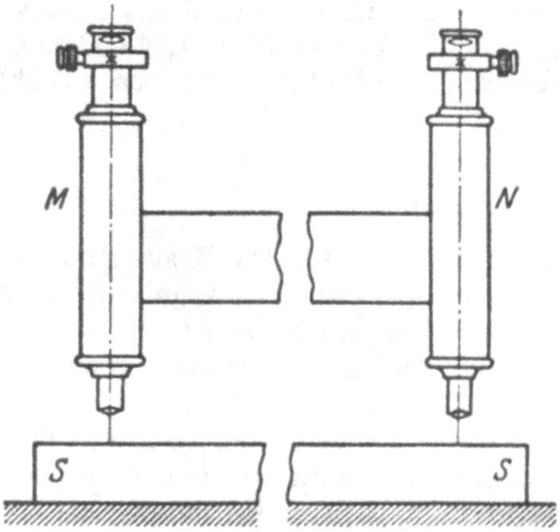

Bild 33

Schema des Transversalkomparators

(M und N: die beiden in festem Abstand voneinander befindlichen Mikroskope; S: die beiden zu vergleichenden Maßstäbe parallel nebeneinander und in den Besselschen Punkten unterstützt)

Aus: Berndt und Schulz, Grundlagen und Geräte technischer Längenmessungen, Springer-Verlag, Berlin 1921, S. 15, Fig. 4

Die so gewonnenen Strichmaße dienen zur Prüfung von weiteren Normalen des Handels, der Industrie und der Wissenschaft. Seit der Erfindung der *Johannson*-Endmaße, Anfang des 20. Jh., haben aber diese Strichmaße gegenüber dem Endmaß an Bedeutung verloren, auch wenn ein größeres Intervall zunächst noch vom Strichmaß abgeleitet werden mußte. (Johannson hat zur Abstufung seiner Endmaße einen Fühlhebel benutzt.) Endmaßstäbe sind Stäbe von rechteckigem Querschnitt, deren Endflächen (mit metallischen Endschuhen bekleidet) 1 m voneinander entfernt sind. Diese Endmaße mit ihren verhältnismäßig großen, ebenen Flächen hatten die Eigenschaft, mit den Flächen durch Molekularanziehung bei Berührung aneinanderzuhaften, so daß man aus fein abgestuften Endmaßen ein einzelnes Endmaß beliebiger Länge zusammensetzen konnte. Die Reihe ist dann „angesprengt“ und steht quer eingespannt wie ein starrer Stab. Außerdem war das Endmaß für industrielle Messungen viel besser geeignet als das Strichmaß. Um das Endmaß aber zu einem vollendeten Normal zu machen, fehlten noch

eine einheitliche Bezugstemperatur,
eine klare Definition des Endmaßes und
eine bessere Methode der Ausmessung.

Die Bezugstemperatur der Endmaße schwankte damals noch zwischen 0 und 20° C; demzufolge waren auch die Ansichten über den Aufbau eines genauen Systems verschieden, bis ein besonderer „Ausschuß für Normaltemperatur“ endgültig beschloß, die Bezugstemperatur der Meßwerkzeuge und Werkstücke einheitlich auf 20° C festzusetzen. Als in Deutschland das 20°-C-System einheitlich eingeführt war, befaßte sich auch das Internationale Komitee mit dieser Frage und beschloß nach langen Erhebungen ebenfalls, 20° C als Bezugstemperatur einzuführen.

Auf der Generalkonferenz von 1927 wurde die Justiertemperatur von 20° C für die Maße und Meßzeuge der Industrie international angenommen. Auch England, das bisher $16^2/_3$° C = 62° F hatte, stellte sein Zollsystem auf 20° C um, wodurch sich der englische und USA-Zoll bedeutend näherten. Und wie stand es mit der Reproduzierbarkeit dieser 20°-C-Temperatur? Hierzu stellte die PTR eine Temperaturskala auf, die sich auf die drei Fixpunkte, Schmelzpunkt des Eises, 0° C, Siedepunkt des Wassers, 100° C, und Siedepunkt des Schwefels, 444.6° C, stützte und genauso wie der Eis-Schmelzpunkt den Charakter einer naturgegebenen Reproduzierbarkeit hat. Die 9. Generalkonferenz legte 1948 sechs Fixpunkte bei physikalischem Normdruck von 10.3250 dyn/cm² fest und definierte in Grad (° C) (Int. 1948):

Sauerstoffsiedepunkt	(Sauerstoffpunkt)	t_{O_2}	=	182.970
Eisschmelzpunkt	(Eispunkt)	t_o	=	0
Wassersiedepunkt	(Dampfpunkt)	t_D	=	100
Schwefelsiedepunkt	(Schwefelpunkt)	t_S	=	444.600
Silbererstarrungspunkt	(Silberpunkt)	t_{Ag}	=	960.8
Golderstarrungspunkt	(Goldpunkt)	t_{Au}	=	1063.0

Um die hohe Genauigkeit des Parallelendmaßes als Ur- und Gebrauchsnormal der Industrie voll auszunutzen, mußte die Länge des Endmaßes genau definiert werden. Wieder war es die PTR in Charlottenburg, die nach vielen Untersuchungen im Jahre 1922 einen Vorschlag zur Definition machte, der später auch international angenommen wurde: „Die Länge eines Endmaßes ist gleich dem Abstand einer Endmaßfläche von einer an die andere Fläche angesprengten ebenen Platte aus gleichem Werkstoff und von gleicher Oberflächenbeschaffenheit." Die weitere Entwicklung verlief nun so, daß das Strich-

Bild 34

1-m-Strichmaßkomparator der PTR
a, b Mikroskope
c Trog mit den Maßstäben
Aus: Kösters, Das Meterurmaß und die Längennormale der Industrie. VDI-Zeitschrift, Bd. 87, Nr. 33/34, S. 525

maß in der Industrie tatsächlich in immer stärkerem Umfange vom Endmaß ersetzt wurde. Nach der vorerwähnten Erarbeitung einer genauen Definition der wirklichen Länge von Endmaßen wurde der letzte Punkt zur Vollendung des Normals vorbereitet: Die Rückführung des Meters auf die Wellenlänge des Lichtes. Dieser Gedanke, an Stelle des internationalen Meterprototyps die Wellenlänge einer bestimmten Lichtart als Urmaß zu setzen, nahm den damaligen Leiter des Längenlaboratoriums der PTR, *Dr. Kösters* (geb. 25. 4. 1876, gest. 28. 7. 1950, 1921 Mitglied des Com. Int. des Poids et Mesures, 1948 Präsident der PTR zu Braunschweig), ganz gefangen und führte 1920 zur Konstruktion seines Interferenz-Komparators, der von Carl Zeiß, Jena, gebaut wurde und noch heute überall benutzt und geschätzt wird. (Apparate, mit denen

Längen direkt in Lichtwellen angegeben werden, bezeichnet man als Interferometer.)

Ein körperliches Maß kann seine Länge verändern, ja es kann unter Umständen sogar verlorengehen. Es ist daher notwendig, seine Länge zu kontrollieren. Es handelt sich ferner darum, seine „Unveränderlichkeit" unter Einschränkung der Fehler jenes Urmaßes auf weitere Maßstäbe zu übertragen, zu vervielfachen und zu unterteilen. Diese Aufgaben konnten bis zur letzten Schärfe nicht gelöst werden. Eine grundsätzliche Beschränkung ist der Umstand, daß die Striche auf dem Urmaß eine bestimmte Breite und furchenartige Beschaffenheit haben, wodurch die Länge des Urmeters ungenau bestimmt wird. Ähnliche Verhältnisse liegen bei Vergleichsmessungen des Urmeters mit anderen Längen vor. Die feinste und vollkommenste in dieser Hinsicht ist die Vergleichung mit Hilfe der Lichtwellenlänge. Nach *Newton* und *Fraunhofer* ist der Gedanke aufgetaucht, die Wellenlänge der in der Natur selbst gegebenen Spektrallinien als unveränderliche Maße zu benutzen, durch die man nun umgekehrt das Meter als das Maß aller Dinge bestimmen könne [131]. Auf Grund solcher Erwägungen hat der französische Physiker *Michelson* schon in den 90er Jahren des vorigen Jh. an Stelle des körperlichen Maßes die Lichtwellenlänge als physikalische Größe gesetzt und das körperliche Meter in Lichtwellenlängen ausgemessen.

Die Lichtwellen geben die Möglichkeit, sich von allen materiellen und zeitlichen Änderungen unterworfenen Maßstäben freizumachen, wobei noch besonders hervorzuheben ist, daß eine Zusammensetzung dieser kleinsten Urnormale ohne jeden Fehler erfolgen kann. Die von 1892 bis 1893 durch *Michelson* und *Benoît* in Sèvres ausgeführten Messungen ergaben bei einer Temperatur von 15° C in trockener Luft und einem Druck von 760 mm Hg für die Gesamtzahl der Wellenlängen der roten, grünen und blauen Kadmiumlinien, die auf die Länge des internationalen Meters entfielen, die nachstehend aufgeführten Werte:

$$1\,\text{m} = 1553163.5\,\lambda_R \text{ oder } \lambda_R = 0.64384722\,\mu$$

$$1\,\text{m} = 1966249.7\,\lambda_G \text{ oder } \lambda_G = 0.50858240\,\mu$$

$$1\,\text{m} = 2083372.1\,\lambda_{Bl} \text{ oder } \lambda_{Bl} = 0.47999107\,\mu$$

Diese klassischen Messungen sind im Jahre 1912 von *Fabry* und *Perot* in Frankreich wiederholt worden; das Ergebnis für die rote Kadmiumlinie war:

$$1\,\text{m} = 1553164.13\,\lambda_R \text{ oder } \lambda_R = 0.64384696\,\mu\ [34]$$

Von einem Wellennormal muß gefordert werden, daß es zeitlich konstant und jederzeit eindeutig und störungsfrei reproduzierbar ist, d. h., die Spektrallinie muß 1. eine einfache und symmetrische Linienform (Isotope oder Monobare gerader Kernladungszahl), 2. kleine Linienbreite (hohes Atomgewicht, tiefe Emissionstemperatur) haben und darf 3. bei ihrer Erregung nicht durch Stark-Effekt, Stoßdämpfung verschoben, verbreitert oder unsymmetrisch werden (niedriger Gasdruck, Anregung durch schwache elektrische Felder oder im Atomstrahl). (Nach Westphal, Phys. Wörterbuch.)

In der Folgezeit wurden Nachmessungen von Japan, England, Frankreich und Deutschland durchgeführt. Die Ergebnisse zeigten untereinander noch Fehler, die aber durch neue Methoden, vor allem der PTR in Berlin, aufgeklärt werden konnten. Es zeigten sich Unregelmäßigkeiten in der Wellenlänge der roten Kadmiumlinie. Kösters benutzte deshalb an Stelle von Kadmium die weitaus bessere gelbgrüne Linie des Kryptons und erreichte damit eine unmittelbare Ausmessung einer Strecke von über 600 mm gegenüber nur 200 mm beim Kadmium. Hierzu hatte Kösters den bereits erwähnten Interferenzkomparator entwickelt, den

Bild 35

Interferenzkomparator nach Kösters

a = das zu prüfende Endmaß
b = Interferenzgerät
c = Einblicköffnung
d = Temperaturmeßgeräte
e = Cd-Lampe

Aus: Kösters, Das Metermaß und die Längennormale der Industrie. VDI-Zeitschrift, Bd. 87, Nr. 33/34, S. 527

Bild 35 mit allen seinen Hilfsgeräten zeigt. Es gelang gegenüber den früheren langwierigen Methoden von *Michelson*, von *Fabry* und *Perot* die Länge des Meters in zwei Abschnitten unmittelbar zu bestimmen und dabei eine Genauigkeit von 1 Fünfzigmillionstel der Länge zu erreichen. Gleichzeitig wurde es mit Hilfe eines Endmaßvergleiches möglich, die unmittelbare Längenbestimmung der in der Technik verwendeten Endmaße mit einer Zuverlässigkeit bis zu 1 Zehnmillionstel der Länge durchzuführen. Jede kleinste Veränderung der Maße kann nunmehr in kürzester Zeit festgestellt werden; außerdem liefert die Wellenlänge die feinste natürliche Einteilung des Meters von selbst. Infolge der Dezimalteilung ist das bisher mühsame Einteilen des Metermaßes durch Messung eine einfache Rechenoperation geworden. Damit sind auch die Fehler einer Zwischenableitung ausgeschaltet worden, und die praktische Fundamentalmessung technischer Urmaße hat einen Höhepunkt erreicht, der für die Wissenschaft gleichzeitig einen gewissen Abschluß aller bisherigen Arbeiten zur Meterfestsetzung bedeuten sollte.

Zur Ausmessung der Endmaße konstruierte Kösters noch einen Meteranschlußapparat und benutzte das Gerät in erster Linie dazu, die Wellenlängen der Kadmium- und der Kryptonlinien mit dem deutschen Prototyp und den Pariser Normalen zu vergleichen und damit einen Meter-

Bild 36

Endstrichmaß, das durch Wellenlängen geprüft werden kann
a ≙ Endstrich
b = Endmeßfläche

Aus: VDI-Zeitschrift, Bd. 87, Nr. 33/34, 1943, S. 528

anschluß herzustellen. Nachdem nun der Wellenlängeninhalt des Meters genau bekannt ist, wird das alte Meterprototyp zur Nachprüfung der Endmaße als Urmaß der Industrie nicht mehr gebraucht, weil diese alle unmittelbar in Wellenlängen ausgemessen werden können. Auch für das auf 0° C justierte Prototyp aus Platin-Iridium, das bei 20° C Bezugstemperatur der Industrie um rund 173 μ länger ist als die Normale der Industrie, hat Kösters ein End-Strichmaß aus Stahl konstruiert und damit auch das Strichmaß auf die Wellenlängeneinheit bezogen (Bild 36). Es ist ein Trogmaßstab, ähnlich dem Prototyp; die neutrale Faser liegt auf der Mittelrippe, die etwas vorsteht und als Endmaß mit dem üblichen Querschnitt $9 \times 35\ mm^2$ ausgebildet ist. Im Abstand von 1 mm von der Endfläche ist in der mittleren Faser je ein Strich angebracht, deren Entfernung voneinander bei 20° C ein Meter beträgt. Die Endmaßlänge und der Strichabstand von den Endflächen läßt sich in Wellenlängen genau bestimmen. Auch ist das Strichmaß ein dauernd überwachbares Maß und darf dadurch alle Vorzüge eines Wellenlängennormals für sich in Anspruch nehmen. Das Platin-Iridium-Strichmaß in Paris hat indessen technisch seinen Wert eingebüßt, die Maßstabdefinition des Meters ist durch eine Wellenlängendefinition ersetzt worden.

Mit der Ausmessung des Meters in Wellenlängen war auch der letzte 3. Punkt in der Reihe der Festsetzungen erreicht. So führte die 7. Internationale Konferenz für Maß und Gewicht, die im September 1927 in Paris stattfand, zu einem großen Fortschritt in Richtung auf eine vollständige Einigung über die Grundfragen des Meßwesens. Sie war die wichtigste seit der 1. Konferenz von 1875. Die Beschlüsse bezogen sich hauptsächlich auf die internationale Temperaturskala, die grundlegende Norm für die Länge und die Basis für die elektrischen Einheiten. Damit wurden erstmalig die Befugnisse des Internationalen Bureaus auch auf die Behandlung der elektrischen Einheiten ausgedehnt mit dem Ziel, auch hierin internationale Übereinstimmung herzustellen und zu sichern [137]. Das Meter aber wurde 1927 in Paris mit Hilfe eines neuen Längennormals, der roten Kadmiumlinie, festgesetzt, die bei 15° C und 760 Torr in trockener Luft (mit 0.03 Volumen-% Kohlensäure) eine Wellenlänge von

$$\lambda_{Cd}\ (15°\ C,\ 760\ \text{Torr},\ e = 0) = 6438.4696\ \text{Å hat.}$$

$$(1\ \text{Å} = 1\ \text{ÅE})\ \text{Angströmeinheit} = 10^{-8}\ \text{cm}$$

Damit ist $1\ \text{m} = 1553\,164.13$ Wellenlängen der roten Kadmiumlinie,
oder $\lambda_{R\ (15.760.0)} = 0.643\,84696\ \mu$ [79], und

bei 20° C, mittlerer Luftfeuchte (10 Torr Dampfdruck) und sonst gleichen Bedingungen wie voranstehend ist hiernach

$1\ \text{m} = 1553\,155.99$ Wellenlängen der roten Kadmiumlinie
oder $\lambda_{R\ (20.760.10)} = 0.643\,85033\ \mu$.

1933 wurde vom Internationalen Komitee die rote, vom Dampf des Kadmiums ausgesandte Linie neben der Maßstabdefinition zur Meterdefinition zugelassen. Urmaß konnte sie aber nicht werden, weil sie unsymmetrisch und unscharf ist. Man ist deshalb bestrebt, das Meter durch die scharfe und einfach gelbgrüne Spektrallinie des Kryptons zu definieren. Die bisher ausgeführten Messungen haben ergeben:

$1\ \text{m} = 1\,770\,039.20$ Wellenlängen der gelbgrünen Kryptonlinie,
oder $\lambda_{G\ (20.760.10)} = 0.564\,95924\ \mu$.

In neuerer Zeit sind Krypton- (^{84}Kr und ^{86}Kr) und Quecksilberisotope (^{198}Hg) als atomare Längeneinheiten in den Vordergrund getreten [164b].

Im Jahre 1937 ergab sich als Vakuumwert für die gelbgrüne Kryptonlinie, bezogen auf $\lambda_{n\,Cd}$ und den deutschen Meterprototyp Pr 18, $\lambda_{o\,Kr} = (5.6511289 \pm 0.000004) \cdot 10^{-7}\ \text{m}$.

Die Länge eines Meters, mit dem Meteranschlußapparat gemessen, hat hiernach die höchste in der Physik bekannte Genauigkeit; der mittlere Fehler der Bestimmung beträgt nur $\pm 2 \cdot 10^{-8}$. Damit war die Verwirklichung des anfänglichen Wunsches erreicht, denn die Vakuum-Wellen-

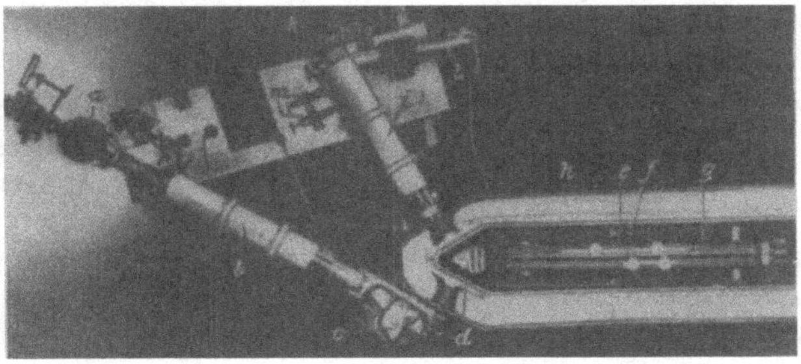

Bild 37

Meteranschlußapparat der PTR nach K ö s t e r s

a = Kryptonlampe in flüssigem Stickstoff
b = Kollimatorrohr
c = Dispersionsprismensystem
d = Interferenzprisma
e = Endmaß von ½ m Länge
f = ebener Stahlspiegel als Referenzfläche
g = Vakuumkammer von 1 m Länge
h = Temperaturgeschützter Trog aus Aluminium
i = Beobachtungsrohr
k = Einblicköffnung
l = Druckzylinder zur Streifenverschiebung und -ausmessung
m = Fernsteuerungsorgan zur Feinverstellung der Maßstäbe im Troge

Aus: VDI-Zeitschrift, Bd. 87, Nr. 33/34, 1943, S. 528

länge des von Gasen und Dämpfen ausgesandten Lichtes ist ein echtes Naturmaß, das auf allgemeinen Eigenschaften der Materie beruht. Es ist unveränderlich im Laufe der Zeiten, unabhängig von der Temperatur und damit ein sicherer Führer in der Welt der Veränderlichkeiten.

Es ist eine lange Geschichte vom ersten Wunsch nach einem natürlichen Maß bis zu seiner endgültigen Festlegung. Aber der Glanz der ersten Idee, der die Meßkunde einer ganzen Welt erhellte, hat an seiner Kraft nichts eingebüßt. Der Sinn des Wortes Meter wird auch späteren Geschlechtern erhalten bleiben.

1.3 Definitionen und Einheiten

1.31 *Die Definitionen von Maß, Gewicht und Zeit*

1.311 *Internationale Definitionen des Comité International des Poids et Mesures* [91]

1.311.1 *Länge.* Die im Jahre 1927 auf der 7. Generalkonferenz in Paris angenommene Definition lautet: „Die Einheit der Länge ist das Meter, definiert bei 0° C durch den Abstand der Achsen der beiden mittleren Striche auf dem im Bureau International des Poids et Mesures in Sèvres niedergelegten und als Prototyp des Meters durch die 1. Generalkonferenz über Maße und Gewichte erklärten Stabe, wenn dieser Stab unter atmosphärischem Normaldruck steht und durch 2 Rollen von wenigstens 1 cm Durchmesser unterstützt ist, die symmetrisch in derselben waagerechten Ebene und in einem Abstande von 571 mm voneinander gelagert sind“.* Die üblichen Schwankungen des Luftdruckes sind praktisch ohne Einfluß auf die Länge. Die in der neutralen Schicht bei der angegebenen Auflagerung gemessene Länge unterscheidet sich um etwa 1 m μ von der waagerechten Projektion, was weit unterhalb der Beobachtungsgenauigkeit liegt.

Die bisherigen Versuche, die Länge des Meters auf Lichtwellenlängen** zu beziehen, führten zu folgendem Ergebnis:

„Die 7. Generalkonferenz für Maß und Gewicht vom 30. Sept. 1927 empfiehlt, als Grundmaß für die Länge der Lichtwellen die Wellenlänge λ_R der roten Strahlung des Kadmiumdampfes zu nehmen, die nach Benoît, Fabry und Perot $643.84696 \cdot 10^{-9}$ beträgt, wenn sich das Licht in trockener Luft von 15° der Wasserstoffskala bei einem Druck von 760 mm Quecksilbersäule fortpflanzt, wobei die normale Schwere $g = 980.665$ cm/sec² ist. Das Licht soll durch hochgespannten Gleich- oder Wechselstrom industrieller Frequenz (nicht Hochfrequenz) von nicht mehr als 0.02 Amp. in einem Vacuumrohr mit Innenelektroden erregt werden, deren Volumen 25 cm³ nicht übersteigt, deren Kapillarrohr nicht unter 2 mm Innendurchmesser hat und die auf einer Temperatur von etwa 320° gehalten wird (während sie bei Raumtemperatur nicht leuchten darf). Die Osramlampe liefert bis auf $6 \cdot 10^{-9}$ denselben Wert (Z. f. Instr.-Kde. 53, 201; 1933)“.

Unter den angegebenen Bedingungen ist der Wert des Meters in diesen Wellenlängen

$$1\,\text{m} = 1553164.13\,\lambda_R\,.$$

Er wurde 1933, wie bereits erwähnt, vom Intern. Komitee neben der Maßstabdefinition zur Meterdefinition zugelassen.

---

* 1. Ière Conf. Gén. d. P. et. M., 1890, S. 35.
2. Trav. Bur. int. 12, 1902.
3. C. v. d. Sciences de la VIIième Conf. Gén. d. Poids et Mesures, 1927, S. 49.

** 1. Michelson, Trav. Bur. int. 11, 85; 1895.
2. Benoit, Fabry und Perot, Trav. Bur. int. 15, 131; 1913.
3. Proc. verbaux 12, 67; 1927.
4. Ch. Ed. Guilleaume, La création du Bur. Int. d. P. et. M. et son oeuvre, Paris 1927.

Die bisherigen Bestimmungen haben die in Tabelle 56 aufgeführten Werte ergaben, korrigiert auf 0.03% CO_2-Gehalt, 15° C der thermodynamischen Temperaturskala und 760 mm Hg.

Tabelle 56

Bestimmung der Wellenlänge der roten Kadmiumlinie

Jahr	Forscher	Wellenlänge
1895	Michelson und Benoît	0.64384691 $10^{-6}\,\mu$
1905/06	Benoît, Fabry und Perot	0.64384703 $10^{-6}\,\mu$
1927	Watanabe und Imaicumi[1]	0.64384682 $10^{-6}\,\mu$
1933	Scars und Barrett[2]	0.64384718 $10^{-6}\,\mu$
1934	Kösters[3]	0.64384672 $10^{-6}\,\mu$
	Mittel	0.64384691 $10^{-6}\,\mu$

1 Proc. Imp. Acad. Tokyo 4, 350; 1928.
2 Nat. Physical Laboratory, Report of the year 1933.
3 Tätigkeitsbericht der Physik.-Techn. Reichsanstalt. Phys. Z., S. 35, 217; 1934.

Hieraus folgt: $1\,\text{m} = 1553\,164.24\,\lambda_R$
(in trockener Luft mit 0.03% CO_2, 15° C d. thermodyn. Temp.-Skala, 760 mm Hg)

$\lambda_R = 0.643\,84694$ in CO_2-freier trockener Luft bei 15° C
$\lambda_R = 0.643\,85002$ in CO_2-freier trockener Luft bei 20° C
$\lambda_R = 0.644\,02493$ im Vakuum

Im Oktober 1946 fand in Paris die 1. Nachkriegstagung des Internationalen Komitees für Maß und Gewicht statt. Es wurde beschlossen, den angeschlossenen 31 Staaten der internationalen Meterkonvention zu empfehlen, die neu festgelegten Licht- und elektrischen Einheiten zum 1. Januar 1948 gesetzlich einzuführen.

Vom 5. bis 14. Oktober 1954 fand im Pavillon de Breteuil in Sèvres bei Paris die 10. General-Konferenz für Maß und Gewicht statt [164 a], auf der Brasilien und die Dominikanische Republik ihren Beitritt zur Meterkonvention erklärten, so daß die Anzahl der Mitgliederstaaten nunmehr 35 beträgt. 32 Mitgliederstaaten hatten Delegierte oder Beobachter als Repräsentanten entsandt. Es wurde beschlossen, die Arbeiten über die Definition des Meters mittels monochromatischer Strahlung auszudehnen und fortzusetzen. Von bestimmten Isotopen des Kadmiums, des Kryptons, des Xenons und des Quecksilbers emittierte Linien haben bereits zu sehr ermutigenden Ergebnissen geführt. Die Definition des Meters selbst wurde noch nicht geändert; wohl aber wurde beschlossen, durch die jetzt bestehende Möglichkeit die nationalen Prototype zu verbessern und mit neuen, genaueren Teilstrichen zu versehen.

1.311.2 *Gewicht und Masse.* Schon in der frühesten Zeit hat man das Gewicht der Körper oder die Größe des Druckes, den ein Körper auf seine Unterlage ausübt, als ein Maß zur Beurteilung der Menge seiner Substanz angesehen, Meßmethoden erdacht und Geräte erfunden, um sein Gewicht bestimmen zu können, die Waagen. Ihre ersten Entwicklungsstufen zeigen die gleichen Grundsätze, die auch heute noch für sie maßgebend sind.

Der physikalisch Ungeschulte neigt jedoch leider dazu, das Gewicht als eine jedem Stoff anhaftende absolute Größe und die Ausführung einer Wägung als eine Bestimmung eben dieser Größe zu betrachten. Die erste Annahme ist falsch und die zweite nicht richtig, wenn zu der Wägung eine Hebelwaage benutzt wird. Es ist daher notwendig, zwischen der Masse und dem Gewicht eines Körpers genau zu unterscheiden. — Leider kennt der Sprachgebrauch für die Einheit der beiden Begriffe nur eine Bezeichnung, das Gramm bzw. das Kilogramm. Es ist also nicht verwunderlich, wenn die Begriffe durcheinandergebracht werden. Darüber hinaus haben Physik und Technik noch ihre besonderen Definitionen von Masse und Gewicht und ihren abgeleiteten Größen Dichte und Wichte. *Fröhlich* [143] definiert:

Physikalisch wird als Einheit der Masse (1 g*) die Masse eines cm^3 Wasser von 4° C unter dem atmosph. Normaldruck von 760 mm Hg betrachtet. Das Massenkilogramm (1 kg*) ist gleich der Masse eines dm^3 Wasser unter denselben Bedingungen. Einem Massengramm wird unter der Einwirkung der Kraft 1 Dyn die Beschleunigung von 1 cm/sec^2 erteilt.

Technisch dagegen versteht man unter der Einheit der Masse (1 kg*) die Masse des in Sèvres bei Paris aufbewahrten Platin-Iridium-Kreiszylinders K von 39 mm Höhe und 39 mm ∅. Dieses Massenkilogramm steht zu dem physikalischen im Verhältnis 1 : 0.999973.

Es wurde an Stelle des Kilogramms des archives von Johnson, Matthey & Co. in London hergestellt, 1880 verglichen und mit dem Kg. d. a. praktisch identisch befunden. Die Entwicklung dieser Einheit hat nahezu denselben Verlauf wie die der Längeneinheit genommen, mit der sie auf das innigste zusammenhängt. Auch sie stellt, streng genommen, genau wie das Urmeter, kein natürliches Maß dar.

Darüber hinaus gilt in der Physik als Einheit des Gewichtes (1 g) das Produkt aus 1 g* und der Erdbeschleunigung. Nun ist aber die Anziehungskraft der Erde infolge ihrer Abplattung nach den Polen zu in den verschiedenen geographischen Breiten verschieden, d. h. also, auch das physikalische Grammgewicht ist keine konstante Größe. So wiegt z. B. ein Massengramm am Nordpol ½ % mehr als am Äquator. Deshalb hat man sich in der Technik bei der Feststellung der Gewichtseinheit (1 kg) auf das Gewicht des Platin-Iridium-Prototyps auf dem Breitengrad von Paris geeinigt.

Die Sache sieht also wissenschaftlich recht kompliziert aus. In der Praxis ist das aber einfacher. Es ist nicht nötig, daß man sich auf den Breitengrad von Paris begibt, wenn man etwas zu wiegen hat; denn in den meisten Fällen werden bei einer Wägung zwei Massen miteinander verglichen, die der gleichen Erdanziehung unterworfen sind. Vor allem bei Balkenwaagen wird das immer zutreffen; beim Gebrauch einer Federwaage hingegen ist, streng genommen, Vorsicht geboten.

Wir verstehen also im Handel unter Gewicht eines Körpers stets die in ihm enthaltene Quantität der Materie, die durch den Wägungsprozeß durch Vergleichung mit Normalgewichten bestimmt wird.

Cues [56a] vertrat die Ansicht, „daß man als Gewicht aller Dinge vielleicht das Mittel ihrer nach den Breiten verschiedenen Einzelgewichte annehmen muß. Denn wenn man das Gewicht des Menschen in einen Vergleich zu einem anderen Geschöpf setzen wollte, dann dürfte man nicht einen den Norden oder Süden bewohnenden Menschen betrachten, wo nach beiden Richtungen ein Extrem herrscht, sondern einen Menschen mittlerer Breite. Die Alten nannten jene Zone Diarhodon; denn sie zieht sich von O nach W durch die Insel Rhodos, die ein gemäßigtes Klima besitzt." Darüber hinaus untersuchte Cues sehr genau die Veränderlichkeit des Gewichtes verschiedener Stoffe (z. B. verschiedene Flüssigkeiten, Salzwasser, Süßwasser, Blut, Atem von Tieren und Menschen verschiedenen Alters) unter dem Einfluß der Zeit.

Es muß also festgehalten werden, daß die Einheit, welche die Kommission in Paris bestimmt hat, eine Masseneinheit ist und daß die sogenannten „Gewichtsstücke" in Wirklichkeit Massen sind.

Die Dichte eines Körpers wird in Physik und Technik als die Masse der Volumeneinheit definiert, während Wichte und spezifisches Gewicht im technischen und physikalischen Maßsystem verschieden sind. Die Technik versteht unter der Wichte das Gewicht der Volumeneinheit, also eine Zahl, die in $kg^*/sec^2/m^2$ oder in kg/m^3 ausgedrückt wird, wo hingegen das spezifische Gewicht in der Physik eine reine, dimensionslose Verhältniszahl ist, nämlich das Gewicht eines Körpers, dividiert durch das Gewicht eines gleichgroßen Volumens Wasser bei 4° C und 760 mm Hg atmosphärischem Normaldruck.

Die internationale Definition lautet daher:

Das *Kilogramm ist die Einheit der Masse*; es ist gleich der Masse des internationalen Prototyps des Kilogramms. — Der Ausdruck *Gewicht* bezeichnet eine Größe von derselben Natur wie eine Kraft. Das Gewicht eines Körpers ist das Produkt aus der Masse dieses Körpers und der Beschleunigung durch die Schwere. Im besonderen ist das normale Gewicht eines Körpers das Produkt aus der Masse dieses Körpers und der normalen Beschleunigung durch die Schwere. Die Zahl, welche im internationalen Maß- und Gewichtsdienst für den Wert der normalen Beschleunigung durch die Schwere angenommen wurde, ist 980.665 cm/sec^2.*

* III. Conf. Gén. d. P. et M., 1902, S. 68, Trav. Bur. int. 12, 1902.

Klemencic beantwortete eine Rundfrage des AEF (Ausschuß für Einheiten und Formelwesen) 1934 in der Zeitschr. Meßtechnik, Heft 7, S. 125 ff., folgendermaßen: „Das Gewicht eines Körpers ist seine Schwere (Schwerkraft) in einem Orte wie Sèvres bei Paris mit der Normalbeschleunigung von 980.665 $cm \cdot s^{-2}$ und kann unabhängig vom Orte durch Wägung, also durch Vergleich mit der Anziehungskraft, auf eine geeichte Masse (Gewichtsstück) bestimmt werden. Das Gewicht hat daher die Dimension einer Kraft, weil man nur eine Kraft mit wieder einer Kraft vergleichen kann, und wird in Krafteinheiten, also in Gramm (g), Kilogramm (kg) oder Tonnen (t), gemessen. Das Gewicht eines Körpers verhält sich zu seiner Schwerkraft an einem bestimmten Ort so wie die Normalerdbeschleunigung zur Erdbeschleunigung am Beobachtungsort. Das Gewicht ist

Die Einheit des Volumens ist nach Bestimmungen von hoher Genauigkeit jenes Volumen, das eingenommen wird von der Masse eines Kilogramms reinen Wassers größter Dichte unter normalem Atmosphärendruck. Dieses Volumen heißt Liter. Bei Volumenbestimmungen ohne hohen Genauigkeitsgrad gilt das Kubikdezimeter als dem Liter aequivalent, d. h., die Ausdrücke für Volumina, welche von dem Kubus der Länge abgeleitet werden, können bei solchen Bestimmungen auch für diejenigen eingesetzt werden, die sich auf das Liter beziehen. Als wahrscheinlichster Wert der Beziehungen zwischen Liter und Kubikdezimeter gilt:

1 kg Wasser von 4° C bei einem Druck von 760 mm Quecksilber = 1.000028 dm^3 **

(In der Chemie war früher auch das sogenannte Mohrsche Liter in Gebrauch, d. i. das Volumen von 1 kg destillierten Wassers von 15° C, gewogen in Luft mit Messinggewichten.)

In der Technik und hauptsächlich im Handelsverkehr sind noch weitere Einheiten gebräuchlich, der Zentner = 50 kg, der Doppelzentner = 100 kg, die Tonne = 1000 kg, während das Pfund = ½ kg offiziell nicht mehr üblich ist. Diese metrischen Einheiten sind wegen ihrer sinnvollen Auswahl bequem und vor allem auch leicht zu behalten — ganz im Gegensatz zu den Gewichtseinheiten in den USA und Großbritannien, die für unsere Begriffe deshalb so verwirrend wirken, weil sie sich in kg oder in g nur durch Dezimalbrüche ausdrücken lassen. Auf Seite 99 sind diese Einheiten angegeben und abgeleitet.

1.312 *Deutsche Definitionen von Maß und Gewicht.* Die deutsche Gesetzgebung folgte der technischen Entwicklung, wie sie auf S. 134 f. bereits angedeutet wurde. Nach der Maß- und Gewichtsordnung vom 30. 5. 1908 (Reichsgesetzblatt S. 349) lautet die Definition:

Die Grundlagen des Maßes und Gewichtes sind das Meter und das Kilogramm.

Das Meter ist der Abstand zwischen den Endstrichen des internationalen Meterprototypes bei der Temperatur des schmelzenden Eises.

Als deutsches Urmaß gilt derjenige mit dem Prototyp für das Meter verglichene Maßstab aus Platin-Iridium, welcher durch die Internationale Generalkonferenz für Maß und Gewicht dem Deutschen Reich als nationales Prototyp überwiesen worden ist. Er wurde von der Kaiserlichen Normal-Eichungskommission aufbewahrt, seit Ende 1918 Reichsanstalt für Maß und Gewicht, 1924 Abteilung I für Maß und Gewicht der PTR,

---

unabhängig vom Ort. Die Masse eines Körpers ist ebenfalls unabhängig vom Ort. Ihre Einheit wird dargestellt durch die Masse des internationalen Kilogrammprototyps."

Im Normblatt DIN 1305 — Gewicht, Masse, Menge (2. August 1938) — wurde endgültig genormt: „Das Gewicht eines an einem Ort der Erde ruhenden Körpers ist die Kraft, die er im luftleeren Raum auf seine Unterlage ausübt. Das Gewicht ändert sich proportional der Fallbeschleunigung."

Normgewicht = das Gewicht eines Körpers an einem Orte mit dem Normwert der Fallbeschleunigung, $g_n = 980.665$ cm . s^{-2}.

** Proc. verbaux 13, 273; 1929.

1946 Deutsches Amt für Maß und Gewicht (DAMG), wo er sich jetzt noch befindet. Er wird von Zeit zu Zeit durch Vergleich mit dem Urmeter überprüft.

Bei der Raumtemperatur t berechnet sich die Länge des deutschen Prototyps nach der aus dem letzten Vergleich (1953) * gewonnenen Formel:

$$N\,18_t = 1\,\mathrm{m} + (8.621\,t + 0.00180\,t^2 - 1.50)\,\mu\,^{**}$$

$$N\,18\,(\text{bei}\ 0^\circ\,C) = 0.999\,99850\,\mathrm{m}$$

$$N\,18\,(\text{bei}\ 20^\circ\,C) = 1.000\,17164\,\mathrm{m}$$

Eine zweite, seit 1927 zugelassene Definition führt das Meter auf die Wellenlänge λ der roten Spektrallinie des Kadmiums zurück, wobei

$$1\,\mathrm{m} = 1\,553\,155.99\,\lambda_{Cd}\ (20.760.10),$$

während sich für die einwandfreiere Wellenlänge λ der gelbgrünen Spektrallinie des Kryptons das Meter ergeben würde zu

$$1\,\mathrm{m} = 1\,770\,039.20\,\lambda_{Kr}\ (20.760.10),$$

worin 20 die Temperatur in ° C, 760 den Luftdruck in Torr, 10 die mittlere Luftfeuchte (10 Torr Dampfdruck) bedeuten.

Als Bezugstemperatur hat der Normenausschuß der deutschen Industrie (NDI, ab 1927 Deutscher Normen-Ausschuß DNA) in der Dinorm (DIN) 102 vom 15. 7. 1921 im Gegensatz zur Bezugstemperatur 0° des Meterprototyps einheitlich 20° C festgesetzt, d. h. also, daß ein technischer Meterstab bei 20° C die Länge des Meterprototyps (bei 0°) haben soll. Als Temperaturskala gilt die durch Beschluß der Generalkonferenz für Maß und Gewicht vom 4. 10. 1927 festgelegte und in Deutschland durch Gesetz vom 3. 4. 1928 eingeführte Skala.

Längen- und Dickenmaße mit der Bezugstemperatur 20° C sind auch zur Eichung zugelassen, wenn sie an ersichtlicher Stelle die deutlich und dauerhaft aufgebrachte Aufschrift „20" tragen (RGBl. Nr. 10 vom 20. 3. 1925). Im allgemeinen sollen die auf 20° C bezogenen Meßzeuge diese Bezeichnung führen. Nur wenn ersichtlich ist, daß es sich um Meßzeuge nach den deutschen Normen handelt, darf die Angabe 20° C wegfallen.

20° C wurde vom Bureau Int. d. P. et M. im April 1931 für alle technischen Längenmaße gebilligt (Proc. verb. 14, 63; 1931) und von der International Federation of Standards Associations (ISA) angenommen und gilt jetzt in allen Ländern mit nationalen Normenausschüssen: Australien, Belgien, Kanada, Dänemark, Deutschland, England (seit 1. 1. 1932; Circ. des Nat. Phys. Lab. vom 30. 11. 1931), Finnland, Frankreich (seit 1931 Norm BNA 118), Holland, Italien, Japan, Norwegen, Österreich, Polen, Rumänien, Schweden, Schweiz, Tschechoslowakei, Ungarn und die USA.

Das Kilogramm ist die Masse des internationalen Kilogrammprototyps.

---

* Zeitschr. f. Inst.-Kde. 44, 75; 1924.

** Tätigkeitsbericht der PTR, Phys. Zeitschr. 35, 217; 1934.

Als deutsches Urgewicht gilt dasjenige mit dem Prototyp für das Kilogramm verglichene Gewichtsstück aus Platin-Iridium, welches durch die Internationale Generalkonferenz für Maß und Gewicht dem Deutschen Reich als nationaler Prototyp überwiesen worden ist. Es wird wie das Meter aufbewahrt.

Die Gleichung dieses Prototyps ist:

$$N\,22 = 1\,\text{kg} + 0.053\,\text{mg} \pm 0.002\,\text{mg}\ *$$

1.313 *Definitionen der Zeit.* Um eine Zeit messen zu können, braucht man eine gleichförmige Bewegung, die mit unveränderlicher Geschwindigkeit erfolgt. Das ist die Drehung der Himmelskörper um ihre eigene Achse. Diese Bewegung liegt allein der Zeiteinteilung zugrunde und ist als Grundmaß für die Zeitmessung schon von allen Kulturvölkern aus der Beobachtung der scheinbaren täglichen Umdrehung des Himmelsgewölbes oder der täglichen Umdrehung der Erde um ihre Achse hergeleitet worden. Die Dauer einer vollen Erdumdrehung heißt Tag.**

Anfangs genügte es vollauf, wenn z. B. gesagt wurde: „Ich bitte dich, mein Haus zu beehren, wenn dein Schatten sechs Fuß lang sein wird." *** Mit dem Fortschreiten der menschlichen Entwicklung wuchs jedoch sehr bald auch das Bedürfnis nach einer genauen Einteilung des Tages. Auf den wandernden Schatten folgte der ortsfeste Schatten (Gnomon, Schattensäulen, Obelisken); auch Wasseruhren wurden benutzt, die besonders in Ägypten Verwendung fanden.

Die Wasseruhr (Clepsydra) ist eins der ältesten physikalischen Experimentierinstrumente. Ursprünglich galt der Name Clepsydra einer Quelle, die den Brunnen eines Marktes speiste. Er taucht gegen Ende des 6. Jh. v. u. Z. auch in der Literatur der ionischen und dorischen Kolonien auf. Der Name wurde dann auf ein amphorenähnliches Gefäß übertragen, das oben geschlossen war und am Boden feine Löcher hatte. Ähnlich wie bei der Sanduhr lief hier aus einem oberen Gefäß Wasser in ein unteres Gefäß. Der Wasserstand zeigte die Zeit an. Nach einer Laufzeit von sechs Stunden mußte nachgefüllt werden. Auf dem gleichen Prinzip beruhte der „platonische Wecker". Hier war das untere Gefäß so aufgehängt, daß es bei einer gewissen Füllung umkippte. Außerdem erzeugte das ausströmende Wasser einen Luftstrom, der eine Pfeife betätigte. Auch schlagende Wasseruhren sind aus dem Altertum bekannt geworden. Hier fiel in regelmäßigen Abständen eine Kugel auf eine Metallplatte. Maßeinheiten und Maßzählung fehlten an der alten Wasser-

---

* Proc. verb. (2) 6, 196; 1911.
(Die Gleichungen der anderen nationalen Prototype und ihre Verteilung finden sich im Protokoll der Ière Conf. Gén. d. P. et M., 1890, S. 29, 30, 39, abgedruckt. Trav. Bur. int. 12; 1902.)

** In dem wenig beachteten ungarischen Simplizissimus von 1639 berichtet der unbekannte Verfasser vom aggressiven Grubenwasser der Zips und erwähnt dabei ein originelles Zeitmaß: „. . . daß ein Messer, Gabel, Degen, Axt oder sonst was Eisernes *2 oder 3 Vaterunser lang* hineingesteckt, etliche Jahr, wann man es schleifen läßt, immer kupfern bleibt." (Lit.: Technik-Geschichte, 1940, S. 159.)

*** Aristophanes läßt die Athenerin Praxagora zu ihrem Mann Blepiros sagen: „Wenn der Schatten zehn Schritte lang sein wird, salbe dich mit wohlriechenden Oelen und komme zum Abendbrot."

uhr. Diese ist vielmehr zunächst ein Wasserheber (vor allem ein Weinheber) und dann erst ein Wassermesser geworden, der mit Hilfe auslaufenden Wassers die Zeitdauer bestimmte — die Stunden „verrinnen". Der alexandrinische Erfinder *Ktesibios* konstruierte um 250 v. u. Z. eine Clepsydra, die *Vitruv* [1] lib. IX, 8 beschreibt. Hieraus ist zu ersehen, daß sich der ursprüngliche Wasserheber und Wassermesser zu einer Uhr mit Stundeneinteilung entwickelt hat. So ließ der Kalif *Harun al Raschid* für Kaiser Karl d. Großen eine Wasseruhr aus Gold anfertigen, die außer dem Schlagwerk auch schon Zeiger besaß.* Nach dem gleichen Prinzip arbeiteten die Sanduhren; die noch heute gebräuchliche Eieruhr ist eine entfernte Verwandte dieser ältesten Zeitmesser. Ein neueres Kuriosum stellt die in Bild 39 abgebildete Öluhr dar. Aus dem alten China sind Zeitmessungen mit Hilfe von Räucherkerzen bekannt geworden. Je mehr die Kerze abgebrannt war, desto später mußte es sein. Bei aufeinandergestockten Duftstoffen konnte man sogar „riechen, wie spät es ist" (Zeitg. Wochenpost 1954, Nr. 48).

Bild 38
Kanzel-Sanduhr
aus der Kirche zu Kötzschenbroda
17. Jahrhundert
(Mathem.-Physik. Salon Dresden)

Aufnahme Mathem.-Physik. Salon Dresden

Schließlich sind noch die Sonnenuhren (Blumenuhren!) zu nennen in ihren meisterhaften Variationen. Die ehrwürdige Wasseruhr be-

* Im alten China bestand die Wasseruhr aus vier großen Kupferkesseln, die hintereinander auf den Stufen einer Steintreppe angeordnet waren. Das Wasser floß von einem Kessel in den anderen. Ein Diener füllte den obersten Kessel, öffnete seine Absperrvorrichtung und ließ das Wasser in den zweiten fließen. Nach zwei Stunden wiederholte sich der Vorgang. Eine andere Wasseruhr bestand aus einem Behälter in Kegelform, der ebenfalls mit Wasser gefüllt werden mußte und zum Ablaufen gebracht wurde. Da das Wasser in den ersten Stunden mit größerer Geschwindigkeit abfloß, mußte die Teilung auf dem Trichter entsprechend gewählt werden.

Im Tempel des Gottes Osiris auf einer Nil-Insel befanden sich 360 Kessel mit je einer Bodenöffnung. Jeder Kessel hatte seinen eigenen Priester, der seinen Kessel mit Milch zu füllen hatte. Die Milch benötigte genau 24 Stunden zum Abfließen. (*Iljin, M.:* Wie spät ist es? Verlag Neues Leben, Berlin 1947.)

herrschte bis in das 12. Jahrhundert das Feld der Zeitmessung. Natürlich wurde sie im Laufe der Jahrhunderte verfeinert und vervollkommnet. Eine genaue Zeitbestimmung ist aber erst möglich geworden seit der Erfindung der Pendeluhren durch *Galilei* 1641 und *Huygens* 1657.

Man hat also die Zeit — ähnlich wie man eine Strecke durch Abtragen einer Längeneinheit mißt — mittels eines periodisch wiederkehrenden Vorganges in einander gleiche Abschnitte eingeteilt. Man hätte als Zeiteinheit auch die Zeitdauer des Umlaufes eines Planeten um die Sonne wählen können; aber für die Menschen lag es natürlich viel näher, die Drehung der Erde um ihre Achse als Grundlage für die Definition eines Zeitnormals zu verwenden; denn der periodische Wechsel von Tag und Nacht hat dem Bewohner der Erde von jeher ein natürliches Zeitmaß aufgezwungen. So bildet die Umdrehung der Erde gegen den Fixsternhimmel noch heute die Grundlage der astronomischen Zeitbestimmung. Die Kontrolle der Zeitmesser, die im Laufe der Jahrhunderte entwickelt worden sind, beruht auf einem Vergleich mit der aus der Erddrehung abgeleiteten astronomischen Zeit, die deshalb als Standardzeit verwendet wird.

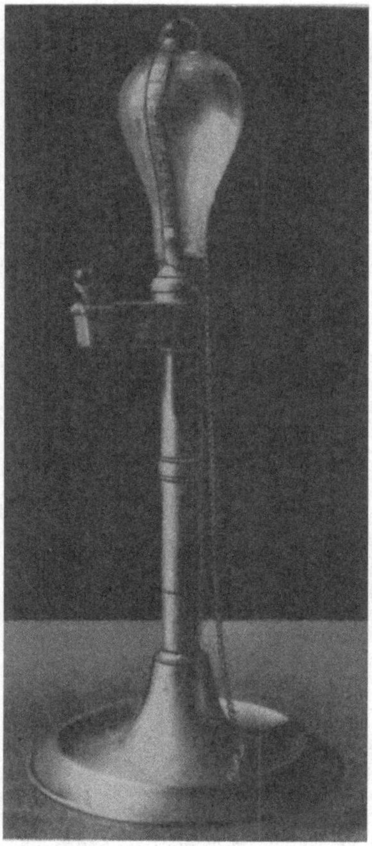

Aufn. Mathem.-Physik. Salon Dresden

Bild 39

Öluhr mit Zinkfuß und Glas-Ölbirne aus dem Staatl. Mathem.-Physik. Salon Dresden, hergestellt Anfang des 19. Jahrhunderts. An einer Skala werden durch den Verbrauch des Öles die Nachtstunden angezeigt.

Einheit der Zeit ist der mittlere Sonnentag. Man bezeichnet jene Zeit, die zwischen zwei aufeinanderfolgenden Durchgängen des Sonnenmittelpunktes durch den Meridian des Beobachtungsortes verfließt, als die Dauer des wahren Sonnentages. Sie ist aber keine unveränderliche Größe, weil die Erde während ihres Weges um die Sonne ihre Geschwindigkeit ändert und weil die Rotationsachse der Erde gegen die

Erdbahn geneigt ist.* Man hat deshalb der Zeitrechnung den Begriff des mittleren Sonnentages zugrunde gelegt, d. i. die Durchschnittslänge, die sich als Mittelwert aus allen wahren Sonnentagen eines Jahres ergibt. Der mittlere Sonnentag wird in $24 \cdot 60 \cdot 60\,s = 86400\,s$ eingeteilt. Der Unterschied zwischen mittlerer und wahrer Sonnenzeit heißt Zeit-

Aufn. Mathem.-Physik. Salon Dresden

Bild 40

Äquatoriale Sonnenuhr mit Minutenangabe, Messing vergoldet

(Mathem.-Physik. Salon Dresden)

Das runde, versilberte Stundenzifferblatt ist durch Zahnradübersetzung so mit einem kleinen Minutenzifferblatt verbunden, daß durch das Einfangen eines Sonnenstrahles durch den Diopter die beiden Zeiger die genaue Zeit nach Stunden und Minuten angeben. An der Rückseite des Stundenzifferblattes befindet sich ein in 90° geteilter Quadrant, der durch einen feststehenden Zeiger auf die Polhöhe eines jeden Ortes eingestellt werden kann. Diese Vorrichtung, getragen durch vier verzierte Säulen, ruht auf einer quadratischen Grundplatte. Ein Pendel, ein Kompaß und Arretierung sowie drei horizontale Stellschrauben sorgen für eine genaue Einstellung der Sonnenuhr.

Herstellungsort: Schloß Reinhartz (Dübener Heide) bei Torgau, Werkstatt des Reichsgrafen Löser

Zeit: um 1760

Hersteller: vermutlich Mechanikus I. G. Zimmer

gleichung. Man teilt nun allgemein den Tag in 24^h, die Stunde in 60′ und die Minute in 60″ ein. Die Einteilung des Tages in Stunden geht auf die Babylonier zurück, während die Gliederung der Stunde in Minuten und Sekunden neueren Datums ist. Dennoch läßt auch die Sechzigerteilung der Zeit sehr altes Kulturgut erkennen, das sich in der Kreisteilung, in verschiedenen Maßen und Gewichten und auch in dem Zähl-

* Dies hat man durch Vergleiche mit Quarzuhren ermittelt. Da die Quarzschwingungen temperaturabhängig sind und die Quarze altern, hat man versucht, die Quarzuhren durch Molekülschwingungen zu stabilisieren, und zwar mit der Resonanzfrequenz des Ammoniakmoleküls. Die relative Unsicherheit wurde dadurch bisher auf $5 \cdot 10^{-8}$ herabgedrückt, d. h., man hat die Genauigkeit der Pendeluhr etwa erreicht, die der Quarzuhr aber noch nicht. Versuche mit Atomstrahlen aus Caesium lassen erhoffen, daß sich die relative Unsicherheit bis auf $1 \cdot 10^{-10}$ vermindern und damit die bisherige Quarzuhr wesentlich verbessern läßt. Das Ziel ist es, ein von makroskopisch-stofflichen Eigenschaften unabhängiges Zeitmaß zu finden. Die künftigen Atomuhren werden wahrscheinlich zu interessanten Ergebnissen in der Hochfrequenztechnik, der Geophysik und der Astronomie führen. (Lit.: VDI. 1954 — Nr. 3 — S. 77, Gaertner Atomuhr.)

maß des Dutzends zu 12 Stück und des Grosses zu 12 Dutzend bis in die jüngste Zeit erhalten hat. Nur in der Französischen Revolution machte man einmal den Versuch, als man die Dezimalteilung systematisch durchführen wollte, auch den Tag in 10 Std. zu je 100 Min. zu je 100 Sek. zu teilen. Er ist jedoch mißlungen.

Heute gilt als unveränderliche Einheit für das Zeitmaß bei allen zivilisierten Völkern der Erde die Sexagesimalsekunde der mittleren Sonnenzeit oder, wie sie allgemein genannt wird, die bürgerliche Zeitsekunde, im CGS-System der 86400te Teil des mittleren Sonnentages = die mittlere Zeit-Sekunde.

Die 10. Generalkonferenz für Maß und Gewicht, die vom 5. bis 10. Oktober 1954 in Breteuil tagte, erkannte die Notwendigkeit und die Dringlichkeit an, die Definition der Grundeinheit der Zeit zu präzisieren. Die Internationale Astronomische Union hat sich bereits eingehend mit dieser Frage beschäftigt und schlägt vor, die Sekunde auf das tropische Jahr (1.313.312) und nicht auf das siderische Jahr (1.313.31) zu beziehen. Im Hinblick auf den nahe bevorstehenden Abschluß der Behandlung dieser Frage erteilte die 10. Generalkonferenz dem Internationalen Komitee für Maß und Gewicht Vollmacht, diesen Punkt zu gegebener Zeit zu entscheiden [164 a].

Neben der Sonnenzeit unterscheidet man noch die Sternzeit für Rechnungen in der Astronomie und Nautik. Sterntag ist die Zeit, in der scheinbar eine vollständige Umdrehung des Himmelsgewölbes vor sich geht. Es ist die Zeit, die zwischen zwei oberen Durchgängen (Kulminationen) eines Fixsternes (ohne Eigenbewegung) durch den Meridian des Beobachtungsortes verstreicht. Der mittlere Sonnentag — der unserer Zeiteinheit, der Sekunde, zugrunde liegt — steht zum Sterntag und der Jahreslänge in bestimmter Beziehung: die Anzahl der Sonnentage im Jahr ist (wegen des Umlaufes der Erde um die Sonne, der zwischen zwei Meridiandurchgängen gegenüber den Fixsternen rückwärts von West nach Ost erfolgt) um einen Sonnentag niedriger als die Anzahl der Sterntage. Ein Jahr besteht aus 366.25 Sterntagen bzw. 365.25 Sonnentagen. Der Sonnentag ist also länger als der Sterntag. Aus der Sternzeitsekunde läßt sich die mittlere Sonnenzeitsekunde durch Multiplikation mit 366.25/365.25 ableiten. Physik und Technik verwenden ebenso wie das tägliche Leben als „Sekunde" nur die bereits oben erwähnte „mittlere Sonnenzeitsekunde".

Es beginnt

1.313.1 der *Sterntag* mit der oberen Kulmination des Frühlingsnachtgleichenpunktes,

1.313.2 der *Sonnentag*

1.313.21 astronomisch mit der oberen,

1.313.22 bürgerlich mit der unteren Kulmination der Sonne.

1.313.3 Das *astronomische Jahr* wird bestimmt

1.313.31 als siderisches Jahr (= Sternjahr), d. i. die Zeit zwischen zwei aufeinanderfolgenden identischen Stellungen der Sonne unter den Fixsternen, also die Umlaufzeit der Erde um die Sonne = 365.256360 (mittl. Sonnen-)Tage oder 365 Tage 6^h 9^m 10^s = $3.1558158 \cdot 10^7$ s;

1.313.32 als tropisches, allgemein benutztes Jahr, d. i. die Zeit zwischen zwei aufeinanderfolgenden Frühlingsaequinoktien = 365.242199 (mittl. Sonnen-)Tage oder 365 Tage 5^h 48^m 46^s oder = 366.242199 Sternentage = $3.1356928 \cdot 10^7$ s;

1.313.33 als anomalistisches Jahr, d. i. die Zeit zwischen 2 Durchgängen der Erde durch den sonnennächsten Punkt der Erdbahn = 365.259 (mittl. Sonnen-)Tage oder 365 Tage 6^h 13^m 53.0^s = $3.1558433 \cdot 10^7$ s.

(Zu 1.313.22) Das bürgerliche Jahr wird bestimmt nach den Beobachtungen und Messungen der alten Kulturvölker.

1.313.34 Das Jahr der Ägypter betrug ursprünglich 365 Tage. Seit dem 3. Jh. v. u. Z. fügte man in jedem vierten Jahr einen Schalttag ein.

Um 3000 v. u. Z. ist bei den Ägyptern schon ein feststehendes Jahr mit wiederkehrender Einteilung nachzuweisen.

1.313.4 Nach Cäsars *„Julianischem Kalender"* umfaßte das Jahr 365 Tage 6^h = $3.155760 \cdot 10^7$ s. Das alte Rom besaß ein 10-Monatsjahr, an das noch heute die Monate September, Oktober, November und Dezember erinnern. 717 v. u. Z. versuchte Numa Pompilius nach griechischem Vorbild vergeblich, die 355 Tage des Mondjahres durch 12 zu teilen. Es machten sich eine Menge Schalttage und -monate nötig, aus denen sich schließlich niemand mehr herausfand. Erst 46 v. u. Z. führte Julius Cäsar den nach ihm benannten Julianischen Kalender mit einem Schalttag im 4. Jahr ein, dessen grundsätzliche Anordnung noch heute gültig ist; sein Jahr war aber um 11 Min. zu lang.

1.313.5 Papst Gregors XIII. *„Gregorianischer Kalender"* glich 1582 den Fehler im Julianischen Kalender aus. Er läßt in jedem vollen Jahrhundert den Schalttag ausfallen, ausgenommen in den durch 400 teilbaren. Der Gregorianische Kalender gilt seit 1582 und hat 365 Tage 5^h 49^m 12^s.*

Man bezeichnete die Tage bis weit ins 18. Jh. hinein nicht mit ihrer Nummer, sondern mit ihrem Namen, sprach also beispielsweise nicht vom 25. Juni, sondern vom Tage nach Johannes usw.

Zur Geschichte des Kalenders und der Zeitrechnung, ausgehend von den ersten Versuchen im Altertum, wo man sich mühte, die Dauer eines Jahres mit den periodisch wiederkehrenden Himmelserscheinungen festzustellen, bis zu den jüngsten Projekten zur Verbesserung des Kalenders, gibt *Grebenstschikow* [153a] in der sowjet. Zeitschrift „Wissenschaft und Leben" Nr. 7, 1955, einen interessanten Beitrag, auf den hier verwiesen sei.

Heute wird der Kalender u. a. vielfach auch als geeignetes Mittel benutzt, Wissenswertes allgemein bekanntzumachen. Er will täglich daran erinnern, daß das Leben nicht nur eine Reihe heruntergerissener Tage sein soll, sondern mit seinen besonderen Zwecken auch einem hohen Ziele dient.

* Weitere Angaben über Zeiteinheiten siehe unter [91] [95] [51].

1.313.6. Im Seewesen werden die Tage in *Wachen* und *Glasen* eingeteilt. 1 Wache = 4 Stunden = 8 Glasen. Die Wachen beginnen 8^h. Die Glasen werden durch Schläge der Schiffsglocke angezeigt; 8^{30} wird einmal geschlagen, in der Seemannssprache „geglast", 9^h zweimal usw., 12^h = 8 Glas. Der Brauch wird auf die Sanduhr (Glas) zurückgeführt, die ½ Stunde lief, während die Wache schon im alten Rom bekannt war. Hier war die Nacht in 4 Vigilien (Nachtwachen) eingeteilt.

1.313.7 *Einheitszeiten.* Orte, die auf demselben Meridian liegen, haben die gleiche Ortszeit, während der Unterschied von Meridian zu Meridian 4^m beträgt. Man hat deshalb Ländergebiete zusammengefaßt und Einheits- oder Zonenzeiten eingeführt, wobei der Nullmeridian von Greenwich bei London die Zeitgrenze nach Ost (+) und West (—) darstellt. Die Zonenzeiten unterscheiden sich von der Greenwicher Ortszeit (Weltzeit der Astronomen) um ganze oder halbe Stunden. Die sogenannte Mitteleuropäische Zeit geht der Gr. Zeit um eine Stunde voraus. Demgegenüber bildet der 180. Meridian ö. L. und w. L. als Gegenmeridian von Greenwich die Datumsgrenze, d. h., Schiffe, die aus dem Bereich der ö. L. in den der w. L. fahren, müssen hier die Zeit für 24^h „anhalten" und das augenblickliche Datum noch einmal zählen, während sie in umgekehrter Fahrtrichtung „vorrücken" und überspringen müssen.

1.313.8 Interessant sind noch einige *Zeitextreme,* z. B.:

Alter der festen Erdkruste = 2150 Millionen Jahre,

Alter der Verwitterungskruste auf Feuersteinen = 100000 bis 200000 Jahre,

Halbwertzeit, d. i. die Zeit, in der sich die Hälfte einer gegebenen radioaktiven Substanz in ein anderes Element umwandelt:*

1 g Radium zerfällt auf die Hälfte in 1590 Jahren
1 g Uran I „ „ „ „ „ 4.4 Milliarden Jahren
1 g Polonium „ „ „ „ „ 140 Tagen

Lichtgeschwindigkeit im masseleeren Raum
$= 2.99774 \cdot 10^{10}$ cm sec^{-1}.

Elementarzeit, d. i. die Bildungszeit von Neutronen aus der Energie, $= 9.4 \cdot 10^{-4}$ sec.

Nach 10 Elementarzeiten entstehen 32 Neutronenpakete, der Radius beträgt 10^{-29} cm, nach 1000 Elementarzeiten beträgt die Ausdehnung $3 \cdot 10^{-8}$ cm, wobei sich die Masse von 10^{16} Wasserstoffatomen gebildet hat, nach 1 Sekunde beträgt der Radius 300000 km, die Masse 50000 t.

(Zu 1.31) Die drei Grundeinheiten des Raumes (l), der Masse (m) und der Zeit (t) bilden die Fundamentaleinheiten des sogenannten absoluten oder physikalischen Maßsystems im metrischen System, während im technischen Maßsystem des metrischen Systems alle Einheiten auf die Grundeinheiten Kraft (k), Länge (l) und Zeit (t) zurückgeführt werden [79]. Großbritannien und die USA führen besondere Einheiten.

* Lit.: Wie alt ist die Erde? Geophysikalische Zeitmessung, Volk und Wissen Verlag GmbH., Berlin / Leipzig, Serie J, Band 1, S. 15.

Mit der Bestimmung der drei Fundamentalgrößen Länge, Masse und Zeit hat der Mensch mit seinen Meßmethoden und Meßmitteln nahezu die Grenze dessen erreicht, was mit seinen Sinnen überhaupt meßbar ist. Darüber hinaus hat die Präzisionsmechanik einen nicht zu unterschätzenden Aufschwung genommen. Es ist daher zu erhoffen, daß durch zweckmäßiges Hand-in-Hand-Arbeiten von Wissenschaft und Technik, vor allem in den Staatsinstituten, auch die Ableitung der Maßeinheiten auf den verschiedensten Gebieten der Physik den gleichen Grad von Zuverlässigkeit und Genauigkeit gewinnt, den die Bestimmungen der drei Einheiten des Raumes, der Masse und der Zeit bereits erreicht haben. Denn auch auf den übrigen Gebieten physikalischer Messungen ist die Festsetzung, Verkörperung und Prüfung geeigneter abgeleiteter Einheiten ein bedeutendes Problem der nationalen Meßkunde, das wiederum möglichst im internationalen Einvernehmen gelöst werden muß, wie z. B. die Schaffung von elektrischen und optischen Einheiten. Es hat aber keinen Sinn, einen Wettlauf nach der nächsten Dezimalen zu veranstalten, der nur Kosten verursacht und nicht den geringsten praktischen Nutzen bringt. Es erscheint grundsätzlich richtiger, sich vor übertriebenen Ansprüchen zu hüten, sich dafür aber um so mehr zur kritischen Wertung zu erziehen.

Tabelle 57. Vorsätze zur Bezeichnung von Vielfachen und Teilen der Einheiten (Festsetzung des Ausschusses für Einheiten und Formelgrößen AEF) — nach DIN 1301 3. Ausg. März 1953 —

Vorsatz	Zahlenmäßiger Ausdruck	Bezeichnung
	10^{18} = 1 mit 18 Nullen	Trillion
	10^{15} = 1 mit 15 Nullen	Billiarde (Brd)
(T) Tera-	10^{12} = 1000000000000	Billion
(G) Giga-	10^{9} = 1000000000	Milliarde (Mrd)
(M) Mega-	10^{6} = 1000000	Million
(k) Kilo-	10^{3} = 1000	Tausend (Tsd)
(h) Hekto-	10^{2} = 100	Hundert
(D) Deka-	10^{1} = 10	Zehn
	10^{0} = 1	Eins
(d) Dezi-	10^{-1} = 0.1	Zehntel
(c) Zenti-	10^{-2} = 0.01	Hundertstel
(m) Milli-	10^{-3} = 0.001	Tausendstel
(μ) Mikro-	10^{-6} = 0.000001	Millionstel
(n) Nano-	10^{-9} = 0.000000001	Milliardstel
(p) Pico-	10^{-12} = 0.000000000001	Billionstel

Beispiel: 1 Gt (Gigatonne) = 10^{9} t = 1000000000 t = 1 Milliarde t

1.32 *Einheiten und Einheitszeichen der Maße und Gewichte*

Die Einheiten unseres Maßsystems sind heute in Kurzzeichen verankert, die Begriffe definiert und klar umrissen. Aus der früheren Vielheit der Bezeichnungen und Abkürzungen hat der Deutsche Normenausschuß im Ausschuß für Einheiten und Formelgrößen (AEF) Kurzzeichen entwickelt und in den DIN-Blättern festgelegt. Sie haben in Deutschland gesetzliche Gültigkeit, sind international verständlich, werden von der Wissenschaft bevorzugt und zur allgemeinen Anwendung empfohlen. Die im DIN-Blatt 1301 verankerten Kurzzeichen sind nachstehend aufgeführt:

Tabelle 58. Kurzzeichen nach DIN 1301

Kurzzeichen	Bezeichnung	Kurzzeichen	Bezeichnung
m	Meter	U	Umdrehung
km	Kilometer	h	Stunde
dm	Dezimeter	m	Minute
cm	Zentimeter	min	Minute (alleinstehend)
mm	Millimeter	s	Sekunde
μ	Mikron		Uhrzeit: Zeichen h, m, s erhöht Beispiel: $2^h\ 25^m\ 3^s$
a	Ar		
ha	Hektar	°C	Celsiusgrad
m^2	Quadratmeter	cal	Kalorie (Grammkalorie)
km^2	Quadratkilometer	kcal	Kilokalorie
dm^2	Quadratdezimeter		
cm^2	Quadratzentimeter	A	Ampere
mm^2	Quadratmillimeter	V	Volt
l	Liter*	Ω	Ohm
hl	Hektoliter	S	Siemens
dl	Deziliter	C	Coulomb
cl	Zentiliter	J	Joule
ml	Milliliter	W	Watt
m^3	Kubikmeter	F	Farad
dm^3	Kubikdezimeter	H	Henry
cm^3	Kubikzentimeter	mA	Milliampere
mm^3	Kubikmillimeter	kW	Kilowatt
		MW	Megawatt
t	Tonne	μF	Mikrofarad
g	Gramm	MΩ	Megohm
kg	Kilogramm	kVA	Kilovoltampere
dg	Dezigramm	Ah	Amperestunde
cg	Zentigramm	kWh	Kilowattstunde
mg	Milligramm		

* Die Masse des heutigen Kilogrammprototyps ist etwas zu groß ausgefallen. Deshalb besteht zwischen 1 Liter. und 1 dm^3 ein experimentell bestimmbarer Unterschied. Es ist 1 Liter $= 1.000028 \pm 0.000003\ dm^3$.

1.321 *Längenmaße* Tabelle 59

Bezeichnung	Kurzzeichen 1.	Kurzzeichen 2.	Zahlenmäßiger Ausdruck in mm
Kilometer	km	km	
Meter	m	m	
Dezimeter	dm	dm	
Zentimeter	cm	cm	
Millimeter	mm	mm	
Mikron	μ		10^{-3}
Millimikron (Millimy)	mμ		10^{-6}
Mikromy	$\mu\mu$		10^{-6}
Nanomy	nμ		10^{-9}
Picomy	pμ		10^{-12}
Ångström (Å)	10^{-1} mμ		10^{-7}
Röntgeneinheit (XE)	10^{-4} mμ		10^{-10}

1. Nach d. Com. Int. d. P. et M. (Proc. verb. 1879, S. 41) (vom AEF empfohlen, da international verständlich).
2. Nach d. Vorschr. d. Deutschen Bundesrates (Zentr.-Bl. f. d. D. R. vom 26. 1. 1912) in Deutschland gesetzlich zulässig.

1.321.1 *Internationale Einheiten* Tabelle 60

Bezeichnung	Kurzzeichen	Zahlenmäßiger Ausdruck in cm
1 Meter	m	10^{2}
1 Mikron oder My	μ	10^{-4}
1 Zoll bei 20° C (Stahlmaß)	″	2.54000
1 geographische Meile = 1350. Teil des Aequatorquadranten		$0.742159 \cdot 10^{6}$
1 Seemeile = 5400. Teil des Meridianquadranten		$1.852276 \cdot 10^{5}$
1 Lichtjahr (Lichtweg in 1 Jahr im masseleeren Raum)		$0.94661 \cdot 10^{18}$
1 Astronomische Einheit[1] (mittlere Entfernung Erde — Sonne)	A. U.	$1.49504 \cdot 10^{13}$ (=3.2633 Lichtjahre)
1 parsec (Astron. Makron. Metron. Sternweite) (Entfernung, von der aus der Erdbahnhalbmesser unter dem Winkel von 1″ erscheint, **Par**allaxen**sek**unde)	pc	$3.08375 \cdot 10^{18}$
1 Siriusweite[2] = 5 pc		$1.54187 \cdot 10^{19}$ (= 1031324 A. U.)

1. A. U. wird definiert als die große Halbachse a der Erdbahn und ist gleich dem Quotienten aus der großen Erdhalbachse $a_{♁}$ und der täglichen Sonnenparallaxe $\pi_{\odot}$, $a = \frac{a_{♁}}{\sin \pi_{\odot}}$
2. Die Siriusweite wird definiert als der Abstand, den ein Fixstern der Parallaxe $\pi = 1''$ von der Sonne hat.

* Weitere Einheiten, z. B. astronomische usw., in Lit.: [76] 6. Aufl. 1950, Bd. 1, Teil 1, S. 14.

1.321.2 *Britische und USA-Einheiten*

Tabelle 61

Bezeichnung		Kurzzeichen	Zahlenmäßiger Ausdruck in cm
1 mil	Brit.		$2.539996 \cdot 10^{-3}$
1 mil	USA		$2.540005 \cdot 10^{-3}$
1 inch	Brit.	in. (″)	2.5399956
1 inch	USA	in. (″)	2.5400051
1 foot	Brit.	ft. (′)	$3.047995 \cdot 10$
1 foot	USA	ft. (′)	$5.048006 \cdot 10$
1 yard	Brit.	yd.	$0.914398 \cdot 10^{2}$
1 yard	USA	yd.	$0.914402 \cdot 10^{2}$
1 rod	Brit.	rd.	$0.502919 \cdot 10^{3}$
1 rod	USA	rd.	$0.502921 \cdot 10^{3}$
1 statute mile (= 5280 ft.)	Brit.	st. mi.	$1.609341 \cdot 10^{5}$
1 statute mile	USA	st. mi.	$1.609347 \cdot 10^{5}$
1 nautical mile (= 6080 ft.)	Brit.	n. mi. (knot)	$1.853181 \cdot 10^{5}$
1 nautical mile (= 6080.201 ft. [USA])	USA	n. mi.	$1.853249 \cdot 10^{5}$ 1.853249 km

1.322 *Flächenmaße*

Tabelle 62

Bezeichnung	Kurzzeichen 1.	Kurzzeichen 2.	
Quadratkilometer	km^2	qkm	
Hektar	ha	ha	
Ar = 10 m · 10 m	a	a	
Quadratmeter	m^2	qm	
Quadratdezimeter	dm^2		
Quadratzentimeter	cm^2	qcm	
Quadratmillimeter	mm^2	qmm	

1. Nach d. Com. Int. d. P. et M. (Proc. verb. 1879, S. 41) (vom AEF empfohlen, da international verständlich).
2. Nach d. Vorschr. d. Deutschen Bundesrates (Zentr.-Bl. f. d. D. R. vom 26. 1. 1912) in Deutschland gesetzlich zulässig.

1.322.1 *Internationale Einheiten*

Tabelle 63

Bezeichnung	Kurzzeichen	Zahlenmäßiger Ausdruck in cm^2
1 Quadratmeter	m^2	10^4
1 Ar	a	10^6

1.322.2 *Britische und USA-Einheiten*

Tabelle 64

Bezeichnung		Kurzzeichen	Zahlenmäßiger Ausdruck in cm^2
1 square inch	Brit.	sq. in., $in.^2$	$0.645158 \cdot 10$
1 square inch	USA	sq. in., $in.^2$	$0.645163 \cdot 10$
1 circulair inch	USA	$\frac{\pi}{4}$ sq. in.	$0.506710 \cdot 10$
1 square foot	Brit.	sq. ft., $ft.^2$	$0.929027 \cdot 10^3$
1 square foot	USA	sq. ft., $ft.^2$	$0.929034 \cdot 10^3$
1 square yard	Brit.	sq. yd., $yd.^2$	$0.836612 \cdot 10^4$
1 square yard	USA	sq. yd., $yd.^2$	$0.836131 \cdot 10^4$
1 rood	Brit.		$1.011711 \cdot 10^7$
1 acre	Brit.	ac. (A)	$4.046842 \cdot 10^7$
1 acre = 4840 sq. yd. = 4 roods	USA	ac. (A)	$4.146873 \cdot 10^7$
1 square statute mile	Brit.	sq. mi., $mi.^2$	$2.589978 \cdot 10^{10}$
1 square statute mile	USA	sq. mi., $mi.^2$	$2.589998 \cdot 10^{10}$
1 township = 36 sq. mi. (USA)			$0.932399 \cdot 10^{12}$

1.323 *Körpermaße*

Tabelle 65

Bezeichnung	Kurzzeichen 1.	Kurzzeichen 2.	
Stère = 1 m^3	s		
Kubikmeter	m^3	cbm	
Kubikdezimeter	dm^3		
Kubikzentimeter	cm^3	ccm	
Kubikmillimeter	mm^3	cmm	
Hektoliter	hl	hl	
Liter	l	l	
Deziliter	dl		
Zentiliter	cl		
Milliliter	ml	ml	
Mikroliter = 0.001 ml	λ		

1. Nach d. Com. Int. d. P. et M. (Proc. verb. 1879, S. 41) (vom AEF empfohlen, da international verständlich).
2. Nach d. Vorschr. d. Deutschen Bundesrates (Zentr.-Bl. f. d. D. R. vom 26. 1. 1912) in Deutschland gesetzlich zulässig.

1.323.1 *Internationale Einheiten*

Tabelle 66

Bezeichnung	Kurzzeichen	Zahlenmäßiger Ausdruck in cm^3
1 Kubikmeter	m^3	10^6
1 stere (stère)	st (s)	10^6
1 Normkubikmeter (760 Torr, 0° C)	Nm^3	10^6
1 Liter (7. Gen.-Konf. f. M. u. G. 1927)	l	$1.000028 \cdot 10^3$
1 Normliter (760 Torr, 0° C)	Nl	$1.000028 \cdot 10^3$

1.323.2 *Britische und USA-Einheiten*

1.323.21 Allgemeine Volumenmaße

Tabelle 67

Bezeichnung	Kurzzeichen	Zahlenmäßiger Ausdruck in cm^3 Brit.	USA
1 cubic inch	cu. in.	$1.6387025 \cdot 10$	$1.6387162 \cdot 10$
1 cubic foot	cu. ft.	$2.831677 \cdot 10^4$	$2.831702 \cdot 10^4$
1 cubic yard	cu. yd.	$0.76455285 \cdot 10^6$	$0.76455945 \cdot 10^6$
1 register ton	reg. tn.	$2.831677 \cdot 10^6$	$2.831702 \cdot 10^6$
1 shipping ton			$1.132681 \cdot 10^6$
1 rood	rd.	$2.831677 \cdot 10^7$	

1 cu. ft. = $^1/_{40}$ shipping ton = 10^{-2} reg. tn. = 10^{-3} rd.

1.323.22 Hohlmaße für Trockensubstanzen

Tabelle 68

Bezeichnung	Kurzzeichen	Zahlenmäßiger Ausdruck in cm^3 Brit.	USA
1 pint, dry	pt.		$0.55061 \cdot 10^3$
1 quart, dry	qt.		$1.10123 \cdot 10^3$
1 peck	pk.	$0.90922 \cdot 10^4$	$0.88098 \cdot 10^4$
1 bushel	bu.	$3.6368686 \cdot 10^4$	$3.5239270 \cdot 10^4$
1 kilderkin		$0.81829 \cdot 10^5$	
1 barrel	bbl.	$1.63656 \cdot 10^5$	$1.192414 \cdot 10^5$
1 quarter		$2.90949 \cdot 10^5$	$2.421 \cdot 10^5$
1 gallon	gal.		$4.41 \cdot 10^3$

1 bu. USA = 2150.42 cu. in. = 4 pk. = 32 qt. dry = 64 pt. dry USA
1 gal. Brit. = $^1/_2$ pk. = $^1/_8$ bu. = $^1/_8$ kilderkin = $^1/_{36}$ bbl. = $^1/_{64}$ quarter USA
1 bbl. USA = 7056 cu. in. USA

.323.23 Hohlmaße für Flüssigkeiten

Tabelle 69

Bezeichnung	Kurzzeichen	Zahlenmäßiger Ausdruck in cm³ Brit.	USA
1 minim	min.		$0.616117 \cdot 10^{-1}$
1 gill, liqu.	gi.	$1.42065 \cdot 10^{2}$	$1.18295 \cdot 10^{2}$
1 pint, liqu.	pt.	$0.5682607 \cdot 10^{3}$	$4.73178 \cdot 10^{2}$
1 quart, liqu.	qt.	$1.1365215 \cdot 10^{3}$	$0.946358 \cdot 10^{3}$
1 pottle*		$2.2730429 \cdot 10^{3}$	
1 gallon*	gal.	$4.5460858 \cdot 10^{3}$	$3.785434 \cdot 10^{3}$
1 barrel		$1.635 \cdot 10^{5}$	$1.58762 \cdot 10^{5}$ $1.635 \cdot 10^{5}$

* letzte Maßangabe der NPL (1946)

1 gal. USA = 231 cu. in. = 61440 min. USA — 1 gal. = 4 qt. = 8 pt. = 32 gi.

1 gal. Brit. = 4.54596 l = 277.42 imp. cu. in. — 1 pottle Brit. = ½ gal. Brit.

.324 *Massen (Gewichte)*

Tabelle 70

Bezeichnung	Kurzzeichen 1.	Kurzzeichen 2.	Bezeichnung	Kurzzeichen 1.	Kurzzeichen 2.
Tonne = 1000 kg	t	t	Dezigramm	dg	
Quintal = 100 kg	q		Zentigramm	cg	
Doppelzentner = 100 kg		dz	Milligramm $= 10^{-3}$ g	mg	mg
Kilogramm	kg	kg	Mikrogramm $= 10^{-6}$ g		µg
Hektogramm		hg	Nanogramm $= 10^{-9}$ g		ng
Gramm	g	g	Picogramm $= 10^{-12}$ g		pg

1. Nach d. Com. Int. d. P. et M. (Proc. verb. 1879, S. 41) (vom AEF empfohlen, da international verständlich).
2. Nach d. Vorschr. d. Deutschen Bundesrates (Zentr.-Bl. f. d. D. R. vom 26. 1. 1912) in Deutschland gesetzlich zulässig.

.324.1 *Internationale Einheiten*

Tabelle 71

Bezeichnung	Kurzzeichen	Zahlenmäßiger Ausdruck in g	Bezeichnung	Kurzzeichen	Zahlenmäßiger Ausdruck in g
1 Gamma	γ	10^{-6}	1 Mol	mol	(M)
1 Karat	c	$2.000000 \cdot 10^{-1}$	1 Elektronenmasse*	m_o	$0.9106 \cdot 10^{-27}$
1 Kilogramm	kg	10^{3}	1 Protonenmasse	m_p	$1.6724 \cdot 10^{-24}$
1 Tonne	t	10^{6}	1 Neutronenmasse	m_n	$1.6747 \cdot 10^{-24}$

* 1 Elektronenmasse m_o genau $= (0.917 \pm 0.007) \cdot 10^{-27}$; sie wird berechnet nach $m = \frac{m_o}{\sqrt{1-\left(\frac{v}{c_v}\right)^2}}$,

worin m_o die Ruhemasse, v die Geschwindigkeit und c_v die Vakuumgeschwindigkeit sind; die Elektronenmasse m nimmt mit der Geschwindigkeit v zu,

z. B. für $\frac{v}{c_v} = 0.1$ wird $\frac{m}{m_o} = 1.01$

» $= 0.5$ » » $= 1.155$

» $= 0.99$ » » $\doteq 7.07$

» $= 1.00$ » » $= \infty$

1.324.2 *Britische und USA-Einheiten*

1.324.21 System avoirdupois (av.)

Tabelle 72

Bezeichnung	Kurzzeichen	Zahlenmäßiger Ausdruck in g
1 grain	gr.	$0.64799 \cdot 10^{-1}$
1 dram	dm. av.	1.77185
1 ounce	oz. av.	$2.83495 \cdot 10$
1 pound	lb. av.	$4.53592 \cdot 10^{2}$
1 short hundredweight	cwt. sh.	$4.53592 \cdot 10^{4}$
1 long hundredweight	cwt. l.	$0.50802 \cdot 10^{5}$
1 short ton	tn. sh.	$0.90718 \cdot 10^{6}$
1 long ton	tn. l.	$1.01605 \cdot 10^{6}$
1 slug		$1.46057 \cdot 10^{4}$

Für den normalen Gebrauch gilt:
1 lb. av. = 7000 gr. = 16 oz. av. = 256 dm. av. = $^1/_{100}$ cwt. sh. = $^1/_{112}$ cwt. l.
= $^1/_{2000}$ tn. sh. = $^1/_{2240}$ tn. l.
1 slug = 32.2 lb. (= g lb. s^2/ft. mit g = 32.2 ft./s^2 [g_n = 9.80665 m/s^2 = 32.17405 ft./s^2])
1 slug metric = 1 m^{-1} kp s^2 = 9.80665 kg

1.324.22 System apothecary (ap.) und troy (t.)

Tabelle 73

Bezeichnung	Kurzzeichen	Zahlenmäßiger Ausdruck in g
1 scruple (ap.)	s.	1.29598
1 pennyweight (t.)	dwt.	1.55517
1 dram apothecary oder drachme	dm. ap. oder dr.	3.88793
1 ounce (ap. oder t.)	oz. ap. oder oz. t.	$3.11035 \cdot 10$
1 pound (ap. oder t.)	lb. ap. oder lb. t.	$3.73242 \cdot 10^{2}$

Für Drogen und Edelmetalle gilt:
1 lb. ap. oder t. = 5760 gr. = 12 oz. ap. oder t.
= 96 dm. ap. = 240 dwt. = 288 s.

Die Umrechnungsfaktoren für die angelsächsischen Masseneinheiten sind nur mit so viel Dezimalstellen angegeben, daß der relative Unterschied von $2 \cdot 10^{-7}$ zwischen imp. lb. und USA lb. noch keine Rolle spielt. Im allgemeinen wird auch in Großbritannien und den USA von diesem Unterschied kein Gebrauch gemacht.

1.325 *Zeit*

1.325.1 *Mittlere Sonnenzeit*

Tabelle 74

Bezeichnung	Kurzzeichen	In mittleren Sonnensekunden	Zahlenmäßiger Ausdruck in h
1 Sekunde	s	1	$2.7 \cdot 10^{-4}$
1 Minute	min	$0.600000 \cdot 10^{2}$	$1.6 \cdot 10^{-2}$
1 Stunde	h	$3.600000 \cdot 10^{3}$	1
1 Tag	d	$0.864000 \cdot 10^{5}$	24
1 Jahr, astronomisch oder tropisch	a	$3.1556928 \cdot 10^{7}$	$8.7658 \cdot 10^{3}$

1.325.2 *Sternzeit*

Tabelle 75

Bezeichnung	Kurzzeichen	In mittleren Sonnensekunden	Zahlenmäßiger Ausdruck in h
1 Sekunde	s	0.9972696	$2.77019 \cdot 10^{-4}$
1 Minute	min	$0.5983617 \cdot 10^{2}$	
1 Stunde	h	$3.5901705 \cdot 10^{3}$	
1 Tag	d	$0.8616409 \cdot 10^{5}$	23.934
1 Jahr, siderisch	a	$3.1558150 \cdot 10^{7}$	$8.76615 \cdot 10^{3}$

Es ist abgeleitet
die Sonnenzeit von der Beobachtung der Erdrotation gegenüber der mittleren Sonnenstellung, die Sternzeit von dem mittleren Widderpunkt.

1.326 *Temperatur*

1.326.1 *Empirische Skalen*

Tabelle 76

Bezeichnung	Kurzzeichen	in ° C	in ° F
t Grad Réaumur	t ° R	$^{5}/_{4}\,t$	$^{9}/_{4}\,t + 32$
t Grad Celsius	t ° C	t	$^{9}/_{5}\,t + 32$
t Grad Fahrenheit	t ° F	$^{5}/_{9}\,(t - 32)$	t

1.326.2 *Absolute Skalen*

Tabelle 77

Bezeichnung	Kurzzeichen	in ° C	in ° F
t Grad Kelvin*	t ° K	t — 273.16	$^9/_5$ (t — 273.16) + 32
t Grad Rankine**	t ° Rank	5 (t — 491.69)	t — 459.69

* Die 9. Gen.-Konf. für Maß und Gewicht setzte 1948 für den Wassertripelpunkt T_{tr} den Wert $T_{tr} = T_0 + 0.0100°$ K fest.

** 1 ° Rank = $^5/_9$ ° K, t ° Rank = $^5/_9$ t ° K. Die Rankine-Skala ist eine thermodynamische oder absolute Temperaturskala in angelsächsischer Teilung.

Réaumur, Skala mit 80 Graden zwischen Gefrierpunkt und Siedepunkt des Wassers (0 bis 80° R), benannt nach dem franz. Physiker René Antoine Ferchault Réaumur (1683—1757).

Celsius, Skala mit 100 Graden zwischen Gefrierpunkt und Siedepunkt des Wassers (0 bis 100° C), benannt nach dem schwedischen Astronomen Anders Celsius (1701—1744).

Fahrenheit, Skala mit 180 Graden zwischen Gefrierpunkt und Siedepunkt des Wassers (+ 32 bis 212° F), benannt nach dem Danziger Physiker Gabriel Daniel Fahrenheit (1686—1736).

Kelvin, Skala mit 100 Graden vom absoluten Nullpunkt aus (273—373° K). Minusgrade gibt es bei dieser Skala nicht (— 15° C = 258° K). Sie ist benannt nach dem engl. Physiker William Thomson (1824—1907), der seit 1892 Lord Kelvin hieß.

Rankine, Skala benannt nach dem engl. Ingenieur und Wärmetechniker I. M. Rankine (1820—1872).

In Deutschland ist die Celsius-Temperaturskala verbindlich lt. Gesetz vom 7. 8. 1924.

1. Die Temperatur T wird als thermodynamische Größe über den zweiten Hauptsatz durch den absoluten Nullpunkt und einen Fixpunkt, den „Tripelpunkt" T_{tr} des reinen Wassers, definiert. Ihre Zahlenwerte in den thermodynamischen Skalen sollen in absoluten Grad (0° K) angegeben werden. Absoluter Nullpunkt = 0° K.

   $T_{tr} = T_o + 0.0100°$ K (z. Z. Eispunkt $T_o = 273.16 \pm 0.002°$ K)

   Um die Maßeinheit zu gewinnen, würde es genügt haben, eine bestimmte Temperatur beliebig festzusetzen, nämlich den normalen Eispunkt 0° und den normalen Wassersiedepunkt zu 100° C. Dies erforderte die Einführung einer 2. Temperaturskala, eben der Celsius-Skala, und zwar so, daß zwischen der thermodynamischen Temperatur T und der Celsiustemperatur t eine konstante Differenz besteht. Diese wurde zu T — t = 273.16° ermittelt. Die Celsiustemperatur wird durch ° oder ° C, die absolute Temperatur durch ° abs oder ° K bezeichnet. Es ist also 0° C = 273.16° abs, und 0° abs = 273.16° C. Diese hier mit t bezeichnete Temperatur ist in Deutschland am 7. 8. 1924 durch Reichsgesetz amtlich eingeführt worden.

   Weitere Angaben über Temperatureinheiten und Temperaturmessung unter [65] [66] [91] [95].

2. 1948 wurde auf der 9. Conf. Gen. des P. et M. eine neue Skala angenommen und am 1. März 1950 in Deutschland die gesetzliche Temperaturskala vom Jahre 1928 durch eine entsprechend neue ersetzt. Die Skalenwerte, die den Fixpunkten der Temperaturskala zugeteilt sind, erfuhren zum Teil, wenn auch für technische Messungen unwesentliche, Änderungen.

Die 10. Gen.-Konf. f. M. u. G., die vom 5. bis 10. Okt. 1954 in Breteuil tagte, hat beschlossen, die thermodynamische Temperaturskala durch den Tripelpunkt des Wassers als fundamentalen Fixpunkt zu definieren, und ordnete ihm die Temperatur von 273.16° K (genau) zu [164 a].

(Z. VDI 1954 — 13, Temperaturmeßregeln DIN 1953. Hierin und in noch geltenden einschlägigen DIN-Blättern sind alle temp.-meßtechn. Größen und Richtlinien zur Durchführung technischer Messungen festgelegt.)

Es mögen in diesem Zusammenhang auch einige Temperaturextreme und Temperaturmessungen mit anderen Mitteln als gewöhnlichen Thermometern interessieren:

1.326.3 *Markante Temperaturen zwischen + 7260° C und — 273° C:*

Sonnenoberfläche	7260° C
Elektrischer Schmelzofen	6000° C
Gasherdflamme	1600° C
Flüssiges Eisen	1350° C
Überhitzter Dampf der Lokomotive	350° C
Mittlere Körperwärme der Vögel	42° C
Gefrierpunkt des Meerwassers	— 2.5° C
Siedepunkt der flüssigen Luft	— 190° C
Absoluter Nullpunkt	— 273.16° C

1.326.4 *Temperaturmessung durch Schall*

Mit zunehmender Entfernung von der Erdoberfläche nimmt die Lufttemperatur ab und bewegt sich in 11—35 km Höhe bei — 55° C, wie durch Messungen mittels Raketen festgestellt wurde. Die folgende Gasschicht bis 60 km zeigt infolge des Gehaltes an Ozon, das die ultraviolette Strahlung absorbiert und sich dadurch erwärmt, Durchschnittswerte von + 76° C. Darüber folgt wieder eine kältere Schicht und abschließend ein wärmerer Bereich. Die oberen Warmluftschichten haben reflektierende Eigenschaften; sie werfen den Schall zurück. Über diese Eigenheit berichtete Dr. Cox vom Naval Ordnance Laboratory von der Amerikanischen Physikal. Gesellschaft. Wo Echos sich einstellen, läßt sich aus ihrer Intensität auf Höhe und Temperatur der Reflexionsschicht schließen. Aus der Schallreflexion an hohen Warmluftschichten lassen sich auch die bekannten Überlaut- und Schweigezonen erklären, die sich ringförmig um einen Explosionsherd ausbreiten und Interferenzerscheinungen darstellen.

Als im April 1947 die militärische Anlage auf Helgoland mit 5000 t Sprengstoff zerstört wurde, konnten in einer Entfernung von 1000 km in Goricia (Italien) reflektierte Schallwellen nachgewiesen werden. Es wurden hieraus in 5 km + 21° C und in 160 km + 126° C als Temperaturspitzen errechnet.

1.326.5 *Temperaturmessung mit Leuchtstoffen*

Leuchtstoffe haben die Eigenschaft, ihre Leuchtkraft bei einer kritischen Temperatur zu verlieren. Dieses Charakteristikum läßt sich ebenfalls zur Temperaturmessung ausnutzen, sofern man mehrere Leuchtstoffe mit verschiedenen kritischen Temperaturen auf einen Gegenstand aufträgt, dessen Temperatur man bestimmen will. Der Leuchtstoff nimmt hierbei aus der erregenden Strahlung Energie auf. Diese setzt sich im Leuchtstoff um und verläßt ihn als sichtbares Licht. Aus der Anzahl der sog. leuchtenden und nichtleuchtenden Übergänge in der Sekunde ergibt sich der Wirkungsgrad des Leuchtstoffes als Funktion der Temperatur. Es ist also möglich, auch mit Hilfe von Leuchtstoffen Aufgaben der Temperaturmessung zu lösen, die sonst schwer oder gar nicht lösbar wären. Darüber hinaus läßt sich das temperaturabhängige Lichtaussenden der Leuchtstoffe auch zum Steuern von Regelorganen benutzen.

(*Brauer:* Z. VDI 1954 — Nr. 9 — S. 285.)

1.4 Das physikalische und das technische Maßsystem

Physik und Technik haben entsprechend ihren verschiedenen Aufgaben als Wissenschaften verschiedene Maßsysteme entwickelt, die auseinanderzuhalten sind, auch wenn der Physiker häufig das technische Maßsystem benutzt, weil die Meßgeräte nach diesem System geteilt sind.

1.41 *Das physikalische Maßsystem,* nach *Gauß* seit dem Pariser Kongreß vom 21. 9. 1881 auch das „Absolute Maßsystem" genannt, ist auf den Grundgrößen der Länge, der Masse und der Zeit aufgebaut. Die Maße aller anderen meßbaren Größen werden so auf diese Grundmaße zurückgeführt, daß Reduktionsfaktoren entfallen. Das System hat als Einheit der Länge das Zentimeter, als Einheit der Masse das Gramm (= Masse von 1 cm^3 Wasser) und als Einheit der Zeit die Sekunde; es wird deshalb auch CGS-System = Zentimeter-, Gramm-, Sekunden-System genannt. Eine Variante hierzu ist das MKS-System = Meter-, Kilogramm-, Sekunden-System, auch Giorgisches Maßsystem genannt.

Ein drittes, das Meter-, Tonnen-, Sekunden-System (mts-System), benutzt die Masseneinheit 1 Tonne = 10^3 kg. Es ist in Deutschland nicht gebräuchlich, aber in Frankreich gesetzlich eingeführt [71].

c, g, s sind die fundamentalen Einheiten; alle anderen sind abgeleitete Einheiten des Systems und lassen sich in Funktionen von Potenzen der fundamentalen Einheiten ausdrücken. Diese Funktionen heißen ihre Dimensionen und werden durch in eckige Klammern gesetzte Produkte der Potenzen der 3 Grundeinheiten Masse [m], Länge [l] und Zeit [t] ausgedrückt. Es werden folgende Einheiten unterschieden:

1. geometrische
2. mechanische
3. kalorische
4. elektrostatische
5. magnetische
6. elektromagnetische

Das absolute oder physikalische Maßsystem ist somit auch in der Elektrotechnik üblich [139] [140]. Auch hier sind zur Kontrolle des elektrischen Stromes und seines Weges sowie zur Feststellung unzulässiger Betriebszustände Messungen notwendig. Durch das Gesetz vom 1. Juni 1898 (veröffentlicht im RGBl. Nr. 26, S. 905—907) sind das Ohm, das Ampere und das Volt die gesetzlichen Einheiten für elektrische Messungen. In Stromerzeugungsanlagen ist die Überwachung des erzeugten Stromes dauernd erforderlich; es ist aber auch notwendig, die Belastung der Stromverbrauchs- oder Umwandlungsanlagen zu beobachten.

Es wird gemessen:

1. die Stromstärke in Ampere (A)
2. die Spannung in Volt (V)
3. die Leistung in Kilowatt (kW)
4. die Frequenz in Perioden in einer Sekunde (Per/s)
5. die Blindleistung in Blindkilowatt (BkW)
6. der Isolationswiderstand in Ohm (Ω)
7. die elektrische Arbeit in Kilowattstunden (kWh)

Die Messungen werden bewirkt durch dauernd eingeschaltete Instrumente (1—4) in Form der Kontrolle des Leistungsfaktors (5) durch vorübergehend angeschlossene Kontrollapparate (6) oder durch Zähler (7).

Zu 1—6 werden nach der inneren Konstruktion unterschieden:

a) elektromagnetische oder Weicheiseninstrumente für Gleich- oder Wechselstrom
b) Weicheisen-Präzisionsinstrumente für Wechselstrom
c) Drehspulinstrumente für Gleichstrom
d) ferrodynamische Instrumente für Gleich- und Wechselstrom

Das Verhältnis der internationalen elektrischen Einheiten zum absoluten Maßsystem ist nach den letzten Bestimmungen [91]:

1 Ohm $= 1.00045 \cdot 10^9$ CGS[1] und
1 Amp. $= 0.099992$ CGS[2]; daraus folgt
1 Volt $= 1.00037 \cdot 10^8$ CGS
1 Watt $= 1.00029 \cdot 10^7$ CGS
1 Farad $= 0.99955$ CGS
1 Henry $= 1.00045$ CGS

[1] Proc. verbaux 16, 27, 29; 1933.

[2] Proc. verbaux 16, 97; 1933.

Tabelle 78. Das physikalische Maßsystem der Mechanik im metrischen und angelsächsischen System

Metrisches System					
Grundgröße	Dimension	im CGS-System		im MKS-System	
		Grundeinheit	dargestellt durch	Grundeinheit	dargestellt durch
Länge	l	cm	Meterprototyp[1]	m	Meterprototyp
Masse	m	g	Kilogrammprototyp	kg	Kilogrammprototyp
Zeit	t	s	mittl. Sonnensekunde	s	mittl. Sonnensekunde
Angelsächsisches System					
Grundgröße	Dimension	Britisches yd-lb-s-System		USA yd-lb-s-System	
		Grundeinheit	dargestellt durch	Grundeinheit	dargestellt durch
Länge	l	yd.	Imp. Standard yard[2]	yd.	zahlenmäßiger Anschluß an das Meterprototyp[4]
Masse	m	lb.	Imp. Standard pound[3]	lb.	zahlenmäßiger Anschluß an das Kilogrammprototyp[5]
Zeit	t	s	mittl. Sonnensekunde	s	mittl. Sonnensekunde

[1] Meterkonvention 1875, 1. Gen.-Konf. f. M. u. G. 1889, Bezugstemperatur 0° C

[2] Weights and Measures Act 1878, Bezugstemperatur 62° F, letztes Meßergebnis der NPL (1934 über Wellenlängenvergleich)
1 imp. yd. = 36/39.370 138 m = 0.914 394 624 m
1 imp. in. = 1/39.370 137 m = 25.399 962 mm
als gesetzliche Umrechnungsbeziehung gilt 1 imp. in. = 1/39.370 147 m = 25.399 956 mm (direkter Yard-Meter-Vergleich 1928)

[3] Weights and Measures Act 1878; letztes Meßergebnis der NPL (1933)
1 imp. lb. = 0.453 592 338 kg

[4] Cong. Metric Act of July 26, 1866, und Mendenhall-Order (1893)
1 US-yd. = 3600/3937 = 0.914 401 829 m, 1 US-in. = 1/39.37 m = 25.400 0509 mm

[5] Mendenhall-Order (1893)
1 US-lb. = 0.453 592 4277 kg (Meßergebnis f. d. Imp. St. pound vom Jahre 1883)

1.42 *Das technische Maßsystem*

Das absolute oder CGS-System hat sich in der Technik nicht durchgesetzt. Der Einwand, daß die Grundeinheiten bzw. die daraus abgeleiteten Einheiten für technische Zwecke zu klein seien, hat weniger Bedeutung. Durch Verwendung geeigneter Zehnerpotenzen läßt sich eine praktisch verwendbare Größe darstellen. Dagegen ist es vorteilhafter, für technische Zwecke von der Kraft als Grundeinheit auszugehen statt von der Masse [m]. Das technische Maßsystem verwendet daher als Einheit der Länge das Meter, als Zeiteinheit die Sekunde und als Krafteinheit das Kilogramm, wobei an Stelle der Bezeichnung Kilogramm (kg) die neuere technische Maßeinheit kp = Kilopond (d. i. das Gewicht der Masse von 1 kg = 1000 p [Pond]) tritt, während die Bezeichnung Kilogramm (kg) nur noch als Einheit der Masse im physikalischen Maßsystem dienen soll.

Die Fundamentaleinheiten des technischen Maßsystems werden bezeichnet mit [k] Kraft, [l] Länge und [t] Zeit.

Wenn das technische Maßsystem mit dem absoluten in Verbindung gebracht werden soll, dann ist selbstverständlich 1 m = 100 cm, die Kraft von 1 kg = 980800 Dyn, während die Zeiteinheit Sekunde in beiden Maßsystemen die gleiche ist. Im übrigen werden im technischen Maßsystem genauso wie im absoluten oder physikalischen System eine Reihe zusammengesetzte Einheiten gebildet.

Grundsätzlich werden also zwei Maßsysteme nebeneinander benutzt, die sich praktisch nur in den Masse-Kraft-Einheiten unterscheiden. Sie werden zwar von dem gleichen Körper (Prototyp) abgeleitet, verkörpern aber einmal seine *Masse*, das andere Mal die von ihm ausgeübte *Kraft* bei Normalbeschleunigung. Wenn auch der ältere Techniker und Physiker weiß, was gemeint ist, und ihm das Denken in zwei Maßsystemen zur Gewohnheit geworden ist, so hat sich bisher doch noch niemand mit den Begriffen so auseinandergesetzt, daß sich die Bestrebungen, hier ein einheitliches Maßsystem zu schaffen, verwirklichen ließen. Auf dem Zwiespalt dieser beiden Maßsysteme beruht auch die Schwierigkeit, Masse und Kraft als gesetzliche Einheiten eindeutig zu definieren, da man in einem Gesetz logischerweise nicht in zwei Systemen definieren kann [158, Padelt]. Die heranwachsende Jugend kennt aber bereits diese Begriffe vom Anfang des Physikunterrichtes an, so daß es nur noch eine Frage der Zeit sein dürfte, bis der Begriff Kilopond als Bezeichnung der Kraft jedem Techniker geläufig geworden ist [158, Padelt].

Tabelle 79. Das technische Maßsystem der Mechanik im metrischen und angelsächsischen System

Metrisches System					
Grundgröße	Dimension	cm-p-s-System		m-kp-s-System	
		Grundeinheit	dargestellt durch	Grundeinheit	dargestellt durch
Länge	l	cm	Meterprototyp	m	Meterprototyp
Kraft	k	p	Kilogrammprototyp + Normalbeschleunigung[1]	kp	Kilogrammprototyp + Normalbeschleunigung
Zeit	t	s	mittl. Sonnensekunde	s	mittl. Sonnensekunde

[1] 3. Generalkonferenz f. M. u. G. (1901) $g_n = 9.80655\ m/s^2$

(Fortsetzung von Tabelle 79)

Angelsächsisches System					
Grund- größe	Dimen- sion	Britisches yd-lb(wt)-s-System		USA yd-lb(wt)-s-System	
		Grund- einheit	dargestellt durch	Grund- einheit	dargestellt durch
Länge	l	yd.	Imp. Standard yard	yd.	zahlenmäßiger Anschluß an das Meterprototyp
Kraft	k	lb. (wt.)[3]	Imp. Standard pound[2] + Normalbeschleunigung	lb. (wt.)	zahlenmäßiger Anschluß an das Kilogrammprototyp + Normalbeschleunigung
Zeit	t	s	mittl. Sonnensekunde	s	mittl. Sonnensekunde

[2] 1 p = g_n g, bzw. 1 kp = g_n kg, 1 lb. (wt.) = g_n lb.

[3] neuer Vorschlag der NPL (1948) für ein das pound weight vom pound mass abhebendes Kurzzeichen: Lb. = lb. (wt.)

Lit.: Torsten *Swensson*, Fysikaliska och tekniska beräkningar med tillhjälp av det rationaliserade MKSA-systemet (Physikalische und technische Berechnungen mit Hilfe des rationalisierten MKSA-Systems). Forsking och Technik, Nordisk Rotgravyrs Monografiserie Stockholm 1953, Ref. VDI 1954, Nr. 27, S. 939.

1.5 Technische Maße und Meßgeräte

Im Anfangszustand der Technik kam es auf Maßhaltigkeit der handwerklich bearbeiteten Stücke nicht an; meistens waren es nur einmal hergestellte Teile und, wenn solche schon ein bestimmtes Maß haben sollten, dann wurden sie nach Augenmaß nachgearbeitet, das allerdings in früheren Zeiten viel besser ausgebildet war als in unserer „messenden" Zeit. Hierbei mag die Präzisionsmechanik aller astronomischen Instrumente schon frühzeitig insofern eine Ausnahme gebildet haben, als ihre Berechnungen sich nicht allein auf Augenschein gründen durften.

Erst mit dem Aufkommen der Austauschfabrikation, der Herstellung von Einzel- und Ersatzteilen, entwickelte sich ein technisches Meßwesen. Das Bedürfnis hierfür trat wohl zuerst bei der Heeresausrüstung auf, wo ein Reservelager von Ersatzteilen von entscheidender Notwendigkeit war. Bald hatten aber auch die übrigen Industriezweige den Nutzen des Austauschsystems erkannt (z. B. Uhren-, Textil- und Nähmaschinen-Industrie) und erzielten schließlich, wenn auch unter Opfern und Schwierigkeiten, den Durchbruch der Austauschfabrikation. Selbstverständlich konnte sich das technische Meßwesen erst dann voll durchsetzen, nachdem ein gesichertes und allseitig anerkanntes Maßsystem geschaffen war, das zwar auf wissenschaftlichem Gebiet bereits durchgeführt war, aber in der Technik noch vollständig fehlte. Das technische Meßwesen umfaßt folgende Sparten:

a) Das Prüfen. Damit ist das Bestimmen einer oder mehrerer vorgeschriebener Eigenschaften durch Vergleich gemeint. Man unterscheidet maßliches Prüfen und nichtmaßliches Prüfen.

b) Das Messen. Damit ist die Bestimmung der Zahl von Einheiten (Maßeinheit) gemeint, die in der zu messenden Größe (Meßgröße) enthalten sind. Der mit einem Meßgerät gewonnene Zahlenwert der Meßgröße heißt Meßwert. Der Meßwert ist das Produkt aus Maßzahl und Maßeinheit.

Durch eine Messung wird das Istmaß festgestellt, d. h. das tatsächliche, mit Fehlern behaftete Maß, während das Sollmaß eines Körpers das fehlerfreie Maß ist, das der Körper erhalten sollte. Ein drittes Maß ist das Nennmaß, ein meist abgerundetes Maß, das zur Größenbezeichnung dient und nach dem Körper maßlich benannt wird (*Hultzsch* [158]).

c) Das Lehren. Das ist die Kontrolle auf Einhaltung des Größt- oder des Kleinstmaßes.

d) Die Normung. Das ist die Beschränkung der vorkommenden Größen — eine Vereinbarung zwischen Erzeuger und Verbraucher, nur bestimmte Größen zu benutzen.

e) Die Passung oder das Paßsystem. Hierunter versteht man Vorschriften über das Aneinander- und Ineinanderpassen gewisser Maschinenelemente. Sie sind, um dem Bedürfnis nach internationaler Austauschbarkeit zu entsprechen, im ISA-Paßsystem verkörpert.

Hierfür stehen Strichmaße, Endmaße, Lehren, Geräte und Apparate mannigfacher Art zur Verfügung, die, wie im sonstigen Maßsystem, auch in der Technik Verwendung finden [36] [54] [62].

1.51 *Strichmaße* sind Körper, die durch den Abstand von Marken ein oder mehrere Maße darstellen (Gliedermaßstäbe). Zur praktischen Längenmessung dienen geteilte Maßstäbe und mancherlei Meßgeräte, die später erwähnt werden. Bei den Maßstäben soll die Länge der Teilstriche gleich dem 2½fachen ihres Abstandes sein. Dann schätzt man die Bruchteile am sichersten.

Die einfachste Art, eine Längenmessung auszuführen, besteht darin, daß man an die zu messende Länge einen eingeteilten Meterstab unmittelbar anlegt und vergleicht, wievielmal der Metermaßstab oder ein Teil desselben aneinandergelegt werden muß, damit eine Länge entsteht, welche der zu messenden Länge gleich ist. Längen von 50 m und mehr wurden mit Meßketten und werden neuerdings mit Stahlbandmaß gemessen.

1.52 *Endmaße* sind Körper, die durch den Abstand von Flächen ein Maß darstellen (Endmaßsätze) (s. S. 137). Die ersten technischen Endmaße aus Stahl schuf 1897 der Inspektor der Waffenfabrik in Eskilstuna (Schweden) *Johansson* als aneinandergesprengte Teile oder als Satz von Parallelendmaßen (Bild 41). Sie wiesen eine Genauigkeit von 0.1 μ auf, was schon rein physiologisch gesehen Höchstleistung darstellt [34]. Die Endflächen der Endmaße sind genau planparallel und haften beim

Bild 41

Parallel-Endmaße von Carl Zeiß, Jena

Werkfoto Carl Zeiß, Jena

Übereinanderschieben so fest aneinander, daß man mehrere zusammengesetzte Endmaße an einem Ende frei halten kann (Bild 42). Die Adhäsion rührt von Molekularkräften einer Flüssigkeitsschicht her, die sich aus

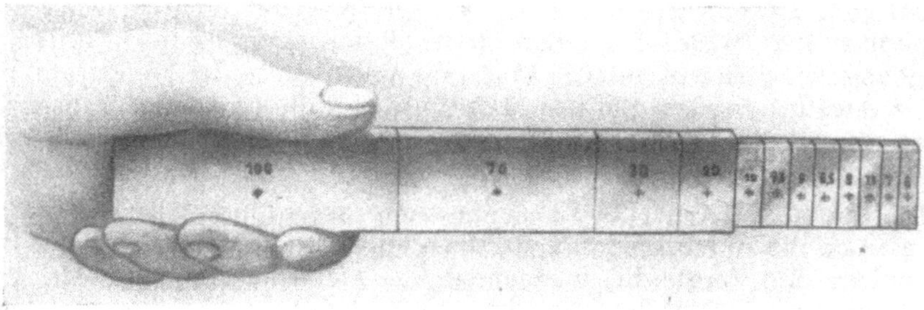

Bild 42

Aneinandergesprengte Endmaße

Aus: Berndt und Schulz, Grundlagen und Geräte technischer Längenmessungen. Verlag Springer, Berlin 1921, S. 75, Fig. 45

kondensiertem Wasserdampf auf ihnen bildet. Um zwei Endmaße wieder voneinander zu trennen, sind 3.5—6.5 kp/cm^2 nötig. Die Parallelendmaße werden in bestimmten Anordnungen in den Handel gebracht. Durch Zusammensetzen der einzelnen Klötze lassen sich bis zu 200 000 Kombinationen und fast 100000 verschiedene Endmaße herstellen, die von 1—2 mm um je $^1/_{100}$ mm, von da ab um $^1/_{1000}$ mm ansteigen. Für größere Längen werden auch zylindrische Formen oder Stahlkugeln als Kombinationsendmaße verwendet. Die Parallelendmaße sind die genauesten Meßmittel in der Technik. Ihre Länge muß daher mit der größtmöglichen Genauigkeit bestimmt und geprüft werden. Es ist heute möglich, Längen von

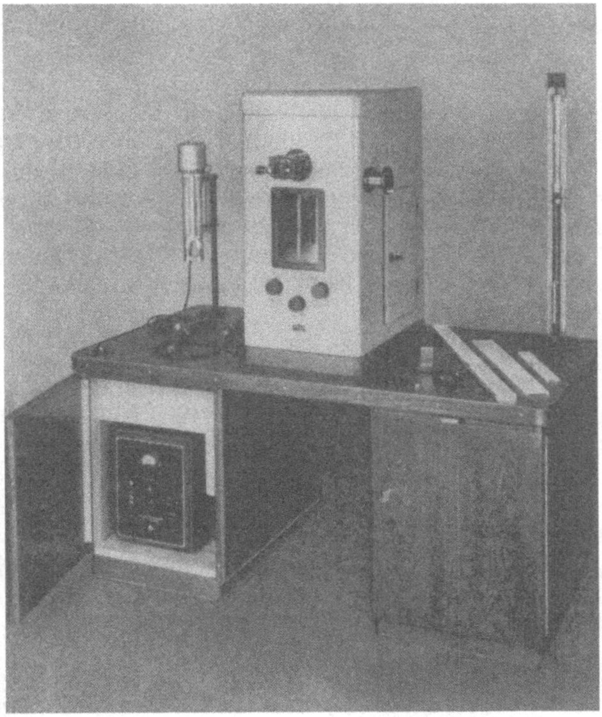

Bild 43

Interferenz-Komparator von Carl Z e i ß , Jena

Werkfoto Carl Zeiß, Jena

1 m mit einer Genauigkeit von 0.2 μ, durch Interferenzmethode sogar bis auf 0.05 μ mit Sicherheit zu messen. Wieweit diese Schärfe bei technischen Messungen notwendig ist, mag dabei offenbleiben. Mit guten Schleifmitteln kann man eine Genauigkeit von 1 μ erreichen.

Der neue Interferenz-Komparator des VEB Carl Zeiß, Jena, gestattet Messungen mit höchsterreichbarer Genauigkeit (Bild 43). Er wird vorwiegend für die Endmaßkontrolle gebraucht. Als Maßeinheit benutzt er Lichtwellenlängen und stellt somit das grundlegende Gerät in der Meßtechnik dar. Der Interferenz-Komparator besteht aus 3 Hauptteilen, dem

Monochromator, der ein einfarbiges paralleles Strahlenbündel erzeugt, dem Interferometer, welches das Strahlenbündel in zwei Bündel teilt und wieder vereinigt, und der Beobachtungsoptik, mit der die im Interferometer erzeugte Interferenzerscheinung beobachtet wird. Der Meßtechniker, der Endmaßmessungen mit dem Interferenz-Komparator durchführt, ist von dem Urmeter bzw. von seinen Prototypen unabhängig geworden. Die Lichtwellenlängen, die er zum Vergleich heranzieht, sind keine willkürlichen Einheiten, sondern unveränderliche Naturmaße.

1.53 *Lehren* sind Instrumente zur Kontrolle von Toleranzgrenzen (Taster und Zirkel).

1.54 *Meßgeräte* sind Meßzeuge, bei denen die Marken verstellbar sind. Sie fassen alle zum Messen einer Größe nötigen Einrichtungen zusammen, die man sonst von Fall zu Fall zusammenstellen müßte, und zwar übersichtlich und handlich. Darüber hinaus müssen sie unter Berücksichtigung größter erzielbarer Genauigkeit transportabel sein. Zudem werden die Teile im allgemeinen in einem Gehäuse staubdicht ummantelt. Man unterscheidet nach der Anzeige Skalen-, Ausgleich-, zählende und schreibende Instrumente:

1. Meßgeräte m i t M a ß a n g a b e	
a) mit Strichmaßstab	Schublehre
b) Fühlhebel	Zehntelmaß, zugleich ältester Fühlhebelapparat. Meßuhr, Minimeter, Optimeter, Meßdose, Röhrenlibelle
c) Schraubenmikrometer	
d) Meßmaschinen	für Innenmessungen, Dickenmessungen, Maschinen mit Fühlhebel
e) Teilmaschinen	Longitudinalkomparator
f) Interferenzkomparator	
2. Meßgeräte o h n e M a ß a n g a b e	
Lehren	für Innen- und Außenmessungen, Stichmaße, Kaliberdorne

V i s i e r g e r ä t e sind Meßgeräte, die dort verwendet werden, wo Maße an Prüflingen nicht so anlegbar sind, daß gleichzeitiges Ablesen möglich ist, z. B. Lupe, Mikroskop, Projektionsapparat.

1.55 *Meßeinrichtungen* und -apparate sind zusammengesetzte Meßzeuge aus mechanischen Meßwerk und nichtmechanischem Meßgerät, z. B.: Druckmesser, Strommesser, Meßmikroskope und Meßmaschinen mit oder ohne Normal, z. B. Schieblehren, Keil- und Schraubmesser, Hebel, Mikroskope u. a.

Fast alle Meßzeuge, in erster Linie die elementaren Geräte, können auf Längenmessung oder auf das Prinzip der Veränderung einer Länge zurückgeführt werden (Ausdehnung, Zusammenziehung), wobei das Ablesen der Bruchteile durch mechanische oder optische Hilfseinrichtungen erleichtert wird. Die mechanischen benutzen Übersetzungen mit Hebeln, Schrauben (Mikrometer), Zahnrädern (Meßuhren) oder Spiralen. Optische Hilfseinrichtungen sind Beobachtungen mit Hilfe des Mikroskopes. Die Fehlergrenze bei mechanischen Hilfsmitteln liegt bei $\pm 1\ \mu$, bei optischen Hilfsmitteln bei $\pm 0.1\ \mu$, während für das unbewaffnete Auge $\pm$ 30—50 μ (d. h. Haaresbreite) noch wahrnehmbar sind.

Für echte Längenmessungen benutzt man Maßstäbe mit feinster, für das unbewaffnete Auge nicht mehr erkennbarer Teilung, das Interferenzmikrometer. Das optische Analogon hierzu sind die Wellen einer bestimmten, von leuchtendem Cd-Dampf ausgesandten Spektrallinie. Ihre Wellenlänge, mit dem Pariser Normalmeter verglichen, ergab für $\lambda_R = 0.6438\ \mu$ (s. S. 139). Bei sehr großen Strecken sind die Methoden der echten Längenmessung nicht mehr brauchbar, man muß dann zu einer unechten Längenmessung greifen (z. B. bei den Riesenentfernungen der Astronomie). Eine elegante technische Ausführung der Standlinien-Längenmessung ist die sog. Stereogrammetrie. Sie dient vorzugsweise der Geländevermessung, insbesondere in Gebirgen.

In den folgenden Bildern werden charakteristische Längenmeßgeräte und Längenmeßeinrichtungen z. T. in ihrer jüngsten Entwicklungsstufe gezeigt.*

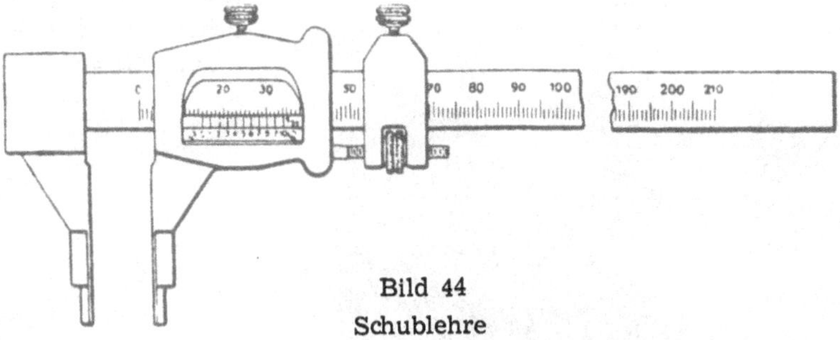

Bild 44

Schublehre

Aus: Berndt und Schulz, Grundlagen und Geräte technischer Längenmessungen. Verlag Springer, Berlin 1921, S. 100, Fig. 64 a

Bild 44 zeigt zunächst die *Schublehre*, das am meisten bekannte Meßgerät mit Strichmaßstab. Ursprünglich begnügte man sich bei diesem Instrument mit einem einfachen Index und schätzte die Teilung. Der Nonius wurde erst später angebracht und führt seinen Namen nach dem portugiesischen Mönch Pedro *Nunez*, der als erster eine Verbesserung am Index empfahl. Die heutige Form entwickelte der Schloßhauptmann Peter Werner (Pierre Vernier) zu Dornas in der Franche Comté.

* *Schrödter* und *Stöckmann* [168] bringen weitere Meßgeräte, z. B. der Firmen Steinmeyer, Ebingen/Württ. (Innenmikrometer mit Ablesekopf), Hahn & Kolp, Stuttg. (Keilnutmeßapparat), Mahr, Eßlingen (Fühlhebel, Rachenlehre), Leitz, Wetzlar (Werkstatt-Meßmikroskop, Oberflächen-Normalen), usw.

Duhmke, Fortschritte auf dem Gebiet der Längenmeßtechnik. Z. VDI, Bd. 96, Nr. 31, S. 1070—1076.

Das **Zehntelmaß** (Bild 45) ist ein scherenartig aus zwei Hebeln zusammengesetztes Instrument, das wohl der älteste Fühlhebelapparat ist. Es eignet sich zur Messung kleiner Körper, da die Bewegung der Hebelenden nicht in einer Geraden, sondern längs eines Kreisbogens erfolgt. Die Bilder 46—52 zeigen mechanische und optisch-mechanische Feinmeßgeräte aus dem Fertigungsprogramm des VEB Optik Carl *Zeiß*, Jena, der die Druckstöcke hierzu freundlicherweise zur Verfügung stellte.

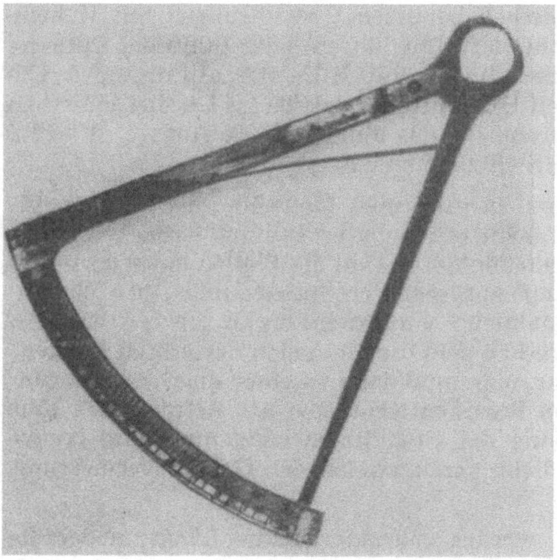

Bild 45
Zehntelmaß
Aufnahme Hochschulbildstelle Bergakademie Freiberg

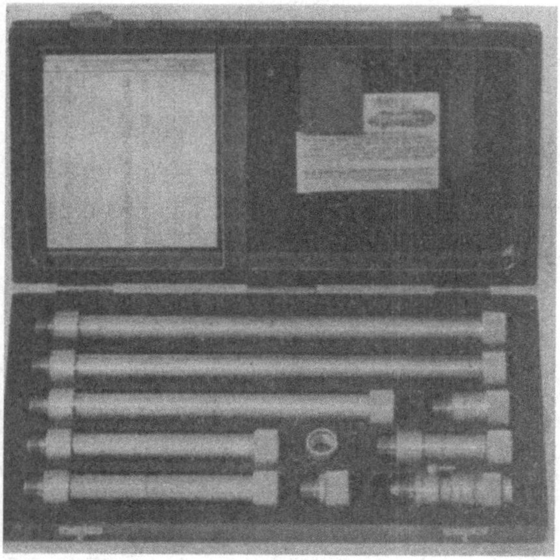

Bild 46
Zusammensetzbare Stichmaße
Werkfoto Carl Zeiß, Jena

Zusammensetzbare Stichmaße (Bild 46). Sie bestehen aus einer Feinmeßschraube und den Stichmaßeinsätzen.

F e i n m e ß s c h r a u b l e h r e (Bild 47). Das Gerät ist in seiner ersten Ausführung in den 70er Jahren des vergangenen Jahrhunderts in den USA entwickelt worden. Es ist seitdem konstruktiv hoch entwickelt worden. Der Fehler des Instrumentes beträgt etwa 2 μ.

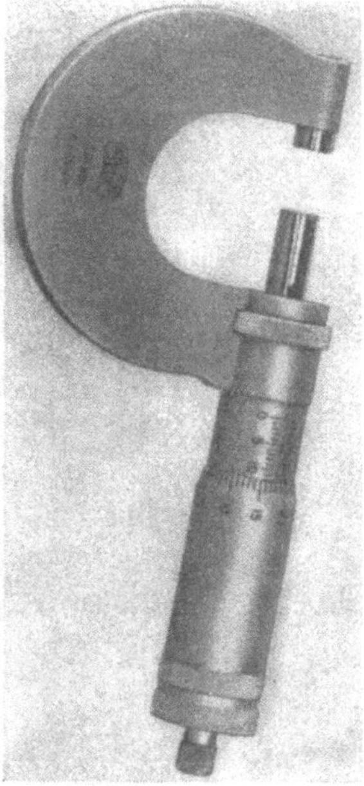

Bild 47

Feinmeßschraublehre

Werkfoto Carl Zeiß, Jena

P a s s a m e t e r (Bild 48) sind einstellbare Rachenlehren mit Maßanzeige durch Fühlhebel. Sie werden benutzt, wenn die zu messenden Durchmesser und Passungen häufig wechseln.

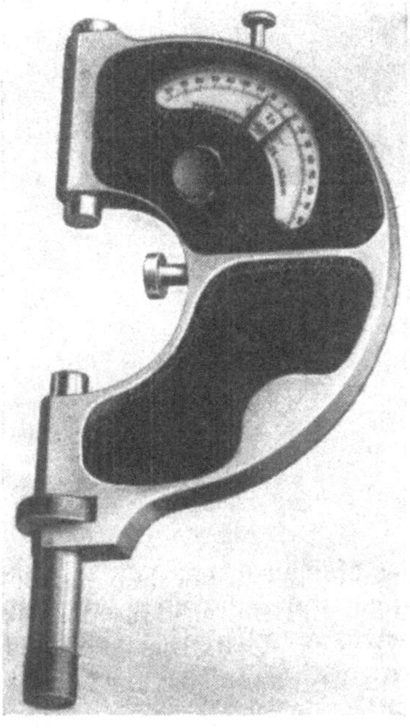

Bild 48

Passameter

Werkfoto Carl Zeiß, Jena

Bild 49

Meßuhr im Gebrauch

Werkfoto Carl Zeiß, Jena

Meßuhr (Bild 49). Sie ist ein anzeigendes Meßgerät, bei dem die Bewegung des Meßbolzens durch eine Zahnstange und Zahnräder oder ein Schneckenradgetriebe auf einen Zeiger übertragen wird. Das Gerät ist wegen seiner großen Fehler nur für Unterschiedsmessungen verwendbar. Bild 49 zeigt eine Zeiß-Meßuhr im Gebrauch.

Bild 50

Großes Werkzeugmikroskop

Werkfoto Carl Zeiß, Jena

M e ß m i k r o s k o p (Bild 50). Das Meßmikroskop findet Anwendung beim Prüfen von Teilungen, Strichbreiten und Gravierungen aller Art. Auch Bohrvorrichtungen und ähnliche Werkzeuge lassen sich mit dem Mikroskop prüfen. Das im Bild gezeigte Werkzeugmikroskop erleichtert das Messen von Gewinden, Lehren, Werkzeugen oder Werkstücken aller Art. Der Konstruktion des Gerätes liegt das Schattenbildverfahren zugrunde.

Bild 51

Projektions-Optimeter

Werkfoto Carl Zeiß, Jena

Projektions-Optimeter (Bild 51). Das Standardgerät für optisch-mechanische Längenmessungen ist das Ultra-Optimeter von Zeiß, ein Fühlhebelgerät für sehr genaue Unterschiedsmessungen mit Okularbeobachtung. 1946 schuf Zeiß ein neues Projektions-Optimeter mit einer Genauigkeit von 0.2 μ, bei dem zwischen einem beweglichen und festen Spiegel eine Vielzahl von Reflexionen erscheint, die von mehreren Beobachtern gleichzeitig abgelesen werden können. Das Gerät ist für alle, die mit der Kontrolle von Lehren, besonders aber von Parallel-Endmaßen, beschäftigt sind, ein wertvolles Hilfsmittel für ihre verantwortungsvolle Tätigkeit.

Universal-Längenmesser (Bild 52). Das Gerät dient für unmittelbare Messungen und für Unterschiedslängenmessungen. Als eine Weiterentwicklung des „Abbe-Längenmessers mit waagerechtem Ständer" ist das Gerät außerordentlich vielseitig anwendbar. Es lassen sich u. a. damit ausführen:

Außenmessungen an kugeligen Meßflächen

Außen- und Innenmessungen an ebenen, parallelen Flächen

Außen- und Innendurchmesser-Messungen

Außen- und Innengewinde-Messungen

Bild 52
Universal-Längenmesser
Werkfoto Carl Zeiß, Jena

Bemerkenswert ist die elektrische Anzeigevorrichtung beim Messen von Bohrungen, wobei die Berührung mit den Meßorganen durch ein „magisches Auge“ sichtbar gemacht wird.*

Abschließend seien noch einige neuzeitliche Methoden zur Werkstoffprüfung erwähnt:

Das Echolotverfahren mit Ultraschallimpulsen zur Fehlerprüfung von größeren Schmiedestücken, Rohren, Flanschen, Schweißnähten sowie für Wanddicken-Messungen ** und

das Röntgenprüfverfahren mit Betatron-Röntgenstrahlen. Die Röntgenprüfung wird allgemein als eine der besten zerstörungsfreien Prüfmethoden des Maschinenbaues angesehen.***

Als letztes der neuzeitlichen Kontrollverfahren sind der Vollständigkeit halber die halb- und vollautomatischen Prüfmaschinen zur gleichzeitigen Kontrolle einer Vielzahl von Maßen an einem schwierig geformten Teil zu nennen. Diese mechanisierte Kontrolle einer Vielzahl von Maßen stellt sich trotz der hohen Gestehungskosten einer solchen Anlage weit billiger als eine manuelle 100%ige Kontrolle. Die Meßergebnisse werden durch Wassersäulen sichtbar gemacht. Je nach der Größe der

* Der Dechema-Erfahrungsaustausch Frankfurt/M., August 1953, der Deutschen Gesellschaft für chemisches Apparatewesen bringt auf Bl. 865—983 Hinweise für die Auswahl bei der Beschaffung von Meß- und Regeleinrichtungen zur Betriebsüberwachung. Die Sammlung behandelt die für die grundlegenden Meßgrößen vorhandenen wichtigsten Meßgeräte und verschiedenen Meßverfahren.

** *Krautkrämer*, *J. u. H.*, Köln: Fortschritte der Werkstoffprüfung mit Ultraschall. Z. d. Techn. Überw.-Vereins, München, 1953, Heft 9, S. 233—42.

Georgi: Im Eis vergraben. München, 1933 (Eisdickenmessung nach dem Echolotverfahren).

*** *Wideröe*, *R.*: Werkstoffprüfung mit Betatron-Röntgenstrahlen, Z. VDI 1954 — 15/16 — S. 450.

Teile sind Stundenleistungen von 500—10 000 Stück möglich. Derartige Prüfmaschinen sind endlich auch dazu berufen, Vorurteile zu beseitigen, die in weiten Kreisen der Verbraucher gegenüber den in Massen hergestellten Erzeugnissen (Austauschfabrikation) mitunter noch bestehen.

Helmuth: Die mechanisierte Qualitätskontrolle bei der Fertigung mittlerer und großer Stückzahlen. Z. Werkstatt und Betrieb 1954, Heft 3, S. 115 ff.

1.56 *Waagen.* Für den Gebrauch der Begriffe Länge und Zeit stehen dem Menschen im allgemeinen natürliche Größen zur Verfügung, deren er sich bedienen kann. Anders lagen die Verhältnisse bei der Bestimmung eines Gewichtes. Die Vornahme einer Wägung verlangt die Verwendung eines künstlichen Gerätes und die Kenntnis der Hebelgesetze. Die Waage kann daher als das älteste und erste Meßgerät bezeichnet werden und nimmt als solches in der Reihe der Meßzeuge eine Sonderstellung ein.

Hier sind *Cues'* [56a] Arbeiten besonders wertvoll. Nikolaus v. Cues gibt in seinem Dialog „Über Versuche mit der Waage" einen Einblick in den Stand der Naturwissenschaften um die Mitte des 15. Jh. Er philosophiert darin mit den Menschen seiner Zeit und stellt fest, daß der Weg, zur Wahrheit zu gelangen — auch in der Arzneimittellehre —, beim Zählen, Messen und Wägen beginnt. Seine reichen Erfahrungen, die er bei Experimenten mit der Waage gewann, mögen ihn dabei veranlaßt haben, seine Beobachtungen niederzuschreiben. Das Wägen wurde dem Philosophen ein Schlüssel zu tieferer Erkenntnis. Sein Dialog bedeutet für das Abendland eine Neubegründung der Mechanik und zeigt die Notwendigkeit auf, die quantitativen Verhältnisse in der Natur ganz bestimmten Untersuchungen zu unterziehen. So verwendet der Cusaner bei allen seinen Untersuchungen als Instrument die Waage. Sie ersetzt ihm sogar die Uhr. Er bezieht aber bei den verschiedenen Wägungen seine Messungen immer wieder auf andere Größen, mit Vorliebe auf Wasser. Er kennt noch keine Maßeinheiten und findet sie auch nicht.

Cues erkannte auch die Grenzen der Genauigkeit der Instrumente des 15. Jh. Diese wurden meist in freier Hand benutzt, hatten keine Feineinstellung, waren roh und unvollkommen gearbeitet, so daß das Schätzen eine beträchtliche Rolle spielte.

Cues' Dialog ist enthalten in den Renaissance-Drucken von Straßburg 1488, Mailand 1502, Paris 1514, Basel 1565 und in der lat. Vitruv-Ausgabe Straßburg, Knobloch 1543, die Machaeropioeus auf Veranlassung des Rivius herausgab, während die ersten deutschen Vitruv-Ausgaben, Nürnberg 1548 und Basel 1575, den Dialog nicht mehr enthalten. In der Nürnberger Ausgabe der „Neuen Perspectiva" von Rivius, 1547, erscheint die 1. deutsche Übersetzung der Cusanischen „Versuche mit der Waage", später Nürnberg 1558, Basel 1582 und schließlich Basel 1614, in der deutschen Ausgabe der Baukunst Vitruvs. Teilübersetzungen sind auch in der neuen Literatur häufig, z. B. bei Scharpff: Der Cardinal und Bischof Nicolaus von Cusa als Reformator in Kirche, Reich und Philosophie des 15. Jh., Tübingen 1871, und Kästner: Geschichte der Mathematik, Band II, Göttingen 1797, und schließlich Hoffmann: Schriften des Nicolaus von Cues (im Auftrag der Heidelberger Akad. d. Wissenschaften in deutscher Übersetzung herausgegeben, Heft 5).

Aus babylonischen und ägyptischen Aufzeichnungen ist die Verwendung einer einfachen, gleicharmigen Balkenwaage bekanntgeworden. Ein Waagebalken mit angehängten Schalen wird schon 3000 v. u. Z. nachgewiesen. Die ersten Laufgewichtswaagen hingegen finden wir bei den Arabern, von denen sie, wie die babylonisch-ägyptischen Balkenwaagen, bei den Völkern des klassischen Altertums Eingang gefunden haben. Laufgewichtswaagen werden fälschlich auch „römische Waagen" genannt, eine Bezeichnung, die wahrscheinlich von dem arabischen Wort „romman" = Granatapfel, nach der Form des verschiebbaren Gewichtes, abgeleitet ist. Es ist erstaunlich, daß die konstruktive Weiterbildung der Waagen im wesentlichen erst im Mittelalter begonnen hat. Bis dahin hat die Waage die Form der gleicharmigen Balkenwaage oder der Laufgewichtswaage beibehalten.

Bild 53

Goldwaage mit 18 Messinggewichten und 1 Feingewicht aus dem Staatl. Mathem.-Physik. Salon Dresden

Hersteller: Joh. Pet. Braselmann, Wichlinghausen in Oberbarmen, Ende des 18. Jahrhunderts

Aufnahme Mathem.-Physik. Salon Dresden

1670 erfand *Gilles Persone de Roborval* in Paris die Brückenwaage.

1726 erschien in Leipzig das Werk *Leupolds*, „Theatrum Staticum universale", das eine Zusammenstellung der mittelalterlichen Waagen brachte.

1820 erfand der Elsässer *Quintenz* die Dezimalwaage.

Ende des 19. Jh. fanden in Deutschland Feder- und Laufgewichtswaagen Eingang. Die Neigungswaage ist aus Amerika zu uns gekommen.

1924 wurde in Deutschland die Schaltgewichtswaage erfunden.

Waagen sind Apparate zur Bestimmung der Masse eines Körpers durch Vergleich mit der Masse einer gesetzlich eingeführten Einheit (Gramm, Kilogramm, Tonne). Trotz der Vielgestaltigkeit der äußeren Form und der verschiedenen Verwendungszwecke lassen sich die Waagen in drei Gruppen mit mehreren Untergruppen einordnen. Im Folgenden

Bild 54

Weinmann — Einsatzgewicht
aus dem Staatl. Mathem.-Physik. Salon Dresden

Ein schönes, aus Messing gefertigtes Einsatzgewicht süddeutscher Arbeit aus dem Jahre 1588. Es weist dreimal den sagenhaften Vogel Greif auf, das Meisterzeichen von Albrecht Weinmann, dem Mitglied einer bekannten Nürnberger Gewichtemacherfamilie.

Gewichtsangaben: 50 Mark
8 Einsätze 12 Mark, 2 Mark, 8 Lot, 4 Lot, 2 Lot, 1 Lot und 1/2 Lot

Aufnahme Mathem.-Physik. Salon Dresden

werden die wesentlichsten Typen angeführt, während auf eine Betrachtung der konstruktiven und theoretischen Einzelheiten im Rahmen dieser Arbeit verzichtet wird. Mit den angeführten Beispielen sind die Verwendungsmöglichkeiten der Waagen natürlich bei weitem nicht erschöpft. Es wird hierzu auf die einschlägige Literatur verwiesen, z. B. [72] [75] [95] [132] [143] [160].

1.561 *Hebelwaagen.* Bei ihnen erfolgt die Wägung durch Vergleich zweier Drehmomente.

1.561.1 *Hebelwaagen mit unveränderlichem Hebelarm*

1.561.11 Gleicharmige Hebelwaagen oder Balkenwaagen finden wegen der mit ihnen erreichbaren hohen Genauigkeit hauptsächlich in der Physik und Chemie Anwendung (Präzisionswaagen*), ferner in einfacher Ausführung in kleineren Anstalten der Post, Ladengeschäften usw. Ihre

Bild 55

Gewichtssatz aus Glas
aus dem Staatl. Mathem.-Physik. Salon Dresden

Angefertigt in der Friedrichsthaler Glashütte (Lausitz), bestehend aus 6 Gewichten nach sächs. Handelsgewicht 4, 2, 1, 1/2 und 2mal 1/4 Pfund (1 Pfund = 467 g). Die Gewichte wurden 1815 vom Salzschreiber Frank, Dürenberg (Provinz Sachsen), gekauft. Aufschrift = Koen: Saechs: Norm: Gew.:

Aufnahme Mathem.-Physik. Salon Dresden

Bedienung ist etwas umständlich, da man stets entsprechende Gewichtssätze zur Hand haben muß. Die Balkenwaage ist daher heute in den meisten Fällen von der Schnellwaage verdrängt. Im praktischen Gebrauch hat sich die Brückenwaage eingebürgert, eine zusammengesetzte, gleicharmige Hebelwaage.

** Auf der Industriemesse in Hannover 1954 stellten die Sartoriuswerke, Göttingen, eine Analysenwaage höchster Genauigkeit und Empfindlichkeit aus. Die Gewichte werden automatisch durch Bedienung von Drehknöpfen aufgelegt, so daß alle Einflüsse von außen ferngehalten sind. Mit einer solchen Waage „wiegt" man sogar einen Bleistiftstrich auf einem Papier. Lit.: VDI-Nachrichten 1954, Nr. 9, S. 3.

Bild 56
Einsatzgewicht
aus dem Staatl. Mathem.-Physik. Salon Dresden
Neun verschiedene Gewichtseinsätze, etwa 1826
Aufnahme Mathem.-Physik. Salon Dresden

1.561.111 Wägung mit der Analysenwaage

Diese Waage ist als physikalisches Pendel bzw. als ein dreiarmiger Hebel aufzufassen. Die beiden Balkenarme bilden hierbei zwei Arme, während der dritte Arm dadurch entsteht, daß der Schwerpunkt von Waagebalken + Zeiger unterhalb der Schneide liegt. Hierdurch erzeugt das in diesem angreifend gedachte Gewicht aus Waagebalken + Zeiger ein rückstellendes Drehmoment.

Da eine gute Waage nur eine geringe Dämpfung besitzt und so empfindlich ist, daß bereits ein Staubteilchen, das sich zwischen Pfanne und Mittelschneide befindet, die Ruhelage meßbar beeinflussen kann, finden Wägungen nur bei schwingender Waage statt. Aus den Umkehrpunkten des Zeigers schließt man dann auf diejenige Stellung, die dieser bei Ruhelage einnehmen würde. Man liest zu diesem Zwecke stets eine ungerade Anzahl aufeinanderfolgender Umkehrpunkte ab, z. B.:

	rechts		links
	12.5		6.7
	12.3		6.4
	12.0		
Mittel	12.27		6.55
Mittel		9.41	

1.561.112 Empfindlichkeit der Waage

Bei unbelasteter Waage ermittelt man zunächst den Nullpunkt, wie soeben ausgeführt wurde. Dann erfolgt eine zweite Messung, bei der der Reiter, der sich bereits, um Meßfehler zu vermeiden, vorher in der Balkenmitte befunden hat, um einen oder mehrere Teilstriche des Balkens verschoben wird. Nun erfolgt eine neue Nullpunktsermittlung. Aus dieser und der ersten nimmt man eine Mittelwertbildung vor, um etwaige

Nullpunktswanderungen zu eliminieren. Ein anderes Verfahren besteht darin, daß man den Reiter einmal rechts, dann links und dann wieder rechts aufsetzt und schließlich aus den erhaltenen Werten mittelt, z. B.:

	1 mg	rechts	1 mg	links	1 mg	rechts
	2.3		20.6		2.8	
		8.7		7.9		8.3
	2.7		20.0		3.1	
		8.3		8.5		8.0
	2.9		19.5		3.4	
Mittel	2.63	8.50	20.03	8.20	3.10	8.15
Mittel	5.57		14.12		5.63	

Daraus ergibt sich als Mittelwert der Skalenteile rechts

$$\frac{5.57+5.63}{2}=5.60\ \text{Sk.}$$

Mithin beträgt der mittlere Ausschlag

$$14.12-5.60=8.52\ \text{Sk.}$$

Da die Ausschläge sowohl rechts als auch links durch je 1 mg hervorgerufen wurden, beträgt die Empfindlichkeit

$$8.52:2=4.26\ \text{Sk./mg.}$$

Häufig gibt man auch den Reduktionsfaktor, d. h. den Kehrwert der Empfindlichkeit bei Waagen, an. Derartige Angaben sind aber nicht immer eindeutig, da zum Teil die Skaleneinteilung nicht in mm durchgeführt wird.

Allgemein kann gesagt werden, daß die Empfindlichkeit einer Waage um so größer ist,

1. je länger die Waagenbalken sind,
2. je geringeres Gewicht der Waagebalken aufweist,
3. je kleiner der Abstand Schwerpunkt — Mittelschneide ist.

61.113 Systematischer Meßfehler

Da bei der Mehrzahl der Wägungen verschiedene Volumina von zu wägendem Körper und Vergleichsmasse vorhanden sind, erfahren die beiden Massen auch verschiedenen Auftrieb in Luft.

Da bei allen Waagen eine minimale Ungleicharmigkeit vorliegt, hat Gauß eine Doppelwägung (Vertauschungsverfahren) vorgeschlagen. Die Masse wird zu diesem Zweck einmal links und dann rechts zur Bestimmung aufgelegt. Das geometrische Mittel, das aber für die Praxis genügend genau durch das arithmetische ersetzt werden kann, der beiden Ergebnisse gibt dann den wahren Wert.

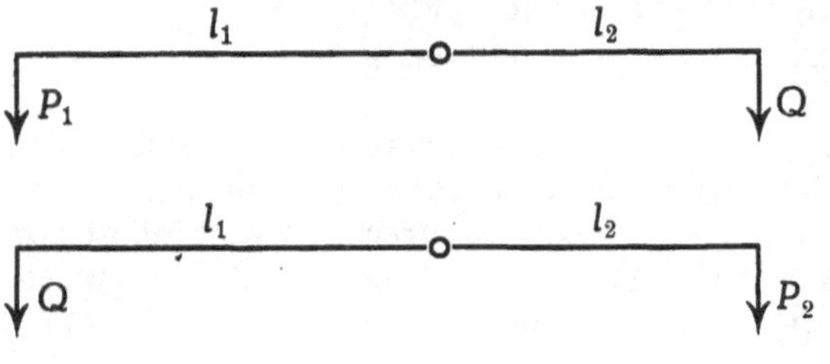

$$P_1 l_1 = Q \cdot l_2$$
$$Q l_1 = P_2 \cdot l_2$$
$$P_1 : Q = Q : P_2$$
$$Q = \sqrt{P_1 P_2} \approx \frac{P_1+P_2}{2},$$

wenn die Ungleicharmigkeit sehr gering ist.

1.561.12 Ungleicharmige Hebelwaagen sind die Dezimal- und die Centesimalwaagen. Die Wägung erfordert nur den 10. oder 100. Teil der Last an (Gegen-)Gewichten. Sie können als zusammengesetzte ungleicharmige Brückenwaagen bezeichnet werden.

1.561.2 *Hebelwaagen mit veränderlichem Hebelarm* (Bild 57)

Ihr Vorzug liegt in der Einfachheit und Schnelligkeit der Wägung sowie im Fortfall besonderer Gewichtssätze. Das ist der Fall bei Laufgewichtswaagen (Personenwaagen, Tischwaagen, Kranwaagen), Schalt-

Bild 57

Schwertwaage, um 1600
aus dem Staatl. Mathem.-Physik. Salon Dresden
mit einem schwer vergoldeten Hebelarm und einem wertvollen Gleitgewicht

Aufnahme Mathem.-Physik. Salon Dresden

gewichtswaagen (Ladenwaagen, Schaltervorraumwaagen der Post). Die Laufgewichtsbrückenwaage hingegen ist eine Kombination der Laufgewichtswaage mit der Centesimalwaage. Die Mohrsche Waage dient zur Bestimmung der Dichte von Flüssigkeiten und ist ebenfalls den Hebelwaagen mit veränderlichem Hebel zuzurechnen.

1.561.3 *Neigungswaagen* (Bild 58). Hier wird die Größe des Ausschlages als Maß für die Größe der Last verwandt, die auf einer Skala ohne besondere Gewichte abgelesen werden kann (Schnellwaagen, Wälzhebelwaagen, Zylinderwaagen, Briefwaagen, Garnwaagen der Textilindustrie, Neigungslaufgewichtswaagen mit Zifferblattanzeige, z. B. Personenwaage).

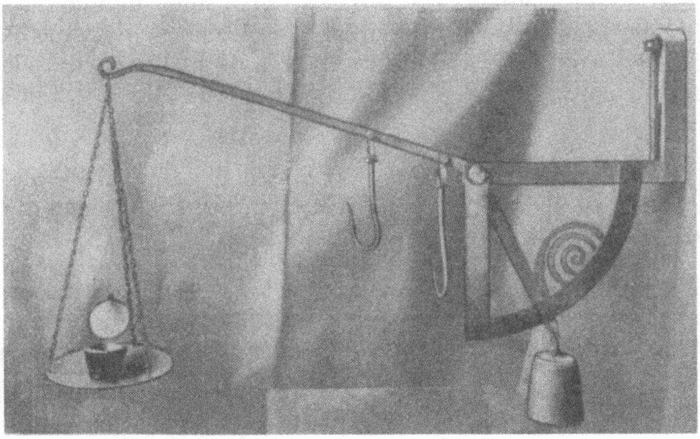

Bild 58

Quadranten-Waage
aus dem Mathem.-Physik. Salon Dresden

vermutlich von Phil. Math. Hahn, Württemberg, 1790 konstruiert. Diese Waage wurde in Onstmeddingen in Württemberg, dem Zentralpunkt der bedeutendsten Waagenfabrikation Deutschlands, angefertigt. Mit der Herstellung derartiger einfacher Gewichtshebelwaagen, die das Urbild der sogenannten Briefwaagen darstellen, gründete Pfarrer Phil. Math. Hahn diese einzig dastehende feintechnische Industrie.

An einem zweimal gewinkelten, schmiedeeisernen Arm, dessen Vertikalstück zum Anschrauben an die Wand dient, trägt die linke Ecke in Zapfenführung den Gewichtshebelarm. Dieser hat an seinem längeren Arm die Gewichtsschale an drei Ketten hängen sowie zwei Anhängehaken, während der kürzere, mit einer kunstgeschmiedeten Spirale versehene Arm das Gegengewicht trägt und mit seinem Zeiger über die leider ersetzte Quadrantenskala gleitet. Die Waage dürfte das einzige erhalten gebliebene Stück dieser Art sein.

Aufnahme Mathem.-Physik. Salon Dresden

1.562 *Federwaagen.* Maß für das Gewicht ist die elastische Deformation eines Körpers (daher nicht eichfähig, ausgenommen 1.562.3).

1.562.1 *Spiralfederwaagen.* Die Dehnung eines elastischen Körpers wird zur Wägung herangezogen, die Auslängung ist dem Gewicht proportional, die Skala linear. (Küchen- und Haushaltswaagen, Personenwaagen mit Kartenausgabe usw.)

1.562.2 *Dynamometer.* Die Biegung U-förmiger Stahlbänder wird zur Wägung herangezogen. Ihre Skala ist nicht linear, da sich mit der Biegung der Hebelarm ändert. (Kraft- und Zugmesser.)

1.562.3 *Torsionswaagen.* Die Torsion eines elastischen Körpers wird zur Wägung herangezogen. Diese Waagen sind sehr fein und empfindlich und werden fast ausschließlich auf wissenschaftlichem und physikalischem Gebiet angewendet, z. B. Amperemeter, Voltmeter, Galvanometer usw. Da sich bei Belastung der Hebelarm ändert, dreht man die Feder in ihre Anfangslage zurück, wobei der Drehwinkel eine lineare Funktion der Last ist.

1.563 *Hydraulische Waagen*, bei denen die Kraft, die das Gewicht ausübt, durch Flüssigkeiten auf ein Manometer übertragen wird (nicht eichfähig).

Zu diesen drei Gruppen, die auf physikalischen Merkmalen beruhen und grundsätzlich voneinander zu unterscheiden sind, treten als vierte Gruppe noch die Waagen für besondere Zwecke.

1.564 *Waagen für besondere Zwecke*, die in entsprechender Ausführung zur Messung von Materialspannungen, Federkonstanten, Drehmomenten in Verbindung mit Abbremsvorrichtungen usw. herangezogen werden. Darüber hinaus bilden die großtechnischen Waagen nach 1.561 bis 1.563 ebenfalls eine bedeutende Gruppe der Waagen für besondere Zwecke. Erwähnt seien hier nur die Förderbandwaagen, Dosierwaagen, Bunkerwaagen, Fuhrwerkswaagen, Gleiswaagen, Lokomotivwaagen, Flugzeugwaagen und aerodynamischen Waagen (zur Messung der Kräfte im Windkanal einer Prüfstation).

Wer die Produktion steigern, die Qualität verbessern und mit geringen Selbstkosten arbeiten will, der muß einwandfreie Meßmittel haben. Laufende Überwachung der Lehren und Prüfen der Werkstücke auf Maßhaltigkeit setzen Meßgeräte höchster Genauigkeit voraus. Die Entwicklung des Feinmeßgerätebaues zeugt von den Erfolgen einer exakten wissenschaftlichen Forschung und dem Können spezialisierter Facharbeiter.

Für die Konstruktion, Entwicklung und Anwendung der Meßgeräte ist eine systematische Gliederung der Meßgeräte wertvoll und notwendig. Das Deutsche Amt für Maß und Gewicht (DAMG-ZI) hat sich in jüngster Zeit eingehend mit einer neuen Systematik der Meßgeräte beschäftigt und unterscheidet dabei:

1 Meßgrößen verkörpernde Meßgeräte
1.1 Maße (Längenmaßstab, Gewichtsstücke)
1.2 Meßzeuge (Planimeter, Kluppmaße, Laufgewichtswaage)
1.3 selbsttätige Meßgeräte
1.31 anzeigende Meßgeräte, Zeiger (Meßuhr, Thermometer, Voltmeter)
1.32 schreibende Meßgeräte, Schreiber (Druckschreiber, Temp.-Schreib.)
1.33 zählende Meßgeräte, Zähler

1.331 springend summierende Zähler (Kolbenzähler, selbsttätige Balkenwaage, Trommelzähler)

1.332 kontinuierlich summierende Zähler (Kilowattstundenzähler, Wegstreckenzähler)

1.333 integrierende Zähler (Gas- und Wasserdurchflußintegrator)

2 Komparatoren (gleicharmige Balkenwaage, Dezimalwaage, Längenkomparator)

3 übersetzende Meßgeräte (Hebelapparat, Meßwandler)

Diese vom DAMG entwickelte Systematik wird neuerdings bei der Bearbeitung von Eichanweisungen zugrunde gelegt (Eichanweisung, Allgemeine Vorschriften vom 1. Juni 1950 zur Eichordnung vom 24. 1. 1942, Berlin 1950). Das Einteilungsschema selbst ist erstmalig 1954 veröffentlicht worden [158].

1.6 Meßtechnik, Meßfehler und deren Ausgleichung

Jede Messung ist die zahlenmäßige Erfassung und Darstellung des Zustandes eines Körpers, in dem er sich zur Zeit der Messung befindet. Keinesfalls genügt aber dazu die reine Feststellung (Ablesung) eines Zahlenwertes am Meßgerät und deren Angabe als Meßergebnis. Hinsichtlich dieses Zahlenwertes sind vielmehr oft recht kritische Betrachtungen und Erörterungen (Umwelt, Meßgerät usw.) durchzuführen, um seine Zuverlässigkeit zu prüfen. Ehe auf diese kritischen Untersuchungen eingegangen wird, sollen zunächst einige Begriffe geklärt werden.

1.61 *Grundbegriffe*

1.611 *Befunde*

Jeder Befund, der von uns getroffen wird, ist entweder das Ergebnis einer Untersuchung oder einer Prüfung.

Beim Untersuchen stellen wir Größe, Abmessungen oder Eigenschaften eines Körpers fest.

Dem Prüfen dagegen liegt die Feststellung ob, einen Körper auf vorher fixierte (vorgegebene) Größen zu beurteilen. Daher ist das Prüfen eine Untersuchung, an die sich ein Urteil über Beachtung oder Nichtbeachtung vorgegebener Bedingungen anzuschließen hat.

Beide Feststellungsarten können in maßliches und nichtmaßliches Untersuchen bzw. Prüfen unterteilt werden, wobei der maßlichen Durchführung die quantitative (größenmäßige), der nichtmaßlichen die qualitative (eigenschaftsmäßige) Aussage zukommt.

So gehören zur quantitativen Untersuchung z. B. das Abzählen der Körper und das maßliche Vergleichen, das wieder in Messen, Schätzen und Lehren zu unterteilen ist.

Die qualitative Untersuchung befaßt sich etwa mit Betrachten u. ä.

1.612 *Messen*

„Messen ist ein Verfahren zum Vergleichen verschiedener gleichartiger Größen, durch das festgestellt wird, um wieviel Größen voneinander verschieden sind."

Will man nach dieser Definition zu einem Meßwert gelangen, so muß mindestens ein Meßwert, entweder die Maßeinheit oder eine von ihr abgeleitete Größe, als normal vorgegeben sein. Der auf diese Weise gewonnene Zahlenwert ist der Meßwert, der im allgemeinen die Differenz von End- und Anfangswert darstellt und das Produkt aus einer Zahl (Maßzahl) und der Maßeinheit ist. Der so gefundene Meßwert ist aber keinesfalls das Meßergebnis, sondern nur dessen „Rohwert", der noch mit Fehlern verschiedenster Art behaftet sein kann.

Während jede Messung das Istmaß feststellt, gibt das Sollmaß das vorgegebene Maß des Körpers an. Außerdem spricht man noch vom Nennmaß, das oft zur Typenbezeichnung gebraucht wird und auf das die Abmaße bezogen werden. Die Differenz von Nenn- und Grenzmaß bezeichnet man als Grenzabmaß. Analog ist das Istabmaß die Differenz von Ist- und Nennmaß. Da Soll-, Nenn- und Grenzabmaß vorgegebene Größen sind, sind sie als solche fehlerfrei. Dagegen sind Ist- und Istabmaß Fehler in sich tragende Größen.

Eine Meßgröße L wird entweder unmittelbar gemessen, oder man mißt nur den Unterschied Δ gegenüber einem Normal N (Unterschiedsmessung), so daß gilt:

$$L = N + \Delta$$

Außer dem unmittelbaren und Unterschiedsmessen gibt es noch das mittelbare Messen, das durch mehrere Meßgrößen y_1, y_2, y_3 ... mit anschließender Berechnung durchgeführt wird, wobei das Ergebnis x zufolge physikalischer oder geometrischer Relationen darstellbar ist durch die Funktion

$$x = f\ (y_1, y_2, y_3 \ldots) \tag{1}$$

1.613 *Lehren*

Lehren ist ein Vergleichen mit Hilfe bestimmter Prüfmittel ohne Meßanzeige und trifft somit nur die Feststellung „kleiner (bzw. größer) als". Damit wird ein Urteil über Brauchbarkeit oder Unbrauchbarkeit gefällt. Das Maßlehren soll feststellen, ob das Istmaß innerhalb vorgegebener Grenzen liegt. Dieser Prüfvorgang ist vor allen Dingen für den Austauschbau von großer Wichtigkeit. Neben diesem Lehren ist noch das Paarungsmaß gebräuchlich, das ein als Gegenstück ausgebildeter Körper und eine möglichst formvollendete Gutlehre ist.

Bei derartigen Prüfungen soll nach *Taylor* auf der Gutseite eine Paarungslehre und auf der Ausschußseite eine Maßlehre Verwendung finden.

1.62 *Meßfehler und ihre Berichtigung*

Da wir trotz dauernder Weiterentwicklung der Technik kein fehlerfreies Maß an den Meßgeräten herstellen können, müssen allein schon aus diesem Grunde alle Meßergebnisse mit Fehlern behaftet sein. Das Vorzeichen auftretender Fehler ist definiert durch

$$\text{Fehler} = \text{Falsch minus Richtig}$$

oder nach Obigem

$$\text{Fehler } F = \text{Istwert } I \text{ minus Sollwert } S$$

$$F = I - S \tag{2}$$

Ist also $F > 0$, so ist der Meßwert zu groß.

Soll dagegen ein Meßgerät auf einen richtigen Wert justiert werden, so ist der Gerätefehler zu addieren.

Beispiel: Nach mehrfachem Vergleichen mit dem Endmaß $S = 10$ mm hat man die Länge einer Meßschraube zu $I = 9.998$ mm ermittelt. Dadurch wird der Fehler des Meßgerätes

$$F = I - S = (9.998 - 10)\,\text{mm} = -2\,\mu\,.$$

Hat man mit Hilfe dieser Meßschraube die Messung durchgeführt und dabei $I = 9.995$ mm erhalten, so beträgt die korrigierte Länge des Körpers

$$F = I - S = 9.995\,\text{mm} - (-2\,\mu) = 9.997\,\text{mm}.$$

Will man aber das Gerät z. B. auf den richtigen Wert 10.005 einstellen, um es als Lehre zu benützen, so ist einzustellen

$$I = S + F = 10.005\,\text{mm} + (-2\,\mu) = 10.003\,\text{mm}.$$

An Stelle der Fehlerangabe in Einheiten, d. h. des tatsächlichen Fehlers, gibt man oft den relativen Fehler an, definiert durch

$$\text{relativer Fehler } F_r = \frac{I - S}{S} \tag{3}$$

$$\text{oder den prozentualen Fehler } F_p = 100\,\frac{I - S}{S}\ (\text{in } \%). \tag{4}$$

In unserem Beispiel erhält man

$$F_r = \frac{9.998 - 10}{10} = -0.0002 \text{ oder}$$

$$F_p = 100\,\frac{9.998 - 10}{10} = -0.02\,\%,$$

wobei das Fehlervorzeichen Aussagen gemäß der Definition (2) macht.

1.621 *Fehlerarten*

Nach der Erfaßbarkeit der Ursachen kann man die Fehler in beherrschbare (systematische) und zufällige Fehler einteilen.

Uneigentliche Meßfehler können stets durch gewissenhafte und sorgfältige Ausführung der Messung vermieden und sollen deshalb nicht in Betracht gezogen werden. Diese oft groben Fehler, die durch Unachtsamkeit entstanden sind, lassen sich größtenteils sofort erkennen. Das letzte Urteil über derartige „Ausreißer" sollte aber unbedingt erst durch graphische oder rechnerische gründliche Nachprüfungen gesprochen werden. Sind dann grobe Fehler erkannt, so sind auf jeden Fall diese Meßwerte auszuschließen.

1.621.1 *Beherrschbare (systematische) Fehler*

Derartige Fehler sind sowohl nach Größe als auch nach Art erfaßbar und sind daher in Rechnung zu stellen. Da diese Fehler sich z. T. auch durch die Zusammensetzung mehrerer Fehler ergeben, die im einzelnen nicht restlos erfaßbar sind, muß man bekannte von unbekannten beherrschbaren Fehlern unterscheiden.

1.621.11 Unsicherheit

Als Unsicherheit bezeichnet man die Summe aller bekannten beherrschbaren Fehler; es hat diese wie jeder einzelne beherrschbare Fehler ein bestimmtes Vorzeichen und dient deshalb zur Berichtigung eines Meßwertes.

1.621.12 Fehlertoleranz

Die Fehlertoleranzen sind die möglichen beherrschbaren Fehler. Da jedoch ihr Vorzeichen unbekannt ist, zählen sie zu den unbekannten beherrschbaren Fehlern. Als größtmögliche Unrichtigkeit bezeichnet man die Summe derartiger Fehler. Sie gehen als solche in die Meßunsicherheit ein und dürfen keinesfalls zur Korrektur eines Meßwertes benützt werden.

1.621.13 Instrumentenfehler

Diese Geräte- oder apparativen Fehler sind durch die technische Unvollkommenheit aller Meßgeräte bedingt und entstehen durch

1. Toleranzen, d. h. zugelassene Fehler,
2. Justierfehler beim mangelhaften Zusammenbau,
3. Konstruktionsgedanken, die die meßtechnischen Grundlagen verletzen,
4. Verlagerungen oder Verformungen der Meßflächen.

Alle Instrumentalfehler lassen sich bei der Konstruktion und Herstellung ausschalten bzw. können durch Justieren bzw. Elimieren behoben werden.

Die restlichen Gerätefehler f_G, die vom Hersteller durch Tabellen oder Kurven festgelegt werden, ermöglichen eine Berichtigung der am Meßgerät erhaltenen Meßwerte.

1.621.14 Normalfehler

Alle Normale weichen infolge unzulänglicher Herstellungsgenauigkeit von ihrer Sollgröße ab. Deshalb sind auch für diese Normale in Tabellen oder Kurven die Fehler angegeben; sie sind somit bekannte beherrschbare, so daß sie in Rechnung gesetzt werden können. Oftmals ist aber nur ein $\pm$ maximaler Fehler angegeben und darf deshalb als unbekannter systematischer Fehler beim Messen in Rechnung gestellt werden.

Nach DIN 861 darf für Gütegrad I der Herstellungsfehler δL nur als maximaler Endmaßfehler auftreten:

$$\delta L = \pm\left(0.2 + \frac{L}{200}\right) \text{ in } \mu \text{ mit } L \text{ in mm} \qquad (5)$$

Nachprüfen von Parallel-Endmaßen
(vgl. Zeiß-Druckschrift CZ 20—110—1)

Setzt man die Sollänge in mm ein, so betragen die zulässigen Abweichungen für das Mittenmaß m in

$$m = \pm\left(0.1\,\mu + \frac{\text{Sollänge}}{500\,000}\right) \text{ für Gütegrad 0}$$

$$m = \pm\left(0.2\,\mu + \frac{\text{Sollänge}}{200\,000}\right) \text{ für Gütegrad I}$$

$$m = \pm\left(0.5\,\mu + \frac{\text{Sollänge}}{100\,000}\right) \text{ für Gütegrad II}$$

Die Endmaße lassen sich an die Einheiten der Lichtwellen in unmittelbarer Messung anschließen, wobei festgestellt wird, wieviel Lichtwelleneinheiten in dem Endmaß enthalten sind.

Bei 20° C, 760 mm Hg, 10 mm Dampfdruck = 58% und entsprechender relativer Feuchtigkeit gilt bei durch hochgespannten Gleichstrom zum Leuchten gebrachtem Helium:

$$\lambda_{\text{rot}} = 0.6678184\,\mu$$
$$\lambda_{\text{gelb}} = 0.5875649\,\mu$$
$$\lambda_{\text{grün}} = 0.5015702\,\mu$$
$$\lambda_{\text{blaugrün}} = 0.4921955\,\mu$$
$$\lambda_{\text{blau}} = 0.4713168\,\mu$$
$$\lambda_{\text{violett}} = 0.4471507\,\mu$$

und bei Krypton:

$$\lambda_{\text{rot}} = 0.6456324\,\mu$$
$$\lambda_{\text{gelb}} = 0.5870946\,\mu$$
$$\lambda_{\text{gelbgrün}} = 0.5649592\,\mu$$
$$\lambda_{\text{violett}} = 0.4502379\,\mu\,,$$

wobei es nur darauf ankommt, die Anzahl der Wellenlängen und ihrer Bruchteile zu bestimmen. Ein Auszählen ist aber in der Praxis unmöglich, da z. B. in einem Endmaß von nur 20 mm

$$\frac{20\,000}{0.6456324} \approx 31\,000 \text{ Wellenlängen}$$

der roten Kryptonlinie enthalten sind. Man tastet deshalb das Endmaß mit den verschiedenen Wellenlängen der roten bis violetten Linie bei Krypton oder Helium ab und stellt nur die überschießenden Bruchteile fest. Die Durchführung geschieht mit dem Interferenzkomparator von Zeiß (Druckschrift CZ 20—210—1).

Beobachterfehler

Während Protagoras den Menschen als das Maß aller Dinge bezeichnet, sagt Goethe von demselben Menschen: „Es irrt der Mensch, solang er strebt", und „Sobald man spricht, beginnt man schon zu irren."

Dieser irrende Mensch mit seinen unvollkommenen Sinnesorganen, seinen verschiedenen Reaktionsgeschwindigkeiten ist der Ausführende der Messungen. Sind diese Größen bei ein und derselben Person unveränderlich, so stellen sie einen „persönlichen Fehler“, seine „persönliche Fehlerkonstante“ dar, die jedoch nicht berücksichtigt zu werden braucht, wenn derselbe Mensch die ganze Messung von Anfang bis zu Ende durchführt. Deshalb sollen Meßreihen prinzipiell nur von ein und demselben Beobachter durchgeführt werden. Ein zweiter Beobachter kann indessen zu verschiedenen Ablesewerten kommen, die aber zum gleichen Meßwert dann führen müssen, wenn von beiden Beobachtern mit größter Gewissenhaftigkeit gearbeitet wurde.

1.621.16 Einflüsse durch Meß- und Schwerkraft

Fehler können durch Einfluß der Meß- und Schwerkraft hervorgerufen werden. Sie sind bedingt durch evtl. Verformungen und Verlagerungen der Meßeinrichtung. Aus der Größe der Meßkraft lassen sich nach den Gesetzen der technischen Mechanik Durchbiegung, Abplattung und Verkürzung rechnerisch ermitteln. Verformungen am Meßgerät sind tabellarisch größtenteils mit berücksichtigt worden.

Sind der zu messende Körper und das Normal aus gleichem Werkstoff, haben beide gleiche Form und gleiche Oberflächenbeschaffenheit, so heben sich bei Verwendung von gleicher Meßkraft bei Objekt und Normal diese Meßkrafteinflüsse auf.

Vor allen Dingen muß auch stets darauf geachtet werden, mit welcher Meßkraft gemessen wird. Deren Einfluß muß evtl. rechnerisch erfaßt werden. Die Unterstützung sehr langer Gegenstände soll in den Besselschen Punkten erfolgen, die etwa $^2/_9$ der Länge von den Enden des Gegenstandes liegen, um ein Minimum der Durchbiegung zu erreichen.

1.621.17 Einflüsse der Umgebung

Systematische Fehler treten auch durch die Umgebung auf, wobei der Temperatureinfluß der wichtigste ist. Haben Prüfling und Meßgerät oder Prüfling und Normal verschiedene Temperaturen, so wirken sich diese Verschiedenheiten auf die Meßergebnisse aus. Da die Bezugstemperatur aller Meßeinrichtungen 20° C betragen soll, machen sich Meßfehler auch bemerkbar, wenn bei anderen Temperaturen gemessen wird und die Stoffe verschiedene Wärmeausdehnungskoeffizienten haben.

Feuchtigkeitsgehalt sowie Druck der Luft können evtl. auch Fehlerursachen sein, die dann berücksichtigt werden müssen.

Andere Einflüsse, die etwa durch fremde Felder oder Frequenzschwankungen hervorgerufen werden, gehen, wenn sie nicht errechenbar oder ausschaltbar sind, in die Unsicherheit der Messung ein.

1.621.18 Einflüsse durch Fehlerfortpflanzung

In 1.612 hatten wir gesehen, daß bei mittelbaren Messungen der Meßwert sich durch die Beziehung (1) ergibt. In dieser Beziehung treten aber die einzelnen Meßgrößen y_1, y_2, y_3 ... auf, die mit bekannten beherrschbaren Fehlern Δy_1, Δy_2 ... behaftet sind.

Die dabei auftretenden Einzelfehler sind dann

$$\frac{\partial f}{\partial y_1} \Delta y_1, \frac{\partial f}{\partial y_2} \Delta y_2 \ldots,$$

die sich zusammensetzen zu dem Gesamtfehler

$$\Delta x = \frac{\partial f}{\partial y_1} \Delta y_1 + \frac{\partial f}{\partial y_2} \Delta y_2 + \ldots \quad (6)$$

Diese Gleichung (6) stellt ein lineares Gesetz der Fortpflanzung beherrschbarer Fehler dar.

.621.2 *Nichtbeherrschbare, zufällige Fehler*

Diese zufälligen Fehler treten z. B. durch Reibungen im Meßgerät auf. Auch Umweltbedingungen sind dafür verantwortlich zu machen. Deshalb wird auch ein und derselbe Beobachter in seiner Meßreihe stets schwankende Werte erhalten. Aber auch diese Werte müssen noch brauchbare Ergebnisse liefern, für deren Erreichung man besondere Methoden entwickelt hat.

.621.21 Mittelwerte

All unser Sinnen geht darauf hinaus, einen „wahren Wert" zu erhalten. In Technik und Naturwissenschaften kann von diesem Wert jedoch nur ausnahmsweise gesprochen werden. Deshalb spricht man von einem häufigsten Wert, einem Durchschnittswert, und bezieht all die Schwankungen auf einen Mittelwert.

Aus der Mathematik sind uns als Mittel bekannt:

1. das arithmetische Mittel $x_a = 1/n\,(x_1 + x_2 + \cdots + x_n)$
2. das geometrische Mittel $x_g = \sqrt[n]{x_1 x_2 x_3 \ldots x_n}$
3. das reziproke Mittel $1/x_p = 1/n\,(1/x_1 + 1/x_2 + \cdots + 1/x_n)$

Man könnte auch die Forderung aufstellen, daß die Summe der absoluten Abweichungen ein Minimum werden soll, also

$$\Sigma |x_i - x| = \text{Minimum!}$$

Diese letzte Forderung muß aber als unannehmbar zurückgewiesen werden, da wir je nach gerader oder ungerader Anzahl von Beobachtungsergebnissen zu verschiedenen Mitteln kommen würden.

Stellen wir deshalb die Forderung auf, daß die Summe der Quadrate der Abweichungen ein Minimum wird, d. h.:

$$(x_1 - x)^2 + (x_2 - x)^2 + \cdots + (x_n - x)^2 = \text{Minimum! oder}$$

$$\Sigma (x_i - x)^2 = \text{Minimum} \quad (7)$$

Diese Summe ist eine überall nach x differenzierbare Funktion. Setzen wir dann den Wert des Differentialquotienten gleich Null, so können wir die gesuchte Stelle, d. h. den Mittelwert, erhalten. Das gibt

$$-2\left[(x_1 - x) + (x_2 - x) + \cdots + (x_n - x)\right] = 0$$

oder

$$nx = x_1 + x_2 + \cdots + x_n$$

oder

$$x = \frac{x_1 + x_2 + \cdots + x_n}{n} \quad (8)$$

Das arithmetische Mittel entspricht der von uns gestellten Forderung, oder es gibt den Schwerpunkt an von allen mit gleicher Masse belegten Punkten x_i. Das arithmetische Mittel besitzt aber noch eine weitere Eigenschaft: Die Summe der positiven Abweichungen ist gleich der Summe der negativen; denn bezeichnen wir die Abweichungen vom Mittel $\bar{x}$ mit ν_i, also

$$\nu_i = x_i - \bar{x},$$

so folgt

$$\Sigma \nu_i = \Sigma x_i - n\bar{x} = \Sigma x_i - \Sigma x_i = 0.$$

1.621.22 Streuungsmaße

Liegen die Einzelergebnisse sehr nahe beieinander, so macht die Hinzufügung eines weiteren Beobachtungswertes auf den Mittelwert wohl kaum etwas aus. Anders verhält es sich jedoch, wenn die Werte sehr weit voneinander — gestreut — liegen. In diesem Falle kann eine Verschiebung des Mittelwertes von beträchtlicher Größe durch Hinzunahme eines weiteren Wertes erfolgen.

Da für das Maß der Streuung eine Vorschrift festgelegt werden muß, liegt es zunächst nahe, die durchschnittliche absolute Abweichung zu nehmen. In der Praxis wird dies benützt und als durchschnittlicher Fehler, durchschnittliche Schwankung oder durchschnittliche Abweichung erklärt:

$$t = \Sigma \frac{|x_i - x|}{n} \qquad (9)$$

Dieser Mittelwert muß aber vom mathematischen Standpunkt aus abgelehnt werden aus dem gleichen Grunde, aus dem die im Zähler stehende Summe als Mittelwert abzulehnen war.

Da das arithmetische Mittel derjenige Wert ist, für den die Summe der Quadrate der Abweichungen ein Minimum ist, wäre es durchaus berechtigt, diese durch n geteilte Summe als Streuungsmaß zu definieren. Da aber diese Summe quadratisch ist, hätten wir z. B. bei Längenmessungen einen Dimensionsfehler, der dadurch beseitigt werden kann, daß wir aus jenem Wert die Quadratwurzel ziehen, wie es von Gauß gemacht worden ist, und wir definieren als mittleren Fehler der Einzelmessung — auch mittlere Schwankung oder mittlere Abweichung genannt —:

$$m = \sqrt{\frac{\Sigma (x_i - x)^2}{n}} = \sqrt{\frac{[\nu \nu]}{n}} \qquad (10)$$

Bei nur einer Messung verliert der Begriff der Streuung seinen Sinn. Wir setzen an die Stelle von n (der Gesamtzahl der Messungen) die Zahl der Kontrollmessungen, also n—1, n—2 oder n—3 statt n, je nachdem ein, ob zwei oder drei Messungen zur Beantwortung der vorgelegten Frage — ohne Kontrollmessungen — erforderlich sind. Handelt es sich also z. B. um Punkte, die in einer Geraden liegen sollen, so ist für n die Zahl n—2 anzusetzen, da ja durch zwei Punkte die gesuchte Gerade eindeutig bestimmt ist.

In verschiedenen Zweigen der naturwissenschaftlichen Praxis hat man als weiteres Maß für die Streuung die Begriffe „wahrscheinlicher Fehler r“ oder „wahrscheinliche Schwankung“ eingeführt und definiert:

Der wahrscheinliche Fehler r soll jenen Spielraum $\bar{x} \pm r$ beiderseits des Mittelwertes $\bar{x}$ angeben, in dem bei sehr großer Zahl von Messungen 50% der Meßergebnisse liegen.

Herrscht bei der Verteilung der Versuchsergebnisse um den Mittelwert nur der Zufall, so läßt sich zeigen, daß 50% aller Werte in dem Intervall

$$\bar{x} \pm 0.674\, m$$

liegen, wenn die Zahl n der Versuche gegen Unendlich strebt. Somit definiert man als wahrscheinlichen Fehler

$$r = 0.764 \sqrt{\frac{[\nu\nu]}{n}}, \tag{11}$$

wobei n die Zahl der Kontrollmessungen bedeutet.

Zusammenfassend kann nach Gauß gesagt werden:

Forderung $[\nu\nu] = \text{Minimum}$ ergibt

das arithmetische Mittel $\bar{x} = \frac{[x]}{n}$ und

den mittleren Fehler $m = \sqrt{\frac{[\nu\nu]}{n-1}}$

1.621.23 Streuung und Unsicherheit bei Einzelmessungen

Der mittlere Fehler der Einzelmessung kann nach Gauß auch geschrieben werden:

$$m = \pm \sqrt{\frac{\nu_1^2 + \nu_2^2 + \cdots + \nu_n^2}{n-1}} \tag{12}$$

In der Feinmeßtechnik rechnet man angenähert mit

$$\sigma = \pm \sqrt{\frac{\nu_1^2 + \nu_2^2 + \cdots + \nu_n^2}{n}} = m \sqrt{\frac{n-1}{n}} \approx m\left(1 - \frac{1}{2n}\right). \tag{13}$$

Der Wert von σ, der nach DIN 1319 (Grundbegriffe der Meßtechnik) als „Streuung einer Beobachtungsreihe“ bezeichnet wird, weicht mit wachsendem n immer weniger von m ab. Die Abweichung beträgt bei

$n = 10$	20	100
5%	2.5%	0.5%

Die Berechnung von σ, das ebenso wie m infolge der Schwankungen mit $\pm$-Vorzeichen versehen werden muß, hat aber nur Sinn, wenn eine größere Anzahl von Messungen vorliegt.

Nach dem Gaußschen Fehlerhäufigkeitsgesetz sind bei großem n rund 68% aller auftretenden Einzelfehler ihrem Betrage nach kleiner als σ.

1.621.24 Beobachtungen aus nicht unmittelbaren Messungen

Oftmals kommt es vor, daß die zu bestimmenden Größen nicht unmittelbar gemessen werden können, sondern daß man andere meßbare Größen bestimmt und aus diesen dann die gesuchte berechnet. Man spricht dann auch von vermittelnden Beobachtungen. In all diesen Fällen hat man auch Ungenauigkeiten zu erwarten. Es treten auch Schwankungen in den Meßergebnissen auf, und man hat in diesem Falle nach dem Gaußschen Prinzip des kleinsten Zwanges vorzugehen.

Beispiel: Die Längen y werden bei verschiedenen Temperaturen x gemessen und die Ergebnisse in einem xy-Diagramm eingetragen. Wie man dann sofort sehen wird, liegen die Punkte — exakte Messungen vorausgesetzt — angenähert in einer Geraden. Aus den Erkenntnissen der Physik wissen wir nun, daß im vorliegenden Falle eine lineare Ausdehnung vorliegt. Somit wollen wir die Frage aufwerfen, wie wir durch mehr als zwei Punkte, durch die ja schon die Gerade bestimmt wäre, die „beste Gerade" legen können. Wir wollen voraussetzen, daß die Punkte (x_i, y_i) nur in der y-Richtung einer Unsicherheit unterliegen und die Schwankungsamplitude von der Größe der y_i unabhängig ist.

Für die Gerade setzen wir die folgende Gleichung an:

$$y = a + bx$$

In dieser Gleichung sind die Konstanten a und b zu bestimmen. Die gefundenen Werte y_i zeigen gegenüber den theoretischen Werten

$$y(x_i) = a + bx_i$$

die Abweichungen

$$v_i = y_i - a - bx_i\,.$$

Nach Gauß soll nun die Quadratsumme der an den Meßgrößen y_i anzubringenden Korrekturen v_i ein Minimum sein, d. h.:

$$[vv] = \Sigma (y_i - a - b x_i)^2 = \text{Minimum}$$

Somit müssen die partiellen Ableitungen der Funktion von a und b nach diesen Variablen a und b verschwinden. Es muß also sein

$$2\,\Sigma (a + bx_i - y_i) \cdot 1 = 0$$

$$\text{und} \quad 2\,\Sigma (a + bx_i - y_i) \cdot x_i = 0$$

Aus diesen beiden Gleichungen folgt

$$\Sigma v_i = 0$$

$$\text{und} \quad \Sigma v_i x_i = 0$$

Schreibt man nun die Summen nach Gauß in Klammern, so lauten die beiden letzten Gleichungen:

$$na + [x]\,b - [y] = 0$$

$$[x]\,a + [xx]\,b - [xy] = 0$$

Diese beiden linearen Gleichungen sind die Bestimmungsgleichungen für a und b, deren Lösung man unter Benutzung der Matrix am einfachsten schreibt:

$$a : b : (-1) = \begin{vmatrix} n & [x] & [y] \\ [x] & [xx] & [xy] \end{vmatrix}$$

Damit sind die Koeffizienten a und b bestimmt und können in die vorgegebene Gleichung $y = a + bx$ der Geraden eingesetzt werden.

Ein Zahlenbeispiel möge den Vorgang erläutern. Die drei Punkte seien P_1 (1; 1), P_2 (2; 3) und P_3 (3; 4), durch die die beste Gerade gelegt werden soll (Bild 59).

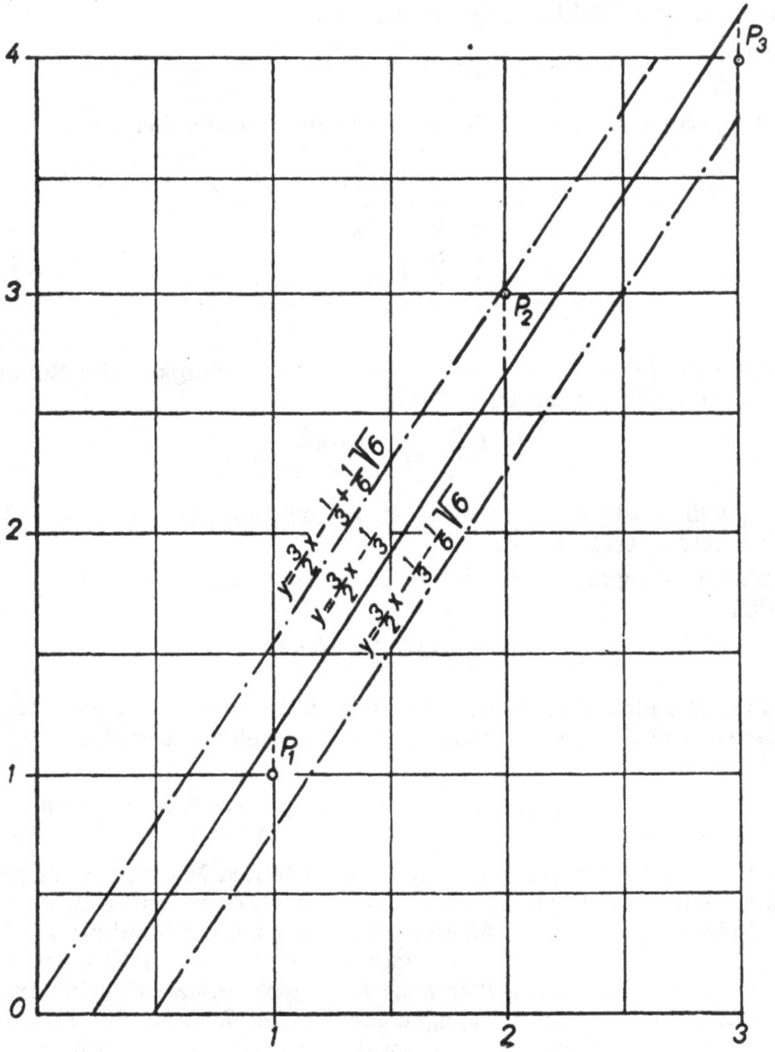

Bild 59

Es ist:

	x_i	y_i	$x_i x_i$	$x_i y_i$
	1	1	1	1
	2	3	4	6
	3	4	9	12
Σ	6	8	14	19

Dann gilt:

$$a : b : (-1) = \begin{vmatrix} 3 & 6 & 8 \\ 6 & 14 & 19 \end{vmatrix} = 2 : (-9) : 6$$

Somit lautet die Gleichung der besten Geraden:

$$\overset{\circ}{y} = -\frac{2}{6} + \frac{9}{6} x$$

Ermitteln wir nun noch die Genauigkeit dieser besten Geraden.
Es ist:

	x_i	y_i	$y(x_i)$	v_i	$v_i x_i$
	1	1	$^7/_6$	$-\,^1/_6$	$-\,^1/_6$
	2	3	$^{16}/_6$	$^2/_6$	$^4/_6$
	3	4	$^{25}/_6$	$-\,^1/_6$	$-\,^3/_6$
Σ				0	0

Die Kontrolle $[v] = 0$ und $[xv] = 0$ bestätigt die Richtigkeit der Rechnung. Damit ergibt sich der mittlere Fehler

$$m = \sqrt{\frac{[vv]}{n-2}} = \sqrt{\frac{1+4+1}{36 \cdot 1}} = \frac{1}{\sqrt{6}}$$

Hierbei haben wir im Nenner $n - 2$ geschrieben, da $n - 2 = 3 - 2 = 1$ Beobachtung überzählig ist.

Unter Anbringung der Korrektur lautet somit die Gleichung der besten Geraden:

$$y = \frac{3}{2} x - \frac{1}{3} \pm \frac{1}{6} \sqrt{6}$$

Alle drei Geraden sind in Bild 59 dargestellt, und man sieht, daß die gegebenen drei Punkte innerhalb der beiden äußeren Geraden liegen.

1.621.25 Ausgleichsverfahren bei vorgegebenen Nebenbedingungen

Oftmals kommt es vor, daß uns bei angestellten Messungen im voraus gewisse Bedingungen schon auferlegt sind. Messen wir z. B. alle drei Winkel eines Dreiecks und addieren sie, so werden wir wohl nie als deren Summe 180° erhalten, was aber nach den Gesetzen der Geometrie der Fall sein muß. Wir dürfen aber auch dann nicht etwa so verfahren, daß wir aus den mehrfachen Messungen eines jeden Winkels den Mittelwert bilden und diesen dann für den jeweils richtigen Wert erachten, denn auch dann würde die Bedingung nicht erfüllt sein, daß die Winkelsumme im Dreieck 180° beträgt. Wir setzen wiederholte Messungen der Winkel voraus:

$$\alpha_i, \beta_i, \gamma_i$$

Deren arithmetische Mittel seien

$$\bar{\alpha}, \bar{\beta}, \bar{\gamma}.$$

Somit ergibt sich eine Winkelsumme

$$\bar{\alpha} + \bar{\beta} + \bar{\gamma} = 180^\circ + \varepsilon.$$

Bezeichnen wir die Abweichungen mit u_i, v_i und w_i, also

$$\alpha_i - \alpha = u_i$$
$$\beta_i - \beta = v_i$$
$$\gamma_i - \gamma = w_i,$$

so muß die Quadratsumme ein Minimum sein:

$$\Sigma u_i^2 + \Sigma v_i^2 + \Sigma w_i^2 = \text{Minimum}$$

α, β, γ haben folgende Bedingungen zu erfüllen:

$$f(\alpha, \beta, \gamma) = \Sigma (\alpha_i - \alpha)^2 + \Sigma (\beta_i - \beta)^2 + \Sigma (\gamma_i - \gamma)^2 = \text{Minimum}$$
$$\varphi(\alpha, \beta, \gamma) = \alpha + \beta + \gamma - 180^\circ = 0$$

Es liegt hier die Aufgabe vor, das Extremum einer Funktion mehrerer Veränderlicher bei gleichzeitiger Existenz einer Nebenbedingung zu ermitteln. Durch Einführung des Lagrangeschen Multiplikators λ bilden wir die Funktion

$$F(\alpha, \beta, \gamma, \lambda) = f(\alpha, \beta, \gamma) - \lambda \varphi(\alpha, \beta, \gamma).$$

Es ist also:

$$F(\alpha, \beta, \gamma, \lambda) = \Sigma (\alpha_i - \alpha)^2 + \Sigma (\beta_i - \beta)^2 + \Sigma (\gamma_i - \gamma)^2 - \\ - \lambda (\alpha + \beta + \gamma - 180^\circ)$$

Ein mögliches Extremum erhalten wir dadurch, daß wir die ersten Ableitungen dieser Funktion nach α, β, γ bilden und dann diese partiellen Ableitungen gleich Null setzen, so daß wir für die vier Unbekannten α, β, γ und λ, von denen uns λ nicht interessiert, folgende Bestimmungsgleichungen erhalten:

$$(f - \lambda\varphi)_\alpha = -2 \Sigma (\alpha_i - \alpha) - \lambda \cdot 1 = 0$$
$$(f - \lambda\varphi)_\beta = -2 \Sigma (\beta_i - \beta) - \lambda \cdot 1 = 0$$
$$(f - \lambda\varphi)_\gamma = -2 \Sigma (\gamma_i - \gamma) - \lambda \cdot 1 = 0$$
$$\varphi(\alpha, \beta, \gamma) = \alpha + \beta + \gamma - 180^\circ = 0$$

Aus diesen vier Gleichungen folgen für die uns interessierenden Werte die beiden Relationen:

$$[\alpha_i - \alpha] = [\beta_i - \beta] = [\gamma_i - \gamma]$$
$$\alpha + \beta + \gamma = 180^\circ$$

oder

$$[\alpha_i] - n\alpha = [\beta_i] - n\beta = [\gamma_i - \gamma] - n\gamma$$
$$\alpha + \beta + \gamma = 180^\circ$$

Teilt man die oberen Gleichungen durch n und subtrahiert die untere Gleichung von $\bar{\alpha}+\bar{\beta}+\bar{\gamma}=180^\circ+\varepsilon$, so erhält man

$$\bar{\alpha}-\alpha=\bar{\beta}-\beta=\bar{\gamma}-\gamma$$

$$(\bar{\alpha}-\alpha)+(\bar{\beta}-\beta)+(\bar{\gamma}-\gamma)=\varepsilon,$$

woraus folgt

$$\bar{\alpha}-\alpha=\bar{\beta}-\beta=\bar{\gamma}-\gamma={}^1/_3\,\varepsilon$$

und schließlich

$$\alpha=\bar{\alpha}-\frac{\varepsilon}{3},\ \beta=\bar{\beta}-\frac{\varepsilon}{3},\ \gamma=\bar{\gamma}-\frac{\varepsilon}{3}.$$

Wir finden also die Winkel, indem wir von jedem Mittelwert ein Drittel des Überschusses ε abziehen.

Dieses Beispiel sollte zeigen, wie man sich bei den „bedingten Beobachtungen" zu verhalten hat.

Aus dem Ergebnis ersehen wir, daß eine gleichmäßige Verteilung des Überschusses auf die einzelnen Winkel erfolgt, was auch daraus verständlich ist, daß bei Winkelmessungen der Fehler nicht von der Größe des Winkels abhängt.

1.621.26 Fehlerfortpflanzungsgesetz

Es liege eine Größe f vor, die der unmittelbaren Messung nicht zugänglich, aber eine bekannte Funktion der meßbaren Größen x und y ist. Diese bekannte Relation laute

$$f=f\,(x,y).$$

Aus den Messungen von x und y soll f ermittelt werden.

Vorausgesetzt werden r Beobachtungen x_i, aus denen sich $\bar{x}\pm m_x$ und s Beobachtungen y_i mit $\bar{y}\pm m_y$ ergeben.

Setzen wir voraus, daß bei der i-ten Beobachtung x_i die Abweichung vom Mittelwert $\bar{x}$ den Wert u_i hat und daß bei der k-ten Beobachtung y_k eine Abweichung v_k vom Mittelwert $\bar{y}$ vorliegt, so erhalten wir den Funktionswert

$$f_{ik}=f\,(x_i,y_k)=f\,(\bar{x}+u_i,\bar{y}+v_k)$$
$$=f\,(\bar{x},\bar{y})+u_i f_x(\bar{x},\bar{y})+v_k f_y(\bar{x},\bar{y}),$$

wenn man — unter der Voraussetzung sehr kleiner Abweichungen — die Glieder höherer Ordnung neben $f\,(\bar{x},\bar{y})$ vernachlässigen kann.

Aus der Funktion f_{ik} ergeben sich $r\cdot s$ Werte, aus denen wir den Mittelwert bilden:

$$\bar{f}=\frac{\Sigma\,\Sigma\,f_{ik}}{r\cdot s}=\frac{1}{r\cdot s}\sum_{i=1}^{r}\sum_{k=1}^{s}\left[f\,(\bar{x},\bar{y})+u_i f_x(\bar{x},\bar{y})+v_k f_y(\bar{x},\bar{y})\right]$$
$$=\frac{1}{r\cdot s}\left[r\,s\,f\,(\bar{x},\bar{y})+s\,[u_i]\,f_x+r\,[v_k]\,f_y\right]$$

Da, wie wir gefunden hatten, die Summe der Abweichungen vom arithmetischen Mittel Null ist, verbleibt hiernach mit

$$[u_i] = 0 \text{ und } [v_k] = 0 \quad \text{nur}$$

$$\bar{f} = f(\bar{x}, \bar{y}).$$

Die Genauigkeit dieses Mittelwertes muß nun noch durch die Hinzufügung des mittleren Fehlers angegeben werden. Bezeichnen wir die Abweichung des Funktionswertes f_{ik} gegen den Mittelwert $\bar{f}$ mit w_{ik}, so gilt

$$w_{ik} = f_{ik} - \bar{f} = u_i f_x + v_k f_y.$$

Nach Gauß ist nun die Quadratsumme der Abweichungen zu bilden:

$$[w_{ik} w_{ik}] = \sum_{i=1}^{r} \sum_{k=1}^{s} (u_i f_x + v_k f_y)^2 = \Sigma \Sigma (u_i^2 f_x^2 + 2 u_i v_k f_x f_y + v_k^2 f_y^2)$$

$$= s[u_i^2] f_x^2 + 2[u_i][v_k] + r[v_k^2] f_y^2 = s[u_i^2] f_x^2 + r[v_k^2] f_y^2,$$

$$\text{da } [u_i] = 0 \text{ und } [v_k] = 0$$

Für das Quadrat des mittleren Fehlers ergibt sich somit:

$$m^2 = \frac{[w_{ik} w_{ik}]}{r \cdot s} = \frac{s[u_i^2] f_k^2 + r[v_k^2] f_y^2}{r \cdot s} = \frac{[u_i^2]}{r} \cdot f_x^2 + \frac{[v_k^2]}{s} \cdot f_y^2$$

$$= m_x^2 f_x^2 + m_y^2 f_y^2$$

oder $m = \sqrt{m_x^2 f_x^2 + m_y^2 f_y^2}$. (14)

Dieses Gesetz, das „Fehlerfortpflanzungsgesetz", zeigt uns, wie sich die Meßfehler der Einzelmessungen auf das Meßergebnis auswirken. Es ist das wichtigste Gesetz der ganzen Fehlerausgleichung.

Das Gesetz kann erweitert in der allgemeinen Form geschrieben werden:

$$f(\bar{x} \pm m_x, \bar{y} \pm m_y, \bar{z} \pm m_z, \cdots) = f(\bar{x}, \bar{y}, \bar{z}, \cdots) \pm \qquad (15)$$

$$\pm \sqrt{m_x^2 f_x^2 (\bar{x}, \bar{y}, \bar{z}, \cdots) + m_y^2 f_y^2 (\bar{x}, \bar{y}, \bar{z}, \cdots) + m_z^2 f_z^2 (\bar{x}, \bar{y}, \bar{z}, \cdots) + \cdots}$$

Einige Beispiele mögen das Gesetz erläutern.

1. Beispiel: Bei der Landvermessung sei eine Strecke in zwei Abschnitten wiederholt vermessen worden. Für den einen Abschnitt habe man dabei als Länge

$$x = \bar{x} \pm m_x,$$

für den anderen

$$y = \bar{y} \pm m_y$$

erhalten. Dann ergibt sich für die Länge l, da die partiellen Ableitungen nach x bzw. y gleich 1 sind:

$$l = \bar{x} + \bar{y} \pm \sqrt{m_x^2 + m_y^2}$$

Der mittlere Fehler der Differenz ergibt den gleichen Betrag.

2. Beispiel: Gesucht sei das Produkt

$$p = xy.$$

Die Messungen haben ergeben:

$$x = \bar{x} \pm m_x \quad \text{und} \quad y = \bar{y} \pm m_y$$

Dann wird

$$p = xy = \bar{x}\bar{y} \pm \sqrt{(\bar{y}\, m_x)^2 + (\bar{x}\, m_y)^2} = \bar{x}\bar{y}\left[1 \pm \sqrt{\left(\frac{m_x}{\bar{x}}\right)^2 + \left(\frac{m_y}{\bar{y}}\right)^2}\,\right]$$

$$\text{und} \quad \frac{m_{xy}}{xy} = \sqrt{\left(\frac{m_x}{x}\right)^2 + \left(\frac{m_y}{y}\right)^2}\,.$$

Somit ist der mittlere relative Fehler eines Produktes gleich der pythagoreischen Summe der relativen Fehler der Faktoren. Gleiches gilt vom Quotienten.

3. Beispiel: Da in der Praxis sehr oft auch der Logarithmus gebraucht wird, sei auch für diesen das Gesetz angegeben.

Vorgegeben sei:

$$y = \ln x$$

Die Messungen haben ergeben:

$$x = x \pm m_x$$

Dann wird

$$y = \ln \bar{x} \pm \frac{m_x}{x}\,.$$

Dieses Gesetz ermöglicht es uns, den mittleren Fehler von Produkten und Quotienten leicht zu berechnen, was durch ein Beispiel erläutert werden soll.

Vorgegeben sei

$$F = \frac{x y^2}{z^3}\,,$$

wobei die einzelnen Größen x, y, z ermittelt seien zu

$$x = \bar{x} \pm m_x\,, \quad y = \bar{y} \pm m_y\,, \quad z = \bar{z} \pm m_z\,.$$

Wir logarithmieren zunächst die vorgegebene Relation F:

$$\ln F = \ln x + 2 \ln y - 3 \ln z$$

Für den relativen Fehler von F erhalten wir dann:

$$\frac{m_F}{F} = \sqrt{\left(\frac{m_x}{\bar{x}}\right)^2 + \left(\frac{2\, m_y}{\bar{y}}\right)^2 + \left(\frac{3\, m_z}{\bar{z}}\right)^2}$$

Somit wird

$$F = \frac{\bar{x}\bar{y}^2}{\bar{z}^3}\left[1 \pm \sqrt{\left(\frac{m_x}{\bar{x}}\right)^2 + \left(\frac{2\, m_y}{\bar{y}}\right)^2 + \left(\frac{3\, m_z}{\bar{z}}\right)^2}\,\right].$$

1.621.27 Mittlerer Fehler beim arithmetischen Mittel

Da das arithmetische Mittel aus n Einzelmessungen entstanden ist, ist seine Unsicherheit bestimmt durch

1. die für die Streuung charakteristische mittlere Schwankung m der Einzelmessungen,
2. die Zahl n der Einzelwerte, aus denen das Mittel zu bilden ist.

Das arithmetische Mittel $\bar{x}$ ist die Funktion

$$\bar{x} = \frac{x_1 + x_2 + \cdots + x_n}{n}$$

der n einzelnen Beobachtungen x_i, von denen jede die Schwankung m hat.

Nach dem Fehlerfortpflanzungsgesetz gilt dann für den mittleren Fehler der Summe x:

$$\sqrt{n m^2} = m \sqrt{n}$$

Somit folgt für den mittleren Fehler des Mittelwertes:

$$\overline{m} = \frac{1}{n} \sqrt{n m^2} = \frac{m}{\sqrt{n}} = \sqrt{\frac{[v v]}{n (n-1)}}$$

.621.28 Beobachtungswerte verschiedener Genauigkeit. Gewichte

Oftmals kommt es vor, daß dieselben Messungen zwar mit demselben Meßgerät, aber zu verschiedenen Zeiten vorgenommen werden oder daß man Messungen mit verschiedenen Geräten, jedesmal in gleicher Anzahl, durchführt. Es soll nun erörtert werden, wie in diesen Fällen, denen ja verschiedene Genauigkeit zugeschrieben werden muß, die Mittelbildung durchzuführen ist.

1. Mit ein und demselben Meßgerät und von ein und demselben Beobachter sollen am gleichen Objekt Messungen zu verschiedenen Zeiten gemacht worden sein. Für derartige Messungen hat sich ergeben

$$\overline{x}_1 \pm \overline{m}_1, \quad \overline{x}_2 \pm \overline{m}_2, \quad \overline{x}_3 \pm \overline{m}_3,$$

wobei $\overline{m}_1, \overline{m}_2, \overline{m}_3$ die mittleren Fehler der arithmetischen Mittel $\overline{x}_1, \overline{x}_2, \overline{x}_3$ darstellen. Die Verschiedenheit der mittleren Fehler kann bei gleich exakter Arbeit des Beobachters nur durch die Verschiedenheit der Anzahl der jemals gemachten Messungen erklärt werden. Die mittlere Schwankung m der Einzelmessung, die durch Meßgerät und Sorgfalt des Beobachters bestimmt ist, ist dann in allen Fällen dieselbe, und es muß sein:

$$\overline{m}_1 = \frac{m}{\sqrt{n_1}}, \quad \overline{m}_2 = \frac{m}{\sqrt{n_2}}, \quad \overline{m}_3 = \frac{m}{\sqrt{n_3}}$$

Daraus folgt

$$n_1 = \frac{m^2}{\overline{m}_1^2}, \quad n_2 = \frac{m^2}{\overline{m}_2^2}, \quad n_3 = \frac{m^2}{\overline{m}_3^2}.$$

Hieraus kann die Proportion abgeleitet werden:

$$n_1 : n_2 : n_3 = \frac{1}{\overline{m}_1^2} : \frac{1}{\overline{m}_2^2} : \frac{1}{\overline{m}_3^2}$$

Das Gesamtmittel ist nun so zu bilden, daß die drei Mittelwerte x_1, x_2, x_3 so oft in Rechnung zu stellen sind, wie die Anzahl der Messungen zu ihrer Ermittlung beträgt, d. h. n_1-, n_2-, n_3-mal. Somit erhält man für das Gesamtmittel:

$$\overline{\overline{x}} = \frac{n_1 \overline{x}_1 + n_2 \overline{x}_2 + n_3 \overline{x}_3}{n_1 + n_2 + n_3} \tag{16}$$

Diese Formel entspricht aber vollkommen der Schwerpunktsformel in der Mechanik, wobei n_1, n_2, n_3 die Massen (Gewichte) der auf der x-Achse liegenden Punkte x_1, x_2, x_3 sind. Aus diesem Grunde nennt man auch die Zahlen n_1, n_2, n_3 die Gewichte

$$p_1 = \frac{c}{\overline{m}_1^{\,2}}, \quad p_2 = \frac{c}{\overline{m}_2^{\,2}}, \quad p_3 = \frac{c}{\overline{m}_3^{\,2}} \tag{17}$$

der Mittelwerte x_1, x_2, x_3. Da es bei den Gewichten nur auf deren Verhältnisse ankommt, ist c völlig beliebig.

Somit ergibt sich für das Gesamtmittel aus den Mittelwerten $x_1 \pm m_1 \ldots$, wenn

$$p_1 : p_2 : p_3 = \frac{1}{\overline{m}_1^{\,2}} : \frac{1}{\overline{m}_2^{\,2}} : \frac{1}{\overline{m}_3^{\,2}} \text{ ist,}$$

$$\overline{\overline{x}} = \frac{\Sigma p_i \overline{x}_i}{\Sigma p_i} \quad \text{oder} \quad \overline{\overline{x}} = \frac{[p\overline{x}]}{[p]}. \tag{18}$$

2. Wird nun zu verschiedenen Zeiten, aber immer in gleicher Anzahl, mit verschieden genauen Meßgeräten gemessen, so ist die Verschiedenheit der mittleren Fehler der erhaltenen Mittelwerte durch die verschiedene Streuung der benützten Meßgeräte, d. h. durch m_1, m_2, m_3, bedingt.

Da $\quad \overline{m}_1 = \frac{m_1}{\sqrt{n}}, \quad \overline{m}_2 = \frac{m_2}{\sqrt{n}}, \quad \overline{m}_3 = \frac{m_3}{\sqrt{n}} \quad$ ist,

ergibt sich folgende Proportion:

$$\overline{m}_1 : \overline{m}_2 : \overline{m}_3 = m_1 : m_2 : m_3$$

Sind m_i die mittleren Fehler der Einzelbeobachtungen, so verhalten sich die Gewichte wie folgt:

$$p_1 : p_2 : p_3 = \frac{1}{m_1^{\,2}} : \frac{1}{m_2^{\,2}} : \frac{1}{m_3^{\,2}} \tag{19}$$

3. Hat man schließlich die Messungen mit verschiedenen Meßgeräten und verschieden oft durchgeführt und nicht den mittleren Fehler m der Einzelbeobachtung, sondern den mittleren Fehler m des Mittels in allen Fällen zugrunde gelegt, so sind die Gewichte gegeben durch

$$p_i = \frac{c}{m_i^{\,2}}$$

Für das Mittel aus mehreren Mittelwerten verschiedener Genauigkeit ergibt sich dann:

$$\overline{\overline{x}} = \frac{\Sigma p_i \overline{x}_i}{\Sigma p_i} = \frac{[p\overline{x}]}{[p]} \tag{20}$$

1.621.29 Fehlerverteilungsgesetz von Gauß

F. R. Helmert hat in seiner Arbeit „Die Ausgleichungsrechnung nach der M. d. kl. Qu." erkannt, daß folgende drei Regeln existieren:

1. Gleich große positive und negative Fehler sind gleich häufig.
2. Die Häufigkeit des Vorkommens nimmt zu mit der Abnahme des absoluten Betrages des Fehlers.
3. Für den Fehler Null ist sie ein Maximum.

Drückt man die Häufigkeit in Anlehnung an die mathematische Wahrscheinlichkeit aus, so kann man nach diesen Sätzen auch sagen, daß

1. ein gleich großer positiver und negativer Fehler gleich wahrscheinlich ist;
2. es wahrscheinlicher ist, einen kleinen als einen großen Fehler zu erhalten;
3. es daher am wahrscheinlichsten ist, ein von Fehlern freies Ergebnis zu erhalten.

Als Summe der Wahrscheinlichkeiten für das Auftreten aller in dem Bereich von $-a$ bis $+a$ vorkommenden Fehler ε kann folgendes Integral betrachtet werden:

$$W_{-a}^{+a} = \int_{-a}^{+a} \varphi(\varepsilon)\, d\varepsilon \tag{21}$$

Dabei bedeutet $\varphi(\varepsilon)$ die Fehlerwahrscheinlichkeitsfunktion oder das Fehlergesetz. Da aber bei einem allgemeingültigen Fehlergesetz infolge der Verschiedenartigkeit des Zusammenwirkens in den einzelnen Gliedern des Messungsvorganges die Grenzen offenbleiben müssen, liegt es nahe, die Grenzen bis ins Unendliche auszudehnen und daher zu schreiben:

$$\int_{-\infty}^{+\infty} \varphi(\varepsilon)\, d\varepsilon = 1 \tag{22}$$

Diese gesuchte Funktion ist 1794 vom jugendlichen Gauß in der Form

$$\varphi(\varepsilon) = \frac{h}{\sqrt{\pi}}\, e^{-h^2\varepsilon^2} \tag{23}$$

gefunden worden, wobei h, das Präzisionsmaß, eine für den jeweiligen Messungsvorgang charakteristische Konstante ist.

Für die Praxis sind nun folgende Begriffe eingeführt worden:

der mittlere Fehler m, definiert durch $m^2 = \frac{h}{\pi}\int_{-\infty}^{+\infty} \varepsilon^2 e^{-h^2\varepsilon^2}\, d\varepsilon$, (24)

der durchschnittliche Fehler t, definiert durch $t = \frac{h}{\sqrt{\pi}}\, 2\int_{0}^{\infty} \varepsilon\, e^{-h^2\varepsilon^2}\, d\varepsilon$, (25)

der wahrscheinliche Fehler r, definiert durch $\frac{r}{2} = \frac{h}{\sqrt{\pi}}\int_{-r}^{+r} e^{-h^2\varepsilon^2}\, d\varepsilon$. (26)

Wertet man die Integrale aus, so findet man:

$$m = \pm\frac{1}{h\sqrt{2}} = \pm\frac{1}{h}\cdot 0.707107 \tag{24a}$$

$$t = \pm\frac{1}{h\sqrt{\pi}} = \pm\frac{1}{h}\cdot 0.5641896 \tag{25a}$$

$$r = \pm\frac{1}{h}\cdot 0.47694 \tag{26a}$$

Zwischen diesen Fehlern besteht also die Ungleichheit

$$|m| > |t| > |r| \tag{27}$$

Es besteht auch ein numerischer Zusammenhang zwischen den einzelnen Größen m, t und r:

$$m = \sqrt{\frac{\pi}{2}}\, t = 1.1533141\, t = 1.4826021\, r \tag{28}$$

oder

$$t = 0.7978846\, m \;, \quad r = 0.6744898\, m \tag{29}$$

Aus (24a) und (25a) folgt die Proportion

$$m^2 : t^2 = \pi : 2 \tag{30}$$

Ist die Relation (30) erfüllt, so liegt eine Gaußsche Werteverteilung vor und kann deshalb als Probe für deren Vorlage benutzt werden.

Ist diese Forderung erfüllt, so liegen innerhalb der Grenzen

$\pm \frac{m}{2}$ 38%,

$\pm m$ 68%,

$\pm 2m$ 95%,

und $\pm 3m$ 99.7%

aller Einzelergebnisse.

1.622 *Ungenauigkeit*

Vereinigen sich eine mögliche oder eine zu erwartende Unrichtigkeit mit einer Unsicherheit, so spricht man von einer Ungenauigkeit. Diese stellt somit einen Gesamtfehler dar, der sich aus unbekannten systematischen und zufälligen Fehlern zusammensetzt. Die größte zu erwartende Ungenauigkeit, die „maximale quadratische Ungenauigkeit", ist demnach das Zusammentreffen einer größtmöglichen oder größten zu erwartenden Unrichtigkeit mit einer größten zu erwartenden Unsicherheit.

1.622.1 *Ungenauigkeit der Meßeinrichtungen*

Bedeuten

f_G die größte für einen Gerätetyp zugelassene Unrichtigkeit,

F_G die größte zu erwartende Ungenauigkeit,

σ bzw. σ_G die Anzeigenstreuung,

so ist

$$F_G = \sqrt{f_G^2 + 2 \cdot (3\sigma_G)^2} \tag{31}$$

und bei einer Meß**reihe**

$$\bar{F}_G = \sqrt{f_G^2 + 2\,(3\sigma)^2/n}\,. \tag{32}$$

1.622.2 *Ungenauigkeit des Meßverfahrens*

Bei allen Messungen machen sich noch Einflüsse geltend, die die größte zu erwartende Ungenauigkeit F_V des Meßverfahrens bedingen, wie

1. zu erwartender Temperatureinfluß f_T,
2. zu erwartender Einfluß der Meßkraft f_K,
3. zu erwartender größter Einfluß nicht ausgewerteten Normals f_N.

Unter Berücksichtigung dieser Größen wird die Meßungenauigkeit

$$F_V = \pm \sqrt{F_G^2 + f_T^2 + f_K^2 + f_N^2}\,. \tag{33}$$

1.623 *Meßergebnis*

Der Meßwert ist mit zufälligen und beherrschbaren Fehlern behaftet. Das Meßergebnis hingegen darf keine beherrschbaren Fehler mehr enthalten. Es ist somit nur noch mit einer Unsicherheit behaftet. Man wird die Unsicherheitsgrenzen so wählen, daß die größte zu erwartende Unsicherheit innerhalb dieser liegt.

Sind in F' alle beherrschbaren Fehler enthalten, so wird der Meßwert A, der am Meßgerät gewonnen ist, zum berichtigten Meßwert A'.

$$A' = A - F' \tag{34}$$

1.623.1 *Meßunsicherheit*

Die Meßunsicherheit U setzt sich zusammen aus

1. der größten zu erwartenden Unsicherheit der Anzeigen,
2. der größten zu erwartenden Unsicherheiten, die in den bekannten beherrschbaren Fehlern enthalten sind.

Kann aber die Berichtigung des Meßwertes unter Berücksichtigung der bekannten beherrschbaren Fehler überhaupt nicht oder nur teilweise erfolgen, so setzt sich die Meßunsicherheit U zusammen aus

1. dem Größtfehler einer Einzelmessung bzw. der dreifachen Streuung eines Meßreihendurchschnittes,
2. der zu erwartenden maximalen Unrichtigkeit des Meßverfahrens.

1.623.2 *Werkstücktoleranz und Meßunsicherheit*

Zwischen der Werkstücktoleranz W, der Meßunsicherheit U und der Fertigungstoleranz besteht die Relation

$$T = \sqrt{W^2 - U^2}\,, \tag{35}$$

eine für die Praxis wichtige Formel.

1.624 *Grundsätze der Meßtechnik*

Bei allen mit Schlitten versehenen Meßgeräten treten bei dessen Bewegen infolge Ungeradheit der Führungsbahn und des unbedingt erforderlichen Spiels stets kleine Kippungen des Schlittens auf, die sich durch den Kippwinkel des Schlittens ausdrücken lassen. In diese oft nur Bruchteile von Winkelminuten betragenden Kippwinkel gehen ein

1. Unebenheit und Ungeradheit der Führungsbahn,
2. Länge des Schlittens,
3. bei Kugellagerverwendung Unterschiede im Durchmesser und Unrundheit der Kugeln.

1.624.1 *Erster Grundsatz der Meßtechnik*

Bei Messungen senkrecht zur Visierlinie ist nicht die Visiereinrichtung, sondern das zu messende Objekt zu verschieben. Beobachtet man diesen Grundsatz nicht, so tritt ein Kippen um den kleinen Winkel α ein, der den als Parallaxe bezeichneten Meßfehler

$$s \cdot \operatorname{arc} \alpha$$

hervorruft, wenn s der Abstand zwischen einem fest im Meßgerät eingebauten Normal und der zu diesem parallelen Schlittenführungsbahn der Visiereinrichtung ist.

Parallaxe tritt leicht auf beim Ablesen der Zeigeranzeige an einer Skala. Man kann diese durch Spiegelablesung und geringen Abstand der Zeigerspitze von der Skala vermeiden.

1.624.2 *Zweiter Grundsatz der Meßtechnik:*
Abbesches Komparatorprinzip

Im Meßgerät sind Meßobjekt und eingebautes Normal nicht nebeneinander, sondern fluchtend hintereinander anzubringen. Hierdurch können die bei Bewegung des den Meßkörper tragenden Schlittens auftretenden Kippungen nur noch Meßfehler 2. Ordnung hervorrufen, während Meßfehler 1. Ordnung vermeidbar sind.

1.625 *Temperatureinfluß*

Da selten alle Messungen bei der Bezugstemperatur 20° C durchgeführt werden, tritt dann ein durch die Umwelt bedingter, aber beherrschbarer Fehler auf. Diese Temperatureinflüsse machen sich größtenteils verschieden bei Prüfling und Meßgerät bemerkbar, da selten beide von gleichem Material sind.

1.625.1 *Bekannter beherrschbarer Temperatureinfluß*

Weichen die Temperaturen von Prüfling t_P und Normal t_N mit ihren verschiedenen Ausdehnungskoeffizienten α_P und α_N von 20° C ab, so ist

$$\Delta t_P = t_P - 20^\circ\,\mathrm{C} \qquad \text{und} \qquad \Delta t_N = t_N - 20^\circ\,\mathrm{C}\,.$$

Ist L ein runder Wert der Länge des Normals und $f_{T'}$ der durch die Temperaturabweichungen Δt_P und Δt_N hervorgerufene bekannte beherrschbare Temperatureinfluß, so ist in hoher Annäherung:

$$\left.\begin{aligned} f_{T'} &= L \cdot (\alpha_P \cdot \Delta t_P - \alpha_N \cdot \Delta t_N) \\ \text{oder} \qquad f_{T'} &= L \cdot [(\alpha_P - \alpha_N) \cdot \Delta t_P + \alpha_N (t_P - t_N)] \end{aligned}\right\} \tag{36}$$

Bezeichnet man den Längenunterschied mit Δ L, so beträgt der bei 20° C vorhandene Längenunterschied $(\Delta L)_{20} = L_{P20} - L_{N20}$ und läßt sich errechnen zu

$$(\Delta L)_{20} = \Delta L - f_{T'}\,. \tag{37}$$

Die Istlänge des Prüflings L_{P20} bei 20° C wird dann:

$$L_{P20} = L_{N20} + (\Delta L)_{20} = L_{N20} + \Delta L - f_{T'} \tag{38}$$

1.625.2 *Maximal zu erwartender Temperatureinfluß*

Sind für die in (36) auftretenden Größen nur Größtbeträge bekannt, die erreicht werden dürfen, so muß der beherrschbare Temperatureinfluß $f_{T'}$ durch den größten zu erwartenden Temperatureinfluß f_T berechnet werden.

Unter bestimmten Voraussetzungen läßt sich dieser berechnen aus

$$f_T = L \cdot \sqrt{(\alpha_P - \alpha_N)^2 (\Delta t_P)^2 + \alpha_N^2 (t_P - t_N)^2}. \tag{39}$$

1.626 *Abplattungsfehler*

Ein Fehler, der sich oft nicht vermeiden läßt, ist der Abplattungsfehler, der als wichtigster Meßkrafteinfluß zu betrachten ist. Wird auf den Prüfling eine Meßkraft ausgeübt, so unterliegt dieser gewissen Formänderungen (Abplattungen), wobei in einfachsten Fällen dieser Abplattungsfehler mit der Abplattung zusammenfällt.

Aus der Fülle der Möglichkeiten soll hier nur der Fall herausgegriffen werden, der in der Praxis häufig vorkommt: Zylinder gegen Ebene.

Sind L die Länge und d der Durchmesser des Zylinders in mm, und wird die Meßkraft P in g eingesetzt, so gilt nach einer von Bochmann gefundenen empirischen Formel für die Abplattung A:

$$A = 0.00046 \cdot \frac{P}{L} \cdot \sqrt[3]{\frac{1}{d}} \tag{40}$$

1.627 *Einfluß des Auges des Beobachters*

Die meisten Meßvorgänge benötigen zur Einstellung und Beurteilung unser Auge, das aber selbst nur eine beschränkte Genauigkeit besitzt. So können wir zwei Punkte oder parallele Striche nur noch dann wahrnehmen, wenn sie unter einem Sehwinkel von 1′ (physiologischer Grenzwinkel) erscheinen und eine gute Beleuchtung vorliegt. Außerdem muß der Beobachter ein sehr gutes Auge haben. Durch längeres angestrengtes Sehen ermüdet aber auch das Auge, so daß für die Praxis ein Winkel von 2′ angenommen wird. Somit geht auch dieser Fehler in die Unsicherheit der Messung ein.

1.627.1 *Unsicherheit der Ablesung*

Bei den Meßgeräten liegt die Skalenteilgröße zwischen 0.8 mm und 7 mm, bei optischen Geräten die scheinbare im gleichen Bereich. Bei einer Messung sollen aber im allgemeinen nicht nur die ganzen Teile abgelesen, sondern auch noch die Zehntel geschätzt werden. Bei kleinstem Abstand (0.8 mm) ist aber ein Zehntel gleich 0.08 mm, ein Betrag, der etwa der unteren Grenze (1′) entspricht.

Deshalb ist es erklärlich, daß beim Schätzen unbedingt eine gewisse Unsicherheit vorliegt. Beträgt die Skalenteilgröße s in mm, so ist die größte zu erwartende Unsicherheit

$$u_S = \frac{1}{10\sqrt{s}} \text{ Skt.} \tag{41}$$

s	1	2	3	4	5	6	7	mm
u_S	± 0.10	± 0.07	± 0.06	± 0.05	± 0.04	± 0.04	± 0.04	Skt.

Aus der Tabelle ist ersichtlich, daß bei den gebräuchlichsten Skalenteilgrößen von 1 bis 2 mm die Unsicherheit unterhalb ± $^1/_{10}$ Skt. liegt.

Die größte Unsicherheit liegt in der Nähe von $^1/_{10}$ und $^9/_{10}$, wohingegen bei $^5/_{10}$ Skt. die größte Sicherheit vorhanden ist, da man die Mitte zwischen zwei Skalenstrichen leichter schätzen kann.

1.627.2 *Unsicherheit des Einstellens*

Der physiologische Grenzwinkel spielt dann eine Rolle, wenn es sich darum handelt, ob zwei Teilstriche zur Deckung gebracht sind oder nicht.

Bei der Noniuseinstellung, wo es darum geht, einen Skalenstrich in die Verlängerung eines zu diesem parallelen Strichs sich zu denken, ist das menschliche Auge weit empfindlicher. Die dabei auftretende Noniensehschärfe beträgt dann 15″, wobei es geübte Augen unter günstigster Beleuchtung und saubersten Ausführung der Teilung bis zu 10″ bringen können.

Bei Meßgeräten ist aber auch oft ein dünner Strich auf die Mitte eines stärkeren Striches einzustellen. In diesen Fällen ist aber die Sicherheit wesentlich größer, und es wird als Unsicherheit angegeben

$$u = \pm\ 0.006 \text{ mm.} \tag{42}$$

Eine derartige Einstellung bezeichnet man als Symmetrieeinstellung.

1.63 *Feinmeßgeräte und ihre Daten*

Jedem Feinmeßgerät ist vom Hersteller eine Druckschrift beigegeben, aus der seine Daten entnommen werden können, d. h. jene Größen, die das Gerät kennzeichnen und seine Leistung einschließlich seiner Fehler dartun.

1.631 *Daten der Meßgeräte*

Für die Meßgeräte werden folgende Daten angegeben:

1. Skalenwert. Dieser ist die kleinste zu ermittelnde Änderung der Meßgröße, die durch unmittelbare Ablesung an einer Skala feststellbar ist.
2. Skalenteilgröße. Sie gibt den Abstand zweier benachbarter Skalenteile an und muß den in 1.627.1 gestellten Bedingungen genügen.
3. Empfindlichkeit. Sie ist definiert durch das Verhältnis der Anzeigenänderung auf der Skala in mm zu der Änderung der Meßgröße, die diese Anzeigenänderung bedingt, in Meßgrößeneinheiten.

4. Anzeigebereich. Dieser Bereich ist der der an der Skala ablesbaren Werte.
5. Meßbereich. Dieser Bereich fällt oft mit dem Anzeigebereich zusammen. Allgemein stellt er jenen Bereich dar, für den die angegebenen Gerätefehler ihre Gültigkeit haben. Dabei weisen auch manche Meßgeräte mehrere Bereiche auf (Teilmeßbereiche).
6. Einstellbereich. Denjenigen Bereich der Meßwerte, innerhalb dessen das Meßgerät vor der Messung eingestellt werden kann, bezeichnet man als Einstellbereich.
7. Anwendungsbereich. Es ist derjenige Bereich, in dem mit dem Gerät Messungen durchgeführt werden können, und schließt somit den Anzeige- und Einstellbereich in sich.
8. Freihub. Läßt sich der Tastbolzen noch über den Anzeigebereich hinaus verschieben, so spricht man von Freihub. Dadurch können noch Messungen an Vertiefungen usw. gemessen werden, was mit Geräten ohne Freihub unmöglich ist.
9. Meßkraft. Die Angabe dieser Größe ist wichtig, da man oft schon die durch sie hervorgerufene Formänderung vorher ermitteln und somit in Rechnung stellen kann.
10. Meßflächenunebenheit. Legt man durch den höchsten Punkt der Meßfläche eine Bezugsebene, so stellt der Abstand des tiefsten Punktes von dieser Bezugsebene die Unebenheit dar. Legt man auf die Meßfläche eine Planglasplatte auf, so läßt sich die Unebenheit aus Zahl und Form der auftretenden Interferenzstreifen ermitteln.
11. Nichtparallele Meßflächen. Sind zwei Meßflächen oder auch -schneiden nicht parallel, so wird die Unparallelität durch den von ihnen gebildeten Winkel angegeben.
12. Gerätefehler. Auf die durch die Gerätefehler bedingten Fehler ist bereits oben eingegangen worden, so daß sie hier nur nochmals zusammengestellt werden sollen:
    a) beherrschbare und unbekannte Fehler
    b) Gerätestreuung und mittlere zu erwartende Unsicherheit
    c) dreifache Gerätestreuung als größte zu erwartende Unsicherheit
    d) gesamter maximaler Fehler, der die größte zu erwartende Ungenauigkeit darstellt
    e) zu erwartender Gesamtfehler

Bei Feinmeßgeräten mit optischen Ablesungen treten noch folgende Daten auf, auf die aber hier nicht eingegangen werden soll:

13. Vergrößerung
14. Betrachtungsausschnitt
15. Dingabstand
16. Sehfelddurchmesser
17. Sehfeldwinkel

1.64 *Technische Winkelmessungen*

Die bisher behandelten Messungen waren zum größten Teil Längenmessungen. Die Technik erfordert aber auch oft Winkelmessungen. Wenn wir hier von der Verschiedenheit der Teilung des Vollwinkels absehen, haben wir für die Einheit des Winkels günstigere Bedingungen. Trotzdem ist die Durchführung wesentlich schwieriger. Darum soll im Rahmen dieser Abhandlung auf diese verzichtet werden. Interessenten seien deshalb verwiesen auf „Über die Grundlagen der technischen Winkelmessungen" von Dr.-Ing. Kurt *Räntsch*, Jena, in „Fertigungstechnik", 2. Jahrgang, 1944, Heft 5 und 6.

1.65 *Optische Grundlagen*

Da die optischen Grundlagen in das Gebiet der Physik gehören und auch sonst aus dem Rahmen dieser Abhandlung fallen, wird auf die physikalischen Lehrbücher verwiesen oder auf „Über die optischen Grundlagen der technischen Feinmeßgeräte" von Dr.-Ing. Kurt *Räntsch*, Jena, in „Werkstatt und Betrieb", 74. Jahrgang, 1941, Heft 11 und 12.

Literatur

Die Darstellung erfolgte in Anlehnung an die Druckschriften vom VEB Carl Zeiß, Jena, mit dessen Genehmigung:

CZ 20—030c—1 „Technische Feinmeßgeräte."

CZ 20—S 030—1 *Hultzsch, E.*: „Von den Grundlagen des Messens mit Feinmeßgeräten." 1955.

CZ 20—S 225—1 *Hultzsch, E.*: „Die Meßgenauigkeit des Zeiß-Optimeters, eine Fehleruntersuchung." 1953.

CZ 20—S 210—1 *Meier, B.*: „Das Ausmessen von Parallel-Endmaßen mit dem Interferenzkomparator." 1952.

Sonstige Literatur

Abbe, E.: „Meßapparate für Physiker." Zeitschrift f. Instrumentenkunde. 10. Jg. Heft 12.

Baule, B.: „Die Mathematik des Naturforschers und Ingenieurs." Band II, 2. Auflage, 1948. Verlag S. Hirzel, Leipzig.

Berndt, G.: „Grundlagen und Geräte techn. Längenmessungen." 2. Aufl., Berlin. Verlag Springer 1929.

Berndt, G.: „Grundlagen des Messens." Die Meßtechnik. Jg. 16 (1940).

Czuber, E.: „Theorie der Beobachtungsfehler."

Helmert, F. R.: „Die Ausgleichsrechnung nach der Methode der kleinsten Quadrate."

Jordan-Eggert: „Handbuch der Vermessungskunde I, Ausgleichsrechnung nach der Methode der kleinsten Quadrate."

Klingelnberg: „Technisches Hilfsbuch." 13. Aufl., Berlin, Verlag Springer. 1954.

Klingler, R.: „Messen und Prüfen im Maschinenbau". Schweizer Druck- und Verlagshaus, Zürich 8.

Leinweber, P.: „Taschenbuch der Längenmeßtechnik. Berlin, Verlag Springer 1954.

Lehmann, R.: „Der Abbesche Grundsatz für Längenmessungen." Werkstatttechnik und Werksleiter, 34. Jg., 1940, Heft 5.

Räntsch, K.: „Genauigkeit von Messung und Meßgerät." München, Verlag Hanser, 1950.

Wellisch, S.: „Theorie und Praxis der Ausgleichsrechnung."

1.7 Die behördliche Überwachung von Maß und Gewicht

Die Ordnung und Beaufsichtigung des Maß- und Gewichtswesens ist dem Staate vorbehalten und erfolgt auf dem Wege der Gesetzgebung durch Erlaß einer Maß- und Gewichtsordnung bzw. eines Maß- und Gewichtsgesetzes.

Die behördliche Überwachung des Maß- und Gewichtswesens ist schon sehr alt und wurde in früheren Abschnitten auch bereits mehrfach erwähnt. Aus deutschen Landen interessiert ein Erlaß *Rudolfs von Habsburg* aus dem Jahre 1278, der in der Verleihung des Stadtrechtes für Colmar bestimmt: „Alle die maasse damit man feylle ding misset, und alle die gewege damit man silber oder goldt wiget, und andere feylle ding wiget, darüber soll der schuldheiss und der rath zwenne biderbe bürger setzen, das die bewahren, das beydte die mäss und die gelöte recht sin; und wa dekein unrecht mess oder dekein gelöte fundten wirt, damit man kaufet oder verkaufet, das soll man als die diebe besseren" [15 b].

In verschiedenen Städten vollzog sich der Marktverkehr unter Benutzung öffentlicher Waagen, von denen einige gewisse Berühmtheit erlangt haben, so in Frankfurt a. M. die Mehlwaage aus dem Jahre 1438, die Eisenwaage, die Silberwaage u. a. m.

Die staatl. Regelung der Maße und Gewichte begann in Deutschland mit der von Preußen 1816 begründeten Normal-Eichungs-Kommission. In der Maß- und Gewichtsordnung für den Norddeutschen Bund vom 17. 8. 1868 sind in Art. 18 Bestellung und Aufgaben der Norm.-Eich.-Komm. mit dem Sitz in Berlin eingehend festgelegt.

In Sachsen nahm die Kgl. Sächs. Normaleichungskommission (NAC) am 30. 3. 1858 ihre Tätigkeit auf (Eichstempel Krone, darunter die Buchstaben NAC). Im Herbst 1858 wurden die Eichämter eröffnet. In den dazwischenliegenden sieben Monaten wurden von den Urnormalen des Fußes und der Elle, der Flüssigkeitsmaße zu 1, $^1/_2$, $^1/_4$, $^1/_8$, $^1/_{16}$ Kanne, der Hohlmaße zu $^1/_4$ Scheffel, 1 Metze, 1, $^1/_2$, $^1/_4$ Mäßchen, der Gewichte zu 1, $^1/_2$, $^1/_4$ Zentner, 20, 10, 5, 3, 2 und 1 Pfund, 15, 10, $7^1/_2$, 5, 3, 2 und 1 Lot, 5, 2 und 1 Quent, 5, 2 und 1 Cent und 5, 2 und 1 Korn (Lotteilung) je ein Stück angefertigt, justiert und untereinander verglichen. Des weiteren wurden die Kontrollnormale für 18 Eichämter in derselben Abstufung mit etwas geringerer Genauigkeit und die Gebrauchsnormale für 18 Eichämter mit einer Genauigkeit dritten Grades angefertigt. Die Gewichte vom Zentner bis zu 1 Pfund herab waren aus Eisen, 2-Pfund-Gewichte bis zu 1 Quent wurden messingvergoldet und unvergoldet hergestellt. Die 5-Cent-Stücke bis zu 1 Korn bestanden aus Platin.

Die Eichämter waren (lt. Bek. v. 19. 10. 1858, GVBl., S. 263) städtische Behörden. Der Eichstempel bestand aus der Krone und dem Anfangsbuchstaben der betreffenden Stadt. Es gab an folgenden Orten Eichämter:

Annaberg	(A)	Chemnitz	(Ch)	Freiberg	(F)
Budissin	(B)	Dresden	(D)	Großenhain	(Gn)
Borna	(B)	Döbeln	(Dö)	Leipzig	(L)

Löbau	(Lö)	Pegau	(Pe)	Rochlitz	(Ro)
Meißen	(M)	Plauen i. V.	(P)	Zittau	(Zi)
Oschatz	(O)	Reichenbach	(R)	Zwickau	(Zw)

Für die Eichung der im Berg- und Hüttenwesen verwendeten Maße eröffnete das Finanzministerium in Freiberg neben dem städtischen Eichamt am 3. 1. 1859 ein Bergeichamt (Bek. v. 2. 12. 1858, GVBl., S. 396); im Eichstempel führte es die Krone, darunter Schlegel und Eisen. Mit dem Inkrafttreten der ersten deutschen Maß- und Gewichtsordnung am 1. 1. 1872 wurde es wieder aufgehoben (Bek. v. 3. 3. 1873, GVBl., S. 225). Näheres zu den Eichämtern und der sächs. NAC berichtet *Brandt* [45 b, S. 128 bis 133].

Die Bedingungen für alles Messen und Wägen sind in Eichordnungen verankert. (Die älteste Eichordnung dürfte die im Sachsenspiegel vom Jahre 1235 sein.)

1871 wurde die Norm.-Eich.-Komm. oberste Reichsbehörde. Aus ihr ging später die Physikalisch-Technische Reichsanstalt (PTR) und aus dieser schließlich infolge der derzeitigen Zweiteilung im Gebiet der DDR seit 1946 das „Deutsche Amt für Maß und Gewicht“ (DAMG, jetzt DAMG-ZI) in Berlin und im Bundesgebiet die „Physikalisch-Technische Bundesanstalt“ (PTB) in Braunschweig hervor.

Die Anstalten dürfen sich rühmen, aus dem Geiste Werner v. *Siemens*' hervorgegangen zu sein, dem die Gründung der PTR im wesentlichen zu verdanken ist [148]. Er hat an den Verhandlungen um die PTR von Anfang an teilgenommen, hat Fehlschläge vor dem Haus der Abgeordneten (1876) miterlebt, bis schließlich durch seine geniale Förderung das Institut am 29. 10. 1884 als PTR gegründet wurde. Siemens wollte vor allem die Wissenschaft in die Technik hineintragen; seine Forderung nach Forschungsanstalten ohne Lehrzwecke ist in diesem Institut streng realisiert worden. Er hatte betont, daß die Präzisionsmechanik nur ein Hilfsmittel der Wissenschaft sei und daß dieser der Vorrang gebühren müsse. Er wollte für wissenschaftliche Größen und talentvolle junge Gelehrte eine Stätte schaffen, wo sie ungestört durch andere Pflichten nur der Wissenschaft dienen könnten. So sind auch heute noch Ausschaltung von Lehrzwecken und die Verbindung rein wissenschaftlicher und technisch-wissenschaftlicher Arbeit die charakteristischen Merkmale des Instituts, durch die sich die beiden Ämter, DAMG und PTB, anderen Anstalten gegenüber unterscheiden und auszeichnen.

Zentrale Überwachungs- und Prüfstelle für das gesamte Meßwesen in der Deutschen Demokratischen Republik ist das „Deutsche Amt für Maß und Gewicht-ZI“ in Berlin. Es ist aus der während des Krieges von Charlottenburg nach Thüringen verlagerten früheren Physikalisch-Technischen Reichsanstalt hervorgegangen. Sein Aufgabenbereich wurde durch Befehl 158 der sowjetischen Besatzungsbehörde in Deutschland vom 25. Mai 1946 festgelegt. Aufgaben des Amtes sind, die Einheitlichkeit der Maße und die Richtigkeit der Meßgeräte zu sichern, das Meßwesen zu überwachen und ferner die Kontrolle der Maße und Meßgeräte (Normale) der Industrie auszuüben [158, *Padelt*]. Gleichzeitig wurden dem DAMG auch alle Prüfstellen, die früher den Ländern gehörten, unterstellt. Das Amt bildet also mit den Eichämtern der DDR als Dachorganisation des Maß- und Gewichtswesens eine Sonderverwaltung mit eigenem Haushalt. Das ZI umfaßt weiterhin eine Anzahl zentrale Referate und vier Fachabteilungen, die ihrerseits in verschiedene Laboratorien aufgegliedert sind, und zwar für mechanische, elektrische, Temperatur-, Druck- und optische Einheiten und Messungen. Hier werden die Meßgrößen dargestellt und die dazugehörigen Vergleichsmessungen ausgeführt. Auch das deutsche Urmeter befindet sich dort. Wissenschaftliche und technische Spezialisten arbeiten an Präzisionsgeräten, verbessern die Verfahren und entwickeln neue Methoden im Messen, die der gesamten Wirtschaft zugute kommen. Für die Bemessung der elektrischen, thermischen und optischen Einheiten sind Arbeiten höchster Präzision erforderlich. Voraussetzung für eine erfolgreiche Arbeit auf diesem Gebiet ist engste Zusammenarbeit mit den Instituten anderer Länder, insbesondere mit dem Bureau International des Poids et Mesures in Sèvres bei Paris als dem Institut, das die internationalen Urnormale (etalons) aufbewahrt. Nur durch solchen Erfahrungsaustausch und den Anschluß der nationalen Urnormale an die internationalen Etalons sowie durch gegenseitigen Vergleich mit den Urnormalen anderer Länder bleibt die eigene und internationale Übereinstimmung der Maßeinheiten gewährleistet.

Das Amt für M. und G. spricht die Zulassung neuer Meßgeräte aus und ist selbst oberste technische Instanz in allen Streitfällen, während die Abwicklung der laufenden Prüfungen durch die Eichämter und Prüfämter erledigt wird. Vor allem die Prüfung der neu in den öffentlichen Verkehr gebrachten Maße und ihre Überwachung in gewissen Zeitabständen ist Sache der Eichämter. Die Mehrzahl der Meßgeräte muß regelmäßig alle zwei Jahre nachgeeicht werden. Zu diesem Zwecke werden in allen größeren Ortschaften durch Nacheichgruppen, die transportable Nacheichausrüstungen mit sich führen, „örtliche Eichtage“ abgehalten, an denen die eichpflichtigen Meßgeräte vorzulegen sind.

Um unserer Wirtschaft einen Stand höchster Meßtechnik zu sichern, erließ die Regierung am 13. Juli 1949 die Anordnung über Kontrolle der industriellen Maße und Meßgeräte und führte damit seit Schaffung des Volkseigentums in Handel und Industrie erstmalig eine Prüfpflicht für bestimmte Gruppen von Meßgeräten der industriellen Meßtechnik ein. Nach dieser Anordnung sind die Betriebe verpflichtet, ihre Betriebsmeßgeräte in angemessenen Fristen mit beglaubigten Kontrollnormalgeräten zu vergleichen, wobei der technische Leiter die Fristen je nach Lage des Einzelfalles selbst bestimmen muß. Darüber hinaus bestimmt die 1. Anweisung vom 12. 3. 1954, daß Betriebe, die über beglaubigte Hauptnormalgeräte verfügen, ihre Kontrollnormale damit selbst prüfen können. Durch diese Maßnahme wird die Eigenverantwortlichkeit der Betriebe an der Richtighaltung ihres Meßmittelparkes wesentlich gehoben [*Liers*, 158]. Es war viel Kleinarbeit nötig, bis die Zusammenarbeit von DAMG und Industrie durch Besuche, Beratungen und Anleitungen auch auf dem Gebiet des industriellen Meßwesens zustande kam und fruchtbar wurde.

Tabelle 80. Übersicht über die Rangordnung der Normalgeräte [nach *Liers*, 158]

DAMG – ZI	DAMG – Bez.-Eichämter	Industrie
Nationale Urnormale zur Beglaubigung der Hauptnormalgeräte des ZI, der Bez.-Eichämter und der Industrie	—	—
Hauptnormalgeräte zur Beglaubigung der Kontrollnormalgeräte, soweit bei den Bezirks-Eichämtern und bei der Industrie keine Hauptnormalgeräte vorhanden sind	Hauptnormalgeräte zur Beglaubigung der Kontrollnormalgeräte	Hauptnormalgeräte zum Anschluß der Kontrollnormalgeräte
Kontrollnormalgeräte zur Beglaubigung der Gebrauchsnormalgeräte der Bez.-Eichämter und zur Prüfung der industriellen Meßgeräte, soweit dort keine Kontrollnormalgeräte vorhanden sind	Kontrollnormalgeräte zur Beglaubigung der Gebrauchsnormalgeräte	Kontrollnormalgeräte zur Prüfung der Betriebsmeßgeräte
—	Gebrauchsmeßgeräte zur Eichung von Meßgeräten im Handel, Arbeitsschutz und Gesundheitswesen	Betriebsmeßgeräte zur Messung von Erzeugnissen, Rohstoffen und Hilfsstoffen

Um die Benutzung geeichter Maße, Gewichte, Waagen usw. zu erzwingen, haben die Behörden einiger Staaten sich deren Herstellung allein vorbehalten, während in anderen Staaten der Verkauf ungeeichter Meßgeräte verboten ist. In Deutschland sind Anfertigung und Verkauf freigegeben, es findet aber in bestimmten Fristen eine zwangsweise Nacheichung aller im Verkehr befindlichen Maße und Gewichte statt. Gewerbetreibende, die sich der Nacheichung entziehen, machen sich strafbar. Unbedingt genaue Meßgeräte gibt es natürlich nicht; als „genau" gelten daher alle Gegenstände, die innerhalb gewisser Fehlergrenzen mit ihren Sollwerten übereinstimmen. Die Fehlergrenzen sind in den meisten Staaten fast übereinstimmend festgesetzt.

Die in Handel und Verkehr gebräuchlichen Meßgeräte müssen nach den Bestimmungen der Eichordnungen der verschiedenen Staaten geeicht sein. Sie werden mit den Gebrauchsnormalen verglichen, die ihrerseits wieder über die Kontrollnormalen und die Hauptnormalen der Landesbehörden von den Urnormalen abgeleitet sind. Unter die Eich- und Überwachungspflicht fallen alle Meßgeräte im öffentlichen Verkehr, in Handel und Industrie, z. B. Waagen, Gewichte, Hohlmaße, Fässer, Getreideprober, Geräte zur Bestimmung des Fettgehaltes der Milch (Butyrometer), einzelne medizinische Geräte, Fieberthermometer, Injektionsspritzen usw. Je sparsamer wir mit Rohstoffen und Verbrauchsgütern umgehen müssen, um so mehr müssen allenthalben sorgfältig abgestimmte Meßzeuge gewährleistet sein.

Entsprechende Einrichtungen, Ämter für Maß und Gewicht, sind in allen größeren Staaten geschaffen worden. Es ging nicht an, den Anschluß der vielen Maßstäbe einem einzigen internationalen Institut zu überlassen.

In E n g l a n d steht z. B. an der Spitze der Organisation des Maß- und Gewichtswesens das „Board of Trade", dem das Standards Departement und das National Physical Laboratory in Teddington unterstellt sind. Hier werden die Urmaße aufbewahrt und die Normale der Aufsichtsbehörde geprüft. Auch alle für den Fortschritt des Maß- und Gewichtswesens erforderlichen wissenschaftlichen Untersuchungen werden hier ausgeführt. Hauptaufgabe des Institutes ist selbstverständlich wiederum die Überwachung der unteren Organe und der wiederkehrenden Prüfung der Kontroll- und Gebrauchsnormale des Landes bzw. des Staates. Die Eichungen selbst werden durch staatliche Eichämter ausgeführt. In einer besonderen Eichordnung sind die Bedingungen festgelegt, welche die Eichgegenstände erfüllen müssen, um zur Eichung zugelassen zu werden. In England gilt die „weights and measures act" vom Jahre 1878.

In den V e r e i n i g t e n S t a a t e n werden diese Aufgaben durch das National Bureau of Standards in Washington erfüllt,

in B e l g i e n durch den Metrologischen Dienst beim Ministerium für Wirtschaft in Brüssel,

in der Č S R durch das Staatsamt für Maße, Gewichte und Edelmetalle in Prag.

In F r a n k r e i c h ist das staatliche Maß- und Gewichtswesen durch das Gesetz vom 4. Juli 1837 fundiert worden. Hauptinstitut für Meßwesen ist das Bureau National Scientifique et Permanent des Poids et Mesures in Paris. Es gehört ebenso wie der Service des Instruments de Mesure in Paris zum Ministère de l'Industrie et du Commerce. Außerdem befassen sich mit meßtechnischen Fragen das

Laboratoire central des Industries électriques in Fontenay-aux-Roses,
Laboratoire d' Essais du Conservatoire des Arts et Métiers, Paris,
Institut Supérieur des Matériaux, Paris, und das
Institut d' Optique in Paris.

Die entsprechenden Institute sind

in I t a l i e n das Laboratoria Centrale Metrico,

in N o r w e g e n das Bureau für Maß und Gewicht in Oslo.

In Österreich datiert die Maß- und Gewichtsordnung vom 22. Juli 1871 mit Nachträgen vom 24. März 1876 und 10. April 1884. Die maßgebende Behörde ist das Bundesamt für Eich- und Vermessungswesen in Wien.

Polen hat das Hauptamt für Maße in Warschau.

Rumäniens Generaldirektion für Metrologie beim Ministerrat der RPR befindet sich in Bukarest.

In Rußland wurde das Maß- und Gewichtswesen durch Ukas vom 11. Oktober 1835 gesetzlich geregelt (vgl. S. 93). Zentrale staatliche Behörde der UdSSR war das von D. I. Mendelejew 1893 geschaffene Hauptamt für Maß und Gewicht, aus dem 1934 das Wissenschaftliche Forschungsinstitut für Metrologie der UdSSR hervorgegangen ist. Heute ist die zentrale Stelle für das Meßwesen in der UdSSR das Komitee für Standards, Maße und Meßgeräte in Moskau, das das Hauptamt für Maß und Gewicht in sich aufgenommen hat. Ihm angegliedert sind das Wissenschaftliche Unionsforschungsinstitut für Metrologie „D. I. Mendelejew" in Leningrad und fünf andere Institute.

Schweden hat die Direktion für Münzen, Maß und Gewicht in Stockholm.

In der Schweiz werden die Aufgaben erfüllt durch das Eidgenössische Amt für Maß und Gewicht und das Gesetz vom 3. Juli 1875.

Spanien hat die Permanente Kommission für Maß und Gewicht in Madrid.

Die ungarische Maß- und Gewichtsordnung wurde durch Gesetz VIII vom Jahre 1874 eingeführt. Zentrale Stelle für das Meßwesen ist das Landesamt für Meßwesen in Budapest.

In allen übrigen Staaten bestehen ähnliche Institute.

2 TABELLARISCHE DARSTELLUNG VON MASZ UND GEWICHT

Die im Teil II verzeichneten Maße und Gewichte sind in der Hauptsache Tabellenwerken oder Lexika der verschiedensten Art entnommen. Dabei wurde nicht berücksichtigt, ob sie dort als ältere oder noch im Gebrauch befindliche Maße angeführt sind. Die oft erheblichen Unterschiede hinsichtlich Bezeichnung, Ableitung und Unterteilung der Maße und ihres Verhältnisses zum metrischen System, die bei denselben Maßen in den verschiedenen Angaben festzustellen waren, machten die Auswahl des Nötigen und des Richtigen oft schwer. Es ist nicht anzunehmen, daß einfache Rechenfehler diese Unterschiede verursacht haben. Vielmehr müssen die Abweichungen als Ausfluß der zahllosen Änderungen angesehen werden, die alle Normen im Verlaufe der Zeit erfahren mußten, solange ein für alle Staaten und Völker verbindliches Einheitsmaß nicht festgesetzt war. Es war nicht immer zu ermitteln, in welchem Zeitraum die von uns gegebene Gleichsetzung zu Recht besteht oder bestand und ob sie die gängigste war, wenn wir auch die am häufigsten wiederkehrende Zahl dafür wählten. Es ist also mit unserer Angabe nicht die einzig richtige, sondern die wahrscheinlich richtigste Gleichsetzung gegeben. Wer häufig von älteren Tabellenwerken Gebrauch machen muß, wird mit diesen Schwierigkeiten vertraut sein.

Ergänzungen und Berichtigungen der hier gebrachten Angaben werden unumgänglich sein. Hierzu erbitten Verfasser und Redaktion die tätige Mithilfe aller Benutzer des Werkes, die durch ihr Studium in die Lage versetzt sind, genauere Angaben in dem einen oder anderen Falle zu machen.

2.1 Maße und Gewichte auf nationaler Basis

2.11 *Längenmaße*

2.111 *Deutsche Längenmaße*

2.111.1 *Metrische Längenmaße:*

Die gesetzliche Maßeinheit der Länge ist das Meter (m). Es ist gleich dem in Breteuil bei Paris aufbewahrten Urmeter und beträgt nahezu den zehnmillionsten Teil eines Erdmeridianquadranten, des kürzesten Bogens von einem Pol zum Äquator. Nahezu deshalb, weil das Urmeter tatsächlich 0.0856 mm kürzer als der Quadrantenteil ist. Es ist aus Platin-Iridium hergestellt. Heute ist man auf das Urmeter nicht mehr angewiesen. Die Länge des Meters ist an ihrem Verhältnis zur Wellenlänge des Lichtes der roten Kadmiumlinie oder der Krypton- (^{84}Kr oder ^{86}Kr) oder der Quecksilberisotope (^{198}Hg) jederzeit nachprüfbar.

Der deutsche Prototyp N 18 hat die Länge (vgl. S. 147)

$$N\,18_t = 1\,m + (8.621\,t + 0.00180\,t^2 - 1.50)\,\mu$$

bei 20° C = 1.000 17164 m, oder

$$1\,m = 15531155.99\,\lambda_{Cd_R\,(20.760.10)}$$

Tabelle 81. Metrische Einheiten

Bezeichnung	Kurzzeichen	Länge in cm
Elementarlänge [1]	l'	$1.31 \cdot 10^{-13}$
Elektronenradius		$2.81 \cdot 10^{-13}$
X-Einheit [2]	X	$0.998 \cdot 10^{-11}$
Ångström [3]	Å	10^{-8}
Millimikron (Nanometer)	mμ, nm	10^{-7}
Mikron	μ	10^{-4}
Millimeter	mm	10^{-1}
Zentimeter	cm	1
Zoll bei 20° C Stahlmaß	"	2.540095
Dezimeter	dm	10
Meter (technische Einheit)	m	10^2
Kilometer [4]	km	10^5
Lichtjahr [5]	Lj	$9.461 \cdot 10^{17}$
Parsec (= 3.2633 Lichtjahre) [6]	pc	$3.0837 \cdot 10^{18}$

[1] Genau: $(1.3144 \pm 0.0006) \cdot 10^{-13}$; wurde 1947 von Finkelnburg als Compton-Wellenlänge für das ruhende Proton vorgeschlagen.

[2] Die X-Einheit ist definiert durch den Wert der Gitterkonstanten des Kalkspates: $d_{180} = 3029.45$ X.

[3] 1910 Internationales Ångström (I. A.) = $(1.0000000 \pm 0.0000005) \cdot 10^{-8}$ cm.

[4] Unterscheide davon Rkm = Reißkilometer, ein Textilmaß. Hierunter versteht man die Länge in Kilometern, bei der die Faser durch ihr Eigengewicht reißt.

Wolle hat	5 bis 7 Rkm
Baumwolle	12 bis 17 Rkm
Viskosekunstseide	13 bis 16 Rkm
Perlon	48 bis 55 Rkm

[5] Genau: $(9.4605 \pm 0.0003) \cdot 10^{17}$ cm = 9.460 Billionen km.

[6] Genau: $(3.0872 \pm 0.0004) \cdot 10^{18}$ cm bzw. $(3.0872 \pm 0.0004) \cdot 10^{13}$ km; 1 kpc = 10^3 pc; 1 Mpc = 10^6 pc.

Tabelle 82. Der metrische (Zehner-)Aufbau der Längenmaße

	km	hm	Dm	m	dm	cm	mm	μ	mμ
km	1	10	10^2	10^3	10^4	10^5	10^6	10^9	10^{12}
hm	10^{-1}	1	10	10^2	10^3	10^4	10^5	10^8	10^{11}
Dm	10^{-2}	10^{-1}	1	10	10^2	10^3	10^4	10^7	10^{10}
m*	10^{-3}	10^{-2}	10^{-1}	1	10	10^2	10^3	10^6	10^9
dm	10^{-4}	10^{-3}	10^{-2}	10^{-1}	1	10	10^2	10^5	10^8
cm	10^{-5}	10^{-4}	10^{-3}	10^{-2}	10^{-1}	1	10	10^4	10^7
mm	10^{-6}	10^{-5}	10^{-4}	10^{-3}	10^{-2}	10^{-1}	1	10^3	10^6
μ	10^{-9}			10^{-6}		10^{-4}	10^{-3}	1	10^{-3}
mμ	10^{-12}			10^{-9}		10^{-7}	10^{-6}	10^{-3}	1

1 m = 10^{10} Å-Einheiten (Ångström)

2.111.2 *Nichtmetrische Längenmaße:*

In der Hauptsache alte deutsche Maße ihrer Größe nach geordnet. Teilweise wurden zum Vergleich auch entsprechende ausländische Längenmaße mit eingefügt.

Die Linie

1 Linie ('''), veraltetes kleines Längenmaß, Unterteilung des Schuhes bzw. Klafters, im 12er-System zu $^1/_{12}$, im 10er-System zu $^1/_{10}$ Zoll

1 Linie = 12 (10) Punkte

Pariser Linie = 2.255829 mm

864 Pariser Linien = 1 Toise

1 Pariser Toise = 6 Pariser Fuß

= 72 Pariser Zoll

= 864 Pariser Linien

= 1.949036 m

1 m = 0.51307 Toisen

1 m = 443.2959 Pariser Linien

Preußische Linie = $^1/_{12}$ Zoll = 2.179538 mm

1 mm = 0.458813 preuß. Linien

* gdm = geodynamisches Meter. (Die Potentialniveauflächen der Erdschwere sind nicht konzentrische Kugeln, deshalb sind Höhenangaben im Metermaß in verschiedenen geographischen Breiten nicht direkt vergleichbar. *Bjerknes* hat ein Arbeitsmaß eingeführt, das dem Fortschreiten von einer Niveaufläche zur nächsten entspricht und der Maßzahl nach dem gewöhnlichen Meter nahekommt. Hiernach haben zwei gemessene Höhen z_1 und z_2 den Abstand von einem gdm, wenn die Arbeit, die notwendig ist, um die Masse 1 (= 1 kg) von z_1 auf z_2 zu bringen, den Wert 1 hat. Die dynamische Höhe ist um rund 2% kleiner als die geometrische.)

Sächsische Linie (Verordnung v. 7. 5. 1869)	= 1.9666	mm
Hessische Linie	= 2.5	mm
Rheinische Linie	= 2.179	mm
Wiener Linie	= 2.195	mm
Württembergische Linie	= 2.8649	mm

Der Zoll

1 Zoll (″), altes Längenmaß von regional unterschiedlicher Größe, Länge des ersten Daumengliedes, $^1/_{10}$ oder $^1/_{12}$ des Fußes.

1 Zoll = 12 (10) Linien (Unterteilung in Primen seltener)	= 12 (10) Punkte	= 2.2—3	cm
Badischer Zoll	= $^1/_{10}$ Fuß	= 3.000	cm
Bayrischer Zoll	= 12 Linien = $^1/_{12}$ Fuß	= 2.433	cm
Englischer Zoll inch (16-, 12- oder 10teilig) bei 0° C		= 2.539954	cm
Frankfurt/M.	= 12 Linien		
Kgr. Hannover	= 12 Linien	= 2.434	cm
Großherzogtum Hessen	= 10 Linien		
Kurfürstentum Hessen	= 12 Linien		
Hohenzollern	= 10 Linien	= 2.865	cm
Amt Homburg (Werkzoll)	= 12 Werklinien		
Oberamt Meisenheim	= 12 Linien		
Nordamerika		= 2.540	cm
Oldenburg	= $^1/_{12}$ Fuß	= 2.129	cm
	auch	2.47	cm
Paris	= 12 Linien	= 2.706995	cm
(0.03694 Pariser Zoll	= 1 mm)		
Preußen	= 12 Linien = $^1/_{12}$ Fuß	= 2.6154	cm
(38.2343995 preuß. Zoll	= 1 m)		
1 cm = 0.3823 Zoll			
Rußland		= 2.5	cm
Sachsen (V. v. 7. 5. 1869)		= 2.3599	cm
Sachsen-Meiningen		= 2.359	cm
Sachsen-Weimar		= 2.349	cm
Schleswig-Holstein		= 2.388	cm
Wien	= 12 Linien	= 2.63401	cm
Württemberg		= 2.8649	cm

Die Spanne

1 Spanne, Länge einer ausgespannten Hand von der Spitze des Daumens bis zur Spitze des kleinen Fingers, etwa 8 bis 10 Zoll, ungefähr 22 bis 28 cm.

Der Fuß

1 Fuß ('), auch Schuh, altes Längenmaß, abgeleitet von der Länge des menschlichen Fußes von Ferse bis Zehenspitze.

1 Fuß (') = 12 (10) Zoll ('') = 144 (100) Linien (''') [14] [87] [92] [95] [166a] [178a].

Tabelle 83

Vergleich der Fußmaße verschiedener Orte und Länder mit dem in 144 Linien eingeteilten Pariser Fuß und dem metrischen System

1 Fuß in	Zoll	Linie	Rute	Pariser Linie	m	Bemerkungen
Aachen	—	—	—	128.5	—	
Altona	—	—	—	—	0.286490	
Ancona	—	—	—	173.2	—	
Anhalt	12	144	—	—	0.31385	
Augsburg	—	—	—	131.3	—	
Baden	10	100	1/10	132.9888	0.30	3.333 bad. Fuß = 1 m
Basel	—	—	—	132.2	—	
Bayern (altb.)	12 (10)	144 (100)	1/10	129.98	0.29186	3.4263 bayr. Fuß = 1 m (13° R)
Belgien	11	—	—	—	0.28680	
Berlin	—	—	—	173.3	—	
Bern	—	—	—	130.0	—	
Böhmen	—	—	—	131.4	—	
Brabant	—	—	—	126.6	—	
Braunschweig (Werkfuß)	12	144	—	126.5	0.28536	
Bremen	10 (12)	—	—	128.268	0.28935	
Breslau	—	—	—	126.0	—	
Brügge	—	—	—	122.6	—	
Brüssel	—	—	—	129.0	—	
Dänemark	12	144	—	—	0.31385	
Danzig	12	144	—	—	0.31385	
Dresden	—	—	—	125.568	0.28326	1000 Dresdner Fuß = 872 franz. Fuß 2 Dresdner Fuß = 1 Dresdner Elle
England	12	144	—	—	0.30479	3.28 engl. Fuß = 1 m
Erfurt	—	—	—	125.1	—	
Franken (Altsiedlung)	—	—	1/12	—	0.3037	
(Waldhufen)	—	—	1/16	—	0.3037	
Frankfurt/M.	12	144	—	126.5	0.28461	3.5136 Frankf. Fuß = 1 m
Frankreich	—	—	—	144.0	—	3.0784 franz. Fuß = 1 m
Friesland	—	—	—	—	0.29068	

(Fortsetzung von Tabelle 83)

1 Fuß in	Zoll	Linie	Rute	Pariser Linie	m	Bemerkungen
Genf	—	—	—	216.3	0.487936	
Gera	12	—	—	—	0.2865	
Gibraltar	—	—	—	125.3	—	
Gießen	—	—	—	132.0	—	
Gotha	—	—	—	127.5	—	
Griechenland	—	—	—	135.8	—	
Großbritannien	—	—	—	135.1	—	
Haag	—	—	—	144.0	—	
Halle	—	—	—	132.0	—	
Hamburg	12	—	—	127.036	0.28657	auch 129.484 Pariser Linien = 11.5″ engl. 3½ Hamburger Fuß = 1 m
Hannover	12	144	—	129.4844	0.2920947	3.4325 hann. Fuß = 1 m
Heidelberg	—	—	—	123.5	—	
Hessen-Darmst.	10	100	—	—	0.2500	
Hessen, Großherz.	10	100	—	100.824	0.2500	4 großherz. hess. Fuß = 1 m
Hessen, Kurfst.	12 = 11″ rheinl.	—	—	127.5358	0.2877	3.4759 kurhess. Fuß = 1 m
alt. Katasterfuß	—	—	—	126.3	0.28491	3.5099 alter kurhess. Katasterfuß = 1 m
Hildesheim	—	—	—	124.2	—	
Hohenzollern	10	—	—	—	0.28649	3.4905 Hohenzollern-Fuß = 1 m
Holstein	—	—	—	123.3	—	
Homburg	12	—	—	126⅙	0.28461	
Ldgsch. Hessen (Werkzoll)						3.5136 Ldgsch. Hess.-Homb. Werkfuß = 1 m
Kalenberg	—	—	—	129.6	—	
Kassel	—	—	—	126.3	—	alter Katasterfuß = althessischer Fuß
Kleve	—	—	—	131.0	—	
Köln	—	—	—	122.0	—	
Königsberg	—	—	—	136.4	—	
Krakau	—	—	—	158.0	—	
Lauenburg, Hzgt.	12	—	—	126.9	0.293032	
Leiden	—	—	—	139.13	—	
Leipzig (V. v. 7. 5. 1869)	12	—	—	125.537	0.28319	
Lippe-Schaumburg	12	144	—	—	0.2901	
-Detmold	12	144	—	—	0.289513	
Lothringen	—	—	—	129.2	—	
Lübeck	—	—	—	—	0.29032	
Lübeck (Land)	—	—	—	129.0	0.2866	
(Stadt)	12	—	—	127.5	0.28762	
(Schiff)	—	—	—	—	0.291	

(Fortsetzung von Tabelle 83)

1 Fuß in	Zoll	Linie	Rute	Pariser Linie	m	Bemerkungen
Lüneburg	12	144	—	129.5	0.29209	
Lüttich	—	—	—	127.5	—	
Luzern	—	—	—	—	0.314688	
Maastricht	—	—	—	127.5	—	
Mähren	—	—	—	148.1	—	
Magdeburg (alt. F.)	—	—	—	125.7	—	
Mailand	—	—	—	176.0	—	
Mainz	—	—	—	133.5	—	
Mannheim	—	—	—	128.7	—	
Mecheln	—	—	—	123.9	—	
Mecklenb.-Schw.	—	—	—	129.0	0.291009	
(Werkfuß)	—	—	—	127.035	0.28649	
Mecklenburg-Str.						
(Feldmesser-F.)	—	—	—	206.4	0.46560	
(Baufuß)	—	—	—	139.13	0.31385	
Meisenheim						
(Oberamt)	12	—	—	—	0.33333	3.003 Meisenheimer Fuß = 1 m
München	—	—	—	128.2	0.291859	
Nassau, Hzgt.	10	100	—	—	0.3	
(Werkfuß)	(Werkzoll)	(Werklinien)				3.3333 = 3¹/₃ Werkfuß = 1 m
(Feldschuh)	10 (Feldzoll)	—	—	—	0.5	
Niederlande	—	—	—	—	0.28356	
Nordamerika	—	—	—	—	0.3048	
Norwegen	12	—	—	—	0.3138	
Nürnberg						
(Werkfuß)	—	—	—	134.7	0.30397	
(Artilleriefuß)	—	—	—	129.8	—	
Österreich	12	144	1/12	—	0.31385	3.1637 österreich. Fuß = 1 m
Oldenburg	12	—	—	131.162	0.296415	
Osnabrück	—	—	—	123.8	—	
Ostende	—	—	—	121.9	—	
Ostfranken	—	—	1/30	—	0.288	
Paris (pied de roi)	12	144	—	144.0	0.324839	
Pommern	—	—	—	129.5	0.2921	
Portugal	—	—	—	—	0.22	
Preußen	12	144	1/12	—	0.31385	3.186199957 preuß. Fuß = 1 m
					0.37662	(preuß. Dezimalfuß)
Rheinland	12	144	—	139.13	0.31385	nach d. Maß- u. Gew.-Ordnung v. 16.5.1816 3.186200 rheinl. Fuß = 1 m
Riga	—	—	—	121.5	—	

(Fortsetzung von Tabelle 83)

1 Fuß in	Zoll	Linie	Rute	Pariser Linie	m	Bemerkungen
Rom	—	—	—	190.0	—	
alt-röm. Fuß	—	—	—	132.0	—	
Rostock	—	—	—	127.5358	0.28770	
Rotterdam	—	—	—	138.5	—	
Rußland	12	—	—	138.6	0.305	
Sachsen* (V. v. 7. 5. 1869)	12	144	—	125.537	0.28319	3.53120 sächs. Fuß = 1 m
Sa.-Altenburg						
(Baufuß **	12	—	—	—	0.2838	
Vermessgs.-F. = 2 Baufuß)	—	—	—	—	0.5676	
Sa.-Coburg						
(Werkfuß)	12	144	—	134.75	0.30397	
Sa.-Gotha						
(Baufuß)	12	144	—	127.5	0.28762	
(Werkfuß)	—	—	—	—	0.28265	
Sa.-Meiningen						
(Werkfuß)	—	—	—	125.52	0.28315	auch 0.28762
(Vermessgs.-F.)	—	—	—	134.75	0.30397	
Sa.-Weimar	12	144	—	125.0	0.28198	
Schlesien (österr. Anteil)	—	—	—	128.3	—	
Schleswig-Holst.	12	144	—	127.036	0.28657	3.4895 schlesw.-holst. Fuß = 1 m
Schwarzburg						
-Rudolstadt	—	—	—	—	0.31385	
-Frankenhausen	—	—	—	--	0.2822	
-Arnstadt	—	—	—	—	0.28319	
-Sondershausen	12	144	--	—	0.28762	
Schweden (fot)	10 (tum, verktum)	100 (linier)	—	131.6	0.29686	3.36813 schwed. Fuß = 1 m

* Dieses Fußmaß wurde 1816 bei der Vermessung der Staatsgüter und ab 1835 bei der Grundsteuervermessung benutzt [45b].

Im Entwurf zu einem Sächs. Maß- und Gewichtsgesetz vom 1. 2. 1837 findet sich unter § 3 für den Fuß im gewöhnlichen Gebrauch und im Kleinverkehr folgende Einteilung:

Es gilt der Fuß = 1/3 Meter. Die Einteilung ist folgende:

Fuß	Zoll	Linien	Punkte
1	12	144	1728
	1	12	144
		1	12

Dieser Fuß bildet gleichzeitig den sogenannten Werk- oder Baufuß.

1 Elle = 2 Fuß, 1 Klafter = 3 Ellen.

** Baufuß, ein Fußmaß, dessen Bezeichnung nach Brandt [45b] offenbar nur von der Art der Benützung des Maßes herrührt. Brandt hat in vielen durchgesehenen Akten nichts gefunden, was auf ein besonderes Maß schließen ließe. Nach dem zuverlässigen Buch von L. W. Grimm, Maß und Gewichtssystem in Hessen, 1840, war der Baufuß = 283.15 mm; das ist ungefähr 1/2 sächs. Elle.

(Fortsetzung von Tabelle 83)

1 Fuß in	Zoll	Linie	Rute	Pariser Linie	m	Bemerkungen
Schweiz	10	100	1/10	—	0.30	10 schweiz. Fuß = 1 Klafter (Längenmaß)
Spanien	12	—	—	125.3	0.2786	
Stralsund	—	—	—	129.0	—	
Stuttgart	—	—	—	126.8	0.286491	
Thorn	—	—	—	131 5/6	—	
Thüringen	—	—	1/16	—	0.28829	
Tirol	—	—	—	148.1	—	
Trient	—	—	—	162.2	—	
Trier	—	—	—	181.0	—	
Ulm	—	—	—	128.1	—	
Ungarn	12	—	—	—	0.31608	
Utrecht	—	—	—	121.0	—	
Venedig	—	—	—	154.0	0.347735	
Verden	—	—	—	129.0	—	
Waldeck	12	—	—	—	0.2924	
Warschau	—	—	—	—	0.2880	
Wesel	—	—	—	104.2	—	
Westfalen	—	—	1/16	—	0.28829	
Wien	12	144	—	140.13	0.316081	
Wiesbaden (siehe Nassau)						
Wismar	—	—	—	129.0	—	
Wittenberg	—	—	—	125.5	—	
Württemberg	10	100	1/10	126.8	0.28649	3.4905 württ. Fuß = 1 mz
Zürich	—	—	—	132.3	0.300025	

(ausführliche Vergleiche der Fußmaße untereinander siehe bei *Rumler* [15]).

Tabelle 84. Umwandlungstafel für kleinere Längenmaße

Meter	Englischer Yard	Englischer Faden	Englischer (Russ.) Fuß	Pariser Fuß	Preußischer (Rhein., Dän.) Fuß	Preußischer Dezimal-Fuß
1	1.094	0.547	3.281	3.078	3.186	2.655
0.914	1	0.5	3.0	2.819	2.914	2.428
1.829	2.0	1	6.0	5.63	5.827	4.856
0.305	0.333	0.167	1	0.938	0.971	0.809
0.325	0.355	0.178	1.066	1	1.035	0.863
0.314	0.343	0.172	1.030	0.966	1	0.833
0.377	0.401	0.206	1 236	1.159	1.2	1

Der Schritt

1 Schritt, Längenmaß von regional unterschiedlicher Größe, etwa 0.71—0.75 m.

Das Reiß

1 Reiß = 8 Fuß, ein Maß für Dachschiefer in Nassau. Auf 1 Reiß kommen je nach Stärke 120—160 Stück Schiefer.

Die Elle

1 Elle, ein altes, vom Unterarm abgeleitetes Längenmaß, besonders für Gewebe gebraucht (Ellenware); lat. ulna = Vorderarm, ahd. = elina [14] [87] [92] [95].

Tabelle 85

Elle	Fuß	Zoll	Linien
1	2	24	288
	1	12	144
		1	12

Tabelle 86
Vergleich der Ellenmaße verschiedener Orte und Länder
mit dem in 144 Linien eingeteilten Pariser Fuß und dem metrischen System

1 Elle in	Fuß	Zoll	Pariser Linie	m	Bemerkungen
Aachen (Brabanter Elle)	—	—	296.0	0.6802	
Amsterdam	—	—	—	0.6878	
Ancona (Braccio)	—	—	273.2	—	
Anhalt	—	—	—	0.66693	
Augsburg (große Elle)	—	—	270.2	0.610	
(kleine Elle)	—	—	262.6	—	
Baden	—	—	—	0.600	
Basel (Aune)	—	—	252.0	—	
(Braccio)	—	—	241.2	—	
Bayern	2	—	—	0.58372	
Berlin	—	—	295.6	0.668	
Bern (Braccio)	—	—	240.0	—	
Böhmen (Prager Elle)	—	—	263.3	—	
Brabant (in Brüssel)	—	—	306.5	0.695	
Braunschweig	2	—	256.4	0.5774	
Bremen (Brabanter Elle)	2	—	253.0	0.5506	
(Bremer Elle)	2	—	—	0.5784	
Breslau (Schles. Elle)	—	—	255.3	—	

(Fortsetzung von Tabelle 86)

1 Elle in	Fuß	Zoll	Pariser Linie	m	Bemerkungen
Brüssel (große Elle)	—	—	307.8	—	
(kleine Elle)	—	—	303.4	—	
Dänemark	2 (rheinisch)	—	278 1/4	0.6277	
Danzig	—	—	254.4	0.57388	
Dresden (V. v. 7. 5. 1869)	—	—	250.6	0.56530	375 Dresdner Ellen = 109 Toisen 233 Dresdner Ellen = 132 m [45b]
(nach *Brandt* [45b])	—	22	255.0717	0.5752	zur Zeit des 30jähr. Krieges waren 90 Dresdner Ellen = 91 Leipziger Ellen
England (Yard)	3 (engl.)	36	405.3	0.9144	kaufmännisch 12 Yard = 11 m
(english ell)	—	—	—	1.1143	
Erfurt (große Elle)	—	—	243.7	—	
(kleine Elle)	—	—	179.0	—	
Frankfurt/M.	2	—	242.616 (auch 293.2)	0.54730	1.8272 Frankfurter Elle = 1 m
(Brabanter Elle)	—	—	309.953	0.69920	1.4302 Frankf. Brab. Elle = 1 m
Frankreich (Aune, Stab)	—	—	526.8	—	
Freiberg	—	—	251.2	0.567 (auch 0.573)	
Genf	—	—	527.5	—	
Gera	2	—	—	0.573	
Gibraltar (Vara)	—	—	373.0	—	
Gotha	—	—	250.6	—	
Haag	—	—	302.9	—	
Halle (kurze Elle)	—	—	253.2	—	
Hamburg (kurze Elle)	—	—	254.0	0.5731	
(lange Elle)	—	—	—	0.6877	1 lange oder Brabanter Elle = 1.20 kurze Elle
Hannover	2	—	259.0	0.58419	1.7118 hann. Ellen = 1 m
Hessen, Großherzogtum (Darmstadt)	2	24	—	0.60	1.6667 hessische Ellen = 1 m
Hessen, Kurfürstentum (Nassau)	—	—	—	0.56982	1.7549 Kfst. hessische Ellen = 1 m
Hildesheim	2	24	248.4	—	
Hohenzollern	2.144	—	—	0.61423	1.62805 Hohenzoll. Ellen = 1 m
Holstein	—	—	254.0	—	
Homburg	—	—	242.616	0.54730	1.8272 Homburger Ellen = 1 m
Kalenberg	—	—	158.0	—	
Kassel	2	—	252.6	—	
Kleve	—	—	255.4	—	
Köln (große Elle)	—	—	308.0	—	
(kleine Elle)	—	—	255.4	—	
Königsberg	—	—	254.8	—	
Krakau	—	—	273.5	—	

(Fortsetzung von Tabelle 86)

1 Elle in	Fuß	Zoll	Pariser Linie	m	Bemerkungen
Leiden	—	—	305.5	—	
Leipzig	—	—	250.6	0.566	
(Brabanter E. in Lpzg.)	—	—	—	0.6856	
(nach *Brandt* [45b])	—	—	253.351	0.57152	
Lippe-Schaumburg	2	—	—	0.5802	
-Detmold	—	—	—	0.579026	
Lübeck	—	—	255.8	0.575236	
Lüttich	—	—	244.5	—	
Maastricht	—	—	244.5	—	
Mähren	—	—	350.5	—	
Magdeburg (alte Elle)	—	—	258.6	—	
Mailand (Braccio)	—	—	260.0	—	
(Bau-Braccio)	—	—	216.6	—	
Mainz	—	—	243.3	—	
Mannheim	—	—	247.3	—	
Mecheln	—	—	303.4	—	
Mecklenburg-Schwerin	2	—	—	0.57314	
-Strelitz	—	26.5	—	0.69309	
Meisenheim (Oberamt)	—	—	—	0.60	$1^2/_3$ Meisenheimer Ellen = 1 m
München	—	—	354.2	—	
Nassau, Herzogtum	2 (Werkfuß)	—	—	0.60	$1^2/_3$ Nassauer Ellen = 1 m
Wiesbaden	—	—	—	0.855	
Niederlande	—	—	—	0.878	
Nordamerika (Yard)	—	—	—	0.914	
Norwegen	—	—	—	0.6275	
Nürnberg	—	—	292.4	0.661	
Österreich	—	—	—	0.7792	
Oldenburg	—	—	257.5	0.5809	
— Birkenfelder Elle	—	—	—	—	= 1 preußische Elle
— Delmenhorster E.	—	—	—	—	= 1 Bremer Elle
— Jeversche Elle	—	—	—	0.67328	= 1 159 Oldenburger Ellen
Ostende	—	—	310.0	—	
Prag	—	—	—	0.59376	4 Prager Ellen = 1 Dump-Lachter
Preßburg	—	—	247.4	—	
Preußen	$2^1/_8$	25.5 (= $^2/_3$ m)	—	0.666939	1 499 preuß. Ellen = 3.19 preuß. Fuß = 3.28 engl. Fuß = 1 m
Regensburg	—	—	359.5	—	
Riga	—	—	243.0	—	
Rom (canne)	—	—	237.3	—	
Rostock	—	—	256.4	—	
Rotterdam	—	—	306.0	—	
Rußland (аршин — arschin)	—	—	315.4	0.71	

(Fortsetzung von Tabelle 86)

1 Elle in	Fuß	Zoll	Pariser Linie	m	Bemerkungen
Sachsen (Dresdner amtliche Elle)* (1858 u. V. v. 7. 5. 1869)	2	24	251.074	0.56638	1.765 sächs. Ellen = 1 m = 144 Gerstenkornbreiten
Weitere Ellenmaße nach *Brandt* [45b]:					
Artillerieschule Dresden			251.0532	0.56633	
Maß der Steuerregie (1835)			251.074	0.56638	
Eiserne Elle der Stadtkämmerei Dresden (Marktmeisterelle)			251.08	0.56639	
Studersche Elle von 1810 (13° R)** (gemessen 1931 mit Stahlnormal 20° C)			251.136	0.56652	
Handelle des Kurf. August von 1579			251.794	0.568	
Dresdner Elle mit Einteilung nach Dresdner Gewicht (gemessen 1932 mit Messingnormal 20° C)			—	0.5686	
desgl. nach der 1/4-sechzehnfüßigen Rute auf dem Lachter gemessen 1933			252.214	0.56895	
Freiberger Elle nach dem Berglachter um 1700			—	0.5607	
Bergelle in Freiberg			—	0.57143	
Zwickauer Elle			254.6	0.57433	
Bautzener Elle			255.3	0.57591	
Adorfer oder Vogtl. Elle			—	0.644	
Leipziger Elle = 1/2 Stab			—	0.556638	
Sachsen-Altenburg	—	—	—	0.567588	
Sachsen-Coburg	—	—	—	0.6080	auch 0.56264
Sachsen-Weimar	2	—	—	0.5640	
Salzburg	—	—	—	—	für Leinwand = 1.00077 m für Seide = 0.80264 m

* In Sachsen und im süddeutschen Salzbergbau galt die Bergelle „zwei Siebtel Berglachter" = 4 Siebtel m. Die Elle wurde zu 6 Stuef, 1 Stuef = 32 Punkte, gerechnet.

Agricola gibt in seinem 1550 erschienenen Werk „de precio metallorum et monetis" bei Zugrundelegung der alten sächs. Elle in einer Übersicht über die verdeutschten Längenmaße die Verhältnisse zu den entsprechenden römischen an, insbesondere zu denjenigen Maßen, die zu seiner Zeit in Chemnitz, Leipzig und Meißen gebräuchlich waren. In der 1928 erschienenen ersten deutschen Übersetzung von Agricolas Werk „De re metallica" befindet sich in einer Fußnote auf Seite 111 nachstehende Übersicht:

cubitus Elle	pes Werkschuh Fuß	dodrans Spanne	palmus Handbreite Hand	digitus Querfinger Finger	cm
1	2	2 2/3	8	32	56.64
	1	1 1/3	4	16	28.32
		1	3	12	21.24
			1	4	7.08
				1	1.77

** 1 000 000 Dresdener Ellen (Studer) zu 251.136 Linien

= 476690 Pariser Stab	= 819367 Brabanter Ellen
= 566520 mètres	= 848432 Berliner Ellen
= 619556 engl. Yard	= 863010 Nürnberger Ellen
= 680088 bayr. Ellen	= 922218 Württemberger Ellen
= 727045 Wiener Ellen	= 944199 badensche Ellen

(ausführliche Vergleiche verschiedener Ellenmaße bei *Rumler* [15a]).

(Fortsetzung von Tabelle 86)

1 Elle in	Fuß	Zoll	Pariser Linie	m	Bemerkungen
Schlesien, österr. Anteil	—	—	256.4	—	
preuß. Ant. (wie Breslau)	—	—	255.3	—	
Schleswig-Holstein	2	—	—	0.57314	
Schwarzburg					
-Rudolstadt	—	—	—	—	= Leipziger Elle
-Frankenhausen	—	—	—	—	= Leipziger Elle
-Arnstadt	—	—	—	—	= Leipziger Elle
-Sondershausen	—	—	—	0.5617	
Schweden	—	—	263.2	0.5938	
Schweiz	—	—	—	0.60	
Spanien (Vara)	—	—	375.9	—	
Stralsund	—	—	258.0	—	
Stuttgart	—	—	271.2	—	
Thorn	—	—	252.5	—	
Tirol	—	—	356.5	—	
Trient (Elle für Wolle)	—	—	300.0	—	
(Elle für Seide)	—	—	271.3	—	
Trier	—	—	247.4	—	
Triest	—	—	—	—	für Wolle = 0.6759 m für Seide = 0.6418 m
Ulm	—	—	252.0	—	
Venedig (Braccio)	—	—	282.3	—	
Verden	—	—	258.0	—	
Waldeck	—	—	—	0.5847	
Wien	—	—	345.42	0.777558	
Wismar	—	—	258.0	—	
Wittenberg (alte Elle)	—	—	298.5	—	
Württemberg	—	—	—	0.61423	
Zürich	—	—	269.5	—	

Der Stab

1 Stab, altes deutsches Längenmaß.

Tabelle 87

1 Stab in	Elle	Pariser Linie	m	Bemerkungen
Frankfurt	—	523.976	1.1820	0.84602 Frankfurter Stab = 1 m
Meisenheim (Oberamt)	2	—	1.20	0.8333 = 5/6 Meisenheimer Stab = 1 m
Sachsen	2	—	—	
Salzburg	—	—	0.893	

Der Faden

1 Faden, alte seemännische Maßeinheit bei Tiefenmessungen.

Tabelle 88

1 Faden in	Einteilung	m	Bemerkungen
	120 Faden = 1 Kabel	220.00	
	1 Faden = $^1/_{1000}$ Seemeile	1.85	
	1 Kabellänge = $^1/_{10}$ Seemeile	185.00	
Dänemark		1.833	
England (fathom, fath.)		1.829	
	100 engl. Faden = 1 Kabellänge	182.88	
	120 engl. Faden = 1 cables length	219.46	
Frankreich		1.624	
Hamburg		1.919	
Niederlande (auf Kriegsschiffen)		1.884	
Portugal		2.20	
Preußen	6′ (Fuß)	1.642 (auch 1.883)	0.53107 preußische Faden = 1 m
Rußland		2.134	
Schleswig-Holstein	Klafter = 6′ (Fuß)	1.7194	
Schweden		1.7189	
Spanien		1.672	

Das Lachter

Das Lachter ist ursprünglich ein altes sächsisches bergmännisches Längenmaß (Berglachter) und stellt ein Maß dar, das ein erwachsener Mann mit beiden ausgestreckten Armen umklaftern, d. h. umfassen, kann. Es hat sich im Bergbau eingebürgert, weil man den Vortrieb eines Stollens ursprünglich mit den ausgebreiteten Armen abgegriffen hat. Bei Längenfeldern wurden 28 Lachter als 1 Maß bezeichnet. 1 Lachter meist = 80 Zoll = $6^2/_3$ Fuß. *Brandt* [45b] erwähnt ein im ehem. Kgl. Sächs. Finanzkollegium aufbewahrtes Berglachtermaß aus unbekannter Zeit. Auf ihm ist auf der einen Seite $^1/_4$ Leipziger Rute, die ganze Rute = $7^1/_2$ Leipziger Ellen + 1 Gemünde (2 Zoll), abgesteckt. (Beim Abmessen größerer Längen wurde der Maßstab fortlaufend umgeschlagen. Zu jeder Stablänge kam also die Dicke des Stabes noch hinzu. Man nannte die Dicke ein Gemünde [45b, S. 144]. *Brandt* fand 1933 hiernach die Leipziger Elle = 251.132 frz. Lin. = 566.51 mm. Auf der anderen Seite war $^1/_4$ Dresdener 16füßige Rute markiert; *Brandt* fand 1933 hiernach die Dresdener Elle = 252.214 frz. Lin. = 568.95 mm.)

Tabelle 89

1 Lachter in	Einteilung	m
Altenberg		1.9851
Annaberg		1.9826
Bayern		1.970
Braunschweig	= 8 Spann = 80 Lachterzoll = 800 Primen = 8000 Sekunden = $80^{17}/_{24}$ Braunschweiger Zoll	1.919
Clausthal	852.8 Pariser Linien = 8 Spann	1.927
Dänemark	891.7 Pariser Linien = 8 Spann	
Eisleben	891.5 Pariser Linien = 8 Spann	2.014
England	6 Fuß	1.829
Freiberg	(s. S. 66) schwankend zwischen	1.9616
	und	2.0048
	= vierthalbe ($3^1/_2$) Freiberger Ellen (Stollenordnung vom 12. 6. 1749)	
	= 80 Lachterzoll und 84 Ellenzoll Dresden (Reskript vom 18. 7. 1772)	
Hannover	= 8 Spann zu 10 Lachterzoll	1.919
Idria	= 6.192 Wiener Fuß	1.9570
Joachimsthal	866.9 Pariser Linien = 8 Spann = 6.068 Wiener Fuß	1.917
Johanngeorgenstadt		1.9811
Marienberg		1.9849
Nassau, Herzogtum	1 Lachter preußisch (0.47793 nassauische Lachter = 1 m)	2.0924
Norwegen	vgl. Dänemark	
Oberharz	6 Fuß, 6 Zoll, 10.445 Linien (0.52089 Oberharzer Lachter = 1 m)	1.9198
Österreich	12 Fuß	3.793
	Berglachter = 6 Schuh	1.8967
	Berglachter [73a] = 8 Achtel = 80 Lachterzoll = 800 Primen	1.960
Prag (Dump-Lachter)	4 Prager Ellen	
Preußen		
(für Bergwesen)	80″ (Zoll) = 7 Leipziger Fuß	2.09236
(allgemein)	80 rheinl. Zoll = $6^2/_3$ Fuß, er wurde weiter unterteilt in Achtel zu 10 Zoll zu 10 Primen zu 10 Sekunden (0.47793 preußische Lachter = 1 m)	
Rheinland		2.092
Sachsen	(altes sächsisches Lachter = 7 Fuß)	1.9823
	Oberbergamts-Normallachter	1.96146
	Gemitteltes Lachter nach *Brendel*	1.97689
	Lachter nach Markscheider *Ölschlägel*	1.98650
	Mittel aus Lachtern der Grubenvorsteher des Bezirkes Freiberg	2.03941
	(neues sächsisches Lachter)	2.000
Schemnitz		2.0220
Württemberg		2.0045

Die Lachterschnur

Die Lachterschnur war im Bergbau die geölte, 10 bis 12 Lachter lange Schnur, die als Meßwerkzeug diente.

Das Zehntel

1 Zehntel ist der zehnte Teil eines Lachters.

Die Klafter

1 Klafter (Längenklafter!), als Längenmaß meist gleich 6 oder auch 10 Fuß. [14, S. 5, s. auch S. 64.]

Tabelle 90

1 Klafter in	Einteilung	m
Baden		1.8
Bayern	6 Fuß	1.7512
	10 Fuß (0.57105 bayrische Klafter = 1 m)	2.9185
Frankfurt/M.	Klafter, auch Taue = 6 Fuß (0.58560 Frankfurter Klafter = 1 m)	1.7077
Hannover, Königreich	6 Fuß (0.57059 hannov. Klafter = 1 m)	1.7526
Hessen, Großherzogtum	10 Fuß (0.4 und 0.5 hessische Klafter = 1 m)	2.50 und 2.00
Österreich	6 Fuß (Wiener Klafter) 6 Schuh zu 10 Zoll zu 10 Linien zu 10 Punkten 1 Wiener Klafter = 10000 Punkte (0.5272916 Wiener Klafter = 1 m)	1.896484
Schemnitz	898.12 Pariser Linien	2.0220
Schleswig-Holstein	6 Fuß (= 1 Faden) (0.58159 schleswig-holsteiner Klafter = 1 m)	1.7194
Schwarzburg-Rudolstadt	$7^1/_3$ Fuß	
Schweiz	10 Fuß	3.00
Weimar	6 Fuß	
Wien	6 Fuß	1.896484

Der Stabel

1 Stabel, Bergstabel = 300 Wiener Klafter zu 4 Salzburger Fuß, ein beim süddeutschen Salzbergbau gebräuchliches Längenmaß.

Die Rute

1 R u t e (R oder 1°) ist ein veraltetes deutsches Längenmaß = 10, 12, 14 und 16 Fuß [14] [87] [92] [95] [166a] [178a]. Nach *B r a n d t* [45b] kann eine Feldrute (zum Ausmessen von Feldern, Wiesen, Wäldern und Teichen) jedoch auch in Schuhe oder Ellen eingeteilt sein. In den meisten Ländern ist die Einheit der Schuh oder Fuß, in Sachsen die Elle. — Ein Kuriosum im Rutenwesen war die Leipziger Rute von $7^7/_{12}$ Ellen = 4.2890 m; aus ihr ist später die sächs. Feldrute hervorgegangen, während die Dresdener Rute = 4.5484 m die spätere Straßenrute ergab. (Den seltsamen Bruch $7^7/_{12}$, der übrigens im Quadrat $57^{73}/_{144}$ Quadratellen ergibt, erklärt Brandt durch eine Rechnungsverwirrung mit den alten Rieseschen Zahlen.)

Tabelle 91

Rute	Fuß	Zoll	Linien
1	12	144	1728
	1	12	144
		1	12
R oder 1°	1′	1″	1‴

Tabelle 92

Vergleich der Rutenmaße verschiedener Orte und Länder mit ihren Füßen und dem metrischen System bzw. der Pariser Linie

1 Rute in	Fuß	Pariser Linie	Rute/m	m
Aachen	16	—	—	4.5136
Ancona	10	—	—	3.00
Anhalt	12	—	—	3.766242
Baden	10	—	0.3333	3.00
Basel	16	2115.2	—	—
Bayern (geometrische Rute)	10	—	0.34263	2.9186
Bernburg	16	—	—	4.64
Braunschweig	16	—	—	4.565798
Bremen	16	—	—	4.62961
Dänemark	10 (fod)	—	—	3.1385
Danzig	12	—	—	3.766242
	15	1908.0	—	—
Darmstadt, Hessen	10	—	—	2.50
Dresden	—	—	—	4.5484
England (rod)	16.5	—	—	5.02919
Erfurt	14	1751.4	—	—
Frankfurt/M. (Feldrute)	12.5 Werkfuß = 10 Feldfuß	—	0.28109	3.5576
(Waldrute)	15.8489 Werkfuß	—	0.22169	4.5108

(Fortsetzung von Tabelle 92)

1 Rute in	Fuß	Pariser Linie	Rute/m	m
Gera	16 Werkfuß = 16 oder 10 Waldfuß	—	—	—
Hamburg (Geestrute)	16	—	—	4.5837
(Marschrute)	14	—	—	4.01198
Hannover, Königreich	16	—	0.21397	4.67355
Hessen, Kurfürstentum (Katasterrute)	14 althess. Katasterfuß	—	0.25070	3.9887
Hildesheim	16	1987.2	—	—
Hohenzollern	10	—	—	2.8649
Homburg (Stadtrute)	12 Werkfuß und 1.54 Werkzoll 10 Fuß = 100 Zoll = 1000 Linien	—	0.28970	3.45187
Kalenberg	16	2073.6	—	—
Lauenburg, Herzogtum	16	—	0.213288	4.688512
Leiden	12 rheinländische Fuß	1669.6	—	—
Leipzig	(7 1/2 Ellen)	—	—	4.2980
Lippe-Schaumburg	16	—	—	—
-Detmold	16 Werkfuß 10 Dezimalfuß	—	—	—
Lothringen	10	1292.0	—	—
Lübeck-Land	16	—	—	4.6560
Lübeck-Stadt	16	—	—	4.6560
Mecklenburg-Schwerin (Werkmaß)	16	—	—	4.58384
(Feldmaß)	16 (eingeteilt in 10 Dezimalfuß)	—	—	4.65603
Mecklenburg-Strelitz (Feldmaß)	—	—	—	4.65603
(Bau)	—	—	—	3.7662
(Graben)	16 preußische Fuß	—	—	5.0216
Meisenheim	15	—	0.2	5.0
Nassau, Hzgtm. (Werkrute)	10 Werkfuß	—	0.33 (1/3)	3.0
(Feldrute)	10 Feldfuß	—	0.2 (1/5)	5.0
Norwegen	—	—	—	6.275
Nürnberg	16	2155.2	—	—
Österreich (Ingenieurrute)	12 = 2 Klafter (Lachter)	—	—	3.792968
	10	—	—	2.9588
Oldenburg	—	—	—	5.9176
(alte Rute)	20	—	—	5.3258
(neue Rute)	18	—	—	3.1608
Preußen	12 oder 10	—	0.26552	3.7662
Rheinland	12	—	—	3.7662

(Fortsetzung von Tabelle 92)

1 Rute in	Fuß	Pariser Linie	Rute/m	m
Sachsen (1885 u.V. v. 7. 5. 1869)				
(Feldmesserrute)	ursprünglich 7 1/2 Ellen zu 571.52 mm neue Rute 7 7/12 Ellen zu 566.38 mm = 15 1/6 Fuß auch 10 Dezimalfuß	—	—	4.2950
(neue Straßenrute)	16 = 8 Ellen	—	0.23283	4.53104
(alte Straßenrute)	7 7/12 Ellen	—	—	4.5484
(laufende Straßenrute)	8 Ellen lang und so breit wie die Straße	—	—	—
(lauf. geschlagene Rute) [Steine, Pflaster, Kies, Sand]	8 Ellen lang und so breit, „als eines von diesen Materialen auf die Straße gebauet und so stark als selbige hoch gebauet worden ist" [45b]	—	—	—
(Rute Bruchstein)	7 Ellen 14 Zoll lang und breit und 1 1/2 Ellen hoch (15.684 m^3); aus einer Rute Bruchstein konnten 50 Kubikellen (9.05 m^3) Mauerwerk gefertigt werden [45b].	—	—	—
Sa.-Altenburg	16	—	—	4.511
Sa.-Coburg (Werkrute)	14 Werkfuß	—	—	4.25562
Sa.-Gotha (Waldrute)	16 (eingeteilt in 10 Dezimalfuß)	—	—	4.60189
Sa.-Meiningen	14 Nürnberger Fuß (Vermessungsfuß)	—	—	4.2556
Sa.-Weimar	10 Vermessungsfuß	—	—	5.676
	16	—	—	4.51166
Schleswig-Holstein	16	—	0.2181	4.5851
Schwarzburg-Rudolstadt	16	—	—	—
-Frankenhaus.	16	—	—	—
-Arnstadt	14 und 16	—	—	—
-Sondershaus.	14	—	—	3.95528
Schweden	16	2105.6	—	—
Schweiz	10 = 1 2/3 Klafter	—	—	3.000
Wiesbaden (Nassau)				
(Werkrute)	10 Werkfuß	—	0.3333	3.000
(Feldrute)	10 Feldschuh	—	0.2	5.000
Württemberg	12 rheinländische Fuß	—	—	3.7662
	15 rheinländische Fuß	2086.9	—	—
	10	—	0.3491	2.8649
Zürich	10	1323.0	—	—

Die Meile

1 Meile, altes Wegemaß, aus der Antike überliefert, lat. mil(l)ia passuum = 1000 Schritt = 1478.7 m (1 Milliarium oder 5000 pedes im alten Rom). Es sind zu unterscheiden geographische, Landes-, Post- und nautische Meilen.

Die geographische Meile

Neue geographische Meile = 4 Seemeilen (s. S. 246) = 7.4204385 km
Mittel aus neueren Untersuchungen = 7.4215 km

15 geogr. Meilen = 1 Äquatorgrad
= 111.307 km
0.1348 geogr. Meilen = 1000 m = 1 km
1 alte sächs. geogr. Meile = 3800 Toisen
= 13073 sächs. Ellen
um 1680 = 12000 sächs. Ellen

Die Landesmeile und Postmeile

Sehr unterschiedliche Maße von regionaler Bedeutung

Tabelle 93

1 Meile in	Einteilung	Fuß	Meile/km	km
Anhalt	—	24000	—	7.5325
Baden	—	29629.6	0.1125	8.8889
Bayern	2 Poststunden	25406	—	7.41495
Braunschweig	1625 Ruten	—	—	7.41942
Deutschland	(deutsche Landmeile, Norddeutsche Meile von 1868) gewöhnlich 4000 Schritt	—	—	7.532485
England	gewöhnlich	5000	—	1.523997
	statute mile	5280	—	1.609315
Frankreich	lieue commune	—	--	4.452263
	Postmeile	—	—	3.8981
Hamburg	—	—	—	7.53
Hannover, Kgr.	—	25400	0.13479	7.419205
Hessen, Kurfst.	Werkfuß	32000	—	9.206369
Hessen, Grhzgt.	3000 Klafter	30000	—	7.50
Hohenzollern	—	26000	—	7.4487
Italien	Postmeile	—	—	1.820
Norwegen	Postmeile 18000 Ellen	36000	—	11.295
Österreich	Postmeile 4000 Klafter	24000	0.131823	7.585936 auch 8.586 [73 a]
Oldenburg	—	30000	—	8.8764
Preußen	(deutsche Landmeile) 2000 Ruten	24000	0.13276	7.532485
	v. 1.1.1872 — 1.1.1874 1 dtsch. M. Die Bestimmung 1 Meile = 7.5 km ist seit 1873 aufgehoben	—	—	7.500

(Fortsetzung von Tabelle 93)

1 Meile in	Einteilung	Fuß	Meile/km	km
Rußland	Werst 500 Sashen	3500	—	1.066781
Sachsen	geographische Meile 13106.787 Dresdner Ellen 3806.915 Toisen 1970.08 rheinländische Ruten 2000.00 Ruten zu 4295.05 m (= Post- oder Polizeimeile)	32000	—	9.06208
	Postmeile (Postordnung v. 7. 12. 1840. GVBl. S. 437 = 13241.987 Dresdner Ellen)	—	—	7.5000
	Landesvermessungsmeile 12000 Dresdner Ellen (kleine sächsische Elle, von Aster bei der 2. topograph. Landesaufnahme 1780—1825 verwendet)	—	—	—
	Polizeimeile 16000 Dresdner Ellen = 2 Stunden Weg	—	—	—
	Biermeile (Maß für die Braugerechtigkeit) schwankt in Sachsen zwischen 27000 u. 12000 Ellen. Durch Landtagsresolution vom 17. 3. 1722 zu 16000 Dresdner Ellen bestimmt ——— Zur Angleichung der sächsischen Meile an die übrigen Meilen in Deutschland und zur Verkürzung der Wartezeiten für die Reisenden auf den sächsischen Poststationen hat *Brandt* [45b] folgende Umrechnungssätze vorgeschlagen: Meile — Dresdner Elle — m Österreich 13391 7584.39 Bayern 13088 7412.78 Dünkirchen 13093 7415.61 Sachsen (Vorschlag) 13100 7419.58 Brandenburg 13296 7530.59 Mecklenburg 13296 7530.59	—	—	—
Sachs.-Altenburg	1600 Ruten	—	—	9.08141
Sachsen-Weimar	—	—	—	7.3630
Schlesien	30 Gewände = 300 Ketten zu $37^1/_2$ schles. Ellen 1 Gewände = 50 Ruten zu $7^1/_2$ schles. Ellen	—	—	—
Schleswig-Holst.	1920 Ruten	—	0.11359	8.8034
Schweden	—	36000	—	10.688436
	Neumeile	—	—	10.000
Schweiz	(Schweizer Stunde)	16000	0.2083	4.800
Wiesbaden	—	—	—	1.000
Württemberg	—	26000	—	7.448748

Die Seemeile

Die Seemeile oder nautische Meile (sm) = $^1/_{60}$ eines Erdäquatorgrades und beträgt 1852 bis 1855 m [53] = 1.85201 km

1 km = 0.53995389 Seemeilen

1 sm = 5400. Teil des Meridianquadranten, entsprechend 1 Bogenminute auf einem Erdmeridian.

Tabelle 94

1 Seemeile in	Einteilung	km
allen Staaten	$^1/_{60}$ eines durchschnittlichen Meridiangrades	1.855110
	60 Meilen = 1° des Meridians 1 sm = ¼ geogr. Meile 1 sm = 1 Äquatorminute	
	Bei nautischen Rechnungen ist eine mittlere Meridianminute	1.851852
Deutschland	sm oder Knoten	1.852
	4 Seemeilen = 1 deutsche Landmeile	7.5
England	nautical mile, admiralty knot	1.85318
	6080 Fuß ist die abgerundete Länge des Mittels aus dem 60. Teil des Meridians und des Äquators, dabei die Meridianlänge = 40 000 km und die Äquatorlänge = 5400 geographische Meilen gerechnet.	
	1 admiralty mile = 6086.5 Fuß = $^1/_{60}$ des Äquatorgrades = ¼ geogr. M.	1.8551
	Nicht zu verwechseln mit der englischen statute mile (Landmeile), die auch für Angaben der Geschwindigkeit von Flußdampfern Verwendung findet.	1.609343
	1 Knoten = 1.852 km = 0.999438 admiralty knots = 1.150798 statute miles	
Frankreich	1 franz. Seemeile (mille marin) = $^5/_9$ Myriameter	1.8551
	1 Seelinie = 3 Seemeilen	5.556
USA	1 amerikan. nautical mile = 6080.201 ft. (USA)	1.853249
	1 amerikan. statute mile	1.609343

Knoten ist die Maßeinheit zur Bestimmung der Schiffsgeschwindigkeit. Die Anzahl der in $^1/_2$ Min. an der Logleine ablaufenden Knoten ist gleich der Geschwindigkeit des Schiffes in Knoten. Interessant sind in diesem Zusammenhang die Arbeiten von *Cues* [56a]. Er hat sich bei seinen klassischen Versuchen mit der Waage u. a. auch mit der Tiefenmessung von Gewässern beschäftigt und hierzu die Sink- und Auftriebsgeschwindigkeit einer Hohlkugel beobachtet. Ähnliche Verfahren werden von *Puehler* [3a] angegeben. Um die Wende des 17. Jh. sollen in England noch derartige Instrumente — Bathometer — gebraucht worden sein [26a]. Cues sagt zu seinen Beobachtungen weiter: „Man soll einen Gegenstand ins Wasser werfen und mit der Uhr die Zeit messen, die das

Schiff braucht, um an ihm vorbeizufahren.“ Ganz ähnlich ist das Log gebaut, ein Wegemesser für die Schiffe, das Ende des 16. Jh. als Handlog aufkam (vgl. auch [1] *Vitruv* X 9. S. 325 ff.).

Eine Seemeile in der Stunde = 1 Knoten
1 Knoten = 1852 m/h = 0.51444 m/s
= 0.99934 engl. knot p. hour
= 2025.36 engl. yds. p. hour

Etmal ist ein niederländisches Maß der Schiffsgeschwindigkeit = die von den Seeschiffen innerhalb 24 Stunden von Mittag bis Mittag zurückgelegte Strecke in Seemeilen.

Der Meridiangrad

Der Meridiangrad ist $^1/_{90}$ des Meridianquadranten, im Durchschnitt 60 Seemeilen = 111.1206 km.

Der Äquatorgrad

Der Äquatorgrad entspricht 15 geographischen Meilen = 111.3066 km.

=	14.67	österreichische Meilen
=	15	bayrische Meilen
=	193.4	chinesische neue Li
=	14.77	dänische Meilen
=	25	französische Lieue
=	69.16	englische und nordamerikanische Meilen
=	100.80	alte jüdische Meilen
=	19.67	niederländische Stunden
=	14.84	norddeutsche Meilen
=	9.85	norwegische Meilen
=	13.10	Nürnberger Meilen
=	22.50	persische Meilen
=	20	polnische Meilen
=	22.26	portugiesische Legoa
=	14.77	preußische Meilen
=	104.3	russische Werst
=	10.41	schwedische Meilen
=	23.15	Schweizer Stunden
=	60	Seemeilen
=	16.64	spanische Legua
=	66.67	türkische Berri
=	13.30	ungarische Meilen

Umrechnung von Meilen, Meridian- und Äquatorgrad auf die Erd-Normalbezugsfläche
(nach *Westphal*, Physik. Wörterbuch)

Auf der Erd-Normalbezugsfläche der Union Géodésique et Géophysique vom Jahre 1924 beträgt:

1 geographische Meile = 7.421591 km
1 Seemeile = 1.852276 km

Mit Berrothschen Werten:

1 geographische Meile = 7.42158 ± 0.00006 km
1 Seemeile = 1.85228 ± 0.00002 km
1 Meridiangrad $Q_{\text{♁}}^{M}$ = 10002.288 km
1 Äquatorgrad $Q_{\text{♁}}^{Ae}$ = 10019.148 km

Nach *Berroth* (1943) ergeben sich als Mittelwerte aus den verschiedenen Beobachtungen der Erdkonstanten:

1 Meridiangrad $Q_{\text{♁}}^{M}$ = 10002.29 ± 0.08 km
1 Äquatorgrad $Q_{\text{♁}}^{Ae}$ = 10019.13 ± 0.08 km

Tabelle 95. Umwandlungstafel für größere Längenmaße

Kilometer	Seemeile	Englische statute mile	Deutsche geogr. Meile (15 = 1°)	Russischer Werst
1	0.54	0.621	0.135	0.9374
1.852	1	1.15	0.25	1.736
1.609	0.869	1	0.217	1.5086
7.420	4.006	4.61	1	6.956
1.067	0.576	0.664	0.1438	1

2.112 *Ausländische Längenmaße*

Von den USA und Großbritannien abgesehen, haben alle hier und in den folgenden Maß- und Gewichtsabschnitten angeführten Staaten das metrische System eingeführt. Die nachstehend verzeichneten Maße sind aber bei vielen Staaten auch heute noch gebräuchlich (weitere Maße im Anhang).

Tabelle 96

Land	Längenmaß	m
Abessinien	(siehe Aethiopien)	
Ägypten	1 kirat	0.028
	1 pik beledi (Landes-Elle)	0.5775
	1 pik (h)endasch	0.6384
	1 pik me(h)endasch (Bauernelle)	0.76698
	1 d(h)ra(a), (diraa), dira macmari	
	= 6 quabdah	
	= 24 usbaa	
	= 144 habba shair	
	= 144×6 gira barsum	0.75
	1 färsakh (Wegemaß)	2.25
	1 baa = 4 dira macmari	3.00
	1 dira beledi	0.58
	1 hindasah	0.656
	1 qasaba (kassaba[h]) (Rute)	
	= 6²/₃ pik beledi	3.85
	= 6⅓ pik	3.6575
Aethiopien	1 kend = 2 sinscher	0.457
	1 sinscher	0.229
	1.5 kend = 1 pik halebi (Elle)	0.686
	1 yason rumat	1.5—1.95
	1 kint (kend)	0.45—0.5
	1 madda = 10 kint	5.00
	1 khalad = 130 rinnds	65.00
	1 gamad	66.00
Afghanistan	1 arschin	1.025
	arschin für Wollwaren	1.12
Albanien	früher wie in der Türkei	
Algerien	1 pik arabi	0.476
	1 pik türk	0.636
	1 pik halebi	0.686
Andorra	früher wie in Spanien u. Frankreich	
Annam	1 thuse	0.488
	1 dam = 2 li	888
Arabien	1 draa	0.488
	1 cubido	0.482
Argentinien	1 linea	0.0022
	1 pié (Fuß)	0.28866
	3 piés = 1 Elle	
	1 vara = 3 piés = 4 palmos, cuartas	0.866
	1 braza = 2 varas	
	= 2×3 piés	
	= 6×12 pulgadas	1.732

(Fortsetzung von Tabelle 96)

Land	Längenmaß		m
Argentinien (Fortsetzg.)	1 legua metrica argentina		5.00
	1 legua argentina = 40 cuadras		5196
	1 cuadra = 150 varas		129.9
Australischer Staatenbund	wie in Großbritannien		
Batavia	1 voet (1′)		0.313946
	1 el		0.6878
Belgien und Luxemburg	1 pied (Fuß) zu 11 pouces zu 11 lignes		0.286800
	in Brüssel zu 11 pouces zu 8 lignes		0.275750
	in Lüttich zu 10 pouces zu 10 lignes		0.294698
			0.291796
	1 pouce (Zoll) = 1/11 pied = 11 lignes		0.026720
	in Brüssel = 1/11 pied = 8 lignes		0.025068
	in Lüttich		0.029469
			0.029179
	1 ligne (Linie) = 1/11 pouce	meist:	0.002370
	1 point (Punkt) in Lüttich = 1/10 ligne		0.000292
	1 aune (Elle) de Brabant zu 16 tailles		0.695
	in Lüttich		0 656
	in Gent		0 728
	in Brügge		1.188
	1 taille = 1/6 aune de Brabant		0.043
	1 brache (Elle)		0.700
	1 perche = 20 pieds	meist:	5.736
	1 mille = 20000 rhld. Fuß		6277.07
	1 Postmeile		7800
Böhmen	(s. Österreich)		
Bolivien	1 yara (Längenmaß)		0.847
	1 legua (Wegemaß) = 40 ladres		5196
Bombay	1 cubit		0.45719
	1 guz		0.685787
	1 hehloch (Elle)		0.914383
	1 depoh (Faden)		1 828767
Brasilien	1 pé (Fuß)		0.343856
	1 covado (cubado) aventejado zu 2 pés, zu 1.5 palmos		0.686
	1 jarda		0.91
	1 vara (Elle)		1.11
	1 braca zu 2 varas		2.22
	2500 bracas = 5000 varas = 1 legua (legoa)		5590 (5000)
Bulgarien	früher wie in der Türkei		
	1 Maurer-arschin		0.758
	1 Schneider-arschin		0.680

(Fortsetzung von Tabelle 96)

Land	Längenmaß	m
Chile	1 pié	0.28
	1 vara	0.84
	1 estadal = 4 varas = 12 piés = 144 pulgadas	3.36
	1 cuadra	127.2
	1 legua (vgl. Anmerkung Kolumbien)	5570 (4513)
China	1 tschuh oder tscheh, der chinesische Fuß ist verschieden	0.371
	= 10 punts oder 10 tsun zu 10 fän	
	1 tschuh (oder tschi) auch 0.32 m (Baufuß) oder 1 m = 3.125 tschi. Dezimale Unterteilung in tsun (Zoll), ten (Linien), li hao	
	Kaufmannsfuß	0.3384
	mathem. Fuß	0.3332
	Baufuß	0.3228
	Zollfuß	0.358
	Ingenieur- u. Feldmesser-F.	0.3197
	1 pon (Schritt) = 5 tschi	
	1 kung ch'ih (metrische Einheit)	1.00
	1 shih-ch'ih = 1/3 m	
	1 kung li (Wegemaß)	1.00
	1 tschan(g) (Rute) zu 10 tschi (covid, Fuß) zu 10 tsun (pant) zu 10 fän	3.11—3.73
	1 tong = 2 gotschioh oder peuntöng = 10 tschioh = 100 taluche = 1000 huhn	3.65753
	1 yin (nach Vertrag mit England)	3.581
	1 thin	24.5
	1 yin (Schnur)	32.281
	1 li (Meile)	576.496
	1 li = 180 chang (Faden) zu 10 Feldmesser-covid	644.4
	auch	575.5 (jetzt 500)
Costa Rica	1 vara	0.84
Dänemark	1 fod (Fuß) = 1 preuß. Fuß = 139.13 paris. Lin.	0.3138535
	1 alen (Elle) = 2 fod	0.6277
	1 roden (Rute) = 5 alen (Ellen) = 10 fod (Fuß)	3.1385
	1 miil (Meile) = 24000 rhld. Fuß = 5000 Schritt	7532.48
Dominikanische Republik	1 vara	0.859
Ecuador	1 vara (Längenmaß)	0.848
	1 legua (Wegemaß) (vgl. Anmerkung Kolumbien)	5.51

(Fortsetzung von Tabelle 96)

Land	Längenmaß	m	
Estland	1 sashen = 3 arschin oder		
	= 7 fut zu 12 Zoll	2.1336	
	1 werst = 500 sashen	1066.8	
Finnland	1 aln, 1 famn		
	1 verst = 1/10 mil = 3600 fot (jalka)	1069	
	1 fot	0.35	
	1 mil	10.67	km
Frankreich	Metrisches Maßsystem Einheit: das mètre (= 443.296 alte Pariser Linien)		

kilomètre km	hectomètre hm	decamètre Dm	**mètre m**	décimètre dm	centimètre cm	millimètre mm
1	10	100	1000			
			1	10	100	1000

Land	Längenmaß	m	
	Altes Maß (etwa bis 1812; der Zoll in der Barometrie und Optik bis in die neuere Zeit, letzteres z. T. noch jetzt, ebenso die Linie bei Libellen):		
	1 pied du roi (alter „Pariser Fuß")		
	= 12 pouces = 144 lignes	0.3248	
	1 pied (bei Geometern)		
	= 10 pouces = 100 lignes	0.3248	
	1 pouce (Zoll) = 1/12 pied de roi	0.0271	
	1 ligne = 1/12 pouce	2.2558	mm
	1 point = 1/12 ligne	0.1879	mm
	1 toise (Klafter) = 6 pieds de roi	1.9490	
	1 latte (in Bordeaux) = 7 pieds de roi	2.4972	
	Wegemaße: (Meilen)		
	1 lieue commune = 1/25 Äqu.-Grad	4452	
	= 2280.3 toises		
	1 lieue moyenne = 9/200 Äqu.-Grad	5008.8	
	= 2534 toises		
	1 lieue marine = 1/20 Äqu.-Grad	5565.3	
	= 2850.4 toises = 10000/5400 km	1851.8	
	1 lieue nouvelle	4000	
	1 lieue de poste = 2/57 Äqu.-Grad	3900.5	
	1 lieue de poste = 2000 toisen	3898.1	
	1 lieue de poste = 2200 toisen	4287.9	
	1 mille marin	1855.1	
	1 franz. Meile = 2000-2400 Schritt		
	5 franz. Meilen = 3 deutsche Meilen		
	Feldmaße:		
	1 perche = 3 toisen = 18 pieds (perche de Paris)	5.847	
	1 perche = 3 toisen = 22 pieds (perche des eaux et forets)		

(Fortsetzung von Tabelle 96)

Land	Längenmaß	m	
Frankreich	Handelsmaße:		
	1 aune de Paris (= altfranz. oder Pariser Elle = 526.833 alte Pariser Linien = 1.780 Berliner Ellen, früher auch unter der Bezeichnung Stab in Süddeutschland, im Rheinland [Krefeld] und in der Schweiz als Maß für Seidenstoffe gebräuchlich)	1.18845	
	Übergangsmaß (sog. mesures usuelles [vom Februar/März 1812 bis 1. Januar 1840]):		
	1 neue toise	2.00	
	1 encablure	200	
	1 pied = 1/3 m 1 m = 3 Fuß oder = 443.296 altfranz. Linien 1 cm = 4.43296 „ „ 1 mm = 0.44329 „ „		
	1 neue aune	1.20	
	1 decimalgrad = 10 myriameter	100	km
	Anm.: Die Normaltemp. für das metrische Maß liegt bei 0° C (Temp. des schmelzenden Eises), beim altfranz. Maß bei 13° R = 16.25° C.		
Griechenland	(altgr. Maße s. auch S. 35)		
	1 daktylos (Fingerbreite)	0.0193	
	1 palaiste (Handbreite)	0.0771	
	1 pus (Fuß)	0.3083	
	1 pechys (Elle)	0.462	
	1 orgyia (Klafter)	1.85	
	1 plethron (Furche)	30.83	
	1 stadion (164, 178, 184.7 u. 190—192 m)		
	1 schoinos = 60 stadia		
	1 parasange	5550	
	1 pechys = 1 1/2 pus	0.462	
	(neugr. Maße)		
	1 piki (königlich)	1.000	
	1 rupy	0.648	
	1 piki(m) (für Feldmesser) = 10 palmos zu 10 Zoll zu 10 Linien	0.75	
	1 stadion = 1/10 Meile = 1000 piki	1000	

(Fortsetzung von Tabelle 96)

Land	Längenmaß	m
Großbritannien	1 inch (in., Zoll) 16-, 12- oder 10-teilig, bei 0° C	2.5399956 cm
	früher 29.399541 mm	
	für industrielle Mess. u. 20° C	25.400000 mm
	1 engl. 64. Zoll = 1/64 inch = 0.396874 mm	
	1 engl. 16. Zoll = 1/16 inch = 1.587497 mm	
	1 engl. 100. Zoll = 0.01 inch = 0.253999 mm	
	0.39370147 inch = 1 cm	
	1 line = 0.1 inch	0.212 mm
	1 nail = 2.25 inches	5.714990 cm
	1 palm = 3 inches	7.619987 cm
	1 span (quarter) = 9 inches	22.859960 cm
	1 hand = 10 inches	25.399956 cm
	1 foot (ft.) (Fuß) = 12 inches	30.479947 cm
	3.28084558 ft. = 1 m	
	1 pace military = 2.5 ft.	76.1991 cm
	1 pace geometrical = 5 ft.	152.3997 cm
	1 yard (yd.), Imperial Yard (Elle) = 2 cubits = 3 ft. = 36 inches = 144 lines	0.914398
	= 405.34622 Pariser Linien	
	2.13151116 yards = 1 toise	
	1.09361519 yards = 1 m	
	22 yards = 1 chain	
	für Tuche:	
	1 yard = 4 quarters = 16 nails	
	1 flamish ell = 3 quarters	
	1 scotch ell = 37.2 inches	
	1 english ell = 5 quarters	1.143
	1 french ell = 6 quarters	
	für Garne:	
	thread, lea, hank, spindle, slip, hasp, bundle, pack, wrap	
	1 land-yard = 3 ft. oder 16.5 ft. oder 18 ft. oder 21 ft.	

(Fortsetzung von Tabelle 96)

Land	Längenmaß	m
Großbritannien (Fortsetzg.)	1 fathom (Faden) = 2 yards	1.828797
	= 6 foot	
	= 72 inches	
	0.54681 fathom = 1 m	
	1 pole (perch, rod, lug), Rute	
	= 5.5 yds.	
	= 16.5 ft.	5.029191
	1 pole woodland = 6 yds.	5.486390
	1 pole plantat. = 7 yds.	6.400789
	1 pole cheshire = 8 yds.	7.315187
	1 chain (Kette) = 22 yds.	20.116620
	= 100 links = 792 inches	
	1 furlong = 220 yds.	201.16620
	= 40 poles = 1000 links	
	= 10 chains	
	1 cables length = 120 fathoms	219.456
	1 statute (British) mile = 1760 yards	
	= 8 furlongs	1609.343
	= 320 rods = 880 fathoms	
	= 1760 yards = 5280 feet	
	0.62137 stat. mile = 1 km	
	1 stat. mile = 0.86842 nautical mile	
	Umrechnungsgrundzahlen für Geschwindigkeiten:	
	1 statute mile p. h. = 0.4470392 m/s	
	1 m/s = 2.236940 st. m. p. hour	
	1 m/s = 196.851 ft. p. min.	
	1 gewöhnl. engl. (London) mile	
	= 5000 ft.	1523.997
	1 engl. Meile = 1250 Schritt	
	1 nautical (geographical) mile (knot)	
	= 1.1515 stat. mile = 2026.7 yds.	
	= 6080 feet	1853.181
	= 1.000638 dtsch. Seemeilen	
	= 0.99893 admiralty mile	
	0.53961274 nautic. mile = 1 km	
	1 admiralty mile = 6086.5 ft. (sea-mile)	1855.162
	1 league British = 3 miles	4828
	1 league nautical	5565
Guatemala	1 pié	0.28
	1 vara = 3 piés	0.836
	1 legua (Wegemaß)	5570
	auch	4000

(Fortsetzung von Tabelle 96)

Land	Längenmaß	m
Haiti	1 pied	0.324839
	1 vara	0.84
	1 yard	0.914
	1 aune (Elle)	1.188446
	1 legua (Wegemaß)	5570
Holland	(s. Niederlande)	
Honduras	1 vara	0.84
	1 legua	5540
Indien		
1) Brit.-Indien	1 bighat(h)	0.2286
	1 hath	0.457
	1 guz (göss) (Bengalen)	0.914
	= 2 haths zu 8 gherries	
	zu 3 unguelles	
	= 1 engl. yard	
	1 coss (Wegemaß d. ind. Union)	1830
2) Franz.-Ostindien	1 hath, coudée (Elle)	0.5194
	= 2 Spannen, Fuß	
	zu 12 Zoll (doigts)	
	1 astme, guez = 2 coudées	
	1 vilcadé = 4 coudées	
	1 câle (ban, bambus) Feldmaß	3.6476
3) Niederl.-Indien	1 voet (Längenmaß)	0.31
	1 paal = 4800 voet (Wegemaß)	1507
Irak	wie in Ägypten	
Iran	1 kadam	0.61
	1 gös (zer, ser, arschin)	
	= 4 tscherek (tschebarek)	
	= 16 girre(h) (gireh)	1.04—1.13
	1 farsach (farsang, faresang)	
	= 6000 gös schahi	6720
Italien	1 piede	0.30
	1 braccio (Elle)	0.52985
	1 canna	2.645
	1 Postmeile	1820
	1 römische miglio	1487.9
	1 Lombardei-Meile	1784.5
	= 1/60 Äqu.-Grad (Neapel)	1855.1
	1 ital. Meile = 1000 Schritt	
	(4 ital. M. = 1 dtsch. Meile)	
	es wurden zweierlei Landmeilen geführt:	
	die milliare vulgare = unbestimmtes	
	1 passo = 5 Fuß zu 15 Finger	
	20 mill. leg. = 1 Tagereise	
	die milliare vulgare = unbestimmtes	
	Landmaß, örtlich verschieden,	
	aber dennoch geachtet.	

(Fortsetzung von Tabelle 96)

Land	Längenmaß	m
Japan	1 ken (als Einheit ikken, verstümmelt ikje) = 6.3 kane sasi, shaku	1.81818
	1 hiro (für Tiefenmessungen) = 5 kane sasi	
	1 sasi, shaku, schaku kane (Fußmaß) = 10 sun = 100 bun = 1000 rin = 1000 mo	0.30303
	1 tsune sasi, wune sasi (Elle für Kaufleute) = kupira sasi	0.378979
	1 kane sasi (Fußmaß wie oben)	0.303
	1 yo, zjoo = 10 shaku = 100 sun (große Handelselle) = 2 ken	3.03
	1 ri (Meile) = 36 tsjoo, masti, zu 60 ken zu 6 shaku = 12960 shaku	3927.3
Jugoslawien	1 arschin (Längenmaß)	0.69
	1 agatsch (Meile, Wegemaß)	5001.0
Kanada	wie in Großbritannien	
Kirchenstaat	1 catena = 10 stajoli = 5¾ cannu architettonica	
	1 passo (Schritt) = 5 piedi	
	1 passetto architettonico = 3 palmi architettonici	
	1 canna architettonica (Bauelle) = 10 palmi architettonici zu 7½ piedi	2.2319
	1 piede (Fuß)	0.297587
	1 palmo architettonico = 12 once = 60 minute = 120 decimi = ¾ piede	0.23314
	1 miglio (Meile) = 1000 passi	1487.934
	1 canna mercantile = 8 palmi merc. = 24 parti	1.99263
	1 braccio da mercante (Handelselle)	0.67
	1 braccio per le tele (Leinwand braccio)	0.635
	1 braccio d'ara (Altar „braccio") = ⅔ canna d'ara = 6 palmi sacre	0.75

(Fortsetzung von Tabelle 96)

Land	Längenmaß	m
Kolumbien	1 vara = 4 cuartas	0.80
	1 vara = 3 piés = 4 palmos	0.8359
	1 yarda	0.91
	1 pulgada (Längenmaß)	2.5
	1 cuadra = 100 varas	80.0
	1 legua = 62.5 cuadras	5000
	1 legua zu 3 millas = 5.572 km	
	Anm.: In Süd- und Mittelamerika ist das metrische System amtlich eingeführt, daneben sind alte Maße und Gewichte in Gebrauch, diese sind altspanischen (altkastilischen) und im Falle Brasiliens altportugiesischen Ursprungs	
Korea	wie in China	
	1 tja	0.52
	1 li	403
Kuba	1 vara	0.8477
Lettland	metrisch	
Liberia	wie in Großbritannien, 1 pik	1.00
	1 jacktan = 12 engl. Fuß	
Liechtenstein	wie in Österreich	
Litauen	früher russ. Maß u. Gewicht	
	1 versta = werst	
	1 siksnis = sashen	
	1 uolaktis = arschin	
	1 verskas = werschok	
	1 peda = Fuß	
	1 colis = Zoll	
	1 bruksnelis = djujm	
Luxemburg	früher wie im Deutschen Reich, in Frankreich und in den Niederlanden	
Marokko	1 d(h)ra(a), (diraa) auch codo, (Elle) kala genannt = 8 domin, tonnien	0.571
	1 covada (cubado)	0.53
	1 kama	1.25
Mexiko	1 pié	0.2793
	1 vara = 3 piés	0.838
	1 legua = 2500 tresas = 5000 varas	4190

(Fortsetzung von Tabelle 96)

Land	Längenmaß	m
Moldau	wie in Rumänien	
	1 Elle	0.6623
Monaco	wie in Frankreich und Italien	
Mongolei	1 aldan = 5 tochoy oder chi	
	= 50 imago	
	= 500 poon	1.60
	2 aldans = 1 khoß-aldan	
	= 1 chosan	3.20
	1 khubi = 36 aldans	57.60
Montenegro	wie in Österreich, der Türkei und Rußland	
	1 catena (Meßkette) = 5 passi	
	1 passo (Schritt) = 0.001 miglio	1.85185
Neapel	1 palmo	0.226
	= 10 decime = 100 centesime	
	= 10 once = 60 minuti	
	1 piede	0.2976
	1 canna = 10 palmi	2.264
Niederlande	Längenmaße sind heute die französischen metrischen, nur mit holl. Bezeichnung	
	streep = Linie = Millimeter	
	duim = Zoll = Zentimeter	
	palm = Dezimeter	
	Elle = Meter	
	roede = Rute = Dekameter	
	mijl = Meile = Kilometer	
	früher:	
	1 Fuß (amsterdamisch voet)	0.28313
	also 1 m = 3.53195 voet, auch	
	1 Fuß = 0.313947 m	
	also 1 m = 3.18525 voet	
	1 palm	0.304
	1 el (amsterdamisch)	0.6878
	1 el (brabantisch)	0.694
	auch	0.6856
	1 Faden	1.884
	1 Rute (roede) (niederl./rheinl.)	3.76737
	also 1 m = 0.265438 Rute (seit 1808)	
	Einteilung 1 Rute zu 12 Fuß	
	1 uure = 1/20 Äqu.-Grad	5565.3
	1 mijl (Meile)	7400
	(19 alte holl. Meilen = 15 dtsch. M.)	
Norwegen	1 alen (Elle)	0.62753
	1 rode = 5 alen = 10 fod	3.1376
	1 Postmeile = 36 000 fod	11295.5

(Fortsetzung von Tabelle 96)

Land	Längenmaß	m
Österreich	1 Wiener Linie	0.002195
	1 Wiener Zoll	0.0263401
	1 Strick	0.0065801
	1 Faust	0.1053602
	1 Fuß (Wien) (1′) zu 12″ zu 12‴ (wie in Bayern)	0.316081
	1 Fuß (Böhmen) = 12 Zoll	0.29638
	1 Wiener Klafter vom 19. 8. 1588	1.896484
	1 Ingenieur-Rute	3.792968
	1 Faden = 6 Wiener Fuß	1.896484
	1 Elle in Wien	0.777558
	1 Elle in Böhmen	0.59512
	1 Elle in Bozen = 2.499 Wiener Fuß	0.78968
	1 Elle in Karlsbad = 2.142 Wiener Fuß	0.67687
	1 Elle in Innsbruck = 2.543 Wiener Fuß	0.803588
	1 Elle in Prag = 1.879 Wiener Fuß	0.59376
	1 Elle in Salzburg (Leinwand) = 3.167 Wiener Fuß	1.00077
	1 Elle in Salzburg (Seide) = 2.540 Wiener Fuß	0.80264
	1 Elle in Schlesien = 1.832 Wiener Fuß	0.5789
	1 Elle in Triest (Wolle) = 2.139 Wiener Fuß	0.6759
	1 Elle in Triest (Seide) = 2.031 Wiener Fuß	0.6418
	1 Postmeile	7585.936
	1 Meile, böhmisch = 60 Gewende Feldes = 300 Seile = 12600 Ellen = 37800 Spannen	7498.5
	1 Gewende Feldes = 5 Seile lang = 210 Prager dreispännige Ellen = 630 Spannen (ein Pflug-Rad soll sich in einem Gewende Feldes 60mal umdrehen)	
	1 Kabel = 600 Wiener Fuß	189.6484
	1 Seemeile = ¼ deutsche Meile	1851.9166
	1 Ballen Leinwand = 30 Wiener Ellen	23.3267
	1 Ballen Tuch = 12 Stück zu 32 Ellen	298.5828
	1 Faden Garn = 7.374 Wiener Fuß	2.33018

(Fortsetzung von Tabelle 96)

Land	Längenmaß	m
Österreich (Fortsetzg.)	1 Lachter (Berglachter) = 800 Prim	1.960
	1 Lachter in Joachimsthal = 6.068 Wiener Fuß	1.917
	1 Lachter in Schemnitz = 6.403 Wiener Fuß	2.023
	1 Knoten (= 1/120 Seemeile)	15.463
	(Über ältere österreichische Längenmaße berichtet u. a. auch *Rumler* [15a] ausführlicher.)	
Ostafrika	2 pima	3.6
Palästina	1 dhraa	0.75
	1 pik(c)	0.67
Panama	1 vara	0.84
Paraguay	1 vara = 3 piés	0.83856
	1 estadal = 4 varas = 12 piés = 144 pulgadas	3.344
	1 cuadra	127.2
	1 legua	4513
	auch = 5000 varas	4192.8
Parma	1 pertica = 6 bracci da leguo	
	1 braccio da leguo e terrone (piede) = 12 once = 144 punti = 1728 atoni	0.54516
	1 piede = 10 pollici (Zoll)	
	1 braccio da panno (Tuchelle)	0 6395
	1 braccio da seta (Seidenelle)	0 5878
Persien	1 tscherek	0.26
	1 königl. queze (göss schah)	0 946
	1 gemeine queze (göss molläsar)	0 631
	1 zar = 4 tscherek	1 04
	1 arisch	0 971
	1 färsäng, parasange (Meile) ca.	5000 nach europ. Schätzung
	(Weg eines beladenen Kamels/Stunde)	7000.47 nach russ. Angaben
	Einige weitere gebräuchliche Maße:	
	mū-yi shutur (Breite eines Kamelhaares)	
	jou (Gerstenkorn)	
	gändum (Weizenkorn)	
	ängusht (Breite eines Fingers)	
	väjäb (Spanne)	0.22
	däst (Hand, d. h. vom Ellenbogen bis zur Fingerspitze!)	0.56
	zär'-ishāhī (königliche Elle)	1.12
	färsakh od. färsäng (Parasange)	6020

(Fortsetzung von Tabelle 96)

Land	Längenmaß	m
Peru	1 pié, altspanisch	0.2825
	1 codo, altspanisch	0.42375
	1 vara = 3 Fuß = 36 Zoll	0.835905
	1 legua = 20 000 Fuß	5572.7
Piemont	1 pertica = 12 piedi	
	1 miglio	2466.0768
Polen	1 stopa (Fuß)	0.28799
	1 lokiec (Elle)	0.576
	1 pret	1.2367
	1 sazen = 6 Fuß	1.728
	1 polnische Meile = 8 Werst	8534
Portugal	1 palmo de craveiro	
	= 8 pollegadas	
	= 96 linhas	
	= 1152 pontos	0.22
	1 pé (′) (Fuß)	
	= 1,5 palmos	
	= 12 pollegadas (Zoll)	
	= 144 linhas	
	= 1728 pontos	0.33
	1 cubado (covado)	
	= 2 pés zu je 1.5 palmos	0.66
	1 vara (Elle)	1.10
	= 5 palmos	
	1 jarda, brazza (Klafter)	2.2
	= 2 varas	
	= 10 palmos	
	1 estadio (Stadium)	285.2067
	1 milha (kleine Meile)	2065.653
	= 8 estadios	
	1 legua (große Meile)	6197
	= 3 milhas	
	1 legua nova	5000
Römisches Reich	(alte röm. Maße siehe auch S. 45)	
	1 digitus	0.0185
	1 uncia = $1^1/_3$ digiti	0.025
	1 palmus = 4 digiti	0.075
	1 pes (Fuß) = 16 digiti	0.2957
	1 cubitus (Elle) = $1^1/_2$ pedes	0.4436
	1 gradus (Schritt) = $2^1/_2$ pedes	0.7390
	1 passus (Doppelschritt) = 5 pedes	1.4790
	1 pertica (Rute)	2.5980
	1 decempedes = 10 pedes	2.957
	1 stadium (Stadion)	184.84
	1 milliarium (milia passuum)	1478.72
	= 1000 Schritt zu je 5 röm. Fuß	
	= 8 Stadien	

(Fortsetzung von Tabelle 96)

Land	Längenmaß	m
Rumänien	früher wie in der Türkei	
	1 Meile (mila) = 4000 stânjeni	7848.5
ferner in den Landschaften:		
Bessarabien	alte russische Maße	
Dobrudscha	1 arsin al mimarilor (constructilor) = 25 parmace (degete) zu 12 haturi zu 12 nothale (punturi)	0.758
	1 arsin (cot) al bazarlui (târgului) = 8 rupi = 16 ghirale	0.680
	1 endaze (cot mic) (Leinwandelle) = 8 rupi = 16 ghirale	0.650
	und	0.6411
	1 khalibi (Tuch-, Seidenelle)	0.682
Moldau	1 cot = 8 rupi = 16 grefi	0.637
	1 cot halep = 8 rupi = 16 grefi	0.688
	1 stânjen moldovenesç = $\frac{1}{3}$ pràjinà (versch.) = 8 palme gospodàreşti = 64 pal, ace zu 12 linii	2.230
	1 postà = 10 000 stânjeni	
	1 pràjinà = 3 stânjeni (Klafter) zu 8 Fuß	
Moldau und Walachei	1 pumn = $^1/_8$ stânjen = $^2/_3$ palnia	
	1 laut = 10 stânjeni	
	1 funie (odgon) = 10, 20 oder 25 stânjeni piciorul (Fuß), pasul (Schritt) unbestimmt	
	1 Meile (die Meile der Walachei) = 4000 Klafter auch	7848.5 7924
Walachei	1 cot = 8 rupi = 16 grefi	0.664
	1 stânjen al lui Serban vodà = $^1/_3$ pràjinà = 10 palme = 100 degete = 1000 linii	1.9665
	1 stânjen al lui Constantin vodà = 8 palme zu 8 oder 10 degete zu 10 linii	2.020
	1 postà = 10 000 stânjeni	
Rußland	(s. unter Sowjetunion)	
San Marino	wie in Italien	

(Fortsetzung von Tabelle 96)

Land	Längenmaß	m
San Salvador	1 vara = 3 piés = 36 pulgadas	0.84
Sansibar	1 durrah	0.457
	1 war = 2 durrah	0.914
Sardinien, Kgr.	1 pertica (Rute) = 2 trabucchi	
	1 trabucco = 6 piedi librandi	
	1 piede librandi = 12 once (Zoll)	
	= 144 punti	
	= 1728 atomi	0.51376597
	1 piede manale = $^2/_3$ piede librando	0.34251
	1 tessa = 6 piede man. (Klafter)	
	1 miglio = 800 trabucchi	2466
	1 raso (Elle) = $1^1/_6$ piede librando	0.599394
Sardinien, Insel	1 trabucco serdo = 12 palmi	
	1 palmo	0.2625
	1 canna (Elle) = 8 palmi	2.1
Schottland	wie in Großbritannien, früher	
	1 Schottische Meile = 1500 Schritt	
Schweden	1 fot (fut) = $^1/_6$ Faden	0.29690
	1 aln (Elle) = 2 fot = ⅓ famn	0.5938
	1 famn = 3 alen = 6 fot = 60 tum	1.7814
	1 stang (stänger) = 10 fot	2.969
	1 mil = 36 000 fot = 6000 famn	10688.4
	1 schwed. Meile = 5000 Schritt	
Schweiz	1 pied (Fuß, Schuh) = 10 pouces	0.30
	1 pouce (Zoll) = 10 lignes	0.03
	1 ligne (Linie) = 10 traits	0.003
	1 trait (Strich)	0.0003
	1 toise (Klafter) = 6 pieds	1.80
	1 perche (Rute) = 10 pieds	3.00
	1 aune (Stab) = 4 pieds	1.20
	1 brache = 2 pieds	0.60
	1 lieue itinéraire (Wegstunde)	
	= 16000 pieds	4800
Serbien	wie in Südslawien	
Siam	1 nen (nin, niu[h]) = 4 kabiet	0.021
	1 keup (keub, kup, küp, kub, küb)	0.25
	1 sauk (Elle) = 2 küp (Spannen)	0.5
	zu 12 niuh (Finger, Zoll)	
	zu 4 kabiet	
	1 wa(h) = 2 k(h)en = 4 sok	2.0
	1 sen = 20 wa	40
	1 yot (schoot) = 400 sen = 8000 wa(h) (Wegemaß)	16000
Sizilien	1 canna (Elle) = 8 palmi	2.0648
	1 miglio (miglie) = 5760 palmi	1486.643

(Fortsetzung von Tabelle 96)

Land	Längenmaß	m
Sizilien (Fortsetzg.)	1 corda = 4 catene	
	1 catene (Kette) = 4 canne = 32 palmi	
	1 passetto = 2 palmi	
	1 palmo = 12 once = 144 linea = 1728 punti	0.258
Sowjetunion (UdSSR)	1 werschok (вершок)	0.04445
	1 djujm (дюйм) = Zoll = 1/12 Fuß	0.0254
	1/10 djujm = 1 linija (линия)	0.00254
	1/10 linija = 1 totschka (точка)	0 00025
	1 russ. Fuß (= 1 engl. Fuß) = 12 Zoll	0.3048
	1 arschin (аршин) = Elle = 16 werschok	0.71118
	1.406074 arschin = 1 m zu 2.333 fut (фут) zu 16 857 werschok	
	1 sashen (сажень) = 7 Fuß oder 3 arschin = 3×16 werschok	2.133358
	0.4686914 sashen = 1 m	
	1 werst (верста) zu 500 sashen	1066.8
	0.9373828 werst = 1 km	
	1 Meile zu 7 werst	7467.6
	1 „Moskowitische" Meile genannt Wörster = 750 Schritt (10 russ. Meilen = 3 deutsche M.)	
Spanien	1 cuerda (Schnur) = 8.25 varas	
	1 estadal = 4 varas	3.334
	1 braza = 2 varas	1.672
	1 passo (Schritt) = 5 piés	
	1 pié (Fuß) = 1 1/3 palmos = 12 pulgados (Zoll) = 16 dedos = 144 lineas = 1728 puntos = 1/3 vara	0.27833
	1 legua antigua	5572.7
	1 legua geografica = 7603.84 varas	6349.206
	1 legua nueva = 8000 varas	6687.2
	1 legua maritima, legal (1801) = 3 millas maritimas (Seemeilen) = 6653.36 varas	5555 5/9

(Fortsetzung von Tabelle 96)

Land	Längenmaß	m
Spanien (Fortsetzg.)	1 vara (Elle) = 3 piés	
	= 4 palmos	
	= 36 pulgados	
	= 48 dedos	
	= 432 lineas	
	= 5184 puntos	0.8359
	als Schrittmaß abgeteilt in:	
	Drittel (trocias)	
	Viertel (cuartas)	
	Sechstel (sesmas)	
	Achtel (octavas, medias cuartas)	
	Zwölftel (medias sesmas)	
— Barcelona	1 canna = 2 mitja canna, paras	1.552
— Corunna	1 vara (für Leinwand)	1.0855
— Malorca	1 canna	1.564
— Menorca	1 canna	1.604
	(canna de rey, früheres Feldmaß in Tarragona)	
	1 spanische Meile = 3428 Schritt	
	7 spanische Meilen = 6 deutsche Meilen	
Südafrikanische Union	wie in Großbritannien	
Südslawien (Jugoslawien)	1 arschin halebi	0.711
	und	0.70869
	seit 1852 = 0.8802 Wiener Ellen	0.6858
Toskana	1 braccio (Woll-Elle)	0.583
	1 canna = 5 bracci	2.918
	1 miglia (Meile) = $2833\frac{1}{3}$ bracci	1053.67
Tripolis und Barka	1 d(h)ra(a), dira(a), pik seh	0.671
	1 dhra (Elle)	
	1 draa endasch	0.670
	1 draa arabi	0.483
Tschechoslowakei	1 Fuß (Längenmaß-Einheit)	0.25
	1 mile (Wegemaß-Einheit)	7480
Tunesien	1 arabische Elle (draa arabi)	0.484
	(auch draa obi — für Leinwand)	
	1 türkische Elle (draa stambichi)	0.637
	(auch dra türki — für Seide)	
	1 d(h)ra(a), diraa, pik	0.672
	(auch draa endasch, dra endelsy	
	— für Wollstoffe)	0.667
	1 pi(c)k halebi	0.69
	1 Meile von Tunis ca.	1500.0
Türkei	1 kadem	0.337
	1 endesch (endaze) = 8 urup	
	(f. Schnittwaren) = 16 kerrah	0.6525

(Fortsetzung von Tabelle 96)

Land	Längenmaß	m
Türkei	1 d(h)ra(a), diraa, pik (Elle) arschin*	0.6858
(Fortsetzg.)	und	0.675788
	= 3/4 yard (für Seide)	
	= 4 rub = 24 kirat	
	1 halebi arschin* (Feldmaß)	0.70865
	1 carsi arsunu* (arschin)	
	= 8 urup = 16 kerrah	0.6858
	1 zirai mimari = 24 parmak	
	= 24×12 hat	
	= 288×12 okta	0.75774
	1 kulac = 2.5 zirai mimari	1.89
	1 myli ackary	1000
	1 agatsch (Meile)	5010
	und	5334
	1 berri	1475.576
	und	1666.627
	1 farsach (farsang)	10000
	1 armenischer farsach	4444.44
	1 marhale = 2 brit = 2×4 fersah	
	= 8×3 mil	
	= 24×2500 zirai mimari	45464.4 km
	1 Seemeile	1312.336
Ungarn	früher wie in Österreich	
	1 Fuß	0.31608
	1 kulac = 6 Fuß (Türkenzeit)	1.8965
	1 Meile	8353.6
	1 ungarische Meile = 6000 Schritt	
	4 ungarische Meilen = 5 deutsche M.	
	1 Postmeile	7590
Uruguay	1 vara = 3 piés zu 12 pulgados	
	zu 144 lineas	0.859
	1 cuadra = 100 varas = 300 piés	85.9
	1 legua	5154
Vatikanstaat	wie in Italien	
Venedig	1 braccio	0.64—0.68
	1 cavezzo = 6 piedi	2.086
	1 miglio	1738.675
Venezuela	1 vara	0.84
	1 legua	5370
Vereinigte Staaten von Nordamerika	wie in Großbritannien	
	1 foot	0.3048
	1 yard	0.914
	1 statute mile	1609.347
	1 nautical mile	1853.249
	(weitere Längenmäße s. S. 105)	
Vietnam	1 pied	0.22
	1 coursame	4160

* Nur in slawischen Ländern während der Türkenzeit.

Tabelle 97. Vergleich einiger internationaler Längenmaße

Zentimeter	1	100		33.333		2.5400	30.480			30.480	
Meter	0.0100	1	1000	0.3333	500.00	0.0254	0.3048	0.9144	1609.3	0.3048	1066.8
Kilometer		0.001	1	0.0003	0.5000				1.6093		1.0668
Chines. Fuß	0.0300	3.000	3000	1	1500.0	0.0762	0.9144	2.7432	4828.0	0.9144	3200.4
Chines. Meile		0.002	2.00	0.00067	1				3.2187		2.1336
Engl. Zoll	0.3937	39.370		13.123		1	12.00	36.000		12.00	42000.0
Engl. Fuß	0.0328	3.2808	3280.8	1.0936	1640.0	0.0833	1	3.000	5280.0	1.000	3500.0
Engl. imp. yard		1.0936	1093.6	0.3645	546.80	0.0278	0.3333	1	1760.0	0.3333	1166.6
Engl. stat. mile		0.00062	0.6214		0.3107				1		0.6640
Sowjet. Fuß	0.0328	3.2808	3280.8	1.0936	1640.0	0.0833	1.000	3.000		1	3500.0
Sowjet. Werst			0.9374		0.4687				1.5086		1

Beispiel: 1 cm = 0.01 m = 0.03 chines. Fuß = 0.3937 engl. Zoll = 0.0328 engl. und sowjet. Fuß

2.12 Flächenmaße

2.121 *Deutsche Flächenmaße*

2.121.1 *Metrische Flächenmaße*

Die Flächeneinheit (m^2) ist die Fläche eines Quadrates von 1 m Seitenlänge.

Nach der Maß- und Gewichtsordnung für das Deutsche Reich, die zunächst mit dem 17. 8. 1868 für den Norddeutschen Bund gegeben, dann aber auf das Reich (Gesetz vom 26. 4. 1893) übertragen wurde (Gesetz vom 30. 5. 1908 und 16. 5. 1916), ist das Quadratmeter (m^2 oder auch qm) die dekadische Maßeinheit der Fläche.

Metrische Einheiten

Quadratkilometer, größtes dekadisches Flächenmaß = 1 000 000 qm = 100 ha oder q-Hektometer	1 qkm
Hektar (q-Hektometer, qHm) = 100 a oder q-Dekameter	1 ha
Ar (q-Dekameter) = 100 qm	1 a
Quadratmeter = 100 qdm	1 m^2 (qm)
Quadratdezimeter = 100 qcm	1 dm^2 (qdm)
Quadratzentimeter = 100 qmm	1 cm^2 (qcm)
Quadratmillimeter	1 mm^2 (qmm)

(nach DIN 1301 ist mm^2, cm^2, m^2 usw. zu wählen, qm, qcm, qmm usw. ist zulässig.)

Tabelle 98

Der metrische (Zehner-)Aufbau der Flächenmaße

	km^2	ha	a	m^2	dm^2	cm^2	mm^2
km^2	1	10^2	10^4	10^6	10^8	10^{10}	10^{12}
ha	10^{-2}	1	10^2	10^4	10^6	10^8	10^{10}
a	10^{-4}	10^{-2}	1	10^2	10^4	10^6	10^8
m^2	10^{-6}	10^{-4}	10^{-2}	1	10^2	10^4	10^6
dm^2	10^{-8}	10^{-6}	10^{-4}	10^{-2}	1	10^2	10^4
cm^2	10^{-10}	10^{-8}	10^{-6}	10^{-4}	10^{-2}	1	10^2
mm^2	10^{-12}	10^{-10}	10^{-8}	10^{-6}	10^{-4}	10^{-2}	1

Nichtmetrische Flächenmaße

In der Hauptsache alte deutsche Maße, der Größenordnung nach zusammengestellt. Teilweise wurden zum Vergleich auch entsprechende ausländische Flächenmaße mit eingefügt.

1 □° = Quadrat-Rute, = □R = 144 oder 100 □′

1 □′ = Quadrat-Fuß, = □ Fuß = 144 oder 100 □″

1 □″ = Quadrat-Zoll, = □ Zoll = 144 oder 100 □‴

1 □‴ = Quadrat-Linie, = □ Linie

Quadrat-Linie, □‴, q-Linie

Tabelle 99

Land	mm^2
Österreich	4.818046
Preußen 0.21051 q-Linie = 1 mm^2	4.7504
Hessen	6.25

Quadrat-Zoll, □″, q-Zoll

Tabelle 100

Land/Ort	cm^2
England	6.4514
Hannover	5.9243
Hessen	6.25
Hohenzollern	8.2077
Österreich	6.937987
Preußen 0.14619 q-Zoll preußisch = 1 cm^2	6.8406
Sachsen (1858 u. V. v. 7. 5. 1869) 0.18 q-Zoll sächsisch = 1 cm^2	5.569128
Schleswig-Holstein	5.7026

Quadrat-Stab, altes deutsches Flächenmaß (s. Stab, Tab. 87) von ungefähr 1 m^2 Fläche.

Quadrat-Fuß, □′, q-Fuß

Tabelle 101

Land/Ort	m^2	q-Fuß auf 1 m^2
Baden	0.0900	
Bayern	0.085182	11.740
Braunschweig	0.081432	
Bremen	0.083637	
England	0.0929	
Frankfurt/Main	0.081003	12.345
Hamburg	0.082077	
Hannover	0.085317	11.721
Hessen, Großherzogtum	0.0625	16.0
Hessen, Kurfürstentum	0.082771	12.082
Hohenzollern	0.082077	12.184
Homburg	0.081003	12.345
Lauenburg, Herzogtum	0.0858677	11.6459
Lübeck, Stadt	0.08273	
Mecklenburg-Schwerin		
(Werkmaß)	0.08208 auch 0.0847	
Mecklenburg-Strelitz		
(Feldmaß)	0.21679	
Meisenheim	0.11111	9.0
Nassau, Herzogtum	0.09 (q-Werkfuß) 0.25 (q-Feldfuß)	11.111 (q-Werkfuß)
Österreich	0.099907	10.009310
Oldenburg	0.087545	
Preußen	0.098604	10.15187
Rheinland	0.098504	10.152
Sachsen (1858 u. V. v. 7. 5. 1869)	0.080197	12.469
Sachsen-Altenburg		
(q-Baufuß)	0.08054 zu 144″	
(q-Verm.-Fuß)	0.32216 zu 100″	
Sachsen-Coburg		
(q-Werkfuß)	0.0924	
Sachsen-Gotha		
(q-Baufuß)	0.08725	
(q-Werkfuß)	0.07989	
(q-Dezimalfuß)	0.21177	
Sachsen-Meiningen		
(q-Werkfuß)	0.082	
(q-Verm.-Fuß)	0.0924	
Sachsen-Weimar	0.07951	
Schleswig-Holstein	0.082123	12.177
Schweiz	0.0900	
Wiesbaden	0.09 (q-Werkfuß)	11.111
Württemberg	0.082082	12.184

Quadrat-Lachter, Lachter

Tabelle 102

Land	m^2	Lachter = 1 a
Hannover	3.6856	27.132
Nassau, Herzogtum	4.3780	22.842

Das Lehn

Lehn, ein abgemessenes Landstück, bergmännisches Flächenmaß von 7 Lachter Länge und 7 Lachter Breite (zu $6^2/_3$ Fuß) 2 Lehn = 1 Wehr (2×7 Lachter lang, 7 Lachter breit). Siehe auch S. 281.

Die Wehr

Wehr oder Wehe, eine Fläche von 14 Lachter Länge und 7 Lachter Breite, so viel, wie ein Mann in Gewähr oder zugewährt erhielt.

Vor allem ein mittelalterliches Maß in Altenberg/Erzgeb., ein Stück belehntes Feld auf Gruben und Straßen.

3 Wehr = 1 Fundgrube.

Die Maß

Maß, Maße, ist die Bezeichnung für eine Fläche von 14 Lachter ins Geviert, also 196 q-Lachter = 858.08 m^2 oder 0.858 ha.

4 Maß oder Maasen = 1 Fundgrube oder 28 Lachter ins Geviert (Altenberg, Zinnbergwerksordnung, Art. 32, und Reskr. für das Voigtsbergische Bergamtsrevier v. 7. 12. 1776).

Die Fundgrube

Fundgrube, ein bergmännisches Flächenmaß = 4 Maß
Es entsprach nach preußischem Maß = 784 q-Lachter
= 3432.32 m^2
= 0.3432 ha
= 3 Wehr

Quadrat-Klafter, Klafter, □-Klafter, q-Klafter

Tabelle 103

Land		m^2	q-Klafter auf 1 a
Bayern		3.0665	32.610
Hessen-Darmstadt	= 100 q-Fuß	2.5	
Hessen, Herzogtum		6.25 auch 4.00	16.0
Österreich	= 36 q-Fuß	3.596652	27.809639
Schweiz		3.24	

Quadrat-Rute, □°, ⌈R, q-Rute, meistens:

Tabelle 104

q-Rute	q-Fuß	q-Zoll	m²	q-Rute auf **1** a
1	144	20736	verschieden, je nach der Länge von Rute, Fuß und Zoll	verschieden, je nach der Länge von Rute, Fuß und Zoll
1	100	10000		
	1	144		
	1	100		

Tabelle 105

1 q-Rute in		q-Fuß	m²	q-Rute auf 1 a
Anhalt			14.185	
Baden		100	9.000	**11.111**
Bayern 4 bayr. q-Ruten = 1 Dezimale = 34.072709 m² = 1 bayr. Tagewerk		100	8.518177	11.740
Braunschweig		256	20.8465	
Bremen			21.4333	
Dänemark			9.8502	
Frankfurt	(Feldrute)	153.25	12.6567	7.9009
	(Waldrute)		20.3470	4.9147
Hamburg	(Geestrute)	256	21.024	
	(Marschrute)	196	16.095	
Hannover		256	21.8417	4.5785
Hessen, Großherzogtum		100		6.250
Kurfürstentum	(q-Katasterrute)	192.1	15.910	6.2853
Homburg			11.9153	8.3926
Lauenburg, Herzogtum			21.98214	4.5491
Lübeck, Stadt			21.17741	
Lübeck, Land 0.047 q-Rute = $^1/_{21}$ q-Rute = 1 m² 4.76 q-Ruten = 1 a 475.66 q-Ruten = 1 ha 235.66 q-Ruten = 1 t	(Geestrute)		21.024	4.76
Mecklenburg-Schwerin	(q-Feldmeßrute)	256	21.67868	
	(q-Werkrute)		21.01163	
Mecklenburg-Strelitz	(q-Feldmeßrute)	100	21.67868	
Meisenheim		100	25.000	4.000
Nassau, Herzogtum	(q-Feldrute)	100	25.000	4.000
	(q-Werkrute)		9.000	**11.111**

(Fortsetzung von Tabelle 105)

1 q-Rute in		q-Fuß	m^2	q-Rute auf 1 a
Oldenburg			8.7544	
	(q-Rute alt)	400	35.018	
	(q-Rute neu)	324	28.36437	
Ostfranken			74.81	
Österreich	(q-Ingenieurrute = 0.1439 a)		3.5966	
Preußen und Rheinland		144	14.184579	7.0499
Sachsen (1858 u. V. v. 7. 5. 1869)				
	(q-Feldmeßrute)	230	18.447 = 57.499 q-Ellen	5.4208
	(q-Straßenrute)		20.530	
Sachsen-Altenburg			32.216	
Sachsen-Coburg	(q-Werkrute)		18.11031	
Sachsen-Gotha	(q-Feldrute)		16.31395	
	(q-Waldrute)		21.17741	
Sachsen-Meiningen			18.11031	
Sachsen-Weimar		256	20.35506 auch 32.217	
Schleswig-Holstein		256	21.024	4.7566
Schweiz		100	9.000	11.111
Thüringen			21.2769	
Vorpommern			21.8363	
Westfalen			21.2769	
Wiesbaden			9.000	11.111
Württemberg		100	8.2077	

Quadrat-Elle

Tabelle 106

q-Elle	q-Fuß	q-Zoll	m^2	q-Elle auf 1 m^2
1	4	576	verschieden, je nach der Länge von Rute, Fuß und Zoll	verschieden, je nach der Länge von Rute, Fuß und Zoll
	1	144		

Tabelle 107

1 q-Elle in	m^2	q-Elle auf m^2
Frankfurt	12.659	—
Sachsen	18.447	3.11734
57.499 sächs. q-Ellen = 1 sächs. q-Rute		

Das Achtel

Württemberg	= 48 q-Ruten	393.968 m²

Das Viertel

Baden	= 9 a

Die Last (als Feldmaß)

Lübeck	= 24 Tonnen zu 4 Scheffel Aussaat
Mecklenburg	= 6000 Quadratruten zu je 21.678 m²

Der Scheffel

Scheffel, an sich ein Hohlmaß für Trockengut, als Flächenmaß eine Ackerfläche, für die beim Säen ein Scheffel Getreidekörner erforderlich ist; schwankend nach Bodengüte und Geschick des Säemannes.*

Hamburg	= 200 q-Geestruten	0.42047 ha
Lippe-Detmold	= 80 q-Ruten	0.171659 ha
Lübeck	= 60 q-Ruten	0.1270644 ha
	= 70 q-Ruten	0.1482418 ha
Mecklb.-Strelitz (Sch. Aussaat)	= 100 q-Ruten = 1 Morgen	0.21678 ha
Reußische Fürstentümer		
— Gera, Zeulenroda	= 120 q-Ruten	0.25214 ha
— Greiz (= Acker)	= 160 q-Ruten	0.3269 ha
— Hohenleuben, Schleiz	= 160 q-Ruten	0.22695 ha
Sachsen (Sch. Aussaat)	= 150 sächs. q-Ruten	
	= 8626 q-Ellen, (Landscheffel)	0.2767118 ha
	= 195 preuß. q-Ruten	
	= $^1/_2$ sächs. Acker	
	1 Acker = 2 Scheffel = 300 q-Ruten	
	= 1 Feldgarten	
	= 1.0838 preuß. Morgen	
	= 0.8121 bayr. Tagewerk	
	= 4.4808 österreich. Joch	
	3 sächs. Scheffel 92 sächs. q-Ruten = 1 ha	
(Straßenscheffel)	= 192 achtellige q-Ruten	
	= 12288 q-Ellen	= 0.39419 ha

Es gab also entsprechend der Feld- und Straßenrute auch zwei Scheffel als Flächenmaß. Der Straßenscheffel wurde 1858 abgeschafft, nicht aber die Straßenrute.

* Weitere Ausf. über Scheffel siehe S. 280.

Der Morgen

M o r g e n , auch Tagewerk, Joch und Juchart (s. d.) genannt, = 4 Viertel zu 100 q-Ruten. Ein altes bäuerliches Grundmaß von unterschiedlicher Größe, ebenfalls schwankend wie der Scheffel und ursprünglich die Größe jener Ackerfläche, die sich mit den damals zur Verfügung stehenden Mitteln an einem Vormittag (Morgen) pflügen ließ [163a] [178a].

Tabelle 108

1 Morgen in	q-Ruten	ha	Morgen auf 1 ha
Anhalt	180 (Magdeburger q-R.)	0.2553225	
Baden	400	0.36006	2.7778
Bayern	400	0.3437	
Braunschweig			3.99
(Feldmorgen)	120	0.250158	
(Waldmorgen)	160	0.33354	
Bremen	120	0.257198	
Danzig		0.2553225	
Frankfurt, M. (= 4 Viertel-Morgen)	160 (q-Feldruten)	0.202508	4.9381
	160 (q-Waldruten)	0.3255516	3.0717
Hamburg (1/2 Morgen = 1 Vorling)	600 (q-Marschruten)	0.96577	
(3/4 Morgen = 1 Drohn)	240	0.504651	
Hannover	120	0.262101	3.8153
Hessen, Großherzogtum	400 (q-Klafter, 4 Viertel)	0.25	4.000
Hessen-Darmstadt	400 (q-Klafter)	0.25	4.000
Hessen-Nassau		0.2386	4.19
Hohenzollern	384	0.31517	3.1728
Holstein		1.000	1.000
4 Morgen = 2 Tonnen			
1 alte Tonne Wald	300 (Hambg. q-Geestruten)	0.6307	
Homburg	160	0.1906443	5.2454
Lauenburg, Herzogtum	120	0.2637857	3.790955
Lippe-Bückeburg	120	0.2583	
-Detmold	120	0.257488	
Mecklenburg-Schwerin	300	0.65036	
Mecklenburg-Strelitz (= 1 Scheffel Aussaat)		0.21679	4.61
Meisenheim	100	0.25	4.000
Nassau	100 (q-Feldruten)	0.25	4.000
Oldenburg (= 2 2/9 Werte = 6 Hunte)	350	1.2256	

(Fortsetzung von Tabelle 108)

1 Morgen in	q-Ruten	ha	Morgen auf 1 ha
Preußen nach *Drissen* [55] 180 q-R = 583.2 q-Lachter = 25.929 q-Fuß = 255 323 qm = 0.255 hectare (franz. Maß) 1 q-Fuß = 0.0985 mètres	179.9 (180) (zu 144 q-Fuß)	0.2553225 = 0.46135 sächs. Acker = 25532 a = 1/4 ha mit 50.6 m Seitenlänge	3.9166
Sachsen		0.27671	
Sachsen-Coburg (Vermessungs- oder Waldmorgen [Preuß.]	180	0.25532	
Feldmorgen)	160	0.289765	
Sachsen-Gotha (Feldmorgen = Feldacker)	140 (q-Feldruten)	0.227	
(Waldmorgen = Waldacker)	160 (q-Waldruten)	0.33884	
Sachsen-Meiningen	wie in Coburg	0.255	
Sachsen-Saalfeld	180 (q-Waldruten)	0.25532	
Sachsen-Weimar Acker	140	0.285	
Schleiz, Fürstentum Reuß	160	0.22695	
Thüringen	120	0.255322	
Trier	160	0.3534	
Vorpommern	300	0.655088	
Westfalen	120	0.255322	
Wiesbaden	100	0.25	4.000
Württemberg (1/8 Morgen = 3.9396 a)	384	0.3151745	3.1729

Tagewerk

Tabelle 109

Land	Einteilung	ha
Baden	auch Morgen oder Juchart genannt	0.36006
Bayern	desgl. = 100 Dezimalen = 40 000 q-Fuß = 400 q-Ruten 2.9349 bayr. Tagewerk = 1 ha 1 bayr. Tagewerk = 0.61507 sächs. Acker $^1/_{100}$ bayr. Tagewerk = 34,07 m² = 1 Dezimale	0.34073
Hannover		0.26002
Nassau		0.25

Das Joch

J o c h , Juck, Jück, Juchart, altes bäuerliches Flächenmaß für jenes Feldstück, das mit einem Gespann Ochsen an einem Tage umgepflügt werden kann. Auch als Bezeichnung für das Ochsengespann selbst — ein Joch Ochsen — angewendet.

Tabelle 110

Land	Einteilung	ha
Österreich	= 400 q-Ruten (Wiener Joch) = 1600 q-Klafter = 1.0398 sächs. Acker 1.7377727 Wiener Joch = 1 ha	0.57546
Oldenburg	= 160 neue q-Ruten (Oldenburger Jück)	0.45383
— Katasterjück	= 160 alte q-Ruten	0.5603
Schweiz (auch Tirol)	(Schweizer Juchart) = 1000 q-Klafter	0.359665
Ungarn		0.4316
Württemberg	= 1.5 Morgen	

Die Tonne

T o n n e , Tonne Landes, Steuertonne

Tabelle 111

Land	Einteilung	ha
Dänemark	= 14 q-Ellen = 560 q-Ruten	0.5516
Norwegen	= 40000 q-Fuß	0.39379
Schleswig-Holstein	= 260 q-Ruten 1.8295 Tonnen Landes = 1 ha	0.546602
Holstein und Mecklenburg	= 240 q-Ruten 1.9819 holsteinische Tonnen = 1 ha	0.504575
— Steuertonne		0.5466

Die Hufe

H u f e , Hube, alte deutsche Maßeinheit des bäuerlichen Grundbesitzes (keine bäuerliche Wirtschaftseinheit!), schwankt nach Bodengüte. Die Bezeichnung Hufe oder Hube wird von „haben“ hergeleitet, d. h. von dem, was einer hat, oder auch von Behuf, d. i. das, was jemandem zukommt, sein Anteil, Anrecht oder auch Los. Sie ist die Bezeichnung des Anteiles des Siedlers an der Dorfflur (Hüfner); ihre Größe war etwa so bemessen, daß eine Familie sie bearbeiten und sich vom Ertrag ernähren konnte. 1 Hufe entsprach ungefähr 7—15 Hektar bzw. 30—60 Morgen. *Roitzsch* [44] gibt die fränkische Hufe mit 43 oder 49 Acker und 86 bzw. 98 Scheffel (Morgen) an, den Acker mit 2 Scheffel zu 150 Quadratruten. Als örtlich allgemein bekanntes Maß wurde die Hufe dem Herkommen nach auch als Steuereinheit und Belastungseinheit für grundherrlichen Zins, Dienst und Heerbann verwendet. Auch verstand man darunter die Bauernstelle selbst, wobei der Bauer mehrere Hufen oder weniger als eine Hufe besitzen konnte, da die Hufen teilbar waren [96 a].

Langer [45 a] bezeichnet die Hufengröße als ein sehr wichtiges siedlungsgeschichtliches Forschungsmittel und weist für Sachsen im wesentlichen fünf Hufenarten nach, die zahlenmäßig voneinander abhängig sind, aber in Natur selten genau erreichte Maße darstellen.

Die Größe einer Landhufe wird jetzt gewöhnlich in Hektar, in sächs. Ackern (1 A = 300 Quadratruten = 0.553 ha) oder in Morgen und Scheffel ausgedrückt.

Die Bezeichnung Scheffel rührt hier von einer Abschätzung der Felder nach der Aussaat her, die nicht der Messung in unserem Sinne entspricht. So rechnete man schon 1559 die Stolpener Vorwerksfelder nach Scheffeln [45 a, S. 30]; auch wurden oft Flurteile nach dem Ertrag gerechnet, z. B. eine Wiese nach 10 Fudern oder 3 Bürden, ein Teich nach 9 Schock Setzlingen, ein Weinberg nach 9 Pfahlhaufen. Als 1835 das Grundsteuersystem die Landesvermessung in Ackern und Ruten brachte, rechnete jeder sächs. Bauer den Scheffel zu 150 Ruten ≙ $^1/_2$ Acker. Das gilt unter den Bauern auch heute noch.

Tabelle 112*

In Sachsen gebräuchlich gewesene Hufenarten [45a]

Bezeichnung	ha	Acker
Slawenhufe in nordsächsischen Gegenden	bis 9.954	bis 18
flämische Hufe	16.800	30
sächsische Hufe	19.922	36
fränkische Hufe (Waldhufe)	23.905	43
weniger angewandt	27.194	49
Königshufe = 2 fränkische Hufen, außerdem im Vogtland verbreitet	47.714	62

* Weitere tabellarische Angaben über Hufen in den verschiedenen deutschen Ländern siehe *Stichling* [178a].

Tabelle 113

Unterteilung der fränkischen Hufe zu 43 und 49 Acker (nach *Langer* [45a])

Teil der Hufe		Ruten in Quadrat	Größe in sächsischen Ackern	
3 Felder	= 1	12	43.2	49 2
	11/12	11	39.6	45.1
	5/6	10	36	41
	3/4	9	32.4	37.9
2 Felder	= 2/3	8	28.8	33.8
	7/12	7	25.2	29.7
	1/2	6	21.6	24.6
	5/12	5	18	20.5
1 Feld	= 1/3	4	14.4	16.4
	1/4	3	10.8	12.3
	1/6	2	7.2	8.2
	1/12	1	3.6	4.1

Noch heute bezeichnet man im Erzgebirge oft einen Bauer als Neunrütner = 3/4 Hüfner, oder Vierrütner = 1/3 Hüfner usw. Darüber hinaus lassen die Teile der Hufe auf eine Drei- und Zweifelderwirtschaft schließen.

Eine bis 18 Acker große Hufe ist stets durch slawische Vorkultur bedingt; wo aber die 24 Acker große deutsche Minimalhufe oder die 30 Acker große Flamenhufe als Maximalhufe nachweisbar ist, liegt deutsche Rodung auf grüner Wurzel vor. Hingegen ist kein einwandfreies Mittel bekanntgeworden, die beiden 30-Acker-Hufen, die flämische und die fränkische Zweifelderhufe, sicher zu unterscheiden.

Im Erzgebirge und in der Sächsischen Schweiz werden die Hufen auch Lehen und Erben genannt. Pfarrlehn* oder -erbe bedeutet demnach soviel wie Pfarrhufe. Für das Flächenmaß Lehn und Erbe führt *Brandt* [45b] je ein Beispiel an:

Lehn. Auf einem Riß des Zwotaler Forstrevieres aus dem Jahre 1699 findet sich die Bemerkung:

„Maßstab von dreyhundert Klafftern, iede Klaffter zu drey Schönekischen Ellen gerechnet, daher 200 solche Klaffter in der Länge und 200 in der Breite ein Lehn machen." Daraus leitet *Brandt* ab:

1 Klafter	= 3 Schönecker Ellen	= 1.932 m
40000 Quadratklafter	= 1 Lehn	= 14.8532 ha

* Dabei ist zu beachten, daß vielfach das „Pfarrlehn" = 2 Hufen mißt.

Erbe. Im Amtserbenbuch von Hohnstein von 1547 steht bei Sebnitz folgender Eintrag: „Alle umliegenden Aecker werden auf XXV Erb und 1 Erb auf 3 Ruten gerechnet, macht 6 Hufen 3 Ruthen“. Hieraus folgt:

1 Flächenrute = $^1/_{12}$ Hufe = 270 Quadratruten	= 1.992 ha
1 Hufen-Rute	= 8.59 m
1 Erbe	= 5.976 ha

Zur Veranschaulichung des sächsischen Acker-Maßes diene als Beispiel der große Marktplatz in Marienberg/Erzgeb. [44].

Es beträgt seine

Gesamtfläche	959 q-Ruten = reichl. 3 Acker = 6 Feldgärten,
außerhalb der Linden	340 q-Ruten = reichl. 1 Acker = 2 Feldgärten,
innerhalb der Linden	619 q-Ruten = reichl. 2 Acker = 4 Feldgärten,

wobei 1 Acker = 2 Scheffel oder Feldgärten = 300 q-Ruten gerechnet ist (Bild 60).

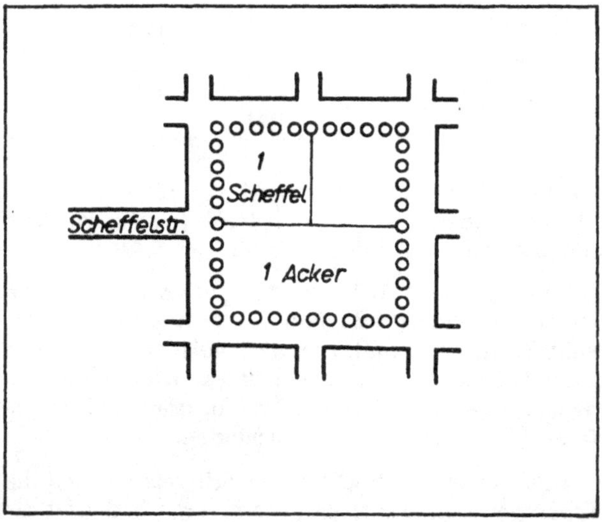

Bild 60

Der große Marktplatz zu Marienberg/Erzgeb.

Die Metze

Metze, sächs. Feldmaß, infolge der Verschiedenartigkeit des Bodens und der Geschicklichkeit des Säemannes führte die Maßfestsetzung für Acker, Morgen und Scheffel Aussaat zu Schwierigkeiten und Härten. Im Mandat vom 4. 1. 1830 wurde für Sachsen bestimmt:

1 Metze Aussaat = 12 achtellige Quadrat-Ruten
= 768 Quadrat-Ellen (2.464 a)

Tabelle 114. Umwandlungstafel für sächsische Flächenmaße in metrische

Qu.-Zoll	cm²	Qu.-Fuß	m²	Qu.-Feld-Ruten	a	m²	Acker	ha	a	m²
1	5.57	1	0.08	1	—	18.4	1	—	55	34
2	11.14	2	0.16	2	—	36.9	2	1	10	68
3	16.71	3	0.24	3	—	55.3	3	1	66	3
4	22.28	4	0.32	4	—	73.8	4	2	21	37
5	27.85	5	0.40	5	—	92.2	5	2	76	71
6	33.42	6	0.48	6	1	10.7	6	3	32	5
7	38.98	7	0.56	7	1	29.1	7	3	87	40
8	44.55	8	0.64	8	1	47.6	8	4	42	74
9	50.12	9	0.72	9	1	66.0	9	4	98	8
10	55.69	10	0.80	10	1	84.5	10	5	53	42
20	111.38	20	1.60	20	3	68.9	20	11	6	85
30	167.08	30	2.41	30	5	53.4	30	16	60	27
40	222.77	40	3.21	40	7	37.9	40	22	13	69
50	278.46	50	4.01	50	9	22.4	50	27	67	12
60	334.15	60	4.81	60	11	6.8	60	33	20	54
70	389.84	70	5.61	70	12	91.3	70	38	73	96
80	445.54	80	6.42	80	14	75.8	80	44	27	39
90	501.23	90	7.22	90	16	60.3	90	49	80	81
100	556.92	100	8.02	100	18	44.7	100	55	34	23

Tabelle 115. Umwandlungstafel für metrische Flächenmaße in sächsische

cm²	Qu.-Zoll	m²	Qu.-Fuß	Qu.-Ellen	a	Qu.-Feld-Ruten	ha	Acker	Qu.-Ruten
1	0.18	1	12.5	3.12	1	5.42	1	1.8	242
2	0.36	2	24.9	6.23	2	10.84	2	3.6	184
3	0.54	3	37.4	9.35	3	16.26	3	5.4	126
4	0.72	4	49.9	12.47	4	21.68	4	7.2	68
5	0.90	5	62.3	15.59	5	27.10	5	9.0	10
6	1.08	6	74.8	18.70	6	32.52	6	10.8	252
7	1.26	7	87.3	21.82	7	37.95	7	12.6	195
8	1.44	8	99.8	24.94	8	43.37	8	14.4	137
9	1.62	9	112.2	28.00	9	48.79	9	16.2	79
10	1.80	10	124.7	31.17	10	54.21	10	18	21
20	3.59	20	249.4	62.35	20	108.42	20	36	42
30	5.39	30	374.1	93.52	30	162.62	30	54	62
40	7.18	40	498.8	124.69	40	216.83	40	72	83
50	8.98	50	623.5	155.87	50	271.04	50	90	104
60	10.77	60	748.2	187.04	60	325.25	60	108	125
70	12.57	70	872.9	218.21	70	379.46	70	126	146
80	14.36	80	997.6	249.39	80	433.66	80	144	166
90	16.16	90	1122.2	280.56	90	487.87	90	162	187
100	17.96	100	1246.9	311.73	100	542.08	100	180	208

Acker, vorwiegend alt-sächsisches Feldmaß

Tabelle 116

Acker	q-Ruten	ha	Acker auf 1 ha
Hessen — Homburg	160	0.190647	
Kurhessen (Kassel)	150 (q-Kataster-Ruten)	0.238659 (= 86.5273 m²)	4.1902
Lobenstein, Reuß	160	0.37847	
Meisenheim	100	0.25	
Preußen	100		3.917
Sachsen (1858 u. V. v. 7. 5. 1869)	300 (Straßenbaumandat v. 28. 4. 1781) = 2 Scheffel Aussaat = 2 Morgen	0.553423	1.8069 = 1 Acker 242 q-R. = 3 Scheffel 92 q-R.
Sachsen-Altenburg	200 = 1.1593 sächs. Acker	0.64431	
Sachsen-Coburg (Feldmaß)	160	0.289765	
Sachsen-Gotha (Feldmaß)	140	0.227	
(Waldmaß)	160	0.33884	
Sachsen-Meiningen	160	0.289765	
Sachsen-Weimar	140	0.284971	3.50
Schwarzburg-Rudolstadt	160	0.32619	
-Frankenhausen	160	0.3269	
-Arnstadt	160	0.2507	
-Sondershausen	120	0.18773	
England, acre	160 (square rods) = 0.7312 sächs. Acker	0.404678	
Nordamerika (USA), acre	4840 yards	0.4047	

Quadrat-Meile

Tabelle 117

q-Meile	auf 1 qkm	auf 10000 ha	km²
Deutsche q-Meile			56.25
Geographische q-Meile	0.018161	1.8168	55.062908
Hannover	0.018168	1.8168	
Hohenzollern	0.018023	1.8023	55.484
Österreich = 10000 Joch = 16000000 q-Klafter			57.546429
Preußen	0.017625	1.7625	56.738254
Schleswig-Holstein			77.50

Die Last

L a s t , als Feldmaß in Norddeutschland

Tabelle 118

Last	Einteilung	Scheffel
Lübeck	= 24 Tonnen	= 96
Mecklenburg-Schwerin	= 8 Drömt	= 96 (6 Scheffel = 1 Sack) (4 Scheffel = 1 Tonne)
-Strelitz	= 4 Wispel = 8 Drömt	= 100
Oldenburg	= 12 Molt = 18 Tonnen	= 144

Tabelle 119. Umwandlungstafel für Flächenmaße

Qu.-Kilometer	Hektar	Preußischer Morgen	Deutsche od. geogr. Qu.-Meile	Englische square mile	Englischer acre	Russischer Qu.-Werst
1	100	391.662	0.018	0.386	247.1	0.8787
0.01	1	3.9166	0.00018	0.00386	2.47	0.00879
0.00255	0.25532	1	0.0000464	0.00099	0.630	0.00224
55.06	5506.0	12566.0	1	21.26	13606.8	48.38
2.59	0.0259	1014.46	0.047	1	640	2.276
0.004	0.404	1.585	0.0000735	0.00156	1	0.00036
1.138	0.01138	445.7	0.02	0.439	281.22	1

2.122 *Ausländische Flächenmaße* (weitere Maße siehe Anhang)

Tabelle 120

Land	Flächenmaß	m^2, a, ha, km^2	
Abessinien	1 kalad	24—38	ha
Aegypten	1 q-pic (dira macmari)	0.5625	m^2
	1 saham = 24 sahtut	7.293	m^2
	1 q-qasaba	12.6025	m^2
	1 qirat = 3 habba = 6 daneg = 24 saham	175.085	m^2
	1 feddan (für angebaute Felder) = 24 q(k)irat = q-feddan, Morgen im gewöhnlichen Leben	42.00	a
	= 20 kassabeh lang u. breit zu $6^2/_3$ pik beledi = 400 q-kassabeh	59.290	a
	amtlich (Steuerfeddan) = $333^1/_3$ q-kassabeh zu $6^1/_3$ pik beledi	44.591	a

(Fortsetzung von Tabelle 120)

Land	Flächenmaß	m^2, a, ha, km^2	
Afghanistan	1 dscherib	11.5	a
Albanien	früher wie in der Türkei		
Andorra	früher wie in Spanien u. in Frankreich		
Argentinien	1 area	1	a
	1 hectarea	1	ha
	frühere altspanische Flächenmaße:		
	1 vara cuadrada	0.749956	m^2
	1 manzana = 10 varas cuadradas	7.49956	m^2
	1 fanegada = 2 almudes	0.66054	ha
	1 cuadra	1.6847	ha
	1 legua cuadrada	26.99842	km^2
Australischer Staatenbund	wie in Großbritannien		
Batavia	1 djong = 4 bahu zu 500 q-Ruten	283.859	a
Belgien	1 pied carré (Quadratfuß)	0.08225	m^2
	1 pouce carré (Quadratzoll)	6.79585	cm^2
	1 ligne carrée (Quadratlinie)	5.61807	mm^2
	1 aune carrée (Quadratelle)	0 48302	m^2
	1 perche carrée (Quadratrute)	32.90169	m^2
	1 mille carré (Quadratmeile)	39.40162	km^2
	1 bonnier (flämisch. bunder) = 400 perches carrées)	1.316	ha
Bolivien	altspanische Flächenmaße		
	1 vara cuadrada	0 72	m^2
	1 legua cuadrada	26.99842	km^2
Brasilien	altportugiesisch		
	1 pé quadrado	0.1176	m^2
	1 covado quadrado	0.4706	m^2
	1 brazza quadrada	4.84	m^2
	1 legua quadrada	30.25	km^2
	1 tarefa	0.3—0.43	ha
	1 quadra	1.74	ha
	1 alqueire geom.	4.84	ha
Bulgarien	wie in der Türkei		
	1 denum	7.53	m^2
	1 dulum (uvrat)	0.0919	ha
Chile	1 vara cuadrada	0.70	m^2
China	1 q-Fuß	0.1111	m^2
	1 king (Acker) (tsin-fu)	0.2453	ha
	1 mu(h), mau	6.3—6.66	a
	1 q-Meile	25	ha
	1 ching	6.14	ha
	1 kung ch'ing	1.0	ha
	1 kung mow	1.0	a

(Fortsetzung von Tabelle 120)

Land	Flächenmaß	m^2, a, ha, km^2
Costa Rica	1 manzana 1 caballeria	69.87 a 45 (40.07) ha
Dänemark	1 Quadratrode = 10 Quadratfod 1 tonde Land = 560 q-Ruten	9.85 m^2 55.1623 a
Ecuador	1 manzana 1 caballeria	69.87 a 45 ha
Estland	1 deßjatina	109.25 a
Finnland	1 tunnland = 32 kappland	49.36 a
Frankreich	Metrische Flächenmaße:	

I. Gewöhnliche Maße — Einheit: mètre carré (= 9.476820 alte pieds carrés)

kilomètre carré km^2	hectomètre carré hm^2	décamètre carré Dm^2	**mètre carré** m^2	décimètre carré dm^2	centimètre carré cm^2	millimètre carré mm^2
1	100	10000	1000000			
			1	100	10000	1000000

II. Feldmaße — Einheit: are (= 947.682 alte pieds carrés)

kiliare ka	hectare ha	décare Da	**are a**	déciare da	centiare ca	milliare ma
1	10	100	1000			
			1	10	100	1000

Altes Maß (in Gebrauch bis ca. 1820)	
1 pied carré (Quadratfuß)	0.10552 m^2
1 pouce carré (Quadratzoll)	7.32782 cm^2
1 ligne carré (Quadratlinie)	5.08876 mm^2
1 point carré (Quadratpunkt)	0.03532 mm^2
1 pas carré (Quadratschritt)	
a) 1 pas carré ordinaire (= 6 1/4 pieds carrés)	0.6595 m^2
b) 1 pas carré géométrique (= 25 pieds carrés)	2.6380 m^2
1 toise carrée (Quadratklafter) (= 36 pieds carrés)	3.7987 m^2
1 lieue carrée commune	19.8226 km^2
Feldmaße	
1 perche carrée (Quadratrute)	
a) = 324 pieds carrés	34.1886 m^2
b) = 484 pieds carrés	51.0719 m^2
1 arpent (Morgen) = 100 perches carrées	
a) 1 arpent de Paris	34.1886 a
b) 1 arpent d'ordonnance	51.0719 a
1 seterée = 16 motureaux	15.4449 a
1 motureau	0.9653 a
1 pied de vigne (Wingertfuß)	1.06 m^2
Weitere Feldmaße	
rège, journal (Tagwerk), sadon	

(Fortsetzung von Tabelle 120)

Land	Flächenmaß	m^2, a, ha, km^2
Griechenland		
1) Alt-Griechenland	1 diplethron	9.5 a
2) Neu-Griechenland	1 stremma jetzt = 1000 q-piki	12.7 a 10 a
Großbritannien	1 square inch, sq. in. = Zoll² 0.155008 sq. in. = 1 cm²	6.45159 cm²
	1 square foot = 144 square inches 10.7639477 sq. ft. = 1 m²	0.092903 m²
	1 square yard = 9 sq. ft. = 144 q-Zoll 1.19599418 sq. yds. = 1 m²	0.836126 m²

cm²	square inch	square foot	square yard
1	0.1555	0.001076	0.0001196
6.452	1	0.006944	0.0007716
929.0	144	1	0.1111
8361	1296	9	1

Land	Flächenmaß	m^2, a, ha, km^2
	1 square pole (sq. perche, sq. rod, sq. lug) = 30.25 sq. yds. = 272.25 sq. ft.	25.293 m²
	1 square chain = 4356 sq. ft. = 16 q-Ruten	404.684 m²
	1 rood (fardingdeal) = 0.25 acre	10.117105 a
	1 acre of land*, Einheit d. engl. Feld-M. (Morgenland) (in den meisten Kolonien und USA gebräuchlich) = 10 sq. chains = 4 roods = 160 sq. poles = 4840 sq. yards = 43560 sq. feet 0.0247 acre = 1 a 2.4710624 acres = 1 ha	40.46842 a
	1 yard of land = 30 acres (eine Hufe Land)	1.21405 ha
	1 hide of land* = 100—640 acres	
	1 mile of land (square m. of land, gesetzl. brit. Quadratmeile) = 64 square furlongs = 640 acres = 2560 roods = 6400 square chains = 102400 square perches = 3097600 square yards	2.589979 km²

* *Anm.* zu acre und hide: Von gleicher Art wie die deutsche Hufe war auch die angelsächsische Hide (hida), die ebenfalls nach Zahl und Größe örtlich verschiedene acres zählte [96a].

(Fortsetzung von Tabelle 120)

Land	Flächenmaß	m^2, a, ha, km^2
Großbritannien (Fortsetzg.)	1 square (f. Fußböden, Dächer usw.) = 100 sq. ft.	9.29027 m^2
	1 circulair inch = $\pi/4$ sq. inch = 0.7854 sq. inch	5.06707 cm^2
	1 circulair mil = $^1/_{1000000}$ circ. inch	0.0005067 mm^2
	Dielenmaß	
	1 load (Last Planken, Dielen u. Bretter)	
	= 600 q-Fuß zu 1 Zoll	
	= 400 q-Fuß zu 1.5 Zoll	
	= 300 q-Fuß zu 2 Zoll	
	= 240 q-Fuß zu 2.5 Zoll	
	= 200 q-Fuß zu 3 Zoll	
	= 170 q-Fuß zu 3,5 Zoll	
	= 150 q-Fuß zu 4 Zoll Dicke	
Guatemala	altspanisch	
	1 q-vara	0.6987 m^2
	1 fanega	0.644 ha
	1 caballeria = 64 manzanas	44.72 ha
	1 manzana = 10000 q-varas	69.87 a
Haiti	1 square yard	0.836 m^2
	1 Pariser arpent	34.189 a
	1 fanega	0.64 ha
	1 caballeria	12.9263 ha
Honduras	1 manzana	69.87 a
	1 fanega	0.64 ha
	1 caballeria	45 ha
Indien		
a) Brit.-Indien	1 big(g)ah, big(g)ha, beegh(a)	
	in Bombay	32.577 a
	in Bengalen	13.378 a
b) Franz.-Indien	1 côle, bân, bambus	3.6476 m^2
	1 carré zu 3 vélys zu 20 mas zu 100 cougis	
	1 mas	13.3055 a
c) Niederl.-Indien	1 vierkante roede	19.193 m^2
Indonesien	1 pantjar	283.8 ha
Irak	wie in Ägypten	
Iran	1 q-ser	1.10 m^2
	1 dscherib (dscherub, jerib) = 1000 bis 1066 q-ser	1082 bis 1153 m^2
Italien	im einzelnen siehe unter Kirchenstaat, Neapel, Piemont, Sizilien, Toskana, Venedig	

(Fortsetzung von Tabelle 120)

Land	Flächenmaß	m², a, ha, km²	
Japan	1 tsubo = 1 ken² = 36 q-shaku	3.3058	m²
	1 tsjoo = 10 tan = 3000 tsubo (bu)	0.9917	ha
	1 tan = 300 tsubo	9.917	a
	1 tsubo	3.306	m²
	1 tschu (quadr.-tschu) = 10 tan	1	ha
Jugoslawien	1 lanatz (Feldmaß) = 1 Wiener Joch	0.5755	ha
	1 dan oranja (Morgen) = 5/8 österr. Joch	0.3597	ha
Kalkutta	1 biggah (Feldmaß)	13.37755	a
Kanada	wie in Großbritannien		
Kirchenstaat	1 ara	1	a
	1 piede quadr(at)o	0.08857	m²
	1 rubbio = 4 quarte = 16 scorzi = 32 quartucci = 112 q-catene	184.46	a
	auch = 7 pezzi zu 16 q-catene		
Kolumbien	1 area	10	m²
	1 fanegada	64	a
Korea	wie in China		
Kuba	1 caballeria	13.43	ha
Lettland	metrisch		
Liberia	wie in Großbritannien		
Liechtenstein	wie in Österreich		
Litauen	früher russisches Maß u. Gewicht		
	1 ketvirtinis versta = q-werst		
	1 desimtine = deßjatine	1.09	ha
	1 kelvirtinis siksnis = q-sashen		
	„ uolaktis = q-arschin		
	„ verskas = q-werschok		
	„ peda = q-Fuß		
	„ colis = q-Zoll		
	„ bruksnelis = q-djujm		
Luxemburg	früher wie im Deutschen Reich, in Frankreich und den Niederlanden		
Mexiko	altkastilisch		
	1 vara cuadrada	0.7	m²
	1 estajo = 50 q-varas	35.112	m²
	1 fanega de tierra	64.596	a
	1 caballeria = 12 fanegas		

(Fortsetzung von Tabelle 120)

Land	Flächenmaß	m², a, ha, km²	
Moldau	1 praschine = 36 Quadr.-Klafter	164	m²
Monaco	wie in Italien und Frankreich		
Mongolei	1 q-aldan	2.56	m²
	1 urey = 360 q-aldans	921.6	m⁵
	1 kubari = 100 urey	92160	m³
Montenegro	wie in Österreich, der Türkei und Rußland		
Neapel	1 piede quadr(at)o	0.08857	m²
	1 moggio = 10 decime		
	= 100 centesime, quadr.-canne	6.9987	a
Niederlande	1 Quadr.-Fuß in Amsterdam	8.0406	dm²
	1 vierkante roede	13.54	m²
	1 Amsterdamer Morgen	0.8563	ha
	1 bunder (Feldmaß) = 100 q-R.	1	ha
	= 1.2302 alte Amsterdamer Morgen		
Norwegen	1 quadratroed = 10 quadratfod	9.85	m²
	1 Tonne = 40000 q-fod	0.3937	ha
Österreich	1 Quadr.-Klafter = 36 Quadr.-Fuß	3.59714	m²
	1 Joch zu 3 Metzen Aussaat		
	= 1600 Quadr.-Klafter	5755.43	m²
		= 57.55	a
	Die Quadrate der Längenmaße:		
	1 mm² = 0.207553 q-Linien		
	zu 4.818046 mm²		
	1 cm² = 0.144134 q-Zoll		
	zu 6.937987 cm²		
	1 m² = 10.00931 q-Fuß		
	zu 0.099907 m²		
	= 0.278036 q-Klafter		
	zu 3.596652 m²		
	1 a = 27.8036 q-Klafter		
	1 ha = 1.737727 Joch		
	zu 0.5754642 ha		
	Flächenmaße für Weingärten:		
	1 Viertel = 2 Achtel od. Rachel od.		
	Rahel zu 6 Pfund		
	= ½ Joch = 800 q-Klafter	28.7787	a
	1 großer Rahel		
	= 600 q-Klafter	21.584	a
	Grubenfeldmaße: [15 a]		
	Niederungarn (20. 7. 1792)		
	Stollenmaß = 224 × 56 Klafter		
	= 12544 q-Klafter	45125.032	m²

(Fortsetzung von Tabelle 120)

Land	Flächenmaß	m², a, ha, km²	
Österreich (Fortsetzg.)	Schichtmaß = 112 × 84 Klafter		
	= 9408 q-Klafter	33843.774	m²
	Oberungarn		
	Fundgrube = 14 × 14 Klafter		
Palästina	1 dunam = 1600 q-pic	919	m²
	neu	1000	m²
Panama	1 manzana	69.87	a
	1 caballeria	45	ha
Paraguay	altspanisch		
	1 vara cuadrada	0.7	m²
	1 q-liño	48.83	a
	1 q-legua	1758	ha
Parma	1 biolca = 6 stari = 72 tavole		
	= 288 q-pertiche	30.814	a
Persien	wie im Iran		
	1 dscherub, jerib	1150.0	m²
Peru	altspanisch		
	1 vara cuadrada (q-vara)		
	= 9 q-Fuß	0.698737	m²
	1 q-legua	31.05499	km²
	1 topo = 5000 q-varas	34.9368	a
	1 fanegada = 8 topos = 40000 q-varas	2.7949	ha
	1 caballeria	42.8	ha
Piemont	1 pertica quadr(at)a	38.001	m²
Polen	1 pręt (Rute)	18.662	m²
	1 morg (Morgen)	55.99	a
	1 włóka (Hufe) = 30 morgów	16.797	ha
Portugal	1 jeira (Morgen)	58.564	a
Römisches Reich	1 iugerum	25.19	a
	= 240 Fuß lang, 120 Fuß breit		
	1 haeredium = 2 jugera		
	1 centuria = 200 jugera	50.377	ha
	1 saltus = 4 centuria	201.500	ha
	Einheit des Flächenmaßes:		
	1 q-Fuß	0.087	m²
	1 scripulum = 100 q-Fuß	8.75	m²
	1 clima = 3 × 600 q-Fuß	314.86	m²
	= 36 scripula		
	1 actus = 144 scripula	1259.44	m²
	= ½ jugerum	0.252	ha

(Fortsetzung von Tabelle 120)

Land	Flächenmaß	m^2, a, ha, km^2	
Rumänien	früher wie in der Türkei		
	1 dekar	0.1	ha
	1 stânjen		
	1 pràjinà = 3 stânjeni	4.9729	m^2
Dobrudscha	1 hatu pàtrat	6.92	mm^2
	1 palmacu (pas.) pàtrat	9.98	cm^2
	1 cot mic pàtrat	0.4225	m^2
	= 64 rupi al cotului mic pàtr.		
	= 256 ghirahe al cotului pàtr.		
	1 cot al bazarului pàtrat	0.4624	m^2
	= 64 rupi pàtrati		
	= 256 ghirahe pàtrati		
	1 donumu		
	= 1600 arsini pàtr. oder pasi pàtr.	9.19302	a
Moldau	1 palmacu pàtrat = 144 linii pàtr.	0.121409	dm^2
	1 palma pàtratà	7.77016	dm^2
	1 pràjinà pogoneasca	2.08825	a
	1 falce = 80×4 pràjini pàtr. moldovens		
	= 240×12 (2880) stânjeni pàtrati		
	= 80 pràjini fàlcesçe	1.432195	ha
Walachei	1 delniţà = 45 stânjeni pàtr.		
	1 stânjen al lui Serban Vodà pàtrat		
	= 64 palme pàtrate		
	= 6400 degete pàtrati		
	= 640 000 linii pàtrate	3.86712	m^2
	1 pogon (pagone)	0.5011789	ha
	= 24 pràjini pogonesti		
	= 1296 stânjeni pàtrati		
	= 144 prajini pàtr.	0.5012	ha
	1 pogon mic (für Weinberge)	0.30318	ha
	= 784 stânjeni pàtr.		
Rußland	s. unter Sowjetunion		
San Salvador	1 vara cuadrada	0.70	m^2
Sardinien			
Kgr.	1 giornata (Tagewerk)	38.0096	a
Insel	1 restiera, rasiera		
	= 202500 q-palmi		
Schweden	1 q-Fuß	8.8150	dm^2
	1 q-Elle = 4 q-Fuß	0.3526	m^2
	1 q-Rute	8.8150	m^2

(Fortsetzung von Tabelle 120)

Länge	Flächenmaß	m², a, ha, km²	
Schweden (Fortsetzg.)	1 Tonne Land (tunnland) = 2 spanland = 32 kappland = 56 kannland = 56000 q-Fuß	49.3641	a
	1 Stänger	28150	m²
Schweiz	1 pied carré	0.09	m²
	1 toise carrée = 36 pieds carrés	3.24	m²
	1 perche carrée = 100 pieds carrés	9.00	m²
	1 arpent (Juchart, Morgen)	36	a
	1 faulx (Juchart, Morgen)	54.037	a
	1 fossoyée (in Genf)	3.376	a
	1 pose (Juchart, Morgen)	27.013	a
Serbien	s. unter Südslawien		
Siam	1 wah quadr.	4.0	m²
	1 rai = 4 gnam	1600	m²
Sizilien	1 salma = 4 bisacce = 16 tomoli = 64 mondelli = 256 carozzi = 1025 quarti	174.626	a
Sowjetunion (UdSSR)	1 q-djujm	6.45160	cm²
	1 q-werschok	19.7580	cm²
	5.061235 q-w. = 1 dm²		
	1 q-Fuß	9.29030	dm²
	1 q-arschin	0.505805	m²
	1.977045 q-arschin 1 m²		
	1 q-sashen	4.55225	m²
	0.2196716 q-sashen = 1 m²		
	1 deßjatine = 2400 q-sashen	1.09254	ha
	½ deßjatine = 1 lofstelle, als Feldmaß auch tschetwert		
	0.9152985 deß. = 1 ha		
Spanien	1 pié cuadrado	0.0776	m²
	1 vara cuadrada	0.6987	m²
	1 estadal	11.18234	m²
	1 almud = ½ fanegada = 288 estadales	0.321978	ha
	1 fanega (f. de tierra, fanegada) = 12 celemines	0.64396	ha
	= 576 estadales	0.64256	ha
	1 aranzada (f. Weinberge) = 400 estadales	0.4462224	ha
	1 cahiz = 12 fanegas	7.728	ha

(Fortsetzung von Tabelle 120)

Länge	Flächenmaß	m^2, a, ha, km^2	
Südafrikanische Union	wie in Großbritannien		
Südslawien	s. Jugoslawien		
Toskana	1 canna quadr(at)a	8.515	m^2
	1 saccata = 12 stiori	63	a
	1 quadrato = 100 tavole	34.0646	a
Tripolis	metrisch		
Tschechoslowakei	metrisch		
Tunesien	metrisch		
Türkei	1 q-arschin	0.4703	m^2
	1 q-zirai mimari = 576 q-parmak = 576×144 q-hat	0.5741	m^2
	1 q-pik	0.76	m^2
	1 kulac (q-Rute)	3.5910	m^2
	1 evlek = 400 q-zirai mimari	229.75	m^2
	1 dönum = 4 evlek	919.3	m^2
	desgl. (osmanisches Joch)	7.525	a
	1 dscherib	1	ha
Ungarn	früher wie in Österreich		
	1 arpa	57.55	a
Uruguay	1 vara cuadrada (1 cuadra)	0.74	m^2
	1 q-legua	26.6	km^2
Vatikan	siehe unter Kirchenstaat		
Venedig	1 piede quadr(at)o	0.1209	m^2
Venezuela	1 vara cuadrada	0.706	m^2
	1 fanega, fanegada	0.64	ha
	auch	0.6987	ha
Vereinigte Staaten von Nordamerika	1 square inch, sq. in., $in.^2$	6.4516	cm^2
	1 square foot, sq. ft., $ft.^2$	929.0341	cm^2
	1 square yard, sq. yd., $yd.^2$	0.8361	m^2
	1 square rod = 30.25 sq. yds.	25.293	m^2
	1 rood	10.12	a
	1 acre, a. = 160 sq. rods	40.46	a
	1 square mile = 640 acres (section)	2.589	km^2
	1 township = 36 sections	93.296	km^2
Vietnam	1 carré	7.98	ha

Tabelle 121. Vergleich einiger internationaler Flächenmaße

cm^2	1	10000.0			1111.1			6.4516	929.03		
m^2	0.0001	1	10000		0.1111	666.67			0.0929	4046.8	
Hektar		0.0001	1	100		0.0667	25.0			0.40468	258.990
km^2			0.01	1							2.5899
Chines. Quadratfuß	0.0009	9.0000	90000		1	6000.0		0.0058	0.8361	36422.0	
Chines. mou		0.0015	15.00	1500.0	0.00017	1	375.00		0.00014	6.0700	3885.0
Chines. Quadratmeile			0.04	4.000			1				10.360
Engl. Quadratzoll	0.1550	1550.0			172.22			1	144.00		
Engl. Quadratfuß	0.00107	10 764	107640		1.1960	7176.0		0.0069	1	43560.0	
Engl. acre		0.00025	2.47	247.12		0.1647	61.763			1	640.00
Engl. Quadratmeile (mile of land)				0.3861		0.00026	0.0965			0.0016	1

Beispiel: 1 cm^2 = 0.0001 m^2 = 0.0009 chines. Quadratfuß = 0.1550 engl. Quadratzoll = 0.0011 engl. Quadratfuß

2.13 *Körpermaße* (Raummaße)

2.131 *Deutsche Raummaße*

2.131.1 *Metrische Raummaße*

Die Körpereinheit ist vom Meter abgeleitet als ein Würfel von 1 m Seitenlänge. Sie wird mit m^3 bezeichnet. Die Einheiten der Raummaße bilden das Kubikmeter (cbm oder m^3), das Kubikzentimeter (ccm oder cm^3) und das Kubikmillimeter (cmm oder mm^3). Das Kubikmeter wird auch Festmeter (fm) bzw. Raummeter (rm) genannt.

Tabelle 122. Metrische Einheiten

Bezeichnung	Kurzzeichen	Einteilung
Kubikkilometer	ckm, km^3	1000 cHm
Kubikhektometer	cHm, Hm^3	1000 cDm
Kubikdekameter	cDm, Dm^3	1000 cbm
Kubikmeter (Kubikstab oder Raummeter, in manchen Gegenden auch ster genannt)	cbm, m^3	1000 cdm
Normkubikmeter (bei Volumenangaben von Gasen bei 0° C, 760 Torr)	Nm^3	
Kubikdezimeter	cdm, dm^3	1000 ccm
Kubikzentimeter	ccm, cm^3	1000 cmm
Kubikmillimeter	cmm, mm^3	
Festmeter (= 1 m^3, cbm fester Holzmassen, ohne Zwischenräume; wird verwendet bei Stammholz, Derbstangen, Grubenholz)	fm	
im Gegensatz zu		
Raummeter (= 1 m^3, cbm geschichtetes Holz mit den nicht zu vermeidenden mehr oder minder großen Zwischenräumen; wird verwendet bei Faserholz, Schichtnutzderbholz, Brennderbholz)	rm	
1 rm Scheitholz = 0.7—0.8 fm		
1 rm Stockholz = 0.45 fm		
(rm und fm sind Raummaße der Forstwirtschaft)		

Nach der Holzmaßanweisung (Homa) wird Holz nach Durchmesserstärken und Verwendungsart eingeteilt und der Festgehalt ermittelt. Eine besondere Holzsortenbildung hat den Zweck, Holz nach Güte, Stärke und sonstigen Gebrauchsklassen zu verteilen. Man unterscheidet dabei neben der üblichen Bezeichnung fm und rm noch fm o. R. bzw. m. R. und rm o. R. bzw. m. R. = fm bzw. rm ohne oder mit Rinde. Der Rindenzuschlag beträgt für Eiche 15% vom fm o. R., für alle anderen Holzarten 10%, d. h., fm o. R. = fm m. R. $\cdot \frac{100}{110}$ (bzw. $\frac{100}{115}$ bei Eiche).

Zur Umrechnung auf den einen oder anderen Wert benutzt der Forstmann bestimmte Umrechnungszahlen, z. B.:

1 rm Brennderbholz m. R.	= 0.7 fm m. R.
1 fm Rohnutzholz m. R.	= 0.91 fm o. R.
100 Stück Nadelderbstangen m. R. (1ª)	= 2 fm m. R.
(1ª = 7—9 cm ∅ m. R., 6—9 m lang)	
1 rm Nutzrollenholz o. R.	= 0.88 fm m. R.
1 rm Stockholz m. R.	= 0.5 fm m. R.
1 rm Grubenstempel — Fichte m. R.	= 0.8 fm m. R.
o. R.	= 0.88 fm m. R.
4 Stück Telegraphenstangen	= 1 fm m. R.
1 cbm Schwellen	= 1.7 fm Rohholz m. R.
9 Stück Normalschwellen (Reichsbahn)	= 1 cbm
1 cbm Sperrholz	= 2.5 fm Rohholz m. R.
1 cbm Furniere	= 1.7 fm Rohholz m. R.
1 rm Rinde	= 0.3 fm
1 rm Papierholz (1 u. 2 m lang)	= 0.8 fm
1 rm Papierholz (3 u. 4 m lang)	= 0.7 fm

(Papierholz geschält 10%, weiß geschnitzt 15% mehr)

(Über alte österreichische und russische Brennholzmaße berichtet Rumler [15a] ausführlich; über Maße und Umrechnungssätze europäischer Holzarten siehe Karteiblatt der Stat. Praxis 1947, 5.)

Tabelle 123. Der metrische Aufbau der Körpermaße (Raummaße)

	m^3	dm^3 l	cm^3 ml	mm^3
m^3	1	10^3	10^6	10^9
dm^3	10^{-3}	1	10^3	10^6
cm^3	10^{-6}	10^{-3}	1	10^3
mm^3	10^{-9}	10^{-6}	10^{-3}	1

2.131.2 *Nichtmetrische Körpermaße*

Vornehmlich alte deutsche Raummaße für trockene Waren, daneben zum Vergleich auch einzelne Auslandsmaße:

Kubiklinie

Wien	10.5757 cmm
Württemberg	23.5141 cmm

Kubikzoll (c-Zoll)

Oldenburg	14.9899 ccm
Preußen	17.8912 ccm
0.05589 c-Zoll = 1 cm^3	
Sachsen (1858 n. V. v. 7. 5. 1869) (1 c-Elle = 181.69 dm^3)	13.1426 ccm
Wien	18.2747 ccm
Württemberg	23.5141 ccm

Kubikfuß (c-Fuß)

Tabelle 124

1 c-Fuß in	c-Fuß in 1 m³	m³, fm
Baden (Wiesbaden)	—	0.027
Bayern (München)	40.223	0.024859
Braunschweig	—	0.023237
Bremen	—	0.024188 auch 0.04423 fm
Dresden 14 Dresdner c-Fuß = 3 Dresdner Scheffel [45b]	—	—
Frankfurt M.	43.376	0.023514
Hamburg	—	0.02353 fm
Hannover	40.126	0.024921
Hessen, Kurfürstentum	41.999	0.02364
Hessen, Großherzogtum	—	0.015625 fm
Hessen-Nassau	41.994	0.02381 fm
Hohenzollern	42.528	0.023514
Homburg	43.376	0.023054
Lauenburg, Herzogtum	39.7424	0.025162
Lübeck	—	0.024470 auch 0.02379 fm
Mecklenburg-Schwerin	—	0.024585
Mecklenburg-Strelitz	—	preuß. 0.030915 fm hambg. 0.02353
Meisenheim	27.0	0.037037
Österreich	31.660	0.031578
Oldenburg (bei Bauten und im Holzhandel war der Hamburger Fuß gebräuchlich)	—	0.025903
Preußen (Rheinland) = 1728, auch 1789 c-Zoll	32.345888	0.030915
Sachsen (1858 und Verordnung vom 7. 5. 1869)	44.032	0.022706 cbm, fm
Sachsen-Altenburg	—	0.0286 cbm, fm
Sachsen-Coburg	—	0.028094 cbm, fm
Sachsen-Gotha, Kubikbaufuß	—	0.02379 cbm
Kubikfuß für den Wald	—	0.02258 cbm, fm
Sachsen-Meiningen	—	0.0227
Sachsen-Weimar	—	0.022421
Schleswig-Holstein	42.491	0.023534
Württemberg	42.528	0.023517

Klafter, ein altes Raummaß für Brennholz. Es war in Preußen 6 Fuß breit, $4^1/_2$ Fuß hoch und 4 Fuß lang = 3.339 m^3, in den einzelnen Ländern verschieden. Nach der Hennebergischen Wald-, Holz- und Forstordnung vom 22. 3. 1697 [45b] soll das Klafter 3 Nürnberger Ellen (1313 mm) hoch und 3 Ellen weit gelegt werden.

Tabelle 125

1 Klafter in	Erläuterungen	c-Fuß	Klafter in 1 m^3	m^3
Baden	—	144	0.27	3.888
Bayern	Normalklafter	126	—	3.1325 rm (Ster)
Frankfurt M.	Waldklafter	126	0.34425	2.9048
Frankreich	Kubik-Toisen	—	0.13506	7.4039
Hamburg	1 Klafter $6^2/_3$ Fuß hoch und $6^2/_3$ Fuß breit mit verschiedener Klobenlänge	—	—	—
Hannover	—	144	0.27865	3.5887
Hessen, Kurfürstent.	c-Werkfuß	144	0.29162	3.4291 rm
	c-Fuß	150	0.27996	3.572 rm
Hohenzollern	—	144	0.2953	3.3860
Homburg	c-Werkfuß	144	0.30122	3.3198
Meisenheim	1 Klafter Holz = 81 c-Fuß	—	0.3333 ($^1/_3$)	3.00
Nassau, Herzogtum	—	144	0.25720	3.888
Österreich	—	—	0.14658	6.8224
	1 Klafter Holz, 36 zöllig	—	—	3.411
	1 Klafter Holz, 30 zöllig*	—	—	2.274
Pfalz – Bayern	—	—	—	3.5778 rm (Ster)
Preußen	—	108	0.2995	3.33891
	Massenklafter (Normalklafter = feste Holzmasse)	100	—	—
Sachsen	(Zum Brennen eines „Rings Kohlen" waren 10 Klafter 7 Viertel langes Holz erforderlich.) Das Klafter zu 108 c-Fuß entspricht einer Scheitlänge von $^6/_4$ Ellen. Es gab 4 verschiedene Scheitlängen: $^9/_4$, $^8/_4$, $^6/_4$, $^9/_8$ Ellen. Das Klafter ist dann 162, 144, 108 und 81 Dresdner Ellen od. 3.68, 3.27, 2.45 u. 1.84 m^3. Diese Unterschiede der Scheitlänge rühren wahrscheinlich vom böhmischen Floßholz her [45b].	108	—	2.45277 rm, m auch 5.055

* (über Schlichtung bei verschiedener Scheitlänge und das Verhältnis des Raummeters zum alten österreichischen Holzklafter je nach der Länge der Scheiter usw. sei auf das Hand-Lexikon von *Aubök* [45b] S. 136—138 verwiesen)

(Fortsetzung von Tabelle 125)

1 Klafter in	Erläuterungen	c-Fuß	Klafter in 1 m³	m³
Sachsen (1858 und V. v. 7. 5. 1869, GVBl. S. 149)	Brennholz = 6 Fuß breit u. 6 Fuß hoch bei einer Scheitlänge von			
	9/8 Ellen = 10 1/8 Kubikellen	—	—	1.8396
	6/4 Ellen = 13 1/2 Kubikellen	—	—	2.4528
	7/4 Ellen = 15 3/4 Kubikellen	—	—	2.861
	8/4 Ellen = 18 Kubikellen	—	—	3.2704
	9/4 Ellen = 20 1/4 Kubikellen	—	—	3.6792
Sachsen-Gotha	—	108	—	2.4389 rm, m³
Sachsen-Meiningen	—	126	—	2.8404 rm, m³
Sachsen-Weimar	—	126	—	2.825 rm, m³
Schleswig-Holstein	(auch Faden genannt)			
	Brennholz	90	0.47212	2.1181
	Nutzholz	108	0.38344	2.5417
Schweiz	= 36 q-Fuß, bei verschiedener Schnittlänge in den einzelnen Kantonen (vgl. q-Klafter)	—	—	—
Wien	Brennholz	—	—	0.341
Württemberg	Normalklafter (Schachtrute)	100	—	2.3514 m³ od. fm
	Klafter = 6 Fuß hoch bei 4 Fuß Scheitlänge	144	—	3.3860 rm
	Waldklafter	156	—	3.6682 rm

Kubikrute (cb-Rute), Kbk°, R³

Tabelle 126

1 cb-Rute in	Erläuterungen	cb-R. in 1000 m³	m³
Baden	—	37.03	27.0
Bayern	—	40.223	24.861
Hessen, Kurfürstentum	—	15.757	63.462
Homburg	0.15061 = 1 cbm (für Sand oder Bruchstein = 288 Kubikwerkfuß)	—	6.6396
Meisenheim	0.008 = 1 cbm	—	125.00
Preußen	(die preuß. Kubikrute enthielt 1728 Kubikfuß zu 1728 Kubikzoll zu 1728 Kubiklinien oder 1000 Kubikfuß zu 1000 Kubikzoll)	18.719	53.422555

Raummaße für Holz, ferner für Brennstoffe und Erz, für Bier, Sandstein, Heu, Kalk, Salz usw. (alphabetisch geordnet)

Tabelle 127

Raummaße		Maßeinheit	
Bütte — Holzkohle, Braunkohle, Kalk			
Hessen, Grßhzgt.	1 Bütte Kalk = 10 Kub.-Fuß 6.4 Kalkbütte = 1 cbm	0.15625	m^3
Nassau, Hzgt.	1.8519 Holzbütte (Holzkohle) = 1 cbm 1 Bütte Braunkohle = 20 c-Werkfuß	0.54	m^3
Crad — Holz			
England		1.416	m^3
Eilffmündige, Sandsteinmaß aus der Liebenthalischen und Taubischen Steinbergsordnung vom 29. 3. 1660, 20. 1. 1663 und 20. 5. 1691	= 1 Elle und 2 Querfinger dick und 2 Ellen weniger 1 Palm (= 9.44 cm) oder 11 Palms (= 113.2 cm) hoch.		
Ellen im Geviert und Ellentafeln, Sandsteinmaß aus der Postaer Stein-Bergwerksordnung vom 17. 6. 1628	= ¾ Geviert und 1 Dresdener Elle im Geviert		
Faden			
Bremen	= 72 Kub.-Fuß	1.7442	rm
Lauenburg, Hzgt.	= 168 Kub.-Fuß 0.23656 Faden = 1 cbm	4.227126	rm
	= 112 Kub.-Fuß 0.35484 Faden = 1 cbm	2.8181439	rm
Lübeck, Forstfaden	= 168 Kub.-Fuß	3.9973	rm
Mecklenburg-Schwerin (darüber hinaus gab es noch etwa 20 Faden von verschiedenem Gehalt)	= 147 Kub.-Fuß	3.4566	rm
Mecklenburg-Strelitz	= 144 Kub.-Fuß (preuß.)	4.4519	rm
	= 144 Kub.-Fuß (hamb.)	3.385	rm
Oldenburg		1.8650	rm
Schleswig-Holstein — Brennholz	= 90 Kub.-Fuß 0.47213 Faden = 1 cbm	2.1181	rm
— Nutzholz	= 108 Kub.-Fuß 0.39344 Faden = 1 cbm	2.5417	rm

(Fortsetzung von Tabelle 127)

Raummaße		Maßeinheit	
Fuder — Erz, auch Bergfuder, ein Erz- und Kohlenmaß, das in den verschiedenen Bergbaugegenden von abweichender Größe war			
— Kupferschiefer Mansfeld	= 60 Zentner		
— Eisenstein Nassau, Herzgt.	= 60 Kub.-Werkfuß 0.61728 Fuder Eisenstein = 1 cbm	1.62	m^3
— Steinkohle Saarbrücken	= 30 Zentner		
— Eisenstein Sachsen	= 18.36 preuß. Kub.-Fuß		
Karre, Karrn			
— Eisenstein Böhmen	= 2395 Kub.-Fuß		
— Holzkohle Braunschweig	= 100 Kub.-Fuß	2.3238	fm
— Kohle Siegen	= 6 Stolln = 164 Pfund		
Zwickau	= 64 Kub.-Fuß		
Kasten			
— Eisenstein Brandenburg	= 12 Scheffel ($21\frac{1}{3}$ Kub.-Fuß od. 17 Zentner)		
Niedersachsen	= 8 Scheffel		
Ostpreußen	= 14 Scheffel		
— Kohle Hessen-Darmstadt	= 11.37 preuß. Scheffel		
— Mörtel Hohenzollern	= 24 Kübel = 96 Helleichmaß 13.609 Kübel Mörtel = 1 hl	7.3482	
— Brennholz (für den Haushalt der Gegenwart), ein Maß, das während des zweiten Weltkrieges in Deutschland eingeführt und 1942 erstmalig eichpflichtig wurde. Die Eichmaße sind: 46 cm breit, 88 cm hoch für 4schnittiges Holz — d. h. 1 m viermal geteilt. 18 solcher Kästen werden im Brennholzhandel zu 1 rm gerechnet. Die Grundfläche eines Kastens beträgt 0.4 m^2.			
Korb			
— Erz Freiberg	= 1250 Kub.-Zoll		
— Holzkohle Leipzig	= 1.88, 3.6, 7 und 7.5 Scheffel		
Morgenröthe	= 3.28 Scheffel		
(In der Holzordnung von 1554 bestimmte der Kurfürst von Sachsen, daß die Bauern die Holzkohle in Säcken von 5/4 Ellen Länge und 1/2 Elle Weite auf den Markt nach Dresden bringen sollten, weil ihre Körbe betrüglich wären [45b].)			

(Fortsetzung von Tabelle 127)

Raummaße		Maßeinheit	
Kummt			
— Torf	= 138.36 Kub.-Fuß 0.23378 Kummt = 1 cbm	4.2775	m³
Lachterzoll			
— Kohle	= 1 Zoll dick, 6²/₃ hoch, füllte 2 ½ Scheffel		
Last			
— Salz			
Hannover	= 18 Tonnen 0.039933 Last = 1 hl	25.042	hl
— Holz			
Ostsee		2.473	m³
— Kohlen			
Preußen	= 18 Tonnen = 72 Scheffel		
Malter			
— Holz			
Braunschweig		1.859	m³
— Harz			
Hannover	= 30 Kub.-Fuß	1.99371	m³
— Kalk			
Meisenheim	= 5 Töpfchen = 100 l	1.00	hl
Maß			
— Erz u. Kohlen			
Braunschweig	= 2 Kub.-Fuß (der Zehntel — Kohlenbütte)	0.046475	m³
— Holzkohlen			
Hessen, Grßhzt.	= 40 Kub.-Fuß 1 6 Kohlenmaß = 1 cbm	0.625	m³
— Erz			
Nassau, Hzgt.	= 2 Kub.-Werkfuß (1 Kasten 20 Zoll lang, 10 Zoll breit u. 10 Zoll tief) 18.219 Maß Erz = 1 cbm	0.054	m³
Metze — Kalk			
Sachsen	= 10 Zoll lichter Durchm., 6 Zoll hoch = 471.2 Kub.-Zoll (Generale vom 7 12. 1803)		
Muth — Kalk			
Bayern	= 24 bayrische Metzen 1 Metze = 37.060 l		
Mütte			
Waldeck	= 4 Scheffel		

(Fortsetzung von Tabelle 127)

Raummaße		Maßeinheit	
Penne — Kohle			
Tirol	= 22 2/3 Kub.-Fuß		
Pott — Erde			
Hamburg	= 256 q-Fuß × 4 Fuß = 1024 Kub.-Fuß		
Schleswig-Holst.	= 4 Schachtwerke		
	1 Schachtwerk = 256 Kub.-Fuß	24.099	m^3
	0.041496 Pott Erde = 1 m^3		
Repp			
Bremen		2.45	rm
Ringel			
— Kohle	= 1 Berliner Scheffel	0.55	hl
— Torf	= ½ Scheffel, ab 1728 Einheitsmaß für Torf		
Schachtfuß, bergmännisches Raummaß, 1 Fuß lang, 1 Fuß breit, 1 Zoll hoch, also eine „Abart" des Kubikfußes			
Schachtrute			
Braunschweig	= 256 Kub.-Fuß	5.9488	m^3
Hohenzollern	= 100 Kub.-Fuß	2.3514	m^3
	0.42528 Schachtruten = 1 cbm		
Österreich	= 100 österr. Kub.-Fuß	3.1578	m^3
Preußen	= 144 preuß. Kub.-Fuß	4.45188	m^3
	0.22462 Schachtruten = 1 cbm		
	(1 Schachtrute Mansfelder Schlacken = 120 Ctr.)	4.45	m^3
Sachsen			
(für Land u. Erde)	8 × 8 × 1 Elle = 64 Kubikellen (1858, u. V. v. 7. 5. 1869, GVBl. S. 149)		
(für Steine)	8×8×1 Elle	11.628	m^3
Schachtwerk — Erde			
Schleswig-Holst.	= 256 Kub.-Fuß	6.0247	m^3
	0.16598 Schachtwerk = 1 cbm		
Scheffel — Steinkohle			
Homburg	= preuß. Scheffel	0.54961	hl
Dresden	= 8121 ½ Leipziger Kub.-Zoll (Bergamtspatent v. 8. 2. 1804) [45b]		
— Kalk			
Sachsen	= 16 Zoll lichter Durchm., 39 ¼ Zoll hoch		
	= 7891.7 Kub.-Zoll (Generale vom 7. 12. 1803)		
	= 19×19×21 7/8 Zoll = 1 Scheffel (V. v. 20. 6. 1854, GVBl. S. 146)		
	= 7897 Kubikzoll		
	½ Scheffel = 3945.8 „		
	¼ Scheffel = 1978.9 „		
	⅛ Scheffel = 991.6 „		
	1/16 Scheffel = 496.4 „		

(Fortsetzung von Tabelle 127)

Raummaße		Maßeinheit	
Dresden	= 7900 Kubikzoll (Generale vom 7. 12. 1803)		
Württemberg	= 40 Helleichmaß 1.3609 Scheffel Kalk = 1 hl	0.73482	hl
— 1859 f. Kohle und Koks [45b, S. 136]			
Sachsen	4-, 6- und 10-Scheffel-Maße. Wenn diese großen Gefäße zur Förderung und zum Verkauf dienten, mußten sie um 1/10 ihres Inhaltes größer sein, also 1 Karren von 6 Scheffel = 6.6 Scheffel 1 Kübel von 1/10 Karre = 0.66 Scheffel		
— Salz			
Sachsen	= 17 Metzen oder 124 Pfund Kramergewicht oder 16 Metzen + 7 Pfund = 119 Pfund (Generale vom 9. 3. 1779) = 16 Metzen zu 8 Pfund = 128 Pfund (Generale vom 8. 5. 1810)		
Scheit — Holz			
Henneberg	= 2 Nürnberger Ellen (1313 mm) lang		
Schragen — Holz			
Sachsen	= 3 Klafter = 3 Ellen hoch, 3 Ellen breit, 9 Ellen lang	15.165	m^3
Sechsspännige, Sandsteinmaß (s. unter Eilffmündige)	= 1 Elle und 2 Querfinger dick und 2 Ellen und 2 Querfinger hoch		
Seidel — Erz			
Bayern	= 5—6 Kub.-Fuß		
— Eisenstein			
Böhmen	= 4½ Kub.-Fuß		
Stecken — Holz			
Hessen, Großhzgt.	= 100 Kub.-Fuß 0.64 Stecken = 1 cbm	1.5625	m^3
Staar — Erz			
Bayern	= 110 Pfund		
Steinrute, altes Körpermaß für Bruchsteine. Es hatte in den verschiedenen Gegenden verschiedene Größe. *Brandt* [45b] nennt folgende Steinruten für Sachsen:			
Kalkbrüche im Erzgebirge	12×12×2 = 288 Kubikellen 12×12×1½ = 216 Kubikellen		
Bei der Chausseeverwaltung	8×8×1½ = 96 Kubikellen = 786 Kubikfuß		

(Fortsetzung von Tabelle 127)

Raummaße		auf 1 hl gehen	Maßeinheit	
Steinbrüche um Leipzig	$7\frac{7}{12} \times 7\frac{7}{12} \times 1 = 57\frac{73}{144}$ Kubikellen			
Kalk- und Steinbrüche	$6 \times 6 \times 2\frac{1}{6} =$ 78 Kubikellen			
	$6 \times 6 \times 1\frac{1}{2} =$ 54 Kubikellen			
	= 432 Kubikfuß			
	= 16 m^3			
Auerbach, Elsterberg	$6 \times 3 \times 1\frac{1}{2} =$ 27 Kubikellen			
Adorf, Markneukirchen	$3 \times 3 \times 1\frac{1}{2} = 13\frac{1}{2}$ Kubikellen			
Dresden (Plänermaß)	$3 \times 3 \times 3 =$ 27 Kubikellen			
Ster (in manchen Gegenden Körpermaß, bes. f. Holz)			1.000	m^3
Stibich — Holzkohlen				
Österreich	= 2 Metzen		1.23	l
Tonne, Hohlmaß, vornehmlich für Salz und Kohlen, unterschiedlicher Größe von etwa 4 Scheffel, wovon auf 1 hl 0.454864 Scheffel gehen			2.198459	hl
Dänemark				
— Korn	= 144 Pott		1.3921	hl
— Kohlen			120.0	kg
Hamburg	= 12100 Kub.-Zoll		1.64794	hl
— Bier	= 48 Stübchen			
— Essig	= 32 Stübchen			
— Tran	= 6 Stechkannen			
	= 96 Mengelen = 22 Stübchen			
	1 Mengel = 2.5 Pfund			
Hannover	= 4 Vierup	0.50158	1.9937	hl
— Honig	= 255 Stübchen (= 300 Pfd.)		0.60356	hl
Lübeck				
— Äpfel	= 4 gehäufte Scheffel			
— Salz	= 38 Stübchen des Flüssigkeitsmaßes			
Mecklenburg-Schwerin				
— Getreide	= 4 Scheffel			
— Bier	= 4 Viertel = 64 Kannen			
	= 128 Pott, Quartier		1.164	hl
Oldenburg				
— Bier	= 4 Henkemann			
	= 112 Bierkannen		1.5961	hl
Preußen	= 100 Quart zu $\frac{1}{27}$ Kub.-Fuß		1.145031	hl
	= 4 Scheffel			
— Bier		0.8733	1.14503	hl
— Leinsaat	$= 37\frac{2}{3}$ Metzen = 100 Quart		1.293885	hl
— Salz	0.22743 Tonnen Salz			
	= 1 Scheffel			

(Fortsetzung von Tabelle 127)

Raummaße		auf 1 hl gehen	Maßeinheit	
Sachsen	= 105 Kannen		0.98237	hl
Schleswig-Holst.	= 32 Stübchen	0.86261 (Bier)	1.1593	hl
große Tonne	= 48 Stübchen	0.57507	1.7389	hl
Trockenmaß	= 4½ Kub.-Fuß = 4.7824 Scheffel	0.71880		
1 Tonne	= 8 Scheffel zu 4 Viertel = 8 Achtel = 16 Sechzehntel			
1 Tonne	= 4 Himtem = 4 Spint 2.8752 Himtem = 1 hl		34.780	l
	2 Spint = 4 Kannen 11.501 Spint = 1 hl		8.6951	l
1 Tonne	Leinsaat	0.77287	1.29	hl
1 Tonne	Bier = 96 Quartier = 1.5 Hamburg, Tonne		3.4752	hl
Wagen — Holzkohle				
Nassau, Hzgt.	= 200 Kub.-Werkfuß 0.18519 Wagen = 1 cbm 1 Wagen = 10 Bütten		5.4	m³
Wagenladung, Fuder, Fuhre Holz [45b]				
Sachsen				
Schwarzenberg (bis 1871)	bei einer Scheitlänge von 1²/₄ Ellen und 1.5 Klafter = 162 Kubikfuß = 1¼ Klafter Scheite oder Klöppel = 135 Kub.-F. + 1½ Klafter Äste = 162 Kub.-F. + 1½ Klafter Stöcke = 162 Kub.-F. 459 Kub.-F.		10.4	m³
Wanne — Heu				
Hohenzollern	= 512 Kub.-Fuß		12.039	m³
Weite, Sandsteinmaß aus den Liebenthalischen Brüchen (s. unter Eilffmündige)	= 1 Elle und 2 Querfinger dick und dritthalbe (2½) Ellen, weniger 1 Querfinger hoch			
Zain — Braunkohle				
Nassau, Hzgt.	= 30 Kub.-Werkfuß (es wurde unterteilt in ½ und ¼ Zain) 1.12346 Zain Braunkohle = 1 cbm		0.81	m³

Raummaße für trockene Waren, vornehmlich alte deutsche Getreidemaße (alphabetisch geordnet):

Tabelle 128

Raummaße		auf 1 hl gehen	l, hl	
Custodie,	Custodienscheffel [45b] des Naumburger Domkapitels			
	= ¾ Scheffel + ½ Naumburg. Metze		60.0	l
	(nach dem Naumbg. Alt-Stadtmaß)		75.5	l
	große Custodie = 6 Scheffel Korn + 6 Scheffel Hafer + 1 Scheffel Gerste		982.0	l
	kleine Custodie = 5 Scheffel Korn + 5 Scheffel Hafer		755.0	l
Heinzen, Heimzen, Heimbzen, Meimmetze [45b] bei der staatl. Bauverwaltung in Leipzig vor 1855 benutzt				
	½ Heinzen = 4 Merseburger Maß		41.5	l
	¼ Heinzen = 2 Merseburger Maß		20.8	l
	1 Merseburger Maß		10.4	l
Last — Korn				
Bremen	= 40 Scheffel zu 74.1 l		29.642	hl
Dänemark	= 12 Tonnen zu 139.12 l		16.6444	hl
England	= 2 weys, loads = 10 Imp. quarters = 80 Imp. bushels		29.078	hl
Hamburg	= 30 Scheffel = 60 Faß		32.977	hl
Hannover	= 2 Wispel = 16 Malter = 96 Himten	0.033439	29.9056	hl
Lübeck	= 24 Tonnen zu 138.78 l (Roggen, Weizen)		33.3072	hl
	= 24 Tonnen zu 158 l (Hafer)		37.92	hl
	= 8 Drömt (= 24 Tonnen) = 96 Scheffel = 384 Faß			
Mecklenburg-Schwerin	= 8 Drömt = 96 Scheffel			
Mecklenburg-Strelitz	= 4 Wispel = 8 Drömt = 12.5 Scheffel			
Oldenburg	= 12 Molt = 18 Tonnen = 144 Scheffel			
Preußen	= 60 Scheffel (für Kohlen 72 Scheffel = 18 Tonnen) (für Roggen = 3 Wispel, für Hafer = 2 Wispel)		32.9769	hl
Sachsen				
— Weizen	= 6 Wispel			
— Hafer	= 2 Wispel			

(Fortsetzung von Tabelle 128)

Raummaße		auf 1 hl gehen	l, hl	
Sachsen-Gotha				
— Bier	= 12 Tonnen = 288 Stübchen = 576 Kannen			
Schlesw.-Holst.	= 24 Tonnen zu 139.12 l	0.029950	33.389	hl
USA	= 80 Winchester bushels		28.1897	hl
Maß — Getreide				
Sachsen				
Penig	= $^1/_{14}$ Scheffel		13.4	l
	Peniger Sippmaß (Siepmaß) = 3570 Kub.-Zoll = $^1/_4$ Scheffel		46.92	l
Zwickau (1730 und 1737)	Abweichend von der üblichen Zweierteilung für Hohlmaße $^1/_4$, $^1/_8$, $^1/_{16}$ usw. bis $^1/_{64}$ wurde das Zwickauer Maß nach der Siebenerteilung unterteilt $^1/_{14}$teil. Zwickauer Maß = 2.93 l $^1/_{28}$teil. Zwickauer Maß = 1.48 l $^1/_{56}$teil. Zwickauer Maß = 0.75 l $^1/_{112}$teil. Zwickauer Maß = 0.36 l		41.1	l
Mosel	Pfarrmaß für Zinsgetreide		36.7	l
Wurzen	Kirchmaß von Fremdiswalde = 3 Malter Weizen + 3 Malter Hafer		831.0	l
	Amts- und Stadtmaß		69.25	l
Thüringen	= ¼ Metze			
Mesten				
Frankfurt/M.	= 2 Sechter (1 Sechter = 4 Gescheid)	6.9724	14.343	l
Metze	altes deutsches Maß von schwankender Größe			
Bayern	= $34^2/_3$ Maßkanne = 2 Viertel (s. unter Viertel)	2.6984	37.0596	l
Braunschweig	= $^1/_{16}$ Himten		1.9465	l
Hannover		12.8404	7.7879	l
Hessen Kurfst.	= 4 Mäßchen (Becher)	9.9541 (4.9770 = 1 Neuscheffel)	10.046	l
Mecklenburg-Strelitz			3.435	l
Preußen	= 3 Quart = $^1/_{16}$ Scheffel	0.291113 = 1 l	3.43509 auch 3.50	l l

(Fortsetzung von Tabelle 128)

Raummaße		auf 1 hl gehen	l, hl	
Sachsen. Dresden	= 113.25 Kannen [45b]		6.4893	l
(1858 u. V. v.	= 1/16 Dresdner Scheffel		seit 1872	
7. 5. 1869)			5.0	l
im Bez. Annaberg um 1835				
	1 große Metze		13.0	l
	8 große Metzen			
	= 1 Dresdner Scheffel			
Sachsen-Gotha	6 goth. Metzen = 5 Haynauer Metzen			
Wien	(Metze oder Metzen)	1.6264	61.487	l
	= 1.9471 Kub.-Fuß			
Budapest			79.99	l
Preßburg			53.29	l
Möckerchen, Möckerling, Möckerlein [45b, S. 36], um 1858 in Glauchau, Meerane und Meißen benutzt				
	1 Glauchauer Scheffel = 4 Siepmaß		166.1	l
	1 Siepmaß = 3 Maß		41.5	l
	1 Maß = 4 Viertelchen		13.8	l
	1 Viertelchen = 4 Möckerchen		3.46	l
	1 Möckerchen also		0.87	l
	1 Glauchauer Scheffel = 192 Möckerchen			
	5 Siepmaß = 2 Dresdner Scheffel			
Schaff, Augsburger Getreidemaß				
Augsburg	= 8 Metzen zu 4 Vierling			
	zu 4 Viertel			
	zu 4 Mäßchen			
	= 0.92329 bayr. Schäffel		2.0530	hl
Scheffel, Hohlmaß für trockenes, schüttbares Gut (z. B. Körner), auch Schäffel oder Schaff genannt				
Anhalt-Köthen			0.5713	hl
Baden			1.5	hl
Bayern — Schäffel	= 208 Maßkannen = 8.944 Kub.-Fuß	0.44973	2.22358	hl
	= 6 Metzen			
	= 12 Viertel			
(alter Scheffel	= 16 Metzen		0.5496	hl
	= 48 Quart)			
(Neuscheffel	= 14½ Metzen)		0.5	hl
Bremen	= 4 Viertel = 16 Spint		0.741	hl
Dänemark	= 1/8 Tonne		0.1739	hl

(Fortsetzung von Tabelle 128)

Raummaße		auf 1 hl gehen	l, hl
Dresden (1858 u. V. v. 7. 5. 1869)	= 7900 Kub.-Zoll (Getreide) (nach *Brandt* [45b], 4800 Kub.-Zoll)		
	= 16 Metzen	0.9631	1.03829 hl
	= 112.5 Kannen		1.0514 hl
	33 Dresdener Scheffel = 35 hl [45b]		

Nach einer Ausmessung verschiedener Dresdener Scheffel durch Inspektor Blochmann, Mathem.-physik. Salon Dresden, vom Jahre 1824 schwankt der Scheffel zwischen 7869 und 7936 Kubikzoll;

der Militärscheffel (1739) faßte 103.13 l
der Ratsscheffel 104.43 l
den Sollinhalt von 8000 Kub.-Zoll = 105.14 l, wie ihn das Staatshandbuch [45b] angibt, hatten auch diese amtlichen Scheffel nicht.

(Nach den Mandaten von 1558, 1715 und 1722 ist der Dresdner Scheffel das allgemein sächsische Getreidemaß. Das böhmische Getreidemaß für Scheffel war Strich und entsprach 15 Dresdner Metzen. Die Bergstadt Marienberg hatte vor 1715 „ihr besonderes Strichmaß, welches 1/4 Metze kleiner war als das Dresdnische, auf das 15 Metzen gerechnet wurden") [44].

1 Scheffel Korn (16 Metzen) war die Aussaat auf 1 Scheffel Land. Es wurden benötigt:

Metze Aussaat	auf Quadrat-Rute	Quadrat-Fuß	Quadrat-Zoll
1/4	2	34	12.5
1/2	4	68	25
3/4	7	103	37.5
1	9	137	50
16	150	—	—

Die im Jahre 1720 im Anschluß an die Kurfürstliche Verordnung vom 18. 10. 1715 in Dresden erschienene „Universal Getreyde-Maß-Vergleichung" verzeichnet 150 Städte und 1050 Dörfer, deren Scheffel vom Dresdener (zu 7900 Kubikzoll = 10383 l) abweichen [45b], wobei in der gleichen Stadt oft bis zu 4 verschiedene Scheffelmaße benutzt werden. Es erscheinen hierfür folgende Bezeichnungen: Alte Maß, Strich Maß, Dorf Maß, Amts Maß, Stadt Maß, Amts Sipmaß, Dienst Maß, Gatter Maß, Kirch Maß, Amts-Schoß Maß und Zinnß Maß. Das kleinste Scheffelmaß war die alte Maß von Schulpforta mit 35.49 l Inhalt, das größte das Eibenstocker Alte Stadt Maß mit 233.82 l Inhalt.

Ein Hohensteiner Scheffel zu 17 5/8 Dresdener Metzen hatte große und kleine Viertel und Achtel

4 gemeine Viertel = 1 Scheffel = 114.38 l
4 gemeine Achtel = 1 Viertel (28.59 l)
1 gemeines Mäßel = 1 Achtel (7.15 l)
3 große Viertel = 1 Scheffel
1 großes Viertel = 1 1/3 Viertel des gemeinen Viertels (38.11 l)
1 großes Achtel = 1 gemeines Achtel + 1 Mäßlein (8.93 l)

In dem Generale vom 7. 12. 1803 ist der Dresdener Scheffel, wie oben erwähnt, zu 7900 Kubikzoll berechnet; 1805 wurde diese Einteilung für unrichtig erklärt und die wahre Größe zu 8064 Kubikzoll vorgeschlagen. Der Rechnungsunterschied wurde mit dem Verhältnis des c-Zolls der Rieseschen alten Elle zu 255.0171 franz. Linien zum c-Zoll der alten Leipziger Elle zu 253.351 Linien mit 1000 : 9798 bzw. 8064 : 7900 begründet [45b].

Hamburg	= 2 Faß (Weizen, Roggen, Erbsen)		1.09921 hl
	= 3 Faß (Gerste, Hafer)		1.64882 hl
Hannover	= 2 Himten = 8 Metzen = 32 Viertelmetzen oder Mäßchen		
	= 5832 Kub.-Zoll		0.80369 hl

(Fortsetzung von Tabelle 128)

	Raummaße	auf 1 hl gehen	l, hl
Homburg	Steinkohlenmaß = preuß. Scheffel		0.54961 hl
Lippe-Detmold			
— Roggen	= 6 gr., = 8 kl. Metzen = 24 Mahlmetzen = 3154 Kub.-Zoll		0.44292 hl
— Hafer	= 6 gr. = 8 kl. Metzen = 3679²/₃ Kub.-Zoll		0.516737 hl
Lübeck			
— Roggen			0.3469 hl
— Hafer			0.39514 hl
Mecklenburg			
Rostock	= 4 Faß, Viertel = 16 Metzen, Spint (bei Hafer abwechselnd gestrichen und gehäuft)		0.3889 hl
Parchim	= 4 alte Berliner Scheffel		0.547276 hl
Mecklenburg-Strelitz	= 16²/₃ Metzen oder = 16 Metzen = gr. Parchimer Scheffel		0.54961 hl 0.547276 hl
Nassau, Hzgtm.	= 5 Zehntel		
Oldenburg			
gemeiner Sch.	= 16 Kannen = 64 Ort		0.22801 hl
Stau-Sch.	= 16¹/₈ Kannen = 64¹/₂ Ort		0.22979 hl
Delmenhorst	= 18 Kannen		0.26 hl
Jever			0.31062 hl
Penig	= 4 Peniger Sippmaß (Siepmaß) = 14280 Kub.-Zoll		1.876801 hl
Preußen	= 16 Metzen = 48 Quart = 3072 Kub.-Zoll	1.8195	0.54961 hl
	1 Neuscheffel = 0.909728 Scheffel = 14.556 Metzen (= 5 Fuß zu 10 l) 83.3 Quart = 1 hl 0.22743 t Salz = 1 Scheffel		0.50 hl
Reuß-Gera	= 4 Viertel = 16 Maß		1.0616 hl
Zeulenroda	= 4 Viertel = 16 Maß		1.2933 hl
Sachsen	= 4 Viertel zu je 4 Metzen (seit 1872: 1 Scheffel = 10 Metzen, 1 Metze = 5 l, 1 Neuscheffel = 0.4816 sächs. Scheffel)	0.9631	1.03829 hl (= 2.0765 Neuscheffel) 1.038 hl
Herzberg	hatte laut Mühlenordnung vom 11. 9. 1561 für die schwarze Elster 2 Scheffel [45b]		0.60 hl und 0.779 hl
Weißeritz u. Elbe	(Mühlenordnung v. 28. 2. 1570) 20 gehäufte Metzen = 1 Dresdner Scheffel		

(Fortsetzung von Tabelle 128)

Raummaße		auf 1 hl gehen	l, hl
Freiberg	= 1 Scheffel + 3/8 Dresdner Metze		1.063 hl
Borna	= 1 Scheffel + 3/4 Dresdner Metze		1.087 hl
Leipzig	= 1 1/4 Scheffel + 1 Dresdner Metze		1.363 hl
Lausitz			

1372 bestimmt Kaiser Karl IV. für die Stadt Budissin und die Landstädte: „Ist der Scheffel und die Maß zum Getreide in der Stadt Budissin, der itzund da ist, gut und gerecht, so soll er also bleiben“ [45b S. 19].

15. 9. 1534, Prager Vertrag zwischen Land und Städten des Markgrafentums Oberlausitz. Kamenz und Löbau führen den Stadtscheffel von Bautzen. In den anderen Städten gilt der jeweilige Stadtscheffel.

2. 12. 1651, Landesordnung für das Markgrafentum Niederlausitz, § 5 Tit. VIII. Die Ortsscheffel sollen so groß sein wie die Scheffel ihres Kreises [45b S. 20].

Im Entwurf zu einem sächs. Maß- und Gewichtsgesetz vom 1. 2. 1837 findet sich unter § 10 für den Scheffel als Einheit des Hohlmaßes für trockene Gegenstände folgende Einteilung:

Wispel	Malter	Tonne	Scheffel	Viertel	Metze	Mäßchen
1	2	12	24	96	384	1536
	1	6	12	48	192	788
		1	2	8	32	128
			1	4	16	64
				1	4	16
					1	4

Raummaße		auf 1 hl gehen	l, hl
Sa.-Altenburg	= 4 Viertel oder Sipmaß (Siepmaß) = 16 Metzen = 64 Mäßchen (3 Viertel = 1 Sack)		1.46972 hl
Gotha	= 2 Viertel = 8 Metzen = 32 Mäßchen = 192 Nössel		0.873235 hl
	auch		0.437 hl
Weimar	= 4 Viertel = 16 Metzen = 80 Marktmaß (2 Scheffel = 1 Malter)		0.75294 hl
Schlesw.-Holst.	(0.014975 Last Korn = 1 Scheffel)	5.7504	0.17390 hl
Schönburgische Receßherrschaften			
Glauchau			1.661 hl
Hohenstein			1.655 hl
Lichtenstein			1.606 hl
Waldenburg			1.704 hl
	(1 Scheffel = 4 Sipmaß (Siepmaß) zu je 4 Maß, zu je 4 Mäßchen) (Lichtenstein nur 3 1/2 Maß)		
Schwarzburg-Rudolstadt	= 8 Achtel (Ratsscheffel) = 16 Metzen = 384 Nössel		1.8728 hl

(Fortsetzung von Tabelle 128)

Raummaße		auf 1 hl gehen	l, hl
Frankenhausen	= 4 Viertel = 8 Metzen = 16 Mäßchen = 1 Nordhäuser Scheffel (1 Marktscheffel = 12 Scheffel!)		0.45632 hl
Sondershausen	= 4 Metzen		0.45632 hl
Waldeck	in jedem Amt verschieden		
Arolsen	Kornscheffel		0.51416 hl
	Haferscheffel		0.56638 hl
Württemberg (Hohenzollern)	= 8 Simri zu je 4 Vierling (= 5.54 l) zu je 8 Eckle (Ecklein) (= 0.692 l) zu je 4 Viertele (Viertelein) = 7537 Kubikzoll (1 Simri = 942.5 Kubikzoll)	0.56424	1.7723 hl
Kalkscheffel	= 40 Helleichmaß	1.3609	0.73482 hl
Vierling — Getreide			
Kärnten			
(gestrichener V.)	= 1.333 Wiener Metzen		0.81982 hl
(gehäufter V.)	= 1.54 Wiener Metzen		0.94735 hl
(Kappler V.)	= 1.5 Wiener Metzen		0.9223 hl
Viertel			
Schweiz	= 10 Immi		15.0 l
Zwickau (1835)	Haferviertel = 1 Dresdner Viertel + 13/64 Dresdner Metze		0.273 hl
	Kornviertel = 1 Dresdner Viertel		
Wispel			
Braunschweig	= 40 Himpten = 4 Scheffel		12.4579 hl
Hamburg	= 20 Faß (Weizen, Roggen, Erbsen)		10.992 hl
	= 30 Faß (Gerste, Hafer)		16.488 hl
Preußen	= 2 Malter = 12 Scheffel zu 54.961 l = 48 Viertel = 144 Metzen (192) = 768 Mäßchen (¼ Metze)	0.075817 (= 2 Scheffel)	13.190754 hl
Sachsen	= 2 Malter		25.2343 hl

Wispel	Malter	Scheffel	Viertel	Metze	Mäßel
1	2	24	96	384	1536
	1	12	48	192	768
		1	4	16	64
				1	4

2.14 *Körpermaße* (Hohlmaße)

2.141 *Deutsche Hohlmaße*

2.141.1 *Metrische Hohlmaße*

Die Einheit der Hohlmaße und Flüssigkeitsmaße im metrischen System bildet das Liter (l). Es wird dargestellt durch den Raum, den ein Kilogramm reinen Wassers bei seiner größten Dichte unter dem Druck einer Atmosphäre einnimmt. Es ist aber nicht gleichbedeutend mit dem Raummaß Kubikdezimeter. Ursprünglich sollte das Kilogramm die Masse von 1 dm^3 Wasser bei 4° C und 760 Torr sein. Es hat sich jedoch herausgestellt, daß diese Wassermasse 0.999973 kg ist. Da das Liter als der Raum, den 1 kg Wasser unter den oben angegebenen Bedingungen einnimmt, definiert ist, entspricht 1 l = 1.000027 dm^3, d. h., es unterscheidet sich von dm^3 nur um weniger als $^1/_{30000}$ seines Wertes. Es kann ihm daher im Verkehr gleichgeachtet werden. Nach der deutschen Maß- und Gewichtsordnung ist ein Liter (l) = 1000 Milliliter (ml) und 100 Liter = 1 Hektoliter (hl).

Tabelle 129. Metrische Einheiten

Bezeichnung	Kurzzeichen	Einteilung
Kubikmeter	cbm, m^3	10 hl 1000 l
Hektoliter (Faß)	hl	100 l (100 Faßliter = 200 Kannen) (1 Faß = 2 Kannen) = 2 Neuscheffel (1 Neuscheffel = 50 l)
Liter	l, cdm, dm^3	10 dl
Deziliter	dl	10 cl
Zentiliter	cl	10 ml
Milliliter	ml	

Tabelle 130. Der metrische Aufbau der Körpermaße (Hohlmaße)

	m^3	hl	$l \sim dm^3$	dl	cl	$ml \sim cm^3$
m^3	1	10	10^3	10^4	10^5	10^6
hl	10^{-1}	1	10^2	10^3	10^4	10^5
$l \sim dm^3$	10^{-3}	10^{-2}	1	10	10^2	10^3
dl	10^{-4}	10^{-3}	10^{-1}	1	10	10^2
cl	10^{-5}	10^{-4}	10^{-2}	10^{-1}	1	10
$ml \sim cm^3$	10^{-6}	10^{-5}	10^{-3}	10^{-2}	10^{-1}	1

2.141.2 *Nichtmetrische Hohlmaße*

Vornehmlich alte deutsche Hohlmaße für Flüssigkeiten, daneben zum Vergleich auch einzelne Auslandsmaße (alphabetisch geordnet).

Tabelle 131

Hohlmaße		auf 1 l bzw. hl gehen	l, hl
Anker, altes deutsches Weinmaß, dessen Größe in den verschiedenen Staaten und Städten stark wechselte, etwa 34.5 l (in Preußen) = 1/4 Ohm.			
Braunschweig	= 40 Quartier		37.474 l
Bremen	= 44 Quart		35.436 l
Dänemark	= 38 3/4 Pott		37.437 l
England	= 10 Gallons		45.435 l
Hamburg, Mecklenbg.	= 10 Stübchen		36.227 l
Hannover	= 10 Stübchen	0.025681	38.939 l
Hessen, Kurfst.	= 20 Maß	0.025196	
Kapstadt	= 64 Pintjes		35.959 l
Lippe-Bückeburg	= 4 Metzen = 2333.522 Kub.-Zoll		32.9693 l
Lübeck	= 40 Quartier		36.575 l
Oldenburg	= 40 Quartier = 26 Kannen = 104 Ort		35.586 l
Preußen	= 30 Quart = 1920 Kub.-Zoll	0.0291113	34.3509 l
Rußland	= 30 Krushken		36.897 l
Sachsen	= 36 Dresdener Kannen zu 33.681 l		38.36 l
Schleswig-Holstein		0.027603	36.227 l
Schweden	= 15 Kannen		39.258 l
Westindien (wie Amsterdam)	= 2 steekan zu 8 stoopen zu 2 mengelen zu 2 pinten		38.806 l
Dreißiger			
Bayern	= 1/192 Scheffel	0.86347	1.1581 l
Driling			
Lippe-Bückeburg			
— Branntwein	= 108 Maß		1.318356 hl
— Bier	= 1 Oxhoft		2.0508 hl
Ecklein			
Hohenzollern		1.4445	0.69229 l
Württemberg	= 1/32 Simri = 1/256 Scheffel		

(Fortsetzung von Tabelle 131)

Hohlmaße		auf 1 l bzw. hl gehen	l, hl	
Eimer				
Bayern	= 60 Maß = 120 Seidel = 240 Quart		60.4	l
— Schenkeimer	= 60 Maßkannen	0.015591	64.1418	l
— Visiereimer für Bier, Spiritus	= 64 Maß	0.014616	68.418	l
Hamburg	= 1/5 Ohm oder 32 Quarter		28.982	l
Hessen, Kurfrst.	= 4 Maß	0.12598	7.9377	l
Hohenzollern	= 16 Imi = 160 Maß 1 Imi = 10 Maß 1 Maß = 4 Quart (Schoppen)			
— Helleichmaß	= 160 Maß (für jungen und geklärten Wein, Bier, Branntwein, Essig)	0.0034022	293.927	l
— Trübeichmaß	= 167 Maß (für Most)	0.00327	306.786	l
— Schenkeichmaß	= 10/11 Helleichmaß		267.20	l
Österreich-Ungarn	= 40 Maß (Kannen)		56.605	l
	= 41 Maß Wein		58.016	l
	= 42 ½ Maß Bier		60.138	l
Wien	= 2260.8 Kub.-Zoll = 40 Maß zu 4 Seitel		56.589	l
Preußen	= 60 Quart = ½ Ohm = 2 Anker	0.014556	68.702	l
Reuß, Gera	= 72 Kannen		66.346	l
Sachsen, Dresden (1858, u.V.v. 7. 5. 1869)	= 72 Kannen (nach der Schankordnung der Stadt Dresden vom 16. 10. 1308 = 13 ½ Stübchen)		67.36	l
Leipzig	= 63 Kannen Schenkmaß = 132 Nösel = 54 Visierkannen 8 Leipziger = 9 Dresdener Eimer		75.852	l
Sachsen-Altenburg	= 60 Kannen = 120 Nösel = Dresdener Eimer		67.3626	l
Gotha	= 2 Anker = 40 Kannen = 80 Maß = 160 Nösel = 5285 Kub.-Zoll		72.77	l
Coburg	= 80 Maß		77.345	l
Weimar	= 80 Schenk- oder 72 Ohmmaß		71.7085	l
— Bier	= 36 Kannen = 72 Maß = 144 Nösel = 9/10 Eimer			

(Fortsetzung von Tabelle 131)

Hohlmaße		auf 1 l bzw. hl gehen	l, hl
Schleswig-Holstein	= 4 Viertel 1 Viertel = 2 Stübchen 1 Stübchen = 2 Kannen = 1/5 Ohm od. = 32 Quarter	0.034504	28.88 l
Schwarzburg-Rudolstadt	= 72 Maß (G) = 144 Nösel		60.17 l
Frankenhausen	= 36 Kannen = 72 Maß = 144 Nösel = 1 preuß. Eimer		
Schweiz	= 1/4 Ohm (Setier, Brente)		
Württemberg (wie Hohenzollern)			293.93 l
Faß, Flüssigkeitsmaß und Getreidemaß verschiedener Größe			
Bayern			
— Bier	= 25 (24) Eimer		17.104 hl
Dänemark			8.9849 hl
Hamburg			
— Tran			1.46 hl
— Wein	= 4 Oxhoft = 6 Tierzer (Ohm)		8.6946 hl
— Getreide	= 2 Himpten = 8 Splint = 32 gr. = 64 kl. Maß		0.5273 hl
— neues Faß	= 1 preußischer Scheffel		
Hannover	= 52 Stübchen		2.02485 hl
Holland			1.000 hl
Leipzig	= 2 Viertel = 4 Tonnen = 300 Kannen (Schenkmaß) = 600 Nösel		3.612 hl
Lübeck			
— Branntwein	= 30 Viertel = 60 Stübchen = 240 Quartier = 1 Oxhoft		2.1825 hl
— Bier	= 1 Ohm (Weinmaß)		1.455 hl
Meisenheim	= 4 Sester	4.00	0.25 hl
Österreich			
— Bier	= 4 Eimer		2.40552 hl
— Wein	= 10 Eimer		5.8016 hl
Oldenburg	= 1.5 Ohm = 6 Anker		2.1352 hl
Preußen			
— Bier			2.29 hl

(Fortsetzung von Tabelle 131)

Hohlmaße		auf 1 l bzw. hl gehen	l, hl	
Sachsen				
— Bier	= $5^1/_2$ Eimer + 24 Kannen (Mandat v. 21. 2. 1705) = 4 t Bier (1 t = 105 Dresdener Kannen)		3.93	hl
— Wein	= 6 Eimer (2 Faß = 4 Viertel = 8 Tonnen = 1 Kufe)		4.04	hl
Dresden — Wein	= $2^2/_5$ Fuder oder 5 Eimer		3.368	hl
Schwarzburg-Frankenhausen — Branntwein	= 54 Stübchen = 216 Maß = 3 Eimer!			
Flasche				
Homburg = 2 Schoppen			ca. 1.00	l
Nassau, Hzgt.			ca. 1.00	l
Fuder, altes rheinisches Weinmaß, dort 1000 l. Daneben 1 Fuder soviel wie eine Fuhre, die Ladung eines zweispännigen Wagens (z. B. Fuder Heu). An der Mosel wird noch jetzt fast allgemein der Wein nach Fudern zu rd. 1000 l gehandelt. ahd. fuodar = Wagenladung. (Im alten Österreich berechnet man nach Fuder das in Form von Kegeln oder Pyramiden in den Salinen festgeschlagene Sudsalz.)				
Baden	= 10 Ohm zu 10 Stutzen zu 10 Maß zu 10 Glas		15.0	hl
Braunschweig	= 4 Oxhoft = 6 Ohm			
Bremen	= 6 Ohm zu 4 Anker oder 45 Stübchen		8.698	hl
Dänemark			8.9849	hl
Hamburg	= 6 Ohm zu 4 Anker		8.638	hl
Hannover	= 6 Ohm = 4 Oxhoft	0.1070	9.3455	hl
Hessen, Kurfst.	= 4 Oxhoft = 6 Ohm	0.10498	9.5252	hl
Lippe-Bückeburg	= 12 Malter = 72 Himten			
Lübeck	= 4 Oxhoft = 6 Ohm			
Österreich	= 32 Eimer zu 40 Maß zu 4 Seidel		18.1122	hl
Preußen	= 6 Ohm = 4 Oxhoft = 12 Eimer = 48 Anker = 144 Quart bzw. 4 Oxhoft zu 1.5 Ohm zu 2 Eimer zu 2 Anker zu 30 Quart zu 64 Kub.-Zoll	0.121297	8.24422	hl

(Fortsetzung von Tabelle 131)

Hohlmaße		auf 1 l bzw. hl gehen	l, hl	
Rheinpfalz			10.000	hl
Sachsen	= 6 Ohm		8.0835	hl
Dresden	= 12 Eimer = 864 Kannen = 1728 Stößel 1 Eimer = 72 Kannen = 144 Stößel 1 Kanne = 2 Stößel			
Sa.-Gotha	= 4 Oxhoft = 6 Ohm = 8 Feuillette = 12 Eimer			
Württemberg (Hohenzollern)	= 6 Eimer zu 16 Imi zu 10 Maß zu 4 Quart (Schoppen)			
— Helleich		0.056707	17.3656	hl
— Trübeich		0.054327	18.407	hl
Gebräude, Hohlmaß f. Bier				
Hannover	= 43 Faß		87.07	hl
Leipzig	= 16 Faß = 8 Kufen		70.777	hl
Preußen	= 18 Faß		41.22	hl
Sachsen	= 24 Faß		94.31	hl
— Dresden (lokal, später gesetzlich für das ganze Land)	1 Gebräude = 24 Faß = 48 Viertel = 96 Tonnen = 10080 Kannen 1 Faß = 2 Viertel = 4 Tonnen = 420 Kannen 1 Viertel = 2 Tonnen = 210 Kannen 1 Tonne = 105 Kannen			
Gescheid				
Frankfurt, M.		0.55779	1.7928	l
Hessen, Großhzgt.	= 4 Mäßchen	0.50	2.00	l
Homburg	= 4 Mäßchen	0.50	2.00	l
Himten, Himpten, norddeutsches Getreidemaß				
Braunschweig	= 2316 Kub.-Zoll = 16 Metzen = 1/40 Wispel		31.1447	l
	1/4 Himpten = 1 Vierfaß = 16 Löcher		7.7861	l
Hamburg, Altona	= 4 Spint		27.841	l
Hannover	= 1 1/4 Kub.-Fuß = 4 Metzen, Spint = 16 Sechzehntel, Mühlköpfe, Hoop = 16 Kannen	0.032101	31.152	l
Hessen, Kurfrst.		0.024885	40.185	l
Kassel	= 4 Metzen = 1/4 Scheffel		20.092	l
Lauenburg, Hzgt.	= 4 Spint = 2/3 Scheffel		31 1/6	l
Lippe-Schaumburg	= 4 Metzen = 1/6 Malter		32.969	l
Schleswig-Holstein	= 4 Spint = 1/4 dänische Tonne		34.780	l

(Fortsetzung von Tabelle 131)

Hohlmaße		auf 1 l bzw. hl gehen	l, hl	
I m i				
Hohenzollern	= 10 Maß			
Imi Helleich		0.054435	18.370	l
Imi Trübeich		0.052154	19.174	l
K ä n n c h e n				
Hessen, Kurfürstentum		8.0628	0.12403	l
K a n n e , Maßkanne				
Bayern, Maßkanne	= 1/60 Eimer = 43 Dezimal-Kubik-Zoll = 2 Seidel (1 Seidel = 2 Quartal) = 2.1381 Schoppen	0.93545	1.06903	l
Hamburg			1.805	l
Hannover	= 2 Quartier = 1/8 Ohm	0.51362	1.9470	l
Mecklenburg-Schw.	= 2 Pott		1.85	l
Mecklenburg-Str.	= 2 Pott		1.81	l
Norwegen			2.617	l
Oldenburg	= 4 Ort (Örtchen)		1.368	l
	auch		1.4252	l
Delmenhorst			1.1	l
Reuß-Zeulenroda		1.0688	0.80893	l
Sachsen (Dresden)	= 1/72 Eimer		0.93559	l
1 Dresdner K.	war unterteilt in 1/4, 1/8, 1/12 Kanne [45b] (Reg. der Stadt Dresden vom 5. 3. 1856)			
12 Dresdner K.	= 1 Buttergefäß (Butterhöschen, Fäßchen) (Reskr. v. 2. 8. 1735). Nach Reskr. v. 23. 6. 1740 konnten auch Buttergefäße zu 9, 6, 3 und 1½ Kannen angefertigt werden. Jeder Böttcher sollte den Anfangsbuchstaben seines Namens und das Quantum des Maßes aufbrennen [45b] (1 Kanne Butter = 1 kg)			
1 Dresdner K.	= 2 Stößel [nach 44]			

(Fortsetzung von Tabelle 131)

Hohlmaße	auf 1 l bzw. hl gehen	l, hl
1 Dresdner Neukanne = 2 Schoppen = 1 Liter = 1.0688 sächs. Kanne		1.000 l

Brandt [45b, S. 69] hat die Dresdner Kanne mit Kannenmaßen verschiedener Länder verglichen:

	Dresdner Kannen
1000000 litres	1068345
„ bayrische Maß	1142080
„ Berliner Kannen	1250333
„ Wiener Kannen	1511724
„ Badenser Maß	1602517
„ Württ. Schenkmaß	1784180

Hieraus ist ersichtlich, daß die Dresdner Kanne von allen deutschen Kannen dem Liter am nächsten kommt und nur 68 ccm größer ist als ein Liter.

Nach einer Ausmessung verschiedener Dresdner Kannen durch *Blochmann*, Inspektor des Mathematisch-Physikalischen Salons Dresden, vom Jahre 1824 schwankte die Normenkanne zwischen 71.38 und 73.2 Kubikzoll = 0.938 bzw. 0.962 l.

Auch *Lohrmann* [45b] hat in den Jahren 1834—35 eine Anzahl sächs. Kannen untersucht. Es folgt ein Auszug der von Lohrmann untersuchten Kannen:

Übersicht der von Lohrmann untersuchten Kannen (Auszug)

Ort	Maß	l	l/Kanne
Crimmitschau	halbe Kanne	0.733	1.466
Dippoldiswalde	halbe Kanne	0.522	1.045
Döbeln (1775)	halbe Kanne	0.487	0.974
Dresden	ganze Kanne		0.951
Freiberg	ganze Kanne		0.93
Glauchau	halbe Kanne	0.736	1.471
Gottleuba	ganze Kanne		1.050
Johanngeorgenstadt	ganze Kanne		1.411
Königstein	ganze Kanne		0.927
Lichtenstein	ganze Kanne		1.513
Löbau (1675)	ganze Kanne		1.276
Marienberg	halbe Kanne	0.67	1.34
Oberwiesenthal	ganze Kanne		1.448
Plauen (1716)	ganze Kanne		0.96
Schneeberg	ganze Kanne		1.573
Schwarzenberg	ganze Kanne		1.433
Stollberg	ganze Kanne		1.411
Waldenburg	halbe Kanne	0.779	1.558
Werdau	halbe Kanne	0.680	1.360
Wolkenstein	viertel Kanne	0.369	1.476
Zöblitz	ganze Kanne		1.47
Zwickau	ganze Kanne		1.374

Visierkanne = Eichmaß für den Dresdner und Leipziger Eimer 1.403 l
= 48 Dresdner Eimer
= 54 Leipziger Eimer (75.782 l)

Schenkkanne = 1.204 l

Hohlmaße	auf 1 l bzw. hl gehen	l, hl
Sachsen-Gotha		1.81925 l
Sachsen-Weimar = 2 Stösel (Stößel)		0.8964 l
auch		1.20 l
Schleswig-Holstein = 133 schl.-hol. Kub.-Zoll	0.46003	2.1738 l
(auch Achtel gen.) auch	0.55207	1.8114 l
= 2 Quartier = 4 Oesel		

(Fortsetzung von Tabelle 131)

Hohlmaße		auf 1 l bzw. hl gehen	l, hl	
Schwarzburg-Sondershausen	= 2 Maß = 4 Nösel			
Schweden			2.617	l
Krug				
Hannover	= 4 Ort = 16 Viertelort (vatjes)	0.72227	1.3845	l
Kubik-Fuß				
Bayern	= 1/32 cbm 32 1/3 Kub.-Fuß = 1 cbm		34.86	l
Österreich			31.5787	l
Preußen			30.915	l
Kufe				
Sachsen	= 2 Faß = 4 Viertel = 8 Tonnen		7.96	hl
Kumpf				
Hessen, Großhzgt.	= 4 Gescheid	0.125	8.00	l
Homburg	= 4 Gescheid	0.125	8.00	l
Lögel, Lägel (Weinmaß)				
Meisenheim	= 25 Maß	2.0	0.5	hl
Schweiz			0.45	hl
Malter (Getreidemaß)				
Baden	= 100 Maß, Mäßlein = 10 Sester	0.6667	1.50	hl
Frankfurt/M.	= 4 Simmer = 16 Sechter = 64 Gescheid = 256 Mäßchen (Visiergescheid) = 8600 Kub.-Zoll	0.87150	1.14745	hl
Hannover	= 6 Himten		1.8691	hl
Hessen, Großhzgt.	= 4 Simmer = 16 Kumpf = 64 Gescheid = 256 Mäßchen = 8192 Kub.-Zoll	0.78125	1.28	hl
Hessen, Kurfrst.	= 4 Viertel = 8 Scheffel	0.15553	6.4295	hl
Hessen-Nassau	= 10 Zehntel = 4 Viernsel = 16 Kumpf = 64 Gescheid		1.09063	hl
Homburg	= 4 Simmer = 128 l	0.78125	1.28	hl
Meisenheim	= 4 Faß = 16 Sester = 64 Mäßchen		1.00	hl
— Kalk	= 5 Töpfchen = 100 l			
Preußen	= 12 Scheffel		6.955	hl

(Fortsetzung von Tabelle 131)

Hohlmaße		auf 1 l bzw. hl gehen	l, hl	
Sachsen	= 12 Scheffel		12.478	hl
Sa.-Hildburghausen				
— Korn			2.06933	hl
— Hafer			2.39306	hl
Sa.-Meiningen	= 4 Metzen = 8 Maß		1.671	hl
Sa.-Weimar	= 4 Viertel = 32 Metzen = 2 Scheffel			
Schwarzburg-Sondershausen	= 16 Scheffel			
Schweiz	= 1 sac = 10 quarterones		1.50	hl
Wiesbaden			1.00	hl
Maß				
Baden	= 10 Becher			
	= 0.556 Kub.-Fuß = 1/100 Ohm	0.6667	1.5	l
Bautzen, Biermaß von 1585 und 1667			1.8	l
Bayern, Maßkanne	= 2 Seidel = 1/64 Eimer = 0.043 Kub.-Fuß		1.0690	l
Böhmen			1.9	l
Frankfurt, Eichmaß	= 4 Schoppen			
	= 1/80 Ohm		1.7929	l
alte Maß	= 1 Gescheid (Getreide)	0.55779	1.7928	l
junge Maß	= 4 Schoppen jung	0.62752	1.5936 (1.608)	
(9 junge M.	= 8 alte M.)			
Kassel, altes Wormser Maß	= 144 Kub.-Werkzoll	0.50393		
Löbau, Kayser Kreutzer Maß 1778			0.53	l
	gute dreyer Maaß		0.48	l
	gute dreyer Maaß 1719		0.47	l
	Schlesische dreyer Maaß 1719		0.41	l
	Zwey Pfennig Maaß 1721		0.33	l
Mähren			1.1	l
Hessen, Großhzgt.	= 4 Schoppen = 1/80 Ohm	0.50	2.00	l
Hessen, Kurfrst.	= 4 Schoppen		1.9495	l
(Weinmaß)	= 16 Kännchen auch		1.9844	l
Hessen-Nassau, Weinmaß (junge Maß oder Maß Hell)	= 4 Schoppen		1.694	l
Biermaß (Altmaß oder Maß Trübeich)	= 4 Schoppen		1.9844	l
Homburg	= 2 halbe Maß oder Flaschen, 25 Homb. Maß = 1 Lögel		2.00	l
Meisenheim	= 4 Schoppen	0.50	2.00	l
Nassau, Hzgt.	= 2 Flaschen	0.50	2.00	l

(Fortsetzung von Tabelle 131)

Hohlmaße		auf 1 l bzw. hl gehen	l, hl
Österreich	= 4 Seidel = 0.0448 Kub.-Fuß = 1/40 Eimer	0.7068	1.414724 l
Sachsen-Altenburg	= 2 Nösel, Nößel (Schenkmaß)		0.8963 l
Sa.-Coburg			0.9189 l
Sa.-Gotha			0.9096 l
Sa.-Meiningen	= 2 Kärtchen (Quärtchen)		1.0125 l
Sa.-Weimar	= 2 Nösel (für Öl)		
Schwarzburg-Arnstadt	= 4 Viertel		1.49033 l
Schweiz, wie Baden	= 1/100 Ohm		1.50 l
Tirol			0.811 l
Württemberg-Hohenzollern	= 4 Quart (Schoppen)		
Maß n. Helleich	= 78 1/8 Kub.-Zoll (78.125) = 1/16 Eimer, 10 Maß n. H. = 11 Schenkmaß	0.54435	1.8371 l
Maß n. Trübeich	160 M. n. T. = 167 M. n. H.	0.52154	1.9174 l
Mäßchen			
Hessen, Großhzgt.	= 32 Kub.-Zoll	2.00	0.5 l
Hessen, Kurfrst.		0.39816	2.5115 l
Homburg			0.5 l
Meisenheim		0.64	1.5625 l
Sachsen (Dresden v. 1858, V. v. 7. 5. 1869)	4 Mäßchen = 1 Metze für trockene Güter		1.6223 l
Maßel, Maßlein, Mäßlein			
Baden			1.5 l
Bayern (f. Trockengüter)	= 1/96 Scheffel		2.32 l
Österreich, kleines (Futter)-Maßel			0.96073 l
großes Maßel			1.92146 l
Mühlmaßel			3.84292 l
Oesel, Stößel, Stösel, Nösel, war eine halbe Kanne, in manchen Gegenden ein Mäßchen, Seidel oder Schoppen. In Thüringen bezeichnete man früher auch damit ein kleines Stück Land.			
Hamburg (Nösel)			0.4529 l
Hannover (Stößel)		2.0545	0.48674 l
Schleswig-Holstein (Oesel)		2.2083	0.45284 l
Schwarzburg-Rudolstadt	= 37.5 Kub.-Zoll		0.48769 l
Sondershausen — Branntwein			0.496 l
— Bier			0.451 l

(Fortsetzung von Tabelle 131)

Hohlmaße		auf 1 l bzw. hl gehen	l, hl
Ohm, Ahm, Flüssigkeitsmaß bes. für Wein			
Baden	= 100 Maß = 400 Schoppen		1.5 hl
Braunschweig	= 4 Anker = 40 Stübchen = 80 Maß = 160 Quartier		1.49995 hl
Bremen			1.4496 hl
Dänemark			1.54579 hl
Frankfurt, M.	= 20 Viertel zu 4 alte Maß zu 4 Schoppen	0.69724	1.434107 hl
Hamburg	= 4 Anker = 5 Eimer = 20 Viertel = 40 Stübchen		1.4448 hl
Hannover	= 4 Anker = 40 Stübchen	0.64202	1.55758 u. 1.5596 hl
Hessen, Großhzgt.	= 4 Viertel = 80 Maß = 320 Schoppen = 10240 Kub.-Zoll	0.625	1.600 hl
Hessen, Kurfrst.	= 20 Viertel! = 80 Maß = 320 Schoppen	0.62991	1.5875 hl
— Bier			1.74755 hl
Homburg	= 80 Maß (und wie in Frankfurt)	0.625	1.600 hl
Lübeck und Mecklenburg	= 4 Anker = 20 Viertel = 40 Stübchen = 160 Quartier (Bouteille) = 320 Plank = 640 Ort		1.455 hl
Lippe-Detmold	= 100 Kannen = 3.2 Lögel = 320 Schoppen		
Meisenheim	= 80 Maß	0.625	1.6 hl
Nassau, Hzgt.		0.625 (= 5/8 Ohm)	1.6 hl
	Ohm Trübeich = 80 Altmaß Lautereich = 80 Jungmaß		
Niederlande			1.55224 hl
Norwegen			1.4962 hl
Preußen	= 120 Quart = 4 Anker = 2 Eimer	0.727782	1.374037 hl
Rußland			1.4759 hl
Sachsen			1.3472 hl
Sa.-Meiningen	= 2 Eimer = 64 Schenkmaß (= Tonnen)		0.6545 hl
Schlesw.-Holst. (Ahm)	= 4 Anker = 5 Eimer		1.4491 hl
Schweden			1.570313 hl
Schweiz			1.50 hl
Waldeck	= 16⅔ Eimer = 100 Maß		1.4282 hl

(Fortsetzung von Tabelle 131)

Hohlmaße		auf 1 l bzw. hl gehen	l, hl
Oxhoft, Okshoofd, Ochsenkopf, im Niederdeutschen auch Schweinshaupt genannt. Altes Flüssigkeitsmaß für Wein und Spirituosen. Oxhoft ist identisch mit dem schwedischen Oxhufvud, dem dänischen Oxehoved; wahrscheinlich ist es entstanden aus dem englischen hogshead — aus hogshead stammt auch das französische hoquet.			
Bremen — Branntwein	= 6 Anker = 30 Viertel = 67.5 Stübchen = 264 Quart		
Dänemark (Oxehoved)	= 6 Anker zu 39 (40) Pott		2.26 hl (2.3184) hl
Hamburg	= 1.5 Ohm		
Hannover		0.42801	2.3364 hl
Leipzig	= $2^2/_3$ Eimer franz. Wein = 3 Eimer Franzbranntwein		
Lippe-Detmold	= 1.5 Ohm = 6 Anker = 162 Kannen = 30 Viertel Visiereimer		1.4863 hl
Lippe-Bückeburg	= 6 Anker = 168 Maß = 672 Ort = 8.4 Kub.-F.		2.0508 hl
Preußen	= 1.5 Ahm, Ohm = 3 Eimer = 6 Anker = 180 Quart	0.485188	2.061055 hl
Rußland			2.21382 hl
Schleswig-Holstein	= 6 Anker	0.46006	2.1726 hl
Schweden	(Oxhufvud) = 90 Kannen		2.35548 hl
Pott			
Mecklenburg-Schwerin			0.9057 l
Mecklenburg-Strelitz	= 2 Nösel		0.9050 l
Schleswig-Holstein Pott Erde	= 4 Schachtwerke		
Quart, Quartier, vom lateinischen ‚quartus‘, der Vierte, bezeichnet eigentlich den vierten Teil eines größeren Maßes; ein früheres Flüssigkeitsmaß in verschiedenen Ländern und Orten Norddeutschlands.			
Anhalt (wie in Preußen)			
Bayern			0.267 l
Braunschweig — Steuerquartier	= 2 Nösel		0.9368 l
Bremen (= 4 Mengelen)			0.8054 l
Danzig (wie in Preußen)			

(Fortsetzung von Tabelle 131)

Hohlmaße		auf 1 l bzw. hl gehen	l, hl	
Hamburg — Quartier	= 2 Stösel = 1/240 Oxhoft		0.90572	l
Hannover — Quartier	= 2 Stösel	1.0272	0.97349	l
Lübeck	= 4 Ort, Örtchen = 4 Lot		0.9094	l
Oldenburg			0.8897	l
Preußen	(= 64 Kub.-Zoll) = ⅓ Getreidemetze 60 Quart = 1 Eimer preuß.	0.873339	1.145031	l
Quartel				
Bayern		3.7417	0.26726	l
Saum oder Ohm, Muid				
Schweiz	= 4 Eimer = 100 Maß = 10 Viertel (Quarterones)		1.5	hl
Scherfstutz, (scherstuzt, scherffstorz), ein Buttermaß, das im Klosterhof Tambach des Klosters Georgenthal i. Thür. verwendet wurde [45b, S. 36]. Für die Größe des Maßes fehlt der Anhalt, vermutlich war es soviel wie ein Mäßchen oder Näpfchen.				
Schoppen				
Bayern			0.5	l
Dresden (= 1/2 Neukanne)			0.5	l
Frankfurt/M.		2.2312		
Hessen, Kurfrst.		2.0157	0.49611	l
Meisenheim (4 Schoppen = 1 Maß)			0.44820	l
Preußen (= 0.43667 Ort)				
Sechter				
Frankfurt/M.	= 4 Gescheid (1 Gescheid = eine alte Maß) 8 alte Maß = 9 junge Maß	0.13945	7.1715	l
Sechzehntel				
Hannover		0.51362	1.9470	l
Schleswig-Holstein		0.92006	1.0869	l
Seidel, Seitel				
Bayern (= 2 Quart)		1.8709	0.53451	l
Ungarn			0.400	l
Wien			0.354	l

(Fortsetzung von Tabelle 131)

Hohlmaße		auf 1 l bzw. hl gehen	l, hl	
Sester (lat. sextarius), älteres badisches Maß für sackfähige Dinge				
Baden	(10 Sester = 1 Malter)		15.00	l
Schweiz	= 1 Viertel		15.00	l
als Hohlmaß				
Elsaß	= 4 Quart			
Meisenheim	= 4 Mäßchen	0.160	6.25	l
Schweiz	= 8 Kannen			
Simmer, hessisches Getreidemaß				
Frankfurt/M.	= 2 Mesten	0.034862	28.686	l
Hessen, Großhzgt.	= 4 Kumpf = 1/4 Malter	0.03125	32.0	l
Homburg	= 4 Kumpf	0.03125	32.0	l
Sachsen-Coburg	= 4 Viertel = 16 Metzen			
	(f. Hülsenfr.)		88.946	l
	(f. Hafer)		110.449	l
Simri, Simmi				
Hohenzollern u. Württemberg — Getreide	2.2570 Simri = 1 Neuscheffel = 942 1/8 Kub.-Zoll	0.04514	22.153	l
Stübchen				
Bremen	= 1/45 Ohm (= 4 Quart zu 4 Mengelen)		3.2214	l
Dresden (1308)	6 Stübchen = 1 Sturnitze = 29.94 l		5.0000	l
Hamburg	= 2 Kannen = 4 Quartier = 8 Oessel = 266 Kub.-Zoll		3.61	l
Hannover	= 270 Kub.-Zoll = 2 Kannen = 4 Quartier = 8 Nösel	0.25681	3.8940	l
Lübeck	= 1/40 Ohm		3.6374	l
Schleswig-Holstein		0.27603	3.6227	l
Stück, Stückfaß, Flüssigkeitsmaß (bes. am Rhein) f. Wein				
Dänemark	= 5 Oxhoft		11.231	hl
Nassau, Herzgt.	= 7.5 Ohm	0.083333	12.00	hl
Frankfurt, M.	= 8.25 Ohm (1/2 Stück = 4 Ohm = 1 Zulast)			

(Fortsetzung von Tabelle 131)

Hohlmaße		auf 1 l bzw. hl gehen	l, hl	
Sturnitze				
Sachsen	= 6 Stübchen (Dresdner Schankordnung von 1308)		29.94	l
	27 Sturnitze = 12 Eimer = 1 Fuder			
	3½ Sturnitze = 1 Tonne		104.79	l
Töpfchen				
Meisenheim — Kalk	2.5 Töpfchen Kalk = 1 Scheffel		20.0	l
	5 Töpfchen = 100 l = 1 Malter Kalk			
Vierling				
Bayr. Rheinpfalz			3.125	l
Hohenzollern		0.18056	5.5383	l
Viertel, Viert				
Bayern	= 4 Maßel zu je 4.63 l	0.05405	18.5	l
	1 Maßel = 4 Dreißiger			
	2 Viertel = 34²/₃ Maßkanne = 1 altbayr. Metzen (2.6984 Metzen = 1 hl)		37.0	l
Kassel	= 6¾ Kub.-Werkfuß			
Frankfurt, M.	= 4 Maß	0.13945	7.1711	l
Hessen, Großhzgt.	= 4 Maß	0.125		
Hessen, Kurfrst.	= 2 Scheffel = 4 Himten = 16 Metzen	0.62213	1.6074	l
Holstein	= 2 Stübchen	0.23002	4.3475	l
	auch	0.13802	7.2455	l
	(1 Stübchen = 2 Kannen)			
Sachsen				
Oberwiesenthal (1835), altes Viertel			38.9	l
	2½ alte Viertel = 1 böhm. Strich			
	4 Viertelstrich = 1 böhm. Strich = 15/16 Dresdener Scheffel		97.3	l
Gotha	= 3171 Kub.-Zoll		43.6618	l
Viertelein				
Hohenzollern		5.7780	0.17307	l
Vierup, Verep (in Ostfriesland, Meppen)				
Hannover	= 2 Kub.-Fuß = 2 Scheffel = 4 vatjes = 36 Krug = 1³/₅ Himten	0.020063	49.843	l

2.142 *Ausländische Körpermaße*
weitere Maße s. Anhang

Tabelle 132

(G = Getreidemaß und Trockenmaß, F = Flüssigkeitsmaß, R = Raummaß)

Land	Körpermaß	m³, l, hl	
Abessinien	1 menelik (R)	0.001	m³
	1 ruba (F)	1 01594	l
	1 ardeb		
	= 10 madega (Gondar)	4.4	l
	= 24 madega (Massuah)	10.56	l
	1 daula (G) = 20 ruma	90.92	l
	1 medan = 8 ruba	8.13	l
	1 gome (F)	60.00	l
	1 tschaun (G)	270 00	l
Ägypten	1 ardabb		
	[eigentl.: irdabb; plur. aradib] (G)	1.98	hl
	1 weba [eigentl.: waiba] = 1/6 ardabb	33	l
	1 kaila = 1/2 weba	16.5	l
	1 rub' [Knacklaut am Wortende]		
	= 1/2 kaila	8.25	l
	1 malwa = 1/2 rub'	4.125	l
	1 qadah (G) = 1/2 malwa	2.062	l
	1 rub'a' [d h „ein Viertel"] (F)		
	= 1/4 qadah	0 502	l
	1 tumna [d. h „ein Achtel"] (F)		
	= 1/8 qadah	0.258	l
	1 qirat	0.064	l
Albanien	früher wie in der Türkei		
Algerien (bzw Tunesien)	1 qafiz = 16 weba	528	l
	1 qalba	20	l
	1 kaila	16.66	l
	1 metalli Öl = 16.951 kg		
Andorra	früher wie in Spanien u. Frankreich		
Annam	1 tao (sonst (F) nach Gewicht)	0.5655	hl
Arabien	1 timan	56.8	l
	1 cuddy (F)	7 6	l
Argentinien	altspanische Maße		
	1 galón (F)	3.79	l
	1 bushel (G)	36.37	l
	1 cuartilla	34.299	l
	1 fanega (G) = 4 cuartillas	137 197	l
	1 frasco (G) = 4 cuartas	21.37	l
	1 barril (F)	0.76004	hl
	1 pipa (piza) (F) = 4 cargas	4.560264	hl
	1 Last Getreide = 15 fanegas		

(Fortsetzung von Tabelle 132)

Land	Körpermaß	m^3, l, hl	
Austral. Staatenbund	(wie in Großbritannien)		
Batavia	1 kan	1.49114	l
Belgien	1 pied cube (Kubikfuß) (R)	0.02359	m^3
	Unterteilungen in pouce-, ligne-, aune-, perche-, mille cube		
	1 rasière (G) = 56 pots	77	l
	1 pot (G) (F) = 2 pintes	1.375	l
	1 pinte (G) (F)	0.687	l
	1 boisseau (G)	63.656	l
	1 aime (Ohm) (F) = 100 pots	1.375	hl
	1 tonne (F) = 120 pots	1.6	hl
	1 foudre (F) = 6 aimes	7.801	hl
	Maße von 1816/17 bis ca. 1836		
	1 corde (Brennholzmaß)	1.00	m^3
	1 litron	1.00	l
	1 mesurette	0.10	l
Bolivien	1 azumbre (F)	2.02	l
	1 arroba (F)	30.45	l
	1 fanega = 4 cuartillas	55.48	l
	1 cántara (R)	16.13	l
Bombay	(F) werden nach dem alten engl. gallon zu 3.7852 l gemessen oder nach dem maund gewogen		
	1 maund	12.70058	kg
Brasilien	altportugiesische Maße:		
	1 canada (F) = 4 quartilhos	1.37	l
	— in Bahia (2 alte engl. Wein-gal.)	7.2	l
	— in Pernambuco	6.056	l
	1 frasco (Flasche) (F) = 1.5 quartilhos	0.513	l
	1 medida (F)	2.66204	l
	1 móio (G) = 15 fanegas = 60 alqueires	8.28	hl
	1 alqueire (R)	40, 50, 70, 160	l
	— in den einzelnen Staaten verschieden:		
	in Rio de Janeiro 11.864 l		
	in Parahiba 32.0 l		
	in Bahia 31.14 l u. 30.5 l		
	in Maranhão 44.05 l		
	1 alqueire (G)	13.8	l
	1 pipa (Tonne) = 26 almudes	4.268	hl
	1 almude (F) (in Rio) = 12 canadas	16.54	l
	1 Last Getreide = 15 fanegas		

(Fortsetzung von Tabelle 132)

Land	Körpermaß	m³, l, hl	
Bulgarien	früher wie in der Türkei		
	1 kili = 12 schinik	240	l
	1 zarigradsko kiló	37	l
	1 dunavsko kiló (G) = 10 krini = 100 oki	1.282	hl
	1 oka (F) = 1/10 wedro (F u G nach Gewicht, 1 oka = 1 278 kg)	1.282	l
China	1 Kub.-Fuß	37.037	l
	1 kung ton (G)	10.0	l
	1 kung shik (R)	1.0	hl
	1 kung sheng und 1 shik sheng (F)	1.0	l
	1 tschi(tan) (G) zu 10 to(w) zu 10 sching zu 10 ko	103.1	l
	1 sheng = 10 ho	1.031	l
	1 s(a)ei (G) zu 2 hwo zu 10 sching zu 10 tsching zu 10 tscho (= chinesischer Scheffel) (G) und (F) sonst meist nach Gewicht	122.43	l
Costa Rica	1 fanega	54.52	l
Dänemark	1 Kubikfod	0.030915	m³
	1 Kubikfavn	6.68	m³
	1 Kande = 2 Potter	1.9322	l
	1 Pot (F) = 4 Pægle = 1/2 Kande = 1/155 Ohm	0.966	l
	1 Tønde (Korntonne) (G) = 8 Skæpper (Scheffel) = 32 Fjerdingkar (Viertel) = 64 Achtel = 128 Sechzehntel = 144 Potter	1 3912	hl
	1 Last = 22 Tonnen		
	1 Tønde (Kohlentonne) = 176 Potter auf Island Toende (G) in Dänemark Tunna (F)	1 7004 1.31 1.31	hl hl hl
	1 Tønde (Butter) = 3 Dritler	112	kg'
	1 Ohm (F) = 4 Anker = 40 Stübchen = 77.5 Kander = 155 Potter = 620 Pægler	1 4974	hl
	1 Ahm (F)	1 545	hl

(Fortsetzung von Tabelle 132)

Land	Körpermaß	m³, l, hl	
Dänemark (Fortsetzg.)	1 Oxehoved = 6 Anker zu 38¾ Potter	2.2459	hl
	1 Stückfaß = 5 Oxehoved = 7.5 Ohm	11.23114	hl
	1 Faß, Fuder = 4 Oxehoved = 6 Ohm = 24 Anker = 240 Stübchen = 463 Kander = 930 Potter zu 0.966 l	8.98	hl
Dominikanische Republik	1 arroba (G) zu 16 cuartillos	16.33	l
	1 fanega	105.7	l
Ecuador	1 azumbre (F)	4.44	l
	1 arroba menor (F)	12.56	l
	1 fanega (G)	54.52	l
Estland	1 wedro = 10 krushka = 10 tscharka	12.3	l
	1 tschetwerik	26.238	l
	1 loof (G) = 3 külmit zu 12 stoof	43.37	l
	1 stoof	1.18	l
	1 Weinanker = 32 stoof		
	1 Faß Branntwein = 130 stoof		
	1 botschka = 40 wedro	4.92	hl
Finnland	1 kanna	2.6172	l
	1 tonne	1.65	hl
	1 oxhoved	2.35	hl

Frankreich

Metrische Körpermaße:

I. Gewöhnliche Maße — Einheit: mètre cube (= 29.174 alte pieds cubes)

kilomètre cube km³	hectomètre cube hm³	decamètre cube Dm³	**mètre cube m³**	décimètre cube dm³	centimètre cube cm³	millimètre cube mm³
1	1000	1 Mill.	1 Md.			
			1	1000	1 Mill.	1 Md.

II. (Brenn- und Nutz-) Holzmaße — Einheit: stère (= 1m³)

kilostère	hectostère	décastère	**stère**	décistère	centistère	millistère
1	10	100	1000			
			1	10	100	1000

III. Hohlmaße (G) (F) — Einheit: litre (= $^{1}/_{1000}$ cbm = 50.412 alte pouces cubes)

kilolitre kl	hectolitre hl	décalitre Dl	**litre l**	décilitre dl	centilitre cl	millilitre ml
1	10	100	1000			
			1	10	100	1000

(Fortsetzung von Tabelle 132)

Land	Körpermaß	m³, l, hl
Frankreich (Fortsetzg.)	Altes Maß	
	(im Kleinverkehr bis ca. 1820)	
	Körpermaße	
	1 pied cube (Kubikfuß)	0.034277 m^3
	1 pouce cube (Kubikzoll)	19.836377 cm^3
	1 ligne cube (Kubiklinie)	11.468384 mm^3
	1 point cube (= $^1/_{515978}$ pied cube de roi)	0.006639 mm^3
	1 toise cube (Kubikklafter)	7.403888 m^3
	1 lieue cube (Kubiklieue)	
	a) lieue cube commune od. géographique	88.255454 km^3
	b) lieue cube moyenne	125.660447 km^3
	c) lieue cube nouvelle	64 km^3
	Brenn- und Nutzholzmaße	
	1 voie (de Paris) = 56 pieds cubes	1.919526 m^3
	1 corde = 2 voies de Paris	3.839053 m^3
	1 marque (Bauholzmaß in le Havre)	
	= 300 chevilles	
	= $2^1/_{12}$ pieds cubes usuels (s. u.)	0.077160 m^3
	1 cheville = $^1/_{300}$ marque	0.000257 m^3
	Hohlmaße (Trockenmaße)	
	1 boisseau (Scheffel) (G) = 16 litrons	13.0083 l
	1 litron	0.81302 l
	1 picotin (Metze) = 4 litrons	3.25207 l
	1 mesure (Maß für Salz)	2.16805 l
	1 setier (Sester) (G) = 12 boisseaux	1.56 hl
	1 mine (G) = 6 boisseaux	78.049 l
	1 minot (G) = 3 boisseaux	39.025 l
	1 muid (G) = 12 setiers	18.731 hl
	Hohlmaße (Flüssigkeitsmaße)	
	1 muid (F) = 2 feuillettes	2.682 hl
	1 feuillette (F) = 2 quartauts	1.341 hl
	1 quartaut (od. quarteau) (F) = 9 veltes od. setiers	67.055 l
	1 velte (od. setier) (F) = 4 pots	7.450 l
	1 pot (F) = 2 pintes	1.862 l
	1 pinte (F) = 2 chopines	0.931 l
	1 chopine (F) = 2 demi-setiers	0.465 l
	1 demi-setier (F) = 2 possons	0.232 l
	1 posson (F) = 2 demi-possons	0.116 l
	1 demi-posson (F) = 2 roquilles	0.058 l
	1 roquille (F)	0.029 l
	1 tierçon (F) = $^1/_3$ muid	89.406 l
	(im Großhandel)	91.316 l
	1 queue (F) = 2 demi-queues	4.023 hl

(Fortsetzung von Tabelle 132)

Land	Körpermaß	m³, l, hl	
Frankreich (Fortsetzg.)	1 demi-queue (F), barrique od. poinçon = 27 veltes	2.012	hl
	1 barrique (F)		
	a) siehe unter demi-queue	2.012	hl
	b) in Bayonne = 40 veltes	2.467	hl
	c) in Bordeaux (bordelaise)	2.28	hl
	1 pipe od. pièce (F) = ca. 81 veltes	6.164	hl
	1 tonneau (F) = 4 barriques	9.131	hl
	Weitere Weinmaße: millerole, escandeau, pichoune, quarteron, baral, both, charge, baril		
	Mesures usuelles (sie dienten zur leichteren Einführung des metrischen Systems und kamen bis ca. 1860/61 vor)		
	1 pied cube usuel (R)	0.037	m^3
	1 pinte usuelle (F) (eingeteilt in 2/2, 4/4, 8/8)	1.00	l
Griechenland	1 kyathos	0.046	l
	1 mystron	0.01	l
	1 amphora	19.44	l
	1 metretes	39.39	l
	1 medimnos	52.53	l
	(neugriech. Maße) metrisch, früher		
	1 barelli (F), barella meist:	48.0	l
	auch:	64.39	l
	1 kilo, königl. (G) = 100 litrai (1 l = 10 kotyli zu 10 mystra)	1.00	hl
Großbritannien	**Volumenmaße (Kuben der Längenmaße)**		
	1 cu. inch (= Zoll³) = 1000 cu. lines; 61.024044 cu. in. = 1 dm³	16.3870	cm^3
	1 cu. foot = 1728 cu. inches; 35.3148502 cu. ft. = 1 m³	28316.75	cm^3
	1 cu. yard = 27 cu. ft.; 1.30795741 cu. yds. = 1 m³	0.764551	m^3
	1 acre foot = 1 acre × 1 foot = 43560 cu. ft.; 0.810737 acre foot = 1000 m³	1233.475	m^3
	1 register ton = 100 cu. ft. = 625 gallons; 0.353149 reg. ton = 1 m³	2.83167	m^3
	1 ocean (freight) ton = 40 cu. ft.	1.132668	m^3
	1 keel = 8.5 reg. tons = 850 cu. ft.	24.0692	m^3

(Fortsetzung von Tabelle 132)

Land	Körpermaß	m³, l, hl	
Großbritannien (Fortsetzg.)	**Hohlmaße für Trockensubstanzen**		
	1 Imperial gallon (Imp. gal.) (s. u. Hohlm. f. Fl.) 21.99757 gallons = 100 dm³	4.545963	l
	1 peck (pk.) = 2 Imp. gallons (G) für Mehl u. Salz dem Gewicht nach = 1 stone oder 6.35 kg 10.99877 pecks = 100 dm³	9.09103	l
	1 bushel (bu.) = 4 pecks = 8 Imp. gallons = 256 gills 2.749692 bushels = 100 dm³	36.349	l
	früher war das bushel = 35.238 l (Winchester) = 1/8 des alten quarter, das 2.81905 hl war. 131 Winch. bu. = 127 Imp. bu. (genau 33 = 32)		
	100 Winch. bu. = 35.238 hl = 64.112 preuß. Scheffel oder Hamburger Faß = 57.292 Wiener Metzen		
	1 bushel Getreide war im Durchschnitt 54 l: f. Weizen = 62 pounds av. Roggen = 54.5 „ Gerste = 48 „ Hafer = 39 „ Erbsen = 66 „ Bohnen = 65 „ Kleesaat = 70 „ Rapssaat = 50 „		
	1 kilderkin	8.1829	dm³
	1 barrel = 2 kilderkins = 4 firkins = 36 Imp. gallons	163.5645	dm³
	1 Imperial quarter (G) zu 8 bushels (zu 36.3 dm³) zu 4 pecks (zu 9.09103 dm³) zu 2 Imp. gallons (zu 4.545963 dm³)	290.942	l
	quarter, an der Londoner Börse als Gewicht für Weizen = 480—504 pounds av.		
	1 Imperial gallon, ein Getreidegewicht von 480 pounds av. = 217.7 kg		

(Fortsetzung von Tabelle 132)

Land	Körpermaß		m³, l, hl	
Großbritannien (Fortsetzg.)	Weitere Maße für Trockengüter:			
	1 dish (Bleierz)		17.5910	dm³
	1 strike (Getreide)	= 2 bushels	72.7354	dm³
	1 load (Bleierz)		0.15832	m³
	1 cran (gesalzene Fische)	= 37.5 gallons	0.17047	m³
	(frische Fische)	= 45.0 gallons	0.20457	m³
	1 hogshead (Fische)	= 40 gallons	0.18184	m³
	1 hogshead (Bier)	= 52½ gallons	238.65	l
	1 hogshead (Most)	= 54 gallons	245.47	l
	1 barrel (Zement)	= 5 bushels	0.18184	m³
	1 boll	= 6 bushels	0.218206	m³
	1 vat	= 3 sacks zu 109.103 dm³ = 9 bushels	0.32731	m³
	1 serch (Steine)	= 25 cu. ft.	0.70792	m³
	1 load (ton) (rohes Holz)	= 40 cu. ft.	1.13267	m³
	1 chaldron (Kohlen)	= 4 quarters	1.16377	m³
	1 chaldron	= 36 bushels	1.30924	m³
	1 load (bearbeitetes H.)	= 50 cu. ft.	1.41584	m³
	1 last (Getreide)	= 2 loads = 10 quarters = 80 bushels = 320 pecks = 640 gallons	2.90942	m³
	1 stack (of wood)	= 12×3×3 = 108 cu. ft.	3.05820	m³
	1 standard (Rundholz)	= 120 cu. ft.	3.39800	m³
	1 cord	= 14×3×3 = 126 cu. ft.	3.56790	m³
	1 cord (Brennholz)	= 8×4×4 = 128 cu. ft.	3.62454	m³
	1 standard (behauenes Holz)	= 150 cu. ft.	4.24750	m³
	1 cu. fathom (Holz)	= 216 cu. ft.	6.11641	m³
	1 keel (Kohlen)	= 8 Newcastle chaldrons zu je 2.88898 m³	23.1118	m³
	Hohlmaße für Flüssigkeiten			
	1 Imp. gill (gl.)	= 1/32 gallon	0.14206	l
	1 Imp. pint (pt.)	= 4 gills = 1/8 gallon	0.56826	l
	1 Imp. quart (qt.)	= 1/4 gallon	1.1365	l
	1 pottle	= 1/2 gallon	2.273	l

(Fortsetzung von Tabelle 132)

Land	Körpermaß		m³, l, hl	
Großbritannien (Fortsetzg.)	1 Imperial gallon (vom Jahre 1898)	= 2 pottles zu 2.27298 l = 4 quarts zu 1.13649 l = 8 pints zu 0.568 l = 32 gills zu 0.142061 l	4.545963	l
	nach Order in Council v. 19. 12. 1898	= 277.260 cu. in.		
	0.21997547 Imp. gallon	= 1 l		
	1 ton	= 20 hundredweights = 2240 pounds = 250 gallons		
	1 tun (s. u.)	= 20.25 hundredweights = 2268 pounds = 252 gallons		
	ton ist maritimes, *tun* kaufmännisches Maß			
	1 register ton	= 100 cubic feet		
	1 displacement ton	= 35 cubic feet		
	1 freight ton	= 40 cubic feet		
	1 metric ton	= 2204.6 pounds		
	1 ton (kaufmännisch) (1 long ton od. gross ton)	= 20 hundredweights = 2240 pounds = 250 gallons		
	1 gallon Olivenöl	= 9 pounds		
	1 pipe Portwein	= 115 gallons		
	1 „ Lissabon	= 117 „		
	1 „ Madeira	= 108 „		
	1 „ Sherry	= 82 „		
	1 „ Malaga	= 105 „		
	1 hogshead Bordeaux	= 52 „		
	1 Ohm Rheinwein	= 30 „		
	1 Imperial gallon als *Apothekermaß*	= 8 pints	4.543	l
	1 pint	= 20 ounces	0.568	l
	1 fluid ounce	= 8 drachms	0.284	dl
	1 fluid drachm	= 60 minims	0.0355	dl
	1 minim (m)		0.000592	dl
	Seit dem Jahre 1836 ist 1 pint = 20 fluid ounces, vorher = 16 uncias in measure od. fluid ounces. (Diese Einteilung ist in den USA für das pint beibehalten worden.)			
	1 altes (Winchester) gallon = 231 cu. in. = 5/6 Imp. gal. (1878)		3.785432	l
	Die Imperialgallone vom Jahre 1824 faßte 10 lbs. avoirdupois Wasser. Als Volumen wurde gerechnet 4.543459 l. Seitdem hat das engl. M.- und G.-System wiederholt Änderungen erfahren.			

(Fortsetzung von Tabelle 132)

Land	Körpermaß	m³, l, hl
Großbritannien (Fortsetzg.)	1873 faßte das Imperial gallon 277.462 cu. in.	4.546525 dm³
	1869 faßte das Imperial gallon 277.260 cu. in.	4.545963 dm³
	1878 faßte das Imperial quarter 64 Imp. gallons desselben Jahres	0.29078144 m³
	Auf Grund internat. Konventionen ist 1 lb. avoirdupois = 0.4535924 kg, mithin faßt die Gallone von 1878 4.543457 : 0.4535924 = 10.0166 lbs. 1898 4.545963 : 0.4535924 = 10.0221 lbs.	
	Die alte Bestimmung, wonach 1 gallon = 10 lbs. Wasser sein sollte, besteht also nicht mehr. Es wird aber mit dieser falschen Annahme gerechnet, was bei Umrechnungen von Gewicht in Maß und umgekehrt zu Irrtümern Veranlassung gibt, besonders wenn es sich um große Mengen handelt (Petroleumverschiffung in Tanks). Man rechnet deshalb die „Petroleumgallone" mit 276800 cu. in., d. s. 10 lbs. Wasser, oder	4.535924 l
	25 Petroleum gallons = 1 Petr. barrel = 5.6065 cu. ft.	158.758 l
	6.4000 Petroleum barrels = 1 engl. Tonne	
	6.2989 Petroleum barrels = 1 metr. Tonne	
Guatemala	1 arroba 12.56 auch	16.13 l
	1 fanega (R)	54.52 l
	(Flüssigkeiten werden meist nach Gewicht oder nach dem alten engl. gallon = 3.785 l verkauft.)	
Haiti	1 pinta (F) = ½ azumbre	1.008 l
	1 galón (G) = 2 pots	3.7852 l
	1 boisseau (G) (im Verkehr mit Frankreich)	13.0083 l
	1 Winchester bushel	35.238 l
Honduras	1 cántara (F) = 8 azumbres = 32 cuartillos	16.13 l
	1 fanega (G)	55.49 l
Indien		
1) Brit. Indien	1 chitta(c)k. tschitta(c)k, schitta(c)k	0.697 l
	1 basket	38.86 l

(Fortsetzung von Tabelle 132)

Land	Körpermaß	m³, l, hl	
Vorderindien	1 gantang (Singapore) = 2 bambuh = 1.25 alte engl. Wein-gallons	4.731	l
	1 gallon (G) = 12 markal zu 2 pacca zu 2 maa	0.35895	l
	1 saah	0.58	hl
	1 canam = 24 markal	0.71790	l
	1 garca = 125 gallons	44.869	hl
	1 garca = 18 candy, $12\frac{4}{5}$ maund = 9256.5 lbs. av.		
	1 legger (F) = 70 alte franz. veltes	5.22	hl
	1 coyang (in Birma) = 100 teng	38.8363	hl
	1 khahoon (G) = 16 soalli zu 20 palli zu 4 raik zu 4 konku (koonku) zu 5 chittak = 40 factory maund	1354.73	kg!
	1 garca (in Madras) = 80 parah zu 5 markal zu 8 puddy zu 8 alloch		
	1 parah	61.45	l
	1 candy(G) in Bombay = 8 barah (Körbe) zu 16 pehli zu 4 sihr zu 2 tipprih	162.567	kg!
Ind. Union	1 candy (Reis) (G)	8.81	hl
	1 gallon (Wein) (F)	3.78	hl
2) Niederl. Indien	1 batotz (Reis) (G)	1.07	l
Indonesien	1 kan (F)	1.49	l
	1 toembak (Holz) (R)	6.68	m³
	1 legger (Arrak) = 388 kan	5.78	hl
Irak	z. T. wie in Ägypten		
Iran	s. Persien (Waren werden nach Gewicht gehandelt)		
Island	1 pottur (F)	0.8044	l
	1 kutting, kutur = 5 dän. Potter	4.8306	l
	1 tønde (G)	1.313923	hl
Italien	siehe auch unter Kirchenstaat, Neapel, Parma, Sizilien, Sardinien, Toskana, Venedig		
	1 soma = 2 barili = 40 fiaschi	1.00	hl
	in Rom — Öl	1.642	hl
	— Wein	1.167	hl

(Fortsetzung von Tabelle 132)

Land	Körpermaß	m³, l, hl	
Italien (Fortsetzg.)	1 barile di vino (Weinmaß) = 20 florent. fiaschi = 50 kg Wein		
	1 barile d' olio (Ölmaß) = 16 kg Öl		
	1 fiasco (F) in Toskana		
	— di vino	2.3	l
	— d' olio	2.1	l
Japan	1 koku = 10 to = 100 sho (G)	180.39	l
	1 to (tscho) (F)	18.039	l
	1 sho = 10 go (1 zjoo) (F) = 1/16 kane sasi	1.8039	l
	1/2 sjoo = 1 googo (5 goo)		
	1/2 googo skjak (5 sjak)		
	1 sai (R)	0.01815	m³
	1 tatetsubo = 1 ken³	6.0105	m³
	also 1 m³ = 0.1664 tatetsubo		
	Einteilung: 1 tatetsubo = 10 gu		
	1 gu = 10 tschaku		
Jugoslawien	1 oka = 1/40 akov(w) (F)	1.4148	l
	1 akow (G)	56.59	l
Kamerun	1 bar (F) für Palmöl	4.0	l
	(G) für Palmkerne	8.0	l
Kanada	wie in Großbritannien		
Kirchenstaat	1 litro (F)	1.00	l
	1 stero (R)	1.00	m³
	1 foglietta	0.456	l
	1 barile = 32 boccali = 128 fogliette = 512 quartucci	58.34	l
	1 barile d'olio (Öl-barile) = 28 boccali = 112 fogliette = 448 quartucci	57.4806	l
	1 soma (Öl) = 2 6/7 barili d'olio = 20 cugnatelle = 80 boccali		
	1 botta = 16 barili		
	1 rubbio (G) = 2 rubbiatelle = 4 quarte = 8 quarterelle = 2 staji = 16 starelli = 48 decime oder 22 scorzi = 88 quartucci	2.9446	hl
Kolumbien (s. a. Süd- und Mittelamerika)	1 cántara = 8 azumbres	16.137	l
	1 fanega	55.0	l

(Fortsetzung von Tabelle 132)

Land	Körpermaß	m^3, l, hl
Korea	wie in China	
	1 mal = 10 toi = 100 hop	0.5 hl
	1 h(n)ui (G)	1.3182 hl
Kuba	1 caneca	19 l
	1 galón	3.66 l
	1 frasco	2.44 l
Lettland	metrisch	
Liberia	wie in Großbritannien	
Liechtenstein	wie in Österreich	
Litauen	früher russisches M. u. G.	
	1 kubu siksnis = Kub.-sashen	9.71268 m^3
	1 „ uolaktis = Kub.-arschin	0.35972 m^3
	1 „ verskas = Kub.-werschok	87.8244 cm^3
	1 „ peda = Kub.-Fuß	28.3168 dm^3
	1 „ colis = Kub.-djujm	16.3871 cm^3
	1 ketvirtis = tschetwert	2.09907 hl
	1 astuntoji = 0.5 ketvirtis	1.04953 hl
	1 sykelis = tschetwerik	26.239 l
	1 pusastuntoji = 2 sykelial	52.478 l
	1 gorcius (garnitz) = 2 pusgorciu	3.279 l
	1 kibiras = wedro	12.2994 l
	1 bonka (stuopa) = krushka (stoof)	1.2299 l
	1 stiklibis = 0.1 krushka	0.12299 l
Luxemburg	früher wie im Deutschen Reich, in Frankreich und den Niederlanden	
Marokko	1 mudd (R), mud = 1/4 sahha	14.387 l
	1 kaila (F) = 22-arttal-Gewicht!	15.155 l
	1 fanega (in Span.-Marokko)	55—56 l
	1 saa(h), sahha, (G) = 4 mudd	57.548 l
Mexiko	1 cuartillo = 4 copas	0.504 l
	1 cub. vara	0.59 l
	1 azumbre (F) = 4 cuartillos	2.02 l
	1 jarra (F) = 16 cuartillos (Krug)	8.06 l
	1 almud (G) = 1/12 fanega	1.76 l
	1 cántara (R) od. arroba = 32 cuartillos	16.133 l
	1 fanega (G)	21.12 l
	1 fanega yucateca (G)	60.566 l
	1 carga (G)	1.816 hl
	auch	90.815 l
	1 barril (F) = 152 cuartillos	0.766 hl
Mittelamerika	s. Südamerika	
Modena	1 sacco = 2 staji = 8 quarti	1.265 hl
	1 quartario = 1.5 barili = 30 fiaschi = 60 boccali	1.01812 hl

(Fortsetzung von Tabelle 132)

Land	Körpermaß	m³, l, hl	
Moldau	1 kilo (G)	4.35	l
	1 viadra (= Eimer)	14.15	l
Monaco	wie in Italien und Frankreich		
Mongolei	1 du oder togo = 503.5 kub.-imagoo = 10 shin = 100 alaga	16.5	l
	1 dan = 10 du	165.0	l
Montenegro	wie in Österreich, der Türkei u. Rußland		
Neapel	1 caraffa = 3 bicchieri	0.7271	l
	1 tomolo = 2 mezzotomoli (mezette) (Halbe) = 4 quarte (Vierteln) = 24 misure (Maß) = 96 quarterole = 6 kub.-palmi	0.55541	hl
	1 carro = 36 tomoli oder = 2 botte = 24 barili		
	1 barile = 60 caraffa (= 1 palmo Durchmesser × 3 palmi hoch)	43.626	l
	1 salma = 16 staji		
	1 stajo = 16 quarti (= 10 once Durchmesser × 1 palmo hoch)	10.0984	l
Niederlande	1 stere, wisse, vadem, vaam (R)	1	m³
	1 kop (Kopf) (R) = 1/32 Scheffel jetzt 1.00 l		
	1 Amsterdamer mengel (F)	1.2127	l
	1 stoop = 4 pintjes	2.4254	l
	1 kan, kop, velte (F) = 10 dl (maatjes) zu 10 cl (vingerhoeden) = 0.824615 alte Amsterd.mengeln = 1/1000 Kanne jetzt 1.00 l		
	1 vat (Faß) (F) jetzt 1.00 hl = 0.898828 alte Amsterd. mudden = 3.59531 alte Amsterd. scheepels		
	1 okshoofd (F)	2.23	hl
	1 kop (Kopf) (G) jetzt 1.00 l		
	1 mud, muid (G) jetzt 1.00 hl		
	1 schepel (Scheffel) (G) [jetzt 10 l]	27.87	l
	1 zak (Sack) (G) = 10 schepels (altes holl. Maß (G), das auch heute noch in Holland und z. T. auch in den deutschen Ostseehäfen zur Quantitätsbestimmung des Getreides dient, die nach holländischem Troypfund im zak geschieht)	278.74	l
	1 Last (G) = 30 Sack		

(Fortsetzung von Tabelle 132)

Land	Körpermaß		m³, l, hl	
Norwegen	1 Pott	= 1/155 Ohm		
		= 54 Kub.-Zoll	0.966	l
	1 Kande (F)	= 2 Potter	1.9322	l
	1 Fisch-Tønde	= 120 Potter	115.92	l
	1 Teer-Tønde	= 120 Potter	115.92	l
	1 Korn-Tønde	= 144 Potter		
		= 7776 Kub.-Zoll	139.12	l
	1 Ohm (F)	= 155 Potter	149.74	l
Österreich	1 Kub.-Fuß		0.0316	m³
	1 Kub.-Klafter = 216 Kub.-Fuß		6.822392	m³
	1 kleines Maßl		0.96073	l
	1.040873 kl. M.	= 1 l		
	1 Mühlmaßl		3.84292	l
	0.260218 Mühlm.	= 1 l		
	1 Maß, oder Achter			
	in Wien		1.41472	l
	0.7068515 Maß	= 1 l		
	in Tirol	= 0.573 Maß Wr.	0.811	l
	Einteilung:	= 2 Halbe		
		= 4 Seidel		
		= 8 halbe Seidel		
		= 0.0448 Kub.-Fuß		
		= 77.4144 Kub.-Zoll		
	1 Ölmaß (Öl wurde seit 1694 nach Gewicht verkauft zu 1 und ½ Pfund, 8, 4, 2, 1 und ½ Lot)			
	1 Metzen			
	in Wien		61.48672	l
	1.626365 Wr. M.	= 1 hl		
	in Budapest	= 10.407 Achtel	79.988	l
	in Preßburg	= 6.934 Achtel	53.295	l
	Einteilung:	= 2 Halbe		
		= 4 Viertel		
		= 16 halbe Achtel (Müllermaßel, oder großes Futtermaßel)		
		= 32 große Maßel (kleines Futtermaßel)		
		= 64 kleine Maßel (halbes, kleines Futtermaßel)		
		= 128 Becher		
	1 Becher	= 2 Halbe		
		= 4 Viertel		
		= 8 Achtel		
		= 16 Sechzehntel		
		= 32 Zweiunddreißigstel Becher		

(Fortsetzung von Tabelle 132)

Land	Körpermaß	m^3, l, hl	
Österreich (Fortsetzg.)	30 Metzen = 1 Muth Getreide zu 31 Strich		
	1 Getreideprobemetzen = $^1/_{1024}$ Metzen = $^1/_8$ Becher		
	1 Eimer, Wien (v. 14. 7. 1756) = 40 Maß	56.589	l
	1.767129 Wr. E. = 1 hl		
	1 Eimer — Wein = 41 Maß	58.016	l
	— Bier = $42^1/_2$ Maß	60.138	l
	Weinmaß:		
	1 Fuder = 32 Eimer		
	1 Dreiling (von 1412) = 24 Eimer		
	1 Faß Wein = 10 Eimer		
	1 Faß Bier = 2 Eimer		
	— in Böhmen u. Mähren = 4 Eimer		
	Getreidemaß:		
	1 Halbe, Ungarn (G)	0.838	l
	1 Kalkmüttel (R)		
	Müthel = $2^1/_2$ Metzen	153.749	l
	30 Müthel = 1 Muid, Muhd		
	1 Kornstar, Tirol (G) = 3.974 Achtel	30.544	l
	1 Kübel, Siebenbürg. = 12.789 Achtel	98.296	l
	1 Quart (G), Lemberg	0.953	l
	1 Scheffel, Schlesien = 9.936 Achtel	76.368	l
	1 Staro, Triest = 9.639 Achtel	74.085	l
	1 Staro, Tirol = 3.978 Achtel	30.575	l
	Brennholzmaß [15a]:		
	1 Stoß = 2 Klafter zu 1 Klafter lang u. 1 Klafter hoch (Waldklafter = 6 Zoll hoch!)		
	mit 36 zöll. Scheiten oder 3 schühigen Klaftern = 108 österr. Kub.-Fuß	3.4115	m^3
	mit 30 zöll. Scheiten = 90 österr. Kub.-Fuß	2.8429	m^3
	mit 24 zöll. Scheiten oder 2 schühigen Klaftern = 72 österr. Kub.-Fuß	2.2713	m^3
	es wog die		
	36 zöll. Klafter Buchenholz = 20—22 Zentner		
	36 zöll. Klafter Fichtenholz = 21—22.5 Zentner		
	30 zöll. Klafter Fichtenholz = 17.5—18.5 Zentner		

(Fortsetzung von Tabelle 132)

Land	Körpermaß	m³, l, hl	
Österreich (Fortsetzg.)	1 Bürtel — Astwerk wurde in 30—36 Zoll lange Bündel gebunden 240 Bürtel = 2 Holzklafter 30 Bürtel = 1 Schilling 8 Schilling = 1 Pfund — Spaltholz = 5 Stück		
	1 Stibich Holzkohle (v. 1. 12. 1570) = 2 Metzen	123.0	l
	1 Kohlensack (schwarzer Sack v. 1. 5. 1533) = 7×4 Fuß		
	1 Fuhrkorb Kohlen, auf Hüttenwerken, eingeteilt in Schwingen, Größe u. Anzahl verschieden.		
	1 Sandtruhe, Sand, Schotter (v. 21. 3. 1755) einfach: 3.5×3.5×1.5 Fuß doppelt: 4.5×4×2 Fuß		
	Sonstige Hohlmaße:		
	1 Strich, Böhmen = 12.177 Achtel	93.592	l
	1 Viertel, Graz = 10.392 Achtel	17.521	l
	1 Achter = 1 Wiener Maß	1.415	l
	1 Antal, Ungarn = 51.848 Maß	73.365	l
	1 Beczka, Krakau = 96.512 Maß	135.564	l
	1 Boccale, Triest = 1.357 Maß	1.920	l
	1 Garnice, Krakau = 2.835 Maß	4.012	l
	1 Quart, Krakau = 0.672 Maß	0.951	l
	1 Quart, Schlesien = 0.496 Maß	0.70	l
	1 Pinte, Böhmen = 1.351 Maß	1.912	l
	1 Seidel, Wien = 0.25 Maß	0.353681	l
	(1 großer Seid(t)el = 1.5 Seidel 1 halber Seidel = 1 Wiener Pfiff)		
	1 Seidel, Ungarn = 0.283 Maß	0.400	l
	1 Seidel, Böhmen = 0.339 Maß	0.480	l
	1 Ur, Siebenbürgen = 0.7990 Maß	11.306	l
	1 Zimment, Tirol = 0.247 Maß	0.250	l
	(Über weitere alt-österreichische Stadt-, Provinz- und Landmaße von lokaler Bedeutung berichtet *Rumler* [15a] ausführlicher.)		
Ostafrika	1 dzisla, früheres Hohlmaß im ehem. Deutsch-Ostafrika, hauptsächlich für Palmenkerne = 4 farra = 60 pischi	192.0	l

(Fortsetzung von Tabelle 132)

Land	Körpermaß	m³, l, hl	
Palästina (z. T. auch Syrien*)	1 mudd (Plural amdad)	18	l
	1 kaila	36	l
	1 tumna [tsumna] (G)	2.25	l
Panama	1 fanega	54.52	l
Paraguay	altspanisch		
	1 azumbre = 4 cuartillos	2.017	l
	1 arroba	35.55	l
	1 barril	96.93	l
	1 cuartera (G)	70	l
	1 pipa = 6 barrilos	5.816	hl
Parma	1 stajo = 2 mine = 16 quarterole	0.4704	hl
	1 brenta = 36 pinte = 72 boccali	71.672	l
Persien	1 fingan (Tasse)	0.25	l
	1 shishä (Flasche)	1.5	l
	1 män	7 bis 9	l
	1 mäshk (Schlauch)	15 bis 20	l
	1 artabe (G) = 8 collothun = 25 capicha = 50 chénika = 200 sextario	56.238, 65.50 65.789	l
Peru	1 Kub.-Fuß	0.0216325	m³
	1 Raum-Tonne	1.5183752	m³
	1 cuartillo	0.456	l
	1 pinta	1.3696	l
	1 USA-gallon	3.7854	l
	1 arroba	35.55	l
Philippinen	1 kaban (G) für Reis	98.28	l
Polen	1 stopa sześcienna (Kub.-Fuß)	0.0239	m³
	1 metr sześcienny (Kub.-Meter)	1	m³
	1 garniec (G)	4.0	l
	1 korzec (G) = 32 garniec = 128 kwarta	128.0	l
Portugal	*Heute noch gebräuchliche Maße:*		
	1 quartilho	0.5	l
	1 almude	20 u. 25	l
	1 alqueire (= 1 rasa) jetzt meist:	20	l

* In Syrien Flüssigkeiten auch nach Gewicht. In Syrien 1 uqia = 214 g. Vgl. Anmerkung auf Seite 390.

(Fortsetzung von Tabelle 132)

Land	Körpermaß	m³, l, hl	
Portugal (Fortsetzg.)	*Ältere Maße:*		
	1 canada (F) = 4 quartilhos	1.37	l
	— in Bahia	7.2	l
	1 quartilho = 1/4 canada	0.342	l
	1 almude (F) = 2 potes = 12 canadas	16.54	l
	1 pote (F) = 6 canadas	8.27	l
	1 alqueire als (G)	13.8	l
	— als (F) = 1/2 almude	8.27	l
	1 fanega = 1/15 móio = 4 alqueires	55.2	l
	1 móio (G) = 15 fanegas = 60 alqueires	8.28	hl
	1 pipa (Tonne) = 26 almudes = 312 canadas	4.268	hl
	1 pipa de marca (Öl) in Oporto = 30 almudes	4.962	hl
	1 tonél = 2 pipas = 52 almudes	8.536	hl
	1 tonelada siehe tonél		
Römisches Reich	1 congius	3.283	l
	1 modius (G) = 2 2/3 congii	8.754	l
	1 urna = 4 congii	13.13	l
	1 amphora = 8 congii	26.26	l
	1 culeus (F) = 160 congii	525.27	l
	1 sextarius = 1/6 congius	0.547	l
	1 hemina = 1/2 sextarius	0.274	l
	1 triens = 1/3 sextarius	0.182	l
	1 quartarius = 1/4 sextarius	0.137	l
	1 sextans = 1/6 sextarius	0.09	l
	1 cyathus = 1/12 sextarius	0.0456	l
	1 quincunx = 5/12 sextarius	0.228	l
Rumänien	früher wie in der Türkei u. Rußland		
Bessarabien	1 vadrà (F) = 16 Flaschen (Wein) = 20 butilka	12.299	l
	sonst russische (F)-, (G)-, (R)-Maße		
Dobrudscha	(F) nach Gewicht		
	1 arsin de Dobrogea cubic (R)	0.4355520	m³
Moldau	1 vadrà (F) = 10 ocale = 40 litre = 80 cinzeci = 320 clocane zu 12.5 dramuri = 4000 dramuri	12.880	l
	1 chila (G) = 8 banati (cuturi) = 80 ocale = 32000 dramuri	6.8127	hl
	1 chila (F), chila Galati, KG = 2 merte = 20 dimirilii = 240 ocale = 960 litre = 1920 cinzeci	4.351	hl

(Fortsetzung von Tabelle 132)

Land	Körpermaß		m³, l, hl	
Moldau (Fortsetzg.)	1 stanjen moldovenesc cubic (R) = 512 palme cubice zu 512 palmace cubice zu 1728 linii cubice		11.08957	m³
Walachei	1 vadrà (F) (Eimer) = 10 ocale Unterteilung wie in der Moldau		15.2 u. 10.95	l
	1 kilo (G) = 16 dimerli zu 24.6 l		3.936	hl
	1 chila (G) = 10 banite mari = 20 banite mici = 400 ocale = 1600 litre = 3200 cinzeci		6.79268	hl
	1 chila Bràila (KB) (G) = 35 banite Bràila (BB) (für Umrechnungen der Tragfähigkeit von Getreidekähnen 1 KB ca. 0.5 t)		7.00	hl
	1 palmà cubica (R) = 1000 degete cubice = 1000000 linii cubice		14.8529	dm³
	1 stanjen vodà cubic (R) = 512 palme cubice		7.604696	m³
Rußland	siehe unter Sowjetunion			
San Marino	wie in Italien			
San Salvador	1 azumbre = 4 cuartillos		2.017	l
	1 arroba		35.55	l
Sansibar	1 djezla		257.4	l
Sardinien Kgr.	1 sacco	= 5 Eimer = 40 coppi = 690 cucchiari	1.150278	hl
	1 carro	= 10 brente = 360 pinte = 720 boccali	4.928468	hl
Insel	1 rastiera in Cagliari in Sassari	= 3.5 starelli = 7 starelli		
	1 starello in Sassari	= 16 migamuti = 32 migamuti	0.49175	hl
	1 botta	= 100 quartieri		
	1 quartiero	= 5 pinte = 10 mezette	5.0266	l
	1 quartana	= 12 quartucci	4.2	l
	1 barile (Öl)	= 2 giari (Krüge) = 8 quartane = 96 quartucci = 192 misure	33.0	l

(Fortsetzung von Tabelle 132)

Land	Körpermaß	m³, l, hl
Schweden	1 Kub.-Fuß = 1728 Kub.-Zoll	0.02617188 m³
	1 kanna, Kanne (F) = 1/90 oxhufvud = 1/60 Ohm = 1/48 Tonne = 2 stop = 8 quarter = 32 jumfrur, Jungfern = 100 Kub.-Zoll	2.617188 l
	1 Tonne (Obst, Kohlen), lose Tonne = 2 Spann = 4 Halbspann = 8 Viertel (fjerdingar) = 32 kapper = 56 Kannen = 5 3/5 Kub.-Fuß	146.5625 l
	1 Tonne (G), feste Tonne = 63 Kannen	164.8829 l
	1 Tonne (Mehl, Fisch, Fleisch und [F]) = 4 Viertel = 8 Achtel = 48 Kannen	125.625 l
	1 Tonne Heringe = 80 Kannen	209.3751 l
	1 Ohm	157.039 l
	1 oxhufvud = 90 Kannen	235.548 l
	1 spann = 28 Kannen	0.7328 hl
Schweiz	1 pied cube (R) pouce-, ligne-, trait-, toise-, perche cube	0.027 m³
	1 sac (Malter) (G)	1.50 hl
	1 coupe (in Genf) (G) = 2 bichets	78.95 l
	1 bichet (G) = 2 große Quarts	39.47 l
	1 boisseau (Viertel) — Kalkmaß	15.00 l
	1 quarteron (Viertel) (G) = 10 emines	15.00 l
	1 émine (Immi) (G)	1.50 l
	1 muid (Scheffel) (G)	3.65 hl
	1 quart (Quart) (G)	
	a) grand quart = 1/2 bichet	19.73 l
	b) petit quart = 1/4 gr. quart	4.93 l
	1 muid (Saum, Ohm) (F) = 4 setiers	1.50 l
	1 setier (Eimer, Sester) (F) = 25 pots	37.50 l
	1 pot (Kanne, Maß) (F)	1.50 l
	1 char (Fuder) (F) = 12 setiers	6.48 hl
Serbien	s. Südslawien	
Siam	1 tanan (F)	0.92—1.0 l
	1 than(g) = 20 kanan(g)	10 l
	1 sat = 25 kanan(g)	12.5 (20.0) l
	1 kwin	2000 l
	1 ban (G)	10—14.72 hl
	1 kiang, kwian (R) = 2000 kanan(g)	10.00 hl

(Fortsetzung von Tabelle 132)

Land	Körpermaß	m³, l, hl	
Sizilien	1 quartuccio = 4 bicchieri	0.8597	l
	1 salma (G) = 16 Kub.-palmi	275.09	l
	1 botta = 4 salme = 32 barili	11.0035	hl
	1 barile = 2 quartari = 40 quartucci = 80 caraffe = 160 bicchieri = 2 Kub.-palmi	34.388	l
	1 cafisso (Öl) = 13.75 quartucci	11.82	l
	1 tomolo (G)	55.54	l
Sowjetunion (UdSSR)	1 Kub.-djujm (R) (= Kub.-Zoll)	16.3871	cm³
	1 Kub.-werschok (R) 11.38635 Kub.-werschok = 1 dm³	87.8244	cm³
	1 Kub.-Fuß (R)	28.3168	dm³
	1 Kub.-arschin (R) 2.779872 Kub.-arschin = 1 m³	0.35972	m³
	1 Kub.-sashen (R) = 27 Kub.-arschin 0.1029582 Kub.-sashen = 1 m³	9.71268	m³
	1 Petersburger Standard (Rundholz)	3.398	m³
	1 desgl. (gesägt)	4.672	m³
	1 tscharka (Glas)	0.1229	l
	1 krushka (stoof) (Krug, Seidel) = 10 tscharka 0.8130472 l krushka = 1 l	1.2299	l
	1 garnitz = 1/64 tschetwert	3.2798	l
	1 wedro (F) (Eimer) = 10 krushka	12.299409	l
	1 tschetwerka (G) = 1/4 tschetwerik = 2 garnitz = 400.3 Kub.-djujm	6.559	l
	1 tschetwerik (G) = 4 tschetwerka = 8 garnitz = 1601.3 Kub.-djujm (Kub.-Zoll)	26.239	l
	1 tschetwert (G) = 2 osmina = 4 poluosmina = 8 tschetwerik = 16 polutschetwerik = 32 tschetwerka = 64 garnitz = 12809.6 Kub.-djujm	2.09907	hl

(Fortsetzung von Tabelle 132)

Land	Körpermaß	m³, l, hl	
Sowjetunion (UdSSR) (Fortsetzg.)	1 botschka (Faß, Tonne)		
	= 40 wedro		
	= 400 krushka		
	= 4000 tscharka	4.91976	hl
	oder:		
	1 botschka = $1^{1}/_{9}$ pipe		
	= $3^{1}/_{3}$ om (Ohm)		
	= $26^{2}/_{3}$ steckan		
	= $533^{1}/_{2}$ Bierbouteillen		
	= 640 Weinbouteillen	4.91976	hl
	oder:		
	1 botschka = $2^{2}/_{9}$ oxhoft		
	= $13^{1}/_{3}$ Anker		
	= 40 wedro		
	= 400 krushka (stoof)	4.91976	hl
	1 Anker = 30 krushka	36.897	l
	1 om (Ohm)	1.4759	hl
	1 oxhoft	2.2138	hl
	1 last = 16 tschetwert	33.585	hl
Spanien	1 carga, altes Wein-, Öl- und Getreidemaß von wechselnder Größe, im spanischen Amerika auch Handelsgewicht (s. unter Gewichte)		
	1 pinta (F) = $^{1}/_{2}$ azumbre	1.008	l
	1 azumbre (F) = 4 cuartillos	2.016	l
	1 cuartillo (F) = 4 copas	0.504	l
	1 cuartillo (G)	1.156	l
	1 copa	0.126	l
	1 cántara = 8 azumbres		
	= 32 cuartillos	16.128	l
	1 arroba (älteres Flüssigkeitsmaß)		
	— menor (für Öl)	12.563	l
	— mayor (für Wein)		
	(= cántara) = 8 azumbres	16.128	l
	1 arroba (für Wein)		
	— in Madrid	16.14	l
	— in Chile	32.266	l
	1 cañado (in Galicien) ca.	37	l
	1 fanega (G) = 4 cuartillas		
	= 12 celemines		
	= 48 cuartillos		
	= 192 ochavas		
	= 768 ochavillos	55.488	l
	1 cuartilla	13.87	l
	1 celemin	4.625	l

(Fortsetzung von Tabelle 132)

Land	Körpermaß	m³, l, hl	
Spanien (Fortsetzg.)	1 cuartera (in Katalonien)	70	l
	1 moyo (F) = 16 cántaras	2.5805	hl
	1 pipa = 27 cántaras	4.3545	hl
	1 bota = 32 cántaras	5.1609	hl
	1 cahiz = 12 fanegas	6.6585	hl
	1 almudí (Plural almudies) = 6 cahices	39.95	hl
	Einige weitere Maße:		
	1 fanega * = 12 almudes	21.12	l
	1 almud = 1/12 fanega	1.76	l
	daher auch:		
	1 almud = 1 celemin = 1/12 fanega		
	1 galón	4.5	l
	1 cuartal	5.6	l
	1 cuartán (für Öl)	4.15	l
	1 cuarta	5.3	l
	(weitere Angaben über altspan. Körpermaße bei *Rumler* [15a]).		
Südafrikanische Union	wie in Großbritannien		
Süd- und Mittel-Amerika	1 botella (Kolumbien)	0.7	l
	1 cajuela (G) Kartoffeln usw., vor allem in Mittelamerika	2.22	l
	1 gallon (für Öl) in Kolumbien	3.78	l
	1 cántara = 8 azumbres = 32 cuartillos	16.328	l
	1 moyo	2.5805	hl
	1 pipa	4.3570	hl
	1 bota = 32 cántaras	5.1609	hl
	1 cahiz = 12 fanegas = 144 celemines	6.66	hl
	Die alten Körpermaße sind in Süd- und Mittelamerika vielfach noch in Gebrauch. Sie sind meist altspanischen (altkastilischen) Ursprunges. Häufige Abwandlungen in Chile, Kolumbien, Costa Rica, Honduras, Nicaragua, El Salvador und Venezuela (s. auch dort). Brasilien benutzt natürlich alte portugiesische Maße.		
Südslawien (Jugoslawien)	früher wurden alle Waren nach Oka-Gewicht gehandelt		
Toskana	1 boccale = 4 quartucci	1.1396	l
	1 sacco	73.089	l
	1 caraffa (Öl)	1.7885	l

* Die Werte der fanega differieren im Mutterland und in den Kolonien zwischen ca. 21 l und 137 l.

(Fortsetzung von Tabelle 132)

Land	Körpermaß	m³, l, hl	
Tripolis	1 mettar (Wein)	10.0	l
	(Öl)	20.16	l
	1 barile (Wein) = 24 bozze	64.3859	l
	auch	63.39	l
	1 weba, ueba (G) = 12 saâ	31	l
	1 qafiz = 16 ueba		
	= 24 kaila zu 8 saâ	496	l
	1 saâ in Bengasi	70.71	l
	— in Ghadâmes	120.0	l
	1 saâ auch	2.583	l
Tschechoslowakei	1 Strich (G)	93.6	l
Tunesien	1 saâ (Öl)	1.26	l
	1 saâ (G)	2.583	l
	1 mettar (Wein)	10.0	l
	— (Öl) = 2 kolleh zu 8 saâ	20.16	l
	1 qafiz (G) = 16 ueba = 192 saâ	496	l
	1 millerole (v. Marseille) (Wein) = 4 escandeaux = 60 pots = 240 quarts, pichonnes	63.6982	l
	1 qalba	20	l
Türkei	1 pintar		
	1 oeltschek, eultschek	1.0	l
	1 alma (Öl)	5.205	l
	1 schinik (F)	10.0	l
	1 kileh (R)	9.0	l
	1 fortin = 4 kileh (kile)	35—37	l
	1 kilo (G) (in Griechenland)	35.266	l
	1 kile (kaila) (G) (von Konstantinopel)	36.11	l
	(G) (von Stambul)	37.00	l
	= 4 sinek = 4 × 2 kutu = 8 × 2 zarf		
	Außerdem gibt es noch Kilémaße in Smyrna, Saloniki, Tripolis, Jassy usw.		
	1 kila (G) (in Rumänien) = 6.75 hl (Bràila) = 4.16 hl (Galatz)		
	1 kilei = 100 l = 100 oeltschek	1.0	hl
	1 qantar (G)	142.7	l
	1 fortin = 4 kilé = 16 sinik = 32 kutu = 64 zarf	148.0	l
Ungarn	früher wie in Österreich, s. dort		
	1 Seitel (F) = 1/64 Eimer	0.884	l
	1 Maß (F)	1.41	l
	1 Eimer (G)	56.58	l
	1 Wiener Metze = 4 Viertel	61.49	l

(Fortsetzung von Tabelle 132)

Land	Körpermaß		m³, l, hl	
Uruguay	1 frasco	= 4 cuartas	2.37	l
	— in Kuba		2.44	l
	— in Argentinien	= 4 cuartas	21.37	l
	1 galón		3.805	l
	1 barril	= 32 frascos		
		= 128 cuartas	75.83	l
	1 fanega (G)	= 4 cuartillas	55.488	l
	1 pipa	= 4 cuarterolas zu 48 frascos		
		= 192 frascos	4.5504	hl
Vatikanstaat	siehe unter Kirchenstaat			
Venedig	1 quartuccio	= 4 gutti	0.6707	l
	1 barile	= 6 secchi = 64 boccali	64.386	l
Venezuela	1 arroba (F)		15.91	l
	1 fanega (G)		137.27	l
Vereinigte Staaten von Nordamerika	**Volumenmaße (R)**			
	1 cu. inch		16.387162	cm³
	1 cu. foot	= 1728 cu. in.	28.317013	dm³
	1 cu. yard	= 27 cu. ft.	0.764557	m³
	1 register ton	= 100 cu. ft.	2.831702	m³
	1 shipping ton	= 40 cu. ft. (= ocean-, freight-ton)	1.132681	m³
	Hohlmaße für Trockensubstanzen			
	1 dry pint		0.5506	l
	1 dry quart	= 2 dry pints	1.1012	l
	1 dry gallon	= 4 dry quarts	4.4048	l
	1 peck	= 2 dry gallons	8.8098	l
	1 bushel (G)	= 8 gallons	35.23927	l
	(= Winchester- oder USA-bushel) das englische bushel = 36.349 l.			
	In den USA (Chicago) rechnet man			
	1 bushel Weizen	= 60 pounds av.		
	1 „ Mais u. Rogg.	= 56 „ „		
	1 „ Gerste	= 48 „ „		
	1 „ Hafer	= 31 „ „		
	1 barrel	= 31.5 gallons	1.1924	hl
		= 42 gallons	1.58985	hl
		= 50 gallons	1.89267	hl
	1 Indian barrel	= 32 gallons	1.21131	hl
	1 tierce (Saat) (G)	= 7 bushels	2.4667	hl
	1 quarter (G)	= 242.1 dm³		
		= 8 bushels	2.421	hl
	(außerdem 1 cask oder quarter zu 32 gallons)			
	1 Winchester quarter in den USA		2.81904	hl
	1 ton	= 10 quarters		

(Fortsetzung von Tabelle 132)

Land	Körpermaß	m³, l, hl
Vereinigte Staaten von Nordamerika (Fortsetzg.)	**Weitere Maße für Trockengüter**	
	1 board foot (Holz) = 1 inch × 1 sq. ft.	
	= 1/2 cu. ft.	2.35975 dm³
	1 ton (Bauholz) = 48 cu. ft.	1.35922 m³
	— (prism. Bauholz) = 54 cu. ft.	1.52912 m³
	1 chaldron (Kohle) = 36 bushels zu 46.1267 dm³	1.66056 m³
	1 ton (Heu) = 100 cu. ft.	2.83170 m³
	1 cord (Brennholz) = 128 cu. ft.	3.62458 m³
	1 St. Petersburger standard (gesägt. Holz) = 1980 board (b) ft.	
	= 165 cu. ft.	4.67231 m³
	1 lad = 1000 quarters	
	Weizen = 8000 bushels	281.94 m³
	Reis u. Roggen = 8571 „	302.06 m³
	Gerste = 10000 „	352.42 m³
	Hafer = 15000 „	528.63 m³
	Hohlmaße für Flüssigkeiten	
	1 fluid dram	3.697 cm³
	1 fluid ounce	29.57 cm³
	1 liquid gill	0.118295 l
	1 liquid pint = 4 gills	
	= 16 fluid ounces	0.473178 l
	1 liquid quart = 2 pints	0.946358 l
	1 gallon (wine)	
	= 4 liqu. quarts zu 0.94636 l	
	= 8 liqu. pints zu 0.47318 l	
	= 32 liqu. gills zu 0.118295 l	
	= 128 fluid oz. zu 29.5737 cm³	
	= 128×8 fl. drams zu 3.6967 cm³	
	= 231 cu. inch.	3.78533 l
	Diese Zahl (3.78533 l) stellt den z. Z. geltenden Wert dar. Er ist von der englischen Imp. Gallone, als diese einen Inhalt von 277.274 cu. inches hatte, abgeleitet, und 5/6 davon, also 277.274 × 5/6, entsprechen 231 cu. inches.	
	1 l = 0.26417 gallon	
	100 l = ca. 27 amerik. gallons	
	1 can (Milch) = 10 gallons	0.37853 hl
	1 gallon (Petroleum)	
	Die amerikanische Petroleum-Gallone nach *Möller-Fernau* entspricht 5/6 der engl. Petroleum-Gallone,	
	also 5/6×276.800 Kub.-Zoll	
	= 230.667 Kub.-Zoll = 5/6×4.535924 l	3.77994 l

(Fortsetzung von Tabelle 132)

Land	Körpermaß	m³, l, hl	
Vereinigte Staaten von Nordamerika	1 gallon Rohpetroleum = 3.31 kg		
	1 gallon Schmieröl = 3.175 kg		
(Fortsetzg.)	1 Imperial gallon in den USA	4.62	l
	1 cask oder quarter = 32 gallons	1.21131	hl
	1 barrel = 31.5 gallons	1.19238	hl
	oder = 42 gallons	1.58985	hl
	oder = 50 gallons	1.89267	hl
	1 Indian barrel = 20 gallons	0.75707	hl
	1 barrel (Petroleum) = 42 petrol. gallons zu $^5/_6 \times 10$ lbs. Wasser	1.58757	hl
	Die Annahme, 1 barrel Petroleum = 32 gal. zu 230.667 cu. inches (oder 3.77994 dm³) = 158.989 l raffiniert = 170.34 l gibt zu Falschrechnungen Veranlassung.		
	1 barrel Rohpetroleum = 139.07 kg		
	— (Bier)	1.173	hl
	— (Schmieröl) = 133.36 kg		
	— (Heringe) = 1200 Stck.		
	In den USA werden Erdöl-Erzeugnisse nach Volumen in „Petroleum-barrels" zu 42 „Petroleum-Gallonen" gemessen, in Europa nach metrischem Gewicht. 1 Petroleum-barrel (USA) = 158.758 l. Zur genauen Umrechnung ist Kenntnis der Wichte (spez. Gewicht) erforderlich. Im allgemeinen sind folgende Faktoren f ausreichend:		
	f · barrels = x t metrisch		
	Erdölerzeugnis — f — Wichte in g/cm³		
	Rohöl 7.00 0.9		
	Benzin 8.50 0.74		
	Leichtöl 7.75 0.81		
	Schmieröl 7.00 0.90		
	Heizöl 6.60 0.95		
	Gasöl 7.25 0.87		
	Gas- u. Heizöl 6.96 0.905		
	Terpentin-Ersatz 6.96 0.905		
	Paraffinöl 6.98 0.903		
	Solaröl 7.29 0.865		
	Straßenöl 6.50 0.969		
	Zur Umrechnung von USA-Petroleum-barrels in m³, mit denen in der UdSSR und Mexiko z. B. Erdölerzeugnisse gemessen werden, ist die Anzahl der barrels mit 1 : 6.299 = 0.158758 zu multiplizieren.*		
Vietnam	1 legger (F)	5.4	hl
	1 garce (G)	44.86	hl

* Erdöl: ([39] und Oil and Gas Journ. 1934, Heft 48, S. 39)

Tabelle 133. Vergleich einiger gebräuchlicher Körper-(Hohl-)Maße

m^3	1	0.001	0.0370		0.0283	0.00045	0.0038	0.0045
Liter	1000.0	1	37.037	0.0164	28.317	0.4536	3.7853	4.5459
Chines. Kubikfuß	27.000	0.0270	1	0.0004	0.7646	0.01225	0.1022	0.1227
Engl. Kubikzoll	61024	61.024	2260.0	1	1728.0	27.650	231.00	277.34
Engl. Kubikfuß	35.315	0.0352	1.3080	0.0006	1	0.0160	0.1337	0.1605
Engl. Pfund (Wasser)	2204.6	2.2046	81.570	0.0361	62.428	1	8.3455	10.022
Amerikan. gallon	264.17	0.2642	9.7841	0.0043	7.4805	0.1198	1	1.2008
Engl. Imp. gallon	220.03	0.2200	8.1515	0.0036	6.2300	0.0998	0.8327	1

Beispiel: 1 m^3 = 1000.0 Liter = 27 chines. Kubikfuß = 61024 engl. Kubikzoll = 35.315 engl. Kubikfuß = 2204.6 engl. Pfund (Wasser) = 264.17 amerikan. gallons = 220.03 engl. Imp. gallons

1 l = 0.001 m^3 = 0.027 chines. Kubikfuß = 61.024 engl. Kubikzoll = 0.0352 engl. Kubikfuß = 2.2046 engl. Pfund = 0.2642 amerik. gallons = 0.22 engl. Imp. gallons

2.15 Gewichte

2.151 *Deutsche Gewichte*

2.151.1 *Metrische Gewichte* (richtig Massen)

Einheit der Masse ist das Kilogramm. Ursprünglich sollte dieses 1000 cm^3 reinen Wassers bei 4° C entsprechen. Die Unterscheidung von Masse und Gewicht als der von einer Masse auf ihre Unterlage im Schwerefeld der Erde ausgeübte Kraft ist erst im Laufe des vorigen Jahrhunderts stark hervorgetreten. Zunächst wurden Masse und Gewicht gleich bezeichnet, und nur da, wo das Gewicht als Masse mal Beschleunigung besonders betont werden sollte, wurde die von der Masse 1 kg ausgeübte Kraft im Schwerefeld als kg* oder auch als kg f geschrieben, wie dies in älteren Lehrbüchern noch heute zu finden ist, sofern nicht andere Einheiten, wie Newton und Dyn, benutzt werden.

Das Wort Gewicht wurde im Deutschen bisher in dreifacher Bedeutung gebraucht, einmal als Bezeichnung für die Masse, ferner für die Verkörperung der Masse (Gewichtstücke, besser Wägestücke) und schließlich für die von der Masse ausgeübte Kraft.

In den folgenden Tabellen und Übersichten sind die Masse-Maße verschiedener Länder zusammengestellt, wie sie in der Literatur angegeben werden. Die Bezeichnung Gewicht ist dem bisherigen Gebrauch entsprechend beibehalten worden. Es sei aber hier nochmals ausdrücklich darauf hingewiesen, daß im täglichen Leben, namentlich im Handel, „Masse“ gemessen (bzw. gewogen) wird, während die Kraft-Maße vornehmlich in der Statik zur Anwendung kommen (vgl. 3. 118).

Tabelle 134

Beziehung alter und neuer Gewichtsmaße zueinander

Bezeichnung	Kurzzeichen	Einteilung
Die Last (= 2 Wispel) (1 Schiffslast zu 2 t = 2000 kg)	2 t	2000 kg = 40 Zentner (alt)
Die Tonne (= 1000 kg) (= 0.5 Scheffel)	1 t, 10^6 g	1000 kg = 20 Zentner (alt) = 10 Meterztr. (alt) = 2000 Pfund (alt)
Der Doppelzentner (= 100 kg)	1 dz	100 kg
	1 mz	1 Meterzentner (alt)
Der Zentner (= Zollzentner)	1 z	50 kg = 100 Pfund (alt)
Das Kilogramm (Masse) 1 kg = 2 (alte) Zollpfund	1 kg, 10^3 g	1000 Gramm = 2 Pfund (alt) = 100 Dekagramm

(Fortsetzung von Tabelle 134)

Bezeichnung	Kurzzeichen	Einteilung
Das Pfund	1 ℔	50 Dekagramm = 500 Gramm
Das Hektogramm	1 Hg	100 Gramm
Das Dekagramm	1 Dg	10 Gramm
Das Gramm	1 g	10 Dezigramm = 6 Zent (alt) = 0.6 Quentchen (alt)
Das Dezigramm	1 dg, 0.1 g	10 Zentigramm = 6 Korn (alt)
Das Zentigramm	1 cg, 10^{-2} g	10 Milligramm = 0.6 Korn (alt)
Das Milligramm	1 mg, 10^{-3} g	
Das Gamma	γ, 10^{-6} g	$1 \cdot 10^{-6}$ g

Tabelle 135

Das metrische Karatgewicht (Edelsteingewicht)

Karat	k	mg
1	1	200 = $^1/_5$ g
$^1/_2$	0.5	100
$^1/_4$	0.25	50
$^1/_{10}$	0.10	20
$^1/_{20}$	0.05	10
$^1/_{100}$	0.01	2

1 Karat (kuara), ursprüngl. holländische Bezeichnung für das Gewicht des getrockneten Johannisbrotkernes oder der Karobe = 205.1 mg; also 1 g = 4.8757 Karat holländisch. Man pflegte damit in Ostindien die Diamanten und in Afrika das Gold zu wiegen und teilte das Karat in 12 Gran ein. Jetzt ist die Bezeichnung Karat in fast allen Staaten üblich, in denen das metrische Maßsystem eingeführt ist (ausgenommen besonders Kanada, Österreich-Ungarn): metrisches Karat = 200 mg.

Juwelengewicht in einigen Staaten:

Karat — England		= 205.3 mg
Karat — Frankreich		= 205.87 mg
Karat — Hamburg	= $1^1/_{71}$ Lot Bankgewicht	= 205.858 mg
Karat — Hessen	= 0.0132 Lot	= 206.25 mg
Karat — Holland		= 205.89 mg
Karat — Österreich		= 206.1 mg
Karat — Preußen	= $^9/_{160}$ Quentchen	= 205.54 mg
internationales Karat		= 205.1 mg

24 k = 1000.00 Feingehalt*

Tabelle 136. Alte Juwelengewichte (nach *Brandt* [45b])

Bezeichnung			g
32 Wiener Karat	= 1851.25	Dresdner Richtpfennige	88.977
32 holländische Karat	= 1874	Dresdner Richtpfennige	90.070
32 englische Karat	= 1844	Dresdner Richtpfennige	88.628
32 Pariser Karat	= 1844	Dresdner Richtpfennige	88.628

Hiernach wurden Karateinsätze von 64, 32, 16, 8, 4, 2 und 1 Karat, ferner 3, 2, 1, $^1/_2$, $^1/_4$, $^1/_8$, $^1/_{16}$, $^1/_{32}$ Gran angefertigt, wobei 4 Gran 1 Karat ausmachten.

Als Qualitätsangabe bei goldenen Stücken gibt das Karat an, wieviel Vierundzwanzigstel der Gesamtmasse aus reinem Golde bestehen, also 1 Karat = $41^2/_3$ ‰, d. h. $41^2/_3$ g Reingold in 1 kg Legierung.

* Feingehalt (franz. ‚titre', engl. ‚standard').

Das Zunftwesen hat wahrscheinlich zur Beschränkung in der Verarbeitung von Edelmetallen geführt. Die älteste Bestimmung hierfür stammt aus dem Jahre 1300 in England, die sich aber auf eine noch frühere Frankreichs bezieht (Touch of Paris). Zulässig sind

in England für Gold 9, 12, 15, 18 und 22 Karat, für Silber 11 ounces und 10 pennyweights und 11 ounces und 2 pennyweights.

In Frankreich ist gesetzlich für Gold 0.730, 0.750, 0.840, 0.920 Feingehalt, für Silber 0.800 und 0.950 Feingehalt;

in Belgien ist seit 1867 die Fabrikation von jedem beliebigen Feingehalt gestattet.

Holland, frei, Regierung garantiert 0.583, 0.750, 0.833 und 0.916 Feingehalt bei Gold und 0.833 und 0.934 bei Silber.

Italien, frei, staatl. Prüfungsämter bestätigen für Gold 0.500, 0.750 und 0.900 Feingehalt, für Silber 0.800, 0.900 und 0.950.

Spanien, Vorschrift für Gold 0.750, 0.8333 und 0.91665 Feingehalt, für Silber 0.750 und 0.9166.

Österreich, inländ. Goldgeräte 0.580, 0.750, 0.840 und 0.920 F.,
inländ. Silbergeräte 0.750, 0.800, 0.900 und 0.950 F.

Schweden: Dukatengold 23 Karat 5 Gran,
Pistolengold 20 Karat 4 Gran,
Kronengold 18 Karat 4 Gran.

(Lit.: *v. Studnitz:* Die gesetzl. Regelung des Feingehaltes von Gold- und Silberwaren. „Vierteljahresschrift für Volkswirtschaft und Kulturgeschichte", 1874.

Roscher: Die gesetzl. Regelung der Gold- und Silberverarbeitung. „Grenzbote", 1873.)

entsprechend bei silbernen Stücken früher das Lot in Sechzehntel; also 1 Lot = $62^1/_2$ ‰. Die Feinheitsbestimmung ist also das Verhältnis zwischen Rauhgewicht (Schrot) und Feingewicht als Zähler eines Bruches, dessen Nenner stets 24 ist; z. B. bei Gold:

18 Karat = $^{18}/_{24}$ = $^3/_4$ Gold und $^1/_4$ Zusatz.

24 karätiges Gold	= 1000 fein	16 lötiges Silber	= 1000 fein
18 „ „	= 750 „	12 „ „	= 750 „
14 „ „	= 583.3 „	8 „ „	= 500 „
8 „ „	= 333.3 „	4 „ „	= 250 „

21.6 Karat = Stempel 900
14 „ = „ 585
8 „ = „ 333

In Deutschland gibt man den Feingehalt meist in Prozenten an, nur bei Edelmetallen in Gramm in 1 Tonne = 1000 kg; 1 g in 1 Tonne = 0.0001 %. Bei Edelmetallegierungen gibt man den Edelmetallgehalt entsprechend der vorstehenden Übersicht in Tausendstel der Feinheit an. Z. B. reines Gold oder Silber ist 1000 fein, Gold oder Silber 900 fein enthält 90% Gold oder Silber, Gold oder Silber 750 fein enthält 75% Gold oder Silber.

Die früheren deutschen Reichs-Silbermünzen, die österreichischen und süddeutschen Gulden waren 900 fein, englisches Silbergeld (standard silver) 925 fein, die Silbermünzen der meisten anderen Staaten waren und sind 900 fein, Goldmünzen 916 fein. Der preußische Friedrichsdor war 902 fein.

In England gibt man den Edelmetallgehalt in ounces per long ton an, in Amerika in ounces per short ton, bei Gold auch in dollar per ton; in Mexiko gibt man an marcos und onzas per carga, in Chile, Peru und Bolivien marcos per cajon, im alten Rußland solotnik per pud oder per 100 pud.

Tabelle 137. Umrechnungstabelle

Land	eine fremde Einheit	= %	0,01%	= fremde Einheit
Bolivien	1 marco per cajon	0.01	1.00	marco per cajon
Chile	1 marco per cajon	0.0078	1.28	marcos per cajon
England	1 ounce per long ton	0.003	3.27	ounces per long ton
Mexiko	1 onza per carga	0.0208	0.48	onza per carga
	1 marco per carga	0.1667	0.06	marco per carga
Peru	1 marco per cajon	0.00833	1.20	marcos per cajon
Rußland	1 solotnik per pud	0.026	0.3846	solotnik per pud
USA	1 ounce per short ton	0.00343	2.92	ounces per short ton
	1 Dollar Gold per ton	0.000165	60	Dollar Gold per ton

2.151.11 Probiergewichte

Die Probierkunde, ein Zweig der analytischen Chemie, beschäftigt sich mit der quantitativen Bestimmung der technisch nutzbaren Anteile berg- und hüttenmännischer Erzeugnisse. Zur Gewichtsbestimmung benutzt man sogenannte Probiergewichte besonders für Erze unedler Metalle oder metrische Gewichte für Erze der Edelmetalle. Die Probiergewichte sind in den einzelnen Ländern verschieden. Nach *Kögler* [89] und *Schiffner* gelten folgende Gewichte:

Tabelle 138

Land/Ort	Einteilung und Erläuterungen	g
Deutschland — Freiberg	1 Probierzentner = 100 Pfund zu 100 Pfundteilen = 10000 Pfundteile (= 1 Drachme Apothekergew.) Stückelung des sächs. Prob.-Zentners 100 Pfund = 3.750 g — 50 Pfundteile = 18.75 mg 50 Pfund = 1.875 g — 20 Pfundteile = 7.5 mg 20 Pfund = 750 mg — 10 Pfundteile = 3.8 mg 10 Pfund = 375 mg — 5 Pfundteile = 1.8 mg 5 Pfund = 188 mg — 2 Pfundteile = 0.75 mg 2 Pfund = 75 mg — 1 Pfundteil = 0.38 mg 1 Pfund = 38 mg — 0.5 Pfundteil = 0.1875 mg 0.2 Pfundteil = 0.075 mg 0.1 Pfundteil = 0.038 mg Die Probiergewichte nach der 100-Pfd.-Teilung zum Wägen der Blei- und Kupfererze; wurden auch Könige genannt; der Steinkönig für auf Roteisenstein probierte Stoffe und der Silberkönig für das auf Silber probierte Schwarzkupfer. Das kleinste Gewicht wurde aus dem Mark der Federkiele gefertigt. Das Probiergewicht nach der 110-Pfd.-Teilung diente zum Wägen der Silberkörner, wobei 1 Zentner = 1 Quentchen = 3.654 g. Das Schichtgewicht nach der 104-Pfd.-Teilung diente zum Probieren der Stich- oder Werkproben; dabei war 1 Zentner = 1 Lot kölnisch = 4096 Teile des Richtpfennigs = 14.62 g Es galt von 1716 bis 1768. Der 220. Teil des Erzzentners wurde als 1 Mark = 233.855 g angenommen.	3.75

(Fortsetzung von Tabelle 138)

Land/Ort	Einteilung und Erläuterungen	g
Deutschland — Freiberg	Das Markgewicht zum Probieren der Silberaushiebe, der Amalgamiergranalien und für die Untersuchung der Münzen auf ihren Feingehalt war 1 Zentner = 0.91 (4) g = $1/4$ des Probiergewichtes nach der 100-Pfd.- bzw. 110-Pfd.-Teilung. Das Näßgewicht zum Untersuchen des Näßgehaltes der Erze Freiberger Näßgewicht 1 Zentner = 4 Lot = 58.4 g Obererzgeb. Näßgewicht 1 Zentner = 8 Lot = 116.8 g (hier wurde bei der Näßprobe zugleich die getrocknete Probe zum Probieren auf Metall benutzt) Alle diese Probiergewichte haben ihren Ursprung in der kölnischen Mark (233 g). 1858 wurde unter Berücksichtigung des neuen Landesgewichtes endgültig festgelegt: 1 Probierzentner = 3.75 g (nach d. 100.-Teilung) 1 Markgewicht = 1 g 1 Näßgewicht = 75 g Die übrigen Gewichte fielen weg [45b, S. 133].	
— Harz	1 Probierzentner = 100 Pfund zu 100 Pfundteilen oder Quint	5.00
Österreich-Ungarn	1 Probierzentner = 100 Pfund zu 32 Lot je 4 Quentchen je 4 Denär (Agricola [2h] gibt den österreichischen Probierzentner mit 4.375 g an.)	10.00
England	1 Probiertonne (assay ton) = 400 grains zu 100 cents oder 1 ounce = 480 grains zu 20 pennyweights (dwt.) je 24 grains	26.00 31.10
Nordamerika	1 assay ton Die Silberkörner werden in mg ausgewogen. 1 mg in 1 assay ton ist also 1 Gewichtsteil in 29166 Gewichtsteilen; da nun 29166 ounces troy = 1 short ton sind, beträgt 1 mg in 1 assay ton = 1 ounce per short ton.	29.166
Metrisches System	1 Tonne (t) = 10 Doppelzentner (dz) je 100 Kilogramm (kg)	

Tabelle 139. Der metrische (Zehner-) Aufbau der Masseeinheiten

	t	dz	kg	℔	Hg	Dg	g	dg	cg	mg
t	1	10	10^3	2000	10^4	10^5	10^6	10^7	10^8	10^9
dz		1	100	200	1000					
kg	10^{-3}		1	2	10	10^2	10^3	10^4	10^5	10^6
Hg	10^{-4}		10^{-1}		1	10	10^2	10^3	10^4	10^5
Dg	10^{-5}		10^{-2}		10^{-1}	1	10	10^2	10^3	10^4
g	10^{-6}		10^{-3}		10^{-2}	10^{-1}	1	10	10^2	10^3
dg	10^{-7}		10^{-4}		10^{-3}	10^{-2}	10^{-1}	1	10	10^2
cg	10^{-8}		10^{-5}		10^{-4}	10^{-3}	10^{-2}	10^{-1}	1	10
mg	10^{-9}		10^{-6}		10^{-5}	10^{-4}	10^{-3}	10^{-2}	10^{-1}	1

2.151.2 *Nichtmetrische Gewichte*

Vornehmlich alte deutsche Gewichte, daneben zum Vergleich auch einzelne Auslandsgewichte

Kramer- oder Handelsgewichte

K o r n , früher kleines Gewicht in Deutschland		
	= $^1/_{1000}$ Lot	$1^2/_3$ cg
Norwegen	= $^1/_{10000}$ Pfund	0.0425 g
Preußen	$^5/_{50}$ Korn = 1 mg 60 „ = 1 g 600 „ = 1 Neulot	
Sachsen, 1858 u. V. v. 7. 5. 1869	= $^1/_{10}$ Zent	1.67 mg
Schweden	= $^1/_{10000}$ Pfund	0.05 g
O e r t g e n		
Hannover	= $^1/_4$ Quentchen	
Schleswig-Holst.	2 Oertgen = 1 g	0.5 g
Z e n t		$1^2/_3$ dg
Bayern	= 10 Korn	1.6667 dg
Preußen	$^5/_{500}$ Zent = 1 mg 6 „ = 1 g 60 „ = 1 Neulot	
Sachsen, 1858 u. V. v. 7. 5. 1869	= $^1/_{10}$ Quent	166.7 mg
Hessen, Krfrst.	= 10 Korn	

Quentchen, Quint, Quintlein, Quentin, altes sehr kleines deutsches Handelsgewicht verschiedener Größe.

Häufig 1 Quentchen = 1/4 Lot = 3 2/3 g, später auch
Quentchen = 1/10 Lot = 1 2/3 g (Preußen)
= 1/300 Zollpfund

Tabelle 140

1 Quentchen in	Einteilung und Erläuterungen	auf 1 g gehen	g
Baden	(1 Pfund = 32 Lot zu 4 Quentchen)		
Bayern	= 10 Zent zu 10 Korn	0.6	
Frankfurt		0.256	3.9063
Hannover	(Quint) = 10 Halbgramm	0.2	
Hessen, Großhzgt.	= 4 Richtpfennige		
Hessen, Krfrst.	= 10 Zent	0.6	
Hohenzollern	= 4 Richtpfennige	0.256	
Homburg		0.256	
Meisenheim		0.256	3.9063
Nassau, Hzgt.		0.256	3.9063
Österreich	Handelsgewicht, wie Baden		4.37547
	Apothekergewicht = 1 Drachme		
	Gold- u. Silbergewicht = 4 Pfennige = 1024 Richtpfennige		
Preußen	5/5000 Quent = 1 mg 5/5 „ = 1 g 6 „ = 1 Neulot		
Sachsen (1858 u. V. v. 7. 5. 1869)	= 1/10 Lot		1.667
Schleswig-Holst.	(Quint)	0.2	5.0

Lot, früheres Gewicht = 1/32, später 1/30 Pfund, in den meisten deutschen Staaten 1/30 Zollpfund (zu 500 g) = 15.6 bis 16.6 g. Lot war auch ein kleines Gold-, Silber- und Münzgewicht = 1/16 Mark (s. d.). Man teilte das Lot in 18 Grän. Als Lötigkeit bezeichnete man den in Lot und Grän ausgedrückten Feingehalt einer Silberlegierung.

Tabelle 141

1 Lot in	Einteilung und Erläuterungen	auf 1 kg gehen	g
Baden			15.6
Bayern	= 4 Quentchen, 32 Lot = 1 Pfund		15.6
Braunschweig			15.58
Breslau			17.683
Frankfurt/M.	= 4 Quentchen		15.625
Hannover			14.6
Hessen, Großhzgt.	= 4 Quentchen 32 Lot = 500 g = 1 Pfund	64	15.625
Hessen, Krfstm.	= 10 Quentchen	60	16.667
Hohenzollern	= 4 Quentchen		15.625
Homburg	= 4 Quentchen 0.256 Quentchen = 1 g		15.625
Lübeck			15.2
Meisenheim	= 4 Quentchen	64	15.625
Nassau, Hzgt.	= 4 Quentchen	64	15.625
Nürnberg			15.93
Österreich	wie in Bayern		17.5018
Preußen		60	16.667
Sachsen			14.6028
Sachsen (1858 u. V. v. 7. 5. 1869)	= 1/30 Pfund (1 Neulot = 6/10 alte Lot)		16 2/3 10.0
Sachsen	Die sächs. Post wog die Postsendungen auf 1/20 Lot aus. Nach V. v. 25. 10. 1858 (GVBl. S. 266) führte die Post folgende Gewichte ein: 1/20 Lot = 0.833 g = 5 Zent 2/20 „ = 1.677 g = 1 Quent 3/20 „ = 2.499 g = 1 Quent + 5 Zent usw. in Stufen bis 10/20 Lot		
Wien			17.54

Pfund, alte Gewichtseinheit, als Apothekergewicht in Unzen, als Krämergewicht in Lot unterteilt; lat. pondus = Gewicht. Das Zeichen ℔ ist aus der Abkürzung lb. für lat. libra (Waage) entstanden, ebenso das englische Zeichen £ für Pfund Sterling. Aus dem Brauche, bei Zahlungen die ungleichen Scheidemünzen zu wiegen, ergab sich das Pfund als Münzgewicht und Währungseinheit. Das preußische ℔ betrug 467.404 g (Krämergewicht), im Deutschen Zollverein seit 1858 = 500 g. Alle deutschen Pfundgewichte wurden in 32 Lot, 1 Lot in 4 Quentchen, 1 Quentchen in 4 Pfenniggewichte und 1 Pfenniggewicht in 2 Hellergewichte eingeteilt. Lote, Quentchen und Pfenniggewichte waren aber gegeneinander verschieden, je nachdem sie einem schweren oder leichten Pfund angehörten.

2.151.21 Krämergewichte

Tabelle 142

1 Pfund in	Einteilung und Erläuterungen	g
Anhalt	= 1/110 Zentner	467.71
Baden	= 0.5 kg, also 1 kg = 2 Pfund	500.0
	oder = 2 Mark zu 4 Vierlingen zu 4 Unzen	
	oder = 10 Zehnlinge zu 10 Centas zu 10 Dekas zu 10 As	
	oder = 32 Lot zu 4 Quentchen	
Bayern	= 32 Lot zu 4 Quentchen	
	= 512 Pfenniggewichte = 7680 Gran	560.06
	1 kg = 1.7857 Pfund	
	oder = 30 Lot	500.00
Böhmen	= 0.9185 Wiener Pfund (= 1 Prager Pfund)	514.0
Bozen	= 0.8945 Wiener Pfund = 1/400 Saum	501.0
Braunschweig	= 32 Lot zu 4 Quentchen	498.5
	= 10 Lot = 100 Quentchen	
	= 1000 Halbgramm	500.00
Bremen	= 10 Lot = 100 Quentchen	
	= 1000 Halbgramm	500.00
Erfurt		466.8
Frankfurt/M.	= 32 Lot = 128 Quentchen	
	Schwergewicht = 1/100 Zentner	505.35
	Leichtgewicht = 1/108 Zentner	467.91
	Handelsgewicht = 32 Lot	
	= 128 Quentchen	
	= 520 Pfennige	484.6094
	Krämergewicht = Bank- und Silbergewicht	467.70935
Hamburg	= 10 Lot = 100 Quentchen	
	= 1000 Halbgramm = 1/6000 Komm.-Last	500.00

(Fortsetzung von Tabelle 142)

1 Pfund in	Einteilung und Erläuterungen	g
Hannover	= 32 Lot zu 4 Quentchen	467.711
Hessen, Großhzgt.	= 32 Lot = 128 Quentchen	500.00
Hessen, Kurfst.	= 32 Lot = 128 Quentchen (1817) Schwergewicht = 484.24 g Leichtgewicht = 467.81 g (= 1/108 Ztr.)	
Hohenzollern	= 32 Lot	500.00
Homburg	= 32 Lot = 128 Quentchen	500.00
Köln	altes Pfund	467.6246
Krakau	= 0.7246 Wiener Pfund	406.00
Leipzig	= 32 Lot zu 4 Quent zu 4 Pfennig zu 15 Grän [45b] = 1024 Heller = 2 Leipziger Mark = dem alten Kölner Pfund [15a]	467.6246
	Fleischergewicht = 1 Pfund + 2½ Lot	503.8
	Krämergewicht, 102 Pfund = 1 Zentner	
Lemberg	= 0.750 Wiener Pfund	420.00
Lippe		
-Bückeburg	= preußisches Pfund	
-Detmold	= kölnisches Pfund	467.41
Lübeck	= 32 Lot = 128 Quentchen = 1/112 Zentner Normalpfund v. 1654 Schiffspfund = 20 Liespfund = 280 Lüb. ℔ Schiffslast = 2/3 Kommerzlast = 4000 Pfund alten Lübecker Gewichts zu je 340.53 g	486.47 484.7078 136.212 kg
Mecklenburg	= 1/110 Zentner = 32 Lot = 128 Quentchen	
M.-Schwerin	= dem Lübecker Normalpfund	484.7078
M.-Strelitz	= dem preußischen Pfund	467.71
Meisenheim	= 32 Lot	500.0
Nassau, Hzgtm.	= 32 Lot = 128 Quentchen = 1/100 Zentner	470.886 500.00
Nürnberg	altes Pfund	509.996
Österreich	= 32 Lot zu 4 Quentchen zu 4 Sechszehntel oder Pfennige	560.06
	Schokoladenpfund	490.00
Oldenburg	= 1/100 Zentner	467.71
Prag	= 1/20 Stein = 0.9185 Wiener Pfund	514.0

(Fortsetzung von Tabelle 142)

1 Pfund in	Einteilung und Erläuterungen	g
Preußen	bis einschl. 1839 = $^1/_{110}$ Zentner zu 32 Lot zu 4 Quentchen	467.711
	von 1840 an Zollgewicht = 1 preuß. Pfund + 2.209158143 Lot Daraus folgt 1 preuß. Pfund = 467.71101 g wie oben.	500.0
	von 1858 an auch Handelsgewicht = 30 Lot zu 10 Quentchen zu 10 Zent zu 10 Korn = $^1/_{100}$ Zentner = $^1/_{4000}$ Last (Allgemein in den deutschen Zollvereinsstaaten seit 1856—1868/72)	
Reußische Fürstentümer	Gewichte wie in Leipzig	
Sachsen	(1858 u. V. v. 7. 5. 1869) = $^1/_{110}$ Zentner = 30 Lot zu 10 Quentchen zu 10 Zent zu 10 Korn (1 Kanne Wasser wiegt 2 Pfund) nach *Lohrmann* [45b, S. 92]	467.289
Sachsen (Landespfund)	Zollzentner ab 1. Jan. 1840 (V. v. 9. 10. 1839, GVBl. S. 254) = 32 Lot, 1 Lot = 15.625 g Vorher waren mit Unterschieden 100 Zollpfund = 107.4663 Pfd. Krämergewicht (V. v. 8. 10. 1839) = 107.1428 Pfd. Dresdener Gewicht (V. v. 9. 10. 1839) = 107.10389 Pfd. Leipziger Handelsgew. (V. v. 23. 5. 1840) = 106.667 Pfd. Leipziger Handelsgewicht Genau berechnet wog 1 sächs. Pfund [45b] = 9716.608 holl. As (467.009 g) 1 holl. As = 48.063 mg, die Hälfte des Pfundes wog = 4858.304 holl. As (235.505 g) = 1 sächs. Münzpfund ab 1663 nach der Münzkonvention von Kloster Zinna	500.000

(Fortsetzung von Tabelle 142)

1 Pfund in	Einteilung und Erläuterungen		g
Dresden [45b]	= 2270 Karat Juwelengewicht		466.936
	Vergleichung verschiedener auf dem Rathaus zu Leipzig befindlicher Gewichte mit dem Dresdner Münzpfund, von *Weickert* 1812 in Leipzig festgestellt [45b]		
	Gewicht	**Richtpfennige**	
	1 Münzpfund Dresden	65 536	233.582
		1	3.5642 mg
	1 Pfund Krämergewicht Leipzig		
	nach dem 1-Pfund-Gewicht	131 216	467.677
	2-Pfund-Gewicht	131 144	467.412
	3-Pfund-Gewicht	131 154.66	467.459
	4-Pfund-Gewicht	131 175	467.531
	5-Pfund-Gewicht	131 180.8	467.552
	1 Pfund Fleischergewicht Leipzig		
	nach dem 2-Pfund-Gewicht	141 324	503.704
	3-Pfund-Gewicht	141 354.66	503.813
	4-Pfund-Gewicht	141 364	503.847
	5-Pfund-Gewicht	141 512.2	504.375
Sachsen	Hierzu teilt auch *Brandt* [45b] aus dem Entwurf eines Maß- und Gewichtssystems für das Kgr. Sachsen, von *Beigel* 1815 verfaßt, sehr interessante Vergleichswerte mit, die das Fehlen einer begrifflichen und gesetzlichen Grundlage für das sächs. Pfund erkennen lassen. Es wog 1 Pfund		
	nach dem ½-Pfund-Stück in der Schoßstube des Rathauses in Leipzig		466.618
	nach dem Normalpfund 1672 im Dresdner Rathaus		466.712
	nach dem Normalsatz 1599 im Stadtmuseum Freiberg		466.893
	nach dem Normalpfund des Universitätsmechanikers Poller in Leipzig		466.908
	nach dem Normalkilogramm von Beigel		466.936
	nach dem Zweimarkgewicht der Dresdner Münze		466.947
	nach dem Glassatz von Frank in Dürrenberg 1815 (Bild 55)		466.915
	nach dem ½-Pfund-Stück von 1719 auf der Einnehmerstube im Rathaus Leipzig		467.956
	nach dem 1-Pfund-Stück von 1719 am gleichen Ort		467.241

(Fortsetzung von Tabelle 142)

1 Pfund in	Einteilung und Erläuterungen	g
Sachsen (Fortsetzg.)	nach dem ¼-Normalzentner am gleichen Ort	467.09
	nach der Dresdner Münzmark, nach der das Bergsilber berechnet wurde	467.160
	nach der Köln-Erfurter Mark des Kurfürsten August von 1579	467.278
	nach der Kölner Mark beim Rat zu Leipzig 1829	467.625
	nach der Kölner Mark bei der Münze zu Leipzig 1718	467.644
	nach dem 100-Zollpfund = 107 Leipziger Pfund	467.289
	Außerdem war im Vogtland das schwere Pfund zu 48 Lot üblich, 1 Lot = 13.28 g. (nach einer Mitteilung des Gerichtsamtes Adorf vom 13. 2. 1846).	637.13
	Spätere Nachprüfungen [45b, S. 109], die im Februar 1841 durch eine Kommission durchgeführt wurden (Sachsen hatte sich aus Paris ein „kilogramm vrais" aus Platin und ein „kilogramm primitif" aus Messing kommen lassen), ergaben für die Münzmark von 1579 (½) = 233.080 g die Mark der Münze (½) = 233.5837 g das Pfund der Münze = 466.912 g das Normalpfund der Stadt Dresden von 1672 = 467.037 g	
	Am 1. 11. 1858 trat das Gesetz zur Einführung eines allgemeinen Handelsgewichtes endgültig in Kraft. Eine Normaleichungskommission (NAC) wurde gegründet. *Brandt* [45b] berichtet hierzu von einer „freudigen Zustimmung jener Tage". In einem Bericht des Kupferhammers Grünthal an das Oberbergamt Freiberg heißt es: „Wir begrüßen daher den 1. November als einen Tag des Lichtes, an welchem wir das Leipziger Handelsgewicht wie ein Feuerkleid des Herkules über Bord werfen können, bedauern aber gleichzeitig, daß diese neuen Lichtstrahlen nicht auch das veraltete Dunkel des Längenmaßes erhellen."	
	Mit diesem Gesetz hatte Sachsen folgendes erreicht:	
	Die Elle war gesetzlich und zahlenmäßig festgelegt. Flächen- und Hohlmaße, Acker,	

(Fortsetzung von Tabelle 142)

1 Pfund in	Einteilung und Erläuterungen	g
Sachsen (Fortsetzg.)	Kannen und Scheffel werden vom Längenmaß abgeleitet. Das Zollpfund zu 500 g = 30 Lot war Landesgewicht. Die Umrechnung erfolgte fortan nach dem Verhältnis 100 Pfund Landesgewicht = 107 Pfund Leipziger Handelspfund 1 Pfund Leipziger Handelsgewicht = 467.2897 g. Apothekergewicht war das Medizinalgewicht von 1837, Buttergewicht war 1 Kanne = 2 Pfund ¼ Kanne = 15 Lot = 1 Stückchen (Nach der V. v. 11. 10. 1831 — GVBl. S. 366 — hatte die Kanne nicht mehr die Bedeutung eines Hohlmaßes.)	
Sa.-Coburg	= 32 Lot = 128 Quentchen = dem alten Nürnberger	509.996
Sa.-Meiningen		510.55
Sa.-Gotha	= 32 Lot = 128 Quentchen = 2 Gothaer-Kölner Mark	467.713
Sa.-Weimar	= 32 Lot = 128 Quentchen = dem alten Kölner = $^1/_{110}$ Zentner	467.63
Schlesien	= 0.9461 Wiener Pfund	530.00
Waldeck	Schwergewicht	476.352
	Leichtgewicht	467.41
Wien		561.90
Württemberg	(wie Baden) vor 1856 = $^1/_{104}$ Zentner = 32 Lot zu 4 Quentchen zu 4 Richtpfennig 2.1381 Pfund = 1 kg, 1 schweres Pfund = $^1/_{100}$ Zentner	467.728
England	(lb.) pound avoirdupois = 16 ounces (oz.) zu je 16 drams	453.592
Schweden	(schalpfund, skålpund, mark) = 32 Lot zu 4 Qvintin oder 1 Pfund zu 8848 as(s)	425.1
Schweiz	wie in Baden	
Tirol	= 1.0075 Wiener Pfund	564.26
Ungarn	= 0.8775 Wiener Pfund = 16 Unzen	491.0

Brandt [45b] hat eine Anzahl von Pfund-Gewichten verschiedener Städte geprüft, die alle mit dem Stempel vom Jahre 1719 gekennzeichnet waren. Die gleichen Wägungen wurden 1732 von *Clausberg* und 1812 von *Weickert* durchgeführt, so daß heute Prüfungsergebnisse aus drei Jahrhunderten mit ziemlich gleichen Zeitabständen vorliegen. Nachstehend werden die von Brandt im Jahre 1930 festgestellten Schwerewerte angegeben, die von den früher ermittelten Werten nur wenig abweichen:

Tabelle 143

Pfundgewichte verschiedener Städte aus dem Jahre 1719
(geprüft von Eichungsdirektor *Brandt*, Dresden 1930)

Stadt	Schwere in Gramm	Stadt	Schwere in Gramm
Aachen	468.637	Lucka	336.680
Amsterdam	494.329	Lyon	418.866
Antwerpen, Brüssel	468.807	Magdeburg	486.164
Archangelsk	404.010	Malaga	460.088
Augsburg (Münzgewicht)	472.769	Marseille	
Augsburg (Frohngewicht)	492.037	poids de Marseille	413.730
Bautzen	433.770	Memmingen	512.223
Berlin	467.819	München	561.299
Bologna	362.660	Neapel	424.913
Bordeaux	487.000	Nürnberg	510.218
Bozen	501.239	Paris	
Braunschweig	467.282	poids de marc de Paris	490.347
Bremen	496.741	Petersburg	409.290
Breslau	405.441	Prag	513.890
Danzig	435.565	Regensburg	561.698
Florenz	339.335	Riga	418.241
Frankfurt/Main	467.394	Rom	339.164
Genf	551.087	Salzburg	560.435
Genua	316.570	Schaffhausen	459.885
Hamburg	485.499	St. Gallen (Schwergewicht)	584.229
Köln	467.160	St. Gallen	465.253
Köln (1722)	467.050	Straßburg	471.796
Köln (nach 2-Pfd.-Gew.)	467.392	Ulm	469.187
Königsberg (Kleingewicht)	380.342	Venedig grosa	497.513
Königsberg	468.259	Venedig grosa	477.078
Konstantinopel	1267.847	Venedig sotila	301.493
Kopenhagen	469.467	Verona grosa	497.513
Lissabon	459.361	Verona sotila	331.208
Livorno	340.712	Wien	561.907
London (avoirdupois)	452.299	Wien	561.902
Lübeck	483.564	Zittau	468.065
Lüneburg	486.538	Zürich	528.860

151.22 Apothekergewichte (Medizinalgewichte)

Apothekergewichte oder Medizinalgewichte sind altertümliche Gewichtseinheiten der Heilberufe. Es sind dies:

Das Apothekerpfund, vornehmlich das Nürnberger Apothekergewicht, das dem Namen nach mit wenigen Ausnahmen in allen deutschen Offizinen eingeführt, aber nicht in allen Ländern von gleicher Schwere war.

Tabelle 144. Apothekergewichte (in Gramm)

Land	Preußen Sachsen Weimar Mecklenburg	Württemberg *	Bayern Hannover	England Nord-Amerika	Baden Belgien Holland Schweiz	Österreich
1 Gran	0.06089	0.0621	0.0625	0.0648	0.0651	0.0729
1 Skrupel	1.218	1.241	1.250	1.296	1.300	1.458
1 Drachme	3.654	3.725	3.750	3.888	3.900	4.375
1 Unze	29.232	29.805	30.003	31.104	31.250	35.000
1 Pfund	350.783	357.664	360.000	373.246	375.006	420.009

* desgl. fast genau zusammenfallend in Schweden, Hamburg, Hessen, Nürnberg, Dänemark und der Sowjetunion.

Tabelle 145

1 Apothekerpfund in	Einteilung	g
Baden	—	375.000
Hamburg	—	357.664
Hannover	= 24 Lot des Handelsgewichtes preußisch	350.783
Hessen, Großhzt.	= 22.901 Lot	357.664
Mecklenburg	—	350.783
Nassau, Herzogt.	—	357.664
Nürnberg	Nach *Brandt* [45b, S. 103]: 7446 2/5 holl. As = 24 Lot + 2 Quent + 5 5/8 Gran Dresdner Gewicht = 100448 Dresdn. Richtpfennigteile (nach *Beigel* 1815)	357.896
	Nach *Aubök* [45a] = 12 Unzen zu 8 Drachmen zu 3 Skrupel zu 20 Gran = 3/4 Pfund altes Nürnberger Silbergewicht	357.854
Österreich	—	420.045
Preußen	42 preußische Lot = 3/4 Handelspfund (da ein preußisches Handelspfund 32 Lot enthielt)	350.783 357.664 400.000

(Fortsetzung von Tabelle 145)

1 Apothekerpfund in	Einteilung	g
Sachsen	—	350.883
	(V. v. 26. 12. 1836) gleichzeitig preuß. Gewicht	350.783
	(1837, Denkschrift der sächs. Regierung über Maß und Gewicht in den Zollvereinsstaaten) 7301,1117 As	350.9133
	Das Nürnberger Pfund ist hier angegeben mit 357,7329 g = 7443 holländische As	
	1868 wurde als Übergang zum metrischen System festgesetzt:	360.000
Dresden	82 Dresdn. Pfd. = 107 deutsche Apothek.-Pfd.	—

Im Entwurf für ein sächs. Maß- und Gewichtswesen vom 1. 2. 1837 wurde unter § 17 festgelegt, daß sich das Medizinalwesen des Pfundgewichtes zu 32 Lot bedienen und folgende Einteilung vorgenommen werden sollte:

Pfund	Unzen	Drachmen	Skrupel	Gran
1	16	128	384	7680
	1	8	24	480
		1	3	60
			1	20

Die Angleichung an das Handelsgewicht erschien den sächsischen Ärzten bedenklich (lt. V. v. 26. 12. 1836, § 5, GVBl. 1837, S. 2, war das preuß. Medizinalgewicht in Sachsen eingeführt worden), weil die Gefahr bestand, daß durch das schwere Handelsgewicht zu stark dosiert werden könnte (45b).

1 Apothekerpfund in	Einteilung	g
Sachsen-Weimar	= das alte Nürnberger Pfund	350.783
Württemberg		357.664

Tabelle 146

Umsetzung des Medizinal-Unzen-Gewichtes in das Medizinal-Gramm-Gewicht

(Gesetz- und Verordnungsblatt für das Königreich Sachsen 1868, Nr. 27, Verordnung das Medizinalgewicht betr. vom 8. 2. 1868)

Gewicht	Dezimale des Gramms	in Worten	Gewicht	Dezimale des Gramms	in Worten
$^{1}/_{6}$ Gran	0.01	1 Zentigramm	$1\,^{1}/_{2}$ Drachmen	5.5	$5\,^{1}/_{2}$ Gramm
$^{1}/_{4}$ Gran	0.015	$1\,^{1}/_{2}$ Zentigramm	2 Drachmen	7.5	$7\,^{1}/_{2}$ Gramm
$^{1}/_{3}$ Gran	0 02	2 Zentigramm	3 Drachmen	11.0	11 Gramm
$^{1}/_{2}$ Gran	0.03	3 Zentigramm	$^{1}/_{2}$ Unze	15.0	15 Gramm
1 Gran	0.06	6 Zentigramm	5 Drachmen	18.75	$18\,^{3}/_{4}$ Gramm
1 Skrupel	1.25	$1\,^{1}/_{4}$ Gramm	6 Drachmen	22.5	$22\,^{1}/_{2}$ Gramm
$^{1}/_{2}$ Drachme	2.0	2 Gramm	1 Unze	30 0	30 Gramm
2 Skrupel	2.5	$2\,^{1}/_{2}$ Gramm	3 Unzen	90.0	90 Gramm
1 Drachme	3.75	$3\,^{3}/_{4}$ Gramm	6 Unzen	180.0	180 Gramm
4 Skrupel	5.0	5 Gramm	12 Unzen	360.0	360 Gramm

An historischen Daten seien in diesem Zusammenhang noch erwähnt:

1536 Agricolas Freund Valerius Cordus veröffentlicht sein 1542 vom Nürnberger Rat als gesetzliche Grundlage anerkanntes „Apothekerhandbuch“,

1548 Reichstag zu Augsburg, Reichsmedizinalordnung,

1550 Georg Agricola veröffentlicht seine gesammelten Schriften zu „Maß und Gewicht“,

1600 in 72 deutschen Städten bestehen Apothekerordnungen,

1836 Einführung des preuß. Med.-Gewichtes in Sachsen,

1868 Maß- und Gewichtseinheit in Deutschland. Ein besonderes Medizinalgewicht gibt es nicht mehr. Die Apotheken verwenden die üblichen Präzisionsgewichte.

Die Unze, ℥ (zugleich Feingewicht für Edelmetalle), = $^{1}/_{12}$ Medizinalpfund = 30 g, genau 29.82 g. Die alte deutsche Unze war $^{1}/_{16}$ Pfund und entsprach 31.1 g. In England ist die Unze als ounce = 28.35 g noch heute als Handelsgewicht in Gebrauch, als Edelmetall- und Medizinalgewicht entspricht sie 31.104 g. (Auch bei Sportgeräten, z. B. Boxhandschuhen, wird die ounce als Maß verwendet.)

Das Lot, s. o.

Drachme, ʒ, an sich eine altgriechische Gewichts- und Münzeinheit = 4.3 g. Als Medizinalgewicht ist 1 Drachme = $^{1}/_{96}$ Apothekerpfund und heißt bisweilen Quintel.

Skrupel, ℈, = $^{1}/_{288}$ des Apothekerpfundes = 1 Nürnberger Pfennig.

Obolus = $^{1}/_{576}$ des Apothekerpfundes = $^{1}/_{2}$ Nürnberger Pfennig.

Gran = $^{1}/_{5760}$ des Pfundes; es ist die kleinste Gewichtseinheit der Apotheker und Ärzte (lat. granum = Korn). Das Gran ist wie die Unze auch als Edelmetall- und Juwelengewicht bekannt und ist im übrigen auch in verschiedenen Auslandsstaaten ein sehr kleines Gewicht (z. B. England, Frankreich, Holland, Portugal, Spanien u. a.). *Valentin* [64] gibt in der Geschichte der Pharmazie und Chemie irrig 1555 als Zeitpunkt der Einführung von Gewichtseinheiten für das Apothekergewerbe in Nürnberg an. Diese Einheiten haben sich mit unwesentlichen Veränderungen in Deutschland durchgesetzt. Ihre Einteilung ist in Tabelle 147 angegeben.

Tabelle 147

Pfund	Unze	Lot	Drachme	Skrupel	Obolus	Gran	g
1	12	24	96	288	576	5760	367.129
	1	2	8	24	48	480	30.594
		1	4	12	24	240	15.288
			1	3	6	60	3.822
				1	2	20	1.274
					1	10	0.637
						1	0.063

Für das sächs. Apothekergewicht hat Kommissionsrat *Beigel* 1816 in seinem Entwurf für ein Maß- und Gewichtssystem in Sachsen errechnet, daß infolge der Einteilung des Handelspfundes in 7680 Gran

1 Zweilotstück = 480 Gran
und 1 Unze = 2 Lot

enthalten, daß aber infolge der in Gewichtssachen üblichen Angabe in holländischen As

480 Handelsgran = 607.23 As (29.185 g)
480 Apothekergran = 620.53 As (29.824 g)

sind, und schlägt deshalb vor, wegen des geringen Unterschiedes von $2^1/_7$% das Apothekergewicht aufzuheben und den Unterabteilungen des Handelsgewichtes gleichzusetzen [45b].

2.151.23 Münzgewichte (Gold- und Silbergewichte)

Das Münzgewicht ist das wirkliche Gewicht einer Münze, nach dem man in den Münzstätten die Münzsorten abwog. Als Norm wurde ½ Pfund Kölnische Mark (s. d.) = 16 Lot angenommen. Die kölnisch-erfurtische Mark aus der Mitte des 12. Jahrhunderts wurde 1524 Grundlage des deutschen Münz- und Gewichtswesens sowie des Gold- und Silberhandels. Sie wog 233.8123 g, als Münzmark der Zollvereinsstaaten (1837—1857) = 233.855 g.

Bis zur Einführung des metrischen Systems war die Kölner Mark noch in verschiedenen Staaten, Städten und Ländern in Gebrauch, z. B.:

Bayern	233.950 g	Oldenburg	233.8555 g
Braunschweig	233.8555 g	Preußen	233.8555 g
Bremen	233.8549 g	Sachsen	233.812 g
Hannover	233.855 g	(1 Kanne Wasser wiegt 2 Pfund zu 32 Lot = 128 Quentchen = 512 Pfenniggewichte!)	
Hessen, Großhzt. = 14.967 Lot	233.8594 g		
Österreich	233.890 g	Württemberg	233.8555 g

Von den Markgewichten sind weiter zu erwähnen:

Dänemark	= $^1/_2$ Köln. Pfd.	235.2941 g
	= $^{16}/_{70}$ dän. Pfd. oder neue deutsche Pfd.	
Frankreich	= 8 onces zu 8 gros zu 3 deniers zu 24 grains	244.7529 g
Holland	= 8 Unzen zu 20 Engels	246.0839 g
Norwegen	= $^8/_{17}$ norweg. Pfd. oder frühere dän. Pfd.	234.54 g
Schweden	(Handels-, Münz-, Gold- und Silbergewicht)	425.0758 g

Es wurde eingeteilt 1 Mark Gold in 24 Karat zu 12 Gran,
1 Mark Silber in 16 Lot zu 18 Gran,

also in 288 Gran, das Lot in 16 Sechzehntellot zu 256 Richtpfennige, so daß die Mark 65536 Richtpfennige hatte. Mit Einführung des neuen Pfundes von 500 g (= 10000 As) hatte die Mark als Münzgewicht nur noch in den Hansastädten Geltung.

M a r k , vom mittellat. marca = ½ Pfund, erscheint neben dem Pfund als Münzgewicht für Wägungen von Gold, Silber und Juwelen. Sie ist entstanden aus dem röm. Pfund von 12 Unzen, wurde aber auf 8 Unzen verringert. Da man das Geld wog, waren 1 Mark soviel Schillinge oder Pfennige, als diese zusammen 8 Unzen wogen.

Die kölnische Mark wurde eingeteilt in 8 Unzen, 16 Lot, 64 Quentchen, 256 Pfennige, 512 Heller, 4020 köln. As, 4352 Aeschen oder 65536 Richtpfennige (oder 8 Unzen zu 19 Engels zu 32 As). Engel war ein niederländisches Goldmünz- und Silbergewicht zu 32 As = 1.538016 g.

Nach *A g r i c o l a* [2h] waren:

52 Nürnberger Mark	=	53 Erfurter Mark
1 Nürnberger Mark	=	16 Halbunzen zu 4 Drachmen zu 4 Pfennigen
1 Erfurter Mark	=	16 Halbunzen zu 18 Gränchen
1 Kölner Mark	=	8 Guldengroschen zu 24 Gran
1 Antwerpener Mark	=	288 Pfennige
1 Nürnberger Mark	=	256 Pfennige

Die alte kölnische Mark wurde um 1830 in Leipzig benutzt und entsprach bis 1857 einem halben sächs. Handelspfund bzw. ½ preuß. Pfund von 1816 (nach heutigem Gewicht etwa 233.5 bzw. 233.856 g) = 288 Gran.

1 Wiener Mark	=	½ Pfund	=	288 g
		nach *A u b ö k* [45b]	=	280.668 g
1 Prager Mark	=	16 Lot	=	250 g

Die Prager Mark hatte bis zum Jahre 1450 auch in Böhmen und im sächsischen Erzgebirge Geltung [73a].

Um die Unterschiede von Mark und Pfund anschaulicher zu machen, hat *B r a n d t* [45b] die wesentlichsten deutschen Münzgewichte in holländischen As ausgedrückt.

Tabelle 148. Vergleich deutscher Markgewichte mit holländischen As

Mark	As	g
Normalmark nach den Münzverhandlungen von 1760—1763	4870	234.067
München (bis 1811)	4870	234.067
(seit dem 11. 3. 1811)	4867.5	233.947
Wien	4867.5	233.947
Nürnberg	4867.3	233.937
Berlin	4865.45	233.848
Hamburg	4864.0	233.778
Clausthal, Hannover	4860.5	233.610

Richtpfennig, das eigentliche Münzgewicht innerhalb der sächsischen Münzstätten, kommt in Sachsen dem halben Handelspfund gleich [45b, S. 71].

65536 Richtpfennige = 1 Münzmark
1 Viertelquentchen des Handelspfundes = 1 Pfennig
1 Viertelquentchen beim Münzpfund = Inhalt von 256 Teilchen, diese bisweilen in ½ und ¾ abgeteilt, so daß
1 Münzmark bei guten Münzgewichtsbestecken in 262144 Teile zerfällt.

Weitere Angaben zum sächs. Münzgewicht und der kölnischen Mark befinden sich bei *Brandt* [45b, S. 83—85] sowie eine von Münzmeister Studer angefertigte „Zusammenstellung über die Schwere verschiedener Markgewichte in mehreren Münzstätten als auch der in Handel und Wandel in Deutschland befindlichen Markgewichte". Die Münzkonvention vom 30. Juli 1838 setzte eine Münzmark = 233.855 g (GVBl. 1839, S. 2, 4, 10). Die sächs. Bergverwaltung behielt jedoch die alte Dresdener Mark zu 233.5804 g, die 1737 auf dem Münzprobationstag in Regensburg als richtig anerkannt worden war, unter dem Namen Bergmark bei. Im Jahre 1857 verschwand die Münzmark endgültig (GVBl. 1857, S. 96 u. 143), durch V. v. 4. 8. 1857 erhielten die staatlichen Kassen

1 Normalgewicht für 1 Krone = $^1/_{45}$ Zollpfund = 11.111 g,
1 Passiergewicht für 1 Krone = $^1/_{18000}$ Zollpfund = 28 mg

sowie ½ Krone und ½ Passiergewicht und je 1 Gewicht zu

0.0001 Zollpfund = 50 mg und
0.0002 Zollpfund = 100 mg;

ferner einen Gewichtssatz in der dezimalen Stückelung (Pfundteilung). Das 50-mg-Gewicht bezeichnete man als 1 As.

Dukatenäschen, kleine Gewichte aus Messingblech für den Privatgebrauch der Geldwechsler. *Brandt* [45b] sagt hierzu: „Ihre Schwere ist an allen Orten nicht gleich, sondern nach dem lokalen Silberwert der Dukaten eingerichtet, welcher bei Berechnung des Steigens und Fallens der Goldmünzen als fester Punkt angenommen wird. So zählt man in Sachsen immer 66 Aeschen auf einen Dukaten, weil er bei Wechselrechnungen zu 66 Groschen angesetzt wird. Wenn nun ein zur Ausgabe bestimmter Dukaten auf der Goldwaage um ein oder mehrere Aeschen zu leicht befunden wird, so hat der Ausgeber ebensoviel Groschen darauf zu zahlen. Damit aber diese Aeschen weder zu viel noch zu wenig Silberwert andeuten, so wird ihr Gewicht durch folgendes Verhältnis bestimmt:

67 Dukaten gehen auf eine Mark,
66 Aeschen gehen auf einen Dukaten (1 sächs. As = 52.8 mg), folglich müssen
$67 \times 66 = 4422$ Aeschen eine Mark wiegen."

(Generale v. 6. Mai 1749 und 25. Mai 1750, Mandat vom 14. März 1763).

Unze		g
Deutschland	= 2 Lot = $^1/_{16}$ Pfund = $^1/_8$ Kölner Mark	
England	= $^1/_{16}$ pound avoirdupois (Handelsunze)	28.350
	= $^1/_{12}$ pound troy (für Edelmetalle)	31.1103
China (liang oder tael)		31.250
Italien, altes Längenmaß = 1 Zoll!		
Handels-, Gold- und Silbermaß (Korsika) = ½ Pfund		28.146

Tabelle 149. Die Einteilung von Mark und Unze

Mark	Unze	Lot	Karat	Quent	Pfennig	Gran	Heller
1	8	16	24	64	256	288	512
	1	2	3	8	32	36	64
		1	$1^1/_2$	4	16	18	32
			1	$2^2/_3$	$10^2/_3$	12	$21^1/_3$
				1	4	$4^1/_2$	8
					1	$1^1/_8$	2
						1	$1^7/_9$

Der Pfenning oder Pfennig ist eine alte deutsche Münze, welche aus den Brakteaten entsprungen war. Von diesen ersten Pfennigen machten 240 Stück 12 Unzen Feinsilber aus, wonach der Pfennig also beinahe zwei Groschen wert war. Nach und nach wurden sie, weil gar zu viele dieses Geld ausmünzten, so sehr verringert, daß im Jahre 1255 auf eine Mark Silber 660, um 1344 schon 960 und endlich um 1400 gar 1200—1400 Stück Pfennige gingen [73 a].

Nach *Agricola* [2g] wurden um 1550 aus einer Mark geprägt in

Bamberg	90	Silbermünzen
Böhmen	86	böhm. Münzen zu 3.032 g oder
	616	weiße Scheidemünzen oder
	660	schwarze Scheidemünzen
Erfurt	8	Guldengroschen oder
	16	Halbguldengroschen oder
	32	Didrachmen (Ort)
Köln	209	halbe, weiße Groschen
Mainz	118	weiße Groschen
Nürnberg	8	Uncialen (Guldengroschen) oder
	16	Halbuncialen (Halbguldengroschen)
	41	Groschen zu 12 Kreuzer
	82	Halbgroschen zu 6 Kreuzer
Trier	208	halbe, geräderte Guldengroschen
Würzburg	102	Silbermünzen (Solidi gen.)

Es bestanden also auch in den Münzen verschiedene Gewichte; so war z. B. die Wiener Mark größer als die Nürnberger, und das Gewicht der Meißner Mark entsprach dem der Erfurter.*

S t e i n , altes Handelsgewicht von etwa 20—22 Pfund = 10—11 kg. (Eisen- und Hammerordnung für Pirna und Königstein vom 31. 8. 1570, Gießhübel vom 23. 4. 1583, Pirna vom 25. 2. 1594 nach [45b].)

England (stone)	= 14 pounds av.	6.350 kg
Hamburg	= 20 Pfund (schwerer Stein, f. Flachs)	—
	= 10 Pfund (leichter Stein, f. Wolle, Federn)	—
Hannover	= 20 Pfund f. Flachs	
	= 10 Pfund f. Wolle	
Holland	= 6 und 8 Pfund (alt)	
	= 3 pond (neu)	3.000 kg
Krakau	= 23.19 Wiener Pfund	12.986 kg
Lübeck	= 22 Pfund f. Wolle!	
Österreich	= 20 Wiener Pfund	11.201 kg
Oldenburg	= 20 Pfund f. Flachs	
Prag	= 18.37 Wiener Pfund	10.287 kg
— Stein Mandeln	= 30 Zentner	1680.18 kg
— Stein Federn, Wolle	= 20 Zentner	1120.12 kg
Preußen	= 22 Pfund f. Wolle!	
	= 10 Pfund f. Federn	

W a a g e , sächsisches Gewicht für Schmiedeeisen (Reskr. v. 22. 6. 1661) [45b].

Dritthalb (2½) Waage	= 1 Zentner	
1 Waage	= 44 Pfund	20.5607 kg

* Interessant ist in diesem Zusammenhang ein Vergleich, der in Deutschland noch um die Jahrhundertwende bisweilen dort angewendet wurde, wo kleine Gewichte fehlten und Geldmünzen brauchbaren Ersatz boten. Es waren, wenn noch gut erhalten:

1 Pfennig (Kupfer)	= 2 g
3 Zwei-Pfennig-Stücke	= 10 g
2 Fünf-Pfennig-Stücke (Nickel)	= 5 g
1 Zehn-Pfennig-Stück (Nickel)	= 4 g
4 Fünfzig-Pfennig-Stücke (Silber)	= 10 g
4 Ein-Mark-Stücke (Silber)	= 20 g
4 Zwei-Mark-Stücke (Silber)	= 40 g
4 Fünf-Mark-Stücke (Silber)	= 100 g
1 Zehn-Mark-Stück (Gold)	= 4 g
1 Zwanzig-Mark-Stück (Gold)	= 8 g

Zentner, wie Pfund und Lot ein altes Krämer- und Handelsgewicht von ursprünglich örtlich unterschiedlicher Größe; seit Gründung des Deutschen Zollvereins einheitlich 50 kg. Zentner, Pfund und Lot wurden durch Maß- und Gewichtsordnung vom 17. August 1868 für das Gebiet des Norddeutschen Bundes durch dekadische Einheiten ersetzt; ihre Bezeichnungen haben sich im Sprachgebrauch bis heute erhalten. Die Einteilung des Zentners als Krämer- und Handelsgewicht und sogenanntes Leichtgewicht war folgende:

Tabelle 150

Zentner	Stein	Pfund
1	5	110
	1	22

Im übrigen galten die in Tabelle 151 angegebenen Werte.

Tabelle 151

1 Zentner in			Pfund	kg
Anhalt	wie in Preußen		—	51.448
Baden	—		100	50.0
Bayern	—		100	56.0
Bayrische Rheinpfalz	—		200	100.0
Braunschweig	—		116	46.771
Bremen	—		116	57.826
Danzig	wie in Preußen		110	51.448
England und die USA	hundredweight od. centweight (cwt.)		112	50.8024
Frankfurt		leicht	108	50.513
Hamburg		leicht	112	54.276
Hannover		leicht	112	54.839
Hessen, Großherzogtum	—		100	50.0
Hessen, Kurfürstentum	—		100	50.0
		leicht	108	50.524
Hohenzollern	—		100	50.0
Holland	—		100	49.409
Leipzig	—		110	51.4018
Lippe-Detmold	—		108	—
Lübeck	= 8 Liespfund, normal		112	54.287
Mecklenburg-Schwerin	= 8 Liespfund zu 14 Pfund		112	—
	= Rostocker Pfund		100	50.823
	1 Schiffspfund = 2.5 Zentner = 20 Liespfund zu 14 Pfund		280	—

(Fortsetzung von Tabelle 151)

1 Zentner in		Pfund	kg
Mecklenburg-Streliţ	= 5 schwere = 10 leichte Steine (1 Liespfund = 14 Pfund)	110	—
Nassau	= 106 Pfund und	100	50.0
Norwegen	= 100 Pfund zu 2 Marker zu 16 Lot	100	49.84
Österreich	= 100 Pfund zu 32 Lot	100	56.006
Oldenburg	—	100	46.771
Preußen	—	110	51.448
Sachsen	—	110	51.401867
	bei Fleisch und Fisch (Mandat von 1734) vorher auch 90, 95, 100, 102, 105 und 110 Pfund.	102	—

(Leipzig = 102 Pfd. + 0.927 Lot Fleischergewicht)

(Niederlausiţ = 90 Pfund, Guben = 100 Pfund — durch Reskr. v. 23. 9. 1747 einheitlich auf 102 Pfund festgelegt.)

Unter diesen Verhältnissen hatten Pfunde verschiedene Schwere, verschieden schwere Lote und der Stein verschieden viele Pfunde:

1 Fleischerzentner = Pfund	1 Pfund = g	1 Pfund = Lot	1 Stein = Pfund
90	571 132	39.1	18
95	541.072	37.0	19
100	514.019	35.2	20
102	503.940	34.5	—
105	489 442	33.5	21
110	467.2897	32.0	22

Im Entwurf zu einem sächs. Maß- und Gewichtsgeseţ vom 1. 2. 1837 ist unter § 14 für wissenschaftliche Zwecke und den Großverkehr folgende Zentnereinteilung angegeben [45b]:

Zentner	Liespfund	Pfund	Millas	Zentas	Dekas	As
1	10	100	1000	10000	100000	1000000

Für den Kleinverkehr ist 1 Zentner = 100 Pfund. Das Pfund aber sollte wie folgt eingeteilt werden

Pfund	Lot	Quent	Pfennige
1	32	128	512
	1	4	16
		1	4

		Pfund	kg
	Im Erzgebirge — Marienberg — rechnete man in der Stadt und ihrer Umgebung Zollzentner (ab 1. 1. 1840), siehe Zollpfund	100	50.00

(Fortsetzung von Tabelle 151)

1 Zentner in		Pfund	kg
	Bergzentner	112	—
	desgl. nach *Brandt* [45b] V. v. 8. 1734	114	—
	Steiermärkischer Stahl [45b] = 1 Bürde auf einen Zentner	118—120	—
	Da aber nach *Brandt* [45b] der Bergzentner wie beim Fleischergewicht immer 110 Pfund Handelsgewicht hatte, so waren auch die Berg- und Stahlpfunde verschieden schwer:		
	1 Zentner zu 112 Pfund Berggewicht	—	45.8661
	114 Pfund Berggewicht	—	45.628
	118 Pfund Stahlgewicht	--	43.5347
	120 Pfund Stahlgewicht	—	42.8092
	1 Zentner Schwergewicht	90	—
	In den Hammerwerken waren die Stäbe (Stabhammer) und Schieneisen so zu schmieden, daß $2\frac{1}{2}$ Wageisen 1 Zentner und 1 Wageisen 44 Pfund hielten. [Lit. 44.]		
	1858 u. V. v. 7. 5. 1869	100	50.00
	3 Zentner = 1 Schiffspfund = 150.00 kg		
	40 Zentner = 1 Schiffslast = 2000.00 kg		
Sachsen-Altenburg	—	100	50.00
Sachsen-Coburg	—	100	50.9996
Sachsen-Gotha	wie Leipzig	110	46.7711
Sachsen-Meiningen	(Nürnberger Zentner)	105	51.00
Sachsen-Weimar	(Leipziger Zentner) = 5 Stein	110	51.439
Waldeck	—	108	—
Württemberg	leicht	104	48.642
		100	50.00

T o n n e , dekadische Gewichtseinheit		1000 kg
Hohenzollern	= 2000 Pfund	1000
Schleswig-Holstein	= 2000 Pfund = 20 Zentner	1000

E r z t o n n e oder H ö l e , laut Bergwerksdekret vom 6. 8. 1659 in
Halsbrücke = 34 Körbe oder 16 Zentner
auf anderen Zechen = 8 Karren

L o w r y , Lore, Bezeichnung für oben offene, zur Beförderung von Kohlen, Kies und dgl. dienende Eisenbahnwagen. Früher war der Name insbesondere gebräuchlich für Niederbordwagen; da diese Wagen einen sich stets gleichbleibenden Rauminhalt besaßen, diente die Bezeichnung Lowry auch als Maß, besonders als Kohlenmaß. 1 Lowry = 90 Zentner = 4500 kg = 4.5 Tonnen. Heute versteht man unter einer Lowry Kohlen, Briketts, Kies usw. meist den Inhalt eines 10-Tonnen-Wagens.

Last, Gewicht für verschiedene Waren (s. auch Schiffslast), z. B. in:

Bayern	= 40 Zentner = 2 Tonnen
Hannover	= 40 Zentner
Hessen, Kurfrst.	= 40 Zentner
Hohenzollern	= 40 Zentner 0.5 hohenz. Last = 1 Tonne
Österreich	= 40 Zentner für Kupfer, Eisen, Blei, Reis = 30 Zentner für Mandeln = 20 Zentner für Wolle, Federn
Preußen	= 60 Zentner für Kohlen, sonst = 40 Zentner zu 100 Pfund zu 30 Lot zu 10 Quentchen zu 10 Zent zu 10 Korn
Sachsen (1858 u. V. v. 7. 5. 1869)	= 40 Zentner (Schiffslast) = 2 Tonnen
Schleswig-Holstein	= 40 Zentner

2.151.24 Sportgewichte

Gewichtsklassen der Boxer

Fliegengewicht	bis	50.802 kg
Bantamgewicht	„	53.525 „
Federgewicht	„	57.152 „
Leichtgewicht	„	61.235 „
Weltergewicht	„	66.678 „
Mittelgewicht	„	72.574 „
Halbschwergewicht	„	79.378 „
Schwergewicht	ab	79.378 „

Die Boxhandschuhe werden nach „Unzen" unterschieden. Meisterschaftskämpfe werden mit 4-Unzen-Handschuhen ausgetragen, während man zum Training den weichen 12-Unzen-Handschuh benutzt.

Der Boxring ist 4.75 mal 6 Meter groß.

2.151.25 Schiffstonnage (Schiffahrtsmaße) sind Raummaße, keine Gewichte! (Sie seien aber als Tonnen-Bezeichnungen hier mit erwähnt.)

Registertonne (RT), Raummaß für Schiffe 2.8316 m^3

(metrische Registertonne = 2.8315 m^3), britische Register ton, eine Einheit des engl. Maßsystems, von den meisten seefahrenden Staaten als Maßeinheit angenommene Schiffstonne = 100 Kubikfuß = 2.8316 m^3. Der Raumgehalt eines Schiffes wird im Schiffsregister des Heimatortes in Registertonnen angegeben.

Bruttoregistertonne (BRT), Brutto-Tonnage oder Großtonnage ist der gesamte Hohlraum eines Schiffes zwischen Deck und Spanten (ein 1000-t-Dampfer z. B. faßt Ladung von 250 Eisenbahnwagen).

Nettoregistertonne (NRT) oder Netto-Tonnage ist der reine Laderaum (für Ladung und Passagiere); Räume für Maschinen, Brennstoffe und Wohnräume für Mannschaften sind in Abzug gebracht (also BRT abzüglich aller dieser Räume). Abgabenpflichtiger Vermessungsraum.

(BRT und NRT haben mit Wasserverdrängung und Tragfähigkeit eines Schiffes an sich nichts zu tun, doch ergeben sich ökonomisch bedingte Verhältniswerte. Eine exakte Umrechnung ist nicht möglich; als Faustregel gilt 1 BRT ~ 2.3 t Ladung.)

Deadweighttonnage (tote Gewicht-Tonnage) ist das Gewicht der Tragfähigkeit oder Gesamtzuladung eines Schiffes, bestehend aus dem Gewicht der Ladung (Cargo Tonnage) — Nutzladung —, der Besatzung nebst Ausrüstung und Lebensmitteln sowie des Wassers, Brennstoffes und sonstiger Betriebsmaterialien. Die Ladefähigkeit ist daher nur ein Teil der Tragfähigkeit. Die Deadweighttonnage senkt das Schiff von der oberen Ladelinie bis zur Tiefladelinie.

Deplacement oder Deplacement Tonnage ist der Rauminhalt der vom Schiff beim Schwimmen verdrängten Wassermenge in Kubikmetern (Wasserverdrängung) und ist gleich dem Gewicht der Verdrängung in Tonnen, d. h. gleich dem Rauminhalt mal der Wichte des Wassers. Das Deplacement ist daher gleich dem Auftrieb oder der Schwimmkraft oder gleich dem Gewicht des Schiffes einschließlich seiner normalen Ausrüstung.

Cargo Tonnage oder Ladungstonne ist das Gewicht der Ladung.

Keel ist ein Raummaß, das bei der Ladung von Schiffen Anwendung findet.

Last ist zugleich auch eine alte Bezeichnung für das Schiffsfrachtgewicht.

Tabelle 152

1 Last in			kg
Belgien			1000
Deutschland	= 2 t		2000
Hamburg — Lübeck — Bremen		(hier auch Kommerzlast genannt)	3000
Hohenzollern	= 40 Zentner	(0.5 hohenzoll. Schiffslast = 1 t)	2000
Holland	= 4000 Pfund		1976.36
Lübeck	— 4000 Pfund		
— Kommerzlast	= 6000 Pfund		
Preußen	= 4000 Pfund		
Rußland	= 2 t		3931.314
Schleswig-Holstein	= 40 Zentner	(0.5 schlesw.-holst. Schiffslast = 1 t)	2000

Schiffahrtmaße:

Seemeile siehe Seite 246
Knoten siehe Seite 247
Etmal siehe Seite 248
Faden siehe Seite 239

2.152 *Ausländische Gewichte*

Tabelle 153

Land	Gewicht	t, kg, g
Abessinien	(siehe Äthiopien)	
Ägypten	(Alte ägypt. Gewichte siehe im Teil I, Seite 15 f.)	
	1 dirhem = 16 qirat	
	(Drachme) = 1/12 uqia	3.12 g
	1 qirat	0.195 g
	1 dramm (Handelsgewicht) dirhem	3.09 g
	1 magjar = 18 qirat	3.51 g
	1 uqia (Unze)* = 12 dirhem	37.44 g
	Uqqāt-Gewichte (türkische Oka):	
	1 uqqa* = 400 Drachmen = 2.47 Zollpfund	1.248 kg
	= 412 Drachmen (Handelsoka v. Alexandrien) [für Flüssigkeiten: 1¼ l]	1.285 kg
	Arttal-Gewichte:	
	1 rattl (Plural arttal) = 12 uqia (Unzen) zu 12 Drachmen	449.28 g
	rattl d. Regierung = 15 uqia (Unzen) = 180 Drachmen	561.60 g
	rattl Amber = 105 Drachmen	327.60 g
	rattl Gewürznelken (Kairo) = 150 Drachmen	468.00 g
	rattl Schildpatt = 324 Drachmen	1010.88 g
	rattl von Alexandrien = 312 Drachmen	973.44 g
	rattl forforo = 140 Drachmen	436.80 g
	(weitere Rattlgewichte bei *Rumler* [15a]).	
	Qantárgewicht:	
	1 qantar (Zentner) = 100 rattl = 100×144 dirhem	44.928 kg
	1 qantar forforo = 45 uqqa	56.16 kg
	1 scheki (f. Bau- u. Brennholz) = 100 uqqa	124.8 kg
	Gold- u. Apothekergewicht:	
	Gold- u. Silberfäden, Tressen, Perlen, Rosenöl usw.	
	1 drachme = 4 qirat (Karat) zu 4 qámha (Weizenkörner, Gran) od. 3 habba (Gerstenkörner)	
	1 miskal, mithqal = 1.5 Drachmen = 24 qirat	4.68 g

* Es muß unterschieden werden zwischen *uqia* [uqiya, wiqīya (Plural uqiyat) (= Unze)] = 37.44 g und *uqqa* [Plural: uqqāt (= türkische Oka)] = 1.248 kg in Ägypten (= 1.282 kg in Syrien).

(Fortsetzung von Tabelle 153)

Land	Gewicht			t, kg, g	
Äthiopien	1 uqiya, Plural uqiyat	= 2 alada			
		= 3 kasm			
		= 4 mutagalla			
		= 10 derimes		25.9	g
		= 1/600 frazula		27.7	g
	1 moccha	= 12 derimes		31.1	g
	1 rattl	= 12 uqiyat			
		= 120 derimes		0.311	kg
	1 ardeb (in Gondar)			4.5	kg
	1 frazula (für Kaffee)			16.66	kg
	1 qantar			44.0	kg
Afghanistan	1 miskal, mithqal			4.48	g
	1 churd		ca.	110	g
	1 pau	= 4 churd	ca.	440	g
	1 tschorak	= 4 pau	ca.	1.760	kg
	1 charwar		ca.	570	kg
	1 muhn (män)	= 640 miskal		2.944	kg
	1 mä(h)n, maund	= 1000 miskal		4.48	kg
	1 sir, ser	= 64 churd			
		= 1536 miskal		6.881	kg
Albanien	früher wie in der Türkei				
Algerien*) (z. T. auch in Tunesien benutzt)	Handelsgewicht:				
	1 rattl atjari (Krämerpfund)	= 16 uqia zu 8 Drachmen zu 20 Teilen		546.080	g
	1 rattl gheddari (Gemüsepfund)	= 18 uqia		614.340	g
	1 qantar atjari	= 100 rattl atjari		54.60	kg
	1 qantar gheddari	= 100 rattl gheddari		61.434	kg
	Silbergewicht:				
	1 rattl fiddi	= 16 uqia		497.435	g
	Goldgewicht:				
	1 mithqal	= 24 karub		4.66345	g
	Diamantgewicht:				
	1 qirat	= 4 Grän		0.207	g

*) Bezeichnungen z. T. aus türkischer Zeit.

(Fortsetzung von Tabelle 153)

Land	Gewicht		t, kg, g	
Andorra	früher wie in Spanien und Frankreich			
Annam	1 can		0.593	kg
Arabien	Ältere Einheiten			
	(Altarabische Gewichte s. im Teil I, S. 32.)			
	1 uqia		33.221	g
	1 rahar	= 15 frehsil zu 10 maund zu 40 uqia	199.328	kg
	1 maund		1.329	kg
	1 bo(a)har	= 460 Mokhapfund = 300 rattl	83.05	kg
	1 Pfund		485.7	g
Argentinien	1 uqia (f. Gold u. Silber)	= 10 koffala zu 16 karat	31.103	g
	1 adarme (Handels-, Gold- und Silbergewicht in Südam.)		1.7972	g
	1 onza		28.76	g
	1 marco f. Gold	= 8 onzas = 8×144 quilates = 1152×4 granos	229.684	g
	1 libra (Pfund) (Handelsgew.)	= 2 marcos zu 8 onzas zu 16 adarmes zu 36 granos	459.37	g
	1 libra (Pfund) (Apothekergew.)	= 12 onzas zu 8 dracmas zu 3 escrúpulos * zu 12 ovalos zu 12 granos	344.5255	g
	*) auch: 1 escrúpulo = 24 granos		1.198	g
	1 arroba		11.49	kg
	1 quintal	= 4 arrobas zu 25 libras = 100 libras	45.937	kg
	1 tonelada	= 20 quintales zu 4 arrobas zu 25 libras	918.8	kg
Australischer Staatenbund	wie in Großbritannien			

(Fortsetzung von Tabelle 153)

Land	Gewicht	t, kg, g
Batavia	1 holl. Troypfund	492.1677 g
	1 altes Amsterdamer pond	494.0904 g
	1 pikul	61.52096 kg
	in Niederl.-Indien auch 62.5 kg; häufig	61.689 kg
	in Kochinchina (Ta) = 62.43 kg	
	auf den Philippinen = 63.263 kg	
	in Siam (Hap) = 58.51 kg	
	in Singapore = 64.713 kg	
	1 coijang (Reis)	1661.066 kg
Belgien	1 livre (Pfund) allgemein = 16 onces	
	= 32 demi-onces	
	= 256 mains	470.156 g
	1 livre in Brüssel = 16 onces	
	= 124 gros	
	= 8928 grains	467.670 g
	1 livre pesante = 2 marcs	
	(schweres Pfund) = 16 onces	
	= 320 esterlins	
	= 1280 félins	
	= 10240 as	492.151 g
	1 livre in Lüttich	467.093 g
	— (Gold- und Silbergewicht) = 2 marcs	
	= 4 onces	492.050 g
	1 livre in Gent = 16 onces	
	= 64 saisins	433.850 g
	1 livre als Apothekergewicht	275.347 g
	(Unterteilung wie in Frankreich)	
	1 pierre (Stein) = 8 livres	3.761 kg
	— in Gent = 6 livres	2.603 kg
	1 quintal (Zentner) = 100 livres	47.015 kg
	1 schippond (Schiffspfund) = 300 livres	141.047 kg
	1 charge (Last) = 400 livres	188.062 kg
	1 balance (Steinkohlengewicht)	68.000 kg
Bolivien	1 onza	28.14 g
	1 libra	460.09 g
	1 quintal = 4 arrobas	
	= 100 libras zu 16 onzas	46.008 kg
	1 carga = 6 arrobas	69.012 kg
	1 cajón = 50 quintales	2.3004 t
	1 sixto = 2½ arrobas = 58⅓ Pfund	28.755 kg
	1 cesto (Korb) = 1 arroba (Maß f. Cocablätter)	11.502 kg
Bombay	1 maund (f. Flüssigkeiten)	12.70058 kg
	1 candy (Reis)	97.94752 kg
	1 candy	162.56744 kg

(Fortsetzung von Tabelle 153)

Land	Gewicht	t, kg, g
Brasilien	1 libra	0 459 kg
	1 arrátel = 2 marcos = 16 onças	0 459 kg
	1 quintál = 4 arrobas zu 32 arrátel	58.752 kg
	1 quintál = 128 libras	58.752 kg
	1 tonelada = 13.5 quintaes (Pl von quintál)	793.152 kg
	1 Sack Kaffee ca	60 kg
Bulgarien	früher wie in der Türkei	
	1 dram	3.20 g
	1 oka = 400 dramowe	1.280 kg
Chile	1 onza	28.74 g
	1 libra	460.09 g
	1 quintal = 100 libras	46 01 kg
	1 carga	69 014 kg
	1 tonelada (1 Tonne Guano = 920 kg)	1016.05 kg
	1 cajón = 64 quintales	2941.0 kg
China	1 kung fen	1.0 t
	1 kung chin	1 0 kg
	1 kung tun	1000.0 kg
	Handelsgewicht:	
	1 thal, tael, tähl, lian(g) (Unze) Gold- und Silbergewicht zu 10 mähs, mace oder tschin, tsien, auch tschuh oder chien, kin zu 10 canderin, candareen oder fän, fen zu 10 käsch, cash, sabeck oder hao, auch li oder	37 79 g
	1 tähl zu 24 tahü zu 10 lui zu 10 schu zu 10 si, sse zu 10 hoot, hwuh (in den verschiedenen Provinzen verschieden, Regierungs-tael, Seezoll, Shanghai, Swatau, Tientsin, Kuping, Kanton)	
	für Silber in Kanton	37.573 g
	in Shanghai	34.246 g
	für Gold	36.560 g
	als haikuin tael (für Zollberechnung usw)	37.783 g
	also 1 kg = 26.467 liang	

(Fortsetzung von Tabelle 153)

Land	Gewicht	t, kg, g
China	1 poon (fun) = 10 li = 100 hon	0 378 g
(Fortsetzg.)	1 shih — chin, djin	500 0 g
	1 kätti — chin = 16 liang = 160 tsien	
	= 1600 poon	604.789 g
	3 kätti = 4 pds. av.	1.812 kg
	Handelsgewicht mit dem Ausland:	
	1 pikul (Zentner) oder tan	
	= 100 kätti, chin,	
	kin oder gin	
	zu 16 tael (Unzen)	60.479 kg
	jetzt	50.000 kg

Die Dezimalteilung der chinesischen Gewichte (nach Aubök)

tan (pikul)	kin (kätti)	liang (tael. thel)	tsien (mace)	fun (cande rin)	li (käsch, tong-tsin)	metrisch
1	100	1600	16 000	160 000	1 600 000	60.46 kg
	1	16	160	1 600	16 000	604.80 g
		1	10	100	1 000	37 79 g
			1	10	100	3 78 g
				1	10	0.38 g

Costa Rica	1 quintal = 100 libras	46.01 kg
Dänemark	1 Qvintin	5 g
	1 Ord	50 g
	1 Pund = 32 Lot = 1/5200 Komm.-Last	
	= 1/100 Centner	
	= 10 Ord	
	= 0.5 kg	500 g
	1 Pund = 32 Lod	
	zu 4 Qvintin	
	zu 4 Ord	
	zu 16 Es	
	zu 8 Gran	500 g
	1 Bismerpund = 12 Pund	
	1 Centner = 100 Pund zu 100 Qvintin	
	= 1000 Ord	50 kg
	1 Zollgewicht	50 kg
	1 Lispund = 16 Pund	8 kg
	1 Skibspund = 16 Lispund	128 kg
	1 Komm.-Last = 5200 Pund	2 6 t

(Fortsetzung von Tabelle 153)

Land	Gewicht		t, kg, g
Dominikanische Republik	1 quintal	= 100 libras = 4 arrobas	46.01 kg
	1 arroba		11.625 kg
Ecuador	1 libra		502.4 g
	1 arroba		11.49 kg
	1 quintal	= 100 libras	50.24 kg
	1 tonelada		1016.05 kg
Estland	1 berkowetz	= 10 pud = 400 russ. Pfund (funt)	163.8 kg
	1 pud	= 40 funt	16.381 kg
	1 funt	= 32 Lot	0.409 kg
Finnland	1 pund, pud	= 20 Skålpfund	8.5 kg
	1 Skålpfund (Liespfund)		425 g
	1 Schiffspfund (1 Tonne)	= 20 Liespfund	170.028 kg
	1 Zentner	= 100 Skålpfund	42.5 kg

Frankreich

Metrisches Gewichtssystem

Einheit: gramme (= 18.827 grains des alten Pariser Markgewichts)

kilo(gramme) kg	hectogramme hg	décagramme Dg	**gramme g**	décigramme dg	centigramme cg	milligr. mg
1	10	100	1000			
			1	10	100	1000

Alte Gewichte

a) Das *Pariser Markgewicht (poids de marc)* war bis 1799 und länger gebräuchlich; das Juwelen- und Medizinalgewicht siehe unter b) und c).

livre Pfund	marc Mark	once Unze	gros oder drachme Drachme	denier oder scrupule Skrupel	grain Grän	prime Prime	Wert
1	2	16	128	384	9216	221184	489.5058 g
	1	8	64	192	4608	110592	244.7529 g
		1	8	24	576	13824	30.5941 g
			1	3	72	1728	3.8242 g
				1	24	576	1.2747 g
					1	24	0.0531 g
						1	2.2131 mg

Größere Handelsgewichte

Gewicht		t, kg, g
1 quintal (Zentner)	= 100 livres	48.950 kg
1 charge (Last)	= 3 quintaux (Pl. von quintal)	146.851 kg
1 millier (Tausender)	= 1000 livres	489.505 kg
1 tonneau de mer (Schiffstonne)	= 2 milliers	979.011 kg

(Fortsetzung von Tabelle 153)

Land	Gewicht	t, kg, g
Frankreich (Fortsetzg.)	b) Das *Juwelengewicht* (1 once = 144 carats)	
	1 carat = 4 grains (bis 1877)	205.5 mg
	1 grain (bis 1877)	51.375 mg
	1 carat international = 4 grains (seit 1877)	205 mg
	1 grain (1 carat = 2/2 = 4/4 = 8/8 bis = 64/64 carat)	51.25 mg

c) Das *Apotheker- und Medizinalgewicht*

Einheit bis 1799: livre [romaine] (= 0.75 livre de marc = 367.129 g)

Beim Apotheker- und Medizinalgewicht sind die Werte von once, drachme und scrupule gleich denen des Markgewichtes.

livre	once	drachme	scrupule	grain	Wert
1	12	96	288	5760	367.129 g
	1	8	24	480	30.594 g
		1	3	60	3.824 g
			1	20	1.274 g
				1	0.063 g

Einheit ab 1818 bis 1839 (bzw. 1861): livre usuelle (= 500 g)

livre	demi-livre Halb-Pfund	quarteron Viertel-Pfund	once	gros oder drachme	grain	demi-grain	Wert
1	2	4	16	128	10240	20480	500 g

Übergangsgewichte

(sog. poids usuels [1812 bis 1839 bzw. 1861])
Einheit: livre usuelle (= 500 g)

livre	quarteron	once	gros	grain	Wert
1	4	16	128	9216	500 g

Land	Gewicht	t, kg, g
Alt-Griechenland	1 talantos (Talent) = 6000 Drachmen	26.196 kg
	1 mna (Mine) = 100 Drachmen	0.436 kg
	1 drachme (Drachme) = 6 Obolen	4.3 g
	1 obolos (Obole)	0.72 g
Neu-Griechenland	1 drachme, drami	3.2 g
	1 oka = 400 drami	1.28 kg
	1 kantaro, kantar = 44 oka	56.32 kg
	1 talent = 1/10 Tonne = 100 minas	150.0 kg
	1 libra grossa, venezianisches Pfund (= spanische libra) wurde in Griechenland für den Handel mit einzelnen Artikeln, Korinthen, Schwefel usw., angewendet.	

(Fortsetzung von Tabelle 153)

Land	Gewicht	t, kg, g
Großbritannien	Den britischen wie auch den USA-Einheiten liegen drei Systeme zugrunde· a) avoirdupois (av) für allgemeinen Gebrauch b) troy (t.) für Edelmetalle c) apothecary (ap) für Drogen a) *Avoirdupois-Gewicht (av.)*	

ton	hundredweight, centweight (Zentner) cwt	quarter qr	stone st	standard pound (Pfund) lb	ounce (Unze) oz	dram (Drachme) dr	scruple (Skrupel) s.	grain (Grän) gr	metrisch g (p) kg (kp)
1 long ton ltn., tnl	20	80	160	2 240	35 840	573 440	1 567 784	15 677 849	1 016.05 kp
—	1	4	8	112	1 792	28 672	78 389	783 892	50.80 kp
—	—	1	2	28	448	7 168	19 597	195 973	12.70 kp
—	—	—	1	14	224	3 584	9 798	97 986	6.35 kp
—	—	—	—	1	16	256	700	7 000 troy gr	453.59 p
—	—	—	—	—	1	16	43 74	437 4	28.35 p
—	—	—	—	—	—	1	2 734	27 34	1 77 p
—	—	—	—	—	—	—	1	10	0.648 p
—	—	—	—	—	—	—	—	1	0.0648 p
1 short ton (shtn) (Schiffst)	20	—	—	2 000	—	—	—	—	907 18 kp
1 ton metric	—	—	—	—	—	—	—	—	1 000.00 kp

Das Imperial pound avoirdupois (Imp. pd. av) ist ein seit 1855 in England eingeführtes Handelsgewicht und ist auch in den meisten englischen Kolonien und in den USA gebräuchlich. Es trat an Stelle des Troygewichtes, das aber heute noch neben ihm als Medizinal-, Münz- und Karatgewicht in Gebrauch ist.

Es hat 7000 englische Grain (grain troy)
5700 Grain sind 1 Troypfund (pound troy)
also 1 pound av = 1.21528 pounds troy
1 pound troy = 0.82286 pounds avoirdupois

0 4535924 kg ist der international festgelegte Wert für das englische Pfund = 0 9072 Zollpfund.

1 kg = 2.20462 pounds av

Umrechnungsgrundzahlen·

long ton	0 9842 ltn	=	1 t
	1 ltn.	=	1 12 shtn.
short ton	1 1023 shtn.	=	1 t
	1 shtn.	=	0 8929 ltn.
hundredw	19 6841 cwts.	=	1 t
quarter	0 0787 qr	=	1 kg
pound av	2 2046 lbs.	=	1 kg
ounce av	35.2739 oz.	=	1 kg
dram	564 3833 drs.	=	1 kg

(Fortsetzung von Tabelle 153)

Land	Gewicht	t, kg, g
Großbritannien (Fortsetzg.)		

kg	pound (lb) av	shtn	ltn.
1	2 20462	0.001 102	0.000 9842
0.4536	1	0.000 500	0.000 4464
907 2	2 000.0	1	0 892 9
1 016.0	2 240.0	1 120	1

Gewicht je Längeneinheit

1 ltn./yd = 1.111165 t/m

1 t/m = 0.899956 ltn./yd.

Gewicht je Flächeneinheit

1 ltn./sq. yd. = 1.215186 t/m²

1 t/m² = 0.822919 ltn./sq yd.

Gewicht je Raumeinheit

1 ltn./cu. yd. = 1.328946 t/m³

1 t/m³ = 0.752476 ltn./cu. yd.

b) *Troy-Gewicht (t.).* Für Waren, die gewöhnlich nur in sehr geringen Mengen gehandelt werden, besonders für Edelmetalle, bedient man sich zur Wägung des Troy-Pfundes (pound, lb. troy).

pound lb	ounce oz	penny-weight dwt	grain gr	metrisch g (p) kg (kp)
1	12	240	5 760	373.242 p
	1	20	480	31 1035 p
		1	24	1.555 p
			1	0.0648 p

0.373242 kg ist der Wert für das engl. pound troy = 0.7465 Zollpfund.

1 long ton = 32666.6 ounces troy

1 short ton = 29166.6 ounces troy

Gewicht	t, kg, g
Das troy grain ist gleichmäßig av und troy in Frankreich, Holland und anderen Staaten	0.0647989 g
Seine Einteilung ist:	
1 troy grain = 20 mites zu 3.24 mg	
= 20 × 24 doits zu 0 135 mg	
= 480 × 20 perlots zu 0 00675 mg	
= 9600 × 24 blanshes zu 0.00028 mg	
1 troy pound (als Probiergewicht f. Gold)	0.37324 kg
= 24 carats zu 15 5517 g	
= 24 × 4 grains zu 3.88794 g	
= 96 × 4 quarts zu 0.97198 g	

Umrechnungsgrundzahlen:

pound t.	2 6792 lbs. t.	=	1 kg
	1 lb. t.	=	0.8229 lb. av
ounce t.	32.1507 oz. t.	=	1 kg
grain t.	15.4324 gr t.	=	1 g

(Fortsetzung von Tabelle 153)

Land	Gewicht	t, kg, g
Großbritannien (Fortsetzg.)	*c) Apothecary-Gewicht (ap.)*	

pound lb.	ounce oz.	dram dr.	scruple s.	grain gr.	metrisch g (p) kg (kp)
1	12	96	288	5760	373.242 p
	1	8	24	480	31.1035 p
		1	3	60	3.8879 p
			1	20	1.29598 p
				1	0.0648 p

Land	Gewicht	t, kg, g
	Weitere in England gebräuchliche Gewichte:	
	1 hundredweigth short (cental) cwtsh.	45.35924 kg
	1 hundredweight long short ton (netton) cwtsh. tnsh	50.80235 kg
	für Juwelen	
	1 carat = 4 grains zu 0.0513 g	0.2053 g
	1 carat metric	0.200 g
	für Fleisch, Fisch usw.	
	1 stone = 8 lbs. (in London)	6.35029 kg
	für Getreide, trocknes Schüttgut, Mehl usw.	
	1 stone = 14 lbs. (für Hafer u. dgl.)	6.35029 kg
	oder = 16.75 lbs. (für Flachs in Belfast)	
	oder = 24 lbs. (f. Fl. in Downpatrick)	
	1 bushel = 60 lbs. (Getreide in London)	27.2155 kg
	= 168 lbs.	76.2035 kg
	= 488 lbs.	221.353 kg
	1 boll = 140 lbs. (Hafermehl)	63.5029 kg
	1 barrel = 196 lbs. (Weizen, Maismehl)	88.9041 kg
	1 sack = 280 lbs. (Weizenmehl)	127.0059 kg
	1 truss = 36 lbs. (Stroh)	16.3293 kg
	1 load = 36 trusses (Stroh)	587.856 kg
	(altes Heu)	914.444 kg
	(neues Heu)	979.760 kg
	für Lebensmittel, Chemikalien, Industriebedarf usw.	
	1 clove	3.5 kg
	(für Butter und Käse in Essex)	4.0 kg
	1 peck = 14 lbs. (Salz)	6.3503 kg
	1 tub = 60 lbs. (Tee)	27.2155 kg
	1 bushel = 65 lbs. (Salz in Stücken)	29.4835 kg
	1 firkin = 64 lbs. (weiche Seide)	29.0299 kg
	1 chest = 84 lbs. (Tee)	38.1018 kg
	1 quintal = 100 lbs. (Holz u. dgl.)	45.3592 kg
	1 barrel = 100 lbs. (Schießpulver)	45.3592 kg
	1 slam = 120 lbs. (Glas)	54.4311 kg
	1 barrel = 200 lbs. (Pottasche)	90.7185 kg

(Fortsetzung von Tabelle 153)

Land	Gewicht	t, kg, g
Großbritannien (Fortsetzg.)	für Textilien, Wolle usw.	
	1 pack = 12 scores zu 9.07185 kg	108.862 kg
	= 240 lbs. (für Wolle)	
	1 last = 12 sacks zu 165.108 kg (Wolle)	
	= 24 weys zu 82.5538 kg	
	= 156 tods (quarters)	
	= 312 stones	
	= 624 cloves zu 3.17515 kg	1.98219 t
	für Metalle	
	1 foot = 60 lbs. (Zinn)	27.2155 kg
	1 faggot = 120 lbs. (Stahl)	54.4311 kg
	1 fodder, ton = 19.5 cwts. (f. Blei in London)	0.9906 t
	= 21 cwts. (f. Blei in Newcastle)	1.0668 t
	= 22 cwts. (f. Blei in Stockton)	1.177 t
	1 roll = 20 cwts. (Blei)	1.0160 t
	1 foster = 28 cwts. (Blei)	1.4225 t
	für Steinkohlen	
	1 keel = 16 London chaldrons	19.5081 t
	= 384 cwts.	
	1 Newcastle keel = 8 Newcastle chaldrons	21.5402 t
	= 8 × 53 cwts.	
	1 score = 21 London chaldrons zu 1.21925 t	
	= 84 vats zu 304.814 kg	
	= 84×3 sacks zu 101.605 kg	
	= 252×3 coal bushels zu 33.868 kg	
	= 756×4 pecks	25.60438 t
	1 ship load = 20 Newcastle keels	
	= 160 Newc. chaldrons zu 2.69252 t	
	= 320 cords zu 1.34626 t	430.804 t
Guatemala	altspanisch	
	1 onza	28.74 g
	1 libra	460.09 g
	1 arroba	11.502 kg
	1 quintal = 100 libras	46.008 kg
	= 40 arrobas	
	1 tonelada	920.19 kg
Haiti	1 onza	30.5 g
	1 libra, livre	489.5058 g
	1 quintal = 100 libras (altfranzösisch)	48.95 kg
	auch = 100 libras	46.0 kg
	1 tonelada	920.19 kg

(Fortsetzung von Tabelle 153)

Land	Gewicht			t, kg, g
Honduras	1 onza			30.5 g
	1 libra			453.89 g
	1 tonelada			907.19 kg
Indien				
a) Brit.-Indien Ostindien	1 tola			11.664 g
	1 tale			38.45 g
	1 chitta(c)k	= 5 tola		58.3 g
	1 ser, sihr	= 16 chittak	(Bazar-sihr)	933.105 g
			(Factorei-sihr)	846.71 g
	1 maud, maund, man, mönn			
		= 40 se(e)r zu 16 chittak zu 5 tola	(Bazar-m.)	37.3242 kg
	(100 Bazar-m.	= 110 Factorei-m.)		
			(Factorei-m.)	33.868 kg
	1 tola (als Gold- u. Silbergewicht)	= 12 mascha zu 12 rättib zu 4 dhan		11.6—11.7 g
Indische Union	1 ser, sihr			933.1 g
	1 murah (Reis)			391.79 kg
b) Niederländisch-Indien	1 Amsterdamer Pfund			0.49448 kg
	1 kätti			0.615210 kg
	1 kulack	= 7.5 kätti		
	1 gantang	= 10 kätti		6.15210 kg
	1 pikol, pecul	= 100 kätti zu 16 thel = 133 ⅓ lbs. av.		61.5210 kg
	1 amat	= 2 pikol		
	1 kleiner bahar	= 3 pikol		
	1 großer bahar	= $4^1/_2$ pikol		
	1 timbang	= 10 sack = 5 pikol		
	1 thel (f. Gold u. Silber) = 16 meh			39.771 g
c) Französisch-Vorderindien	1 maund, maud, talam (in Pondichéry) der Bazar-maund ist um 10% schwerer			11.748 kg
	1 barre, kändy	= 20 maund, toulan		234.96279 kg
Irak	1 tha'ar			2000 kg
	1 tha'ar in Basra			1537 kg
	1 wazna			108.835 kg
	1 dirhem = 50 fils = $^1/_{12}$ uqiya			3.12 g
	1 fils = $^1/_{1000}$ dinar			

(Fortsetzung von Tabelle 153)

Land	Gewicht	t, kg, g
Iran	1 mithqal = 1/100 rattl	
	= 1/16 sir	4 536 g
	1 man, örtlich sehr verschieden	2.94–52.98 kg
	1 charvar, kharvâr, holwar	294.41 kg
	= 100 man	
	1 schiras = 2 charvar	588 kg
Italien	siehe auch unter Kirchenstaat, Neapel, Piemont, Sizilien, Toskana, Venedig	
	1 libbra = 12 once	336 g
	1 oncia = 1/12 libbra	28 g
	1 cantaro	
	in Rom	33.91 kg
	auf Sardinien	42.26 kg
	in Konstantinopel	56.61 kg
	auf Malta	79.38 kg
	in Neapel und auf Sizilien	89.10 kg
Japan	Handelsgewicht:	
	1 momme, me zu 10 fun zu 10 rin zu 10 mô	3.7799 g
	1 ri(o) = 10 momme(h)	37.799 g
	1 kin (1 kätti) = 160 momme (meh)	604.79 g
	oder = 16 liang (s. China) (tael, Unzen)	
	im internationalen Handel	604.53 g
	(im übrigen örtlich sehr verschiedene Werte)	
	1 kwan = 6.25 kin = 1000 momme	3.7565 kg
	0.62666 kwan = 1 kg	
	1 pikul, tan, hiakin (s. China)	
	= 100 kätti, kin	
	= 16000 momme	60.479 kg
	auch 57.9 kg, 59.295 kg oder 60.212 kg	
	1 koku	756.1 kg
	Gold- u. Silbergewicht: (um 3/5 % kleiner als das Handelsgewicht)	
	1 ri(o)	37.5730 g
	1 kin (kätti)	601.168 g
Jugoslawien	1 oka = 1/100 tovar	1281.0 g
	1 Zentner	33.95 kg
	1 tovar = 100 oka	128.104 kg

(Fortsetzung von Tabelle 153)

Land	Gewicht	t, kg, g
Kalkutta	1 Faktorei-maund	33.868217 kg
	1 Bazar-maund	37.3246 kg
Kanada	wie in Großbritannien, jedoch hundredweight und ton wie in den Vereinigten Staaten (USA)	
Kirchenstaat	1 libbra = 0.6783 Zollpfund	0.33116 kg
	= 12 once = 288 denari = 6912 grani	0.339156 kg
	1 cantaro, centinaria = 100 libbre	33.9 kg
	1 migliaio (cantaro grosso) = 1000 libbre	339 kg
Kolumbien	1 quilate (f. Gold u. Edelsteine) = 1/2500 libra	0.2 g
	1 castellano (f. Gold) = 1/100 libra	4.6 g
	1 libra	460.1 g
	1 quintal zu 4 arrobas zu 25 libras zu 2 marcos zu 8 onzas zu 10 adarmes	46.01 kg
	auch	50.00 kg
	1 zurron, tercio (Gewicht f. Indigo u. Kochenille) = 150 libras	69.014 kg
	1 carga	125.00 kg
	1 tonelada = 20 quintales	920.0 kg
	auch	1000.0 kg
	1 Tonne (engl. Gewicht) = 2240 pounds av.	1016.0475 kg
Korea	wie in Japan, ferner	
	1 kann = 16 wyang	0.608 kg
Kuba	1 arroba	11.5 kg
Lettland	metrisch	
Liberia	wie in Großbritannien	
Liechtenstein	wie in Österreich	
Litauen	früher russisches M. u. G.	
	1 pudas = pud	16.381 kg
	1 svaras = funt	409.512 g
	1 lotas = Lot	12.797 g
	1 zolotnikas = solotnik	4.260 g
	1 dalis = dolja	44.43 mg
Luxemburg	früher wie im Deutschen Reich, Frankreich und den Niederlanden	
Madras	1 Faktorei-maund	11.4 kg
	1 Bazar-maund	12.4 kg

(Fortsetzung von Tabelle 153)

Land	Gewicht	t, kg, g
Marokko	1 uqia (Plural uqiyat)	36.28 g
	1 rattl (Plural arttal)	449.28 g
	auch	
	1 rattl (Pfund) = 14 uqiyat	
	nördl. Orte	508.023 g
	südl. Orte ca.	540 g
	1 qintar = 100 arttal	
	= 1400 uqiyat	
	nördl. Orte	50.8 kg
	südl. Orte ca.	54 kg
	1 Zoll-qintar	44.928 kg
Mexiko		

montón	carga	quintal	libra española	metrisch
1	10	30	3 000	1 378.5 kg
	1	3	300	137.85 kg
		1	100	45.95 kg
			1	0.4595 kg

Land	Gewicht	t, kg, g
Mexiko	1 onza	28.76 g
	1 marco (wie in Spanien) = 50 castellanos	
	zu 8 tomines	
	zu 12 granos	230.0464 g
	1 libra	459.5 g
	1 libra (Medizinalpfund)	345.047 g
	1 arroba	11.501 kg
	1 quintal (Zentner) = $^1/_{30}$ montón	
	= $^1/_3$ carga	
	= 4 arrobas zu 25 libras	45.95 kg
	1 carga	137.85 kg
	1 tonelada (Tonne) = 20 quintales	920.19 kg
Modena	1 quintale = 100 libbre	
	1 libbra = 12 once	
	= 192 ferlini	340.4567 g
Moldau	1 oka = 2.545 Zollpfund	1272 g
Monaco	wie in Italien und Frankreich	
Mongolei	1 poon = 10 li	
	= 100 hou	0.375 g
	1 chin = 16 liang	
	= 160 tsin	
	= 1600 poon	0.6 kg
Montenegro	wie in Österreich, der Türkei und Rußland	

(Fortsetzung von Tabelle 153)

Land	Gewicht	t, kg, g
Neapel	1 libbra = 0.6415 Zollpfund	
	(Gold-, Silber- u. Apothekergew.)	
	= 12 once = 120 dramme	
	= 360 trapesi, scrupoli	
	= 720 oboli	
	= 7200 grani, acini	320.76 g
	1 carato	0.205615 g
	1 rotolo = 1.782 Zollpfund	
	= 2 7/9 libbre	891.11 g
	1 cantaro grosso = 100 rotoli	89.1 kg
	piccolo = 100 libbre	32.08 kg
Niederlande	1 pond = 1000 wijgtjes	1 kg
	= 10 hg (oncen) zu 10 dkg (looden)	
	zu 10 g (wijgtjes)	
	zu 10 dg (korrels)	
	zu 10 cg	
	zu 10 mg	
	1 Pfund	498.11 g
	1 steen = 3 Pfund	
	1 centenaar = 100 pond	49 409 kg
Norwegen	Handelsgewicht:	
	1 Pund (Pfund)	498.4 g
	1 Vog (Wag) = 3 Bismerpund = 36 Pund	
	1 Lispund = 16 Pund	
	1 Schiffspund = 20 Lispund = 320 Pund	
	1 Centner = 100 Pund zu 2 Marker	
	zu 16 Lod	
	zu 4 Kvintin	49 84 kg
	1 Kommerzlast = 2 engl. Tonnen	
	(f. Holz = 5.0985 m^3)	2032 kg
	Gold- und Silbergewicht:	
	1 Pund (Pfund) = 2 marker	469.08 g
	Apothekergewicht:	
	1 Pund (Pfund)	357.85 g
Österreich	Münzgewicht.	
	1 Wiener Richtpfennigteil	4.282655 mg
	1 Wiener Ducatengran	58.18161 mg
	1 Wiener Richtpfennig	1.0963597 g
	1 Ducaten Goldgewicht	3.490896 g
	1 Piset (Waschgoldgewicht v. Siebenbürgen)	
	= 10 Denari (Pfennige)	5.207262 g
	1 Wiener Marklot	17 541755 g
	1 Wiener Mark, österreichisch	0.280668 kg
	1 Wiener Mark, kölnisch*	0.23387 kg

* In Wien rechnete man bei Angaben in „Mark kölnisch" mit diesem etwas abweichenden Wert.

(Fortsetzung von Tabelle 153)

Land	Gewicht	t, kg, g
Österreich (Fortsetzg.)	Apothekergewicht:	
	1 Gran = 1/240 Lot	0.0729 g
	1 Scrupel	1.459 g
	1 Drachme	4.376 g
	1 Lot	17.50187 g
	1 Unze = 2 Lot	35.004 g
	1 Pfund = 12 Unzen = 96 Drachmen = 288 Skrupel = 5760 Gran (v. 11. 4. 1761)	0.420054 kg
	Handelsgewicht:	
	1 Zoll (Post-) Lot	16.666667 g
	1 Wiener Lot	17.50187 g
	1 Pfund in Böhmen = 0.9185 Wiener Pfund	0.514 kg
	in Bozen = 0.8945 Wiener Pfund	0.501 kg
	in Krakau = 0.7246 Wiener Pfund	0.406 kg
	in Lemberg = 0.7500 Wiener Pfund	0.42 kg
	in Schlesien = 0.9461 Wiener Pfund	0.530 kg
	in Tirol = 1.0075 Wiener Pfund	0.56426 kg
	in Ungarn = 0.8775 Wiener Pfund	0.491 kg
	in Wien = 1.12 Zollpfund = 1/100 Ztr. = 1/2000 Tonne = 32 Lot zu 4 Quentchen = 128 Quentchen zu 4 Pfennig 1.7857 Pfund = 1 kg	0.560060 kg
	1 Pfund Schiffslast = 300 Pfund = 3 Zentner	150 kg
	1 Zollpfund	0.50 kg
	1 Deka	10.0 g
	1 Wiener Centner = 0.56006 q (Quintal)	56.0060 kg
	20 Wiener Centner = 1 Last	1.12012 t
	1 Zoll Centner = ½ q (Quintal)	50.0 kg
	1 Stein in Krakau = 23.19 Wiener Pfund	12.986 kg
	in Prag = 18.37 Wiener Pfund	10.287 kg
	in Wien = 20.0 Wiener Pfund	11.201 kg
	1 Tonne = 20 Zentner zu 100 Pfund zu 32 Lot zu 4 Quentchen	
	(Über weitere alt-österreichische Gewichte berichtet *Rumler* [15a] ausführlicher, insbesondere über Vergleichungen mit den in den einzelnen Provinzen, Ländern und Städten üblich gewesenen Gewichten untereinander.)	

(Fortsetzung von Tabelle 153)

Land	Gewicht	t, kg, g
Palästina (und Syrien)	1 dirhem	3.20 g
	1 abbasi = 20 mithqal	0.37 kg
	1 uqqa (Oka) = 400 dirhem	1.282 kg
	1 rattl	3.202 kg
	1 qantar (Nordpalästina)	256.00 kg
Panama	1 quintal = 100 libras	46.01 kg
Paraguay	altspanisch	
	1 libra = 8 onzas zu 8 octavas	460.08 g
	1 quintal = 4 arrobas zu 25 libras zu 16 onzas = 100 libras	46.008 kg
	1 tonelada = 20 quintales zu 8 arrobas zu 25 libras	920.160 kg
Parma	1 rubbio = 25 libbre	
	1 libbra = 12 once = 288 denari = 6812 grani	328 g
Persien	1 jou (Gerstenkorn)	0.048 g
	1 gändum (Weizenkorn)	0.048 g
	1 nukhud (Kichererbse) = 4 gändum	0.192 g
	1 mithqal = 24 nukhud	4.608 g
	1 män (batman)	
	— von Täbris = 1000 mithqal	4.608 kg
	— von Teheran = 640 mithqal	2.940 g
	1 män-i shah (schiras-batman) = 1280 mithqal	5.898 kg
	1 kleines män von Ray	11.776 kg
	1 großes män von Ray	13.800 kg
	1 khärvar-i divani (Saumlast)	294.4 kg
	1 Karawanen-män	7.360 kg
Peru	altspanisch	
	1 onza	28.74 g
	1 libra (de oro) = 16 onzas (= das peruanische Pfund, bildet die Münzeinheit in Peru)	459.84 g
	1 libra peruana = 10 solos = 100 dinaros = 1000 centavos = 0.637 US-Dollar	
	1 arroba	11.50 kg
	1 quintal = 4 arrobas = 100 libras	46.01 kg
	1 carga	69.014 kg
	1 carga (Reis)	172.535 kg
	1 cajón = 60 quintales	2.757 t

(Fortsetzung von Tabelle 153)

Land	Gewicht	t, kg, g
Piemont	1 rubbio = 25 libbre	9.22 kg
Polen	1 łut (Lot)	12.47 g
	1 funt (Pfund)	405.504 g
	1 cetnar = 100 funtów	40.55 kg
Portugal	1 onza	28.69 g
	1 libra, arrátel = 2 meios = 4 quartas = 16 onças = 128 ottavas = 384 srcupulos = 9216 granos	344.2 g
	1 libra (Handelsgewicht = Pfund) (wurde auch in Brasilien benutzt)	459 g
	100 libras = 1 Zollzentner	45.9 kg
	1 marco (Gold- und Silbergewicht) = 1/2 libra zu 459 g	
	= 1/2 arrátel	229.5 g
	1 Apothekerpfund = 3/4 arrátel	344.25 g
	1 arroba	14.688 kg
	1 arrátel = 1/128 quintál = 1/32 arroba *oder* = 2 marcos = 16 onças = 128 ottavas	0.45892 kg
	1 quintál (Ztr.) = 4 arrobas = 128 arrátel	58.752 kg
	1 tonelada = 13.5 quintaes (Plural von quintál)	793.152 kg
	1 Juwelen-quilat (Karat)	0.20583 g
Römisches Reich	(Eine ausführliche Tabelle altröm. Gewichte siehe Teil I, Seite 49.)	
Rumänien	früher wie in der Türkei	
Bessarabien	russische Gewichte, s. u. Sowjetunion	
	1 libra farmaceutica austriaca (Apothekergewicht) = 12 mucil = 96 drachme = 288 scrupule = 5760 grains	420.009 g
	1 qantar, cântara = 44 ocale = 176 libra in Jassy	56.8 kg
Dobrudscha	1 oca, ocana = 400 dramuri = 6400 carature	1.282945 kg
	1 cechioa, cechioana = 4 cântara = 176 ocale = 400 lodre	225.798 kg
Moldau	1 oca, Unterteilung wie in der Walachei	1.281 kg

(Fortsetzung von Tabelle 153)

Land	Gewicht	t, kg, g
Walachei	1 oca, ocana = 4 litre	
	= 400 dramuri	
	= 1600 tenchiuri	1.27186 kg
	auch	1.283474 kg
	1 qantar, cântara = 44 ocale	
	= 176 libra	
	in Bukarest	56.0 kg
Rußland	siehe unter Sowjetunion	
San Marino	wie in Italien	
Sardinien	seit 1. 1. 1850 franz. metr. Maße	
	früher:	
Kgr.	1 rubbio = 25 libbre	
	1 libbra = 12 once = 96 ottavi = 288 denari	368.8445 g
	1 marco = 8 once = 64 ottavi	
	= 192 denari	
	= 4608 grani	
	= 55296 granotti	
	= $^2/_3$ libbra	245.89634 g
	1 scudo d'oro (Juwelengewicht)	3.344076 g
	1 carato	0.21345 g
	1 libbra (Apothekergewicht)	
	= $^5/_6$ libbra Handelsgewicht	307.3704 g
Insel	1 calpo = 10 cantarelli	
	1 cantarello = 4 rubbi = 104 libbra	
	1 cantaro = 100 libbre	36.88 kg
	und	42.26 kg
	1 libbra = 12 once = 48 quarti = 96 ottavi	405.77 g
San Salvador	1 quintal = 100 libras	46.01 kg
Schweden	1 Skalpund, Schalpfund, Pund, Shalpfund (Münzgewicht)	
	= $^1/_{100}$ Zentner = $^1/_{400}$ Schiffspund	
	= $^1/_{20}$ Liespund = 32 Lot	
	= 128 Quent, später = 100 Ort zu 100 Korn	
	= 0 8502 Zollpund	425.0758 g
	1 Stapelstädter Mark (Pfd.) = $^4/_5$ Skalpund	240.0659 g
	1 Landstädter Mark (Pfd.) = 0.84 Skalpund	357.9194 g
	1 Centner = 100 Skalpund zu 100 Ort	42.50758 kg
	1 Schiffspund = 20 Liespund (bei Roheisen 26)	170.028 kg
	1 Liespund = 20 Mark oder Pund	
	1 Stein = 32 Pund	
	1 Waage (Zinn) = 165 Pund	

(Fortsetzung von Tabelle 153)

Land	Gewicht	t, kg, g
Schweden	1 Mark (Pund) des Bergwerksgewichtes	
	= 0.884 Skalpund	375.7728 g
	= Mark des Roheisengewichtes	
	1 Mark (Pund) des Rohkupfergewichtes	
	= 0 88754 Skalpund	377.2798 g
	1 Schiffslast = 5760 Pund	2450 kg
Schweiz	1 livre (Pfund) allgem. seit 1853	
	= 16 onces	
	= 32 demi-onces	500 g
	1 livre vor 1853 = 16 onces	
	— in Basel im Großhandel	493 g
	im Kleinhandel	486.2 g
	— in Bern (poids de marc)	489.505 g
	— in Freiburg (poids de fer)	528.811 g
	— in Genf a) gros poids (Schwergewicht)	
	= 18 onces zu 24 deniers	550.694 g
	b) petit poids (Leichtgewicht)	
	= 15 onces	458.911 g
	c) poids de marc	
	= 2 marcs zu 8 onces	489.505 g
	— in Neuenburg bis 1858	
	= 2 marcs zu 8 onces	
	zu 8 gros zu 3 deniers	
	zu 24 grains	520.1 g
	1 quintal (Zentner) a) seit 1853:	50 kg
	b) vor 1853 in Basel	49.324 kg
	— in Bern und Genf (= Pariser quintal)	48.950 kg
	— in Genf für Branntwein	
	= 104 livres gros poids	57.272 kg
	— in Neuenburg bis 1858	52.010 kg
	1 charge (Last) in Genf für normales Öl	
	= 230 livres gros poids	126.659 kg
	Das Apotheker- und Medizinalgewicht	
	1 livre Apothekergewicht (1853—1877)	375.00 g

livre	once	drachme	scrupule	grain	Wert
1	12	96	288	5760	375.00 g

Land	Gewicht	t, kg, g
	1 livre Apothekergewicht vor 1853	
	= 1 Nürnberger Pfund	357.85 g
	1 livre Apothekergewicht vor 1853 in Genf	500 g

livre	once	drachme	scrupule	grain	Wert
1	16	128	384	9116	500 g

Land	Gewicht	t, kg, g
	1 livre Apothekergewicht vor 1853	
	in Neuenburg (= Pariser Med.-Pfund)	367.129 g

(Fortsetzung von Tabelle 153)

Land	Gewicht	t, kg, g
Serbien	siehe Jugoslawien	
Siam (Thai)	1 carat	0.2 g
	1 tamlung	60 g
	auch	60.48 g
	1 kätti = 80 tikal	600 g
	1 tschang, hang = 80 bat	1.20958 kg
	1 pikul, hap(b) = 50 tschung = 100 taël, chin. kätti	60.0 kg
	auch	60.4754 kg
	1 bhara = 100 hap zu $133^1/_3$ pounds av.	6.0 t
	auch	6.04754 t
	1 tikal (f. Gold u. Silber = 4 salung zu 2 fuang zu 5 hun	15.119 g
Sizilien	1 rotolo = 30 once	793.42 g
	1 cantaro, cantario = 100 rotoli	79.342 kg
	1 libbra (Gold-, Silber-, Medizinalgew.) = 12 once zu 4 quart	317.368 g
	auch für rohe Seide, Öle, Cochenille, Vanille	
	2½ libbre in Messina auch für Manna = 1 rotolo	
Sowjetunion (UdSSR)	In der Sowjetunion ist das metrische System eingeführt. Daneben trifft man z. T. noch alte russische Maße an:	

berkowetz bkw. (Schiffspfd.)	pud pt.	funt rlbs.	Lot	solotnik	dolja	metrisch
1	10	400	12800	38400	368640	163.805 kg
	1	40	1280	3840	36864	16.381 kg
		1	32	96	9216	409.512 g
			1	3	288	12.797 g
				1	96	4.260 g
					1	44.43 mg

Gewicht	t, kg, g
1 Pfund, funt = 0.819 Zollpfund	409.512 g
1 Medizinalpfund = $^7/_8$ funt	358.343 g
2.79079 Med.-Pfd. = 1 kg	
1 Skalenpfund der Artillerie	489.1637 g
1 Tonne = 6.2 berkowetz zu 10 pud	1.0156 t
1 Last (Schiffslast) = 2 Tonnen zu 120 pud = 24 berkowetz	3.9314 t

(Fortsetzung von Tabelle 153)

Land	Gewicht	t, kg, g
Sowjetunion (UdSSR) (Fortsetzg.)	Weitere Lastgewichte aus früherer Zeit für verschiedene Güter [15a] (z. T.: Zählmaße!)	
	Kaviar, Öl, Schweinsborsten, Zucker = 120 pud	
	Eisen, Kupfer = 120 pud	
	Pech, Seife, Tran = 100 pud	
	Mehl, Blockseife = 100 pud	
	Juchten = 80 pud	
	Kümmel, Talg, Lichte = 80 pud	
	Baumwolle, Anis, Pferdehaare, Flachs, Hanf, Garn, Tabak = 60 pud	
	Hopfen, Federn = 40 pud	
	Weizen, Roggen, Gerste, Hanf = 16 tschetwert	
	Juchten = 60 Rollen	
	Matten = 400—600 Stück	
	Bretter = 126 Stück	
	Häute = 120 Stück	
	Sohlleder = 80 Stück	
	Segeltuch = 60 Stück	
	Laken = 6 Pack oder = 3000 Arschinen	
	Leinwand = 3 Pack oder = 12000 Arschinen	
	Hasenfelle = 3 Pack oder = 3150 Stück	
	Umrechnungsgrundzahlen:	
	pud 0.0610 pud = 1 kg	
	funt 2.4419 funt = 1 kg	
	Lot 78.1417 Lot = 1 kg	
	0.0781 Lot = 1 g	
	solotnik 234.4251 solotnik = 1 kg	
	0.2344 solotnik = 1 g	
	dolja 22.5048 doli = 1 g	
	Gewicht / Längeneinheit:	
	Pfund/sashen = 0.169193 kg/m	
	1 kg/m = 5.91039 Pfd./sashen	
	Gewicht / Flächeneinheit:	
	1 pud/q-sashen = 3.59833 kg/m²	
	1 kg/m² = 0.277907 pud/q-sashen	
	Gewicht / Raumeinheit:	
	1 Pfd./kb.-sashen = 0.0421627 kg/m³	
	1 kg/m³ = 23.7177 Pfd./kb.-sashen	

(Fortsetzung von Tabelle 153)

Land	Gewicht	t, kg, g
Spanien		

tonelada (Last)	quintal	arroba	libra española	marco	onza (onz.)	adarme	metrisch
1	20	80	2000	4000	32000	512000	919.00 kg
	1	4	100	200	1600	25000	45.95 kg
		1	25	50	400	6400	11.502 kg
			1	2	16	256	459.52 g
				1	8	128	229.75 g
					1	16	28.72 g
						1	1.797 g

Land	Gewicht	t, kg, g
Spanien	*Daneben:*	
	1 tonelada auch	920.19 kg
	1 quintal (Zentner) auch noch in Gebrauch in Mexiko, Zentralamerika, Westindien und Südamerika	46.014 kg
	1 arroba (bis 1859 Handelsgewicht in Spanien und in den meisten ehemals spanischen Kolonien Amerikas, Westindien, Mexiko, Zentral- und Südamerika)	11.502 kg
	in den La Plata-Staaten	11.484 kg
	in Manila rechnete man das span. Gewicht libra 2% schwerer als das englische pound av.	
	in Portugal und Brasilien*	14.688 kg
	1 libra, Handelsgewicht = 16 onzas	459.52 g
	1 carga, altes Wein-, Öl- und Getreidemaß von wechselnder Größe, im spanischen Amerika auch Handelsgewicht	
	in Peru und Chile	69.014 kg
	in Peru für Reis	172.535 kg
	Gold- und Silbergewicht:	
	1 marco = 8 onzas zu 8 octavas zu 2 adarmes zu 3 tomines zu 12 granos	230.0465 g
	Einteilung bei Gold in 24 quilates zu 4 granos bei Silber in 12 dinaros zu 24 granos	
	1 Medizinalpfund = 12 onzas zu 8 dracmas zu 3 escrupulos zu 3 obolos zu 3 siliquas zu 4 granos	345.070 g
	1 Juwelen-onza = 140 quilates zu 4 granos	27.957 g
	(Weitere altspan. Gewichte von lokaler Bedeutung bei *Rumler* [15a].)	
Südafrikan. Union	wie in Großbritannien	
Südslawien (Jugoslawien)	1 oka	1281 g
	1 tovar = 100 oka	128.104 kg

* Die Bezeichnung arroba drang auch in Portugal und Brasilien durch.

(Fortsetzung von Tabelle 153)

Land	Gewicht	t, kg, g
Sudan	Gewichte entsprechen ungefähr den ägyptischen und äthiopischen (abessinischen)	
Sumatra	1 maund (f. Reis), sonst s. Niederl. Ostindien	39.3 kg
Toskana	1 carato	0.19649 g
	1 libbra = 0.6791 Zollpfund = 12 once = 288 denari = 6912 grani	339.54 g
	1 cantaro, centinaio = 100 libbre	33.95 kg
	1 migliaio = 1000 libbre	339.54 kg
Tripolis	1 mithqal (f. Gold und Perlen)	
	1 mithqal mumeni = 24 kharub (verarbeitetes Gold)	4.7615 g (auch 4.578 g)
	1 mithqal akdeli, akdehsi = 21²/₃ kharub (unverarbeitetes Gold)	4.232 g (auch 4.069 g)
	1 mithqal von Wad Suf (El Wad in Algerien)	4.006 g
	1 uqia* (Unze)	30.52 g
	1 rattl = 3.633 Zollpfund = 16 uqiyat (Unzen) zu 10 dirhem (Drachmen)	488.32 g
	1 uqqa* (Goldgewicht)	1220.8 g
	1 qantar (Zentner) = 40 uqqāt = 100 arttal	48.832 kg
	1 qantar f. Eisen = 200 uqqāt	244.160 kg
	— in Bengasi = 50 uqqāt = 125 arttal	61.050 kg
Tschecho-slowakei	früher wie in Österreich	
Tunesien	1 rattl atjari = 1/100 qantar = 1.0137 Zollpfd. (f. Drogen u. Metalle) = 16 uqiyat zu 31.68 g	0.50688 kg
	1 rattl sukci = 1/100 qantar = 18 uqiyat (f. Öl, Honig, Lebensmittel) = 20 uqiyat	0.568 kg
	1 rattl gheddari	0.639 kg
	1 qantar = 100 arttal (f. Baumwollgarn u. Eisen) = 150 arttal atjari (f. Baumwolle) = 110 arttal atjari	50.688 kg
	1 mithqal (f. Gold usw.) = 24 uqiyat	4.725 g
	1 uqia (Unze) (f. Gold, Silber, Juwelen) = 10 dramm, dirhem = 160 kharub (Johannisbrotkerne) = 640 Weizenkörner	31.68 g

* Einen Hinweis auf den Unterschied von *uqia* (Plural uqiyat) und *uqqa* (Plural uqqāt) siehe Anmerkung Seite 390.

(Fortsetzung von Tabelle 153)

Land	Gewicht	t, kg, g
Türkei	1 denk (arab. danaq) = 4 kirat = 16 bugday	0.8019 g
	1 dramm, dirhem, drachme = 4 denk	3.2076 g
	1 miskal* = 1.5 dirhem = 6 denk (f. Rosenöl)	4.8114 g
	1 oka*, occa, okka = 1/44 kantar = 400 dirhem = 4 litra = 1600 denk = 2.556 Zollpfund	1.283 kg
	1 batman = 6 oka	7.698 kg
	1 yeni kantar (Neu-Zentner)	50.0 kg
	1 kantar = 44 oka	56.452 kg
	1 ceki, tscheki = 4 kantar	225.808 kg
Ungarn	früher wie in Österreich	
	1 Pfund	560.0 g
	1 Zenter = 100 Pfund	56.0 kg
Uruguay	frühere altspanische Gewichte	
	1 libra	459.4 g
	1 arroba = 25 libras	11.50 kg
	1 quintal = 4 arrobas zu 25 libras	45.94 kg
	1 tonelada = 20 quintales	918.80 kg
Vatikanstaat	siehe unter Kirchenstaat	
Venedig	1 centinario = 100 libbre	47.699 kg
Venezuela	1 libra	460.1 g
	1 quintal = 100 libras	46.01 kg
	1 tonelada	920.19 kg
Vereinigte Staaten von Nordamerika	Metrisches M. u. G. ist zugelassen, amtlich gilt das englische M. u. G. mit einigen Abänderungen	
	1 grain troy	0.065 g
	1 ounce t.	31.103 g
	1 ounce av.	28.349 g
	1 pound troy = 12 ounces t.	373.242 g
	1 pound av. = 16 ounces av.	453.59 g
	1 quarter = 1/4 cental av.	11.3398 kg
	1 cental av.	45.359 kg
	1 hundredweight (cwt.) = 4 quarters zu 25 pounds = 100 pounds av. (an Stelle des ebenfalls benutzten englischen cwt. zu 112 lbs. av. = 50.80 kg)	45.359 kg

* q fehlt der neueren türkischen Orthographie.

(Fortsetzung von Tabelle 153)

Land	Gewicht	t, kg, g
Vereinigte Staaten von Nordamerika (Fortsetzg.)	1 short ton zu 2000 lbs. av. = 20 centals	907.1853 kg
	1 long ton zu 2240 lbs. av. = 20 cwts. av.	1016.0475 kg
	Weitere in den USA gebräuchliche Gewichte:	
	1 quintal = 100 spanisch-altkastilische Pfund = 101.433 lbs.	46.009 kg
	220.46 pounds = 100 kg	
	1 millier 2204.6 pounds = 1000 kg	
	für Fleisch, Fisch usw.:	
	1 barrel (Fische, gesalz. Fleisch, Speck) = 200 lbs.	90.718 kg
	für Früchte und sonstige Lebensmittel, Chemikalien und Industriebedarf:	
	1 box (Früchte) = 25 lbs.	11.340 kg
	1 barrel (Schießpulver) = 25 lbs.	11.34 kg
	1 barrel (gestoßenes Salz) = 56 lbs.	25.401 kg
	1 keg (Früchte) = 100 lbs.	45.359 kg
	1 sack (Salz in Liverpool) = 224 lbs.	101.60 kg
	1 barrel (Salz, auch Harz) = 280 lbs.	127.006 kg
	für Getreide, trockenes Schüttgut, Mehl usw.:	
	1 bushel (Hafer) = 32 lbs.	14.515 kg
	1 bushel (Gerste) = 48 lbs.	21.772 kg
	1 bushel (Mais, Roggen) = 56 lbs.	25.401 kg
	1 bushel (Weizen) = 60 lbs.	27.215 kg
	1 barrel (Mehl) = 196 lbs.	88.904 kg
	1 bale (Heu) = 300 lbs.	136.08 kg
	1 puncheon, humpheon (Maismehl) = 800 lbs.	362.87 kg
	für Textilien, Wolle usw.:	
	1 bale (Baumwolle)	
	in Carolina = ca. 367 lbs.	166.47 kg
	in Georgia = 375 lbs.	170.10 kg
	in Alabama, Louisiana, Mississippi = 500 lbs.	226.80 kg
	für Steinkohlen:	
	1 bushel = 80 lbs.	36.287 kg
	1 chaldron = 36 bushels	1.306 t
Vietnam	1 palam	33.99 g
	1 sac	74.38 kg

Tabelle 154. Vergleich einiger gebräuchlicher Gewichte

Gramm	1	1000	1000000	31.250	500.00		28.350	453.58		
Kilogramm	0.001	1	1000	0.0313	0.5000	50.00	0.0284	0.4536	907.19	1016.1
Tonne		0.001	1		0.0005	0.050		0.00045	0.9072	1.0161
Chines. lian(g)	0.0320	32.000	32000	1	16.000	1600.0	0.9072	14.515	29030.0	32514.0
Chines. djin, shik-chin	0.0020	2.000	2000	0.0625	1	100.00	0.0567	0.9072	1814.4	2032.2
Chines. pikul		0.0200	20.000		0.0100	1			18.144	20.322
Engl. ounce av.	0.0353	35.274	35274.0	1.1023	17.637	1763.7	1	16.000	32000	35840.0
Engl. Pfund (stand. pd. av.)		2.2046	2204.6	0.0689	1.1023	110.23	0.0625	1	2000.0	2240.0
Amerikan. Tonne (short ton)			1.1023			0.0551			1	1.1200
Engl. Tonne (long ton)		0.00098	0.9842			0.0492			0.8929	1

Beispiel: 1 g = 0.001 kg = 0.032 chines. lian = 0.002 chines. djin = 0.033 engl. ounce av.

2.2 Maße und Gewichte auf internationaler Basis

2.21 *Umrechnung von gebräuchlichen Maßen und Gewichten für Welthandelsgüter*

Edelmetalle:

1 troypound	= 12 oz. (ounces)	373.24	g
1 troyounce (oz.)	= 20 pennyweights	31.10	g
1 pennyweight (dwt.)	= 24 grains	1.55	g

Edelsteine:

1 metrisches Karat		0.200	g
1 großbritannisches Karat		0.2053	g

Baumwolle:

USA:			
1 Ballen (bale) brutto	= 500 lbs. (pounds)	226.8	kg
1 Ballen (bale) netto	= 478 lbs. (pounds)	216.8	kg
Indien:			
1 Ballen	= 400 lbs. (pounds)	181.437	kg
Ägypten:			
1 qantar		44.928	kg

Getreide:

USA - Chicago:			
1 bushel (Weizen)	= 60 lbs. (pounds)	27.22	kg
(Roggen)	= 56 lbs.	25.40	kg
(Gerste)	= 48 lbs.	21.77	kg
(Hafer)	= 32 lbs.	14.52	kg
(Mais)	= 56 lbs.	25.40	kg
England — Liverpool:			
1 cental (Weizen)	= 100 lbs. (pounds)	45.36	kg
England — London:			
1 quarter (Weizen)	= 8 bushels = 480 lbs.	217.7	kg
Deutschland:			
1 Kubikmeter (Weizen)		755	kg
(Roggen)		730	kg
(Gerste)		630	kg
(Hafer)		460	kg

Petroleum — Rohöl:

U S A :

1 gallon (Rohpetroleum)	3.31	kg
1 gallon (Schmieröl)	3.175	kg
1 barrel (Rohpetroleum)	139.07	kg
1 barrel (Schmieröl)	133.36	kg

Weitere Umrechnungen von USA-Erdölerzeugnissen aus USA petr. barrels zu 158.758 l in metrisches Gewicht s. Seite 359.

Umrechnungen von barrels in t bei Rohölen verschiedener Provenienzen:

Im Folgenden siehe eine vom US-bureau of mines zusammengestellte neue Tabelle von Umrechnungsfaktoren, die angibt, wieviel barrels Rohöl der verschiedenen Herkunftsländer im Durchschnitt auf eine metrische Tonne entfallen (nach Erdöl und Kohle, 7. Jahrg. April 1954, Nr. 4, S. 266; zugleich Ölorgan, 82. Jahrg., S. 74.):

Ägypten	6.931	Japan	7.131
Albanien	6.672	Kanada	7.418
Algerien	7.552	Kolumbien	7.039
Argentinien	7.021	Mexiko	7.132
Bahreininseln	7.350	Niederlande	6.952
Bolivien	7.746	Österreich	6.788
Brasilien	7.262	Pakistan	7.506
Britisch-Borneo	7.480	Persischer Golf	7.320
Bundesrep. Deutschl.	7.084	Peru	7.517
Ekuador	7.520	Polen	7.419
El-Kowet (El-Kuweit)	7.284	Qatar	7.659
Frankreich	6.930	Rumänien	7.453
Franz.-Marokko	7.417	Saudi-Arabien	7.474
Großbritannien	7.355	Trinidad	7.079
Indien	7.239	Tschechoslowakei	6.782
Indonesien	7.396	Türkei	6.749
Irak	7.476	Ungarn	7.630
Iran	7.517	Venezuela	7.020
Italien	7.677	USA	7.413

Kaffee:

Brasilien:

1 Sack	ca. 60 kg

(weitere Maße und Gewichte von Welthandelsgütern im Hauptteil II)

2.22 *Maßstäbe und Maßstabzahlentafeln*

Unter einem Maßstab versteht man in der Regel ein Meßwerkzeug in Stabform mit Einteilung in Längeneinheiten, z. B. Zentimeter oder Zoll (Elle). Formen des Maßstabes sind das gewöhnliche Lineal, der zusammenlegbare Gliedermaßstab (Zollstab, Zollstock), das Stahlbandmaß usw.

Bei einer Landkarte hingegen versteht man unter einem Maßstab das Verhältnis der Streckenlänge auf der Karte zur wirklichen Länge; so heißt z. B. M 1 : 100 000, daß 1 cm auf der Karte 100 000 cm oder 1 km in der Natur entspricht. Ist das Verhältnis 1 : m nicht angegeben, so kann es errechnet werden, wenn der Maßstab in gezeichneter Form angebracht ist oder wenn eine Streckenlänge auf der Karte (dk) in der Natur (dn) bekannt ist. Dann ist

$$1 : m = dk : dn \textit{ oder } m = \frac{dn}{dk}\text{; z. B. } dk = 6\text{ cm, } dn = 12\text{ km ergibt}$$

$$m = \frac{1200000}{6} = 200\,000,$$

d. h., das Maßstabverhältnis 1 : m der Karte ist 1 : 200 000. Ist ein gezeichneter, metrischer Maßstab auf der Karte vorhanden, läßt sich das Maß dn, das in Zahlen beigeschrieben ist, auf dem Stab als dk abgreifen. Einige Beispiele siehe in Tabelle 155.

Tabelle 155

dn m in der Natur	dk cm auf der Karte	Maßstab 1 : m
100 m	10 cm	1 : 1000
100 m	2 cm	1 : 5000
1 km	10 cm	1 : 10000
1 km	4 cm	1 : 25000
1 km	3 cm	1 : 33333
1 km	1 cm	1 : 100000
10 km	10 cm	1 : 100000
10 km	2 cm	1 : 500000
100 km	10 cm	1 : 1000000
	usw.	

Wird (dn) in fremder Maßeinheit abgelesen, so muß eine Umrechnung in cm vorgenommen werden. Häufig werden hierfür Vergleichstabellen empfohlen, die aber meistens dann nicht zur Verfügung stehen, wenn man sie braucht. Bei einem Maßstab 1 : m (oder $\frac{1}{m}$) soll z. B. gesucht werden miles per inch, d. h., 1 inch (dk) = x miles (dn). Der Maßstab 1 : m bedeutet: 1 inch (dn) = $\frac{1}{m}$ inches (dk), oder 1 inch (dk) = m inches (dn); m inches (dn) sind also x miles (dn). 63360 inches = 1 mile, also sind m inches $= \frac{m}{63360}$ miles, oder $x = \frac{m}{63360}$; d. h., 1 inch auf der Karte sind $\frac{m}{63360}$ miles in der Natur. Im umgekehrten Falle lautet die Formel $x = \frac{63360}{m}$ d.h., 1 mile in der Natur sind $\frac{63360}{m}$ inches auf der Karte. Nachstehend werden die wichtigsten Umrechnungsformeln für das dezimale Maßstabverhältnis 1 : m aus der Arbeit *Drehers* [149] in Tabellenform angeführt (s. Tabelle 156).

Tabelle 156

dk	dn	dn	dk	dn	dn
1 cm	= x km	$x = \frac{m}{100000}$	1 km	= x cm	$x = \frac{100000}{m}$
1 cm	= x miles	$x = \frac{m}{160935}$	1 mile	= x cm	$x = \frac{160935}{m}$
1 cm	= x feet	$x = \frac{m}{30.481}$	100 feet	= x cm	$x = \frac{3048.1}{m}$
1 inch	= x km	$x = \frac{m}{39370.43}$	1 km	= x inches	$x = \frac{39370.43}{m}$
1 inch	= x miles	$x = \frac{m}{63360}$	1 mile	= x inches	$x = \frac{63360}{m}$
1 inch	= x feet	$x = \frac{m}{12}$	1000 feet	= x inches	$x = \frac{12000}{m}$
1 Zoll	= x sashen	$x = \frac{m}{84}$	100 sashen	= x Zoll	$x = \frac{8400}{m}$
1 cm	= x sashen	$x = \frac{m}{213.36042}$	100 sashen	= x cm	$x = \frac{21336.042}{m}$
1 Zoll	= x werst	$x = \frac{m}{42000}$	1 werst	= x Zoll	$x = \frac{42000}{m}$
1 cm	= x werst	$x = \frac{m}{106678.1}$	1 werst	= x cm	$x = \frac{106678.1}{m}$

usw.

Tabelle 157

Dezimale, englische und UdSSR-Maßstäbe nach *Dreher* [149]

Dezimales Verhältnis 1 :	cm / m	England inch / feet	England mile / inches	UdSSR Zoll / sashen	UdSSR Zoll / werst
600	6	**50**	105.600	7.1429	
1000	10	83.33	63.360	11.9048	
1200	12	**100**	52.80	14.2857	
2000	20	166.667	31.680	23.805	
2400	24	**200**	26.400	28.5714	
2500	25	208.333	25.340	29.7615	
4800	48	**400**	13.200	57.1429	
5000	50	416.667	12.672	59.5238	
6000	60	**500**	10.560	71.4286	
10000	100	833.333	6.336	119.0476	
12000	120	**1000**	5.280	142.8571	
20000	200	1666.667	3.1680	238.0952	
24000	240	**2000**	2.6400	285.7143	
25000	250	2083.33	2.5344	297.6190	
40000	400	3333.33	1.5840	476.1905	
42000	420	3500	1.5086	**500**	**1**
48000	480	**4000**	1.3200	571.4286	1.14286
50000	500	4166.667	1.26720	595.2381	1.19048
63360	633.6	5280	**1**	754.2857	1.50857
75000	750	6250	1.18371	892.8571	1.78571
96000	960	**8000**	1.51515	1142.857	2.28571
100000	1000	8333.33	1.57828	1190.476	2.38095

usw.

Dazwischenliegende Werte können leicht ergänzt bzw. berechnet werden.

Tabelle 158

Englische Maßstäbe in inch/feet, verglichen mit dem dezimalen Maßstabverhältnis und den UdSSR-Maßstäben in Zoll/Sashen nach *Dreher*

England inch/feet	Dezimales Verhältnis	UdSSR Zoll/Sashen
10	1 : 120	1.4285
50	1 : 600	7.1428
100	1 : 1200	14.2857
200	1 : 2400	28.5714
300	1 : 3600	42.8571
400	1 : 4800	57.1429
500	1 : 6000	71.4286
1000	1 : 12000	142.8571

Tabelle 159

Englische Maßstäbe in inch/mile, umgerechnet in das dezimale Verhältnis und in UdSSR-Maßstäbe

England inch-mile	Dezimales Verhältnis	UdSSR Zoll/Sashen u. Werst
10″ = 1	1 : 6336	75.4285 Sashen
8″ = 1	1 : 7920	94.2887 Sashen
6″ = 1	1 : 10560	125.7153 Sashen
4″ = 1	1 : 15840	188.5714 Sashen
2″ = 1	1 : 31680	377.1429 Sashen
1″ = 1	1 : 63360	1.50857 Werst
1″ = 2	1 : 126720	3.01714 Werst
1″ = 4	1 : 253440	6.03429 Werst
1″ = 6	1 : 380160	9.05143 Werst
1″ = 8	1 : 506880	12.06857 Werst
1″ = 10	1 : 633600	15.08571 Werst
usw.		

Tabelle 160

UdSSR-Maßstäbe in Zoll/Sashen, umgerechnet in das dezimale Verhältnis und in engl. inch/feet

UdSSR Zoll/Sashen	Dezimales Verhältnis	England inch/feet
10	1 : 840	70
20	1 : 1680	140
25	1 : 2100	170
50	1 : 4200	350
100	1 : 8400	700
200	1 : 16800	1400
500	1 : 42000	3500

Tabelle 161

UdSSR-Maßstäbe in Zoll/Werst, umgerechnet in das dezimale Verhältnis und in engl. inch/mile

UdSSR Zoll/Werst	Dezimales Verhältnis	England inch/mile
1	1 : 42000	0.66288
2	1 : 84000	1.32576
3	1 : 126000	1.98864
4	1 : 168000	2.6515
5	1 : 210000	3.31439
10	1 : 420000	6.62878
20	1 : 840000	13.25757

2.3 Sonstige Maße und Maßsysteme

2.31 *Normung der Papierformate (DIN 476)*

Der DIN-Ausschuß hat Normen für Papierformate geschaffen und mit Reihe A bis D bezeichnet. Das Seitenverhältnis aller Formate ist $1 : \sqrt{2}$, also gleich dem Verhältnis der Seite eines Quadrates zu seiner Diagonalen. Durch fortgesetztes Falzen des Grundformates jeder Reihe ergeben sich die Teilformate. Die Klassennummern bezeichnen die Anzahl der Falzungen. Durch viermaliges Falzen des Grundformates Reihe A (A 0) entsteht A 4, das Format des Einheitsbriefbogens. A 6 gilt als Postkartenformat. Die Reihe A soll unbedingt bevorzugt werden. Sie gilt als Vorzugsreihe für alle „unabhängigen" Formate, an zweiter Stelle Reihe B, an dritter Stelle Reihe C und an vierter Stelle Reihe D.

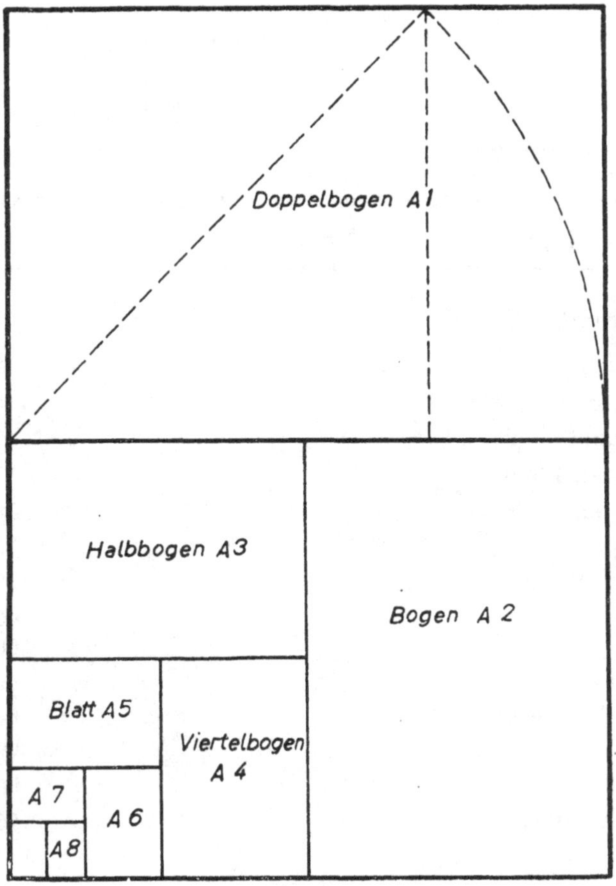

Bild 60

Falzen des Grundformates

Tabelle 162

Form-Klasse	Benennung des Formates	Reihe A Vorzugsreihe mm	Reihe B mm	Reihe C mm	Reihe D mm
0	Vierfachbogen	841 : 1189	1000 : 1414	917 : 1297	771 : 1090
1	Doppelbogen	594 : 841	707 : 1000	648 : 917	545 : 771
2	Bogen	420 : 594	500 : 707	458 : 648	385 : 545
3	Halbbogen	297 : 420	353 : 500	324 : 458	272 : 385
4	Viertelbogen	210 : 297	250 : 353	229 : 324	192 : 272
5	Blatt (Achtelbogen)	148 : 210	176 : 250	162 : 229	136 : 192
6	Halbblatt	105 : 148	125 : 176	114 : 162	96 : 136
7	Viertelblatt	74 : 105	88 : 125	81 : 114	68 : 06
8	Achtelblatt	52 : 74	62 : 88	57 : 81	48 : 68
9		37 : 52	44 : 62		
10		26 : 37	31 : 44		
11		18 : 26	22 : 31		
12		13 : 18	15 : 22		
13		9 : 13	11 : 15		

Ableitung für A 0 = 841 : 1189

Es wird 1 m² Papier als Einheitsfläche (A 0) zugrunde gelegt, dann ist $a \cdot a\sqrt{2} = 1$,

oder $a = \sqrt{\frac{1}{2}\sqrt{2}} = 0.841$, und $a\sqrt{2} = 1.189$.

2.32 *Zähl-Stückmaße*

1 Paar	2 Stück
1 Decher	10 Stück
1 Dutzend	12 Stück
1 Mandel, klein	15 Stück
1 Mandel, groß	16 Stück
1 Stiege	20 Stück
1 Band, Bund	30 Stück
1 Zimmer	40 Stück
	auch 60 Stück
1 Schober	60 Stück
1 Schock = 4 kleine Mandeln	60 Stück
1 Webe	72 Stück
1 Wall	80 Stück
1 Groshundert	120 Stück
1 Gros = 12 Dutzend	144 Stück
1 Ring	240 Stück
1 Mille	1000 Stück
1 Grostausend	1300 Stück

1 Ballen Tuch		10 Stück
	auch	12 Stück
Papier (s. Papiermaße)		10 Ries
Leder = 20 Rollen		120 Stück
oder 220 Stück Juchten		
oder 30 Stück Pfundleder		
Baumwolle		75—250 kg
in den USA		436—460 pounds av.
in Westindien und Peru		170 pounds av.
in Brasilien		156 pounds av.
in Ägypten		595 pounds av.
in Brit.-Indien		376—400 pounds av.
in der asiat. Türkei		350 pounds av.
Baumwollgarn		
in England		60 packs zu je 4 pounds av.
in Holland		95.25 kg

1 Ballot Glastafeln = 25 Bund zu 6 Tafeln farbloses oder
12½ Bund zu 3 Tafeln farbiges Glas

(über ältere Zähl-Stückmaße siehe [15a])

2.33 *Papierzählmaße*

Altes Maß:

1 Ries (Neuries) Rs	= 500 Bogen Druckpapier
	= 400 Bogen Schreibpapier
1 Buch	= 25 Bogen Druckpapier
	= 24 Bogen Schreibpapier
	= 15—25 Blätter Blattgold u. Blattsilber

Neues Maß (seit 1877):

1 Ballen	= 10 Ries (Neuries) zu je 1000 Bogen
1 Ries (Neuries) Rs	= 10 Buch = 1000 Bogen
1 Buch (Neubuch) Bch	= 10 Hefte (Lagen)
1 Heft	= 10 Bogen (Bg)
1 Pack	= 15 Ballen
	= 150 Ries
	= 1500 Buch
	= 15000 Hefte
	= 150000 Bogen

Tabelle 163. Der Zehner-Aufbau der Papierzählmaße

	Ballen	Ries	Buch	Heft	Bogen
Ballen	1	10	100	1000	10000
Ries		1	10	100	1000
Buch			1	10	100
Heft				1	10
Bogen					1

2.34 *Schriftgrade und typographisches System (Didot-System)*

Unter Schriftgrad versteht man die Größe einer Druckschrift, wobei die Größe der Buchstaben (kleine Anfangsbuchstaben Minuskeln, große Buchstaben Majuskeln) nach Graden oder Kegeln gekennzeichnet wird. Grade bzw. Kegel sind nach dem typographischen System in Punkte aufgeteilt. 12 Punkte ergeben die Einheit Cicero.

Obwohl das typographische System das metrische Maß als Grundlage hat, rechnet der Schriftsetzer nicht nach Millimetern, sondern nach Punkten. Aus technischen Gründen (genaueres Ausschließen der Zeilen) braucht man eine kleinere Einheit als Millimeter. Die kleinste typographische Maßeinheit ist der Punkt $= {}^1/_{72}$ Zoll, also eine nichtmetrische Unterteilung des Zolls. 72 typogr. Punkte = 1 Zoll. Im metrischen System entspricht 1 Punkt = 0.3759 mm, 1 mm = 2.66 Punkte. Im englisch-amerikanischen Maßsystem ist ein Punkt = 0.352 mm.

1 Meter = 2660 Punkte, 1 Typometer = 30 cm oder 798 Punkte. Das Typometer dient den Schriftgießereien als Grundmaß.

Tabelle 164. Schriftkegel

Punkte	mm	Gradbezeichnung	Punkte	mm	Gradbezeichnung
1	0.376	Achtelpetit	20	7.521	Text
2	0.752	Viertelpetit	24	9.025	Doppelcicero
3	1.128	Brillant (Viertelcicero)	28	10.529	Doppelmittel
4	1.504	Diamant (Halbpetit)	32	12.034	Doppeltertia (Kleine Kanon)
5	1.880	Perl	36	13.538	Kanon (3 Cicero)
6	2.256	Nonpareille	42	15.794	Grobe Kanon
7	2.632	Kolonel	48	18.050	Kleine Missal (4 Cicero)
8	3.008	Petit	54	20.307	Grobe Missal
9	3.384	Borgis	60	22.563	Sabon (5 Cicero)
10	3.761	Korpus (Garmond)	66	24.819	Grobe Sabon
12	4.513	Cicero	72	27.082	6 Cicero
14	5.265	Mittel	84	31.588	7 Cicero
16	6.017	Tertia	96	36.101	8 Cicero

Für die Praxis genügt zum schnellen Umrechnen:

1 Punkt = 0.376 mm	4 Cicero = 18 mm
1 Cicero = 4.5 mm	20 Cicero = 9 cm

Das System wurde um 1780 in der Schriftgießerei des französischen Buchdruckers Firmin D i d o t als sog. „verbessertes Punktsystem" entwickelt.

Punkte	Buchstabengröße	Gradbezeichnung
1	Werden nur als Linien oder Füllmaterial verwendet	Achtelpetit
2		Viertelpetit
3	Werden als Schriftgrade selten verwendet	Brillant (Viertelcicero)
4		Diamant (Halbpetit)
5		Perl
6	m M	Nonpareille
7	Seltener Schriftgrad	Kolonel
8	m M	Petit
9	m M	Borgis
10	m M	Korpus (Garmond)
12	m M	Cicero
14	m M	Mittel
16	m M	Tertia
20	m M	Text
24	m M	Doppelcicero
28	m M	Doppelmittel
36	m M	3 Cicero (Kanon)

Bild 61

Typographisches Punktsystem

2.35 *Normzahlen und Maßordnung*

Neben den Normmaßen sind in der Technik auch Normzahlen eingeführt. Sie sind in DIN 323 bereits seit dem Jahre 1922 verankert. *Riedel* [121] wendet sich in der Zeitschrift Fertigungstechnik gegen die Unkenntnis der Normzahlen und Normmaße. Ihre Anwendung bietet zweifellos Vorteile. Leider stehen ihr in der Praxis verschiedene Gründe hemmend entgegen. Die Normzahlen stellen eine neue Maßordnung dar, die von dem dezimalen, metrischen Maßsystem abweicht. Es sind Werte von dezimal geometrischen Zahlenreihen. Zum besseren Verständnis sind nachstehend diese Normzahlen des geometrisch unterteilten Zehnerbereiches der arithmetischen Unterteilung der dezimal metrischen Maßordnung gegenübergestellt.

Tabelle 165. Maßordnung

dezimalmetrisch		dezimalgeometrisch	
Glied-Nr.	Zahlenglieder	Zahlenglieder	Glied-Nr.
—	—	100	Anfangsglied
1. Glied	100	125	1. Glied
2. Glied	200	160	2. Glied
3. Glied	300	200	3. Glied
4. Glied	400	250	4. Glied
5. Glied	500	315	5. Glied
6. Glied	600	400	6. Glied
7. Glied	700	500	7. Glied
8. Glied	800	630	8. Glied
9. Glied	900	800	9. Glied
10. Glied	1000	1000	10. Glied

Bei den Normzahlen sind die Verhältnisse aufeinanderfolgender Werte eines Zehnerbereiches gleich und deshalb unserem bisherigen Denken ungewohnt. Eine Gegenüberstellung dieser Merkmale macht das ungewohnte Bild verständlich:

Merkmale aufeinanderfolgender Glieder

gleichbleibende Differenz 100	gleichbleibendes Verhältnis 1.25
z. B. 200 — 100 = 100	z. B. 125 : 100 = 1.25
oder 900 — 800 = 100	oder 800 : 630 = 1.25
usw.	

Die Normzahlen ermöglichen es, Fragen der Vereinheitlichung oder Typisierung von Teilen und Geräten aller Art vollkommen neutral und auf wissenschaftlicher Grundlage zu lösen.

Um einem dringenden Bedürfnis der Praxis abzuhelfen, hat der Ausschuß „Normzahlen und Normmaße" im DNA, DIN 323, Bl. 2 (Entwurf Mai 1954) die Erläuterungen zu den Normzahlen (DIN 323, Bl. 1) Februar 1952, neu gestaltet. Zum ausführlichen Studium der Normzahlen, Zweck, Aufbau und Anwendung wird auf diese Normblätter verwiesen.

3 PHYSIKALISCHE UND TECHNISCHE MASSEINHEITEN

3.1 Maßeinheiten der Mechanik

Tabelle 166. Grundeinheiten der Mechanik

Maßsystem	Länge	Kraft, Masse*	Zeit
technisch, mechanisch m-kp-s	Meter m	Kilopond kp Kraft	Sekunde s
physikalisch, absolut c-g-s	Zentimeter cm	Gramm g Masse	Sekunde s
giorgisch, erweitert absolut m-k-s**	Meter m	Kilogramm kg Masse	Sekunde s

3.11 *Abgeleitete Einheiten*

3.111 *Technische Masseeinheit* TME $\left(m = \frac{P}{b}\right)$ ***

1 TME ist gleich der Masse, die durch die Kraft von 1 kp die Beschleunigung von 1 m s^{-2} erhält. 1 TME $kpm^{-1}s^2 = 1$ hyl.

3.112 *Krafteinheit* $(P = m \cdot b)$

3.112.1 *Die technische Krafteinheit,* Kilopond (kp), entspricht dem Gewicht des Urkilogramms in 45° Breite und in Meereshöhe.****

3.112.2 *Die physikalische Krafteinheit,* dyn, entspricht der Kraft, die erforderlich ist, um der Masse von 1 kg die Beschleunigung von 1 cm s^{-2} zu erteilen. 1 dyn [g cm s^{-2}].

3.112.3 *Die giorgische Krafteinheit,* Newton, Dyn (Großdyn), entspricht der Kraft, die erforderlich ist, um der Masse von 1 kg die Beschleunigung von 1 m s^{-2} zu erteilen. 1 Dyn [kg m s^{-2}] $= 10^5$ dyn = N.

Die physikalischen Krafteinheiten, die CGS-Einheit, Dyn (dyn), und die MKS-Einheit, Newton (N), sind international.

1 dyn $= 1\ cm \cdot g \cdot s^{-2}$; 1 N $= 1\ m \cdot kg \cdot s^{-2}$.

* Nach dem Vorschlag von *Gauß* und *Weber* (1836) sollen alle Einheiten der Physik auf die *Grundeinheiten* der Länge, Masse und Zeit zurückgeführt werden. Das technische Maßsystem der Mechanik leitet sich aus den Einheiten von Länge, Kraft und Zeit ab. Außerdem ist noch zwischen internationalen und nationalen Maßsystemen der Mechanik zu unterscheiden. Während die international benutzten Grundeinheiten durch die Meterkonvention international verankert und verbindlich festgelegt worden sind, haben sich die nationalen durch Gewohnheitsrecht in den einzelnen Ländern gebildet.

** Das MKS-System wurde 1901 von *Giorgi* empfohlen, da seine Einheiten auf die absoluten elektrischen Einheiten abgestimmt sind.

*** TME darf nicht verwechselt werden mit 1/1000 der kernphysikalischen Masseeinheit.

**** Die technische Krafteinheit ist definiert als Gewicht der physikalischen Masseeinheit. Da das Gewicht vom Beobachtungsort abhängt, wurde als Krafteinheit das Normgewicht festgelegt und als dessen Name seit 1938 die Bezeichnung Kilopond (kp) vorgeschlagen. 1939 wurde diese Bezeichnung von der damaligen Physikalisch-Technischen Reichsanstalt für ihren Geschäftsbereich eingeführt. 1 kp = 9.80665 N (vgl. Tafel der gesetzlichen Einheiten im Nachtrag).

3.113 *Arbeitseinheit* ($A = P \cdot s$)

3.113.1 *Die technische Arbeitseinheit:* Kilopondmeter

$$1 \text{ kpm} = 1 \text{ kp} \cdot 1 \text{ m} = 9.80665 \text{ Nm} = 9.80665 \cdot 10^7 \text{ erg}$$

3.113.2 *Die physikalische Arbeitseinheit:* erg

$$1 \text{ erg} = 1 \text{ dyn} \cdot 1 \text{ cm} = \text{g} \cdot \text{cm}^2 \cdot \text{s}^{-2}$$

3.113.3 *Die giorgische Arbeitseinheit:* Newtonmeter

$$1 \text{ Newtonmeter, Dynmeter} = 1 \text{ Dyn} \cdot 1 \text{ m} = 1 \text{ Nm} = \text{kg} \cdot \text{m}^2 \cdot \text{s}^{-2} = J_{abs}$$

3.114 *Leistungseinheit* $\left(N = \frac{A}{t}\right)$

3.114.1 *Die technische Leistungseinheit:* Kilopondmeter pro Sekunde ($\text{kpm} \cdot \text{s}^{-1}$)

3.114.2 *Die physikalische Leistungseinheit:* erg pro Sekunde ($\text{erg} \cdot \text{s}^{-1}$)

3.114.3 *Die giorgische Leistungseinheit:* Newton, Dynmeter pro Sekunde (1 erg s^{-1}) [$\text{g cm}^2\text{s}^{-3}$]

$$1 \text{ Newtonmeter s}^{-1} = 1 \text{ W} = 1 \text{ Js}^{-1} \text{ [kg m}^2\text{s}^{-3}]$$

3.115 *Druckeinheit* (= Krafteinheit : Flächeneinheit) [114]

in der Technik (at techn)

3.115.1 *Die technische Druckeinheit:* $1 \text{ at} = \text{kp/cm}^2$ (auch metrische oder Neu-atmosphäre genannt). Je nachdem man den Druck absolut (barometrisch) oder nur relativ zum augenblicklichen Luftdruck (manometrisch) mißt, spricht man auch von absoluten Atmosphären („at abs, ata") oder von Überdruckatmosphären („atü"). Unter „atu" versteht man den mit Vakuummeter gemessenen Atmosphären-Unterdruck (Vakuum).

Im technischen Maßsystem der Mechanik ist die Druckeinheit das Kilopond/m² (kp/m²). Der 10^4fache Betrag davon ist die technische Atmosphäre (at); sie stellt die in der Technik meistgebrauchte Druckeinheit dar.

$$1 \text{ at} = 1 \text{ kp/cm}^2 = 10^4 \text{ kp/m}^2 = 9.80665 \cdot 10^4 \text{ N/m}^2$$

3.115.2 *Die physikalische Druckeinheit* (CGS-System): $\text{g} \cdot \text{cm}^{-1} \cdot \text{s}^{-2} = \text{dyn} \cdot \text{cm}^2$ = Mikrobar (μbar); $10^6 \text{ dyn} \cdot \text{cm}^{-2}$ = Bar (bar); früher wurde $1 \text{ dyn} \cdot \text{cm}^{-2}$, also das jetzige Mikrobar, als Bar bezeichnet.

Das Millibar (m bar) ist heute die international gebräuchliche Druckeinheit der Meteorologie, das Mikrobar (μ bar) benutzt man in der Akustik für Schalldruckangaben.

$$1 \text{ bar} = 10^3 \text{ m bar} = 10^6\ \mu \text{ bar} = 10^6 \text{ dyn/cm}^2$$

3.115.3 *Die giorgische Druckeinheit* (MKS-System): $\text{kg} \cdot \text{m}^{-1} \cdot \text{s}^{-2} = \text{N} \cdot \text{m}^2$

in der Physik (at phys oder atm, auch alte Atmosphäre — Atm — genannt) entspricht dem mittleren Druck der Luft am Meeresspiegel unter 45° geographischer Breite. Die physikalische Atmosphäre hält einer Quecksilbersäule von 760 mm und 0° C das Gleichgewicht, die metrische Atmosphäre einer Wassersäule von 10 m und 4° C. Da das spezifische Gewicht des Quecksilbers von 0° C, bezogen auf Wasser von 4° C, gleich 13.59545 ist, gelten folgende Umrechnungswerte:

Einheit	atm	at
1 technische Atmosphäre (at = 1 kp/cm²)	0.967896	1 = 735.540 mm Quecksilbersäule
1 physikalische Atmosphäre (atm = 760 mm Hg)	1	1.033254 = 10.33254 m Wassersäule

1 cm Hg = 0.01316 atm, 1 mm Hg = 1 Torr = $^1/_{760}$ atm
1 cm WS = 0.00097 atm, 1 mm WS = 1 kp/m² = 9.80665 N/m²

Fischbeck und Kirschbaum [114] schlagen folgende Definition für die Druckeinheiten vor:

a) Im technischen Maßsystem
at „Technische Atmosphäre" in kp/cm²
atü „Atmosphären-Überdruck"
Differenz zwischen höherem Druck und Bezugsdruck in kg/cm²

b) Im physikalischen Maßsystem
Torr „mm Quecksilber"
Höhe der dem Druck äquivalenten Quecksilbersäule in mm
atm „Physikalische Atmosphäre", 760 Torr

c) Im Zentimeter-(Masse-)Gramm-Sekundensystem
Die absolute Einheit des Druckes im CGS-System beträgt 1 dyn/cm².
bar „Bar", 10^6faches der absoluten Druckeinheit im CGS-System gleich 10^6 dyn/cm²
mbar „Millibar", 10^3faches der absoluten Druckeinheit im CGS-System gleich 10^3 dyn/cm² oder 10^{-3} bar

Die 10. Generalkonferenz für Maß und Gewicht, die vom 5. bis 14. Oktober 1954 in Paris tagte, definiert die Normalatmosphäre für alle Verwendungszwecke mit 1013250 Dyn je Quadratzentimeter, d. h. 101325 Newton je Quadratmeter, weil die bisherige Definition, die durch die 9. Generalkonferenz für Maß und Gewicht bei der Festlegung der internationalen Temperaturskala gegeben wurde, den Eindruck erweckt hat, daß die Gültigkeit dieser Definition der Normalatmosphäre auf die Erfordernisse der Präzisionstemperaturmessung beschränkt sei.

3.116 *Zeiteinheiten*

Tabelle 167

Einheit	1 Stunde	1 Tag	1 Jahr
Sekunden	3600	86400	$3.156 \cdot 10^7$
Minuten	60	1440	526000
Stunden	1	24	8766

* 1 atm_n = $1.013250 \cdot 10^5$ N/m².

3.117 *Zusammenstellung von Einheiten im physikal. und techn. Maßsystem* (zusammengestellt von Dr. R. Worlitzsch, Langebrück)

Tabelle 168

Größe	Physikalische Einheit (Grundeinheiten: cm, g, s)		Technische Einheit (Grundeinheiten: m, kp, s)
Masse	1 g		1 techn. ME $\triangleq 9.81 \frac{kp\,s^2}{m}$
	1 kg		
	1 kg	→	$\frac{1}{9.81} \frac{kp\,s^2}{m}$
	9.81 kg	←	$1 \frac{kp\,s^2}{m}$
Kraft (Gewicht)	$1\ dyn = 1 \frac{g\,cm}{s^2}$		1 kp
	1 g	→	$\frac{1}{981} \frac{p\,s^2}{cm}$
	1 dyn	→	$\frac{1}{981}$ p
	981 dyn	←	1 p
	1 dyn	→	$\frac{1000}{981}$ mp ≈ 1 mp
Dichte	$1 \frac{g}{cm^3}$	→	$\frac{1}{981} \frac{p\,s^2}{cm^4} = 102 \frac{kp\,s^2}{m^4}$
Wichte	$981 \frac{g}{cm^2\,s^2} = 981 \frac{dyn}{cm^3}$	←	$1 \frac{p}{cm^3}$
Arbeit	1 erg = 1 dyn cm		1 kp m
	1 J = 10^7 erg		
	1 J = 1 Ws	→	$\frac{1}{9.81}$ kp m = 0.102 kp m
	4186 J	←	1 kcal = 427 kp m
	1 kW = $3.6 \cdot 10^6$ J	=	860 kcal
	101 Ws	=	10.33 kp m
Leistung	$1\ W = 1 \frac{J}{s}$		$1 \frac{kp\,m}{s}$
	1 kW = 10^3 W		$1\ PS = 75 \frac{kp\,m}{s}$
	736 W	=	1 PS
Druck	$1 \frac{dyn}{cm^2} = 1\ \mu bar$ (Mikrobar)		
	$10^3 \frac{dyn}{cm^2} = 1$ mbar (Millibar)		$1 \frac{kp}{cm^2} = 1$ at (Techn. Atm.)
	0.981 bar	←	1 at
	1 bar = 10^3 mbar = $10^6\ \mu$m	→	1.02 at
	1 Torr ≙ 1 mm Hg (bei 0° C am Normort)		1 mm WS ≙ 1 kp/m²
	760 Torr = 1013.25 mbar = 1 atm (Physikalische Atmosphäre)		

3.118 *Gegenüberstellung von Masse und Gewicht*
(zusammengestellt von Dr. R. *Worlitzsch*, Langebrück)

Die Masseeinheit wird international als Kilogramm bezeichnet, die frühere Bezeichnung g als Masseeinheit ist nicht mehr üblich. Sie wird durch den in Paris aufbewahrten Zylinder (Urnormal der Masse) aus Pt und Ir verkörpert.

Das Gewicht dieser Masse ist aber eine vom irdischen Schwerefeld auf den Körper ausgeübte Kraft

$$K = mg,$$

wenn m die Masse und g die Fallbeschleunigung bedeuten.

Nun ist aber g ortsabhängig, somit auch das Gewicht eines Körpers.

Das Normgewicht K_n eines Körpers erhält man durch Reduktion auf die Normalbeschleunigung g_n zu

$$K_n = m\, g_n = K\, g_n/g.$$

Daher ist die Gewichtseinheit in allen Maßsystemen identisch mit der Krafteinheit, d. h.

im CGS-System	1 dyn,
im MKS-System	1 Newton (N),
im techn. Maßsystem	1 Pond (p) bzw. 1 Kilopond (kp).

Im MKS-System wurden bislang an Einheiten festgelegt für die
Kraft: Newton $= N = m\,kg\,s^{-2}$ (früher auch Großdyn genannt)
Energie: Joule $= J = m^2kg\,s^{-2}$ (früher auch Großerg genannt)
Leistung: Watt $= W = m^2kg\,s^{-3}$

Im CGS-System der Physik gelten für die

Kraft:	dyn	$= cm\,g\,s^{-2}$
Energie:	erg	$= cm^2\,g\,s^{-2}$
Beschleunigung:	Galilei = Gal	$= cm\,s^{-2}$

Mit Hilfe desselben Metallzylinders werden also definiert
die Masseneinheit Kilogramm und
die Kraft-(Gewichts-)Einheit Kilopond.

Aus der Grundgleichung der Mechanik,

$$\text{Kraft} = \text{Masse} \times \text{Beschleunigung} = K = mb,$$

folgt dann:

$$1 \text{ Kilopond} = \text{kg} \cdot 9.81\ \text{m/s}^2$$

Daher ist in der Physik 1 Kilopond nur eine Bezeichnung für 9.81 kg m/s^2 oder für 9.81 Newton.

Aus der Gleichung K = mb folgt, wenn man für die Kraft K den Betrag 1 Newton = 1 kg m/s^2 setzt, für b:

$$b = \frac{1\ \text{kg m/s}^2}{\text{kg}} = 1\,\frac{\text{m}}{\text{s}^2}\,,\ \text{d. h.:}$$

Wirkt an einem Körper von der Masse 1 kg diese Kraft allein und erteilt sie dem Körper eine Beschleunigung von 1 m/s^2, so ist die Kraft 1 Newton.

Setzt man in derselben Gleichung die Kraft K = 1 kp und die Masse m gleich der technischen Masseeinheit = 1 kp s^2/m, so gilt:

$$b = \frac{1\,kp}{1\,kp\,s^2/m} = 1\,\frac{m}{s^2}\text{, d. h.:}$$

Die technische Masseeinheit ist die Masse desjenigen Körpers, dem die Kraft 1 kp die Beschleunigung 1 m/s^2 erteilt.

Setzt man schließlich noch in derselben Gleichung die Kraft K = 1 kp und die Masse m = 1 kg, so wird

$$b = \frac{1\,kp}{1\,kg} = \frac{9.81\,kg\,m/s^2}{kg} = 9.81\,m/s^2\text{, d. h.:}$$

Wirkt nur das Gewicht von 1 kp auf einen Körper der Masse 1 kg, so erhält er die Beschleunigung b = 9.81 m/s^2, eine Erscheinung, wie sie aus dem freien Fall bekannt ist.

3.12 *Umrechnungen*

3.121 *Masseeinheiten*

Tabelle 169

Masse	TME	g	kg
1 TME	1	$9.81 \cdot 10^3$	9.81
1 g	$0.102 \cdot 10^{-3}$	1	10^{-3}
1 kg	0.102	10^3	1

3.122 *Krafteinheiten*

Tabelle 170

Kraft	kp	dyn*	Dyn*, Newton
System	technisches Maß	absol. od. physik. Maß	erweit. physik. Maß
1 kp techn.	1	$9.80665 \cdot 10^5$	9.80665
1 dyn	$0.101976 \cdot 10^{-5}$	1	10^{-5}
1 Dyn, Newton	0.101976	10^5	1

* Nach der Tafel der gesetzlichen Einheiten ist 1 Dyn (Kurzzeichen dyn) der 1000ste Teil des Newton.

3.123 *Arbeitseinheiten*

3.123.1 *Arbeitseinheiten (im technischen und physikalischen System)*

Tabelle 171

Arbeit	kpm	erg	Dynmeter
System	technisches Maß	absol. oder physik. Maß	erweit. physik. Maß
1 kpm	1	$9.80665 \cdot 10^{7}$	9.80665
1 erg	$0.1019716 \cdot 10^{-7}$	1	10^{-7}
1 Dynmeter	0.1019716	10^{7}	1

3.123.2 *Arbeitseinheiten (Energieumrechnungstabelle)*

Tabelle 172

Arbeit	erg	Ws = J	kWh	kcal	kpm	PSh
System	abs. Maß	elektr. M.	elektr. Maß	Wärme-Maß	techn. M.	techn. Maß
1 erg	1	10^{-7}	$2.777778 \cdot 10^{-14}$	$2.39 \cdot 10^{-11}$	$0.102 \cdot 10^{-7}$	$0.3776727 \cdot 10^{-13}$
1 Ws (1 J)	10^{7}	1	$0.28 \cdot 10^{-6}$	$2.39 \cdot 10^{-4}$	0.1019716	$0.38 \cdot 10^{-6}$
1 kWh	$3.6 \cdot 10^{13}$	$3.6 \cdot 10^{6}$	1	860	$0.367 \cdot 10^{6}$	1.359622
1 kcal	$4.187 \cdot 10^{7}$	4.187	$1.16 \cdot 10^{-3}$	1	427	$1.58 \cdot 10^{-3}$
1 kpm	$9.81 \cdot 10^{7}$	9.80665	$2.724069 \cdot 10^{-6}$	$2.34 \cdot 10^{-3}$	1	$3.703704 \cdot 10^{-6}$
1 PSh	$2.647796 \cdot 10^{13}$	$2.648 \cdot 10^{13}$	0.735499	632.5	$2.7 \cdot 10^{5}$	1

3.124 *Leistungseinheiten*

3.124.1 *Leistungseinheiten (im technischen und physikalischen System)*

Tabelle 173

Leistung	kpm/s	erg/s	Dynmeter/s
System	technisches Maß	absolutes oder physikalisches Maß	erweitertes physikalisches Maß
1 kpm/s	1	$9.81 \cdot 10^{7}$	9.80665
1 erg/s	$0.102 \cdot 10^{-7}$	1	—
1 Dynmeter/s	0.1019716	10^{7}	1

3.124.2 *Leistungseinheiten (Energieumrechnungstabelle)*

Tabelle 174

Leistung	kpm/s	erg/s	W = J/s (Dynm/s)	kW	$cal_{15°}/s$	kcal/s	$kcal_{JT}/h$	PS
System	technisches Maß	physik. Maß	elektr. Maß, erweitertes physik. Maß	elektr. Maß	Wärme-maß	Wärme-maß	Wärme-maß	technisches Maß
1 kpm/s	1	$9.81 \cdot 10^7$	9.81	$9.81 \cdot 10^{-3}$	2.3430	—	$0.84321 \cdot 10$	0.0133333
1 erg/s	$1.019716 \cdot 10^{-8}$	1	—	10^{-10}	$2.3892 \cdot 10^{-8}$	$0.24 \cdot 10^{-10}$	$0.85984 \cdot 10^{-7}$	$1.359622 \cdot 10^{-10}$
1 W = J/s (1 Dynm/s)	$1.019716 \cdot 10^{-1}$	10^7	1	10^{-3}	$2.3892 \cdot 10^{-1}$	—	0.85984	0.00135622
1 kW	102	10^{10}	10^3	1	—	—	—	1.36
1 $cal_{15°}/s$	$4.2680 \cdot 10^{-1}$	—	—	—	1	—	3.5988	—
1 kcal/s	427	$4.19 \cdot 10^{10}$	—	4.17	—	1	—	5.666
1 $kcal_{JT}/h$	$1.18594 \cdot 10^{-1}$	—	—	—	$2.7787 \cdot 10^{-1}$	—	1	—
1 PS	$0.75000 \cdot 10^3$	$7.355 \cdot 10^9$	736	0.736	$1.7573 \cdot 10^2$	0.176	$0.63241 \cdot 10^3$	1

3.125 *Druckeinheiten* [114]

Tabelle 175

Druck		Torr	$kp \cdot m^{-2}$	Bar	mbar	bar (μbar)	atm	$kp \cdot cm^{-2}$ at
1 mm Hg-Säule* = 1 Torr	mm Hg	1	13.5951	$1.33322 \cdot 10^{-3}$	1.3336	$1.3336 \cdot 10^{3}$	$1.31579 \cdot 10^{-3}$	$1.35951 \cdot 10^{-3}$
1 mm WS (+ 4° C)** = $kp \cdot m^{-2}$	mm WS	$0.73556 \cdot 10^{-1}$	1	$0.980665 \cdot 10^{-4}$	0.0981	98.1	*) 10333 = $0.967814 \cdot 10^{-4}$	10^{-4}; genau $9.99973 \cdot 10^{-5}$
1 Bar = 1 Megabar = 10^{6} $dyn \cdot cm^{-2}$	bar	750.06	$1.01782 \cdot 10^{4}$	1	10^{3}	10^{6}	0.98692	1.01972
1 Millibar = 10^{3} $dyn \cdot cm^{-2}$	mbar	0.75006	10.1972	10^{-3}	1	10^{3}	$0.98692 \cdot 10^{-3}$	$1.01972 \cdot 10^{-3}$
1 Mikrobar = 1 bar = 1 $dyn \cdot cm^{-2}$	μbar	$0.75006 \cdot 10^{-3}$	$1.01972 \cdot 10^{-2}$	10^{-6}	10^{-3}	1	$0.98692 \cdot 10^{-6}$	$1.01972 \cdot 10^{-6}$
1 physik. Atmosphäre*** = 760 Torr	atm	760	$1.03323 \cdot 10^{4}$	1.01325	$1.01325 \cdot 10^{3}$	$1.01325 \cdot 10^{6}$	1	1.03323
1 technische Atmosphäre = 1 at = 10^{4} kp/m^{2}	at	735.559	10^{4}	0.980665	$0.981 \cdot 10^{3}$	$0.981 \cdot 10^{6}$	0.96784	1
1 internationale Normal-atmosphäre Boden-druck		759.98						1.0332
1 deutsche Normal-atmosphäre Boden-druck		762.26						1.0363

* Druck von 1 mm Hg im normalen Schwerefeld (normale Fallbeschleunigung) auf 1 cm^2 für Hg, das je cm^3 13.5951 g (Masse) hat. (Dichte des Hg bei 0° C und 1 Atmosphäre.)

** Druck von 1 mm H_2O im normalen Schwerefeld (normale Fallbeschleunigung) auf 1 cm^2 für H_2O bei seiner höchsten Dichte (1 m^3 = 0.999973 g [Masse] bei 4° C und 1 Atmosphäre).

*** Die phys. Atmosphäre (atm, früher Atm) wurde von der 7. Generalkonferenz für Maß und Gewicht 1927 als Normal-Druckeinheit festgelegt und definiert als der Druck von 760 mm Hg-Säule der Dichte 13.5931 g/cm^3 bei Normfallbeschleunigung $g_n = 9.80665$ m/s^2. Nach der 9. Generalkonferenz und den Richtlinien der Internationalen Union für reine und angewandte Physik ist ihr Einheitssymbol klein zu schreiben (im Gegensatz zu Atm nach DIN 1314, 3. Ausgabe). 1 atm = 76 · 980.665 · 13.5951 dyn/cm^2 = $1.013250 \cdot 10^{6}$ dyn/cm^2.

Hieraus abgeleitete, häufig gebrauchte Umrechnungswerte:

$$1\ \frac{\text{Großdyn}}{\text{m}^2} = 10^{-5}\ \text{Bar} = 1.2 \cdot 10^{-5}\ \frac{\text{Kilopond}}{\text{cm}^2}$$

$$= 10.2 \cdot 10^{-6}\ \text{technische Atmosphäre}$$

$$= 9.81 \cdot 10^{-6}\ \text{physikalische Atmosphäre}$$

$$1\ \text{techn. Atm} = \frac{\text{Kilopond}}{\text{cm}^2} = 9.81 \cdot 10^{-4}\ \frac{\text{Großdyn}}{\text{m}^2} = 735.1\ \text{mm Hg-Säule}$$

$$1\ \text{physik. Atm} = 760\ \text{mm Hg-Säule} = 10.33\ \text{m Wassersäule}$$

$$= 1.033\ \frac{\text{Kilopond}}{\text{cm}^2} = 1.013 \cdot 10^{-5}\ \frac{\text{Großdyn}}{\text{m}^2}$$

$$1\ \text{Bar} = 10^6\ \frac{\text{Dyn}}{\text{cm}^2} = 10^5\ \frac{\text{Großdyn}}{\text{m}^2} = 750.06\ \text{mm Hg-Säule}$$

$$1\ \text{mm Hg-Säule} = 1.333 \cdot 10^2\ \frac{\text{Großdyn}}{\text{m}^2}$$

$$1\ \text{mm Wassersäule} = 9.81\ \frac{\text{Großdyn}}{\text{m}^2}$$

Darüber hinaus gibt es noch eine große Anzahl von Druckeinheiten, die bei der Betriebsüberwachung, im Laboratorium und leider auch in der Literatur benutzt werden, z. B. cm und m Wassersäule, % Vakuum (als Differenz zwischen Außen- und Unterdruck, bezogen auf den Außendruck) u. a. m.

Ein Sorgenkind in dieser Beziehung ist das angelsächsische Schrifttum mit seinen inches und feet of water, pounds per square inch, feet und yards usw. Die Umrechnung dieser Meßgrößen ist schwierig, weil jeweils erst die zahlenmäßigen Beziehungen zwischen den einzelnen Maßen hergestellt werden müssen. Das bedeutet lästige Mehrarbeit und Zeitverlust. Die allgemein üblichen zweirändigen Faktorentafeln (s. S. 106—107) erleichtern diese Arbeit. *Fischbeck* und *Kirschbaum* [114] haben nach amerikanischem Vorbild eine neue Tafel mit nur einer Randspalte zur Umwandlung von Druckmaßen aufgestellt, die, vor allem bei der Umrechnung der angelsächsischen Maßeinheiten, Erleichterung bringt.

3.126 *Windstärken* (Beaufort-Skala)

Tabelle 176

Geschwindigkeit in m/s			
0 = Windstille	0— 0.5	7 = steifer Wind	12.5—15.2
1 = leichter Zug	0.6— 1.7	8 = stürmischer Wind	15.3—18.2
2 = leichte Brise	1.8— 3.3	9 = Sturm	18.3—21.5
3 = schwache Brise	3.4— 5.2	10 = schwerer Sturm	21.6—25.1
4 = mäßige Brise	5.3— 7.4	11 = orkanartiger Sturm	25.2—29.0
5 = frische Brise	7.5— 9.8	12 = Orkan	über 29.0
6 = starker Wind	9.9—12.4		

Die Beaufort-Skala wird seit 1949 nur noch bei Klimabeobachtungen verwendet. Als Geschwindigkeitseinheit gilt für den Wetterdienst 1 Knoten = 1 Seemeile/Stunde = 0.515 m s^{-1}.

Wegen der psychischen Einstellung auf die allgemein höheren Windgeschwindigkeiten über See, werden heute Geschwindigkeitsangaben über Land anders umgerechnet als über See:

Tabelle 177. Umrechnung der Windgeschwindigkeiten in [m s^{-1}]

Windstärke nach Beaufort	über Land	über See
1	1.2	1.9
2	2.6	3.9
3	4.3	6.0
4	6.4	8.3
5	8.6	10.6
6	11.2	13.2
7	13.8	15.9
8	16.8	18.8
9	19.9	21.8
10	23.4	25.0
11	27.1	28.2
12	31.2 u. mehr	31.6 u. mehr

3.2 Maßeinheiten der Akustik

Die Akustik oder Lehre vom Schall behandelt Vorgänge in der Außenwelt, die als longitudinale Luftschwingungen von menschlichen und tierischen Gehörorganen aufgenommen werden. Sie gehen von einem Erregungszentrum (Schallquelle) aus und zeigen die Eigenschaften aller Wellenvorgänge, wie Reflexion, Widerhall, Echo, Interferenz, Doppler-Effekt, Resonanz usw. Man unterscheidet daher Luftschall und Körperschall (Wasserschall, Trittschall), Wellenform, Frequenz oder Tonhöhe, Lautstärke und Dämmwert. Die Einheiten des Schalles sind:

3.21 *Schallstärke*

$$\frac{\text{Energie}}{\text{Zeit} \cdot \text{Fläche}} = \frac{\text{erg}}{\text{s} \cdot \text{cm}^2} = \text{erg} \cdot \text{s}^{-1} \cdot \text{cm}^{-2}$$

$S = p_{eff} \cdot s_{eff} \cdot \cos \varphi$, wobei p_{eff} und s_{eff} die Effektivwerte von Schalldruck und Schallschnelle und φ die Phasenverschiebung zwischen beiden sind. Die geringste noch wahrnehmbare Schallstärke, die Hörschwelle, liegt bei 10^{-16} Watt · cm^{-2}, einem Schalldruck von $2 \cdot 10^{-4}$ dyn · cm^{-2} entsprechend. Die obere noch ertragbare Grenze liegt bei etwa 10^{-4} Watt · cm^{-2}.

3.22 *Schallgeschwindigkeit*

$$\frac{\text{Weg der Schallwellen}}{\text{Zeit}} = \frac{\text{cm}}{\text{s}} = = \text{cm} \cdot \text{s}^{-1}$$

Normale Schallgeschwindigkeit (Schallwelle)	=	333 m/s in Luft (340 m/s bei Zimmertemp.)
		1457 m/s in Wasser bei 25° C (1440 m/s bei Zimmertemp.)
		3600 m/s in Mauerwerk
		5200 m/s in Glas
		5102 m/s in Aluminium
(Rundfunkwelle)	=	300000 km/s = 250000—300000 kHz)

3.23 *Schallfrequenz*

$$\frac{\text{Zahl der Schallschwingungen}}{\text{Zeit}} = \frac{\text{Schwingungszahl}}{\text{Sekunde}} = \text{Anzahl d. Hz}$$

1 Schwingung je 1 sec	= 1 Hertz oder Hz
1000 Schwingungen je 1 sec	= 1000 Hz oder 1 kHz
untere Grenze	= Baßton mit 20 Hz
obere Grenze	= 20000 Hz (wird nur von jugendlichen Personen erreicht)
Hörbereich	= 16000—20000 Hertz (elektrisch dem Niederfrequenzbereich entsprechend)
unter 20 Hz	= Infraschall (z. B. Erdbebenwellen)
über 20000 Hz	= Ultraschall (wird von vielen Tieren gehört).

Fledermäuse erzeugen Ultraschall mit einer Frequenz von 50000 bis 80000 Hz, dessen Reflexion an Hindernissen sie wahrscheinlich im Dunkeln leitet [71].

über 10^{10} Hz = Hyperschall

Klavier = 30000—40000 Hz (musikalischer Bereich)
Kammerton a = 440 Hz

mittlerer Sprachbereich, Ton c = 512 Hz

das menschliche Ohr hört besonders scharf bei 1000—3000 Hz

3.24 *Schalldruck*

$$\frac{\text{Kraft}}{\text{Fläche}} = \frac{1\ \text{dyn}}{1\ \text{cm}^2} = \text{dyn} \cdot \text{cm}^{-2} = 1\ \mu\text{bar (Mikrobar)}$$

$$= \text{kp} \cdot \text{m}^{-2} \text{ (im techn. System)}$$

3.241 *Akustischer Widerstand*

$$\frac{1\ \text{dyn/cm}^2}{1\ \text{cm}^3/\text{s}} = 1 \text{ akustisches Ohm (ak. } \Omega) = \frac{\text{Schalldruck}}{\text{Schallfluß}}$$

3.25 *Lautstärke* (Stärke des vom menschlichen Ohr wahrgenommenen Tones)

2 μbar = 2 dyn · cm^{-2} = 80 Phon = 10^{-8} Watt/cm^2 bei f = 1000 Hz

Die Wirkung der Lautstärke auf das menschliche Ohr hat man nach folgendem Schema eingeteilt:

0 Phon = Reiz- oder Hörschwelle
10 „ = leises Flüstern
20 „ = ruhiger Garten, Flüstern
30 „ = normales Flüstern
40 „ = Zerreißen von Papier, ruhiger Arbeitsraum
50 „ = Umgangssprache, ruhige Straße, laufender Wasserhahn
60 „ = kräftige Sprache, Staubsauger, Verkehrsstraße
70 „ = Straßenbahn, lauter Arbeitssaal
80 „ = Schreien, laute Radiomusik, Maschinenräume
90 „ = Preßluftbohrer, elektrische Kraftwagenhupe
100 „ = ungedämpftes Motorrad
110 „ = Schmerzschwelle bei hohen Tönen
120 „ = Schmerzgrenze bei Normalton
130 „ = schmerzender Lärm

3.26 *Dämmwert* (Dämmung durch ein Bauglied)

Einheit = Dezibel (db), decim = 10, bel nach Abrah. Graham *Bell*. Der Luftschall bei Decken und Wohnungstrennwänden ist vorgeschrieben mit 48 db. *Eichler* hat hierüber in seiner Arbeit über „Schall- und Wärmeschutz im Hochbau" [158] ausführlicher berichtet.

3.3 Maßeinheiten der Optik

Zur Beurteilung einer Lichtquelle und der von ihr bewirkten Beleuchtung sind Meßgrößen für eine zahlenmäßige Festlegung geschaffen worden. Ausführliche Behandlung siehe DIN 5031—5036. Die Einheiten des Lichtes sind:

3.31 *Lichtstrom*

1 Lumen (lm), die von einer Lichtquelle je Zeiteinheit ausgestrahlte, photometrisch bewertete Leistung, z. B. die von einer Neuen Kerze in 1 Sekunde ausgestrahlte Lichtmenge. 1 Lumen ist dieselbe Zahl in Lichtquanten je Zeiteinheit wie die Lichtstärke 1 cd.

Die Einheit wird bei der Lichtstärke 1 in den Raumwinkel 1 bzw. auf die Fläche 1 der Einheitskugel mit dem Radius 1 ausgestrahlt. Gesamtlichtstrom = 4π, Raumwinkel $w = \frac{F}{r^2}$.

1 lm ≈ 0.0016 Watt

3.311 *Technische Lichtausbeute*

$$\frac{\text{Lichtstrom}}{\text{aufgenommene Leistung in Watt}} = \frac{\text{lm}}{\text{W}}$$

3.32 *Lichtmenge*

1 Lumenstunde (lm h) = lm · Zeit (Produkt aus Lichtstrom und Zeit, während der der Lichtstrom ausgestrahlt wird).

3.33 *Lichtstärke*

1 Candela (cd) (Internationale Einheit seit 1. 1. 1948): 1 cd = $^1/_{60}$ der Lichtstärke, die 1 cm² Oberfläche des schwarzen Körpers bei der Temperatur des erstarrenden Platins senkrecht zur Oberfläche ausstrahlt = Lichtstrom in Lumen, geteilt durch den Raumwinkel des Lichtstromes; bisher 1 Neue Kerze (NK), früher 1 Hefner-Kerze (HK). Die Lichtstärke ist die Dichte des Lichtstromes in einer gewissen Richtung. 1 HK ist die horizontale Lichtstärke einer 40 mm hohen, mit Amylazetat gespeisten Flamme. Der Docht dieser Lichtquelle hat 8 mm Durchmesser und wird in einem Neusilberrohr von 0.15 mm Wanddicke geführt.*

Die HK galt in Deutschland von 1896—1942; in Frankreich, Großbritannien und den USA galt von 1909—1947 die „Internationale Kerze" (IK, Intern. Candle Power), etwa 1.1 HK. Die „Neue Kerze" (NK) galt in Deutschland seit 1. 7. 1942 im Bereich der ehem. Phys.-Techn. Reichsanstalt, seit 1. 1. 1948 cd, Candela international.

Zwischen HK und lm gilt folgende Beziehung:

1 HK = 12.57 lm

Beziehungen zwischen cd, NK, HK und IK bei 2750° K:

1 HK = 0.91 NK
1 HK = 0.86 cd
1 IK = 1.02 cd
1 NK = 1.11 HK
1 cd = 1.16 HK

Nach dem mechanischen Lichtäquivalent gilt:

$NK = erg \cdot s^{-1} \cdot cm^{-2}$, $erg = g \cdot cm^2 \cdot s^{-2}$, also $NK = g \cdot s^{-3}$

3.34 *Beleuchtungsstärke*

1 lux (lx) = Lichtstrom in Lumen, geteilt durch beleuchtete Fläche; $1\ lx = \frac{1\ lm}{1\ m^2}$. Man versteht unter 1 lux die Beleuchtung, die eine Lichtquelle von der Stärke 1 HK bei senkrechtem Lichteinfall auf eine Fläche erzeugt, die 1 m entfernt ist (Hefnerlux). Konzentriert sich der Lichtstrom von 1 lm auf 1 cm² Fläche, so erhält man als Einheit:

$$1\ \text{Phot (ph)} = 1\ \frac{lm}{cm^2} = 10000\ \text{Lux}$$

$$1\ \text{Lux (lx)} = 10^{-4}\ \text{Phot}$$

Die Beleuchtung eines Arbeitsplatzes soll mindestens betragen

2 lux für Straßenbeleuchtung
20 lux für grobe Arbeiten
25 lux zum Lesen und Schreiben
40—60 lux für Hörsäle
100 lux zum Zeichnen

Tageslicht wird zu 3000 lux gerechnet.

---

* Nach den letzten Bestimmungen (Proc. verbaux 16, 24; 295, 1933) ist:
1 Hefnerkerze = 0.8857 Pentan-candle
1 Pentan-candle = 1.129 Hefnerkerze

3.35 *Leuchtdichte*

1 Stilb (sb) = Leuchtdichte einer Fläche, und zwar der Quotient aus Lichtstärke von 1 cm^2 dieser Fläche und ihrer senkrechten Projektion auf eine zu dieser Richtung senkrechte Ebene.

Die Leuchtdichte wird definiert als $^1/_{60}$ der Leuchtdichte des schwarzen Körpers bei 2042.5° K. Als Einheit wird auch benutzt:

1 Lambert = 1 Kerze/π cm^2

1 sb = 1 cd · cm^{-2} (d. h. 1 cd pro cm^2 der leuchtenden Fläche)

Statt dessen gilt aber auch:

1 Apostilb (asb) = $^1/(10^4\,\pi)$ sb (benützt für nicht selbstleuchtende Flächen).

3.36 *Brechkraft*

1 Dioptrie (dptr.): Die Brechkraft ist gleich dem reziproken Wert der Brennweite f einer Linse (f in m).

$$(\text{Anzahl der})\ \text{dptr} = \frac{1}{f}$$

$$1\ \text{Dioptrie} = 1\ m^{-1}$$

3.4 **Maßeinheiten der Kalorik**

3.41 *Wärmegrade*

(s. S. 165 ff.: Temperatur. Lit.: Z. Meßtechnik 9 (1926), S. 180/82. — Zur Geschichte des Thermometers)

3.42 *Wärmemenge*

1 cal_{15} = die Wärmemenge, die 1 cm^3 Wasser von 14.5° C auf 15.5° C erwärmt.

1 kcal = 1000 cal

Da Wärme eine Form der Energie ist (s. Energieumrechnungsstabelle zu 3.123.2, Arbeitseinheiten, S. 437), kann sie auch in mechanischen Energieeinheiten gemessen werden.

1 cal = 4.187 · 10^7 erg = 4.187 J (= W sec), 1 erg = 0.239 · 10^{-7} cal_{15} = 1.1626 · 10^{-6} kWh = 0.4268 mkp = 1.5807 · 10^{-6} PS = 2.806 · 10^{13} TME

Durch die Beschlüsse der Internationalen Union für Chemie (1947),
der Internationalen Union für reine und angew. Physik (1948),
der 9. Generalkonferenz für Maß und Gewicht (1948)

wurde festgelegt, daß Wärmemengen in Zukunft nur noch in Joule (J_{abs}) zu messen und anzugeben sind [71].

$$1\ J_{abs} = 1\ Nm = 0.23892\ cal_{15^\circ}\,*$$

---

* Lit.: Umrechnung englisch-amerikanischer Maße, soweit sie in der wärmetechnischen Literatur vorkommen, herausgegeben von der Vereinigung der Deutschen Dampfkessel-industrie, Berlin, Beuth-Verlag. Z. Brennstoff — Wärme — Kraft 1953, 6, S. 201.

Französische Normen über Einheiten und Formelzeichen in der Wärmelehre. Archiv für Wärme-Wirtschaft 1926, 5, S. 147. Deutsch-englische Maße der Wärmetechnik.

3.5 Maßeinheiten des Magnetismus [71]

(Magnetostatisches Maßsystem)

3.51 *Magnetische Feldstärke*

1 Oerstedt (Oe) = 1 dyn ½ · cm^{-1}; 1 Oe = 1 $cm^{-1/2} \cdot g^{1/2} \cdot s^{-1}$

Oe ist benannt nach dem dänischen Physiker *Oerstedt* (1777 bis 1851).

1 Oe = 79.62 Ampere/m (praktische Einheit)
= 0.7958 Amperewindungen/cm

1 Amperewindung (Aw) = 1.257 Oe

Die Einheit herrscht, wenn auf den Einheitspol die Kraft 1 wirkt.

3.52 *Magnetische Induktion*

1 Gauß (G) = 1 dyn ½ · cm^{-1}; 1 G = 1 $cm^{-1/2} \cdot g^{1/2} \cdot s^{-1}$

G ist benannt nach dem deutschen Mathematiker Karl Friedrich *Gauß* (1777 bis 1855).

G = die Wirkung der Kraft von 1 dyn auf den positiven Einheitspol in der Entfernung von 1 cm, 1 G = 1 Kraftlinie/cm^2, 1 G = 10^{-8} V_s/cm^2.

Anzahl der Gauß $= \frac{\text{Kraft}}{\text{Polstärke}}$, Induktionskonstante $\mu_0 = 1 \frac{\text{Gauß}}{\text{Oerstedt}}$

Bei Verknüpfung elektrischer und magnetischer Felder 1 Voltsekunde/m^2 = 10^4 Gauß.

3.53 *Magnetischer Fluß*

1 Maxwell (M) = 1 Oe · cm^2, 1 M = 1 $cm^{3/2} \cdot g^{1/2} \cdot s^{-1}$
= 10^{-8} V · s (Wb)

M ist benannt nach dem englischen Physiker James Clerk *Maxwell* (1831 bis 1879) und als Einheit des magnetischen Induktionsflusses (Kraftfluß) im elektr.-magn. Maßsystem vom 5. Internationalen Elektrizitätskongreß 1900 in Paris festgelegt.

1935 wurde von der Internationalen Elektrotechnischen Kommission in Scheveningen die Einheit Weber (Wb) für den magnetischen Fluß festgelegt.

1 M = 10^8 Kraftlinien = 1 Oe · cm^2

Seit 1. 1. 1948 ist das Wb_{abs} die international gültige Einheit für den magnetischen Fluß.

3.54 *Polstärke*

1 dyn · Oe^{-1} = 4 π · 10^{-8} V · s (Wb)

Die Einheit der Polstärke liegt vor, wenn der Pol in einem Feld der Stärke 1 A/m die Kraft 1 Ws/m = 1 Dyn erfährt. Diese Einheit heißt

$$1 \text{ Weber} = 1 \frac{\text{Ws}}{\text{A}} = 1 \text{ V} \cdot \text{s}$$

10^{-8} Weber = 1 Maxwell

Wb ist benannt nach dem deutschen Physiker Wilhelm *Weber* (1804 bis 1891).

3.6 Maßeinheiten der Elektrizität

(VAms-System)

Das technische internationale Maßsystem benutzt als elektrische Grundeinheiten das Ohm und Ampere; hieraus ist abgeleitet die Einheit Volt. Diese drei Einheiten wurden 1908 international festgelegt wie vorher für Deutschland im Deutschen Reichsgesetz vom 1. Juni 1898. Den elektrischen Einheiten liegt das CGS-System (cm, g, s) zugrunde, wobei die Ableitung der Einheiten auf verschiedenen Wegen erfolgen kann, die zu zwei verschiedenen Maßsystemen führen:

1. Elektromagnetisches Maßsystem über das *Biot-Savart*sche Gesetz

2. Elektrostatisches Maßsystem über das *Coulomb*sche Gesetz

Beide Systeme werden in der Physikalischen Elektrizitätslehre bevorzugt. Die Elektrotechnik hingegen benutzt das internationale Maßsystem mit den Grundeinheiten Volt, Ampere, Meter und Sekunde. Die absoluten Einheiten für Stromstärke, elektromotorische Kraft und Widerstand hat man mit großer Annäherung wirklich hergestellt und dann international als gesetzliche (legale) Einheiten festgelegt. Die Einheiten der Elektrizität sind:

3.61 *Ladung (Elektrizitätsmenge)*

Coulomb (Coul, Cl, C, Cb) ist benannt nach dem französischen Physiker Charles Auguste de *Coulomb* (1736 bis 1806). 1 A · s (CGS-Einheit $= cm^{3/2}\, g^{1/2}\, s^{-1}$), d. i. diejenige Elektrizitätsmenge, die bei einer Stromstärke von 1 A in 1 s durch den Querschnitt des Leiters fließt. Sie beträgt $3 \cdot 10^9$ elektrische Ladungseinheiten. Daher ist auch

1 esle = elektrostatische Einheit der Ladung, die eine gleichgroße Ladung in der Entfernung 1 cm mit der Kraft 1 dyn abstößt.

1 Coul $= 3 \cdot 10^9$ esle; 1 $C_{int} = 0.99985\, C_{abs}$.

3.62 *Elektrisches Moment*

= 1 A · m · s

3.63 *Stromstärke*

Ampere (A) ist benannt nach dem französischen Physiker André Marie *Ampère* (1775 bis 1836) (CGS-Einheit $= cm^{3/2}\, g^{1/2-2}$). Das Ampere (A_{int}) wird dargestellt durch einen konstanten Strom, der beim Durchgang durch eine wäßrige Lösung von Silbernitrat in 1 sec 1.118 mg Silber ausscheidet. Es ist die Stromstärke, die 1 Coulomb in 1 sec entlädt. Daher ist auch

1 A = 1 Coul · s^{-1}; ferner ist 1 A = $0.6242 \cdot 10^{19}$ e,
wobei e = Ladung des Elektrons ist.

1 A = 1000 mA (Milli-Ampere)

1 A = 1000000 μA (Mikro-Ampere)

Seit 1. 1. 1948 ist A_{abs} die international gültige Einheit. 1 A_{abs} ist definiert als derjenige konstante Strom, der beim Durchfahren zweier unendlich langer, gerader, in 1 m Abstand paralleler Drähte von vernachlässigbarem Querschnitt je m Drahtlänge eine Kraft von $2 \cdot 10^{-7}$ Newton hervorruft.

3.64 *Spannung*

Volt (V) ist benannt nach dem italienischen Physiker Alessandro Graf *Volta* (1745 bis 1827). Wird ein Widerstand von 1 Ohm vom Strom 1 Ampere durchflossen, so herrscht an seinen Enden die Spannung 1 Volt (CGS-Einheit = $cm^{1/2}\,g^{1/2}\,s^{-1}$).

1 Volt = 1 Ohm · 1 Ampere. Die Einheit ist festgelegt durch die Spannung des Kadmium-Normalelementes, das genau 1.0187 V Spannung hat. Zur Festlegung des Internationalen Volt diente das sogenannte Weston-Element (Cadmiumamalgam und Quecksilber), indem seiner Spannung der Wert 1.01830 Internationale Volt zugeschrieben wurde. Gleichzeitig gilt $1\,V = \frac{1\,J}{1\,Coul}$, d. h., 1 V ist die Spannung zwischen zwei Punkten eines elektrischen Feldes, wenn mit 1 J Arbeit 1 Coul Menge von dem einen zum anderen Punkt befördert wird. 1 J = 1 V · Coul

3.65 *Widerstand*

Ohm (Ω) ist benannt nach dem deutschen Physiker Georg Simon *Ohm* (1789 bis 1854).* Das Ohm wird dargestellt durch den Widerstand einer Quecksilbersäule von 1.063 m Länge, 1 mm^2 Querschnitt (14.4521 g Masse) bei 0° C und 760 mm (Internat. Ohm) oder durch den Widerstand eines Drahtes, in dem ein Strom von 1 A in 1 s eine Wärme von 1 J erzeugt.

$1\,\Omega = 1\,V \cdot A^{-1}$ (CGS-Einheit = $cm^{-1}\,s$).

1 Megohm = 1000000 Ohm

1 Mikroohm = 0.000001 Ohm

1 Siemens (S) = Kehrwert des elektrischen Widerstandes, Maßeinheit des elektrischen Leitwertes. 2 S entsprechen etwa ½ Ohm; 1 Ohm etwa 1.063 Siemens (frühere Widerstandseinheit).

3.66 *Kapazität*

Farad (F) ist benannt nach dem englischen Physiker Michael *Faraday* (1791 bis 1867). F ist die Aufnahmefähigkeit eines Kondensators, wenn nämlich durch die Ladung 1 Amperesekunde zwischen den Belegungen die Spannung 1 Volt entsteht (CGS-Einheit = $cm^{-1}\,s^{-2}$).

$$1\,F = \frac{1\ \text{Amperesekunde}}{\text{Volt}} = 1\,A \cdot V^{-1} \cdot s \text{ oder } 1\,F = \frac{1\,s}{\Omega}$$

$1\,F = \frac{1\ \text{Coulomb}}{\text{Volt}}$, d. i. die Kapazität eines Kondensators, der durch 1 Coul die Spannung von 1 V erlangt. Diese Einheit ist sehr groß. In der Praxis werden daher kleinere Einheiten verwendet.

1 Mikrofarad = 1 μF = 10^{-6} F

1 Picofarad = 1 pF = 10^{-12} F

Die Kapazität der Erdkugel = $0.7 \cdot 10^{-3}$ F = 708 Mikrofarad.

---

* Lit.: Z. Meßtechnik 1939, Heft 3, S. 41 und 62. Georg Simon Ohm, zur 150. Wiederkehr seines Geburtstages. von Fuchtbauer, Georg Simon Ohm, VDI-Verlag, Berlin 1939.

3.67 *Stromarbeit*

Joule (J) ist benannt nach dem englischen Physiker James Prescott *Joule* (1818 bis 1889). J ist die Arbeit, die ein Strom von 1 A in 1 sec in einem Leiter vollbringt, wenn an dessen Enden ein Spannungsunterschied von 1 V besteht. Sie ist also Krafteinheit × Längeneinheit und beträgt im Physikalischen Maßsystem 1 erg = 1 dyn · cm bzw. 1 N · m = 1 Joule (J) = 10^7 erg, im Technischen Maßsystem 1 Kilopondmeter (auch Meterkilogramm genannt) = 9.81 J. 1 Joule wird auch als Wattsekunde (Wsec) = 1 V · A · sec bezeichnet (= 0.239 cal). Die Elektrotechnik benutzt allgemein die Einheit 1 Kilowattstunde (kWh) = 1000 · 60 · 60 J = 3.6 · 10^6 J = 1.36 Pferdestärkestunden (PSh) = 860 kcal.

3.68 *Stromleistung*

Watt (W) ist benannt nach dem englischen Ingenieur James *Watt* (1736 bis 1819). 1 W = 1 Volt-Ampere (VA), d. i. die ständige Leistung eines Stromes von 1 A in einem Leiter, an dessen Enden die Spannung 1 V besteht. Die Stromarbeit/s = Joule/s = 0.239 cal/s, d. h., 1 W $= \frac{1\,\text{J}}{1\,\text{s}}$.
(Siehe hierzu die Energieumrechnungstabellen zu 3.123: Arbeitseinheiten und 3.124: Leistungseinheiten, S. 437).

3.69 *Induktivität*

Henry (H) ist benannt nach dem amerikanischen Physiker Joseph *Henry* (1797 bis 1878). 1 H $= 1 \frac{\text{Voltsekunde}}{\text{Ampere}} = 1\ \text{V} \cdot \text{A}^{-1} \cdot \text{s}$; 1 Vs/A = 1 Ωs, d. i. die Selbstinduktion, die in einem Leiterkreis bei einer sekundlichen Stromänderung von 1 A eine Spannung von 1 V hervorruft, d. h., eine Spule besitzt die Induktivität 1 H, wenn bei einer Stromänderung von 1 Ampere der Spannungsstoß 1 Voltsekunde entsteht.

1 Millihenry (mH) = $^1/_{1000}$ H = 10^{-3} H; 1 Mikrohenry (μH) = 10^{-6} H.

Lit. zu den elektrischen Maßsystemen und Normalen: [139] [140] [46] [70] [71] [120] [45] [46].

3.7 **Maßeinheiten der Radioaktivität**

3.71 *Strahlung*

Curie (c) ist benannt nach dem französischen Atomphysiker-Ehepaar Pierre (1859 bis 1906) und Marie (1867 bis 1934) *Curie*.

1 Curie = radioaktive Mengeneinheit. Die Bezeichnung war nach der alten Definition C und galt nur für die Radium-Familie. Nach der neuen Definition c gilt sie für jede radioaktive Atomart.

C wurde vom Radiologischen Kongreß 1910 in Brüssel definiert als diejenige Menge Radon, die sich mit 1 g Radium-Element im radioaktiven Gleichgewicht befindet.

$$1\ C \triangleq (3.67 \pm 0.07) \cdot 10^{10}\ \text{Zerfallsakt/s}$$

c wurde von der Commission of Standards, Units and Constants of Radioactivity 1950 definiert als diejenige Menge eines radioaktiven Nuklids, in dem die Zahl der Zerfallsakte in der Sekunde $3.700 \cdot 10^{10}$ beträgt. Für beliebig zusammengesetzte Stoffe bestand noch die Einheit 1 Rutherford (rd) $= 10^6$ Zerfallsakte je Sekunde. Diese Aktivitätseinheit rd wurde 1950 gleichfalls abgelehnt. 1 Stat (St) = deutsche Einheit der Radiumstrahlung, d. i. die Menge Radiumemanation, die in 1 sec beim Zerfall in der Luft durch Ionisation eine Einheit der absoluten elektrostatischen Elektrizität erzeugt.

$1\ \text{St} = 3.64 \cdot 10^{-7}\ \text{c}$

$1\ \text{Millistat} = {}^{1}/_{1000}\ \text{Stat}$

3.72 *Konzentration*

1 Eman (Em). Sie ist dann gegeben, wenn in 1 l Luft oder Lösung 10^{-10} c enthalten sind. 1 Em $= 10^{-10}$ c/l. 1 Mache-Einheit. Sie ist gegeben, wenn in 1 l Luft oder Lösung 1 Millistat (mSt) Radiumemanation enthalten ist.

$1\ \text{ME} = 1\ \text{mSt/l} = 3.64\ \text{Em} = 3.64 \cdot 10^{-10}$ Curie/Liter, $1\ \text{Em} = 0.275\ \text{ME}$

Die ME wird besonders bei Heilquellen angewendet. Die Einheit ist nach dem Wiener Physiker Heinrich *Mache* (geb. 1876) benannt.

Nachsatz:

Die 10. Generalkonferenz für Maß und Gewicht, die vom 5. bis 14. Oktober 1954 in Paris tagte, hat beschlossen, gemäß dem von der 9. Generalkonferenz ausgedrückten Wunsch, ein im internationalen Verkehr anzuwendendes praktisches Einheitensystem aufzustellen, als Basiseinheiten zur Aufstellung dieses Systems die folgenden Einheiten anzunehmen:

Länge	Meter
Masse	Kilogramm
Zeit	Sekunde
Elektrische Stromstärke	Ampere
Thermodynamische Temp.	Grad Kelvin
Lichtstärke	Candela

3.8 Zusammenstellung wichtiger physikalischer Maßeinheiten

aus *Mechanik*
Akustik
Kalorik
Optik
Magnetik
Elektrik

29*

Zusammenstellung wichtiger Maßeinheiten

(Von Dr. R. Worlitzsch, Langebrück)

Größe	Bezeichnung	Dimensionen in physikalischen Einheiten	Physikalische praktische Einheit	Technische Einheit	Formel
MECHANIK					
Länge (Weg)	l, λ, (s)	1 [cm]	1 [cm] $= 10^1$ [mm] $= 10^4$ [μ] $= 10^7$ [mμ] $= 10^8$ [Å] $= 10^{10}$ [$\mu\mu$] $= 10^{11}$ [X] 1 [cm²]	1 [m] $= 10^1$ [dm] $= 10^2$ [cm] $= 10^3$ [mm] $= 10^{-3}$ [km]	
Fläche	F, f, q	1 [cm^2]	1 [cm^2]	1 [m^2] $= 10^2$ [dm^2] $= 10^4$ [cm^2] $= 10^6$ [mm^2] $= 10^{-6}$ [km^2]	
Raum, Volumen	V	1 [cm^3]	1 [cm^3]	1 [m^3] $= 10^3$ [dm^3] $= 10^3$ [l] $= 10^6$ [cm^3] $= 10^9$ [mm^3]	
Winkel	$\alpha, \beta, \cdots \varphi$	1	1 $= 57.29578°$ (Altgrad) $= 63.66198^g$ (Neugrad)	1 [°] $= 2\pi/360$ $= 0.0174532925$ $= 60$ [′] $= 3600$ [″] 1 [g] $= 100$ [c] $= 10000$ [cc]	$1\,\text{rad} = \frac{\text{Bogen } b}{\text{Radius } r} = 1$
Zeit	t, τ, T	1 [s]	1 [s]	1 [s] $= 60^{-1}$ [min] $= 3600^{-1}$ [h] $= 86400^{-1}$ [d] $= 31536000^{-1}$ [a]	
Masse	m	1 [g]	1 [g] $= 10^3$ [mg] $= 10^{-3}$ [kg]	1 [kp m^{-1} s^2] $= 9810$ [g]	

Kraft, Gewicht	P, G	1 [g cm s^{-2}] = 1 [dyn]	1 [dyn] = 10^{-6} [Megadyn]	1 [kp] = 10^3 [p] = 981 · 10^3 [dyn] = 10^{-3} [t]	$P = m \cdot b$
Geschwindigkeit	c, v	1 [cm s^{-1}]	1 [cm s^{-1}]	1 [m s^{-1}] = 10^2 [cm s^{-1}] = $\frac{1}{36} \cdot 10^{-5}$ [km h^{-1}]	$c = \frac{s}{t}$; $v = \frac{ds}{dt}$
Beschleunigung	b, g	1 [cm s^{-2}]	1 [cm s^{-2}]	1 [m s^{-2}] = 10^2 [cm s^{-2}]	$b = \frac{v}{t} = \frac{d^2s}{dt^2}$
Winkelgeschwindigkeit	ω	1 [s^{-1}]	1 [s^{-1}]	1 [s^{-1}]	$\omega = \frac{2\pi}{\tau} = \frac{v}{r} = \frac{d\varphi}{dt} = \dot{\varphi}$
Winkelbeschleunigung	ε, β	1 [s^{-2}]	1 [s^{-2}]	1 [s^{-2}]	$\varepsilon = \frac{\omega}{t}$ $\beta = \frac{d\omega}{dt}$
Dichte	ϱ	1 [g cm^{-3}]	1 [g cm^{-3}]	1 p [p s^2 cm^{-4}]	$\varrho = m/V$
Wichte	σ	1 [g cm^{-2} s^{-2}]	1 [g cm^{-2} s^{-2}] = 1 [p cm^{-3}]	1 [p cm^{-3}]	$\sigma = \frac{G}{V}$
Drehmoment, Moment einer Kraft	M	1 [g cm^2 s^{-2}] = [1 dyn cm] = 1 [erg]	1 [dyn cm]	1 [kp m] = 10^5 [p cm] = 981 · 10^5 [dyn cm]	$M = P \cdot r$ $\mathfrak{M} = \mathfrak{P} \times \mathfrak{r}$
Impuls	J, G, U	1 [g cm s^{-1}]	1 [g cm s^{-1}]	1 [kp s] = 981 · 10^3 [g cm s^{-1}]	$U = mv$ $J = \mathfrak{P} \cdot t = m \cdot \mathfrak{v}$ $J = \int P(t)\, dt$
Druck, Spannung	p, σ, τ	1 [g cm^{-1} s^{-2}] = 1 [dyn cm^{-2}]	1 [atm] = 76 [cm Hg S] = 1033 [cm H^{2}O-S] = 1013 · 10^3 [dyn cm^{-2}]	1 [at] = 1 [kp cm^{-2}] = 0.968 [atm] = 10 [m H_2O-Säule] = 981 · 10^3 [dyn cm^{-2}]	$p = \frac{P}{F}$
Dehnung	ε	1	1	1	$\varepsilon = \Delta l / l_o$
Elektrizitätsmodul	E	1 [g cm^{-1} s^{-2}] = 1 [dyn cm^{-2}]	1 [dyn cm^{-2}]	1 [kp mm^{-2}]	$E = \frac{Pl}{\Delta l \cdot F}$
Elektrizitätskoeffizient	ε	1 [g^{-1} cm s^{-2}] = 1 [dyn^{-1} cm^{-2}]	1 [dyn^{-1} cm^{-2}]	1 [kp^{-1} mm^2] = 981^{-1} 10^{-3} [dyn^{-1} cm^2]	$\varepsilon = 1/E$

Größe	Bezeichnung	Dimensionen in physikalischen Einheiten	Physikalische praktische Einheit	Technische Einheit	Formel
Schubmodul	G	1 [g cm^{-1} s^{-2}]	1 [g cm^{-1} s^{-2}]	1 [kp cm^{-2}]	$G = r/\gamma$
Schiebung	γ	1	1	1	$\operatorname{tg}\gamma = a/r$
Trägheitsmoment	Θ, J	1 [g cm^2]	1 [g cm^2]	1 [kp m s^2] $= 981 \cdot 10^5$ [g cm^2]	$J = \sum m_i r_i^2$ $\Theta = \int r^2\, dm$
Flächenträgheitsmoment	J	1 [cm^4]	1 [cm^4]	1 [m^4]	$J = \int r^2 dF$
Trägheitsradius	k	1 [cm]	1 [cm]	1 [m]	$k = \sqrt{\frac{\Theta}{m}}$
Drehimpuls	ϑ	1 [g cm^2 s^{-1}]	1 [g cm^2 s^{-1}] = [dyn cm s]	1 [kp m · s]	$\vartheta = \mathfrak{M} \cdot t$ $\vartheta = \int \mathfrak{M}(t)\, dt$
Arbeit	A	1 [g cm^2 s^{-2}] = 1 [dyn cm] = 1 [erg]	1 [Joule] = 0.2391 [cal] = 1 [V Coul] = 1 [Ws] = 10^7 [erg]	1 [kp m] $= 13333 \cdot 10^{-6}$ [PS s] $= 3.7 \cdot 10^{-6}$ [PS, h] = 9.81 [Joule] $= 2.344 \cdot 10^{-3}$ [kcal] $= 9.81 \cdot 10^{-3}$ [kV Coul] $= 9.81 \cdot 10^{-3}$ [kWs] $= 2.72 \cdot 10^{-6}$ [kWh] $= 9.81 \cdot 10^7$ [erg]	$A = P \cdot s$ $A = \mathfrak{P} \cdot \mathfrak{s}$ $= P \cdot s \cdot \cos(\mathfrak{P}, \mathfrak{s})$ $A = \int P(s)\, ds$ $A = \int \mathfrak{P}(\mathfrak{s})\, d\mathfrak{s}$
Bewegungsenergie	E_{kin}	1 [g cm^2 s^{-2}]	1 [Joule]	1 [kp m]	$E_{kin} = \frac{1}{2} m \mathfrak{v}^2$
Leistung	L	1 [g cm^2 s^{-3}] = 1 [erg s]	1 [W] = 0.2391 [cal s^{-1}] = 1 [V Coul s^{-1}] = 1 [VA] = 1 [Joule s^{-1}] = 10^7 [erg s^{-1}]	1 PS = 75 [kp m s^{-1}] $= 176 \cdot 10^{-3}$ [kcal s^{-1}] = 736 [W] = 0.736 [kW] $= 7.36 \cdot 10^9$ [erg s^{-1}]	$L = \frac{A}{t}$ $L = \frac{dA}{dt}$
Wirkung	W	1 [g cm^2 s^{-1}] = 1 [erg s]	1 [Joule s] = 0.2391 [cal s] = 1 [V Coul s] = 1 [W s^2] = 10^7 [erg s]	1 [kp m s] = 9.81 [Joule s] $= 2.344 \cdot 10^{-3}$ [kcal s] $= 9.81 \cdot 10^{-3}$ [kV Coul s] $= 9.81 \cdot 10^7$ [erg s]	$W = E \cdot t$

AKUSTIK

Wellenlänge	λ	1 [cm]	1 [cm]	1 [cm]	
Schwingungszahl	n	1 [s^{-1}]	1 [s^{-1}]	1 [s^{-1}]	$f = \frac{1}{\tau}$
Frequenz	ν, f	1 [s^{-1}] = 1 [Hz]	1 [s^{-1}] = 1 [Hz]	1 [Hz]	
Schalleistung	N, L	1 [g cm^2 s^{-3}]	1 [g cm^2 s^{-3}]	1 [W]	$L = \oint J \cdot dF$
Schallstärke	J	1 [g s^{-3}]	1 [g s^{-3}] = 10^7 [W cm^{-2}]	1 [W cm^{-2}]	
Schalldruck	p	1 [g cm^{-1} s^{-2}]	1 [g cm^{-1} s^{-2}]	1 [g cm^{-1} s^{-2}]	
Akustischer Widerstand	$R_w \cdot \mathfrak{Z}$	1 [cm^{-2} g s^{-1}]	1 [g cm^{-2} s^{-1}] = 1 [dyn cm^{-3} s]	1 [ak. Ω]	$R_w = \frac{\Delta p}{v}$

KALORIK

Temperatur	t, T	1 [grad]	1 [grad]	1 [grad]	
Wärmemenge	Q	1 [cm^2 g s^{-2}] = 1 [erg]	1 [cal] = 4.186 [Joule] = 4.186 [W s] = 4.186 · 10^7 [erg]	1 [kcal, Cal] = 427 [kp m] = 4186 [Joule] = 4186 [erg] = 1000 [cal] = 1.163 · 10^{-3} [kW h] = 1.582 · 10^{-3} [PS h]	$\Delta Q = m \cdot \Delta t \cdot c$ $Q = m\int c\, dt$
Spez. Wärme	c	1 [cm $grad^{-1}$] = 1 [erg dyn^{-1} $grad^{-1}$]	1 [cal dyn^{-1} $grad^{-1}$] = 4.186 · 10^7 [cm $grad^{-1}$]	1 [Cal kp^{-1} $grad^{-1}$] = 102 · 10^{-5} [cal dyn^{-1} $grad^{-1}$] = 42677 [cm $grad^{-1}$]	$c = \frac{Q}{m(t_2 - t_1)}$ mittl. spez. Wärme $c_m = \frac{1}{t_2 - t_1}\int_{t_1}^{t_2} c\, dt$
Linearer Ausdehnungskoeffizient	α	1 [$grad^{-1}$]	1 [$grad^{-1}$]	1 [$grad^{-1}$]	$\alpha = \frac{1}{l} \cdot \frac{dl}{dt}$
Kubischer Ausdehnungskoeffizient	β	1 [$grad^{-1}$]	1 [$grad^{-1}$]	1 [$grad^{-1}$]	$\beta = \frac{1}{V} \cdot \frac{dV}{dt}$

Größe	Bezeichnung	Dimensionen in physikalischen Einheiten	Physikalische praktische Einheit	Technische Einheit	Formel
Wärmeleitvermögen	λ	1 [g cm s^{-3} $grad^{-1}$] $=$ 1 [dyn s^{-1} $grad^{-1}$] $=$ 1 [erg cm^{-1} s^{-1} $grad^{-1}$]	1 [cal s^{-1} cm^{-1} $grad^{-1}$] $=$ 4.186 [W cm^{-1} $grad^{-1}$] $= 4.186 \cdot 10^7$ [erg s^{-1} cm^{-1} $grad^{-1}$]	1 [Cal s^{-1} m^{-1} $grad^{-1}$] $=$ 4.186 [kW m^{-1} $grad^{-1}$] $= 4.186 \cdot 10$[W cm^{-1} $grad^{-1}$]	$\lambda = Q \Big/ \left(F \cdot t \cdot \frac{\Delta T}{\Delta x}\right)$
Wärmekapazität, Wasserwert	C	1 [g cm^2 s^{-2} $grad^{-1}$] $=$ 1 [erg $grad^{-1}$]	1 [cal $grad^{-1}$] $=$ 4.186 [Joule $grad^{-1}$] $= 4.186 \cdot 10^7$ [erg $grad^{-1}$]	1 [Cal $grad^{-1}$] $= 4186 \cdot 10^7$ [erg $grad^{-1}$] $=$ 1000 [cal $grad^{-1}$]	$C = m \cdot c$ $C = \frac{\Delta Q}{\Delta t}$
Universelle Gaskonstante	R	$8.313 \cdot 10^7$ [g cm^2 s^{-2} $grad^{-1}$] $= 8.313 \cdot 10^7$ [erg $grad^{-1}$]	1.9858 [cal $grad^{-1}$] $=$ 8.313 [Joule $grad^{-1}$] $= 8.313 \cdot 10^7$ [erg $grad^{-1}$]	$1.9858 \cdot 10^{-3}$ [Cal $grad^{-1}$] $=$ 0.8477 [kp m $grad^{-1}$]	$R = \frac{p \cdot V}{T}$

OPTIK

Größe	Bezeichnung	Dimensionen in physikalischen Einheiten	Physikalische praktische Einheit	Technische Einheit	Formel
Lichtstärke	J		1 [cd]	1 [cd]	$J = \frac{\Phi}{\omega}$
Lichtstrom	Φ		1 [lm]	1 [lm] $\approx \frac{1}{620}$ W	$J = \frac{d\Phi}{d\omega}$
Beleuchtungsstärke	E		1 [lx]	1 [lx] $=$ 1 [lm/m^2]	$E = \frac{\Phi}{F}$
Brechkraft, Dioptrie	D	1 [m^{-1}]	1 [dptr] $=$ 1 [m^{-1}] $= 10^{-2}$ [cm^{-1}]	1 [m^{-1}]	$D = \frac{1}{f}$
Leuchtdichte	B		1 [sb] $=$ [cd cm^{-2}]	1 [sb] $= 10^4 \cdot \pi$ [asb]	$B = \frac{J}{F}$
Dunkelleuchtdichte	B′		1 [sk] $= 10^{-3}$ [asb] bei 2360° K	1 [sk] $= 10^{-3}$ [asb] bei 2360° K	
Dunkelbeleuchtungsstärke	E′		1 [nx] $= 10^{-3}$ [lx] bei 2360° K	1 [nx] $= 10^{-3}$ [lx] bei 2360° K	

Spezifische Dispersion	ϑ	1	1	1	$\vartheta = n_H - n_C$
Mittlere Dispersion	ϑ_m	1	1	1	$\vartheta_m = n_F - n_C$
Abbesche Zahl	ν	1	1	1	$\nu = \frac{n_D - 1}{n_F - n_C}$
MAGNETIK					
Polstärke	m	$1\left[cm^{\frac{3}{2}} g^{\frac{1}{2}} s^{-1}\right]$	$1\left[cm^{\frac{3}{2}} g^{\frac{1}{2}} s^{-1}\right]$	$1\left[cm^{\frac{3}{2}} g^{\frac{1}{2}} s^{-1}\right] = 1$ [PE]	$m = r\sqrt{P}$
Magnetische Feldstärke	$\mathfrak{H}$	$1\left[cm^{-\frac{1}{2}} g^{\frac{1}{2}} s^{-1}\right]$ $= 1$ [Oe]	1 [Oe] $\sqrt{\frac{1}{4\pi} \frac{erg}{cm^3 \mu_o}}$ *	1 [Oe] $= \frac{1}{4\pi}\left[\frac{PE}{cm^2}\right]$ $= \frac{1}{\mu_o}$ [Gauß]	$\mathfrak{H} = \frac{nJ}{l}$ $H = \frac{m}{r^2}$
Magnetische Induktion	$\mathfrak{B}$	$1\left[cm^{-\frac{1}{2}} g^{\frac{1}{2}} s^{-1}\right]$	$1\left[cm^{-\frac{1}{2}} g^{\frac{1}{2}} s^{-1}\right]$ $= 1$ [Gauß] $= \sqrt{\frac{1}{4\pi} \cdot \frac{erg\, \mu_o}{cm^3}}$ *	$1\left[cm^{-\frac{1}{2}} g^{\frac{1}{2}} s^{-1}\right]$ $= 1$ [Gauß] $= 1$ [dyn/PE]	$\mathfrak{B} = \frac{\mathfrak{P}}{p}$; $B = \mu H$
Permeabilität	μ	1	1	1	$\mu = \frac{B}{H}$
Magn. Induktionsfluß	Φ	$1\left[cm^{\frac{3}{2}} g^{\frac{1}{2}} s^{-1}\right]$	1 [Maxwell] $= cm^2 \sqrt{\frac{1}{4\pi} \cdot \frac{erg\, \mu_o}{cm^2}}$ *	1 [Vs cm^{-2}] 1 [Maxwell] $= 10^{-8}$ [Vs]	$\Phi = F \cdot B$ $\Phi = \iint B_n \, dF$
Magnetische Spannung	V	$1\left[cm^{\frac{1}{2}} g^{\frac{1}{2}} s^{-1}\right]$	1 [Gilbert] $= \sqrt{\frac{1}{4\pi} \cdot \frac{erg}{cm\, \mu_o}}$ *	1 [Gilbert]	
			* Einheiten im elektromagnetischen System [cm g s μ_o]		

Größe	Bezeichnung	Dimensionen in physikalischen Einheiten	Physikalische praktische Einheit	Technische Einheit	Formel
E L E K T R I K					
Elektrizitätsmenge, elektr. Ladung	Q	$1\left[cm^{\frac{3}{2}}\,g^{\frac{1}{2}}\,s^{-1}\right]$ = 1 [el. st. LE]	1 [Coul] $= cm\,s\sqrt{4\pi\,\frac{erg}{cm^3\mu_o}}$ * = 1 [As] $= 3 \cdot 10^9$ [el. st. LE]	1 [Coul] = 1 [As] $= 3 \cdot 10^9$ [el. st. LE]	$Q \triangleq \tau\sqrt{P}$
Elektr. Elementarquantum	e	$1.59 \cdot 10^{-19}\left[cm^{\frac{3}{2}}\,g^{\frac{1}{2}}\,s^{-1}\right]$ $= 1.59 \cdot 10^{-19}$ [el. st. LE]	$4.774 \cdot 10^{-10}$ [Coul] $= 4.774 \cdot 10^{-10}$ [As] $= (1.604 \pm 0.005) \cdot 10^{-19}$ [C_{abs}] auch $= (1.6020 \pm 0.0004) \cdot 10^{-19}$ [C_{abs}]	$4.774 \cdot 10^{-10}$ [As] $= 4.774 \cdot 10^{-10}$ [Coul]	$e = Q/\alpha_H$
Spez. Elektronenladung	e′		$e/m_o = 1.7591 \cdot 10^8\ C_{abs}/g$ im AVCS-System	$e/m_o = (1.7591 \pm 0.0008) \cdot$ $\cdot\ 10^{11}\,C_{abs}/kg$	
Elektrische Feldstärke	$\mathfrak{E}$	$1\left[cm^{-\frac{1}{2}}\,g^{\frac{1}{2}}\,s^{-1}\right]$	$1\left[cm^{-\frac{1}{2}}\,g^{\frac{1}{2}}\,s^{-1}\right]$ $= 1\ V\,cm^{-1}$ $= 100\ V\,m^{-1}$ $= \frac{cm}{s}\sqrt{\frac{1}{4\pi}\,\frac{erg\,\mu_o}{cm^2}}$ *	$1\left[cm^{-\frac{1}{2}}\,g^{\frac{1}{2}}\,s^{-1}\right]$ $= 1\ V\,cm^{-1}$ $= 100\ V\,m^{-1}$	$\mathfrak{E} = \frac{\mathfrak{P}}{Q}$ $\mathfrak{E} = -\,dU/ds$
Stromstärke	J	$1\left[cm^{\frac{3}{2}}\,g^{\frac{1}{2}}\,s^{-2}\right]$ = 1 [el. st. LE. s^{-1}]	1 [A] = 1 [Coul s^{-1}] $= 3 \cdot 10^9$ [el. st. LE s^{-1}] $= cm\sqrt{4\pi\,\frac{erg}{cm^3\mu_o}}$ *	1 [A] $= 10^3$ [m A] = 1 [Coul s^{-1}] $= 3 \cdot 10^9$ [el. st. LE s^{-1}]	$J = Q/t$ $J = \frac{dQ}{dt}$

Spannung	U	$1\left[cm^{\frac{1}{2}}\ g^{\frac{1}{2}}\ s^{-1}\right]$ $= 1$ [el. st. PE]	1 [V] $= \frac{1}{3} \cdot 10^{-2}$ [el. st. PE] $\frac{cm^2}{s}\sqrt{\frac{1}{4\pi}\frac{erg\ \mu_o}{cm^3}}$ *	1 [kV] $= 10^3$ [V] $= 10^6$ [m V] $= \frac{10}{3}$ [el. st. PE]	$U = J \cdot R$
Widerstand	R	1 [cm^{-1} s] $= 1$ [el. st. WE]	1 [Ω] $= 1$ [VA] $\frac{1}{4\pi}\frac{cm}{s}\mu_o$ *	1 [Ω] $= 10^{-6}$ [Mega Ω]	$R = \frac{U}{J}$
Leitwert	G	1 [cm s^{-1}]	$4\pi\frac{s}{cm\ \mu_o}$ *	1 [S] $= 1\frac{[A]}{[V]}$	$G = 1/R$
Elektrische Arbeit	A	1 [cm^2 g s^{-2}]	1 [cm^2 g s^{-2}] 1 [Joule] $= 1$ [Ws] $= 10^7$ [erg] erg *	J, Ws	$A = Q \cdot U$ $A = UJt$
Elektrische Leistung	N	1 [cm^2 g s^{-3}]	1 [W] $= 1$ [VA] erg/s *	1 [W] $= 1$ [VA]	$N = UJ$ $N = J^2R$ $N = U^2/R$
Kapazität	C	1 [cm]	1 [F] $= 9 \cdot 10^{11}$ [cm] $4\pi\frac{s^2}{cm\ \mu_o}$ *	1 [μ F] $= 10^{-6}$ [F] $= 9 \cdot 10^5$ [cm]	$C = \frac{Q}{U}$
Elektrische Feldstärke	$\mathfrak{E}$	$1\left[cm^{-\frac{1}{2}}\ g^{\frac{1}{2}}\ s^{-1}\right]$	$1\left[cm^{-\frac{1}{2}}\ g^{\frac{1}{2}}\ s^{-1}\right]$ $\frac{cm}{s}\sqrt{\frac{1}{4\pi}\frac{erg\ \mu_o}{cm^3}}$ *	$1\left[cm^{-\frac{1}{2}}\ g^{\frac{1}{2}}\ s^{-1}\right]$	$\mathfrak{E} = -\frac{dU}{ds}$
Elektrische Induktion	L	1 [cm^{-1} s^2]	1 [Henry] $= \frac{1}{9} \cdot 10^{-11}$ [cm^{-1} s^2] $\frac{1}{4\pi}$ cm μ_o *	1 [Henry] $= \frac{1}{9} \cdot 10^{-11}$ [cm^{-1} s^2]	$L = -U/\frac{dJ}{dt}$ $L = \frac{\Phi}{J}$

* Einheiten im elektromagnetischen System [cm g s μ_o] μ_o = Induktionskonstante, Permeabilität des leeren Raumes

Schlußbetrachtung

Das metrische Maß- und Gewichtssystem hat in nahezu allen Staaten der Welt Eingang gefunden. Wenn in einigen Staaten neben dem metrischen System alte historische Maße und Gewichte in Gebrauch blieben und immerhin sehr bedeutende Länder mit einem ungeheuren Wirtschaftspotential sich bisher dem metrischen System verschlossen, mag man sich zunächst darüber wundern. Bis zu einem gewissen Grade wird dieses Beharren jedoch gerade aus wirtschaftlichen Überlegungen verständlich, sofern man bedenkt, daß eine Umstellung auf ein neues Maß- und Gewichtssystem zugleich eine Änderung von Millionen Waagen, Gewichten, Entfernungsangaben auf Karten und Wegweisern und dergleichen mehr bedeutet. Dennoch wird die Entwicklung nicht stehenbleiben können, und so ist, in vielleicht noch nicht absehbarer Zeit, der Sieg des metrischen Systems in allen Staaten zu erwarten. Einrichtungen und Gewohnheiten mögen historisch tief verwurzelt sein, müssen sich jedoch wandeln, wenn sich ihre Unzweckmäßigkeit herausstellt. Es darf bereits als erwiesen gelten, daß im Bereich der *Wissenschaft* das metrische System durch seine dezimale Teilung bedeutende Vorzüge aufweist. Darum ist im internationalen wissenschaftlichen Gebrauch auch in jenen Ländern das metrische System üblich, die im täglichen, kaufmännischen Leben noch ältere Maßeinheiten beibehalten. „Unpraktisch" kann man die anglo-amerikanische Systematik ja nur dort nennen, wo ein Zwang zur „Umrechnung" vorliegt. Wie „schwer" das englische Pfund (pound) ist, ist im innerenglischen Gebrauch natürlich belanglos. Erst beim Verkehr mit der Außenwelt, die andere Systeme mitbringt, tritt die Notwendigkeit unbequemer Umrechnung auf. Gewiß ist dieser Faktor bei dem weltweiten anglo-amerikanischen Handel ein nicht unerhebliches Hindernis, doch unüberwindliche Schwierigkeiten haben sich nirgends daraus ergeben. Ob das Bestreben nach „Rationalisierung" sehr schnell zur Übernahme des metrischen Systems führen wird, kann noch nicht beurteilt werden. Auf jeden Fall hat die Wissenschaft eine sehr weitgehende Benutzung des metrischen Systems angebahnt, in das tägliche Leben aber ist es in den anglo-amerikanischen Ländern noch nicht eingedrungen.

Das Beispiel der Sowjetunion beweist jedoch, daß sich im Verlauf von wenigen Jahrzehnten die Abkehr von alten Einheiten reibungslos durchführen läßt. Dabei mag eine Zeitlang die Verwendung alter und neuer Maßgrößen nebeneinander herlaufen und hin und wieder zu gewissen

Schwierigkeiten durch Irrtum und Verwechslung führen. Entscheidend ist diese vorübergehende Behinderung nicht.

Unser bequemes metrisches Maß- und Gewichtssystem, das uns zur Selbstverständlichkeit geworden ist, das uns stündlich zum Gebrauch zur Verfügung steht, ist durchaus noch nicht lückenlos. Wir wollen gar nicht an neue Maßeinheiten denken, die mit fortschreitender chemisch-physikalischer Forschung notwendig werden können, sondern uns nur an unsere Zeitrechnung nach Sekunden, Minuten, Stunden, Tagen und Jahren erinnern, der die dezimale Teilung fehlt. Was heute noch als durchaus „praktisch" gilt, mag auch hier einmal als „veraltet" von späteren Zeiten verworfen werden.

Die einzelnen Phasen der Geschichte des Maß- und Gewichtswesens beweisen, wie wandelbar „Normen" in früherer Zeit waren. Sie dokumentieren ferner, daß mit fortschreitender Ausweitung der Völkerverbindungen jeweils eine Vereinheitlichung um sich greift.

Ein Ziel des vorliegenden Buches war dieser Nachweis, der Angaben über Hunderte und Tausende von Maßen notwendig machte; gerade dadurch hebt er das metrische System hervor. Man rechnet wohl auf andere Einheiten um, man verwendet Schlüssel und Faktoren, aber nichts kann das bequeme metrische System ersetzen.

Anhang

Im Nachfolgenden ist eine Anzahl spezieller Maße und Gewichte, auch metrologische Kostbarkeiten, in Tabellenform zusammengestellt, die in den Hauptteilen des vorliegenden Buches keine Aufnahme fanden, jedoch bestimmten Interessenten nicht vorenthalten werden sollen. Sie sind dem Werk von *Aubök*, „Handlexikon über Münzen, Geldwerthe, Tauschmittel, Zeit-, Raum- und Gewichtsmaße der Gegenwart und Vergangenheit aller Länder der Erde", Wien 1893 [22a], entnommen und sämtlich in die Nachschlageregister aufgenommen. In Auböks Lexikon finden die Historiker noch viel wertvolles Material aus der Geschichte von Stadt und Land in Deutschland, Europa und Übersee. Leider ist das Buch Auböks heute nur schwer erhältlich. Eine eingehendere Bearbeitung der Aubökschen Sammlung soll einer späteren Auflage dieses Buches vorbehalten sein. Ähnliche Angaben macht *Rumler* [15a] in seiner Übersicht der Maße, Gewichte und Währungen, auf die neben der Aubökschen Sammlung ebenfalls hingewiesen sei.

Bezeichnung	Art des Maßes	Ort, Land	Einteilung	metrisch
Albas	Perlengewicht	Persien	$2^1/_4$ engl. troygrain	0.1458 g
Acetabulum	Hohlm.f.Fl.u.Getr.	altes Rom	$^1/_2$ Quartarius	0.067 l
Achter, der	Trockenmaß		8 Mesten	—
Acino	Handelsgewicht	Malta	$^1/_{5760}$ Libbra	—
Adih, Adee	Längenmaß	Madras		26.58 cm
Ahm, Am	Flüssigkeitsmaß	Dänemark	4 Anker = 155 Pott 20 Viertel = 160 Pott	149.749 l 154.579 l
		Schweden	60 Kannen = 6 Kub.-Fuß	157.0313 l
Ai	Gewicht	Annam	0.0001 Hot	
Aki	Goldgewicht	Senegambien	$^1/_{16}$ Unze	1.274 g
Ako	Weineimer	Ungarn	84 Preßburger Halbe	71.0754 l
Amat	Handelsgewicht	Batavia	2 Pikols	123.042 kg
Ammah	Längenmaß (Elle)	hebräisch	= 2 zereth (Spannen) = 6 tephach (Handbreite) = 24 ezbah (Fingerbreite)	
Amnam	Gewicht	Sansibar	$^1/_{12}$ Frasile	1.347 kg
Amolen, Amulé	Tauschmittel aus Steinsalz in Form eines Wetzsteines	Abessinien	27—32 Stück	54—80 kg
Amomam, das	Getreidemaß	Ceylon (Colombo)	8 Parrahs zu 8 Marcals zu 12 Sihrs	203.4 l
Amphora, Quadrantel	Flüssigkeitsmaß	Griechenland Rom	0.72 griech. Kub.-Fuß $^1/_{10}$ Culeus = 1 röm. Kub.-Fuß = 80 röm. Pfd. Wasser	19.44 l 26.25 l
Anfora	Weinmaß	Venetien		58.1 l
Anker, der	Weinmaß	Dänemark England Kapstadt Schweden Rußland Westindien	$38^3/_4$ Pott 10 Gallons 64 Pintjes 15 Kannen 30 Krushken 2 Steekan zu 8 Stoopen zu 2 Mengelen zu 2 Pinten	37.437 l 45.435 l 35.959 l 39.258 l 36.897 l 38.806 l
Aranzada	Flächenmaß	Spanien	400 q.-Estadales = 6000 q.-Varas	44.7192 a
Arbage	Ölmaß Gewicht	Tripolis	 $8^1/_2$ Oken	11.64 l 1.2208 kg
Armina (Barilon)	Weinmaß	Tarragona	32 Porrons	$34^2/_3$ l
Artal, Rotal	Pfundgewicht	Marokko	14 Uckien nördl. Häfen südl. Häfen	508 g 537—540 g
As	Gewicht	altes Rom	$^1/_{12}$ As = 1 Uncia (Unzen)	
	(As, Libra = die mit ausgestrecktem Arm auf der Hand schwebend zu haltende Last)	As deunx dextans dodrans bes od. bessis septunx semis o. semissis quincunx triens	= 1 As oder 12 Unzen = $^{11}/_{12}$ „ „ 11 „ = $^5/_6$ „ „ 10 „ = $^3/_4$ „ „ 9 „ = $^2/_3$ „ „ 8 „ = $^7/_{12}$ „ „ 7 „ = $^1/_{12}$ „ „ 6 „ = $^5/_{12}$ „ „ 5 „ = $^1/_3$ „ „ 4 „	

Bezeichnung	Art des Maßes	Einteilung		metrisch
As (Fortsetzung)	Gewicht		$1/12$ As = 1 Uncia (Unzen)	
		quadrans	= $1/4$ As oder 3 Unzen	
		sextans	= $1/6$ „ „ 2 „	
		sescuncia	= $1/8$ „ „ $1\frac{1}{2}$ „	
		uncia	= $1/12$ „ „ 1 „	
		semuncia	= $1/24$ „ „ $1/2$ „	
		duella	= $1/36$ „ „ $1/3$ „	
		sicilicus	= $1/48$ „ „ $1/4$ „	
		sextula	= $1/72$ „ „ $1/6$ „	
		denarii	= $1/84$ „ „ $1/7$ „	
		drachma	= $1/96$ „ „ $1/8$ „	
		scripulum	= $1/288$ „ „ $1/24$ „	
	Apothekergewicht			327.45 g
	als Kupfermünze	1 As = 12 Unzen rein (10 Unzen legiert)		
	(als Teilmünze)	Semissis, Triens, Quadrans Sextans, Uncia.		
	(als Vervielfältigung)	Dupondius	= 2 As	
		Tripondius, Tressis	= 3 „	
		Quatrussis	= 4 „	
		Quinquessis	= 5 „	
		Sexis	= 6 „	
		Septussis	= 7 „	
		Octussis	= 8 „	
		Nonussis	= 9 „	
		Decussis	= 10 „	
		Vicessis, Vigessis	= 20 „	
		Tricessis	= 30 „	
		Centussis	= 100 „	
		Ort, Land		
	Gewicht	Holland	10280 holl. As = 1 holl. Troypfund	
		Deutschland (Münzgesetz 1857)	1 Pfund = 500 g, geteilt = Tausendteile zu 10 As	
Asnée, die	Getreidemaß	Lyon	6 Bichets, Boisseaux	205.664 l
	Flüssigkeitsmaß	Lyon	88 Pots	81.956 l
Astame, Guez	Längenmaß	Pondichéry Frz.-Ostindien	2 Coudées	1.0395 m
Auibeh	Getreidemaß	Ägypten	$1/6$ Ardeb	
Baa, das	Längenmaß	Sansibar	= schukkah	
Baat, das	Gewicht	China, Siam		15—16 g
Bahar, Behar, Bhar, Baar, Barre	Handelsgewicht für Gewürznelken	Ostind. Archipel	50 Barotti	270.692 kg
		Amboina		
		Atschin	200 Kätties	192.06 kg
		Banda	100 Kätties	276.8 kg
		Batavia	3 pikols $4\frac{1}{2}$ pikols	184.563 kg 276.844 kg
		Frz. Ostindien	20 Maund	234.96 kg
Balgen, Riegel, der	Kohlenmaß	Hannover	$2\frac{1}{2}$ Kub.-Fuß	62.3 l
Balje, die	Steinkohlenmaß	Bremen	3534 Bremer Kub.-Zoll kleine Balje 3×3534 = große Balje	
Ballot	Glashandelsmaß	Frankreich	= 25 Bände farbloses Glas zu 6 Tafeln = $12\frac{1}{2}$ Bände farbig. Glas zu 3 Tafeln	
Bamboe, der	Getreide-, Salz- u. Flüssigkeitsmaß	Singapore	$1/2$ Gantang	2.365 l
		Sumatra	$7\frac{1}{2}$ holl. Troypfd.	3.961 kg
		Atschin	= 1.62 kg Reis	$1\frac{2}{3}$ l

Bezeichnung	Art des Maßes	Ort, Land	Einteilung	metrisch
Band	Zählmaß f. Aale	England	= 10 Strikes zu 25 Stück	
Bandal, das engl. bandle irisch bannlamh	Längenmaß	Irland	2 engl. Fuß	
Bannmeile, die *)				
Bar, der	Gewicht	neu-französisch	19 Zentner $46^3/_4$ Berliner Pfd.	
	Maultierlast	Persien	20—25 Mani-Schah	150—160 kg
Barchilla	Getreidemaß	Spanien	$^1/_{12}$ Cahiz = 16 Cuartillas	20.77 l
Barotti	Gewürznelken-Maß	Molukken	$^3/_{50}$ Behaar	5.414 kg
Barrique	Flüssigkeitsmaß	Bordeaux	30 Veltes	228 l
		Bayonne	40 Veltes	246.72 l
	Maß für Wein und Zucker	Martinique	100 Potts zu 2 Pints	186.26 l
			1000 Pfd. altes Paris. Marktgew.	489.5 kg
Barrel	Maß f. Bier	Großbritannien	2 Kilderkins = 4 Firkins = 36 Imp. Gal.	163.5645 l
	12 Barrel Mehl oder Bier		= 1 Last	
	18 Barrel Salz		= 1 Last	
	24 Barrel Schießpulver		= 1 Last	
	12 Barrel Heringe (zu 1200 Stck.)		= 1 Last	
		Buenos Aires	4 Canecas = 32 Frascos	76 l
	Maß für Wein	Korsika		63.2 l
	Wein	Malta		42.027 l
	Öl	„		39.755 l
	Gewicht f. Sardellen	Großbritannien	= 30 engl. Pfd.	
	f. Pökelfleisch	„	= 200 engl. Pfd.	
	f. Butter	„	= 224 engl. Pfd.	
	f. Seife	„	= 256 engl. Pfd.	
	f. Lichte	„	= 120 engl. Pfd.	
	f. Schießpulver	„	= 100 engl. Pfd.	
	f. Weizenmehl	„	= 196 engl. Pfd.	
	f. Rosinen	„	= 112 engl. Pfd.	
	f. Reis	Vereinigte Staaten	= 600 engl. Pfd.	
	f. Schießpulver	„ „	= 25 engl. Pfd.	
	f. gesalzene Fische Fleisch, Speck	„ „	= 200 engl. Pfd.	
	f. Mehl	„ „	= 196 engl. Pfd.	
Basket (Korb)	Reismaß	Maulmain		30 kg
Bath, Epha der, das	Hohlmaß	hebräisch	= 6 Hin = 72 Log = 432 Eier = 1014.39 Pariser Kub.-Zoll	20.13 l
Batman, der, das	Gewicht	Türkei u. Persien	großer B. = 8 Okas = 16 Pfd.	
			kleiner B. = 2 Okas	

*) Die Bannmeile = Weichbild (eine Meile — große Umgebung); Stadtbezirk, innerhalb dessen kein Fremder Handel oder Gewerbe treiben durfte.

Bezeichnung	Art des Maßes	Ort, Land	Einteilung	metrisch
Batman, der, das	Getreidemaß	Rußland	= 60 Pfd.	
		Turan	= 1 Man = 2 Nem-man od. Ser zu 8 Tscharik zu 4 Nemetsche zu 107 Miskal	127.767 kg
		Khiwa	= 48 russ. Pfd. oder: = 4 Un-Ser = 8 Kirk-Ar = 16 Oschigirmär-Ar = 32 Un-Ar = 40 Ser = 64 Bisch-Ar	19.6565 kg 320 a
		Tataren, Kaukasus	= 20 Girwengker (Pfund)	
	Flächenmaß		= 20 Pfd. Samen Feld.	
	eine russ. Dessjatine (2400 q.-Faden)		= 10—12 Batman	
Bättel, der	Hohlmaß	Mindanao, Philippinen	10 Gantas	$31^2/_3$ l
Bauche, die	Torfmaß	Schweiz. Kanton Neuenburg	120 Kub.-Fuß	3.24 m^3
Becher, der	Getreidemaß	Rußland	$^1/_{1920}$ Tschetwert = $6^2/_3$ russ. Kub.-Zoll	0.109 l
		Baden	$^1/_{100}$ Sester	0.15 l
Beczka, die	Flüssigkeitsmaß	Polen	= $93^1/_2$ preuß. Maß	100 l
Beh	Gold- u. Silbergewicht	Birma	= $^1/_8$ Keiat	2.07 g
Berri (Meile)	Längenmaß	Türkei	78 Berri = 1 Breitengrad	
Bichet, der	Kornmaß, Scheffel	Lyon		34.277 l
Binh, das	Gewicht	Annam	50 Khan	31.240 kg
Bisch — Ar	Gewicht	Bokhara	$^1/_{64}$ Batman	307.13 g
Bismerpund	Handelsgewicht	Norwegen	= $^1/_3$ Vog = 12 Pfd.	5.9808 kg
Blank	Troygewicht	England	= $^1/_{230400}$ Grän	0.00028 mg
Boll	Hohlmaß, auch Getreidemaß	Schottland England	= 4 Firlots = $^3/_4$ Quarter	218.09 l
Bönkal	Gold- u. Silbergewicht	Singapore	= $^1/_{20}$ Kätty	97.14 g
Bosse, die	Kalkmaß	Schweiz, Kanton Neuenburg		300 l
Bota, die	Weinmaß, lederner Schlauch	Portugal, Spanien		4 hl
	Ölmaß	Madrid	= 30 Arrobas	481.128 l
Bouw	Feldmaß	Batavia	= $^1/_4$ Jonke	70.965 a
Braca, braza	Längenmaß	Lissabon		2.2 m
		Spanien		1.672 m
		Valencia		2.138 m
		Italien (Elle)		60—70 cm
		Ionische Inseln		0.962 m
		Basel (kleine Elle)		0.54 m
		Tessin		0.625 m
		Tirol (Bratze)		0.549 m
		Schweiz (Brache)		0.60 m

Bezeichnung	Art des Maßes	Ort, Land	Einteilung	metrisch
Brazada, die	Maß f. Stein- u. Maurerarbeiten	Mexiko	= 8 Kub.-varas	4.708 m³
Brenta	Weinmaß	Italien, Turin	= 36 Pinten = 72 Boccali	49.285 l
		Verona	= 16 Basse	70.511 l
		Mailand	= 8 Stare = 48 Pinten = 96 Boccali	75.554 l
		Rom	= 3 Barili = 96 Boccali	175.023 l
		Bergamo	= 54 Pinten	70.69 l
		Schweiz (Eimer)	= 25 Maß	37.5 l
Bubbio	Getreidemaß	Kirchenstaat	= 4 Quarte	294.46 l
Bucher (Haufen)	Brennholzmaß	Paris	= 6 Fuß hoch u. $3^5/_{12}$ Fuß lang	
Buncal	Handelsgewicht	Sumatra (Atschin)	= $^1/_{20}$ Kättie = 741 engl. Troygrain	48 g
Bund	Glasmaß, eine bestimmte Anzahl v. Quadratrollen Glas 20 Bund = 1 Kiste		= 2 große Tafeln oder 20 kleine	
Buschen, der	Zählmaß f. Leder	Österreich	= 10 Felle	
Cadus = attische Metretes	Hohlmaß $^2/_3$ griech. Cadus = 1 röm. Amphora (= 24 Sextarii)	röm.-griechisch	= 12 Chus = 72 Sextarii = 144 Kotylai = 864 Kyathoi	39.39 l
Cafiso, cafiz(s)	Ölmaß	Sizilien, Palermo		20.047 kg
		Messina		11.026 kg
		Syrakus		11.126 kg
		Malta		19.8775 kg
	Getreidemaß	Tunis	= 16 Huëba zu 12 Saâ	495.936 l
Cahizada	Feldmaß	Spanien	= 6 Fanegas	49.976 a
Calanchi, der	Perlengewicht	Frz.-Ostindien	= 20 Manchadis	0.14 g
Calco	engl. Pennyweight	Ionische Inseln		1.55 g
Calculus	Gewicht, auch als Steinchen zum Rechnen benutzt (kleinstes Gewicht)	altröm.	ca. $^1/_2$ Ceratium	
Campo	Feldmaß	nördl. Italien		ca. 292 q.-Rut.
Cana (Elle)	Längenmaß	Spanien	= 8 Palmos	
		auf Menorca		1.604 m
		auf Mallorca		1.564 m
Cana de rey, die (Königselle)	Feldmaß	Tarragona		60.84 a
Canam	Ölmaß	Frz.-Ostindien	= 24 Markals	71.790 l
Canella, die (große Canna)	Längenmaß f. ausländ. Zeuge	Genua	= 12 Palmi	2.98 m
Cantarello, der (kleiner Cantaro)	Gewicht	Sardinien		42.28 kg
Caraffe, die	Hohlmaß carraffa garrafa	 Italien Spanien		0.7156 l
Cargo, der	Handelsgewicht	Valencia	= $2^1/_2$ Quintales = 10 Arrobas	128.16 kg
		auf Mallorca u. Menorca	= 3 Quintales	120.24 kg

Bezeichnung	Art des Maßes	Ort, Land	Einteilung	metrisch
Carico, der	Gewicht (Last)	Italien		50.6 kg
Cavesco, der	Getreidemaß u. Gewicht	Spanien		2½ Ztr.
Chalwar	Gewicht	kaukas. Tataren	= 50 Batman zu 127.768 kg	
	Maß f. Petroleum		= 40 Batman	
Chapah	Getreide- u. Flüssigkeitsmaß	Prinz-Wales-Inseln	= ¼ Gantong	1.113 l
Chariot, das	Handelsgewicht Fuder	Belgien	= 165 belg. Pfd.	
Chau	Gewicht	Annam	= 1/10 Hot	
Chow, chowl.	Gold-, Silber-, Juwelen-Gewicht	Ostindien, Bombay	600 Chows = 1 Tola	11.6 g
	Perlengewicht	Madras		
		Surat	6 Chows = 1 Rutten 576 Chows = 1 Tola	
Chus (Kanne)	Hohlmaß	altgriech.	= 12 Kotylai	3.283 l
Codo, fr. coude lat. cubitus	Längenmaß (Elle)	Spanien		0.5 m
Codo cubo de ribera	Raummaß f. Balken u. Bretter	Spanien		0.173 m³
Congius, der	Flüssigkeitsmaß	altröm.	= 6 Sextarii = 72 Cyathi = 2.867 Quart 8 Congii = 1 Amphora	3.283 l
Capello, der	Getreidemaß	Italien	ca. 2 Metzen	
Copet, der	Fruchtmaß	Neuchâtel	24 Copets = 1 Emine	15.23 l
			bei Hafer	15.86 l
Coppo, coppa, die	Getreidemaß (Faß)	italienisch copa franz. coupe lat. cupa		
		Ancona	8 Coppa = 1 Rubbio	35.01 l
		Brescia	4 Coppa = 1 Quarto	12.16 l
		Turin	8 Coppa = 1 Emine	23 l
		Kuba		0.126 l
	Ölmaß	Lucca	= 264 Pfund	96.325 l
	Handelsgewicht	Lucca	= 265 Pfund	
Corba, die	Getreidemaß (Korb. lat. corbio)	Italien	= 1 Scheffel	
	Weinmaß	Bologna	= 40 Quarts	
Corbe	Längenmaß	Bengalen	= 1/72 Hath	6.35 mm
Corbula, die	Getreidemaß	Sardinien	= 1235½ Par. Kub.-Zoll	24.5 l
Corde, die	Raum- u. Hohlmaß (Klafter, Faden)	Frankreich	= 162 sächs. Kub.-Fuß	12.974 rm
Corge, Kohrasch Koorge Corja	Zählmaß	Ostindien	= 20 Stück zu 4 Gundah	
	f. Javatabak	Singapore	= 40 Körbe	
Corta, die	Ölmaß	auf Mallorca und Menorca	= 202¾ Par. Kub.-Zoll	4 l
Cortan, der	Flüssigkeitsmaß	Spanien	ca. 1/8 preuß. Eimer	
Cortana, die Cortarine, die	Weinmaß	Spanien	= ½ Cortana	
Cortagne	Flüssigkeitsmaß	Spanien	= 7/16 Carga	7⅛ l
Coss	Wegemaß (Meile)	Bengalen	= 1000 Fathoms	1828.784 m

Bezeichnung	Art des Maßes	Ort, Land	Einteilung	metrisch
Cottah	Flächenmaß	Bengalen	= 1/20 Biggah = 320 q.-Haths	66.889 m²
Coudée, die	Längenmaß, coude lat. cubitus v. Ellenbogen bis Fingerspitze	Frankreich	= 3/4 Elle	
Coupe, die	Getreidemaß (Sack)	Genf	zu 2 Bichets zu 2 große Quarts zu 4 kleine Quarts	78.95 l
Courge, die	Zählmaß f. Stückgüter (Ballen)	Frz.-Ostindien	= 20 Stück	
Coyan, das	Hohlmaß u. Handelsgewicht	Hinterindien		
		Batavia	= 27 Pikols	1661.066 kg
		Sumatra	= 10 Göntschas zu 10 Nellis zu 8 Bambus	1333⅓ l
	Reismaß	Surabaya	= 30 Pikols = 1 1/9 batavisches Coyang	1845.629 kg
Cseber, Tseber, der	Weinmaß (Eimer) (deutsch Zuber) oder Zober	Budapest	großer C. = 100 ungar. Halbe	84.59 l
			kleiner C. = 50 ungar. Halbe	42.3 l
Cuarda	Wegemaß	Buenos Aires	= 150 Varas	128.80 m
Cuartan, der	Ölmaß	Barcelona		4.128 l
Cuartilla	Getreidemaß	Spanien	= 1/4 Fanega = 3 Celemines zu 4 Cuartillos	13.875 l
	Flüssigkeitsmaß	Spanien	= 1/4 Cantara = 2 Azumbre zu 4 Cuartillos 4 Cuartillas = 1 Arroba	4.033 l
	Feldmaß	Spanien		16.098 a
Cuartillo	Getreidemaß	Spanien	= 1/48 Fanega	1.156 l
	Flüssigkeitsmaß	Spanien	= 1/8 Cuartilla	0.5 l
	Feldmaß	Spanien	= 12 Estadales cuadrados	1.34 ha
Cubit (Covid)	Längenmaß in Indien sehr gebräuchlich (Cobida)	England	= 1/2 Yard = 18 engl. Zoll	0.457 m
Cubitalis, Cubitus	Längenmaß v. Ellenbogen bis zur Spitze des Mittelfingers	altrömisch	= 6 Handbreiten (palmi) oder 1,5 Fuß (pedes)	
Cuerda, die	Längenmaß (lat. chorda)	Valencia	= 144 Fuß	
		Paraguay	= 250 Fuß	
Cugnatello	Ölmaß	Rom	= 382½ Kub.-Zoll 20 Cugnatellos = 1 Poma	
Culah, Koolah	Getreidemaß	Sumatra	= 4 Chupos 324 Culahs = 1 Coyang	4.129 l
Cules, Culeum	Flüssigkeitsmaß lat. ledern. Sack, Schlauch	altrömisches größtes Maß	= 20 Amphorae oder 160 Congii	52.526 l
Dam	Wegemaß	Annam	= 2 Li	890 m

Bezeichnung	Art des Maßes	Ort, Land	Einteilung	metrisch
Daribba	Getreidemaß	Ägypten	= 2 Ardeb zu 6 Auibeh zu 2 Keleh zu 2 Rub	181.60 l
Decher, das	Zählmaß im Leder- und Pelzhandel	Rußland	= 10 Stück Felle = 40 Stück bei russ. Rauchwaren	
Demath, Demat, Diemat	Feldmaß i. d. Marschländern	Eyderstadt	= 216 q.-Ruten zu 256 Hamburg. q.-F.	45.4107 a
		Lundern	= 180 q.-Ruten zu 324 q.-Fuß	47.8937 a
		Ostfriesland	= 400 preuß. oder = 450 Emdener q.-Ruten	56.738 a
Demi-aune	Längenmaß (Elle)	Schweiz		0.6 m
Demijohn, das	Branntweinmaß (Matrosenflasche)	span.-kastilisch	= 2½—3 alte engl. Weingallons	
	Maß f. Essig		= 4½—5 alte engl. Weingallons	
Dereghe	Wegemaß	Ägypten	16 Dereghe zu 4 Marschminuten = 1 Malackah	
Dessaterik, der	Gewicht	Rußland	= 10 Pfund	
Diameter-Palm	Dickenmaß f. ∅ d. Schiffsmasten	Niederlande		30.4 cm
Dicker	Zählmaß	England	1 Dicker Handschuh = 10 Paar	
Dicotilo	Hohlmaß f. d. engl. Pint	Ionische Inseln		0.567 l
Dipoh, das	Längenmaß	Sumatra	= 2 Hehloks zu 2 Estos oder Covids = 1 engl. Fathom = 2 Yards	1.8288 m
Doba	Ölmaß	Frz.-Ostindien	= 16 Markals	47.856 l
Doigt (Zoll)	Längenmaß	in Pondichéry (Ostindien)		2.166 cm
Draden	Garnmaß	Danzig	= 3½ alte preuß. Ellen	2.334 m
Dromt	Getreidemaß	Mecklenburg	= 12 Scheffel zu 16 Spint	466.68 l
Dschesla, das oder Jigla	Handelsgewicht	Sansibar	= 60 Pissi	158⅔ kg
Dschigirm'a Ar	Handelsgewicht	Bokhara	= 1/16 Batman	1.2285 kg
Duhn	Feldmaß	Arakan, Hinterindien		256.29 a
Duim	Längenmaß	Holländische Bezeichnung f. cm		1 cm
		Japan	= 1/10 Wayer	3.85 cm
Duong	Längenmaß	Annam	= 10 Thuok	6.388 m
Echantillons	Normalmaß oder Gewicht	Frankreich		
Echeveau, der	Garnmaß (Strähn)	Frankreich	= 10 Échevettes (Gebinde) zu 70 Faden	1.42857 m
			das Gebinde = 1 Faden von 100 m	
Échevette, das	Garnmaß (Gebinde)	Frankreich	= 70 Faden	

Bezeichnung	Art des Maßes	Ort, Land	Einteilung	metrisch
Eiermaß	Hohlmaß f. trockene u. flüss. Gegenstände	biblisch	4320 Eier = 1 Kor 1 Eiermaß = 2.348 Par. Zoll³ 432 Eier = 1 Bath	46.6 cm³ 0.04²/₃ l
Engels	Gold- u. Silbergewicht	Holland	= ¹/₂₀ Unze	1.538 g
	Goldgewicht		= ¹/₃₂₀ holl. Troypfd.	
Epha	Maß	hebräisch	= ¹/₁₀ Chomer s. Bath	
Es, As	Gewicht	Dänemark	16 Es = 1 Ort	0.0601 g
Escurpulo	Apothekergew.	Buenos Aires	= ¹/₂₈₈ Libra	1.196 g
Escurpulo metrico	Gewicht	Italien	Benennung für	1 g
Esto, der	Längenmaß	Sumatra	= ½ Yard	0.457 m
Ettara	Flächenmaß	Italien		1 ha
Ettogramma	Gewicht	Italien		100 g
Euchry	Längenmaß	Türkei (seit 1871)	= Dezimeter 10 Euchris = 1 Zirai oder = 1 m	
Euchry-Dirhem	Gewicht	Türkei	= ¹/₁₀ Dirhem = Dezigramm	0.1 g
Exeque, der	Getreidemaß	Niederguinea, portug.		55¹/₃ l
Faden	Holzmaß	Dänemark		1.673 m³
	Waldmaß	Dänemark		1.964 m³
	Garnmaß im allgem. Haspelumfang		2—4 Ellen	
		Österreich	7.334 Wiener Fuß 20—40 Faden = 1 Gebinde	2.33018 m
Fahn	Gewicht	Annam	¹/₁₆₀₀ Khan	0.3905 g
Faltsch, die	Feldmaß (Faltosch) oder Fallsche	Rumänien	= 2880 q.-Klafter	141 a
Fardel, das ital. fardello, franz. fardeau	Tuchmaß	Italien, Frankreich	= 45 Barchet zu 24 Ellen	
Fargot, der	Frachtstück	Belgien		1½ Ztr.
Farrasl (s. Schittal)	Gewicht	Abessinien		
Farsang, der	Wegemaß (Meile)	Persien	= 6000 Gös, Arschinen	6.7055 km
			oder = 7 Werst	7.467 km
Fasch	Stückmaß f. Sohlenleder		= 1 Elle breit und 2 Ellen lang	
Faust	Pferdemaß	Österreich	1 Faust zu 4 Zoll zu 4 Strich	10.53602 cm
Fau(l)x, die	Feldmaß (Faulx, Juchart, Morgen)	Schweiz, Kanton Neuenburg	= 2 Poles zu 8 Perches zu 16 Pieds	54.037 a
Feldweges, Feldwegs	Bodenflächenmaß? Wegestrecke	biblisch 1. Moses 38, 19 48, 7 2. Könige 5, 19 Lukas 24, 13 Johannes 11, 18	¹/₄₀ geogr. Meile	

Bezeichnung	Art des Maßes	Ort, Land	Einteilung	metrisch
Felin, Fellin, Ferlin, der	Gold- u. Silber- gewicht	Paris Brüssel	= 1/80 Unze	
Ferrado de trigo, der (Weizen-Ferrado)	Getreidemaß	span. Provinz Galizien Coruña		16.15 l
Ferrado de maiz, der (Mais-Ferrado)				20.87 l
Ferrado super- ficiallo	Feldmaß	Coruña	= 900 u. 625 castil. q.-Varas	
Ferren	Flüssigkeitsmaß	Maskat	= 34 Sidios	30 l
Fiasco, der	Flüssigkeitsmaß (Flasche)	Toskana	= 1/20 Barile	2.279 l
	Ölmaß			2.089 l
Fierding, Fjerding, das	Hohlmaß (Viertel)	Schweden		18.31 l
	Gewicht	Island	= 40 oder 10 dänische Pfunde	
Fierdingskar, der	Getreidemaß	Kopenhagen	= 1/4 Scheffel	
	fierding=Viertel kar = Gefäß	Norwegen (Fjerdingkar)	= 1/4 Scheffel	4.3429 l
Firkin	Hohlmaß	England		
	Ale (Getränk)		= 1/24 Tun = 8 Gallons	40.891 l
	Bier		= 1/24 Tun = 9 Gallons	
	Gewicht	England		
	Butter		= 56 Pound	
	Seife		= 64 pd. av. zu	453.592 g
Firlot	Hohlmaß	Schottland	= 1 engl. bushel zu 4 Pecks zu 4 Lippies 4 Firlot = 1 Bol	52 l
Firtel	Flüssigkeitsmaß	Holland	= 1/30 Oxhoft Branntwein	7.5 l
Fisk, der	Längenmaß	Island	= 1/2 Alen (Elle)	
Fislot, das	Biermaß	Schottland	= 2641.25 Par. Kub.-Z.	52.4 l
Fortin, der	Getreidemaß	Türkei, Kon- stantinopel	= 4 türk. Kilo = 7080 Par. Kub.-Zoll	141.064 l
Fossorier, das	Flächenmaß	Frankreich, Waadt	= 4 1/2 Acker	
Frasil	Handelsgewicht	Moçambique		5.443 kg
Frassila, das	Handelsgewicht	Sansibar	= 12 Amnam (Mönn) zu 3 Artal zu 16 Wakiah = 576 Wakiah	16 1/6 kg
Frehsil	Handelsgewicht	Jemen	= 1/15 Bakar = 10 Maunds	13.29 kg
Frequin	Maß f. Hülsen- früchte	Martinique	= 1/4 Baril	25.614 l
Furlong	Feldlängenmaß (a furroro long = eine Furche lang)	England	= 40 Ruten = 220 Yards = 1/8 engl. Meile	201.165 m
Gabi (d. h. gangbar)	Textilmaß (Tauschmittel)	Abessinien	= 20 abess. Ellen Baumwollstreifen 1/2 Gabi-Karanna 1/2 Gabi = Gerbab (ausreichend für ein einfaches Kleid)	
Galenok vom engl. gallon	Weinmaß	Rußland	= 1/8 Wedro (Eimer)	
Galopin, der	Getreidemaß	Frankreich	= 1/2 Setier	

Bezeichnung	Art des Maßes	Ort, Land	Einteilung	metrisch
Gam	Längenmaß	Persien	= 3 Schritte	
Gandeh	Flächenmaß	Bengalen	= 1 q.-Hath	2090 cm²
Gantang, Gantan, Ganton	Getreidemaß f. Reis	Singapore	= 4 Tschupa (Chapahs) = 1/20 Sack	4.4513 l
	Maß f. Kaffee	Batavia	= 10 Kätties	6.1521 kg
	Flüssigkeitsmaß	Singapore	= 1.25 Gallons	4.73 l
		Makassar		5.659 l
		Malakka		2.95 l
		Palembang		3.69 l
		Bantam		19.686 l
		auf d. Philippinen		3.81 l
		Georgetown		1.451 l
		auf Amboina		2.215 kg
Garca	Getreidemaß	Frz.-Ostindien	= 125 Gallons	44.869 hl
Garce, das	Getreidemaß	Madras	= 80 Parahs zu 5 Marcals zu 8 Puddys zu 8 Ollocks	4916 l
	nach Gewicht gerechnet		= 9256½ pd. av.	
Garcy, der	Getreidemaß	Polen, Österr.		3.84 l
Garniec, russ. Garnez		Wilna		2.82 l
		Krakau	= 2.835 Maß	4.012 l
ein kleiner Garniec			= ½ Garniec	
Garda	Längenmaß	Goa	= 4 port. Palmos	
Garniec, Garnitz Garnetz	Getreide- u. Flüssigkeitsmaß	Polen u. Galizien	= 1/32 Scheffel	3.84 l
		Krakau		4.012 l
		Rußland	= 1/64 Tschetwert = 200 russ. Kub.-Zoll	3.28 l
Gauting	Gewicht	Java	= 14.14 Zollpfd.	
Gaz	Längenmaß	Ostindien	= 33 Zoll	
		Kalkutta		0.914 m
		Bombay		0.686 m
Gebräude, das	Biermaß	Sachsen	= 12 Kufen = 24 Faß zu 2 Viertel zu 2 Tonnen zu 105 Kannen	8084 l
Gelte, die	Weinmaß	Brüssel	= 2 Pots	2.70 l
Gemet, das (meten = messen)	Flüssigkeitsmaß	Holland		
	Flächenmaß	Brüssel	= 300 q.-Ruten	
Gendum	Gewicht	Persien	= 1/96 Miskal	48 mg
Gera, Gerah (gerah = Bohne, Korn)	Gewicht, kleinstes Silbermünze, kleinste	hebräisch	= 1/20 Sekel = 11 Pfg. = 5½ Kr. = 13.7 Paris. Gran.	
Gerle	Weinmaß f. Trestermost	Neuchâtel	= 52 Pots zu = 38⅖ Pots Helles	1.904 l
Gerra, die	Flüssigkeitsmaß (svw. Krug)	Menorca		12.063 l
Giornata, die	Flächenmaß (svw. Tag)	Italien	= 1315 sächs. q.-Klafter	

Bezeichnung	Art des Maßes	Ort, Land	Einteilung	metrisch
Girib	Längenmaß	Persien	= 1066 pers. Ellen	
Glas	Hohlmaß	Baden	= $^{1}/_{1000}$ Ohm	0.15 l
Goëlak, das	Pfeffergewicht	Sumatra	= $1^{1}/_{2}$ Pfund	
Gon	Längenmaß	Annam	= 300 Thuok	191.64 m
Göntscha	Getreide- u. Flüssigkeitsmaß	Sumatra	= $^{1}/_{10}$ Coyang	$133^{1}/_{3}$ l
Gös, Gos, Guz, Guj	Längenmaß	Indien, Bengalen Bombay Surat Frz.-Ostindien Persien (Gers) in Mokka	= 1 Yard	0.914 m 0.68579 m 0.610 m 1.039 m 1.12 m 0.635 m
Granikow	Gewicht (von Granow = Gran)	Polen	$5^{1}/_{2}$ Granikow = 1 Gran	
Graund, Mahni	Feldmaß	Madras	= $^{1}/_{24}$ Khani	2.23 a
Grora, die	Getreidemaß	Acre		1299.708 l
Gros, das	Gewicht (von lat. grossus = dick)	Frankreich	= $1^{1}/_{2}$ Quentchen	
Ground, das	Feldmaß	Ostindien	= 2400 q.-Fuß	
Gudda	Flüssigkeitsmaß	Arabien		7.570 l
Gueze	Längenmaß (Elle)	Persien	= 1.523 preuß. Ellen	
Guhn	Gold- u. Silber- gewicht	Bombay	= $^{1}/_{100}$ Tola	0.11599 g
Guinon, der	Feldmaß	Philippinen	= 10 Bolitas zu 10 Bucanes	27.9495 a
Guz, Gös, Göss oder Cubit	Längenmaß	Bassora Bengalen Kalkutta	 = 1 Yard ($1^{1}/_{3}$ Guz v. Bombay = 2 Cubits v. Madras)	1.025 m 0.91439 m
Hab, das oder Pikol	Handelsgewicht	Siam	= 50 Xang zu 20 Tumlung (Tails) zu 4 Tikal od. Bat	60.479 kg
Habbeh (türk. Gerstenkorn)	Gold- u. Apothe- kergewicht	Ägypten	= $^{1}/_{3}$ Dirhem	1.0295 g
Hacienda, die (Landgut)	Flächenmaß	Mexiko	= 5 q.-Leguas	8778.05 ha
Hailoh	Längenmaß	Sumatra	= 1 engl. Yard	
Halibi, Halibin, der Khalibi	Textilmaß f. Wolle u. Seide (Elle)	Walachei		0.686 m
Halmar	Gewicht	Afghanistan	= 100 Mähn	448 kg
Halwar, das	Gewicht	Persien	= 100 Man	
Hamma, das	Längenmaß	altgriechisch	= 40 Ellen	
Hank, das (Strähn, Number)	Garnmaß Baumwolle Kammgarn Leinengarn Leinengarn	England Irland	 = 840 Yards = 560 Yards = 3000 Yards = 3600 Yards	 0.914 m
Hao (= Heu)	Getreidemaß Gewicht	Annam Annam		28 l 3.905 mg
Harsela	Seidengewicht	Ägypten	= 2.6 Zollpfd.	

Bezeichnung	Art des Maßes	Ort, Land	Einteilung	metrisch
Hasch (Elle)	Längenmaß	Turan		1.067 m
Hasta, das (Elle)	Längenmaß f. Zeuge	Prinz-Wales-Ins. (Pulo-Pinang)	= 18 engl. Zoll 2 Hastas = 1 Yard	0.45719 m
Hath, (Hasta, Esto)	Längenmaß (Elle) (bei d. Eingeborenen verschiedene Länge, von den Europäern adoptiert für Covid)	Ostindien u. Archipel	= ½ Yard	
		Frz.-Ostindien (Coudée)	= 12 Spannen oder Fuß zu 12 Zoll (Doigts)	0.5197 m
		Bombay	= 16 Tussohs (Zoll)	0.45719 m
		Bengalen	= 2 Big'hats zu 3 Hände zu 4 Unguelles zu 3 Corbes	0.45719 m
Haufen	Holz- u. Torfmaß	Alt-Berlin		
Havelboden, der	Feldmaß	Hamburg	280×20 = 5600 Hamburger q.-Fuß	4.599 a
Hehloh, das	Längenmaß	Sumatra	= ½ Dipoh = 1 Yard	0.9144 m
Hekatompedos	Längenmaß	altgriechisch	= 100 Fuß (Parthenon auf der Akropolis, Athen)	
Hemina	Flüssigkeitsmaß	altrömisch	= 1/96 Amphora	0.274 l
Hendaze	Längenmaß (Elle)	Türkei	= 0.988 preuß. Elle	
Henkemann, der	Hohlmaß (Biermaß)	Oldenburg, Kr. Delmenhorst	= 24 Getreidekannen	34⅔ l
Hiakin, Pikul („100 Kin")	Gewicht	Japan		60.479 kg
Hoed, das	Hohlmaß, f. Steinkohle	Niederlande	= 38 Maat zu 1½ Steek	1170 l
	f. Kalk		= 8 Tonnen zu 8 Kinnetjes zu 15 Kop	911 l
Hondert, das	Hohlmaß, Salz	altholländisch		248.11 hl
	Gewicht		= 7 Schiffslast zu 4000 Amsterdamer Handelspfund	
	Zählmaß, Felle		= 104 Stück	
Hot	Gewicht	Annam	= 10 Chau zu 10 Huy zu 10 Tran zu 10 Ai	0.3905 mg
Hueba, die	Fruchtmaß	Tunis	= 12 Saa = 1/16 Cafiz	30.996 l
Humpheon	Gewicht, Maismehl	Nordamerika	= 800 Pounds	362.872 kg
Hun	Gewicht	Siam		380 mg
Hundred	Zählmaß f. Stückgüter	England	= 120 Stück	
	f. Salz		= 126 Barrels	
	f. Stockfisch		= 124 Stück	
Hunt	Torfmaß	Bremen	früher 560 Kub.-Fuß = 6480 Soden	
			später	12 m³
Huy	Gewicht	Annam	= 1/100 Hot	

Bezeichnung	Art des Maßes	Ort, Land	Einteilung	metrisch
Hwo	Getreidemaß	China	= 1.113 preuß. Scheffel = 1/2 Sei	61.215 l
Imbuto, der	Hohlmaß Flächenmaß	Sardinien Sardinien		6.14 l 248.9 m²
Jaktan, das	Längenmaß	Guinea	= 1622 Par. Linien	
Jar, das (ital. giarre)	Flüssigkeitsmaß	Ionische Inseln	= 858.7 Par. Kub.-Zoll	17 l
Jarra, die (Krug)	Flüssigkeitsmaß	Mexiko	= 18 Cuartillos	9.095 l
Jauchart, Jauchert, Joch, Jochacker, Juchert	Flächenmaß	Tirol Bayern Schweiz	= 1000 q-Klafter	35.9665 a 34.0727 a 36 a
Jauchert, die (Juchert)	Feldmaß Mannsmahd Tagewerk	Württemberg	= 1 1/2 Morgen	33.0933 a
Jehn	Gewicht	Annam	= 10 Kahn	6.248 kg
Jodschan (Yojan), das	Wegemaß	Bengalen	= 4 Coss	7315 m
Johk	Holzmaß	Siam (f. Teakholz)		0.39877 m³
Jonke, der	Feldmaß	Batavia	= 4 Bouws	283.86 a
Jornal (Tagewerk)	Feldmaß	Spanien		48.0415 a
Jück, das	Flächenmaß	Oldenburg	= 640 q-Ruten zu 100 q-Fuß	56.03 a
	Feldmaß	in der Marsch	= 2 1/2 Morgen	65.525 a
Jugerum, lat.	Ländermaß	altrömisch	75.32×37.66 m = 288 Scrupula zu ca. 10 m² 2 Jugera = Haeredium 100 Haeredia = 200 Jugera = 1 Centuria 4 Centuriae = 1 Saltus = 800 Juchert Feld.	2836.5 m²
Juik, Juick, Jux	Gewicht	Türkei	= 40 Okas	
Jumfrur	Flüssigkeitsmaß	Schweden	= 1/32 Kanne	0.082 l
Kab	Hohlmaß f. Trockengüter	hebräisch	= 56.355 Paris. Kub.-Zoll 180 Kab = 1 Kor	1.116 l
Kaban, Caban, Cavan, das Coyang	Reismaß	Philippinen	= 25 Gantons zu 8 Chupas zu 4 Apatanes	98.28 l
	Gewicht	Molukken		1476.5 kg
Kabiet	Längenmaß	Siam	= 1/96 Sok	5.2 mm
Käbä (Käwä, Caivai, Thaht)	Längenmaß	Annam	= 30 Thuok	19.1640 m
Kätty, Catti, Katto, der Kati, Catty	Handelsgewicht	China (Kin)	= 16 Thel = 1/100 Picol	604.787 g
		Japan (Kin)		592.59 g
		Holl.-Ostindien		615.21 g
	Gewicht f. Kätty Reis	Amboina (Molukken)		590.6 g
		Banda (Molukken)		2.768 kg
		Singapore	= 20 Bönkals zu 16 Meiams	1.9428 kg

Bezeichnung	Art des Maßes	Ort, Land	Einteilung	metrisch
Kahn, der	Gewicht (Pfund)	Annam	= 16 Lüong zu 10 Dong zu 10 Fahn zu 10 Li zu 10 Hao zu 10 Hot	624.80 g
Kahni (Cawney), der	Feldmaß	Madras	= 24 Graunds od. Mahnis (Maunies) = 57.600 engl. q.-Fuß	53.51 a
Kahun (Khaun)	Gewicht	Indien	= 27 Zollzentner	
Kalkmüthel	Hohlmaß	Österreich	= $2^1/_2$ Metzen	153.749 l
Kalpo, Calpo	Handelsgewicht	Sardinien	= 10 Cantari od. Cantarelli	422.82 kg
Kamel-Ladung	Gewicht	bei den Kirgisen	= 16 Batman s. d.	
Kan	Flüssigkeitsmaß	Holland	= 10 Maatjes	1 l
		Batavia (Kanne)		1.49 l
Kandy, der Kändy, Candy	Handelsgewicht	Ostindien, brit. Madras	= 20 Maunds zu 8 Vis zu 5 Sihrs zu 8 Pollams zu 10 Pagodas	226.772 kg
		Pondichéry, Frz.-Ostind. Candy, Barre	= 20 Tolams (Maunds)	234.96279 kg
		Bombay	= 20 Maunds	254 kg
	Getreidemaß		= 8 Parahs (Körbe) zu 16 Pehlis zu 4 Sihrs zu 2 Tipprihs	162.5676 kg = ca. 881 l
Kannland	Feldmaß	Schweden	= 1000 q.-Fuß	88.15 m²
Kantar, Cantaro	Handelsgewicht	Tunis	= 100 Rottel (Attari)	zu 506.880 g
	f. Baumw., roh		= 110 Rottel attari	
	f. Baumwollengarn u. Eisen		= 150 Rottel attari	
		Türkei	= 100 Rottel = 44 Oka zu 400 Drachmen	$56^1/_8$ kg
Kantár-â'chary	Gewicht	Türkei	= 1 metr. Zentner	100 kg
Känti (Candy)	Gewicht	Sansibar	= 20—22 Farasla	zu $16^1/_6$ kg
Kappe, der	Getreidemaß (Mehrz. Kappar)	Schweden	= $1^3/_4$ Kannen	zu 2.6173 l
Kar, das	Längenmaß	Turan	= 3 Haseh	3.201 m
Kara, die (Last)	Handelsgewicht	Bassora	große K. = 5600 pd. av. kleine K. = $^1/_2$. 5600	2540 kg
Karanna, s. Gabi				
Karre, die	Holzmaß	Braunschweig	= 100 Braunschw. Kub.-Fuß	2.324 m³
Karschetz	Raummaß	Galizien		0.1230 m³
Kassabeh (Kassab), das	Längenmaß (Rute)	Ägypten	= 22—24 Tschöl'dah = $6^2/_3$ Pik Beledi = 17.067 Pariser Lin.	3850 m
Kati	Edelsteingewicht		= 3 Gran	
Keg	Zählmaß	England	= 60 Stück Laberdan	
Keiat oder Tikal	Gold- und Silbergewicht	Birma	= $^1/_{100}$ Pehtha oder Wiss	16.566 g
Keleh (Kelah)	Getreidemaß	Ägypten	= $^1/_{12}$ Ardeb	7.5 l

Bezeichnung	Art des Maßes	Ort, Land	Einteilung	metrisch
Khahoon (Kahun)	Getreidemaß	Bengalen	= 16 Soallis zu 20 Pallies zu 4 Raiks zu 4 Konkees zu 5 Chittaks = 40 Factory-Maunds	1354.73 kg
Khalebi, der	Längenmaß (Woll-Elle)	Rumänien		0.6411 m
Khalibi (Halibin)	Längenmaß (Tuch- u. Seiden-Ellen)	Walachei		0.6860 m
Khani (Cawney), das	Feldmaß	Madras	= 24 Graunds oder Mahnis	53.51 a
Khivas, der	Gewicht	Ostindien		ca. 400 kg
Kiang (Kïen), das	Getreidemaß Fuder	Siam	= 80 Sat oder = 100 Thang = 2000 Kanang	10 hl
Kibrath ha'arez	Strecke, Weg	hebräisch		
Kile	Getreidemaß	Acre	= 1/36 Grora	36.1 l
King oder Fu	Feldmaß svw. Acker	China	= 100 Stück zu 5 Tschi	6.31 a
Kintal	Handelsgewicht	Türkei	= 100 Rottel	56.106 kg
Kintar	Handelsgewicht	Marokko		
		nördl. Häfen		50.802 kg
		südl. Häfen		ca. 54.0 kg
			Zoll	45.311 kg
	f. Früchte, Öl, Fleisch		großer Kintar = 150 Artal	ca. 81 kg
Kiön	Handelsgewicht	China	= 30 Kin oder 15 Yin	18.144 kg
Kip, das	Zinngewicht	Malakka		18.5 kg
Kirat, das	Gewicht	Ägypten	= Karat = 1/24 türk. Elle (Pik) = 1/24 Feddan	
Kirkar, Kirk-Ar	Gewicht	Bokhara	= 1/8 Batman	2.457 kg
Kisloz, der	Getreidemaß	Türkei		
Kiss, das	Handelsgewicht	Sansibar	= 7 Faraslah (Mehrzahl v. Frasla)	113 1/6 kg
Kiste	Gewicht f. Tee	England		38 kg
	Zählmaß f. Wein (Genever)	Holland	= 15 Flaschen	
		Antwerpen	= 12 Flaschen	
		Marseille	= 25 Flaschen	
Kluppet	Zählmaß	Nürnberg	= 4 Stück	
Kob	Hohlmaß	Holland		1 l
Kobra, Kobre, das	Längenmaß	China	= 16 Zoll	
Koda, der	Fruchtmaß	Georgien	= 30 russ. Pfd.	
Köddi, der	Flüssigkeitsmaß	Jemen		7.57 l
Kömmhah, türk. svw. Weizenkörner, Gran	Gold- u. Apothekergewicht	Ägypten	= 1/4 Drachme (Dirhem)	0.7721 g
Kohrdsch, das	Zählmaß			
	f. Zeug u. Tücher	Indien	= 20 Stück	
	f. Tabak	Brit.-Hinterind.	= 40 Körbe	

Bezeichnung	Art des Maßes	Ort, Land	Einteilung	metrisch
Kojang (Coyang)	Handelsgewicht Reismaß	Hinterindien und ostind. Inseln		
		Benkulen	= 800 Kuhlahs	33.03 hl
		Natal	= 80 Többs zu 66.02 l	
		Padang	= 50 Maaten	1845.63 kg
	Gewicht	Prinz-Wales-Inseln	= 40 Pikolo	2419 kg
Kolleh	Ölmaß	Tunis	= 1/2 Mettar	10.08 l
Koonke	Getreidemaß	Bengalen	= 1/5120 Khahoon	265 g
Kor, Chomer	Getreide- und Flüssigkeitsmaß	hebräisch	= 2 Letech = 10 Epha = 30 Seah = 100 Homer = 180 Kab = 4320 Eier = 10143.9 Par. Kub.-Zoll	201.215 l
Kornstar	Hohlmaß für Früchte	Tirol	= 3.974 Achtel	30.544 l
Korrel	Gewicht	Holland		0.1 g
Korzec, der (Scheffel = Korschitz)	Getreidemaß	Polen, Galizien	= 4 Viertel (Cwieczi) zu 8 Garnetz (Garcy) zu 4 Quart (Kwarty)	
	Flüssigkeitsmaß	Krakau	= 2 Wiener Metzen = 0.586 russ. Tschetwert	123 l
		Warschau	= 0.609792 russ. Tschetwert	128 l
Koss, der	Wegemaß	Ostindien	= 1/2 deutsche Meile	
Kot, der (oder Endáseh)	Längenmaß (Seiden-Leinen-Elle)	Rumänien		0.6411 m
Kotyle, die (griech. κοτύλη = Höhlung, Becher)	Maß f. trockenes u. flüssiges Gut	altgriechisch	= 1/192 attischer Medimnus	52.5 l
			192 = 1/144 Metretes	39.4 l
			144 =	0.273 l
		neugriechisch	Name für Deziliter	0.100 l
Kovit, der (frz. cobit)	Längenmaß	Indien	= 3/4 Elle	
Koyang, der	Getreidemaß	Birma (seit 1872)	= 100 Teng	38.8363 hl
Krith, griech. = Gerstenkorn	Gewicht (eines Liters Wasserstoffgas bei 0° C u. 760 mm)			0.0896 g
Kru (Crue)	Hohlmaß für trockenes und flüssiges Gut	Pfefferküste		
	Reis			11 1/3—13 2/3 kg
	Pfeffer			8—9 kg
Krushka, die	Flüssigkeitsmaß (v. Krug, Kreis)	Rußland	= 10 Tscharka = 1/10 Wedro	1.2299 l
Küb (Spanne)	Längenmaß	Siam	= 1/2 Sokol	0.25 m
Kübel, der	Getreidemaß	Siebenbürgen	= 12.789 Achtel	98.296 l
	Knoppermaß	Pest		188.5 l
Külmet, Külmit	Getreidemaß	russ. Ostseeprovinzen, Riga	= 1/6 Loof = 1/12 t	11.477 l
		Reval	= 1/3 Loof = 1/9 t	14.124 l

Bezeichnung	Art des Maßes	Ort, Land	Einteilung	metrisch
Kufe	Biermaß	Preußen		458 l
		Sachsen		673.6 l
Kula, der (Krug)	Ölmaß	Marokko	wiegt 22 Artal = 23.2 Pfd.	15.555 l
	Getreidemaß	Benkulen		4.13 l
Kulack	Handelsgewicht, Reis	Batavia	= 7½ Kätties	4.614 kg
	Pfeffer	Palembang	= 1¼ Kätti	756 g
Kulatsch, das	Längenmaß	Khiwa	= 1 russ. Sashen	2.13357 m
Kutal	Gewicht f. Erz, Antimon	Abessinien	= 150 Rottel	
Kutra, die	Handelsgewicht, Indigo	Bassora	= 117 Vakias Attari	63.02 kg
Kutting, der oder Kutur	Flüssigkeitsmaß	Island	= 5 dänische Pott	4.8306 l
Kvintin (svw. Quent)	Handelsgewicht	Norwegen	= ¼ Lot	3.894 g
Kwarta, die	Flüssigkeitsmaß auch Getreidem.	Polen (Krakau)	= 0.672 Maß	0.951 l
Kwarteel, das	Gewürzmaß	Holl.-Ostindien	= ein Viertel	
Kweh (Kwai)	Getreidemaß	Birma	= ½ Teng (1874)	13.245 kg 19.418 l
Kyat (Keiat), der oder Tikal	Zählmaß (Rechnungseinheit)	Birma	= 255½ engl. gr. troy ungeprägtes Stück Silber	16.556 g
Labor de tierra, der	Feldmaß	Mexiko	= 1000 q.-Varas	70.2244 ha
Lacini (Mehrzahl)	Getreidemaß	Kroatien	= 1/12 Stajo v. Venedig	6.9432 l
Lägel	Gewicht i. Stahlhandel	Steiermark	= 125 Wiener Pfd.	70 kg
		Stettin	steiermärkisch. Stahl	150 Pfd.
			inländischer Stahl	100 Pfd.
	Weinmaß	Kant. Tessin	= Barile = 30 Pinte	45.194 l
Lanatz	Feldmaß	Serbien	= 1 Wiener Joch	57.54642 a
Last	Getreidemaß	im nördl. Europa		
		Bremen	= 40 Scheffel zu 74.1 l	29.642 hl
		Dänemark	= 12 Tonnen zu 139.12 l	16.6944 hl
		England	= 2 Weys, Loads = 10 Imp. Quarters = 80 Imp. Bushels	29.078 hl
		Hamburg	= 30 Scheffel = 60 Faß	32.976 hl
		Holstein	= 24 Tonnen zu 139.12 l	33.3888 hl
		Lübeck	= 24 Tonnen zu 158 l	37.92 hl
		Niederlande	= 30 Mudden	30 hl
		Preußen	= 60 Scheffel	32.9769 hl
		Rußland	= 16 Tschetwert	33.584 hl
		USA	= 80 Winchester bushels	29.1897 hl
	Kohlenmaß	Preußen	= 72 Scheffel od. 18 t	
	Schiffsfrachtgewicht gewöhnlich festgesetzt			2000 kg
	Kommerzlast	Hamburg, Lübeck, Bremen		3000 kg
		Schlesw.-Holst.		2600 kg

Bezeichnung	Art des Maßes	Ort, Land	Einteilung	metrisch
Last (Fortsetzung)	Schiffslast	Belgien		1000 kg
		Holland	= 4000 Pfund	1976.36 kg
		Rußland	= 2 Tonnen	3931.314 kg
	Last, allgemein	Österreich		
	für Reis, Eisen, Kupfer, Blei,		= 40 Zentner	
	für Mandeln		= 30 Zentner	
	für Spezereien, Wolle u. Federn		= 20 Zentner	
	für Kohlen	Deutschland	= 60 Zentner	
	Feldmaß	Lübeck	= 24 t zu 4 Scheffel Aussaat	
Lea, das	Garnmaß	England	= 120 Yards zu 0.914 m = 80 Threads Baumwollgarn = 300 Yards Lein- u. Hanfgarn	
League	Seemeile	England		
Legger, der	Flüssigkeitsmaß für Arrak	Holland u. Holl.-Westindien		563 l
		Singapore und Holl.-Ostindien		578.5 l u. 563 l
	für Kokosöl	Ceylon		
	Einkauf		= 180 alte gallons	
	Verkauf		= 125 Imp. gallons	
		Franz.-Ostindien	= 70—75 Veltes	
		Batavia	= 388 Kannen	578.12 l
Letech	Hohlmaß f. Trockengüter	hebräisch	= 5071.95 Paris. Kub.-Zoll	100.95 l
Leuca	Meilenmaß der Kelten	gallisch, lieue	= 150 röm. Schritte	
Liespfund (Livesches Pfd., d. i. Liefländisches Pfund)	Gewicht für Landfrachten	nördl. Deutschland	gewöhnlich der 20. Teil eines Schiffspfundes = 14 Handelspfund	
		Dänemark		
		Holland, lyspond		
		Schweden, lispund		
		Norwegen, liespfd.	= 20 Pfund zu 425.34 g	8.5068 kg
		Rußland, Ostseehäfen	= 20 Pfund	
Lieue	Meile	Frankreich		
	alte Lieue		= 0.6 geogr. M.	
	neue Lieue			10 km
Lieue itinéraire	Wegemaß	Schweiz	= 16000 Fuß	4800 m
Ligne	Längenmaß	Frankreich	= $1/12$ Paris. Zoll	
		Schweiz	= $1/10$ Schweiz. Zoll	3 mm
Ligula	Flüssigkeitsmaß	altrömisch	= $1/4$ Cyathus	
Linie, die	in Geographie u. Nautik svw. Erdäquator			
	als Längenmaß		$1/10$ oder $1/12$ Zoll	
		Wien		2.195 mm
Quadratlinie				4.818046 mm²
Kubiklinie				10.575652 mm³

Bezeichnung	Art des Maßes	Ort, Land	Einteilung	metrisch
Lino, der (die Reihe)	Feldmaß	Paraguay	62500 q.-Fuß	48.832 a
Liter	Hohlmaß	Wien	= 2.081746 Wr. Becher = 1 Fruchtmaßel = 1.040873 kleine Maßel = 0.520436 große Maßel = 0.260218 Mühlmaßel = 0.1301091 Achtel-Metze = 0.016264 Wr. Metze = 5.654812 Wr. Pfiff = 2.827406 Wr. Seidel = 1.9 Wr. Krügel = 1.413703 Wr. Halbe = 0.7068515 Wr. Maß = 50.4124378 Par. Kub.-Zoll = 0.87326 preuß. Quart	
Litra	Getreidemaß	Rumänien, Moldau Walachei		 0.38 l 0.32 l
Load	Getreidemaß Holzmaß, behauen unbehauen	England	= 10 Quarters = 50 Kub.-Fuß = 40 Kub.-Fuß	2907.813 l
Lod	Handelsgewicht	Norwegen	= 1/32 Pfd.	15.575 g
Log	Hohlmaß	hebräisch	72 Log = 1 Bath 1 Log = 14.08 Pariser Kub.-Zoll	279.3 cm³
Lokiec	Längenmaß, Elle	Polen		0.576 m
Looden (Mehrzahl)	Gewicht	Holland Alt-Amsterdam	 = 1/32 Pfd.	10 g 15.44 g
Loof, Lof	Gewicht Getreidemaß	altschwedisch (lop) isländisch (laupr = Korb) russ. Ostsee-prov., Riga	= 5 Liespfund = 100 Pfund	 68.86 l
Loop, der	Getreidemaß	Riga	= 1/42 Last	
Looper, der	Getreidemaß	Friesland	= 1/2 t = 1/36 Last	
Lop, Lopf, der	Garnmaß (das Stück)	Bremen	= 10 Gebünd zu 90 Fäden zu 3³/4 Ellen	
Lopp, der (Werklopp)	Garnmaß (das Stück)	Braunschweig Braunschweig	= 10 Gebünd zu 90 Fäden = 3375 Ellen = 10 Gebünd zu 100 Fäden	
Lüong	Gewicht	Annam	= 1/16 Kahn	39.05 g
Lui	Gewicht	China	= 1/240 Thel	157.5 mg
Lumini	Getreidemaß	Malta	= 1/9600 Salma	
Maal	Feldmaß	Norwegen	= 1/4 Tonne Landes	9.845 a
Maas	Getreidemaß	Franz.-Ostindien	= 1/48 Gallon	0.74478 l
Maat	Gewicht f. Reis und Salz	Banda (Molukken)	= 1/40 Koyang	36.91 kg
Maatjes	Hohlmaß	Holland		0.1 l

Bezeichnung	Art des Maßes	Ort, Land	Einteilung	metrisch
Madega, die	Getreidemaß	Abessinien	= 1 ägypt. Rottel zu 12 Unzen	444.73 g
Mähn, das	Gewicht	Afghanistan	= 4 Oka = 1000 Miskal 100 Mähn = 1 Halmar	4.48 kg
Mahnd	Handelsgewicht	Bassora	Mahnd Attari = 24 Vakias Attari Mahnd Sofi = 34 Vakias Sofi Mahnd Bassora = 34 Vak. Bass. = 76 Vakias Attari	12.927 kg 40.936 kg
Mahnik, das	Handelsgewicht	Surate	= 12 Mönn zu 40—46 Sihrs	
Mal'ackah	Wegemaß	Ägypten	= 16 Dereghe zu 4 Marschminuten = 1—$1\frac{1}{2}$ Stunden Weg	
Mal-Acker	Flächenmaß	Vorarlberg	= 675 q.-Klafter	
Man, das	Gewicht	Persien. Täbris Teheran	= 1000 Miskal = 640 Miskal 1280 Miskal = 1 Man-i-schah	4.59 kg 2.937 kg 5.875 kg
Manchadi, der	Perlengewicht	Franz.-Ostindien	= $1/20$ Calanchi	7 mg
Mangalin, Mangol	Perlengewicht	Ostindien, Madras		0.3888 g
Mannsmahd	Flächenmaß	Vorarlberg	= 900 q.-Klafter	
Marcal	Getreidemaß	Madras	400 Marcals = 1 Garce	12.29 l
Marker	Handelsgewicht	Norwegen	= $1/2$ Pfd.	249.2 g
Marque	Textilmaß (Mark) Bauholzmaß	Frankreich	= 3 Ellen	 0.077 m^3
Mas, Maes, Mes, Mace, Mehs	Edelstein-, Gold- u. Silbergewicht	China (Kanton) Ostindien, Sumatra	= $1/10$ Liang, Thel = $1/16$ Thel	3.779 g 2.563 g
Mascha, Massa	Edelstein-, Gold- u. Silbergewicht	Bengalen Surate	= $1/12$ Tola	0.972 g 1.01 g
Massl Land	Flächenmaß	Vorarlberg	= $1/8$ Metzen = $1/64$ Staar = $2\frac{3}{4}$ q.-Klafter	
Mastello, der	Körper-, Raum- und Hohlmaß (Zuber, Kübel)	Ferrara Venedig	= 4128 Par. Kub.-Zoll = 3998 Par. Kub.-Zoll	81.88 l 79.30 l
Matar, das	Getreidemaß	Senegambien	= 40 Muhl (Moule) f. Reis	70 l 70 kg
Match	Gold- u. Silber- gewicht	Birma	= $1/2$ Keiat	8.278 g
Matt, das	Feldmaß	Oldenburg, Jever	1 Matt Binnenland = 300 q.-Ruten zu 196 q.-Fuß	57.92 a
Mau	Längenmaß Feldmaß	Annam China	= 150 Thuok auch = 4 Kioh	72.75 m 24.53 m^2 6.131 a
Mazzo, der	Textilmaß (Gebinde)	Konstantinopel	= 50 Stück	
Mecatl, der	Feldmaß	Yukatan, Tabasco	= 24 q.-Jarochas = 600 q.-Zaras	4.21 a

Bezeichnung	Art des Maßes	Ort, Land	Einteilung	metrisch
Medimnus, der	Getreidemaß	altgriechisch		
		attisch-sizilisch		52.53 l
		lakedämonisch, ägyptisch		78.79 l
		Cypern		75.097 l
Mehk (Handbreite)	Längenmaß	Birma	= 1/3 Taong	16.17 cm
Meiam	Gold- u. Silbergewicht	Brit.-Hinterind.	= 1/320 Kätti	6.07 g
Mekmeda, Kella	Reismaß	Mokka	= 1/40 Tomand	2.1225 kg
Mengel	Hohlmaß	Amsterdam	= 2 Pinten zu 2 Mutjes	1.2127 l
Mensinalo, der	Getreidemaß	Nizza		2.4 l
Merza	Getreidemaß	Rumänien	= 1/2 kg	217.55 l
Mess, das		Württemberg	= 144 Kub.-F. = 6 Fuß hoch u. breit bei 4 Fuß Scheitlänge (Klafter)	3.386 m³
Messlein, das		Württemberg	= 1/128 Scheffel	
Meste, die	Fruchtmaß		= 1/8 Malter	
Mesurette	Getreidemaß	Belgien		0.1 l
Meszely	Flüssigkeitsmaß	Ungarn	= 1 Seidel	0.40 l
Metadella	Getreidemaß	Florenz	= 1/2 Maß ital. meta = Hälfte	
Metalli	Ölmaß	Algier		16.951 kg
Metikal, der	Gold- u. Perlengewicht	Tripolis		
	f. verarbeitetes Gold		Metikal Muhmehni = 24 Kharubs	4.7615 g
	f. unverarbeitetes Gold		Metikal Akdehsi = 21 2/3 Kharubs	4.232 g
Metro, das	Längenmaß	Italien		1 m
Metzen	Flächenmaß	Vorarlberg	= 1/8 Staar = 21 1/2 q.-Klafter	
Meuk	Getreidemaß	Belgien	= 1/4 Rasiere	19 1/4 l
Mezzaralo, die	Flüssigkeitsmaß	Genua		148.45 l
Mezzeto, der	Flüssigkeitsmaß	Florenz		
Mezzetta, die	Getreidemaß	Toskana		1.52 l
Mezzini	Getreidemaß	Korsika	= 1/2 Stajo	49.95 l
Miam	Gold- u. Silbergewicht	Hinterindien	= 832 engl. troygr.	53.9136 g
Michary-Dirhem	Gewicht	Türkei	= 1/1000 Dirhem	1 mg
Michary-zira	Längenmaß	Türkei		1 mm
Michetta	Weinmaß	Spanien, Alicante	= 1/16 Cantaro	0.722 l
Miglajo (Meiler)	Gewicht	Ionische Inseln	= 1000 Pfund	453.598 kg
Migliajo, der	Handelsgewicht	Italien, Venedig, Livorno	= 1000 Pfund	
Millerole, die	Weinmaß	Marseille		
		Tripolis	= 5 1/2 Krüge Öl	64 l
		Tunis	= 6 1/2 Mettar zu 9 3/4 — 10 l Wein	
Milliare	Flächenmaß	altrömisch	= 1/1000 a	

Bezeichnung	Art des Maßes	Ort, Land	Einteilung	metrisch
Milliarium	Wegemaß	altrömisch	= 1000 röm. Schritt = 8 Stadien	1478.70 m
Millier metrique	franz. Bezeichnung f. Schiffslast v. 1000 kg od. Schiffstonne	Frankreich	(Tonneau de mer) = 20 Zentner	1000 kg
Mina, die	Flüssigkeitsmaß	Italien, Mailand	½ Mina = Sextarius	
	Getreidemaß		= ½ Scheffel	
Mine	Gewicht und Wertmaß	hebräisch	= 50 Schekel zu 274 Pariser Gran	13.70 gran
		babylon.-persisch	9600 franz. Gran	
		altgriechisch	60 Minen = 1 Talent	
		neugr. Mina	= 1500 Drachmen	1½ kg
Minello, der	Getreidemaß	Verona	= ⅓ Sacco	
Minot, das	Getreidemaß	Altpariser Maß Unterkanada		39.025 l
Miskal	Gewicht	Persien	= 24 Nechud zu 4 Gendum = 70.8345 engl. gr. tr.	4.49 g
Misure	Getreidemaß	Malta	= 1/960 Salma	
Mittmel	Flächenmaß	Vorarlberg (Feldkirch, Bludenz)	= 225 q.-Klafter = 90 Ruten	
Mjuh	Gold- u. Silbergewicht	Birma	= ¼ Keiat	4.139 g
Modillo, der	Getreidemaß	Messina	= 145 Par. Kub.-Zoll	2.87 l
Modino	Salzmaß	Spanien		14.5 hl
Modius	Hohlmaß für Trockengüter	altrömisch	1/16 Modius = 1 Sextarius	8.75 l
Mött, das (v. lat. modius = Scheffel)	Getreidemaß, auch Flüssigkeitsmaß	Bayern (Mutt) Schweiz (Mütt)		
Moggia, die	Feldmaß	Neapel		
Moggio, der (= moyo) franz. muid	Getreidemaß	Spanien		
	Feld- und Flächenmaß	Italien (= Malter)		
Moio, Mojo	Hohlmaß	Brasilien	= 40—60 Alqueires	
	Getreidemaß	Portugal	= 15 Fangas zu 4 Alqueires	830.3 l
Mojada, die	Feldmaß	Barcelona		49 a
Mojah	Längenmaß	Birma	= 1/96 Taong	5 mm
Mokuk	Fruchtmaß	Syrien		837 l
Mokul, der	Getreidemaß	Aleppo		756 l
		Syrien	= 250 Rotoli	573.8 kg
Mond	Gewicht	Abessinien	= 32 Rotoli	9.953 kg
Mondelli	Getreidemaß	Malta	= 1/96 Salma	
Mondino, der	Salzmaß	Genua		946⅔ l

Bezeichnung	Art des Maßes	Ort, Land	Einteilung	metrisch
Monme, (Momme, Me)	Gewicht	Japan	= 10 Pun (Candarin) = 1 chines. Maen 270 Momme	1 kg
Monn, Man, Maund, Mahnd	Flüssigkeitsmaß	Bombay	= 50 Sihrs	34.797 kg
	Handelsgewicht	Bombay	= 40 Sihrs zu 30 Peiss (Pice) oder 72 Tänk	12.70 kg
Morah	Reismaß		= 4 Kandy	391.7908 kg
Motika, die	Flächenmaß für Weinberge	Serbien		
Moule	Raummaß (Brennholzklafter, Schnittlänge verschieden)	Schweiz	= 36 q.-Fuß im Lichten	
Moyo (v. lat. modius = Scheffel)	Flüssigkeitsmaß	Spanien	ca. 1 Almud zu 16 Cantara	258.128 l
Mud (Muid) svw. Sack Mehrzahl Mudden		Holland	früher	1.113 hl
			jetzt = 10 Scheffel zu 10 Koppen	1.0 hl
		Kapland		1.0 hl
		Marokko		14.387 l
Müllermaßel, das	Getreidemaß	Österreich	= 1/16 Metzen	3.84292 l
Muh	Flächenmaß	China	= 5 Tschi = 1/100 King	6.31 m³
Murabbai-achari	Flächenmaß	Türkei		1 a
Muth, der	Getreidemaß	Österreich	= 30 Metzen	1844.9826 l
	Kalkmaß	Bayern	= 24 Metzen	889.416 l
Mutjes	Flüssigkeitsmaß	Holland	= 1/2 Pinte	0.303 l
Myli-achari	Längenmaß	Türkei	= 1000 m	1 km
Mystra	Hohlmaß	neugriechisch		0.01 l
Nechud (Nohud, Nachod, d. h. Kichererbsen)	Gewicht	Persien	= 1/24 Miskal	191 mg
Neige, die	Zählmaß (f. Stab- u. Faßholz)	Riga	= 20 Stück	
Nelikorn, das (ungeschälter Reis)	Gold- und Silbergewicht	Frz.-Ostindien	= 1/1600 Palom	21¼ mg
Nelli	Getreide- und Flüssigkeitsmaß	Sumatra	= 1/100 Koyang	13⅓ l
Nemetsche, das	Gewicht	Turan	= 1/256 Batman	499.1 g
Nem-man, das	Gewicht	Turan	= 1/2 Batman	63.8838 kg
Nen	Gewicht	Annam	= 10 Lüong = 5/8 Kahn	390.5 g
Nenbak (Silberbrot)	Silberbarren 995 fein	Annam	= 10 Lüong	390.5 g
Nenvang (Goldbrot)	Goldbarren 995 fein	Annam	= 10 Lüong	390.5 g
Ngu	Längenmaß	Annam	= 5 Thuok	2.425 m
Nietro, der (od. die Carga)	Weinmaß (Fuder)	Aragonien	= 16 Cantaros zu 8 Azumbres zu 4 Cuartillos	158.56 l
Niuh (Finger, Zoll)	Längenmaß	Siam	= 1/24 Sok	20⅚ mm

Bezeichnung	Art des Maßes	Ort, Land	Einteilung	metrisch
Nösel, Nössel	Hohlmaß		allgemein: ½ Kanne, Mäßchen, Seidel Schoppen	
	Feldmaß	Thüringen	= 1 Nösel Kornsaat	
Nüa dinhbak (halber Silbernagel)	Silberbarren	Annam	= ½ Lüong	19.525 g
Nüa dinhvang (halber Goldnagel)	Goldbarren	Annam	= ½ Lüong	19.525 g
Nüa nenbak (halbes Silberbrot)		Annam	= 5 Lüong	195.25 g
Nusfia	Hohlmaß	Arabien	= ⅛ Cuddy, Köddi	0.946 l
Nyläst (Neulast)	Gewicht	Schweden	= 100 Zentner zu 100 Pfd. (425,01 g)	4250.1 kg
			jetzt 100 Pfd. (500 g)	5000.0 kg
Ochava, der	Münzgewicht	Kastilien	= 1/17 Real de Vellon	
		Navarra	= 1/30 libra	
		Marokko	= 2 Ukias	
	Gold- u. Silbergewicht	Spanien und Paraguay	= ⅛ Onza	3.594 g
	Gewicht	Paraguay	= ⅛ Onza	3.594 g
Ochavillo	Getreidemaß	Spanien	= ¼ Cuartillo zu 1.156 l	0.289 l
		Kuba		0.55 l
		Madrid		0.289 l
Octunx, die	Gewicht	altrömisch	= 8 Unzen = 16 Lot	
Oka, Okka (aus arab. ukijah, ein Gewicht von 2¼ Pfund)	Gewicht	Konstantinopel	44 Oka = 1 Kantar (Zentner) 1 Oka = 400 Dramm oder Drachmen zu 64 Grän	1275.25 g
	im Kleinhandel			1281.036 g
	als Münzgewicht			1282.945 g
	gewöhnlich	Ägypten	= 400 Dramm zu 64 Grän	1235.36 g
	Handelsoka		= 420 Dramm	1297.13 g
		Alexandrien	= 412 Dramm	1272.42 g
		Ungarn	= 2.2779 Wiener Pfd.	1.276 kg
		Serbien	= 4 Litra zu 100 Dramm	1.281 g
		Griechenland, neu	= 1250 Drachmen oder Gramm = 0.97656 alte Oken	1250 g
	Flüssigkeitsmaß	Moldau		1.52 l
		Walachei		1.28 l
	Gewicht	Moldau		1291 g
		Walachei		1272 g
		Aleppo	180 Oken = 100 Rotoli = 1 Kantar 315 Oken = 175 Rotoli = 1 großer Kantar	1274.141 g
		Afghanistan	= ¼ Mähn	1.12 kg
Onca, Onza	Handelsgewicht	Portugal, Brasilien	= 1/16 Arratel	
	Gold- u. Silbergewicht		= ⅛ Marco	28.688 g

Bezeichnung	Art des Maßes	Ort, Land	Einteilung	metrisch
Once	Gewicht	Holland		100.00 g
Oncia sottile	Gewicht	Ionische Inseln	= 1 engl. Troyounce = 1/12 Troypfund (Libbra sottile)	31.1 g
Orbach	Getreidemaß	Tripolis	= 1/16 Urba	6.7 l
Oredis (Erzschüssel)	Hohlmaß (Bleierzmaß)	England		17.59 l
Orlong, das	Feldmaß	Pulo Pinang	= 25600 q.-Hastas zu 20 Dschömbas zu 2 Depas	53.5 a
Orna, die (urna = Topf)	Flüssigkeitsmaß	Italien, Triest,	= 3310 Par. Kub.-Zoll	65.67 l
		Fiume	= 2713 Par. Kub.-Zoll	53.83 l
Ort (svw. 1/4)	Flüssigkeitsmaß (= 1/4 Maß)	Dänemark	= 1/1000 Pfund	0.5 g
		Norwegen	= 1/100 Pfund	4.25 g
		Schweden	= 1/100 Pfund	5.00 g
Osmin, der (russ. osmina, von osmj = 8)	Getreidemaß	Rußland	= 1/8 des alten Kad = 1/2 Tschetwert = 4 Tschetwerik = 4904 Par. Kub.-Zoll = 6404.847 russ. Kub.-Zoll	104.95 l
Osmucha, Osmuschka, die	Hohlmaß	Rußland	= 1/8 Pfund = 1/8 Eimer = 80 Kub.-Zoll	
Otri (Mehrzahl)	Weinmaß	Korsika	= 6 Zucche zu 9 Pinte	15.8 l
Ottingkar	Getreidemaß	Norwegen	= 1/8 Scheffel	2.1715 l
Ouvrier, der	Feldmaß für Wein	Schweiz, Neuenburg	= 16 Piedo	3.523 a
Ovalo	Apothekergew.	Buenos Aires	= 1/576 libra	0.598 g
Oxhufoud, das	Flüssigkeitsmaß	Schweden	= 90 Kannen	235.548 l
Pacco, der	Getreidemaß	Italien		243.69 l
Pace, die	Längenmaß	England	= 2 Feet	0.6096 m
Pack	Gewicht für Wolle	England	= 12 Scores = 240 pd. av.	108.8620 kg
	für Leinen und Hanfgarn		= 3—6 Bundles zu 200 Leas oder 60000 Yards	
	Zählmaß für indianisches Rohr	Frz.-Ostindien	= 25, 50 oder 100 Stück	
Packa	Getreidemaß	Frz.-Ostindien	= 1/24 Gallon	1.4955 l
Paterik, der (von pätj = 5)	Gewicht	Rußland	= 1/8 Pud = 5 russ. Pfund	2.048 kg
Pagode	Gold-, Silber- u. Juwelengewicht	Ostindien	= 71 holl. As	3.405 g
		Madras		3.54 g
Pahah	Gewicht	Bengalen		
	Faktoreigewicht		= 4 Tschittaks	211.68 g
	Basargewicht			233.28 g
Pahli, das	Getreidemaß	Surate	= 1/20 Parah	1.7 kg
Pajok, das (Verkleinerung v. paij = Teil)	Getreidemaß	Rußland	= 2 Tschetwerik	52.48 l
Pallie	Getreidemaß	Bengalen	= 1/320 Khahoon	4.234 kg

Bezeichnung	Art des Maßes	Ort, Land	Einteilung	metrisch
Palm, Palme (= Handbreite)	Maß für Umfang von Rundholz auf Schiffen	England	= 0.25 engl. Fuß	0.076 m
		Hamburg		0.0965 m
		Holland		0.1 m
		Norwegen		0.0886 m
Palme, Palmo, Palma (port., span. u. ital. = Spanne)	Längenmaß	Brasilien, Portugal		0.22 m
		Italien, Rom	= 1/8 Canna	0.249 m
	(Pan, Elle)	Korsika	= 12 Oncik zu 12 Linien	0.25 m
		Palermo		0.2581 m
	(Palmo mayor)	Spanien		0.209 m
	(Palmo menor)			0.06966 m
	(Palme)	Holland	= 1 Dezimeter	
	(Palmo)	Griechenland	= 10 cm	
Palmus	Längenmaß Handbreite (Finger ohne Daumen)	altrömisch	= 1/4 Fuß	0.074 m
	palmus maior		= 3/4 Fuß	0.22 m
Palom, der	Gold- u. Silbergewicht	Frz.-Ostindien	= 10 Viraganides zu 10 Panavades zu 10 Nelikörner (unenthüllter Reis)	33.993 g
Panavade, der	Gold- u. Silbergewicht	Frz.-Ostindien	= 1/100 Palom	0.34 g
Pand	Feldmaß	Bombay	= 1/20 Biggah	1.62885 a
Panja, die (= klein. Sack)	Getreidemaß	Moçambique		26.4 l
Panoro, der	Feld- u. Flächenmaß	Toskana	= 144 q.-Ellen	
Parah, das	Getreidemaß (Korb)	Madras	= 1/80 Garce	61.45 l
		Bombay	= 1/8 Kandy	20.3209 kg
		Surate	= 20 Pahli = 75 pd. av.	34 kg
Parra	Reis- u. Salzmaß	Prinz-Wales-Insel	= 10 Gantangs zu auch 5, 15 und 20 Gantangs	4.45 l
Passeto, der	Längenmaß	Palermo	= 2 Palmi	0.516 m
Passo, der	Längenmaß	Italien	= 1 Schritt	
	Feld- oder Flächenmaß	Venedig		
Passus (lat. = Schritt)	Längenmaß Schritt	altrömisch	= 5 Fuß (pedes) = 2 Gradus oder 2×2½ Fuß (pedes)	1.479 m
			1 pes Romanus	29.57 cm
			1000 Passus = 1 Meile	
			1.5 Passus = 1 cubitus (Elle)	
			2.5 pedes = 1 gradus (Schritt)	
			5 pedes = 1 passus (Doppelschritt)	
			5000 pedes = 1 mille passuum (Meile)	
			625 pedes = 1 stadium	

Bezeichnung	Art des Maßes	Ort, Land	Einteilung	metrisch
Pau	Längenmaß	Afrika	= 16—28 Zoll	
Pegelstoof (Visirstoof)	Flüssigkeitsmaß	russ. Ostseeprov.		1.53 l
Peh, das	Feldmaß	Birma	= 625 q.-Teh	72.077 a
Pehli	Getreidemaß	Bombay	= $^1/_{16}$ Parah	1.2701 kg
Pehtha (engl. Wiss)	Gold- u. Silbergewicht	Birma	= 100 Keiats (Tikals) zu 2 Matchs zu 2 Mjuhs zu 2 Behs zu 4 große Rewehs	1.6556 kg
Peiïh	Getreidemaß	Birma	= $^1/_{16}$ Teng	1.656 kg oder 2.428 l
Peiz (Plur.: pice)	Gewicht	Bombay	= $^1/_{30}$ Sihr	10.58 g
Pekul, der	Gewicht	Indien, China	= 125 Pfund	
Peonada, die	Feldmaß	Bilbao	= 544$^4/_9$ kastil. q.-Varas	3.804 a
Perche, die (Rute, Rod, Pole)	Längenmaß	England	= 5.5 Yard oder 16$^1/_2$ engl. Fuß	5.04911 m
Perche (Rute)	Längenmaß	Frankreich		
	als Feldmaß		= 3 Toisen od. 18 Fuß	5.84611 m
	als Forstmaß		= 3$^1/_2$ Toisen oder 22 Fuß	7.14646 m
		Schweiz	= 10 Fuß	3.00 m
Periot, perlot	Gewicht	England	= $^1/_{9600}$ Grän	0.00675 mg
Perma, das	Gewicht	Rußland	= 71 Zollzentner	63.8 Pfund
Pezza, die	Feld- u. Flächenmaß	Rom		
Pferdemaß (s. Faust)		Österreich-Ungarn	1 Faust = 4 Zoll zu 4 Strich	10.53602 cm
	Pferde leichten Schlages		15 Faust 2 Zoll	163.3 cm
	Pferde schweren Schlages		15 Faust 2 Zoll 1 Strich	164.6 cm
Pfiff (Wiener Pfiff)	Weinmaß	Wien	= $^1/_2$ Seidel	0.17684 l
Pherza, die	Reismaß	Ostindien	= 75 engl. Pfund = 70$^1/_2$ Zollpfund	
Pichi, die	Längenmaß	neugriechisch	Elle	
Picotin, der	Getreidemaß für Hafer	Frankreich	svw. Mäßchen, Vierling, Metze	
Pièce (= Stück)	Weinmaß für Branntwein (Stückfaß)	Bordeaux	ca. 50 Veltes	ca. 380 l
Pik, Pic (Elle d. Türken)	Längenmaß	Türkei P.	= 4 Rub oder 24 Kirat	0.677 m
		P. Endaseh		0.6384 m
		P. Beledi		0.5775 m
		P. Mehendaseh		0.767 m
		P. Mekias		0.5407 m
		Aleppo	= $^3/_4$ Yard	0.6858 m
		Senegambien		1.00 m
		Griechenland, kgl. Pik	= 10 Palmos zu 10 Daktyloi (cm) zu 10 Dramm (mm) = 1.5432 kleine P. = 1,4948 große P.	1.00 m
	Längenmaß für Seidenwaren	Türkei		0.65 m

Bezeichnung	Art des Maßes	Ort, Land	Einteilung	metrisch
Pinte	Flüssigkeitsmaß	Böhmen	= 4 Seidel = 1.351 Maß	1.912 l
Pissi	Handelsgewicht	Sansibar	= $^1/_{60}$ Dschesla	2.645 kg
Pizete, der	Goldgewicht	Ungarn und Siebenbürgen	ca. 95 Grän	
Plethron	Längenmaß	Athen	= 100 griech. Fuß	30.83 m
	Flächenmaß	altgriechisch	= 10000 q.-Fuß	0.096 ha
Pösserik	Gewicht	Bengalen		
	Faktoreigewicht		= 5 Sihrs	4.234 kg
	Bazargewicht			4.666 kg
Pognorée, die	altes Fruchtmaß	Montpellier	= $^1/_{12}$ Setier	
Pognou, der	Weinmaß	Lüttich	= $^1/_{16}$ Setier	
Pollam	Gewicht	Madras	= $^1/_8$ Seer	35.4 g
Pollex (frz. pouce)	Längenmaß (Daumen, später svw. Uncia)	altrömisch	= $^1/_{12}$ Fuß = 1 Zoll, daher Pollicaris	
Poloniko, der	Getreidemaß	Triest		24.7 l
Poluosmina, die	Getreidemaß	Rußland	= $^1/_4$ Tschetwert	52.479 l
Polutschetwerik	Getreidemaß	Rußland	= $^1/_2$ Tschetwerik	13.119 l
Pont, Punt, das	Längenmaß	China	ca. $1^1/_2$ rheinl. Zoll	
Pool, das	Handelsgewicht	Kalikut	$^1/_{10}$ engl. Pfd.	
Porron, der	Weinmaß	Barcelona		0.942 l
Pose, die oder der Journal (die Juchart, das Tagewerk)	Feldmaß	Genf	= 8 Ouvrées oder Fossoyées = 400 q.-Ruten	27.013 a
Potsa, die	Handelsgewicht	altgriechisch	= $2^1/_2$ Oken zu 1280 g	
Pouce, der	Längenmaß	Schweiz	= $^1/_{10}$ Pied (Fuß)	3 cm
Praschtscheine, die	Längenmaß	Walachei	= 3 Klafter	5.88639 m
Provende, die	Getreidemaß	Niederlande	= $^1/_{32}$ Rubbio	8.8 l
Pu (Schritt)	Längenmaß	China	= 5 Tschi (Fuß)	1.603 m
Puddy	Getreidemaß	Madras		1.54 l
Pulgada (pulgar = Daumen)	Längenmaß		3200 Puddys = 1 Garce	
		Spanien	= 1 span. Zoll = $^1/_{12}$ Pié (Fuß)	
Puncheon	Weinmaß	England	= $^2/_3$ Pipe = $1^1/_3$ Hogshead = 19.232 Par. Kub.-Zoll	0.38 l
Put	Gewicht	Hinterindien	= $1^1/_2$ engl. Pfd.	
Quadratref, das	Feldmaß	Schweden	= 10000 q.-Fuß	8.815 a
Quaneh (svw. Meßrute)	Längenmaß	hebräisch	= 6 Ellen, ammah = 8 Fuß 11 Zoll 3 Paris. Linien oder 9 Fuß 3 Zoll rheinl Maß	
Quarta	Getreidemaß	Portugal Brasilien	= $^1/_4$ Alqueire	3.46 l
	Ölmaß	Genua	= $^1/_4$ Barile (Faß)	16.37 l
Quartario, der	Flüssigkeitsmaß auch Getreidem.	Venedig		

Bezeichnung	Art des Maßes	Ort, Land	Einteilung	metrisch
Quartarius	Hohlmaß für Trockengut	altrömisch	= 3 Cyathi	0.137 l
Quartaro, der	Flüssigkeitsmaß	Lombardei, Messina		
Quartaut, der	Flüssigkeitsmaß	Frankreich	= 1 Viertel	0.25 l
Quartel, das	Flüssigkeitsmaß	Holland Niederdeutschland	= 8—9 Anker	
Quartera, die	Getreidemaß	Spanien		
Quartero, der	Flüssigkeitsmaß	Barcelona, Mahon u. Palma		
Quarterolla, die	Getreidemaß	Rom		
Quarteron, der	Flüssigkeitsmaß	Frankreich	= ein gr. Quart = zwei Maß, Kannen = $^1/_4$ Pfund $^1/_4$ Hundert	
Quarteron, der	Getreidemaß	Schweiz	= 10 Imi = 1 Viertel = 1 Sester	15 l
Quartilho, der	Flüssigkeitsmaß	Portugal Brasilien	= $^1/_{48}$ Almudi = $^1/_4$ Medida	 $^{25}/_{36}$ l
Quartino, der	Flüssigkeitsmaß	Alessandria, Florenz	= $19^3/_4$ Pariser Kub.-Zoll	0.38 l
Quartirolo, der	Fruchtmaß	Bologna	= $^1/_8$ Stajo	
Quarto, der	Flüssigkeitsmaß Ölmaß Getreidemaß	Barcelona Neapel Italien		2.52 l
Quartuccio, der	Flüssigkeitsmaß	Messina	= $^1/_8$ Quart = $^1/_8$ Kanne	
	Getreidemaß	Toskana	= $^1/_4$ Metze	
Queue, die	Weinmaß	Frankreich		
Quilat, Quilate, der	Goldgewicht	Spanien, Portugal	= 1 Karat = $^1/_{24}$ Unze	
	Edelsteingewicht		= $^1/_{140}$ Unze	
Quillot, der	Getreidemaß	Türkei	= 61 Pfund	
Quintin	Gewicht	Dänemark	= $^1/_{100}$ Pfund	5 g
Quinto, das	Gold- und Handelsgewicht	Westküste Afrika		
Quirat, das svw. Karat	Gewicht	Ägypten	= $^1/_{16}$ Quentchen	
Rachel	Weinbergmaß	Österreich	= $^1/_4$ Joch große R. = 600 q.-Klafter	16.3891 a 21.5841 a
Racione	Getreidemaß	Malaga	= $^1/_{192}$ Fanega	0.28 l
Raik	Getreidemaß	Bengalen	= $^1/_4$ Pallie	1.06 kg
Ras, Raso, der	Längenmaß	Piemont, Alessandria, Cagliari, Nizza	= $^1/_2$ Paris. Elle	
Rasch	Salzmaß	Bombay	= 16 Annas zu 100 Parahs	421.48 hl
Rasière	Getreidemaß	Belgien		48.75 l
Ratel, Rotal, Artal	Gewicht (Pfund)	Marokko	= 20 Unzen	508 g

Bezeichnung	Art des Maßes	Ort, Land	Einteilung	metrisch
Ratis, das	Diamanten- und Perlengewicht	Ostindien	= 3½ Gran = ⅞ Karat	
Rebebe	Getreidemaß	Alexandrien		
Reep	Raummaß (f. langes Brennholz)	Bremen		ca. 2.45 m³
Ref	Längenmaß	Schweden	= 10 Stangen	29.69 m
Restière, der	Getreidemaß	Italien, Cagliari	= 7413 Paris. Kub.-Zoll	147 l
Rezal, der	Getreidemaß	Frankreich	ca. 160 Pfund	
Ri, das	Flächenmaß	Japan	= 0.55 deutsche q.-Meilen	
Riemenklafter	Flächenmaß (Baugewerbe)	Österreich		3.597 m²
			Riemenfuß	0.599 m²
			Riemenzoll	0.05 m²
Rimpel	Fruchtmaß	Ungarn	= 0.026 Achtel	0.200 l
Rin	Längenmaß (Naturmaß! = Dicke des Seidenkokonfadens)	Japan	= 1/100 Meh	
Ring, das	Stückmaß für Stückgüter	Danzig	= 2 kl. Hundert zu 2 Schock	
der	Stückmaß für Stab- u. Faßholz	Riga	= 240 Stück	
Robada, die	Feldmaß	Pamplona	= 1458 q.-Varas	8.98 a
Robo, der	Getreidemaß	Pamplona	= 16 Almudes	28.13 l
Rod, Pole, Perch	Längenmaß (Rute)	England und USA	= 5½ Yards oder = 16½ engl. Fuß zu 0.3048 m	5.029 m
Roeden (Vierkante)	Flächenmaß	Holland	= 1 Ar	100 m²
Roeneng	Längenmaß	Siam	= 100 Pen	4000 m
Röttih, das	Perlengewicht	Bombay	= 1/24 Tänk	194.4 mg
		Surate	= 4 Quarters zu 4 Amas	0.125 g
		Bengalen	= 1/96 Tola	121.5 mg
Rolle	Zählmaß für Pergament	England	= 5 Dutzend Felle	
Ronde	Längenmaß	Holland		100 m
Rond — Palm (ronde Mastpalm)	Maß f. d. Umfang der Schiffsmasten	Niederlande	= ⅓ Amsterd. Fuß	0.094378 m
Rood of land	Flächenmaß	England	= ¼ Acre = 40 q.-Rods	10.117 a
Rosier, der	Getreidemaß	Holland		82—110 l
Rotolo, Rotel, Rotal, Rottel, Rottolo	Gewicht	am Mittelmeer, Türkei, Konstantinopel		561.11 g
		Ägypten	= 12 Ukien (Unzen) zu 12 Drachmen	444.73 g
	Regierungsrottel	Türkei	= 15 Unzen = 180 Drachmen	555.91 g
	Rottel forforo		= 140 Drachmen	432.38 g

Bezeichnung	Art des Maßes	Ort, Land	Einteilung	metrisch
Rotolo, Rottel, Rotal, Rottel, Rottolo (Fortsetzg.)	Handelsrottel	Alexandrien, Kairo	= 105 Drachmen	324.28 g
	f. Gewürznelk.		= 150 Drachmen	463.26 g
	großer Handelsrottel		= 324 Drachmen	1000.6 g
	großer R. v. Alexandria		= 312 Drachmen	963.58 g
		Tripolis	= 162 Unzen zu 10 Drachmen	488.32 g
	Rottel attari für Drogen und Metalle	Tunis	= 16 Ukien	506.880 g
	Rottel Khaddari für Gemüse		= 20 Ukien	639.453 g
		Bassora	= 14½ Vakia Attari	7.810 kg
		Abessinien (Habesch)	= 12 Wakih (Unzen) zu 10 Decime (Drachmen)	311.035 g
Rubbio	Gewicht	Italien, Mailand	= 25 Libre zu 326.763 g	
		Genua, Turin	zu 368.845 g	
Rubbio, Rugghio, Ruggio	Getreidemaß	Rom		294.46 l
	Feldmaß	Rom		184.46 a
Reweh, das	Gold- u. Silbergewicht	Birma	= 1/32 Keiat	0.52 g
Sacco, der (lat. saccus = Sack)	Getreidemaß	Italien		71.7—165.7 l
	Salzgewicht	Korfu, Paxos		
	Holzmaß	Italien, Schweiz		
	Getreidemaß	Malta	= 1/4 Salma	
Saggio, der (svw. Muster)	Gewicht	Venedig	= 1/6 Unze	
Sah, Särrot, Sarot	Getreidemaß	Birma	= 1/8 Teng	4.855 l
			(ca. 1 engl. Weingallon) für geschälten Reis	3.312 kg
Sait, Sehk, Saik Seht, der	Hohlmaß	Birma	4 Sait = 1 Teng (Korb) geschälter Reis = 58⅖ engl. Handelspfund	26.49 kg
Saleh, Salay	Getreidemaß	Birma	= 1/64 Teng	414 g
			seit 1872	0.607 l
Salma, die	Gewicht (= Last)	Italien	= 25 Pfund	
	Flüssigkeitsmaß	Messina, Palermo, Neapel, Kalabrien, Gallipoli	bis	87.62 bis 304.76 l
	Getreidemaß	Barcelona, Malta, Messina	bis	266.45 bis 344.44 l
		Malta	= 4 Sacca oder 16 Tumoli zu 6 Mondelli zu 10 Misure zu 6 Lumini	
	für Weizen, Roggen, Gerste (gestrichen)			288.5 l
	(Salma colma = gehäuft)			334⅔ l

Bezeichnung	Art des Maßes	Ort, Land	Einteilung	metrisch
Salup	Salzgewicht	Sumatra	= 2 engl. Pfund	
Samar, der	Fruchtmaß	Georgien	= 1½ russ. Tschetwert	314.85 l
Sao	Längenmaß	Annam	= 15 Thuoks	7.275 m
Sarakowoi (wai), der (von sorok = 40)	Flüssigkeitsmaß	Rußland	= 13½ Acker oder 40 Wedro (Eimer)	
Schäffel, Schaff, das	Hohlmaß	Bayern	= 6 Metzen zu 2 Viertel zu 4 Maßel = 208 Maßkannen	222.357 l
Schaff, der	Getreidemaß	Augsburg	= 8 Metzen zu 4 Vierling zu 4 Viertel zu 4 Mäßle = 0.92329 bayr. Schäffel	205.30 l
Schaku, das	Längenmaß (Stoffmaß)	Japan, Schaku Kane	(metallener Fuß)	0.3036 m
		Kudschira Schaku	(Fischbein-Schaku)	0.3795 m
Schan (Xang, Tschang)	Gewicht	Siam	= 2 chines. Kättis	1.2095 kg
Scheki	Gewicht			
Schepel (= Scheffel)	Hohlmaß	Holland	jetzt Bezeichnung für	10 l
			10 Scheepels =	100 l
			1 Sack, Muid = 3.595311 alte Amsterdamer Scheepels	
Scherbe, die	Erzmaß von 3—4 Zentnern, bestehend aus einem Kasten ohne Boden			
Schichtfuß	Raummaß (Bergbau)			1.137 m³
Schichtklafter	Raummaß (Bergbau)			6.821 m³
Schin	Getreidemaß	China	= 1/20 Sai	6.12 l
Schittal	Gewicht für Erz (Kupfer)	Abessinien	= 7 Farrasl = 150 Rottel	
Schnur, die oder Corde, Ref	Längenmaß	Schweden	= 10 Stangen	29.69 m
Schock	Zählmaß		= 60 Stück = 4 Mandeln 1 Großschock = 64 Stück	
	Textilmaß	Danzig	ermländisches Garn = 60 Stück zu 20 Gebünd zu 40 Draden	112.00 m
Schreef, Schreve	Weinmaß	Brüssel	= 2 Geltes	5.4 l
Schu	Gewicht	China	= 1/2400 Thel	15.75 mg
Schukkah, das oder Baa	Längenmaß	Sansibar	= 2 War = 4 Durras	1.829 m
Schumbol, das	Getreidemaß	Acka (Mittelländ. Meer)		81.23175 l
Score, das	Zählmaß	England	= 20 Stück (Stiege)	

Bezeichnung	Art des Maßes	Ort, Land	Einteilung	metrisch
Scorzi	Getreidemaß	Rom	= $^{1}/_{22}$ Rubbio	13.39 l
Seah	Hohlmaß f. Trockengut	hebräisch	30 Seah = 1 Kor $^{1}/_{3}$ Seah = 1 Epha (Schalisch)	6.7 l
Seam, das	Getreidemaß	England	= 8 Scheffel	
	als Gewicht		= 120 Pfund	
Secchia, die	Flüssigkeitsmaß (Eimer)	Italien		9.92—14.88 l
Sechir, Chequis	Gewicht	Türkei	= 2 Oken	
Sehk	Getreidemaß	Birma	= $^{1}/_{4}$ Teng seit 1872	6.623 kg 9.709 l
Seitel, Seidel (v. lat. situla = Eimer)	Flüssigkeitsmaß	Österreich	= $^{1}/_{4}$ Maß	0.353681 l
		Böhmen	= 0.339 Maß	0.480 l
		Ungarn	= 0.283 Maß	0.400 l
		Bayern (lokal abweich. Größen)	= $^{1}/_{2}$ alte Maß	0.535 l
	Getreidemaß	Böhmen		
Sekel, Schekel, der (v. chaldäisch schakal = wägen)	Gewicht für Metalle u. Münzen	hebräisch		·13.8 g
		phönizisch		14.5 g
	als Geldwert	babylonisch	3000 Sekel = 1 Talent zu 60 Minen zu je 50 Sekel	
			Schwergew.	Leichtgew.
	als Gewicht	3600 Sekel = 1 Talent zu 60 Minen zu je 60 Sekel	zu je 16.83 g = 60.600 kg zu je 1.01 kg	zu je 8.41 g = 30.300 kg zu je 505 g
			Einteilung	metrisch
	heil. Silbersekel	Palästina	Mine = 727.5 g Talent = 43.650 kg	14.55 g
	Goldsekel	hebräisch		16.37 g
Selamim	Flüssigkeitsmaß	Portugal		0.431 l
Ser, Sier, Cer, das Sihr	Gewicht	Hindostan, Turan	= $^{7}/_{8}$ Batman	15.9705 kg
		Bokhara	= $^{1}/_{40}$ Batman	491.41 g
		Madras	= $^{1}/_{40}$ Maund	283.4 g
		Surate	= 35 Tola zu 12 Massa zu 8 Röttih	
Serre, der	Gewicht	Frz.-Ostindien	= 8 Polons	271.94 g
Setier, der (lat. sextarius)	Getreidemaß	Frankreich u. Holland		ca. 110 l
	Weinmaß	Genf	= 8 Pintes (= 36 Schweizer Maß)	54 l
Setine, die	Feldmaß	Genf	= 500 q.-Ruten	33.766 a
Sextarius, der	Flüssigkeitsmaß f. Trockengüter	altrömisch	= $^{1}/_{6}$ Congius = $^{1}/_{2}$ Quart = $^{1}/_{16}$ Modius	0.547 l
Sicilicus (= $^{1}/_{48}$ eines Ganzen)	Gewicht	altrömisch	= $^{1}/_{48}$ As oder $^{1}/_{4}$ Unze	6.822 g
	Längenmaß	altrömisch	= $^{1}/_{48}$ röm. Fuß	6.2 mm

Bezeichnung	Art des Maßes	Ort, Land	Einteilung	metrisch
Sihr, Ser	Handelsgewicht Faktorei-Sihr	Ostindien	= 1/40 Maund	846.71 g
	Bazar-Sihr		(gesetzl. Gewicht in Bengalen)	933.105 g
	Gold- u. Silbergewicht	Surate		424.56 g
	Getreidemaß	Bombay		317.5 g
	Flüssigkeitsmaß	Bombay	= 1/50 Mönn (Män)	0.79594 kg
Sinqueña, die	Ölmaß	Tarragona	= 5 Cuartales	20.65 l
Sister (Sester)	Getreidemaß	Holland	= 7 Metzen	
Skok	Zählmaß	Schweden	= 60 Stück	
Snees (Stiege)	Zählmaß	Dänemark	= 20 Stück	
Soalle	Getreidemaß	Bengalen	= 1/16 Khahoon	84.675 kg
Soekel	Gewicht für Muskatblüten	Banda		77.5 kg
Soglio, der	Weinmaß	Mantua	= 60 Boccali	54.682 l
Sok, das	Längenmaß (Elle)	Siam	= 2 Küb (Spannen) zu 12 Niuh (Finger, Zoll) zu 4 Kabiet	0.5 m
Soma, Somma (= Bürde, Last)	Flüssigkeitsmaß u. Getreidemaß	Italien	= 10 Minen	
	Maß f. Wein, Öl	Korsika	= 1/2 Baril	31.6 l 11.5 l
Spanne, die	Längenmaß (ausgespannte Hand v. d. Spitze des Daumens bis zu der des Mittelfingers)			
Spießlein, das, oder Wurf	Zählmaß	Nürnberg	= 5 Stück	
Spindel, die	Garnmaß	England	= 18 Hanks = 15.120 Yards zu 0.914 m	
Spint, das	Hohlmaß	Bremen	= 1/16 Scheffel	4.6 l
		Hamburg	= 1/8 Faß	6.58 l
Staar Land	Flächenmaß	Kärnten	= 1/8 Stochiacah	
Stab	Längenmaß (Elle)	Frankreich		1.188 m
		Berlin	= 1 75 Ellen	
		Frankfurt, M	= 2.166 Ellen	
Stadium, Stadion (ursprünglich Länge der Rennbahn von Olympia)	Längenmaß	altgriechisch	= 200 Schritte zu 0.8 m = 600 Fuß	160 m
		beim Minervatempel (100 Fuß breit, 225 Fuß lang) zu 0.30828 m	8 Stadien = 1 röm. Meile 1 Stadium = 625 röm. Fuß	184.97 m
		Ägypten	= 400 kgl. Ellen	210 m
		Griechenland, kgl. Stadion	= 1000 Piki	1 km
Stajo, der	Getreidemaß (Scheffel)	Italien		20.7—98.67 l
		Korsika	= 2 Mezzini zu 6 Sacini	99.91 l
Stangiev	Flüssigkeitsmaß	Galizien	= 2 Beczka = 193.024 Maß	273.129 l

Bezeichnung	Art des Maßes	Ort, Land	Einteilung	metrisch
Star, Stär, der	Hohlmaß für Erz	Tirol		0.0306 m³
Starata, die	Feldmaß	Nizza	= 16 Moturali zu 8 Ottave	15.4449 a
Staro, der (auch Stajo v. lat. sextarius)	Getreidemaß	Triest	= 0.9639 Achtel	74.085 l
		Tirol	= 3.978 Achtel	30.575 l
	auch Feldmaß	Ferrara		
Startin, der oder Startine, die	Fruchtmaß	Steiermark	= 73.635 Achtel	565.959 l
Steckan	Weinmaß	Holland	= 1/2 Anker	19.403 l
	Flüssigkeitsmaß	Rußland		18.448 l
Steen	Gewicht	Holland	= 3 Pond	3.0 kg
Stein	Gewicht	Österreich	= 20 Wiener Pfd.	11.201 kg
		Krakau	= 23.19 Wiener Pfd.	12.986 kg
		Prag	= 18.37 Wiener Pfd.	10.287 kg
	1 Stein Mandeln		= 30 Zentner	1680.18 kg
	1 Stein Federn, Wolle		= 20 Zentner	1120.12 kg
		England (stone)	= 14 pound av.	6.350 kg
		Holland, alt	= 8 und 6 Pfd.	
		Holland, neu	= 3 Pond	3.0 kg
Stibich	Hohlmaß f. Holzkohle	Österreich	= 2 Metzen	123 l
Stioro, der (v. stajo = Scheffel)	Feldmaß	Florenz		5 1/4 a
Stochiacah, der	Feldmaß	Kärnten	= 2 Tagmahd = 8 Staarland = 10 Grabe = 24 Stajoli = 800 q.-Ruten = 1.5517 Joch	89.297 a
Stock	Getreidemaß	Hamburg	= 1 1/2 Last Gerste	49.46 hl
Stoof	Flüssigkeitsmaß		svw. Quart	
Stoopen, Stoop	Weinmaß	Holland	= 1/16 Anker	2.425 l
Stop	Flüssigkeitsmaß	Schweden	= 1/2 Kanne	1.30859 l
Streepen (Linie)	Längenmaß	Holland	svw. mm	
		Japan	= 1/100 Wayer	3.85 mm
Strich (Aussaat), der	Feldmaß	Böhmen	= 1/3 Wiener Joch	28.77 a
	Getreidemaß	Böhmen	= 4 Viertel = 16 Maßel = 192 Seidel = 12.177 Achtel	93.592 l
Strik	Zählmaß	England	= 25 Stück Aale	
Stroh	Zählmaß	Amsterdam	= 1/20 Last = 50 Stück Bücklinge	
Stutzen	Flüssigkeitsmaß	Baden	= 1/10 Ohm	15 l
Suerte de chacra	Flächenmaß	Buenos Aires Stadt	= 19600 q.-Varas	147 a
		Land	= 10000 q.-Varas	75 a
Suerte de estancia	Flächenmaß	Buenos Aires Stadt	= 27000000 q.-Varas	2024.881 ha
Sun	Längenmaß (Naturmaß!)	Japan	= 1 Fingerglied	

Bezeichnung	Art des Maßes	Ort, Land	Einteilung	metrisch
Surlo, Zurlo, der	Gewicht	Aleppo		65 kg
Surone	Gewicht	St. Domingo Mittelamerika	= 100 Libra = 150 Libra	46 kg 69 kg
Ta (Zentner, v. chin. Tan oder Pikol)	Gewicht	Annam	= 100 Kahn	62.480 kg
Tael, Thel, das (chin. Liang)	Gold- u. Silbergewicht (auch Geldeinheit in China)	Japan	= 10 Tsien, Mehs, Mace, Mas zu 10 Fen, Candarin zu 10 Li, Tong-Tsien, Käsch, Cash zu 10 Hao, Chou zu 10 Sse, Sü = $^1/_{16}$ Katty, Kin	
	Handelsgewicht		= 24 Tschii zu 10 Lui zu 10 Schu	37.7994 g (32—39 g)
		China Schanghai	= 33.38675 g Feinsilber = 34.2463 g Feinsilber = 38.246 g Silbergewicht = 36.560 g Gold-Thel	
	Juwelengewicht f. Diamanten	Borneo	= 39.7675 g = 142.5 holländ. As = 6.8 g	
Tänk	Gewicht für Perlen	Bombay	= $^1/_{72}$ Sihr = 2.4 Röttihs = 330 Tuckas	4.41 g 4.6655 g
Taim, das (Taong)	Längenmaß (Elle)	Birma	= 18 engl. Zoll = 2 Twach (Spannen) zu 1½ Mehks (Handbreiten) zu 8 Thits (Fingerbreiten)	0.48513 m
Taka, das	Längenmaß	Sansibar	= 2 Tobe zu 8 Schukkah	7.316 m
Talent (hebr. Kikkar, griech. τάλαντον = Waage)	Gold- u. Silbergewicht	babylonisch, persisch (Silbertalent) }	= 60 Minen = 600 medische Siclen (Drachmen)	33.6 kg
		babylonisch	= 822000 Gran	45.66 kg
	(Goldtalent)	euböisch		25.075 kg
	(Silbertalent)	babylonisch	auch	33.42 kg
	Gewicht u. Geldeinheit	griechisch Ägina Athen (Solon)	= 37.2 kg Silber = 26.196 kg Silber = 60 Minen zu 100 Drachmen zu 6 Obolen	
		Neu-Griechenland	= 100 Minen	150 kg
Tanab, das	Feldmaß	Turan	= 3600 q.-Ellen	40.9856 a
Tang, Tan (Pikul)	Flächenmaß als Gewicht	Japan	= 10 Seh = 300 Tsjubo	995.73 m²
Tank, das	Edelstein- u. Perlengewicht	Surate	= 24 Röttih zu 20 Wassa	3.03259 g
Tarca, die	Feldmaß	Vera Cruz	= 36 q.-Jarochas = 900 q.-Varas	6.32 a
Tarma, die	Gewicht	Venedig	= 3 Scrupel	
Tarri	Getreidemaß	Algier		
Teghar, der	Gewicht	Bagdad	= 20 Wozne od. 80 Man	

Bezeichnung	Art des Maßes	Ort, Land	Einteilung	metrisch
Teng, Ten, das (engl. Basket = Korb)	Getreidegewicht	Birma	= 2 Kweh zu 2 Sehk, Seht zu 2 Sah zu 2 Pellihs zu 4 Salehs 1 Sah ca. 1 engl. Weingallon 1 Teng geschälter Reis = 16 Pehtha	26.49 kg
			(1872, neues Basket) 100 Teng = 1 Koyan	38.8363 l
Terzarolo, der	Weinmaß	Genua	= 60 Amole	53 l
Theer, das oder Tehr	Torfmaß	Hamburg	= 120 Hamburger Kub.-Fuß	28.24 hl
Thit (Fingerbreite)	Längenmaß	Birma	= $^1/_{24}$ Taong	2.02 cm
Thread, der (Faden, Haspelumfang)	Garnmaß	England		
	f. Baumwollgarn		= 1.5 Yards	1.371 m
	f. Wolleneinschlaggarn		= 1 Yard	0.914 m
	f. Wollenkettengarn		= 2 Yards	1.828 m
Thuok	Längenmaß (Elle)	Annam	= 10 Tahk zu 10 Fahn zu 10 Li	0.6388
	f. Kaufleute		10 Thuoks = 1 Duong 3 Duong = 1 Käwä 10 Käwä = 1 Gon	0.6388 m
	f. Feldmesser u. Architekten		5 Thuoks = 1 Ngu 3 Ngu = 1 Sao 10 Sao = 1 Mau	0.485 m
	f. d. Marine			0.42 m
Tierce, die	Flüssigkeitsmaß	Frankreich	= Ohm	
		England	= 42 Gallons	190.8 l
Tikal, der = Kyat	Gewicht	Siam	= $^1/_4$ Tumlung = 4 Salung zu 2 Fuang zu 5 Hun	15.119 g
		Birma	= $^1/_{100}$ Pehtha	16.556 g
Timbang, das (v. malay. timbang = wägen)	Gewicht	Ostindien	ca. 6 Zentner	
		Batavia	= 10 Sack zu 5 Pikol	307.605 kg
Timber	Zählmaß f. Rauchwerk	England	= 40 Stück	
Tinaja, die	Flüssigkeitsmaß	Philippinen	= 16 Gantas zu 8 Chupas	62.9 l
Tipprih	Getreidemaß	Bombay	= $^1/_8$ Pehli	158.65 g
Tobbe, Tub	Gewicht, Kufe	Batavia	= 130 alte holl. Pfund tr.	63.9818 kg
Tobe, das oder Unguo	Längenmaß	Sansibar	= 2 Schukkah	3.658 m
Tod, das	Gewicht	England	= 28 pd. av. (2 Stein Wolle)	
Tönder	Gewicht	Dänemark		1.00 t
Toeza	Längenmaß	Portugal		1.98 m

Bezeichnung	Art des Maßes	Ort, Land	Einteilung	metrisch
Toise (frz. Klafter)	Längenmaß (alte Einheit)	Frankreich	= 6 alte Pariser F	1.949 m
			metrisch, toise usuelle	2:00 m
		Lyon		2.563 m
Tol, das	Maß u. Gewicht	Koromandel-Küste	= 1/24 Ser	
Tola	Gold- u. Silbergewicht	Ostindien, Kalkutta	= 12 Mascha zu 12 Röttihs zu 4 Dhan	
	ursprünglich das Gewicht der Bombay-Rupie		179—179 2/3 engl. Troygrain	11.599 bis 11.642 g
		Bombay	= 100 Goonze zu 6 Chows	
		Surate	= 1/35 Sihr	12.13 g
	Bazargewicht	Kalkutta	= 180 engl. Troygrain	11.664 g
Tomand, der	Reismaß	Mekka	= 40 Mekmeda od. Kella	84.899 kg
Tomin, der	Gold- u. Silbergewicht	span. Amerika	= 1/1942 Marco	0.0998 g
Tommer (Zoll)	Längenmaß	Norwegen	= 1/12 Fod	2.615 cm
Tomolo, der	Getreidemaß	Neapel		55.24 l
		Messina	16 Tumuli = 1 Salma	21.5 l
Tonneau, das	Weinmaß	Frankreich, Bayonne	= 4 Barriques zu 40 Veltes zu 8 Pintes	986.88 l
		Bordeaux	= 4 Barriques zu 30 Veltes (zu 7.6 l)	
		Marseille	= 18 Kisten zu 25 Flaschen	
	Ölmaß	Marseille		900 l
	Gewicht	Frankreich		1.0 t
	Raummaß	Frankreich	= 42 Par. Kub.-F.	1.44 m³
	Getreidemaß			15.0 ha
Tonnelata = metr. Tonne	Handelsgewicht	Türkei		1.0 t
		Österreich (bis 1871)	= 1748.2 Wiener Pfd. bis 1800 Wiener Pfd.	979 kg
Tonnstelle, die	Feldmaß	Livland	= 35 Kappen zu 400 quadr. Landmesser-Ellen	52.024 a
Topo, der	Feldmaß	Peru	= 5000 q.-Varas	35.913 a
Toque	Gewicht	Holland (Hint.-Ind.)	= 20 holl. As	
Tornadura, die	Feldmaß	Spanien	= 20 q.-Fuß	
Toulan	Gewicht	Franz.-Ostindien	svw. Maund	
Touque, der	Gewicht	Franz.-Ostindien	= 50 Paloms	1.700 kg
Trait, der	Längenmaß	Schweiz	= Strich = 1/10 Linie	0.3 mm
Tran	Gewicht	Annam	= 1/1000 Hot	
Trappeso	Gold- u.Silbergewicht	Malta	= 1/384 Libbra	
Treseau, der	Apotheker- u. Silbergewicht	Frankreich	= 1 Quentchen	
Tricon	Flüssigkeitsmaß	Bordeaux	= 20 Veltes	152 l

Bezeichnung	Art des Maßes	Ort, Land	Einteilung	metrisch
Trubacco, der	Längenmaß	Turin	ca. 10 Fuß	
Tscharik, das	Gewicht	Turan	= 1/64 Batman	1.9964 kg
Tscharka	Flüssigkeitsmaß	Rußland	= 1/10 Krushka	0.123 l
Tscheki	Handelsgewicht	Türkei		
	f. Opium		= 250 Drachmen	800.6478 g
	f Kamelhaare		= 800 Drachmen	2.56207 g
	Gold- u. Silbergewicht		= 100 Drachmen	320 g
Tscherek	Längenmaß (versch. groß)	Persien	= 1/4 Zer	
Tschetwerik, das	Getreidemaß	Rußland	= 1601.2 russ. Kub.-Zoll	26.239 l
Tschetwerka	Getreidemaß	Rußland	= 1/32 Tschetwert = 400.3 russ. Kub.-Zoll	6.559 l
Tschetwert	Getreidemaß	Rußland	= 1/16 Last = 2 Osmina zu 2 Poluosmini zu 2 Tschetwerika zu 2 Polutschetwerika zu 2 Tschetwerki zu 2 Garnitzi zu 30 Becher = 12809.6948 russ. Kub.-Zoll	209.907 l
Tschi, Schih, der (Stein)	Handelsgewicht	China	= 120 Kin od. Kätti	72.276 kg
	f. Reis	Schanghai	= 180 Kin od. Kätti	
	Flächenmaß		= 1/500 King	1.26 m²
Tschi Manufacte	Längenmaß	Schanghai		0.354 m
Tschih (engl. Covid)	Längenmaß	China	= 10 Tsun zu 10 Funje	
			b. Großhandel	0.373 m
			b. Zoll	0.358 m
Tschittak	Flächenmaß	Bengalen	= 20 q.-Haths	4.18 m²
	Faktoreigewicht		= 1/16 Sihr	52.92 g
	Bazargewicht			58.32 g
Tschöbdah	Längenmaß	Ägypten	22 Tschöbdah = 1 Kassabeh	
Tschoh	Gold- u. Silbergewicht	Bombay	= 1/6 Guhn	19.33 mg
Tschu	Längenmaß	Japan	= 60 Keng = 360 Schaku zu	0.304 m
	Flächenmaß	Japan	= 3000 q.-Keng	100.33 a
Tschü	Handelsgewicht	China	= 1/24 Thel	1.575 g
Tschupah	Getreidemaß	Sumatra	= 1/4 Kulak	1.03 l
Tsien, Mehs, Mas, Mace	Gewicht	China	= 1/10 Liang, Thel	3.779 g
Tucka	Perlengewicht	Bombay	= 1/330 Tänk	14.14 mg
Tum (Zoll)	Längenmaß	Schweden	= 1/10 Fot	2.969 cm
Tumlung, Tehl	Handelsgewicht	Siam	= 1/20 Xang	60.479 g
Tupsia, der Tuptia, Tultia	Getreide- u. Salzmaß	Algerien	= 8 Saah zu 60 l	
Tussoo, Tössuh	Längenmaß	Indien	= 1/16 Hath = 1/32 engl. Yard	0.02857 m
Twach (Spanne)	Längenmaß	Birma	= 1/2 Taong	24.257 cm
Tylt, das	Stückmaß	Dänemark	= 12 Stück	

Bezeichnung	Art des Maßes	Ort, Land	Einteilung	metrisch
Ukile	Gewicht für Elfenbein	Abessinien	= 43 Rottel	
Un-Ar	Gewicht	Bokhara	= $^1/_{32}$ Batman	614.26 g
Ungulle	Längenmaß	Bengalen	= $^1/_{24}$ Hath	19.05 mm
Un-ser	Gewicht	Bokhara	= $^1/_4$ Batman	4.9141 kg
Ur, der (Eimer)	Getreide- und Flüssigkeitsmaß	Siebenbürgen	= 8 Maß zu 2 Halben zu 2 Seidel	11.56 l
Urba, der	Getreidemaß	Tripolis	= 16 Orbach	107.3 l
Urna, die	Flüssigkeitsmaß	altrömisch	= $^1/_2$ Amphora	13.125 l
		Ungarn	= Preßburger Eimer = 64 Preßb. Halbe = 38.2669 Wiener Maß	54.1371 l
Vakia, Wakea, die	Gewicht	Abessinien	Vakia Attari = $^1/_{24}$ Mahnd	538.64 g
			Vakia Sofia oder Vakia Bassora = $^1/_{24}$ Mahnd Sofia oder Bassora	1.705$^2/_3$ kg
Val, Wall	Stückmaß	Schweden	= 80 Stück	
Varenne, die	Getreidemaß	Savoyen		22.42 l
Vat (Faß)	Flüssigkeitsmaß	Holland	= 4 Oxhoofden zu 6 Anker	232.836 l
			jetzt	1 hl
Vatel, der	Salzmaß	Lothringen	= $^1/_{16}$ Muid	
Vekiey-achary	Gewicht	Türkei		ca. 1 kg
Velte	Weinmaß	Frankreich	= 8 Pariser Pinten	7.610 l
		Bayonne		6.168 l
	Flüssigkeitsmaß	Rußland	= 6 Krushki	7.374 l
Verge, die	Längenmaß (Rute)	Frankreich	= $^{17}/_{24}$ Pariser Ellen	
Verp, das	Getreidemaß	Ostfriesland		47.8 l
Verre (Glas)	Flüssigkeitsmaß	Belgien		0.1 l
Vesnos	Handelsgewicht	Aleppo	= 5 Rotoli	
Vierdevat	Fruchtmaß	Holland	= $^1/_4$ Schepel	6.9535 l
Vierfaß	Getreidemaß	Braunschweig	= $^1/_4$ Himten	7.786 l
Vierling	Getreidemaß	Kärnten		
	(gestrichen)		= 1.333 Wien. Metzen	81.982 l
	(gehäuft)		= 1.54 Wiener Metzen	94.735 l
		Württemberg	= $^1/_{32}$ Scheffel = 4 Meßlein	5.54 l
Vilcadé, der	Längenmaß	Franz.-Ostindien	= 4 Coudées	1.07896 m
Vingerhoed	Hohlmaß	Holland		ca. 0.01 l
Viraganidé, der	Gold- u. Silbergewicht	Franz.-Ostindien	= $^1/_{10}$ Palom	3.399 g
Vis, Bisse, Bis, das	Gold- u. Silbergewicht	Birma		1.65563 kg
	Handelsgewicht	Madras	8 Vis = 1 Maund zu	11.34 kg
		bengalische Faktorei	1 Vis = 3$^1/_2$ pds. av.	

Bezeichnung	Art des Maßes	Ort, Land	Einteilung	metrisch
Vog, Wag	Handelsgewicht	Norwegen	= 3 Bismerpund = 36 Pfund	17.9424 kg
		Dänemark		18 kg
Voua	Längenmaß	Siam		ca. 2 m
Wagenschoß, das	Stückmaß	Danzig	= 100 Heringe	
Wahl	Gold- u. Silbergewicht	Bombay	= 1/40 Tola	289.975 mg
		Surate	= 3 Röttihs	0.375 g
Wakeia, der	Handelsgewicht	Jemen	= 1/40 Maund	33.225 g
Wakih, der	Gewicht (Unze)	Abessinien		25.92 g
			(gewöhnlich Gew. eines Maria-Theresientalers)	28.0627 g
Wall, Wahl	Stückmaß	Danzig (Ostsee)	= 80 Stück	
Wassa, das	Edelstein- und Perlengewicht	Surate	= 1/20 Röttih	6 1/4 mg
Watiah (Unze)	Gewicht	Sansibar		28.0627 g
Wayer, der	Textilmaß (Stofflänge)	Japan	= 10 Duim zu 10 Stripes	0.385 m
Webe	Textilmaß	Hamburg	= 72 Hamburger Ellen	
Wecht, der, das	Hohlmaß (Grazer Viertel)	Steiermark	= 8 Maßel = 1.31070 Wiener Metzen	80.5908 l
Wey, Weigh	Gewicht für Wolle	England	= 1/24 Last = 1/2 Sack = 1 5/8 engl. Zentner	82.554 kg
	Getreidemaß		= 5 Quarter	1453.90 l
Wiadro, der	Raummaß	Polen	= 20 Kannen	
Wigtje	Gewicht	Holland		ca. 1 g
Wispel	Getreidemaß	Braunschweig	= 40 Himten	1245.79 l
		Preußen, (gesetzlich)	= 24 Scheffel zu 54.961 l	1319.04 l
			im Großhandel = 25 Scheffel	
	f. Roggen, Weizen, Erbsen	Hamburg	= 20 Faß	1099.2 l
	Gerste, Hafer		= 30 Faß	1648.8 l
		Sachsen	= 2 Malter zu 12 Scheffel zu 103.8 l	2523.43 l
Wiss, das	Gewicht	Birma		1.6556 kg
Wisse	Raummaß	Holland	svw. Stere	
Wloka (Hufe), die	Feldmaß	Polen	= 30 Morgen (Morgow) zu 55.9872 a oder = 0.512459 russ. Deßjatine zu 3 q.-Schnuren	
Wurf, der, oder das Spießlein	Zählmaß für Obst	Nürnberg	= 5 Stück	
		Thüringen	= 4 Stück (Äpfel, Pflaumen usw.)	
Xang, Tschang (siamesisches Kätti)	Gewicht	Siam	= 80 Bat	1.20958 kg

Bezeichnung	Art des Maßes	Ort, Land	Einteilung	metrisch
Yhrn, die (Eimer)	Flüssigkeitsmaß f. Wein	Bozen (Bolzano)	= 55 Wiener Maß = 12 Pazeiden	
	f. Most		= 88 1/5 alte Maß	
Praschlet-Yhrn			= 102.9 alte Maß	
Neu-Yhrn			= Wiener Eimer zu 40 Maß	
Yhre, Yhrn, Yéren, die	Flüssigkeitsmaß	Tirol	= 32 alte Maß (zu 0.573 Wiener Maß) zu 4 Vierling, Seideln oder Zimment zu 2 Fraggele	25.94 l
Yin, Tschang	Handelsgewicht	China	= 2 Kätti	1.2096 kg
Yo, die	Hohlmaß	China		
Yugada, die (span. yugo = Joch)	Flächenmaß	Spanien		
Zak (Sack)	Getreidemaß	Holland	= 3 Schepels zu 27.814 l	
Zarf	Hohlmaß	Türkei		0.1 l
Zatou	Getreidemaß	Madagaskar	= 400 Roules = 40 Pariser Pfd.	
Zimment	Flüssigkeitsmaß	Tirol	= 0.247 Maß	0.25 l
Zimmer, das	Stückmaß		= 60 Stück Felle oder 40—50 Stück für Marder, Hermelin, Zobel	
Zira-i-achary*	Längenmaß	Türkei		ca. 1 m
Zuber, der	Getreidemaß	Baden	= 10 Malter zu 10 Sester zu 10 Mäßlein zu 10 Becher	1500 l
Zucche	Weinmaß	Korsika	= 9 Pinte	2.63 l
Zurlo	Handelsgewicht	Syrien, Aleppo	= 27 1/2 Rotoli	

* Die gleichbedeutenden Worte *achary*, *attari* (u. ä.) [Aussprache *atjari*] sind in diesem Verzeichnis nicht vereinheitlicht.

Literaturverzeichnis

Zugleich Nachweis der benutzten Quellen. Weitere Angaben über gelegentliche Literaturstellen sind unmittelbar im Text oder als Fußnoten vermerkt.

A. BUCHLITERATUR

(chronologisch geordnet)

[1] VITRUV: Architectura, lib. X cap. 14

[2] AGRICOLA, GEORGIUS:

[2a] Libri quinque de mensuris et ponderibus in quibus pleraque a Budaeo et Portio parum animadversa diligenter excutiuntur. Basileae 1533

[2b] Libri V De mensuris et ponderibus Romanorum atque Graecorum
lib. I de mensuris Romanis
lib. II de mensuris Graecis
lib. III de pondere rerum quas metimur
lib. IV de ponderibus Romanis
lib. V de ponderibus Graecis. Basileae 1550

[2c] lib. II de externis mensuris et ponderibus

[2d] lib. I ad ea, quae Andreas Alciatus denuo desputavit, de mensuris et ponderibus brevis defensio

[2e] lib. I de mensuris, quibus intervallae metimur

[2f] lib. I de restituendis ponderibus atque mensuris

[2g] lib. III de precio metallorum et monetis. Basileae 1550

[2h] lib. XII de re metallica, vom Bergwerk 12 Bücher, aus dem Lateinischen übersetzt von Ph. Bechius, Basel 1557
(Deutsche Übersetzung 1928, Neudruck 1935, Agric.-Ges. beim Deutschen Museum München)

[2i] Festschrift zur 400. Wiederkehr des Todestages von Georgius Agricola. Akad.-Verlag Berlin 1955. Darin: Herlitzius; Bemerkungen zu Agricolas Arbeit über Münzen, Maße und Gewichte

Anm.: Erste deutsche Rohübersetzung zu 2a und b von Prof. Dr. Weber, Freiberg; zu 2c bis g von Dr. Fraustadt, Dresden

[3] WALDNER, LEONHARD: Zugbuch. 1570 (s. auch Lit. C. 109)

[3a] PUEHLER, CHRISTOFF: Ein kurtze und grundliche anlaytung zu dem rechten verstand Geometriae. Dillingen 1563

[4] REINHOLD, ERASMUS: Vom Marscheiden kurzer Unterricht. Erfurt 1574

[5] KÖBEL: Geometrey. Franckfort 1584

[6] MOELLER: Theatrum Freibergense Chronicum. 1653

[7] RÖSSLER, BALTHASAR: Berg-Bau-Spiegel. Dresden 1700

[8] VOIGTEL, M.: Vermehrte Geometria Subterranea oder Marckscheide-Kunst. Eisleben 1713

[9] SCHRAMM: Saxonia Monumentis viarum illustrata. Wittenberg 1726

[10] JUGEL: Gründl. u. deutl. Begriff vom ganzen Bergbau, Schmelzwesen und Markscheiden. Berlin 1744

[11] OPPEL, VON: Anleitung zur Markscheidekunst. Dresden 1749

[12] BEYER, AUGUST: Gründlicher Unterricht vom Bergbau nach Anleitung der Markscheiderkunst. Schneeberg 1749

[12a] LEMPE: Bergmännisches Rechenbuch, Freiberg 1790

[13] VEGA, GEORG VON: Natürliche Maß-, Gewicht- und Münz-Systeme. Wien 1803

[14] HAHNSTADT, LANG VON: Anleitung zur Markscheidekunst. Pesth. 1835

[14a] HAUSCHILD: Die Vergleichung der Gewichte verschiedener Länder und Städte. Frankfurt a. M. 1836

[15] POTT: Zählmethode bei Völkern aller Weltteile. Halle 1847. S. 2

[15a] RUMLER, K.: Übersicht der Maße, Gewichte und Währung. Wien 1849

[15b] TROUILLAT: Monuments de l'histoire de l'ancien évêché de Bâle; II 1854, p. 299 bis 310, Stadtrecht von Colmar 29. 12. 1278. S. 307

[16] BAUERNFEIND: Elemente der Vermessungskunde. München 1856

[16a] KHANIKOFF, N.: Analysis and Extracts of Book of the Balance of Wisdom, an Arabic Work on the Water-Balance, written by Al-Khâzinî in the twelfth Century. Journ. of the Am. Oriental Soc. Bd. VI, New Haven 1860

[17] WOLF: Geschichte der Astronomie. München 1877

[17a] WIEDEMANN, EILHARDT: Arabische spez. Gewichtsbestimmungen. Annalen der Physik und Chemie. NF 20. Leipzig 1883

[18] GÜTHLING: Die Geschichten des Herodot, übers. v. Lange, Leipzig, Reclam 1885

[19] BREUSING: Die nautischen Instrumente bis zur Erfindung des Spiegelsextanten. Bremen 1890

[20] KARSTEN, G.: Generalkonferenz für Maß und Gewicht in Paris 1889. Antrittsrede. Kiel 1890

[21] WOLF: Handbuch der Astronomie, ihre Geschichte und Literatur. Band I. Zürich 1890. S. 1—50, Band III. Zürich 1893. S. 13

[22] BRUGSCH: Die Aegyptologie, Abriß der Entzifferungen und Forschungen. Leipzig 1891

[22a] AUBÖK, J.: Hand-Lexikon über Münzen, Geldwerthe, Tauschmittel, Zeit-, Raum- und Gewichtsmaße. Wien 1894

[23] JORDAN: Handbuch der Vermessungskunde, Band II. Stuttgart 1897

[24] OBENRAUCH: Geschichte der Geometrie. Brünn 1897

[25] Das Buch der Erfindungen, Band II. Leipzig, Spamer 1898

[26] MERKEL: Ingenieurtechnik im Altertum. Berlin 1899

[26a] GERLAND-TRAUMÜLLER: Geschichte der Experimentierkunst. Leipzig 1899

[27] SELIGMANN: Der böse Blick, Band 2. Berlin 1900. S. 266

[28] BESCHORNER: Geschichte der sächsischen Kartographie im Grundriß. Leipzig, Teubner 1907

[29] KRAUSE: Beiträge zur Geschichte der Entwicklung der Instrumente in der Markscheidekunde. Freiberg 1908

[29a] IBEL THOMAS: Al Khâzinis Arbeiten mit der Waage. Diss. Erlangen 1908

[30] MATSCHOSS, C.: Beiträge zur Geschichte der Technik und Industrie, 30 Bände. Berlin VdI. 1909 bis 1942

[31] MARQUARDT-MOMMSEN: Römisches Staatsrecht. Basel, Schwabe 1952

[32] BANGERT: Maße und Maßsysteme. Frankfurt/M., Kesselring 1922

[33] PLATO: Die Maß- und Gewichtsordnung. Berlin 1912

[33a] BAUERREISS, H.: Zur Geschichte des spez. Gewichtes im Altertum und Mittelalter. Diss. Erlangen 1914

[34] BERNDT u. SCHULZ: Grundlagen und Geräte der technischen Längenmessungen. Berlin, Springer 1921

[35] GRAMBERG: Technische Messungen. Berlin, Springer 1923

[36] GRIMSEHL: Lehrbuch der Physik. 6. Aufl. Band I u. II 1923

[37] ELSDON BEST: The Maori, Band 2. Wellington 1924. S. 191

[38] KOHLRAUSCH: Lehrbuch der praktischen Physik, 1927

[39] ALBERTI, H.-J. VON: Geschichtliche Entwicklung des bergmännischen Rißwesens. Dipl.-Arbeit Bergakademie Freiberg 1927

[40] BOSCH, TEN: Die Wärmeübertragung. Berlin 1927

[41] JÜPTNER: Allgemeine Energiewirtschaft. Leipzig 1927

[42] PLATO-BLOCK: Messen und Wägen. Leipzig 1928

[43] BERNDT, G.: Grundlagen und Geräte technischer Langmessungen, II. Aufl. Berlin, Springer 1929

[44] ROITZSCH, PAUL: Auf wilder Wurzel. Erzgebirgische Natur- und Kulturbilder aus dem Verwaltungsbezirke der Amtshauptmannschaft Marienberg, Band I. Schwarzenberg, Glückauf-Verlag 1929

[44a] Die Bibel oder die ganze Heilige Schrift. Kleinoktavausgabe. Stuttgart 1929. Anhang S. 9—10 (Maße und Gewichte, Geld, Zeitrechnung)

[45] GEIGER u. SCHEEL: Handbuch der Physik. Band XVI. Berlin, Springer 1927

[45a] LANGER, JOH.: Heimatkundliche Streifzüge durch Fluren und Orte des Erzgebirges und seines Vorlandes. Glückauf-Verlag 1931, Schwarzenberg

[45b] BRANDT, OTTO: Urkundliches über Maß und Gewicht in Sachsen. 1933, Druck: Druckerei des Sächs. Min. d. Inn., Dresden

[46] JAEGER: Elektrische Meßtechnik. 3. Aufl. Leipzig, Barth 1928

[46a] CASPAR, M., u. W. VAN DYK: Johannes Kepler in seinen Briefen. Band II, Oldenbourg 1930, S. 244. (Ulm 30. 7. 1627, An den Senat von Ulm. Vorschlag zu einer einheitlichen Eichung von Maß und Gewicht)

[47] POZDĚNA: Meter und Kilogramm. Entstehung und Sicherung des internationalen metrischen Maßsystems. Mathem.-physikal. Bibliothek, Reihe 1.76, Berlin u. Leipzig, B. G. Teubner. 1934

[47a] SCHMIDT, FRITZ: Geschichte der geodät. Instrumente und Verfahren im Altertum und Mittelalter, Neustadt a. d. Hardt 1935

[48] KOHLRAUSCH: Praktische Physik. 1935 und 1950

[49] TOMASCHEK: Lehrbuch der Physik. 1936

[50] WITTIGE: Alt Löbtau, 2. Heft. Dresden 1936. S. 98

[51] POHL: Einführung in die Elektrizitätslehre. Berlin, Springer 1931

[52] STARK: Forschung und Prüfung. Leipzig 1937

[53] JOHOW-FÖRSTER, J.: Hilfsbuch für den Schiffsbau. Berlin. Springer-Verl., 5. Aufl. 1928

[54] GRIMSEHL-TOMASCHEK: Lehrbuch der Physik. 1938

[55] DRISSEN: Die deutsche Bergmannssprache. Bochum 1939

[56] NENTWIG: Maßeinheiten und Konstanten. Schneider. Berlin 1940

[56a] KUES, NIKOLAUS VON: Der Laie über Versuche mit der Waage. Idiota de staticis experimentis, bearb. von Menzel-Rogner, Leipzig: Meiner 1944 (nach Nicolai de Cusa: Opera omnia, Band V ed. L. Bauer, Leipzig 1937)

[57] POHL: Einführung in die Physik. 1. Band. Springer. Berlin 1941

[58] OBERDORFER: Lehrbuch der Elektrotechnik. Oldenburg. Berlin 1944

[59] ESCH, H.-J. VON DER: Weenak — die Karawane ruft — 4. Aufl. Leipzig 1944

[60] POHL: Einführung in die Mechanik, Akustik und Wärmelehre. Springer. Berlin 1944 und 1947

[61] KRAUSE: Himmelskunde für jedermann. Frankh. Stuttgart 1948

[62] GERTHSEN: Physik, Ein Lehrbuch zum Gebrauch neben Vorlesungen. Volk u. Wissen. Berlin u. Leipzig 1949

[63] JANTE: Leitfaden der techn. Thermodynamik. Teubner. Leipzig 1950

[64] VALENTIN, H.: Geschichte der Pharmazie und Chemie in Form von Zeittafeln. Wissensch. Verl.-Ges. Stuttgart 1950

[64a] CASPAR, M.: Johannes Kepler, Verlag Kohlmann, Stuttgart 1950. S. 387

[65] LIENEWEG: Temperaturmessung. Akad.-Verl. Leipzig 1950

[66] HENNIG: Temperaturmessung. Barth. Leipzig 1951

[67] KRÖNERT: Physikalische Meßmethoden. Akad.-Verl. Leipzig 1951

[68] PFLIER: Elektr. Meßgeräte und Meßverfahren. Springer. Berlin 1951

[69] WILSDORF, H.: Bergleute und Hüttenleute im Altertum bis zum Ausgang der Römischen Republik. Freiberger Forschungshefte D 1, S. 28/29. Akad.-Verl. Berlin 1952.

[70] RECKNAGEL: Experimentalphysik. Blank. Weimar 1953

[71] WESTPHAL: Physik. Nachschlagewerk. 16. u. 17. Aufl. Springer. Berlin 1953

[72] Große Sowjet-Enzyklopädie 5. Technik: Waagen und Gewichte. Fachbuchverlag GmbH Leipzig 1953

[73] LEINEWEBER: Taschenbuch der Längenmeßtechnik. Springer, Juli 1954. Berlin

[73a] KIRNBAUER und SCHUBERT: Die Märe vom Feldbauer. Wien: Montan-Verlag 1955

[73b] NIEMCZYK: Bergmännisches Vermessungswesen. 2. Band. Akademie-Verlag Berlin 1956, S. 727—738.

B. TABELLENWERKE, TASCHENBÜCHER UND LEXIKA

[74] BESSKOW: Techn. chemische Berechnungen. Technik. Berlin 1952

[75] Betriebshütte, 2. Teil. 4. Auflage. 1952

[76] BRÄSIKE: Der deutsche Rechenmeister. Straßburg 1891

[77] BREMIKER: Log. Trig. Tafeln. Berlin 1860

[78] BROCKHAUS: ABC der Naturwissenschaften und Technik. Leipzig 1952

[79] D'ANS-LAX: Taschenbuch für Chemiker und Physiker. 2. Auflage. Berlin 1949

[80] DIDIER-WERKE AG: Tabellenbuch 1951

[81] DUBBEL: Taschenbuch und Zahlentafeln für den Maschinenbau

[82] EBERT: Physikalisches Taschenbuch. Braunschweig 1951

[83] FRIEDRICH: Sammlung von Fach- und Tabellenbüchern. Ausgabe A—C. Magdeburg 1940

[84] GAUSS: Tafeln zur Berechnung der Geldwerte. Berlin 1863

[85] GAUSS: Tafeln zur Berechnung der Grundsteuereinheiten. Halle 1889

[86] GAUSS: Umwandlungstafeln. Halle 1889

[87] HÜTTE: Des Ingenieurs Taschenbuch. 27. Auflage. Berlin 1942

[88] KOCH u. KIENZLE: Handwörterbuch der gesamten Technik. Berlin 1935

[89] KÖGLER: Taschenbuch für Berg- und Hüttenleute. Ernst. Berlin 1929

[90] KOPPERS: Handbuch der Brennstofftechnik. Essen 1937

[91] LANDOLT-BÖRNSTEIN: Physik. chemische Tabellen. 5. Auflage. 1923. 2 Bände, 3 Ergänzungsbände: 1927, 1931, 1935

[92] LUEGER, O.: Lexikon der gesamten Technik. 6 Bände. Stuttgart und Leipzig 1926 bis 1928

[93] MOELLER: Taschenbuch für Elektrotechniker. Teubner. Leipzig 1952

[93a] CARL ZEISS, JENA, VEB OPTIK: Technische Feinmeßgeräte, Druckschrift des VEB 1952

[94] OTTO, Dr. C., & CO.: Tabellenbuch. Bochum 1953

[95] Schlag nach — Natur. Leipzig 1952

[96] KRÄMER: Die Entdeckung und Erforschung der Erde. Brockhaus 1953. Leipzig

[96a] KULISCHER: Allgemeine Wirtschaftsgeschichte des Mittelalters und der Neuzeit. Berlin: Rütten u. Loening. 1954. Band I, S. 28

[96b] HERLITZIUS, E.: Bemerkungen zu Agricolas Arbeiten über Münzen, Maße und Gewichte. (In der Agricola-Festschrift des Akad.-Verlages Berlin 1955, siehe auch unter 2i)

[96c] SACHS-VILLATTE: Encyklopädisches Wörterbuch

C. ZEITSCHRIFTEN, AUFSÄTZE, GESETZBLÄTTER

(alphabetisch geordnet)

Abhandlungen und Monatsberichte der Kgl. Akademie der Wissenschaften zu Berlin

[97] LEPSIUS: Die altägyptische Elle und ihre Einteilung. Abh. Berlin 1865

[98] LEPSIUS: Über den Bau der Pyramiden, MB 1843

[99] HIRT: Geschichte der Baukunst der Alten 1821—1827 (III Bände)

[100] LEPSIUS: Die Metalle in den ägyptischen Inschriften. Abh. Berlin 1872

[101] EISENLOHR: Ein mathem. Handbuch der alten Ägypter (Papyrus Rhind of the British Museum)

Amtsblatt der Phys.-Techn. Reichsanstalt, Berlin

[102] 75 Jahre metrisches System in Deutschland 1944, Nr. 2

American Anthropologist

[103] MURDOCH: Handel bei den Eskimos. 1890. S. 41

Anthropos

[104] TRIMBORN: Der Kollektivismus der Inkas in Peru. 1925. S. 386

[105] DEGEORGE: Legendes des Tay-Annam. 1925. S. 502

[106] SCHMIDT: Die Nordpapua von Dallmannshafen. 1923/24. S. 724

[107] HORNBOSTEL: Gewichtssystem der Inkas. 1931. S. 255/58

[108] HORNBOSTEL: Die Maßnorm als kulturgeschichtliches Forschungsmittel. Festschrift für P. W Schmidt, 1928. S. 303

Archiv für praktische Geologie, Wien

[109] Das Zugbuch von Leonhart Waldner. Wien 1880, I. Band, S. 3—6

Archiv für technisches Messen

[110] KEINATH: Zusammenstellung der amerikanischen und englischen Maße und Gewichte und Angaben ihrer Wertigkeit im metrischen Maßsystem. 1938

Bundes- und Reichsgesetzblatt, Berlin

[111] Metervertrag. 1927. II. S. 409

Comptes rendus de l'ar. des sc.

[112] Système métrique. 1891, 113. Bd., S. 344—46

Dechema Erfahrungsaustausch, Frankfurt/M.

[113] Meß- und Regeleinrichtung zur Betriebsüberwachung. 1953, Bl. 865—983

[114] FISCHBECK u. KIRSCHBAUM, K.: Umrechnung von Druckwerten in verschiedene Maße. 1953, Bl. 809—813

[115] *Deutsche Mechaniker-Zeitung.* 1899. S. 1, 9

[116] *Deutscher Normenausschuß*
DIN-Blätter des Ausschusses für Einheiten und Formelwesen (AEF)

Die Umschau in Wissenschaft und Technik

[116a] REICHE: Vorgeschichtliche Bodenzeichnungen in Peru 55 (1955) Heft 11, S, 332—334

[117] DINGLERs Polytechnisches Journal. Stuttgart 1820—1877

[118] *Eichordnung der Phys.-Techn. Reichsanstalt vom 24. 1. 1942*

Elektrizitätswirtschaft

[119] Nachruf für Prof. Kösters. 1950. S. 281

Elektrotechnik

[120] FILGER: Die Entstehung der elektrischen Maßeinheiten. 1953, Heft 1, S. 24/29

Fertigungstechnik

[121] RIEDEL: Gegen die Unkenntnis der Normzahlen und Normmaße (DIN 323). 1953, Heft 2, S. 59

[122] *Gesetz- und Verordnungsblatt für das Königreich Sachsen*

[123] *Gesetz- und Verordnungsblatt für den Freistaat Sachsen*

Intern. Archiv für Ethnographie

[124] NIEUWENHUIS: Die Veranlagung der malayischen Völker des ostindischen Archipels. 1916. S. 76

Isis

[125] FETTWEISS: Über die Entstehung der Meßkunst. 1930. S. 337

Jahresbericht der geogr. Gesellschaft

[126] GÖTZ: Die vorderasiatische Reichspoststraße der persischen Großkönige. München 1885

Journal asiatique

[127] OPPERT: L'étalon des Mesures assyriennes VII. Serie, Band 4

[128] *Kalender für den sächs. Berg- und Hüttenmann.* Freiberg 1829—1938 (Jahrbuch für das Berg- und Hüttenwesen)

Meßtechnik, Z. f. zeitgem. Betriebskontr. und Werkstattprüfung Halle 1925—1945

[129] BLOCK: Entwicklung der Meßkunde. 1925, 4, S. 96

[130] LENK: Die Meßkunde als nationales und internationales Problem. 1926, 5/6, S. 83, 113

[131] KONEN: Aufgaben und Grenzen der physikalischen Längenmessung. 1926, 5/6, S. 79

[132] Maß und Gewicht im Deutschen Museum. 1926, 5/6, S. 82

[133] Meßkritik. 1926, 5/6, S. 29

[134] Bericht über die 7. intern. Konferenz. 1927, 3, S. 93

[135] BERNDT: Grundlagen des Messens. 1926, 5/6, S. 80

[136] VORLÄNDER: Definition des Messens. 1928, 5, S. 126

[137] VORLÄNDER: Definition des Messens. 1928, 3, S. 82

[138] KÖSTERS: Stand der Meterdefinition. 1938, 12, S. 241

[139] JAEGER: Der geplante Übergang der intern. zu den absoluten Maßeinheiten. 135, 2, S. 4

[140] JAEGER: Die intern. und absoluten elektrischen Einheiten und ihre Beziehungen zueinander. 1928, 1, S. 6 und 3, S. 65

[141] FABER: Meßtechnik als Lehrfach. 1932, 3, S. 56

[142] KÖSTERS: Das Meterurmaß und die Längennormalen der Industrie. 1944, 1, S. 15

[143] FRÖHLICH: Waagen. 1941, 1, S. 1

[144] *Mitteilungen a. d. Markscheidewesen.* 1885—1943, 1948—

Mitteilungen der K. Normal Aich. Komm., Berlin

[145] Herstellung und Prüfung der Haupt- und Kontrollnormale. 1886, 1890, 11, S. 139 (siehe auch Lit. 171, 176)

Mitteilungen aus dem Deutschen Amt für Maß und Gewicht (siehe unter Ztschr. „Die Technik“)

Monatsberichte der Kgl. Preuß. Akad. d. Wissenschaften, Berlin

[146] KIEPERT: Die persischen Königsstraßen durch Vorderasien nach Herodot. Berlin 1857

Natur und Technik

[147] KRACK: Umhegte Maßeinheiten — Im Allerheiligsten des Urmeters. Berlin 1947, Heft 21

Naturwissenschaften

[148] WARBURG: Werner Siemens und die PTR. 1916, Heft 50, S. 793

Oel und Kohle

[149] DREHER: Maßstabzahlentafeln für den Erdölgeologen. 1942, 39, S. 1183—1186

[150] *Petermanns Geographische Mitteilungen.* 1953, 1. Qu.-Heft, S. 78

Philologus

[151] WITTICH: Umriß der Längenmaßsysteme des Altertums. 20. Jahrgang

Presse der Sowjetunion

[152] STEPANOW: Messen mit unsichtbaren Strahlen. 1953, 143, S. 1747

[153] SMIRNOW: Neues über Form und Größe der Erde. 1952, 89, S. 672

[153a] GREBENSTSCHIKOW: Wie Kalender und Zeitrechnung entstanden. 1955, 117, S. 2541

Rev. métrol. prat.

[154] KENNELEY, A. E.: Les progrès du système métrique aux Etats-Unis. 1931, 3, S. 19—22

[155] *Sächsisches Gesetzblatt,* Dresden, 1818—1952

[156] *Sächsisches Verwaltungsblatt,* Dresden, 1910—1943

[157] *Sowjetwissenschaft,* Naturwissenschaftl. Abt. Verl. Kultur und Fortschritt. Berlin, 1952, 4, S. 632—633

[158] *Die Technik und Feingerätetechnik*
EICHLER: Schall- und Wärmeschutz im Hochbau. Technik 1952, S. 254
PADELT: Kilogramm — Kilopond. Technik 1954, S. 49
PADELT: Aufbau und Arbeitsgebiete des DAMG-ZI. Technik 1952, Heft 9 (desgl. in Z. Feingerätetechnik 1954, Heft 8, S. 333)
PADELT: Zur Systematik der Meßgeräte (Feingerätetechnik 1954, Heft 9, S. 394)
SCHILLING u. BRÜNE: Ein Beitrag zur Messung von Strichmaßstäben, Feingerätetechnik 1954, Heft 9, S. 401
HULTZSCH: Von den Grundlagen des Messens mit Feinmeßgeräten, Feingerätetechnik 1954, Heft 4, 5 u. 6, S. 169, 221 u. 267 ff.
LIERS: Über Nomenklatur und Prüfpflicht der Meßgeräte im industriellen Meßwesen, Feingerätetechnik 1954, Heft 8, S. 337

Technik und Industrie, Beiträge zur Geschichte (Matschoß) VDI Berlin

[159] BIRK: Die altpersische Königsstraße (Susa—Sardes) 1928, S. 52

[160] SCHEFOLD: Kepler und das Ulmer Maß- und Gewichtssystem. 1929, S. 169

[161] NIEMANN: Von altägyptischer Technik. 1930, S. 99

[162] MEHMKE: Beitrag zur Geschichte der technischen Wissenschaft im alten Ägypten. 1931/32, 21, S. 115

[163] FETTWEIS: Beiträge über die Entstehung der Meßkunst. 1937, 26

VDI-Zeitschrift

[164] KÖSTERS: Das Metermaß und die Längennormalen der Industrie. 1943 (Band 87) 33—34

[164a] Die 10. Generalkonferenz für Maß und Gewicht vom 5. bis 14. Oktober 1954 in Paris. (Auszug aus der Übersetzung des Originalberichtes von Ch. Volet, Sévres, Direktor des Internationalen Büros für Maß und Gewicht) 1955 (Band 97) Nr. 13, 1. Mai, S. 401 bis 403

Verhandlungen der Berliner Anthrop. Gesellschaft

[165] SCHNEE: Die Eingeborenen Neuguineas. 190, S. 413

Vermessungstechnische Rundschau (Z. f. V. W.)

[166] PETERS: Landmesser in alter Zeit. 1952, 1, S. 6

[166a] WITTKE: Formelsammlung 1956, s. S. 329—342

Werkstattechnik

[167] SCHMIDT: Meßgeräte für große Längen. 1942, 13/14, S. 278—282

Werkstatt und Betrieb

[168] Z. für Maschinenbau und Fertigung. 1954, 7, S. 329 ff.

Westermanns Monatshefte

[169] BRUGSCH, PASCHA: Die neuesten Entdeckungen auf den Pyramidenfeldern von Memphys, Band 51, 1881, Jg. 26, Okt. 1881 bis Sept. 1882. (Bd. 51 und 52) Braunschweig: Westermann

[170] *Wissenschaftliche Abhandlungen des DAMG*
1949/50, erschienen als photomechanischer Nachdruck von Teubner, Leipzig

[170a] *Wissenschaftliche Annalen zur Verarbeitung neuer Forschungsergebnisse;* herausgegeben v. d. Deutschen Akademie d. Wissenschaften zu Berlin. Akademie-Verlag. 3 (1945) Heft 2, S. 79—91
LEHMANN: Die Entwicklung der Feinmeßtechnik und ihre Bedeutung für die technische Entwicklung

Zeitschrift für Ethnologie

[171] KAUFMANN: Landwirtschaft bei den Bergvölkern von Assam und Nordburma. 1934, S. 40

[172] KRICKEBERG: Einige Neuerwerbungen der nordamerikanischen Sammlung. 1914, S. 724

Zeitschrift für Instrumentenkunde

[173] 1890, S. 296—298 (s. auch Lit. 144)

Zeitschrift für Vermessungswesen

[174] Meßrad: 1877, S. 241—333

[175] BAUMANN: Fehlergrenzen der aichpfl. Gegenstände. 1887, S. 604

[176] Internat. Meter: 1889, S. 671—672

[177] Beziehungen der metrischen, altfranzösischen und englischen Längeneinheiten. 1890, S. 265—169

[178] 1890, S. 506—508 (s. Lit. 144, 171)

[178a] STICHLING: Die kulturgeschichtliche Bedeutung der Feldmaße 1951, S. 161 ff. und 1956, S. 61 ff.

Zentralblatt der Bauverwaltung

[179] Internationale Organisation des Maß- und Gewichtswesens und der neuen Prototype. 1890, S. 406

BILDERVERZEICHNIS

NACHTRAG

Um dem vorliegenden Werk einen Abschluß zu geben, der auf dem Gebiet der Maßeinheiten den Gegebenheiten der Gegenwart entspricht, sei kurz auf folgendes hingewiesen.

Bereits von der IX. Generalkonferenz für Maß und Gewicht (1948) als der berufenen internationalen Instanz wurde die Resolution gefaßt, ein praktisches System der physikalisch-technischen Maßeinheiten auf der Grundlage des MKS-Systems zu schaffen. Die X. Generalkonferenz für Maß und Gewicht (1954) legte dann 6 Grundeinheiten (unités be base) nebst ihren Kurzzeichen fest:

1. für die Länge . . . . *das Meter* (m)
2. für die Masse . . . . *das Kilogramm* (kg)
3. für die Zeit . . . . *die Sekunde* (s)
4. für die elektrische Stromstärke . . . *das Ampere* (A)
5. für die Temperatur . . . . *der Grad Kelvin* (°K)
6. für die Lichtstärke . . . . *die Candela* (cd)

und gab dafür folgende Definitionen:

(1) Das *Meter* ist der Abstand der Mittelstriche der auf dem internationalen Meterprototyp angebrachten Strichgruppen bei der Gleichgewichtstemperatur zwischen Eis und reinem, luftgesättigtem Wasser natürlicher Isotopenzusammensetzung unter dem Druck einer physikalischen Atmosphäre.

(2) Das *Kilogramm* ist die Masse des internationalen Kilogrammprototyps.

(3) Die *Sekunde* ist der 31 556 925,974 7te Teil des tropischen Jahres für 1900, Januar 0, 12 Uhr Ephemeridenzeit.

(4) Das *Ampere* ist die Stärke eines zeitlich unveränderlichen elektrischen Stromes durch zwei gradlinige, parallele, unendlich lange Leiter der relativen Permeabilität 1 und von vernachlässigbarem Querschnitt. die einen Abstand von 1 m haben und zwischen denen die durch den Strom elektrodynamisch hervorgerufene Kraft im leeren Raum je 1m Länge der Doppelleitung $2 \cdot 10^{-7}$ m kg s^{-2} beträgt.

(5) Der *Grad Kelvin* ist der 273,16te Teil der thermodynamischen Kelvin-Temperatur des Tripelpunktes von reinem Wasser natürlicher Isotopenzusammensetzung.

(6) Die *Candela* ist die Lichtstärke, mit der ein schwarzer Strahler bei der Temperatur des beim Druck einer physikalischen Atmosphäre erstarrenden Platins senkrecht zu seiner Oberfläche leuchtet, wenn diese $\frac{1}{600\,000}$ m² beträgt.

Trotz der Bestrebungen, die Länge auf Grund der Wellenlänge einer Lichtstrahlung zu definieren, ist die alte Definition vorläufig beibehalten worden, da die neue als noch nicht sicher genug erscheint. Von weittragender Bedeutung ist der Beschluß, das Kilogramm nur als Einheit der Masse (unité de masse) und nicht mehr als Einheit des Gewichts zu definieren. Damit ist zugleich die Entscheidung gefallen, daß das Gewicht (als Kraft) nicht mehr nach Kilogramm bezeichnet werden darf.

Hinsichtlich der Temperatur wurde beschlossen, die thermodynamische Temperaturskale mittels des Tripelpunktes des Wassers als Fundamentalfixpunkt zu definieren und diesem die Temperatur von genau 273,16 °K (Kelvin) zuzuweisen. Demgemäß liegt der Nullpunkt der Celsius-Skale, der durch die Temperatur des schmelzenden Eises bestimmt ist, bei 273,15 °K.

Die Definition der Zeiteinheit sollte auf der X. Generalkonferenz neu festgesetzt werden. Man weiß seit einiger Zeit, daß die Erdumdrehung periodischen säkularen und zufälligen Schwankungen unterworfen ist und damit die Definition der Sekunde als der 84 600ste Teil des mittleren Sonnentages fragwürdig wird. Seitens der Astronomen war vorgeschlagen worden, die Dauer des tropischen Jahres 1900,0 für die Definition der Zeiteinheit heranzuziehen. Die X. Generalkonferenz ermächtigte das Internationale Komitee für Maß und Gewicht, diese Definition endgültig festzusetzen; dies ist im Laufe des Jahres 1956 erfolgt.

Unmittelbar nach dem Abschluß der X. Generalkonferenz wurde in der Deutschen Demokratischen Republik mit den Vorarbeiten zu einer gesetzlichen Regelung hinsichtlich der wichtigsten praktischen physikalisch-technischen Maßeinheiten begonnen. Sie sind z. Z. soweit gediehen, daß mit dem Erlaß eines Gesetzes über die physikalisch-technischen Einheiten (EG) in Kürze gerechnet werden kann. In dem Entwurf des deutschen Gesetzes werden voraussichtlich nur die sechs Grundeinheiten nebst ihren Definitionen sowie die Kurzzeichen für diese Grundeinheit aufgenommen, während das Deutsche Amt für Maß und Gewicht den Auftrag erhalten wird, aus den Grundeinheiten abzuleitende Einheiten als gesetzliche Einheiten in einer Tafel jeweils entsprechend dem Stand der Forschung bekanntzugeben. Diese Tafel wurde in der Zwischenzeit als Manuskript bereits gedruckt und ist mit Genehmigung des Deutschen Amtes für Maß und Gewicht in der derzeitigen Form hier abgedruckt (s. S. 519).

Gegenüber den bisherigen Gepflogenheiten ergeben sich dabei unter Anwendung der zulässigen Vorsätze einige wichtige Konsequenzen, die hier kurz erläutert werden sollen.

Bereits bei den Längeneinheiten finden wir erste Abweichungen, denn das Mikron „My (μ)", nach dem Maß- und Gewichtsgesetz von 1935 eine selbständige Einheit, aus der abgeleitete Einheiten gebildet werden durften, ist nicht mehr selbständig und muß jetzt als Mikrometer (μm) bezeichnet werden, während das alte „Millimy (mμ) jetzt nur noch als Nanometer (nm) erscheinen darf. Bei den Masse-Einheiten haben wir als selbständige Einheiten nur noch Gramm und Tonne, während der Doppelzentner ganz entfällt. Daß Pfund und Zentner keine metrischen Einheiten sind, dürfte mittlerweise allgemein bekannt sein. Es sei aber hier ausdrücklich noch einmal darauf hingewiesen, daß im Handel mit Massen gerechnet wird, also nach Kilogramm, Gramm, Tonne, in der Statik dagegen mit Kräften, d. h. also nach Newton, Kilopond, Pond usw.

Völlig abweichend von den bisher auf Grund des Gesetzes, betreffend die elektrischen Maßeinheiten, bekannten Definitionen sind die Definitionen der elektrischen Einheiten, die jetzt rein theoretisch getroffen sind und nicht auf der Realisierbarkeit basieren. Andererseits haben diese Definitionen den Vorteil, daß dabei die Unterscheidung zwischen „absoluten“ und „internationalen“ Einheiten entfällt.

Nachdem jetzt der Grad Kelvin (°K) als Grundeinheit eingeführt ist, muß in Zukunft den Temperaturangaben in Celsiusgraden unbedingt „°C“ hinzugefügt werden. Hier wird dann aber die Unterscheidung zwischen „gesetzlicher“ und „absoluter“ Temperaturskale überflüssig.

Die konsequente Anwendung der auf der X. Generalkonferenz festgelegten Grundeinheiten führt dazu, daß auf den Aufbau starrer Einheitssysteme verzichtet werden kann und andererseits die Zahl der zu verwendenden Einheiten auf ein erträgliches Maß beschränkt bleibt. Das wiederum dient der internationalen Verständigung auf dem gesamten Gebiet des Meßwesens, da die der Meterkonvention angeschlossenen Staaten — und das sind z. Z. insgesamt 35 — die gleichen Kurzzeichen verwenden und wenigstens auf diesem Gebiet eine einheitliche Sprache sprechen.

TAFEL
DER GESETZLICHEN EINHEITEN

(Entwurf vom 15. November 1956)

Vorbemerkungen:

1. Die Grundeinheiten[1] und die abgeleiteten Einheiten sind in Spalte 1 laufend durchnumeriert. Nummern von Einheiten für die gleiche Größe stimmen in der vor dem Punkt stehenden Zahl überein. Die Grundeinheiten und die kohärent gebildeten Einheiten sind im Druck hervorgehoben worden, und zwar

   Grundeinheiten: halbfette Type unterstrichen,
   kohärent gebildete Einheiten: halbfette Type.

2. Dezimale Vielfache und Teile, die von Grundeinheiten und von abgeleiteten Einheiten **mit** selbständigem Namen gebildet werden, dürfen durch Anfügen eines der folgenden gesetzlichen Vorsätze (EG § 6[2]) bezeichnet werden, sofern sie hiervon nicht in Spalte 6 ausdrücklich ausgenommen sind (EG § 9[2]).

Vorsatz	Kurzzeichen	Bedeutung		
Tera	T	1 000 000 000 000	(10^{12})	Einheiten
Giga	G	1 000 000 000	(10^{9})	Einheiten
Mega	M	1 000 000	(10^{6})	Einheiten
Kilo	k	1 000	(10^{3})	Einheiten
Hekto	h	100	(10^{2})	Einheiten
Deka	da	10	(10^{1})	Einheiten
Dezi	d	0,1	(10^{-1})	Einheiten
Zenti	c	0,01	(10^{-2})	Einheiten
Milli	m	0,001	(10^{-3})	Einheiten
Mikro	μ	0,000 001	(10^{-6})	Einheiten
Nano	n	0,000 000 001	(10^{-9})	Einheiten
Pico	p	0,000 000 000 001	(10^{-12})	Einheiten

3. Soweit dezimale Vielfache und Teile, die von abgeleiteten Einheiten **ohne** selbständige Namen gebildet werden, durch Vorsätze nach Nr. 2 gebildet werden dürfen (EG § 9), ist dies in Spalte 6 angegeben.

4. Die Definitionen dieser Tafel gelten im allgemeinen für unveränderliche Zustände.

---

[1] Die Grundeinheiten sind international auf der 10. Generalkonferenz für Maß und Gewicht (1954) festgesetzt worden.

[2] Gesetz über die physikalisch-technischen Einheiten (EG) in Vorbereitung.

Lfd. Nr.	Name der Einheit	Kurz- zeichen	Definition der Einheit	Beziehung der Einheit zu den Grundeinheiten	Besondere Bestimmungen
1	2	3	4	5	6
			1. Länge		
1.1	**Meter**	m	**Das Meter ist der Abstand der Mittelstriche der auf dem internationalen Meterprototyp angebrachten Strichgruppen bei der Gleichgewichtstemperatur zwischen Eis und reinem, luftgesättigtem Wasser natürlicher Isotopenzusammensetzung unter dem Druck einer physikalischen Atmosphäre.**		
2.1	Seemeile	sm	Die Seemeile ist gleich 1 852 Meter.	1 sm = 1852 m	Die Seemeile ist nur für die Angabe von Entfernungen oder Wegstrecken in der Luft- und in der Seefahrt zulässig. Vielfache und Teile der Seemeile dürfen nicht durch einen Vorsatz nach EG § 6 bezeichnet werden.
			2. Fläche		
2.1	**Quadratmeter**	m^2	**Das Quadratmeter ist die Fläche eines Quadrates von der Seitenlänge 1 m.**	$1\ m^2 = 1\ m \cdot 1\ m$	**Als Einheiten der Fläche sind auch alle Einheiten zulässig, die als Quadrat aus einer zulässigen Längeneinheit gebildet werden.**
2.2	Ar	a	Das Ar ist gleich 100 Quadratmeter.	$1\ a = 10^2\ m^2$	Vielfache und Teile des Ar und des Hektars dürfen nicht durch einen Vorsatz nach EG § 6 gebildet werden.
2.3	Hektar	ha	Das Hektar ist gleich 100 Ar.	$1\ ha = 100\ a = 10^4\ m^2$	
			3. Volumen		
3.1	**Kubikmeter**	m^3	**Das Kubikmeter ist das Volumen eines Würfels von der Kantenlänge 1 m.**	$1\ m^3 = 1\ m \cdot 1\ m \cdot 1\ m$	**Als Einheiten des Volumens sind auch alle Einheiten zulässig, die als Kubus aus einer zulässigen Längeneinheit gebildet werden.**
3.2	Liter	l	Das Liter ist das Volumen von 1 kg reinen, luftfreien Wassers natürlicher Isotopenzusammensetzung bei seiner maximalen Dichte unter dem Druck einer physikalischen Atmosphäre.	$1\ l = 1.000028 \cdot 10^{-3}\ m^3$	

			4. Ebener Winkel		
4.1	**Radiant**	rad	**Der Radiant ist der ebene Winkel, für den das Verhältnis der Längen des zugehörigen Kreisbogens zu seinem Halbmesser gleich 1 ist.**		
4.2	rechter Winkel, Rechter	∟	Der rechte Winkel oder Rechte ist jeder der vier ebenen Winkel, die zwei sich unter gleichen Nebenwinkeln schneidende Geraden bilden.	$1 ∟ = \frac{\pi}{2}$ rad	Vielfache und Teile der Winkeleinheiten rechter Winkel oder Rechter, Grad, Minute, Sekunde und Neugrad dürfen nicht durch einen Vorsatz nach EG § 6 bezeichnet werden.
4.3	Grad	°	Der Grad ist der 90ste Teil des rechten Winkels oder Rechten.	$1° = \frac{1}{90}$ ∟	
4.4	Minute	′	Die Minute ist der 60ste Teil des Grades.	$1' = \frac{1°}{60}$	
4.5	Sekunde	″	Die Sekunde ist der 60ste Teil der Minute.	$1'' = \frac{1'}{60}$	Der 100ste Teil des Neugrads darf als Neuminute (Kurzzeichen ᶜ), der 100ste Teil der Neuminute als Neusekunde (Kurzzeichen ᶜᶜ) bezeichnet werden.
4.6	Neugrad, Gon	g	Der Neugrad oder das Gon ist der 100ste Teil des rechten Winkels oder Rechten.	$1^{g} = 10^{-2}$ ∟	
			5. Raumwinkel		
5.1	**Steradiant**	sr	**Der Steradiant ist der Raumwinkel, für den das Verhältnis der zugehörigen Kugelfläche zum Quadrat ihres Halbmessers gleich 1 ist.**		
			6. Zeit		
6.1	**Sekunde**	s	**Die Sekunde ist der 31 556 925,974 7te Teil des tropischen Jahres für 1900, Januar 0, 12 Uhr Ephemeridenzeit.**		
6.2	Minute	min	Die Minute ist gleich 60 Sekunden.	1 min = 60 s	Vielfache und Teile der Zeiteinheiten Minute, Stunde und Tag dürfen nicht durch einen Vorsatz nach EG § 6 bezeichnet werden.
6.3	Stunde	h	Die Stunde ist gleich 60 Minuten.	1 h = 60 min = 3600 s	
6.4	Tag	d	Der Tag ist gleich 24 Stunden.	1 d = 24 h = 86400 s	
			7. Frequenz		
7.1	**Hertz**	Hz	**Das Hertz ist die Frequenz eines periodischen Vorganges von der Periodendauer 1 s.**	$1 Hz = 1 s^{-1}$	**Bei Angabe von Umlauffrequenzen darf die Einheit Hertz als Umdrehung/Sekunde (Kurzzeichen U/s) bezeichnet werden.** Außerdem sind als Einheiten für die Umlauffrequenz zulässig: die Umdrehung/Minute (Kurzzeichen U/min) gleich dem 60sten Teil der Umdrehung/Sekunde und die Umdrehung/Stunde (Kurzzeichen U/h) gleich dem 60sten Teil der Umdrehung/Minute.

Lfd. Nr.	Name der Einheit	Kurzzeichen	Definition der Einheit	Beziehung der Einheit zu den Grundeinheiten	Besondere Bestimmungen
1	2	3	4	5	6
			8. Geschwindigkeit		
8.1	**Meter/Sekunde**	m/s	**Das Meter/Sekunde ist die Geschwindigkeit eines sich gleichmäßig bewegenden Körpers, der während der Zeit 1 s den Weg 1 m zurücklegt.**	$1\ m/s = 1\ m\ s^{-1}$	**Als Einheiten der Geschwindigkeit sind auch alle Einheiten zulässig, die als Quotient aus einer zulässigen Längeneinheit und einer zulässigen Zeiteinheit gebildet werden.**
8.2	Knoten	kn	Der Knoten ist die Geschwindigkeit eines sich gleichmäßig bewegenden Luft- oder Wasserfahrzeugs, das während der Zeit 1 h den Weg 1 sm zurücklegt.	$1\ kn = 1\ sm/h = \frac{1852}{3600}\ m\ s^{-1}$	Der Knoten ist nur für Geschwindigkeitsangaben in der Luft- und in der Seefahrt zulässig. Vielfache und Teile des Knoten dürfen nicht durch einen Vorsatz nach EG § 6 bezeichnet werden.
			9. Beschleunigung		
9.1	**Meter/Quadratsekunde**	m/s^2	**Das Meter/Quadratsekunde ist die Beschleunigung eines Körpers, dessen Geschwindigkeit sich während der Zeit 1 s gleichmäßig um 1 m/s ändert.**	$1\ m/s^2 = 1\ m\ s^{-2}$	**Als Einheiten der Beschleunigung sind auch alle Einheiten zulässig, die als Quotient aus einer zulässigen Längeneinheit und dem Quadrat einer zulässigen Zeiteinheit gebildet werden.** Der 100ste Teil des Meter/Quadratsekunde, das Zentimeter/Quadratsekunde, darf auch als Gal (Kurzzeichen Gal) bezeichnet werden.
			10. Winkelgeschwindigkeit		
10.1	**Radiant/Sekunde**	rad/s	**Der Radiant/Sekunde ist die Winkelgeschwindigkeit eines gleichmäßig rotierenden Körpers, der sich während der Zeit 1 s um den Winkel 1 rad um seine Achse dreht.**	$1\ rad/s = s^{-1}$	**Als Einheiten der Winkelgeschwindigkeit sind auch alle Einheiten zulässig, die als Quotient aus einer zulässigen Winkeleinheit und einer zulässigen Zeiteinheit gebildet werden.**
			11. Winkelbeschleunigung		
11.1	**Radiant/Quadratsekunde**	rad/s^2	**Der Radiant/Quadratsekunde ist die Winkelbeschleunigung eines Körpers, dessen Winkelgeschwindigkeit sich während der Zeit 1 s gleichmäßig um 1 rad/s ändert.**	$1\ rad/s^2 = s^{-2}$	**Als Einheiten der Winkelbeschleunigung sind auch alle Einheiten zulässig, die als Quotient aus einer zulässigen Winkeleinheit und dem Quadrat einer zulässigen Zeiteinheit gebildet werden.**

			12. Masse		
12.1	**Kilogramm**	**kg**	**Das Kilogramm ist die Masse des internationalen Kilogrammprototyps.**		**Die durch einen Vorsatz nach EG § 6 bezeichneten Vielfachen und Teile werden nicht von der Einheit Kilogramm, sondern von ihrem 1000sten Teil, dem Gramm (lfd. Nr. 12.2) gebildet.**
12.2	Gramm	g	Das Gramm ist der 1000ste Teil des Kilogramms.	$1\ g = 10^{-3}\ kg$	Die bei Wägungen benutzten, zur Bestimmung der Masse dienenden Vergleichskörper werden Gewichtstücke oder Wägestücke genannt.
12 3	Tonne	t	Die Tonne ist gleich 1000 Kilogramm.	$1\ t = 10^3\ kg$	
12.4	metrisches Karat	k	Das metrische Karat ist der 5000ste Teil des Kilogramms.	$1\ k = 2 \cdot 10^{-4}\ kg$	Das metrische Karat ist nur für den Handel mit Diamanten, Perlen, Edelsteinen und Edelmetallen zulässig. Vielfache und Teile des metrischen Karats dürfen nicht durch einen Vorsatz nach EG § 6 bezeichnet werden.
			13. Dichte		
13.1	**Kilogramm/ Kubikmeter**	kg/m^3	**Das Kilogramm/Kubikmeter ist die Dichte eines homogenen Körpers, der bei der Masse 1 kg das Volumen 1 m³ einnimmt.**	$1\ kg/m^3 = 1\ m^{-3}\ kg$	**Als Einheiten der Dichte sind auch alle Einheiten zulässig, die als Quotient aus einer zulässigen Masseeinheit und einer zulässigen Volumeneinheit gebildet werden.** **Die Dichteeinheiten dürfen auch für Schüttdichten benutzt werden.**
			14. Kraft		
14.1	**Newton**	N	**Das Newton ist die Kraft, die der Masse 1 kg die Beschleunigung 1 m/s² erteilt.**	$1\ N = 1\ m\ kg\ s^{-2}$	
14.2	Dyn	dyn	Das Dyn ist der 100 000ste Teil des Newton.	$1\ dyn = 10^{-5} N = 10^{-5} m\ kg\ s^{-2}$	
14.3	Kilopond	kp	Das Kilopond ist gleich 9,806 65 Newton.	$1\ kp = 9{,}806\ 65\ N = 9{,}806\ 65\ m\ kg\ s^{-2}$	Die durch einen Vorsatz nach EG § 6 bezeichneten Vielfachen und Teile werden nicht von der Einheit Kilopond, sondern von ihrem 1000sten Teil, dem Pond (lfd. Nr. 14.4) gebildet.
14.4	Pond	p	Das Pond ist der 1000ste Teil des Kiloponds.	$1\ p = 10^{-3}\ kp = 9{,}806\ 65 \cdot 10^{-3} m\ kg\ s^{-2}$	

Lfd. Nr.	Name der Einheit	Kurz-zeichen	Definition der Einheit	Beziehung der Einheit zu den Grundeinheiten	Besondere Bestimmungen
1	2	3	4	5	6
			15. Druck		
15.1	**Newton/ Quadratmeter**	N/m^2	**Das Newton/Quadratmeter ist der Druck, den eine gleichmäßig verteilte Kraft von 1 N auf die Fläche 1 m² ausübt.**	$1\ N/m^2 = 1\ m^{-1}\ kg\ s^{-2}$	**Als Einheiten des Drucks sind auch alle Einheiten zulässig, die als Quotient aus einer zulässigen Krafteinheit und einer zulässigen Flächeneinheit gebildet werden.**
15.2	Bar	bar	Das Bar ist gleich 100 000 Newton/Quadratmeter.	$1\ bar = 10^5\ N/m^2$ $= 10^5\ m^{-1}\ kg\ s^{-2}$	
15.3	technische Atmosphäre	at	Die technische Atmosphäre ist gleich 10 000 Kilopond/Quadratmeter.	$1\ at = 10^4\ kp/m^2$ $= 98\ 066{,}5\ m^{-1}\ kg\ s^{-2}$	Vielfache und Teile der technischen Atmosphäre dürfen nicht durch einen Vorsatz nach EG § 6 bezeichnet werden. Der 10te Teil der technischen Atmosphäre darf auch als Meter Wassersäule (Kurzzeichen mWS), der 1000ste Teil als Zentimeter Wassersäule (Kurzzeichen cmWS) und der 10 000ste Teil als Millimeter Wassersäule (Kurzzeichen mmWS) bezeichnet werden.
15.4	physikalische Atmosphäre	atm	Die physikalische Atmosphäre ist gleich 101 325 Newton/Quadratmeter.	$1\ atm = 101\ 325\ N/m^2$ $= 101\ 325\ m^{-1}\ kg\ s^{-2}$	Vielfache und Teile der physikalischen Atmosphäre dürfen nicht durch einen Vorsatz nach EG § 6 bezeichnet werden.
15.5	Torr	Torr	Das Torr ist der 760ste Teil der physikalischen Atmosphäre.	$1\ Torr = \frac{1}{760}\ atm$ $= \frac{101\ 325}{760}\ m^{-1}\ kg\ s^{-2}$	
			16. Dynamische Viskosität		
16.1	**Newton-sekunde/ Quadratmeter**	Ns/m^2	**Die Newtonsekunde/Quadratmeter ist die dynamische Viskosität eines laminar strömenden, homogenen, isotropen Körpers, in dem zwischen zwei ebenen parallelen Schichten mit dem Geschwindigkeitsunterschied 1 m/s je 1 m Abstand in der Schichtfläche die Schubspannung 1 N/m² herrscht.**	$1\ Ns/m^2 = 1\ m^{-1}\ kg\ kg\ s^{-1}$	**Als Einheiten der dynamischen Viskosität sind auch alle Einheiten zulässig, die in der Form: zulässige Krafteinheit mal zulässige Zeiteinheit, dividiert durch eine zulässige Flächeneinheit gebildet werden.**
16.2	Poise	P	Das Poise ist der 10te Teil der Newtonsekunde/Quadratmeter.	$1\ P = 10^{-1}\ Ns/m^2$ $= 10^{-1}\ m^{-1}\ kg\ s^{-1}$	

			17. Kinematische Viskosität		
17.1	**Quadratmeter/ Sekunde**	m^2/s	**Das Quadratmeter/Sekunde ist die kinematische Viskosität eines Körpers der dynamischen Viskosität 1 Ns/m² und der Dichte 1 kg/m³.**	$1\ m^2/s = \frac{1\ Ns/m^2}{1\ kg/m^3} = 1\ m^2\ s^{-1}$	**Als Einheiten der kinematischen Viskosität sind auch alle Einheiten zulässig, die als Quotient aus einer zulässigen Flächeneinheit und einer zulässigen Zeiteinheit gebildet werden.**
17.2	Stokes	St	Das Stokes ist der 10000ste Teil des Quadratmeter/Sekunde.	$1\ St = 10^{-4}\ m^2/s = 10^{-4}\ m^2\ s^{-1}$	
			18. Arbeit, Energie und Wärmemenge		
18.1	**Joule, Wattsekunde, Newtonmeter**	**J Ws Nm**	**Das Joule, die Wattsekunde oder das Newtonmeter ist die Arbeit, die verrichtet wird, wenn sich der Angriffspunkt einer Kraft von 1 N in Richtung der Kraft um 1 m verschiebt.**	$1\ J = 1\ Ws = 1\ Nm = 1\ m^2\ kg\ s^{-2}$	**Als Einheiten der Arbeit, der Energie und der Wärmemenge sind auch alle Einheiten zulässig, die als Produkte aus einer zulässigen Krafteinheit und einer zulässigen Längeneinheit oder als Produkt aus einer zulässigen Leistungseinheit und einer zulässigen Zeiteinheit gebildet werden.**
18.2	Erg	erg	Das Erg ist der 10 000 000ste Teil des Joule.	$1\ erg = 10^{-7}\ J = 10^{-7} m^2\ kg\ s^{-2}$	
18.3	Kalorie	cal	Die Kalorie ist gleich 4,186 8 Joule.	$1\ cal = 4{,}1868\ J = 4{,}1868\ m^2\ kg\ s^{-2}$	
			19. Leistung		
19.1	**Watt**	**W**	**Das Watt ist die Leistung von 1 Joule/Sekunde.**	$1\ W = 1\ J/s = 1\ m^2\ kg\ s^{-3}$	**Bei Angabe von elektrischen Scheinleistungen darf anstelle des Watt das Voltampere (Kurzzeichen VA), bei Angabe von elektrischen Blindleistungen das Var (Kurzzeichen var) benutzt werden.** **Als Einheiten der Leistung sind auch alle Einheiten zulässig, die als Quotient aus einer zulässigen Arbeitseinheit und einer zulässigen Zeiteinheit gebildet werden.** Das 735,498 75fache des Watt (75 Kilopondmeter/Sekunde) darf bis auf weiteres noch als Pferdestärke (Kurzzeichen PS) bezeichnet werden.

Lfd. Nr.	Name der Einheit	Kurzzeichen	Definition der Einheit	Beziehung der Einheit zu den Grundeinheiten	Besondere Bestimmungen
1	2	3	4	5	6
			20. Elektrische Stromstärke		
20.1	**Ampere**	A	**Das Ampere ist die Stärke eines zeitlich unveränderlichen elektrischen Stromes durch zwei geradlinige, parallele, unendlich lange Leiter der relativen Permeabilität 1 und von vernachlässigbarem Querschnitt, die einen Abstand von 1 m haben und zwischen denen die durch den Strom elektrodynamisch hervorgerufene Kraft im leeren Raum je 1 m Länge der Doppelleitung $2 \cdot 10^{-7}$ m kg s^{-2} beträgt.**		**Das Ampere ist auch Einheit der magnetischen Spannung.**
			21. Elektrische Spannung		
21.1	**Volt**	V	**Das Volt ist die elektrische Spannung zwischen zwei Punkten eines homogenen und gleichmäßig temperierten metallischen Leiters, in dem bei einem zeitlich unveränderlichen Strom der Stärke 1 A zwischen den beiden Punkten eine Leistung von 1 W umgesetzt wird.**	**1 V = 1 W/A = 1 m^2 kg s^{-3} A^{-1}**	
			22. Elektrischer Widerstand		
22.1	**Ohm**	Ω	**Das Ohm ist der elektrische Widerstand zwischen zwei Punkten eines homogenen und gleichmäßig temperierten metallischen Leiters, durch den bei der Spannung 1 V zwischen den beiden Punkten ein zeitlich unveränderlicher Strom der Stärke 1 A fließt.**	**1 Ω = 1 V/A = 1 m^2 kg s^{-3} A^{-2}**	
			23. Elektrischer Leitwert		
23.1	**Siemens**	S	**Das Siemens ist der elektrische Leitwert eines Leiters vom Widerstand 1 Ohm.**	**1 S = 1 A/V = 1 m^{-2} kg^{-1} s^3 A^2**	

			24. Elektrizitätsmenge (elektrische Ladung)		
24.1	**Coulomb, Amperesekunde**	C As	**Das Coulomb oder die Amperesekunde ist die Elektrizitätsmenge, die während der Zeit 1 s bei einem zeitlich unveränderlichen Strom der Stärke 1 A durch den Querschnitt des Leiters fließt.**	1 C = 1 As = 1 s A	**Als Einheiten der Elektrizitätsmenge sind auch alle Einheiten zulässig, die als Produkt aus einer zulässigen Einheit der elektrischen Stromstärke und einer zulässigen Zeiteinheit gebildet werden.**
			25. Elektrische Kapazität		
25.1	**Farad**	F	**Das Farad ist die Kapazität eines Kondensators, der durch die Elektrizitätsmenge 1 C auf die Spannung 1 V aufgeladen wird.**	1 F = 1 C/V $= 1\ m^{-2}\ kg^{-1}\ s^4\ A^2$	
			26. Elektrische Verschiebung (elektrische Verschiebungsdichte)		
26.1	**Coulomb/ Quadratmeter**	C/m^2	**Das Coulomb/Quadratmeter ist die elektrische Verschiebung in einem Plattenkondensator, dessen beide im leeren Raum parallel zueinander angeordnete, unendlich ausgedehnte Platten je 1 m² Fläche gleichmäßig mit einer Elektrizitätsmenge von 1 C aufgeladen sind.**	$1\ C/m^2 = 1\ m^{-2}\ s\ A$	**Als Einheiten der elektrischen Verschiebung sind auch alle Einheiten zulässig, die als Quotient aus einer zulässigen Einheit der elektrischen Ladung und einer zulässigen Flächeneinheit gebildet werden.**
			27. Elektrische Feldstärke		
27.1	**Volt/Meter**	V/m	**Das Volt/Meter ist die elektrische Feldstärke eines homogenen elektrischen Feldes, in dem der Spannungsabfall je 1 m Feldlinie 1 V beträgt.**	$1\ V/m = 1\ m\ kg\ s^{-3}\ A^{-1}$	**Als Einheiten der elektrischen Feldstärke sind auch alle Einheiten zulässig, die als Quotient aus einer zulässigen Einheit der elektrischen Spannung und einer zulässigen Längeneinheit gebildet werden.**
			28. Magnetischer Fluß		
28.1	**Weber, Voltsekunde**	Wb Vs	**Das Weber oder die Voltsekunde ist der magnetische Fluß, der in einer ihn umschlingenden Windung die elektrische Spannung 1 V induziert, wenn er während der Zeit 1 s gleichmäßig auf Null abnimmt.**	1 Wb = 1 Vs $= 1\ m^2\ kg\ s^{-2}\ A^{-1}$	**Als Einheiten des magnetischen Flusses sind auch alle Einheiten zulässig, die als Produkt aus einer zulässigen Einheit der elektrischen Spannung und einer zulässigen Zeiteinheit gebildet werden.**

Lfd. Nr	Name der Einheit	Kurzzeichen	Definition der Einheit	Beziehung der Einheit zu den Grundeinheiten	Besondere Bestimmungen
1	2	3	4	5	6
			29. Induktivität		
29.1	**Henry**	H	**Das Henry ist die Induktivität einer geschlossenen Windung, die von einem elektrischen Strom der Stärke 1 A durchflossen, im leeren Raum den magnetischen Fluß 1 Wb umschlingt.**	**1 H = 1 Wb/A = 1 m²kg s⁻² A⁻²**	
			30. Magnetische Induktion (magnetische Flußdichte)		
30.1	**Weber/Quadratmeter, Voltsekunde/Quadratmeter**	W/bm², Vs/m²	**Das Weber/Quadratmeter oder die Voltsekunde/Quadratmeter ist die magnetische Induktion eines homogenen magnetischen Flusses, der eine Fläche von 1 m² senkrecht mit der Stärke 1 Wb durchsetzt.**	**1 Wb/m² = 1 Vs/m² = 1 kg s⁻² A⁻¹**	**Als Einheiten der magnetischen Induktion sind auch alle Einheiten zulässig, die als Quotient aus einer zulässigen Einheit des magnetischen Flusses und einer zulässigen Flächeneinheit gebildet werden.**
			31. Magnetische Feldstärke		
31.1	**Ampere/Meter**	A/m	**Das Ampere/Meter ist die magnetische Feldstärke, die im leeren Raum von einem elektrischen Strom der Stärke 1 A durch einen unendlich langen geraden Leiter von kreisförmigem Querschnitt auf dem Rand einer zum Leiterquerschnitt konzentrischen Kreisfläche von 1 m Umfang hervorgerufen wird.**	**1 A/m = 1 m⁻¹ A**	**Als Einheiten der magnetischen Feldstärke sind alle Einheiten zulässig, die als Quotient aus einer zulässigen Einheit der elektrischen Stromstärke und einer zulässigen Längeneinheit gebildet werden.**
			32. Kelvin-Temperatur		
32.1	**Grad Kelvin**	°K	**Der Grad Kelvin ist der 273,16te Teil der thermodynamischen Kelvin-Temperatur des Tripelpunktes von reinem Wasser natürlicher Isotopenzusammensetzung.**		**Bei Angabe von Temperaturdifferenzen werden die Bezeichnung Grad Kelvin durch Grad, das Kurzzeichen °K durch grd ersetzt. Vielfache und Teile des Grad Kelvin dürfen nicht durch einen Vorsatz nach EG § 6 bezeichnet werden.**

			33. Celsius-Temperatur		
33.1	**Grad Celsius**	°C	**Der Grad Celsius ist als Temperaturdifferenz gleich dem Grad Kelvin. Die Celsius-Temperatur 0 °C entspricht der Kelvin-Temperatur 273,15 °K.**		**Die Celsius-Skale wird praktisch realisiert durch die von der Generalkonferenz für Maß und Gewicht festgelegte internationale Temperaturskale. Bei Angabe von Temperaturdifferenzen werden die Bezeichnung Grad Celsius durch Grad, das Kurzzeichen °C durch grd ersetzt. Vielfache und Teile des Grad Celsius dürfen nicht durch einen Vorsatz nach EG § 6 bezeichnet werden.**
			34. Lichtstärke		
34.1	**Candela**	cd	**Die Candela ist die Lichtstärke, mit der ein Schwarzer Strahler bei der Temperatur des beim Druck einer physikalischen Atmosphäre erstarrenden Platins senkrecht zu seiner Oberfläche leuchtet, wenn diese** $\frac{1}{600\,000}$ **m² beträgt.**		
			35. Leuchtdichte		
35.1	**Candela/ Quadratmeter**	cd/m²	**Die Candela/Quadratmeter ist der 600 000ste Teil der Leuchtdichte eines Schwarzen Strahlers bei der Temperatur des beim Druck einer physikalischen Atmosphäre erstarrenden Platins.**	$1\ \mathrm{cd/m^2} = 1\ \mathrm{m^{-2}\ cd}$	**Als Einheiten der Leuchtdichte sind auch alle Einheiten zulässig, die als Quotient aus einer zulässigen Einheit der Lichtstärke und einer zulässigen Flächeneinheit gebildet werden.** Das 10 000fache der Candela/Quadratmeter, die Candela/Quadratzentimeter darf auch als Stilb (Kurzzeichen sb) bezeichnet werden.
			36. Lichtstrom		
36.1	**Lumen**	lm	**Das Lumen ist der Lichtstrom, den eine Lichtquelle der Lichtstärke 1 cd gleichmäßig in den Raumwinkel 1 sr aussendet.**	$1\ \mathrm{lm} = 1\ \mathrm{cd\ sr}$	
			37. Beleuchtungsstärke		
37.1	**Lux**	lx	**Das Lux ist die Beleuchtungsstärke einer Fläche, auf die senkrecht je Quadratmeter gleichmäßig der Lichtstrom 1 lm fällt.**	$1\ \mathrm{lx} = 1\ \mathrm{lm/m^2} = 1\ \mathrm{m^{-2}\ cd\ sr}$	

PERSONENREGISTER

GEOGRAPHISCHES REGISTER

DEUTSCHES MASS- UND SACHREGISTER

AUSLÄNDISCHES MASSREGISTER